U0794715

高等学校经济管理类核心课程教材

标准化概论

第7版

李春田　房　庆　王　平————编著

中国人民大学出版社
·北京·

前言

当今社会，标准化已成为推动社会进步和科技发展的巨大动力。国家对标准化工作的需求与日俱增并给予高度重视。2021 年 10 月，中共中央、国务院联合发布了《国家标准化发展纲要》，提出了在一段时间内标准化工作的目标和重点任务，进一步明确了“到 2035 年，结构优化、先进合理、国际兼容的标准体系更加健全，具有中国特色的标准化管理体制更加完善，市场驱动、政府引导、企业为主、社会参与、开放融合的标准化工作格局全面形成”。

为此，本书紧跟时代发展的大潮，紧密贴合国家和产业发展的需求，以培养更多标准化合格人才为己任，在《标准化概论》前 6 版编写工作的基础上进行必要的修订、补充和完善。《标准化概论》是在我国著名标准化大师李春田老师亲自策划、亲自组织和亲自参与下于 1982 年发表的一部标准化理论著作。随着时代的变迁和国际国内标准化工作的不断创新和发展，本书历经了 6 次修订。追寻前 6 版的轨迹，可以看到本书除了标准化基础理论知识之外，还富有鲜明的时代特征，这些时代特征深刻反映了国际国内标准化事业的与时俱进。从某种意义上来看，本书也是见证我国改革开放发展历程中我国标准化工作的历史记录。有兴趣的读者可以阅读前 6 版的相关内容。

本书作者之一李春田老师于 2015 年 6 月 14 日永远地离开了我们，享年 81 岁。他将毕生的精力倾注于国家标准化事业，为国家标准化理论体系建设做出了重大贡献。他一生留下诸多标准化专著，是我国一代又一代标准化从业工作者启蒙的指路导师，为国家培养了大批标准化工作者。本书就是李春田老师以半生心血鼎力打造的一部标准化理论著作。他曾说“编写《标准化概论》是我一生中最值得回忆的一段往事”。2015 年 1 月的一天，李春田老师把我们三位同志（房庆、王平和田武）叫到一起，以非常认真和不容置疑的态度专门向我们布置了今后《标准化概论》的修订工作，并嘱托我们一定要把这项事业延续下去。没想到这竟是我们见到李老师的最后一面。肩负起李老师委托我们的修订《标准化概论》的重担让我们感到使命重大。我们唯有以李老师为榜样，永远牢记他的嘱托，学习他孜孜不倦、勤奋好学，为国家标准化事业无私奉献的忘我精神，把《标准化概论》的修订工作尽我们最大的努力做好，让李老师放心和安心。

在《标准化概论》启动第 7 版修订过程中，房庆和王平担任修订工作的主要负责人，就《标准化概论》的修订进行了十余次探讨，围绕书稿的架构以及如何体现标准化工作的时代感做了深入的分析。为此，首先确定了《标准化概论》第 7 版的定位和指导思想。本书的定位：作为高等学校本科生或研究生标准化的教科书，亦作为初步涉及标准化工作的人员的培训教材；本书的指导思想：编写成具有理论性、知识性、科学性、易学性的标准化知识体系的综合教材。其次明确了本书的编写基调：着眼历史发展与当今技术和社会进步的结合，基础知识与专业知识的结合，理论与应用的结合，立足于学知识、打基础、偏应用，为学习者在未来工作中增长能力和才干打下基础。最后明确了编写风格：要求通俗易懂、便于掌握，既是教材又是工具书。本书的整体结构分为四个部分：(1) 标准化起源发展、基本概念、基础知识（第 1～9 章）；(2) 标准化基础及延伸领域（第 10～14 章）；(3) 标准化重要专业领域（第 15～20 章）；(4) 影响标准化的重要方面（第 21～23 章）。

第 7 版相对上一版做了如下修订：(1) 将标准化基本概念独立成章，以使读者对标准化基本概念有更加清晰的理解；(2) 合并第 6 版部分章节，新设立一章“标准化组织”，详细介绍了国内外标准化组织及其职能；(3) 合并与删减第 6 版部分章节，新设立一章“标准的制定和实施”，对标准制修订全过程以及标准的实施做了全面系统介绍；(4) 新增“管理体系标准”一章，详细介绍质量、环境、职业健康安全和能源管理体系的形成和各自的组成；(5) 新增“技术法规”一章，以使读者了解和掌握标准的另一种形式及其发挥的作用；(6) 新增“智能制造标准化”“节能环保与标准化”“农业与食品标准化”“服务标准化”四章内容，以体现时代发展在这几个重点领域标准化的需求。

在本书的编写过程中，我们得到了参与编写的各位作者的大力支持，得到了很多从事标准化工作的同志的关心、支持和帮助，同时得到了中国人民大学出版社的鼎力支持和安瑞检测认证（广东）有限公司的大力支持。在本书编写的全程，中国标准化研究院的田武老师做了大量细致的前期工作。中国人民大学出版社的王伟娟老师为本书如期完成提出了很多建议。在此，对所有关心、支持我们并给予帮助的各位同仁一并表示衷心的感谢。

受知识水平和实践经验所限，本次修订工作肯定存在不妥之处，期待各位读者提出批评，给予指导。

第 7 版参与编写者如下（以姓氏笔画为序）：

丁　晴　　中国标准化研究院（第 18 章）
于启武　　首都经济贸易大学（第 3 章）
于连超　　中国计量科学研究院（第 13 章）
王　平　　中国标准化研究院（第 1、2、3、8、9 章）
刘　文　　中国标准化研究院（第 19 章）
乔　东　　国家市场监督管理总局（第 12 章）
刘春青　　中国标准化研究院（第 14 章）
汪　烁　　机械工业仪器仪表综合技术经济研究所（第 17 章）
宋明顺　　中国计量大学（第 13 章）
李春田　　原国家质量监督检验检疫总局（第 1、4、5、6、7 章）
苏俊斌　　厦门大学（第 21 章）
吴捷妤　　深圳技术大学（第 23 章）
房　庆　　中国计量科学研究院（第 1、2、8、9 章）
林　翎　　中国标准化研究院（第 18 章）
欧阳劲松　机械工业仪器仪表综合技术经济研究所（第 17 章）

杨建军　　中国电子技术标准化研究院（第 15 章）
范科峰　　中国电子技术标准化研究院（第 15 章）
侯俊军　　湖南大学（第 22 章）
顾兴全　　中国计量大学（第 20 章）
顾新建　　浙江大学（第 16 章）
黄　进　　中国标准化研究院（第 11 章）
黄曼雪　　深圳技术大学（第 23 章）
焦叔斌　　中国人民大学（第 10 章）
本书由房庆、王平统纂定稿。

目　录

第1章
绪　论

学习要点

1. 标准化的发生、发展过程及其原因
2. 近代标准化的概况和特点
3. 我国标准化的发展概况
4. 标准化学科的研究对象
5. 标准知识体系的要点

第1节　标准化的发展简史

每一门学科都有自己发生发展的过程，标准化也是如此。标准是人类对面临的问题所选择的解决方案，并将其逐渐固化下来成为普遍采用的规则。自从有了人类，就开始了认识自然界和改造自然界的伟大斗争，开始了知识的积累和深化。从山顶洞人的石斧，到现今的宇宙航行，人类社会前进的步伐已经跨进了一个经济和科学技术发展更为迅猛的时代。

为了使各生产部门之间互相提供的条件符合各自的要求，为了使人类的经济技术活动遵循共同的规则，为了把整个社会的各个生产环节的动作协调起来，为了使复杂的管理工作系统化、规范化、简单化，为了在人类生活和经济技术活动中建立正常的秩序，使社会生产更好地满足人民生活的需要，一门新的学科——标准化，伴随着人类社会和技术的进步发展起来了。标准化被当作科学管理的有效手段，在一个国家乃至全世界范围内通过建立相应的机构，有组织、有计划地开展工作，是近100多年的事。标准化作为一门学科来研究，可以说从20世纪后期才开始，因此这是一门年轻又很有发展前途的学科。标准化产生和发展的历程，大体经历了以下几个重要阶段。

一、远古时代人类标准化思想的萌芽

今天的标准化大厦可以说从远古时代就已开始打下基础了。当人类尚处于茹毛饮血的时代，他们的生活方式同周围的动物相差无几。然而由于长期同大自然搏斗、群居生活和头脑的发达，人类终于学会了使用木棒、石块等作为狩猎和防御的工具。由于同样的原因，人类的吼叫声也发展成为清晰易懂的声音，成为交流思想感情和传达信息的手段。这些声音和只言片语都能为大家所理解和公认，从而含有一定的标准化意义。在这种原始语言的基础上，人类又创造了符号、记号、象形文字（如图 1-1 所示），经过漫长的岁月才发展成今天的书面语言。这种标准化虽然处于萌芽状态，但它的确是人类第一次伟大的标准化创举。

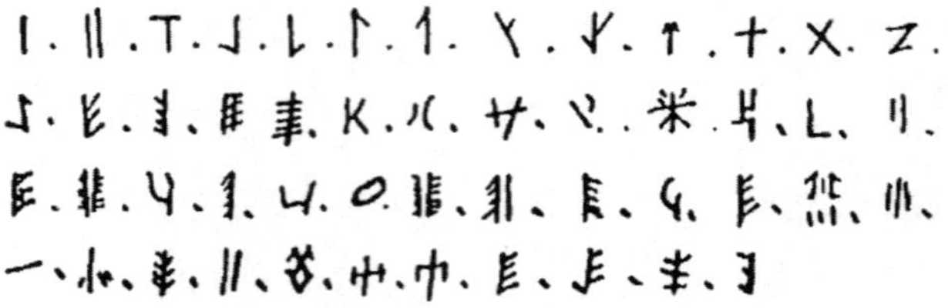

图 1-1　西安半坡遗址出土彩陶钵口沿上的刻划符号

根据古人类学提供的资料，早在 300 万年前人类就已开始制造工具。我国在云南发现的元谋猿人化石，距今已 170 万年。他们打制的石器同蓝田猿人、北京猿人用的石器很相似，比较典型的是砍砸器、刮削器、尖状器等等。在距今约 28 000 年前的峙峪猿人文化遗物中发现了石镞，表明这时已发明了弓箭。史前时代早期标准化的最明显例证就是不论从欧洲、非洲或亚洲出土的石器，其样式和形状都极其相似，如图 1-2 所示。到了新石器时代，又出现了磨制石器，它与打制石器相比，具有比例更加准确合理，形状、用途趋向单一，刃口锋利等特征。这是人类工具发展史上的一次突破，也是工具标准化最早的雏形。

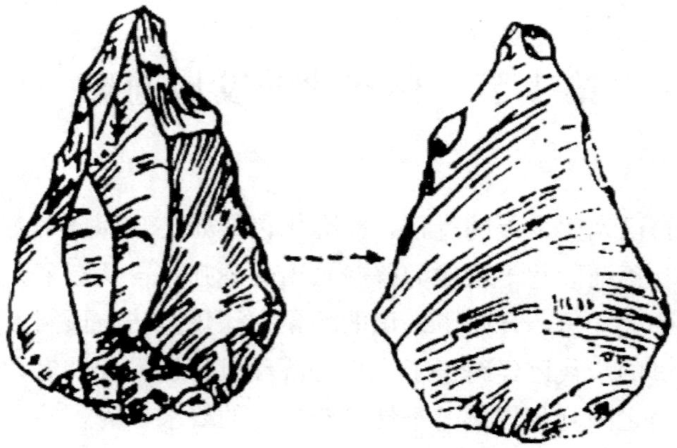

图 1-2　北京猿人使用的石器——尖状器

人类的祖先在不同的地区、不同的自然环境中生活和劳动，使用的器物虽然各具特色，但在长期实践过程中通过相互交流、融合，不断摸索和改进，人类终于从多种多样的器物中选出最适用的一种或几种来，使其形状、大小逐渐趋于一致。所有这些器物或工具都是为了古人在日常生活、狩猎、农耕、保卫等活动中解决具体问题的。这种统一化了的器物或工具常常作为“标样”互相模仿，世代相传，成为集体遵守的例规。这便是人类最初的、朴素的标准化。通过这种方式流传至今的习俗、规则、器物比比皆是。

二、建立在手工生产基础上的古代标准化

人类有意识地制定标准，是由社会分工所引起的。在古代历史上，人类社会进行了两次大的分工：第一次是农业和畜牧业的分离；第二次是手工业和农业的分离。两次社会分工之后，人类社会出现了专门的农业、畜牧业和手工业。社会分工引起的直接结果是生产的发展和产品的交换。或者用粮食去交换兽皮，或者用工具去交换粮食。不管最初的交换方式多么简单，它一开始就遵循一条客观法则，即等价交换原则。为了体现交换过程中的等价原则，就必须对交换物进行计量，或者以轻重，或者以多少，或者以长短进行定量。这就是最初的计量器具——度、量、衡产生的社会经济原因。

计量器具一开始是被用作交换和分配社会产品的衡量准绳的，它从本质上起着标准的作用。虽然最初人们建立的“标准”比较粗略，在不同时期里用麦粒、黍粒、竹筒、手指、脚、前腕、两臂等做过计量单位，但随着生产的发展，人们总是一次又一次地对计量单位进行改革和统一，也就是对计量器具和计量单位不断实施标准化，进而实现了计量器具和单位的规范和统一。

随着生产的发展和手工业技术的进步，手工业内部的细密分工和手工业技术的规范化，就成了这一时期手工业发展的突出特点。春秋末期齐国人著的《考工记》，就是一部手工业生产技术规范的总汇。书中记述了30项手工业生产的技术规范、制造工艺等，对手工业生产有一定的规范和指导意义，是手工业生产发展到一定阶段的产物。以车轮的技术要求和检验方法为例，书中记载了以下几方面的规定（杜石然，等，1982）：（1）用规校准轮子；（2）用平整的圆盘贴合车轮，检验是否彼此密合；（3）用悬垂线查看辐条是否笔直；（4）把轮子放在水中查看轮子各部分是否均匀；（5）两个轮子尺寸和重量都要相等；（6）轮子的整体结构必须坚固；（7）毂的粗细、长短要适宜；（8）轮子直径的确定要以上下车方便为原则；（9）轴的材质要坚固耐用、转动灵活；（10）及时选伐坚实的木材。这些规定用今天的观点来衡量，不失为一部严密而科学的车轮质量标准（图1-3为周代车辆复原图）。

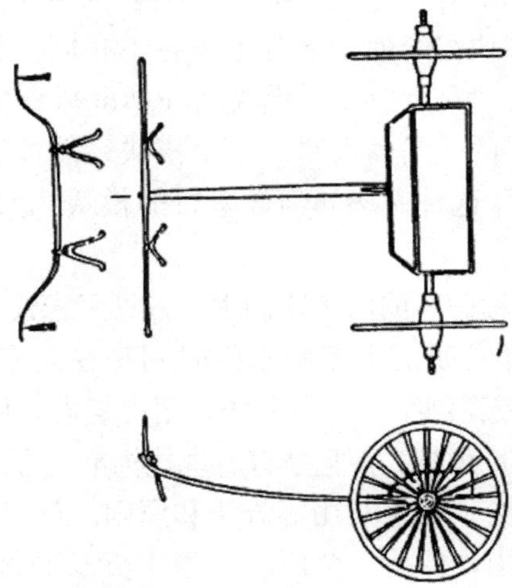

图1-3 陕西张家坡第二号车马坑周代车辆复原图

人类的劳动是从制造工具开始的。到了手工业时代，劳动工具已经由石器逐渐过渡到青

铜器，甚至出现了最初的铁器。我国商周时期的青铜器，无论其冶炼技术还是产品加工的精美程度，都可以作为这一时期科学技术和标准化发展水平的标志（见图1-4）。

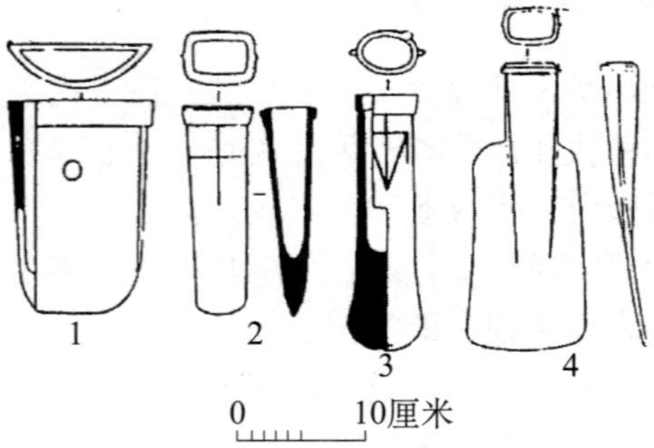

图1-4　商代的青铜农具

在我国历史上，秦始皇是最早利用中央政府的权力推行标准的。秦始皇统一中国后规定“书同文，车同轨”，并且统一了货币和度量衡。为了使政令在全国范围内有效传达，秦始皇派李斯等人整理文字，废除战国时期各国不同的文字，把小篆作为全国的文字规范，即“书同文”；为了使车辆能够在全国通行，规定全国所有车辆轮子的轴距一律为六尺。轴距统一了，车辙就统一了，即“车同轨”；秦始皇还规定，在全国统一使用圆形方孔的秦国铜钱，同时统一了度量衡，使长度、容量、重量都有统一的标准。

这些措施有利于全国赋税制度的实施，有利于各地经济文化交流，对后世也有深远影响，成为古代标准化的典范。秦始皇还注意用法律手段保护和推进标准化。比如，秦朝颁布的《工律》规定“与器同物者，其大小短长广必等”，要求同类器物的外形尺寸一致。这样的律令实质上就是对标准的规定。当时不但在《工律》中规定了手工业产品的标准，在《金布律》中规定了布匹的尺寸标准，而且在《田律》中规定了农业和种子的耕作使用规范。所有这些措施对当时经济和文化的发展起了重要的促进作用。

举世闻名的秦兵马俑同样与标准化紧密相关。实地考察证明，每个陶俑都不是单独设计、单个制造的，也不是一体化结构。它们是由陶俑身体各部分的不同类型和有限的模块组装而成的。整个地下军团基本上有3种足踏板、3种鞋、4种靴、2种腿、8种躯干、2种铠甲和8种头型，丰富多变的模块组合使大部分个体各不相同。德国著名汉学家雷德侯（Lothar Ledderose）对此评论道：“只有应用了模块（module）系统，才有可能完成这一非凡壮举：造就数量惊人又姿态万千的兵马俑大军。这个模块系统才有可能创建一支神奇的大军，保卫他的陵寝直至千秋万代。”这种做法同当今盛行的模块化大规模制造，无论在原理上还是方法上都没有太大的区别。

被誉为“标准化发展的里程碑”的活字印刷术，首见于宋代科学家沈括（1031—1095）的《梦溪笔谈》。其中记载了毕昇发明活字印刷术的时间是在北宋的宋仁宗庆历年间（约公元1041—1048年）。这种方法用胶泥制字，一字一印，用火烧硬，使之成为陶质的活字。这一发明不仅是对人类科学文化的宝贵贡献，而且孕育着现代标准化方法和原理的萌芽。沈括成功运用了标准件、互换性、分解组合、重复利用等方法和原则。英国科学史学家李约瑟说：“在公元3世纪到12世纪之间（中国）保持一个西方所望尘莫及的科学知识水平……中国的这些发明和发现往往远远超过同时代的欧洲，特别是15世纪之前更是如此”（钱三强，1980）。

虽然农耕时代的生产方式具有很大的局限性，但是手工业能够得到一定程度的发展。这主要是手工作坊式的小家族企业，采用师傅带徒弟的方式进行传承。很多师傅或工匠都在自己的行当具有高超的技艺，并享有很高的声誉，如铁匠、木匠、纺织工、印染工、制衣工、酿酒师等。制作产品的所有规则由师傅决定，包括产品的尺寸、装饰、原材料选取、加工工艺、工具的制作，等等。具有高超技艺的师傅自己制定标准，自己执行标准。师徒之间口头传承。当然，小作坊式的企业的缺点是效率低下，形不成规模化生产。

封建王朝为了自身的统治要建立庞大的官职系统，其中有一些是直接或间接与科技有关的职务。隋唐以后的一些朝代设立“少府监”负责手工业制作，“将作监”负责宫庙工程修建，“军器监”负责武器和军用品的生产，这些都与科技有直接的关系。到明清时，与工程技术有关的归“工部”，与农学有关的归“户部”，与天文学有关的归“钦天监”（戴吾三，2001）。这些科技官职的设立，客观上对古代标准化有重要的促进作用。例如，宋朝李诫就是我国建筑史上受命于朝廷的官员“将作监”。他编修的《营造法式》总结了我国近千年的建筑科技发展，是中国古籍中最完善的一部建筑技术专书（梁思成，2001），其内容集建筑设计和施工技术手册、技术标准和规范、劳动定额为一体，它的性质类似于今天的设计手册和建筑规范（王平，2009）。

清朝康熙十九年（1680 年）设立出版和印刷机构——武英殿，雍正年间开展了大规模的铜活字印刷，乾隆年间开始木活字印刷。《钦定武英殿聚珍版程式》由主持武英殿编印工作的金简组织编写（乾隆四十二年，1777 年），由乾隆皇帝批准出版，是我国古代官方颁布的木活字印刷标准，涉及木活字的材料、加工、质量、管理、制版，以及字体、版式、印刷流程、活字流转使用等内容。遗憾的是，清朝并没有进入工业化社会，印刷标准还是基于手工印刷，属于手工业标准规范，未能涉及机械印刷领域，不足以催生进一步的创新和规模化印刷工业，最终导致了我国古代活字印刷术的衰亡（胡雄伟，2009）。

三、西方近代标准化

（一）早期的工业革命与标准化

1. 企业内部的标准化

18 世纪六七十年代瓦特改良蒸汽机成为工业革命的标志。原始手工作坊式的生产方式开始向机械化和规模化的生产方式转变。规模化生产促进了企业内部的劳动分工和工序简化。工厂不再需要手工作坊中那种具有高超技艺的师傅。生产的急剧扩张需要让刚刚从农业转入工厂的廉价劳动力能在工厂中从事简单劳动。分工能够让工人的劳动简单化、操作标准化，让所有刚刚步入工人行列的人经过简单的培训就能够从事工厂中的劳动。

18 世纪末美国刚建立时，政府急需大量军火，美国副总统杰斐逊根据美国国会的授权，于 1798 年与机械工程师、企业家埃利·惠特尼（Eli Whitney，1765—1825）签订了一项合同，规定他在两年之内向政府提供一万支步枪。由于当时政府已经认识到战争过程中的枪械维修需要零部件能够互换，因此对惠特尼提出了零部件互换性的要求。惠特尼最终做到了用政府提供的步枪样品作为模型，分零件进行仿造。标准化的零部件尺寸都是一致的，具有互换性，所生产的不同零部件能很容易地组装在一起成为最终产品（步枪）。惠特尼的做法在美国是革命性的——通过制造过程专业化分工和零部件标准化，工厂有了批量生产能力，大大提高了效率，也为以后的流水线生产奠定了基础。惠特尼因此被誉为“标准化之父”（Breitenberg M A，2009）。

近代标准化一开始就与企业有直接的关系。标准化的第一推动力来自企业扩大生产规模、提高经济效益、提高产品质量以及企业创新的需求。工人执行的标准不再是自己制定的，而是企业中的质量工程师或工业工程师制定的（Clarke C，2003）。在规模化生产中，工人不必知道自己为企业的产品到底发挥了什么作用，他只是工业机器中的一颗螺丝钉，在自己的岗位上不断重复同样的标准动作。

2. 历史上的技术创新和标准化

19世纪前后是科技创新的时代，一系列机械和电气发明不断涌现。1775年美国的威尔金森发明了世界上第一台真正的镗床，1797年英国机械发明家莫兹利发明了用丝杠传动刀架的现代车床，1834年德国的雅可比发明了直流电动机，1870年比利时工程师格拉姆发明了直流发电机，1879年美国的爱迪生发明了电灯，1880年意大利物理学家亚历山德罗·伏特研制成了世界上第一块电池……全世界很快就迎来了彻底改变人类生活的电气时代。

1800年，英国的机械工程师亨利·莫兹利（Henry Maudslay，1771—1831），在历史上被誉为"车床之父"，其创新性的机床发明在机床发展史中占有极为重要的地位。他对标准化的贡献是螺纹加工车床的发明（Roe J W，1918）。这是历史上著名的螺纹尺寸标准化的开端，是互换性原理在螺栓和螺母应用中的体现，也是对零部件通用性、互换性做出的重要贡献，为后来螺纹标准的产生奠定了重要基础。在莫兹利发明螺纹加工车床之前，螺栓和螺母必须是成对地制造。

1841年，英国机械工程师惠特沃思（Whitworth，1803—1887）设计了统一的螺纹标准，采用固定的55度螺牙角度，对给定的直径都有对应的标准螺距。英国的很多铁路公司率先采用了这一标准，之后这一标准很快被普遍接受，成为英国统一的螺纹制度，称为惠氏螺纹。① 后来，美国、英国、加拿大将惠氏螺纹合并成统一的英制螺纹并广泛应用（叶柏林，2001）。

英国物理学家威廉·汤姆森（William Thomson，1824—1907）于1848年首次提出绝对温度的概念，他是热力学的奠基人之一，1851年提出热力学第二定律。汤姆森把自己的后半生都贡献给了物理学，特别是电学领域。作为英国标准协会电学委员会的领导者，他引入了电的标准计量单位体系，后来被国际上广泛采用。②

通过这段历史我们能够清晰地看到，技术创新和标准化是交织在一起的。天才的发明家和科学家往往对标准化有重要贡献，他们的贡献至今被人铭记。

3. 战争和国防的需求对工业标准化的促进

第一次世界大战和第二次世界大战期间，前线对飞机、坦克、运输设备等武器装备及其各种零备件的需求无论在时间还是数量上都远远超过和平时期，这种需求对军工企业的生产规模和效率提出了更高的要求。企业必须用标准化的生产方式才能快速满足战场武器装备的补给需求。

法国军队工程师查尔斯·雷诺（Charles Renard，1847—1905）在弗朗哥·普鲁士战争之后开始在法国军队的航空部门负责载人气球飞艇的设计。他提出一个直到现在还在广泛应用的方法：优先数（见本书第6章）。这种方法用于飞艇的绳索直径的计算，帮助法国军队把制作飞艇的绳索种类从425种减到了17种，体现了标准化的重要基本形式——简化和系

---

① 参见 The Whitworth Society. http://www.whitworthsociety.org/history.php? page=2。

② 参见 William Thomson (Lord Kelvin). https://www.mit.edu/~kardar/research/seminars/knots/history/Thomson.html。

列化，为军队大大减少经费开支和提高效率做出了重要贡献。[①] 优先数后来成为国际标准ISO 3。

4. 企业中的标准化问题和泰勒的《科学管理原理》

按照古典管理学创始人泰勒（Taylor，1856—1915）的观点，企业中的标准可以有管理标准、工作标准、工时标准，以及与工人劳动相关的工具和器具标准，等等。他在《科学管理原理》中详细论述了其工厂标准化实践和研究成果，认为应该在科学分析的基础上进行工人操作方法的标准化、工具的标准化、机器和材料的标准化，以及作业环境的标准化，并认为这就是工厂中的管理原理。[②] 从他的著作中能够看到，泰勒的研究方法是从工人的劳动中找出科学规律，然后确定标准，让工人按照科学规律进行操作，从而达到提高效率的目的（Taylor，1911）。很多人把在20世纪初出现的福特汽车流水线生产方式称为福特制，也称其为泰勒主义的生产方式。不难理解，这种生产流水线需要极高的标准化模式。

（二）民间标准化组织的产生和发展

1. 民间标准化组织的产生

19世纪下半叶，第二次工业革命加速了欧美的工业化发展，产业规模急剧扩张。产品的复杂程度使一个企业无法独立完成一项产品的全部设计和制造，这必然产生企业之间的专业化分工。同时，企业之间出现了技术上不协调、产品不兼容、零部件不能互换、产品系列过多和不统一等问题。市场竞争带来了产业链中技术层面的无序性。这些问题必然导致社会经济运行的浪费和效率低下，靠企业自身或市场的自由竞争和看不见的手是无法解决的。企业之间技术上的无序和不协调是民间标准化组织产生的重要原因。

19世纪早期出现了民间的行业协会/学会组织中的标准化，如英国土木工程师学会（ICE）、英国机械工程师学会（IMechE）、美国机械工程师协会（ASME）、美国电气工程师学会（AIEE，IEEE的前身）、德国电气工程师协会（VDE）等（Wang P，2011）。本来这些协会或学会成立的目的是把相关领域的工程技术人员集合到一起讨论工程技术问题，但是产业中标准化的需求促成了这些行业协会/学会组织开始讨论并开展相应的标准化。在这种组织里，成员共同协调产业利益，把可以协调统一的技术内容制定成标准，大家共同执行。

2. 民间标准化组织的出现是一种社会形态的演变

随着标准化的发展，后来出现了专门的民间标准化组织，如美国材料与试验协会（ASTM）、美国电气和电子工程师协会（IEEE）所属的标准化协会（IEEE-SA）等。无论是民间协会和学会制定标准还是专门的民间标准化组织制定标准，都把公开透明、协商一致作为标准化的基本原则。这种组织制定的标准属于民间自愿性标准，也称为协商一致标准。企业是否采用这种标准是自愿的，没有必须执行的义务。在企业之间如果双方商定采用某一标准进行产品制造或商务活动，可以将该标准写入契约以发挥其法律效力。在市场交易中的契约引用自愿性标准以后，该标准的执行就变成了强制性的（王平，2005）。自愿性标准被产业界认同并广泛执行在很大程度上解决了企业之间在技术上不协调的矛盾，以及由此产生的经济运行不经济的问题。

民间标准化组织的出现是一种社会形态的演变，也是一种社会进步。这样，企业执行

---

① 参见 Preferred Numbers. http://www. sizes. com/numbers/preferred _ numbers. htm。

② 参见 Frederick Winslow Taylor. https://www. bl. uk/people/frederick-winslow-taylor。

的标准除了要执行自己制定的标准以外，还要执行其他不同层面的标准化组织制定的标准，包括协会/学会标准，以及后来出现的国家标准和国际标准。市场经济中产生的民间标准化组织必然要受到市场的考验，所制定的标准必须具有时效性和市场适用性。这种组织的性质都是非营利的，其经费来源只能是它向企业提供标准和服务（如培训）所获得的回报。

3. 国家、国际和区域标准化的产生和发展（Wang P，2011）

（1）国家标准化组织。20世纪前后，由于运输业的快速发展，国家与国家之间的贸易急剧扩大，在不同地域和国家生产的原材料和零部件不统一，买家或用户如果不做后续的改动将很难使用。这种情况不仅导致产业扩张期间的效率低下，而且会产生国家与国家之间的贸易纠纷。这种国际贸易中出现的产品标准不一致问题可能造成的纠纷必然产生国家标准化和国际标准化的需求。这种需求是一种动力，推动国家之间的标准互相协调和统一，促进国与国之间的资源优化配置。这就是国家标准化组织和国际标准化组织产生的历史原因。20世纪初在全球范围内相继成立了十多家国家级标准化组织，包括英国工程标准委员会（ESC，BSI的前身）、德国标准化学会（DIN）、美国国家标准学会（ANSI）、法国标准化委员会（AFNOR的前身）、日本工业标准调查会（JISC）等。值得一提的是，中国于1931年正式成立了工业标准委员会。

主要发达国家的国家标准化组织基本上是在已有的民间标准化组织的基础上产生的，所以，这些国家标准化组织的基本构架、运作模式与民间标准化机构大致相同。它们依然是非营利的，遵循公开透明、协商一致的标准化基本原则，所制定的国家标准保留自愿的性质，运行经费依靠向市场提供标准服务的回报。

（2）国际标准化组织和区域标准化组织。历史上国际标准化组织的出现与国家标准化组织相比没有明显的时间界限，几乎都是在同一个时期，而且其会员结构很大程度上受到了国家形态的影响。

国际电工委员会（IEC）成立较早，于1906年在英国伦敦正式成立，负责电工、电子领域的标准化。1946年，25个国家的代表在伦敦召开会议决定成立一个新的国际组织，目的是“促进工业标准的国际协调和统一”，其结果就是于1947年正式成立了国际标准化组织（ISO）（ISO，1997）。中国当时也是ISO的发起国之一。另一个重要的国际组织就是国际电信联盟（ITU），它于1865年由20个国家共同组建成立。当时的名称为国际电报联盟（缩写也是ITU），1932年更改为现在的名字。1947年它成为联合国在信息通信方面的专属机构。①

从历史的发展看，国际标准化组织ISO和IEC也是从民间标准化组织发展而来，所以这种组织的性质与民间标准化组织有相应的传承性。ISO和IEC依然保留非政府（民间）、非营利组织的性质，它们制定的国际标准保持自愿的属性，国际标准化组织所采用的基本原则是公开透明、协商一致。所不同的是ISO和IEC的组织原则：一个国家只能有一个标准化组织代表国家参加国际标准化活动。其主要原因是受到国际上实际存在的国家形态的影响。

需要注意的是20世纪后半叶区域标准化组织的出现。欧洲标准化委员会（CEN）成立于1961年，欧洲电工标准化委员会（CENELEC）成立于1972年，欧洲电信标准化协会

① 参见 http://www.itu.int/en/about/Pages/history.aspx。

(ETSI) 成立于1988年，太平洋地区标准大会（PASC）成立于1973年，东盟标准和质量咨询委员会（ACCSQ）成立于1992年，等等。

整个世界于20世纪逐渐形成了标准化的格局：民间标准化、国家标准化、区域标准化、国际标准化。这种情况折射出在全球经济发展中存在的国家之间和区域之间的贸易竞争与协调关系。

4. 近代标准化史中的重要事件——WTO的成立

世界贸易组织（WTO）于1995年成立，其目的是促进国际贸易的发展。WTO的前身是1947年成立的关贸总协定（GATT）。WTO的成立是近代史中对标准化影响最为深远的一件事。国际贸易取消关税壁垒之后，非关税壁垒成为贸易的主要矛盾。这加速了WTO签订《技术性贸易壁垒协定》（《WTO/TBT协定》）。在《WTO/TBT协定》中更加明确了技术法规、技术标准、合格评定的含义、基本规则和标准化良好行为规范的内容。《WTO/TBT协定》非常明确地要求各个国家在制定技术法规和技术标准时要采用国际标准化组织的标准。技术法规和技术标准成为国际贸易的重要游戏规则。这一结果大大提高了国际标准化组织在国际事务中的地位，也大大提高了标准化的国际地位（Wang P，2008）。《WTO/TBT协定》的签署也说明，各国政府在管理国家事务和监管市场时需要标准，特别是涉及国家安全、人身健康和食品安全、保护资源和环境等问题的时候，需要对技术指标做出规定，以便政府监管时有所依据。

四、我国近代标准化

（一）清朝灭亡到中华人民共和国成立时期

1912年清朝的灭亡标志着中国最后一个封建王朝的终结。在国际上“合理化、标准化”浪潮的推动下，中华民国政府的实业部（经济部前身）在1931年3月草拟了“工业标准委员会简章”，于同年5月3日由行政院公布实施。同年12月正式成立“工业标准委员会”，下设纺织、汽车、农产、医疗、机械、矿冶、电工等领域，成立专门标准起草委员会4个，编写标准草案877个，并收集了一些国外标准。1946年颁布了《标准法》，同年10月派代表参加了国际标准化组织（ISO）成立大会并成为理事国。1947年将全国度量衡局与工业标准化委员会合并成立了中央标准局（属经济部），确立了政府部门管理标准化工作的体制。截至1947年共编写标准草案1 500余个，但经审定公布的标准只有79个（代号CS）（须浩风，1986：11－13）。我国早在1920年便加入了国际电报联盟。1947年，首次被选入行政理事会，其后中断。

（二）计划经济时期

1949年中华人民共和国成立后，我国开始实行计划经济体制。随后建立的国家标准化模式受到苏联的影响，由政府总体规划并管理全国标准化的工作。在计划经济体制下，国务院所属工业主管部门（例如机械工业部、电子工业部、建设部等）相当于若干大型国有公司，标准的作用从一开始就是在计划经济条件下政府组织规模化生产的手段，企业必须执行。这也是当时标准都具有强制性的根源。

1949—1964年，标准化管理由中央政府统一领导，国务院所属各部门和地方政府分工负责。标准体系包括国家标准、部级标准（后来转为行业标准）、地方标准。国家标准、部级标准、地方标准都是由政府组织制定的，企业无权自己制定技术标准。政府负责标准的计划立项，组织技术专家制定标准并发布标准，所有标准的性质都是强制性的。部分科研机构成为制定标准的核心力量。截至1963年有32个隶属于政府的研究院所和设计单位被指定为国家标准化核心机构（须浩风，1986：22-37）。

（三）改革开放时期

随着我国改革开放步伐的加快，开始实施“有计划的商品经济”，政府开始给企业松绑。在这一背景下，1989年国家发布了《中华人民共和国标准化法》。政府对标准化的管理依然沿用了在计划经济体制中确立的管理体制，即中央政府统一管理，各个行业部门分工负责的管理体制；同时确立了我国的四级标准，即国家标准、行业标准（原部级标准）、地方标准、企业标准。这四级标准中的国家标准、行业标准、地方标准实质上都是政府组织制定的。

在当时的条件下，1989年发布的《中华人民共和国标准化法》（以下简称《标准化法》）比较大的进步有三条，首先是明确了标准有强制性和推荐性之分；其次是确定了开展标准化应该建立标准化技术委员会；最后是企业可自主制定标准，但企业需要按规定把制定的标准向政府有关部门备案，并接受政府的监督。这种体制设计虽然还是政府管理下的标准化，但是对标准化体制做了重要调整；采用标准化技术委员会的形式向国际通行的方式靠拢，让利益相关方进入委员会起草制定标准。与此同时，我国的强制性标准也大幅度减少，企业在自身标准化方面享有了一定的自主权。

由于受到国际标准化以及发达国家标准化的影响，20世纪80年代初我国政府就开始组织成立“专业标准化技术委员会”。截止到1999年底，已成立全国性专业标准化技术委员会243个，分技术委员会410多个，所制定的国家标准达19 118项（叶柏林，2001：28）。到2006年底，共成立了技术委员会（TC）444个，分技术委员会（SC）586个（王平，2009）。这些技术委员会和分技术委员会的秘书处大部分由隶属于政府的研究院、所和设计单位负责管理（即标准化归口单位）。

新中国成立后，我国于1957年加入IEC，于1972年和1978年分别加入ITU和ISO，并与发达国家的标准化组织开展广泛的友好交流，建立了很好的标准交换关系，确保了最新的国际标准和发达国家的先进标准都能及时进入中国。1987年中国标准情报中心成立，负责标准馆（后来的国家标准馆）的运行管理。国务院有18个部门（部级机构）设立了标准情报研究所（室），23个省、自治区、直辖市建立了标准情报研究所。全国由此形成了庞大的标准信息网络，向全国的研究机构、企业以及标准化技术委员会传递标准信息。

1993年，国家技术监督局在标准化领域推行“双采方针”——制定我国的各类标准要重点采用国际标准（如ISO、IEC、ITU标准）和国外先进标准（如ASTM标准、IEEE标准、DIN标准、JISC标准等）。这是在当时的历史条件下我国整体技术水平和竞争能力与发达国家相比有很大差距的情况下提出的。为了引进国外的先进技术，除了引进投资、用市场换技术等政策之外，标准化的“双采方针”是我国实施技术跟随战略的一项重要内容。“双采方针”让标准的技术扩散作用得到了充分发挥。发达国家的先进技术向当时相对落后的中国在各个领域快速转移，标准成为一种非常有效的管道。“双采方针”为那个时期国际标准和国外先进标准在中国的推广应用，以及助推经济快速发展，促使我国的产业和经济尽快融入全球经济发挥了非常重要的历史作用。

（四）不断调整中的标准化体制

按照1989年《标准化法》的规定，我国的标准化体制完全由政府负责管理。标准化法中规定的国家标准、行业标准、地方标准都由政府组织制定和发布。目前，我国政府标准化管理的主体是多元化的：国家层面的标准化由国家标准化管理委员会负责；行业层面的标准化由行业部门负责，如工业与信息化部、住建部、交通运输部、环保部、农业部、国家市场监督管理总局、新闻出版广电总局等等；地方层面的标准化由各省市自治区政府的市场监督管理局负责管理。

1. 国家标准化

国家标准化管理委员会的主要职责是，制定发布国家标准化政策，国家标准的立项和最终发布，各个领域国家标准化的协调，为行业和地方标准化提供政策支持等。国家标准化管理委员会组织制定国家标准主要是依靠各个领域的标准化技术委员会。截止到2021年底，全国标准化技术委员会和分技术委员会有1 300多个。[①] 这些技术委员会大部分是国家标准化管理委员会和行业政府部门共同组织成立，秘书处有的设在隶属于各部门的技术机构，例如中国标准化研究院、中国电子技术标准化研究院等科研机构；也有的设在行业协会中，如中国通信标准化协会、中国电器工业协会等。这些标准化技术委员会大部分既负责国家层面的标准化，也负责行业层面的标准化。

2. 行业标准化

行业政府部门的行政职责主要是行业标准的立项和最终发布，推动行业的标准化发展等。行业标准化涉及的内容繁多。现行的行业标准类别代号就有72项，其中每一个代号表示一个行业领域，共有72个行业领域（见第3章）。在计划经济时期，每一个类别代号有一个政府部门与之对应，负责管理行业标准化。改革开放之后，有若干行业部门被撤销了，那些被撤销部门的标准化管理职能曾经历了由国家发展和改革委员会到工业和信息化部负责管理的过程。目前工业和信息化部管理的行业标准共有18个行业类别代号。现在还有一些负责产业的部门，包括住建部、农业部、民航总局等，依然是各自独立负责管理行业的标准化。行业政府部门的标准化具体组织工作需要依靠标准化技术委员会，以及相应的标准化归口单位（标准化科研机构或技术机构），或者是产业领域的（标准化）协会等。

值得注意的是，隶属于各级政府的标准化科研机构或者承担标准化技术委员会秘书处的技术机构在中国的标准化中起到了非常重要的作用。在实际中，它们一方面作为政府开展标准化的智库，为政府提供标准化组织管理、政策、产业重点等方面的咨询和建议方案；另一方面，它们又负责组织开展标准化活动，承担标准化委员会的秘书处，规划标准化重点，向不同利益相关方提供公共服务平台，在国际上代表中国参加ISO、IEC等组织的标准化活动等。

3. 地方标准化

地方标准化涉及22个省，5个自治区，4个直辖市。每个地方政府都由当地技术监督局（后改为市场监督管理局）具体负责本地区的标准化工作，主要行政职责也是负责地方标准的立项和发布，而具体标准化的组织工作一般要依靠地方的标准化研究院和地方的标准化协会。地方政府的技术监督部门还负责依据标准对企业的产品进行质量监督抽查。

---

① 参见全国标准信息公共服务平台，TC目录请查询 http://std.samr.gov.cn/org/orgTcQuery。

4. 协会组织

改革开放以后，各级政府推动成立了很多标准化协会。国家层面有中国标准化协会；行业层面有各个行业部门的标准化协会，如中国电子工业标准化技术协会、中国通信标准化协会、中国工程建设标准化协会、中国电力规划设计协会、中国标准化协会汽车分会、中国标准化协会化工分会等等；地方层面的每一个省市也有各自的标准化协会，如上海市标准化协会、广东省标准化协会、山东标准化协会、北京标准化协会、深圳市标准化协会等。这些协会一般都与政府部门有非常紧密的关系，其中大部分并不制定自己的协会标准（2018 年《标准化法》修订之前），主要是协助推动各级政府的标准化工作，以及做一些标准化的宣传和培训工作。但是也有少数标准化协会从 20 世纪后期就开始探索制定自己的协会标准，例如中国标准化协会、中国电信标准化协会、中国工程建设标准化协会等。

5. 联盟标准化

进入 21 世纪之后，政府意识到全部由政府管理的标准化体制与推行市场经济的矛盾性，开始鼓励民间成立产业创新联盟，希望通过产业联盟孕育民间的标准化。2005 年科学技术部联合国务院国资委、中华全国总工会共同实施“技术创新引导工程”，推动产业技术创新战略联盟的构建和发展。2008 年科技部等 6 部委共同发布《关于推动产业技术创新战略联盟构建的指导意见》，强调制定联盟标准是产业联盟的重要任务之一。

科技部的调查数据显示，科技部认可的 56 家产业联盟试点中有 47 家在联盟协议书中明确了制定联盟标准的任务，有 34 家已经开始了制定联盟技术标准的工作。其中比较成功的联盟包括 TD-SCDMA 产业联盟、国家半导体照明工程研发及产业联盟、AVS 产业联盟、闪联产业联盟等。产业技术联盟改变了企业恶性竞争的局面，能够有效整合产业资源，打造完整的产业链，开始了从完全由政府组织制定标准向政府和民间标准化共存的转型，这是我国市场经济转型的突破，对提高产业竞争力具有非常重要的意义（吴刚，颜平，2011；王平，2013）。

6. 标准化法修订

在 1989 年《标准化法》实施近 30 年后，我国标准化发展史上一个标志性的事件就是修订后的《标准化法》于 2018 年发布实施。2018 年《标准化法》在几个重要环节做了修订，如鼓励学会、协会、商会、联合会、产业技术联盟等社会团体制定满足市场和创新需要的团体标准；改变 1989 年《标准化法》要求的企业标准备案制度，实行团体标准、企业标准自我声明公开和监督制度；强制性标准改为由国务院有关行政主管部门集中管理等。

进入 21 世纪之后，我国参与国际标准化力度大大提高，2008 年成为 ISO 常任理事国，2011 年成为 IEC 常任理事国；我国鞍钢总经理张晓刚和中国华能集团董事长舒印彪分别当选为 ISO 主席（2015—2017）和 IEC 主席（2020—2022）。

第 2 节　标准化的学科特征

一、学科研究对象

除了社会学，其他学科对标准化的研究重点是工业领域的标准化，如工程学、管理学、经济学、法学等。这主要是因为工业领域的标准和标准化对人类文明的发展影响巨大。从

18 世纪工业革命开始到现在才 200 多年的时间，已逐步形成和完善了企业标准化、各个工程领域的标准化、各个国家和国际标准化。各种产品和服务标准支撑着全球工业和经济的运行，其影响已经渗透到人类经济和社会文明的各个角落。而其他领域的标准，如教育、体育、文艺、绘画等领域的标准影响都相对有限。所以，现在学术界对标准和标准化的研究主要是针对工业领域的标准和标准化现象。但是，社会学有所不同，其视角相对很宽，考察对象几乎包括与标准有关的所有社会现象。

工业领域标准化的研究对象主要包括六个方面。一是企业标准化，如企业在管理、生产过程中的标准需求，标准在企业中的功能作用等。由于企业是各类标准需求产生的根源，也是标准实施的基本单元，所以对企业自身的标准和标准化、企业在市场中的标准战略行为的研究极为关键。二是市场竞争中的标准，包括标准的传播，标准与创新、标准与专利之间的关系，标准与工业创新网络、工业生态网络的关系，以及标准在不同产业环境中发挥的作用。三是各类标准化组织，包括国家标准化组织、国际标准化组织等传统标准化组织，也包括 20 世纪后期发展起来的标准联盟（consortia）和论坛（forum）组织。研究内容包括组织形式、构架、会员规则，制定标准的规则、专利政策以及各种利益相关方参与标准化的不同行为等。四是政府的技术法规/强制性标准对企业和贸易的规制，技术法规的产生和政府监管的制度设计，以及生态环境和资源的保护、人身安全、动植物安全等方面涉及的技术法规体系和自愿性标准体系之间的关系等。五是工业标准化历史和其他相关标准化，如财务会计标准化、标准与文化、标准与消费者、标准化教育等内容。六是各个工程技术领域都有的大量具体标准。

二、交叉学科特征

标准化学科的一个重要特性是交叉学科特征。目前涉及标准化并开展研究的学科主要包括工科类专业、制造工程、工业工程、管理学、经济学、法学、社会学、公共政策和历史学等。

最早开展标准化研究和知识传播的是工科类的专业，如机械、电子、化工、冶金、建筑、半导体、信息通信技术、智能制造、航空航天、纳米技术等等。在大学的各类工程学领域开展了不同程度的具体技术标准研究，在工科类的教材、课程中也都有所体现，例如机械、电子、化工、建筑等领域。制造工程学还展示了制造企业中的零件和部件标准化、模块标准化与订单切入点、产品交付时间等要素之间的关系，讨论既要满足客户多样化的需求，又要在企业内部尽量多采用零件和部件标准化、模块化的方法，达到提高效率和快速交付高质量产品的目的，从而产生了大规模定制（mass customization）的理论。

古典管理学的研究内容在很大程度上与标准化有关。20 世纪 50 年代之前，管理学文献主要有两类派别，其中一派支持直接监督（direct supervision），而另一派倾向于标准化。主张标准化的主要是美国的泰勒和德国的马克斯·韦伯（明茨伯格，2007：9－10）。泰勒和韦伯的理论在一定程度上把企业的组织规则、职位描述、信息沟通、工作场所、工具、流程、工人的操作、工时等内容都标准化了。这一派后来发展成为工业工程学。管理学的权变理论研究组织中的协调机制与标准化的关系，认为在组织中任务的标准化可以是过程标准化，也可以是输出标准化或技能标准化（明茨伯格，2007：7－9）。

经济学研究标准化与创新的关系、标准的不同类别及其在市场中的功能作用、市场中的标准竞争、产品的主导设计与事实标准、企业的标准竞争战略、网络外部性与标准、产业生态系统与标准化、技术标准与全球创新网络、技术专利与标准等。经济学也对不同的标准化组织开展研究，主要侧重标准化组织中利益相关方之间的博弈。经济学在宏观层面还针对某个具体的国家研究国家标准对宏观经济发展的贡献（例如英国和德国的研究），以及在中观和微观层面研究标准对企业或产业的经济贡献（例如 ISO 的研究）。

法学的研究主要侧重于标准必要专利（SEP），如政府对企业 SEP 产生垄断的司法解释和处罚案例、反垄断法与专利侵权、法院对企业 SEP 诉讼的判例、专利的劫持和反劫持、专利侵害的救济问题等。也有一种经济法学研究，讨论经济规制与法律规制，以及相关的质量和标准问题等。法学界的研究虽然已经形成一定的规模，但对有些问题并未达成一致，需要进一步的研究。

社会学领域主要从更广的视角研究标准的概念和本质，认为标准是一种社会运行规则以及标准是为其他人或组织给出的建议，提出了标准能够创建并演绎现实世界的观点。社会学把标准看成覆盖整个人类文明发展的一种社会现象，而工业标准仅仅是标准现象中的一部分。社会学的认知能够解决平常人们对标准理解的诸多困惑，主要表现为标准词义的广泛性——标准一词能够适用于人类社会的各个领域。

公共政策的研究重点是讨论一些产业中的案例以及相关政府政策的方式方法。政府对产业创新和相关的标准问题如何干预、何时介入等是公共政策面临的关键问题。考察政府政策的有效性也面临挑战。它不能在实验室里重复实验过程，只能采用跨时空收集数据然后进行比较的方法。决策者对竞争标准的选择与干预时间问题依然需要更多的考察和分析。

标准的历史研究也在不断深入，包括古代标准化史、近代标准化史、重要的国际标准化组织的发展历史、某个国家的标准化发展历史等。开展标准化历史研究能够发现很多当代标准化现象的历史根源，也能够对今后标准化的发展趋势进行一定的预测。

由于标准化研究具有交叉学科的典型特征，某个学科的标准化研究成果会被不同学科的研究大量引用，例如制造工程学的案例和研究结论被广泛用于其他领域。经济学的网络外部性理论和接口标准的研究结论基本上都被法学界和公共政策的研究借用；上面提到的经济法学对标准的研究可以说其本身就是一种跨学科研究。从原理上看，对标准和标准化的研究最好采用跨学科的方式，因为各个学科之间需要一定的协调，解决共用的术语问题、基本概念问题，以及一些分类、原理和方法方面的问题，等等。

第 3 节　标准知识体系[①]

一、标准知识的分类

标准知识可分为三部分：标准基础知识；通用知识；标准专门领域知识。[②]

标准基础知识包括标准/标准化的基本概念、分类和特性等。通用知识主要包括参与标准研究的不同学科自身的必要知识，例如制造工程领域在研究标准化的时候需要用自身的学科知识进行支撑。标准专门领域知识主要包括企业标准化、标准化组织与标准、标准的传播

① 本节部分参照王平等（2019）。

② 本分类方法参考了吴学静等（2013）的研究。

与实施、标准与技术创新/标准必要专利（SEP）、标准的经济效益、政府政策与技术法规、标准历史及其他方面等。

二、标准的基本概念和分类

标准化学科的基础知识包括标准的基本概念和分类，主要回答什么是标准和什么是标准化的问题。由于标准的交叉学科特征，不同学科的学者试图从不同的角度解释标准的基本概念，提出不同形式的分类。工程学和管理学的视角相对微观，主要是从解决问题的视角。经济学更多着眼于市场，而社会学的视角相对较宽，考察各种社会领域中的标准现象。

三、标准专门领域知识

（一）企业标准化

企业标准化需求是工业标准化最基本的需求，所以企业标准化研究领域属于工业标准化最基本的内容。企业标准化知识包括企业标准的内涵和分类，企业标准需求的内因，产品标准化，零部件标准化和模块化，产品质量管理、生产管理和作业流程标准化，工作/操作标准化等内容。

（二）标准和标准化组织

（1）标准及其产生。标准的知识包括标准本身以及对标准制定过程的知识。目前对此开展研究的有社会学、经济学、管理学等学科领域。对标准本身的问题研究大致包括标准的特性、标准与治理的关系、标准与某些社会要素的关系（如责任与反馈、竞争）等。对标准制定过程的研究包括：利益相关方参与标准化的动机和诱因，不同利益相关方在标准化组织中的行为，会员组成分析，利益相关方的互动方式，代表利益相关方的个人（专家）在标准化组织中的行为和作用，矛盾的协调和妥协，博弈和外交手段，以及专利披露的时机与利益关系，等等。

（2）标准承载的知识内容。标准是知识的载体，工业标准的绝大部分是技术解决方案。大学工科基础课中有很多都会把国际通行的标准写进教材，包括机械、电工电子、通信、网络等方面的标准内容；在典型的机械工程学、电工电子学、通信学等教材中都能看到ISO、IEC、ITU等标准的有关内容。

（3）标准化组织。标准化组织的知识主要分为两类，一类是随着工业化发展起来的传统标准化组织的知识，另一类是20世纪后期发展起来的标准联盟组织（standards consortia）的知识。学术界对不同类型的标准化组织和标准本身已经开展了一定的研究，包括组织类型、会员政策、利益相关方组成、组织运行方式、制定标准的游戏规则（如协商一致原则）、社会网络和专家网络、具体标准化组织案例剖析等。

（4）标准化组织的专利政策和专利披露。关于标准化组织的专利政策（RAND/FRAND[①]）在国际上已经有大量的学术讨论。目前主要是法学、经济学以及创新政策等领域对此开展研究。学术界讨论的要点主要是专利政策的合理性，标准化组织的责任；企业为

① RAND（reasonable and non-discriminatory）即合理与无歧视。FRAND（fair，reasonable and non-discriminatory）即公平、合理、无歧视。

了追逐利益最大化在专利披露时采用的各种策略和可能产生的侵权和垄断，以及有关的诉讼案例等。

（三）传播与实施

标准的传播与实施过程是标准与经济和社会互动的过程。这类知识包括：利益相关方在标准实施和传播过程中的行为；企业之间的标准技术协调关系；生态系统中的标准对上下游企业的影响，以及标准技术方案在全球生产网络和全球创新网络中的传播；研究机构的研发工作在技术转移过程中对企业采用标准施加的影响；测试认证机构对实施标准的促进作用；实施标准（标准化）的经济效益（宏观、中观和微观层面）；大学的科研、教育和职业培训对标准传播和实施的影响；等等。目前对这些领域开展研究的主要是制造工程学、经济学、管理学、组织学等。

（四）标准与技术创新/标准必要专利

这部分知识包括：标准与创新的关系（促进或阻碍）、标准在市场竞争中的地位和作用以及成功的标准案例研究等；事实标准的产生以及在市场竞争中的特点和作用；企业标准化战略、产业创新体系；标准促进/阻碍经济发展的机理；标准必要专利（SEP）与创新、标准必要专利的两面性（促进创新和产生垄断），反垄断治理等。

学术界对标准必要专利的研究可以大致分为两类：（1）产业创新和战略理论的研究；（2）法学界的研究，如专利在标准化组织中的披露，RAND/FRAND 承诺的实际意义以及在实际中的不公平，专利劫持、专利陷阱、诉讼当中的救济问题，等等。

（五）政府政策和技术法规

开展对政府的政策、资金投入对标准治理的影响研究包括：政府对标准和创新的政策、措施、资金投入方式、成功案例、与民间治理的互动和协调、治理效果评估以及治理成功与失灵等分析研究。技术法规和强制性标准问题是与标准治理相关的重要研究议题之一。具体研究包括不同体制的特点（如欧美之间），技术法规的产生过程，相关的法律规定，具体的监管形式和监管效果等。

（六）标准化历史及其他

近代工业标准化发展的历史知识对理解工业标准化非常必要。不同国家的历史发展路径对各国的标准化体制和企业的标准文化都有重要影响，造成不同国家之间的标准化体制有着明显的不同，使全球标准化网络中的标准化组织存在差异。历史是现实的一面镜子，对标准化历史发展轨迹的考察分析能够解答当今标准化治理发展的很多重要问题。

在标准化过程中还有一些不能忽略的要素，例如文化、消费者、教育等。在经济全球化的今天，执行国际通行的技术标准已经成为一种产业文化，技术人员在产品设计和解决工程技术问题的时候一定要查看是否需要采用标准，一个国家的文化也一定会对这个国家的标准化组织形态产生影响。

四、标准知识体系框架

通过前面的讨论，本章给出一个标准知识体系框架（见图 1－5）。建立一个清晰、合理

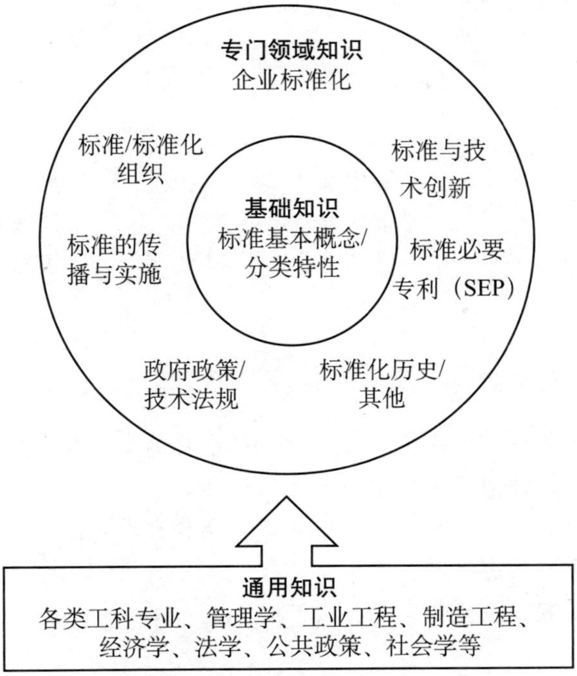

图 1－5 标准知识体系框架

的标准知识体系对于深入理解国际贸易、全球生产制造和服务系统中的标准化具有重要意义，对于今后的标准化研究和学科建设也有一定的帮助。这个框架将随着各学术领域研究的深入逐步完善。

本章小结

标准化的历史可以追溯到久远的年代，它每前进一步都同人类社会生产的发展息息相关。社会的进步和生产的发展提出了标准化需求并推动着标准化向前发展。标准化的发展经历了远古时代、古代、近代等几个既有联系又有质的差别的阶段。

近代标准化是随着工业革命逐步发展起来的。企业内部专业化分工、工序的简化和生产规模化需求是企业标准化最根本的动因。技术创新和标准化总是交织在一起的。天才的发明家和科学家往往对标准化有重要贡献。早期的经典管理理论（如泰勒的科学管理原理）对企业标准化开展了研究，并产生了高度标准化的福特制汽车生产方式。

19 世纪后半叶开始出现民间标准化组织。企业之间出现的技术协调需求是产生民间标准化组织的根本原因。20 世纪初开始，美国和欧洲国家以及日本、中国等成立了国家标准化组织，与此同时 IEC、ISO、ITU 等国际标准化组织也成立起来。20 世纪后半叶，全球不同的区域也成立了区域标准化组织，如 CEN、CENELEC、ETSI 等。整个世界于 20 世纪逐渐形成了标准化的格局：民间标准化、国家标准化、区域标准化、国际标准化。《WTO/TBT 协定》的签署是近代标准化史上的标志性事件。

标准化学科具有跨学科特征，研究对象重点是在工业领域的标准和标准化。标准化知识体系包括标准基础知识、标准通用知识、标准专门领域知识。标准基础知识包括标准/标准化的基本概念、分类和特性等。标准通用知识主要包括参与标准研究的不同学科自身的必要知识。标准专门领域知识主要包括：企业标准化、标准化组织与标准、标准的传播与实施、标准与技术创新/标准必要专利、标准的经济效益、政府政策与技术法规、标准历史及其他方面等。

关键术语

古代标准化	近代标准化	民间标准化
国际标准化	国家标准化	区域标准化
团体标准化	联盟标准化	WTO
标准化学科	跨学科	标准知识体系

思考题

1. 简述远古标准化萌芽、古代标准化、近代标准化的发生和发展。
2. 简述企业标准化、民间标准化组织产生的原因。
3. 简述学习标准化简史的启示——如何认识标准和标准化。
4. 为什么标准化学科具有跨学科特征？
5. 标准知识体系框架的主要内容是什么？

参考文献

[1] 戴吾三．中国古代的科技官职．科学中国人，2001（7）．

[2] 杜石然，范楚玉，陈美东，等．中国科学技术史稿．北京：科学出版社，1982.

[3] 胡雄伟．清朝木活字印刷标准：解读《钦定武英殿聚珍版程式》．标准科学，2009（4）：4－11.

[4] 梁思成．梁思成全集（第七卷）．北京：中国建筑工业出版社，2001：5.

[5] 明茨伯格．卓有成效的组织．北京：中国人民大学出版社，2007.

[6] 钱三强．科学技术发展的简况．红旗，1980（15）．

[7] 王平．从历史发展看标准和标准化组织的性质和地位．中国标准化，2005（6）：23－25.

[8] 王平．宋朝李诫编修《营造法式》对古代建筑标准化的贡献．标准科学，2009（1）：13－17.

[9] 王平，梁正．我国协会和联盟的标准化发展研究．中国标准化，2013（8）：59－62.

[10] 王平，梁正，侯俊军．标准知识体系综述．标准科学，2019（3）：45－52.

[11] 吴刚，颜平．产业技术创新战略联盟的创新意义．绍兴文理学院学报（自然科学），2011，31（1）：80－84.

[12] 吴学静，白殿一，逄征虎．标准学知识体系框架初探．中国标准化，2013（12）：58－61.

[13] 须浩风．当代中国的标准化．北京：中国社会科学出版社，1986.

[14] 叶柏林．质量 标准化 计量百科全书．北京：中国大百科全书出版社，2001：250.

[15] Breitenberg M A. The ABC's of standards activities. NIST，2009：3.

[16] Clarke C. Forms and functions of standardisation in production systems of the au-

tomotive industry: the case of Mercedes-Benz. Freie Universität Berlin, 2003.

[17] ISO. Friendship among equals: recollections from ISO's first fifty years. ISO, 1997. https: //www. iso. org/files/live/sites/isoorg/files/about%20ISO/docs/en/Friend ship _ among _ equals. pdf.

[18] McWilliam R C. BSI: the first hundred years 1901 - 2001: a century of achievement. London: The Institute of Civil Engineers, 2001: 18.

[19] Mintzberg H. The structuring of organizations. San Francisco: Prentice Hall, 1978.

[20] Roe J W. The mechanical equipment. Industrial Extension Institute, 1918: 201 - 202.

[21] Taylor F W. The principles of scientific management. Harper & Brothers, 1911: 7. https://d1lexza0zk46za. cloudfront. net/history/american-documents/documents/fwtaylor-scientific-mgmt - 1911. pdf.

[22] Wang P. Standardization historical overview. Beijing: China Standardization (English Version), 2008 (5): 27.

[23] Wang P. A brief history of standards and standardization organizations: a Chinese perspective. Hawaii: East-West Center, Working Papers, Economics Series, No. 117, 2011.

第 2 章

标准和标准化及其相关概念

学习要点

1. ISO/IEC 的标准和标准化定义及其局限性
2. 标准化的目的、主体和对象
3. 标准和标准化的本质
4. 标准的作用、存在形式、属性和时空范围
5. 标准和标准化内涵及其框架
6. 质量、合格评定、计量基本概念以及它们与标准之间的关系

第 1 节　引　言

在人类互相交流的词汇当中，“标准”是让人困惑的一个。这个词可能会出现在人类社会的各个领域。人们会说产品标准、食品标准、水质标准、安全标准、排放标准、教育标准、飞行员标准、市民标准、判案标准、比赛判定标准等等。杜甫诗曰“示我百篇文，诗家一标准”。标准这个词可以用在人类社会的任何场合，不仅可以用于物，而且可以用于人。

据考证，东晋孙绰的《丞相王导碑》中“信人伦之水镜，道德之标准也”是中国古代最早出现标准一词的用法（胡雄伟，2009），表示人的“榜样、楷模”的意思，也有最优秀的含义。按照社会学的观点，这个词既可以表示最好或最优秀的含义，也可以表示平均的含义（Busch，2011：71－75），是期望达到的状态。体育竞技标准一般要给出严格的评判标准，然后按照成绩评选出前三名，淘汰大部分运动员。对于一般产品标准而言，是要把绝大部分符合标准的产品保留，淘汰少数不符合标准的。这时的标准不是最好的意思，而是体现出期望的或平均状态的含义。

在英语中有标准的对应词“standard”。无论是考察其辞源还是它在现代英语中的含义，都与中文的标准有非常类似的情况。standard 最早出现在 1138 年英国人和苏格兰人之间的一场战争。英国人在战舰上竖起了一个被称为 standard 的桅杆，顶端有一个银盒，里面装着“主人”（the Host）和圣徒的旗帜。standard 成为战争中明显的指挥中心和集结点。这场战争被冠以“标准之战”。在这里“标准”是国王的标志。战士看到它就能提高士气，集结到它的周围能够战胜敌人，在危机时刻还能获得救援。随着历史的发展，标准一词从其初始在战争中具有的含义逐渐演变成现在的一个基本词义，即站稳立场，持有观点，以及做“最好的”。当代有很多公司的名字采用了“标准”一词，如美国标准公司（American Standard）、美国标准纺织公司（Standard Textile）等，都是基于这个基本词义（Busch，2011：17－18）。

伴随着西方工业革命的发展，标准在产品制造、质量保证、企业管理中被赋予了重要意义。美国的标准化之父埃利·惠特尼在造枪的时候把一支现成的枪拆解为零件作为仿制的标准，随机抽取零件就可以组装成一支合格的枪。这种做法让零件具有了互换性。经典管理学的鼻祖泰勒（Taylor，1919）在其著作《科学管理原理》中有个很重要的观点，就是工人的劳动工具、劳动环境、劳动作业、工时计算等都应该在科学原理的基础上进行标准化。福特公司在 20 世纪初生产 T 型车的流水线被认为是标准化的典范，完美诠释了互换性和泰勒的管理理论及其标准化思想，为美国经济的腾飞奠定了基础。权变管理理论的重要人物明茨伯格（Mintzberg，1978：3－9）认为组织中的标准化包括过程标准化、输出标准化、技能标准化；标准化在组织中是协调机制的一部分，目的是控制。

现实中的标准并不一定都冠以标准的名字。ISO 在成立之初并没有把自己发布的技术文件称为标准，而仅仅称之为建议书（recommendation）。标准化组织发布的文件是为企业解决产品技术问题提供建议，其执行是自愿性的，直到 1972 年 ISO 才把它发布的建议书改称为国际标准（Murphy，2009）。而 ITU 则一直到现在还依然把它正式发布的标准称为建议书。

虽然标准化组织发布的标准是自愿性的，但是市场的力量赋予这种标准一定的强制力。企业如果不执行可能会失去进入市场的机会。ISO、IEC、ITU 都是非营利组织，经过了市场的考验和工业界的认可，使其发布的标准具有很高的权威性。这时候标准的含义发生了一些变化——它不一定最优，但是经过了工业界的实践检验，对企业来说是最合适的解决方案。从社会学角度，标准在很多情况下代表的是平均状态，还有的时候代表的是容忍度（Busch，2011：17－18）。例如一个标准规定了零件的加工尺寸 a 和公差范围±b，其中 a 是对加工尺寸的要求（期望值），而对加工结果来说 a 是统计学概率分布的平均值，公差范围±b 则代表了加工质量的容忍度。

对标准和标准化的学术研究可以追溯到 20 世纪 30 年代盖拉德（Gaillard，1934）的研究；他从工程学的角度认为标准是一种计划构想或处方（formulation）。到了 20 世纪后期，工程学、管理学、经济学、法学等学科开始介入学术研究，涌现出了大量讨论标准化的文献。例如，松浦四郎（1981：17－23）认为，人类社会总有向复杂化发展的趋势，而标准化是一种简化活动，可以阻止社会向复杂化过度发展，从而达成一种平衡状态；他还基于热力学第二定律提出标准化是人类社会发展的“负熵”；魏尔曼（Verman，1973）提出标准化是一门新学科。德弗里斯（de Vries，1999）认为标准是匹配问题解决方案；从经济学角度（David

& Greenstein，1990；Grindley，1995），标准化组织制定的标准是正式标准[①]（de jure standard），而市场竞争能够产生事实标准（de facto standard），如微软的电脑操作系统是普遍公认的事实标准。布施（Busch，2011）和布伦森（Brunsson，2000）从社会学的角度出发，认为标准是为现实世界提供的处方（recipe），也是社会运行的一种规则。工程学、管理学、经济学都相对关注细节，而社会学则有更宽的视角，试图从整个社会运行的角度解释标准化。

第2节　标准和标准化定义

一、ISO/IEC定义的产生和演变

盖拉德（Gaillard）首次提出标准定义是源于1933年他在荷兰代尔夫特理工大学机械、海事与材料工程系的博士论文[②]，他在1934年出版著作《工业标准化：原理和应用》，对标准概念做出详细定义（Gaillard，1934），1952年又进行了补充完善。魏尔曼（Verman，1973：22）指出，盖拉德的定义一直都被认为是非常经典和专业的，其主要观点在1956年被恰当地纳入了ISO的标准和标准化定义，因此盖拉德的定义在历史上曾经对ISO/IEC的定义有过非常重要的影响。

盖拉德对标准定义如下：标准是一种计划构想/处方，其建立可以是口头的、书面的或任何其他图形方法，或用模型、样品的办法，或其他物理表达方法，用以在一段时间内定义、指定或详细说明一个测量单位或基准、一个物理对象、一个活动、一个过程、一个方法、一个实践、一种能力、一个功能、一个性能、一项措施、一项安排、一个条件、一项责任、一种权力、一项职责、一个行为、一种态度、一个概念或构想，或前述各项的任意组合的某些特征，以便在生产者和经销商、消费者、客户、技术专家以及其他相关方之间建立共同的理解基础，达到促进生产、过程、规制或使用产品及服务的经济性与效率的目的（Gaillard，1934；Verman，1973：22）。

盖拉德的这一定义明确回答了什么是标准、标准的存在形式、标准化对象、标准的功能作用和目的。

ISO在20世纪成立了一个标准化原理常务委员会（ISO/STACO），重点讨论标准和标准化的概念和基本原理。这个委员会在历史上曾经吸引了部分学者参与其中，近距离观察标准化组织制定标准的过程，与工业界的标准化专家共同讨论，把标准和标准化所涉及的概念基本上都认识清楚了，并提出了标准和标准化定义，无论是在工业界还是在标准化界都产生了很大影响。比较典型的人物包括魏尔曼、松浦四郎、桑德斯等。

经过长期讨论之后，ISO于1961年提出的标准化定义是：标准化是为了所有有关方面

---

① 国内有学者认为，把de jure standard翻译为“法理标准”或“法定标准”都可能产生歧义，应该翻译为“正式标准”。

② Gaillard J. A study of the fundamentals of industrial standardization and its practical application，especially in the mechanical field.（1933）. https://repository.tudelft.nl/islandora/object/uuid：eb5dd4a5－6b5a－4af5－ae8a－197de0cfcc78.

的利益，特别是为了促进最佳的全面经济并适当考虑产品使用条件与安全要求，在所有有关方面的协作下，进行有秩序的特定活动所制定并实施各项规则的过程。标准化以科学、技术和实验的综合成果为依据。标准化不仅为现在而且为将来的发展奠定了基础。标准化应跟上科学技术发展的步伐。标准化的应用包括：（1）计量单位；（2）术语和符号表示；（3）产品及其生产方法（产品特性的定义和选择、试验和测量方法、规定产品质量的产品特性规格、品种的规定及互换性等）；（4）人身安全和商品安全（松浦四郎，1981：3-4）。

ISO 于 1962 年提出“标准”的定义如下：标准是经公认的权威机构批准的标准化工作成果。它采用的形式包括：（1）文件形式，内容记叙一整套必须达到的条件；（2）规定基本单位或物理常数，如安培、米、绝对零度 K（开尔文）等（松浦四郎，1981：5）。

ISO 的标准和标准化定义经过了多次修订。最近一次是 2004 年 ISO/IEC 正式发布的文件（ISO/IEC，2004a）中给出的定义，目前还在使用。由于 ISO/IEC 在 20 世纪运行得极为成功，不但 ISO/IEC 制定的标准得到了工业界的高度认可，其标准和标准化定义也被各个国家的标准化组织广泛引用。

二、ISO/IEC 的标准和标准化定义

（一）ISO/IEC 的标准定义

ISO/IEC（2004a）的“标准”定义：“为在一定范围内获得最佳秩序，经协商一致制定并由公认机构批准，为共同使用和重复使用，对活动及结果提供规则、指导或给出特性的文件。”该定义还有一个注：“标准宜以科学、技术和经验的综合成果为基础，以促进最佳共同效益为目的。”

ISO/IEC 的标准定义需要从几个不同侧面来理解，归纳起来主要有以下几点。

（1）制定标准的出发点。“获得最佳秩序”“促进最佳共同效益”是制定标准的出发点和目的。“最佳秩序”指的是制定和实施标准，使标准化对象的有序化程度达到最佳状态；“最佳共同效益”指的是相关方的共同效益，而不是仅仅追求某一方的效益，这是作为“公共资源”的国际标准所必须做到的。

（2）标准产生的基础。每制定一项标准，都必须做好两方面的基础工作。

1）将科学研究的成就、技术进步的新成果同实践中积累的先进经验相结合，奠定标准科学性的基础。这些成果和经验不是不加分析地纳入标准，而是要经过分析、比较、选择以后再综合。它是对科学、技术和经验进行消化、融会贯通、提炼和概括的过程。标准的社会功能，总的来说就是到截止时间的某一点为止，对社会所积累的科学技术和实践的经验成果予以规范化，以促成对资源更有效的利用和为技术的进一步发展搭建一个平台并创造稳固的基础。

2）标准所反映的不应是局部的片面的经验，也不应是局部的利益。这就不能凭少数人的主观意志，而应该在利益相关方（如用户、生产方、政府、研究人员等）之间进行深入讨论，经过充分的协调和一定的妥协，最后从共同利益出发达成一致。这样制定的标准才能既体现出它的科学性，又体现出它的民主性和公正性。标准的这两个特性越突出，它在产业中的实施便越有权威。

（3）标准化对象的特征。制定标准的对象为有限特征，即“重复性事物”。这里所说的“重复”，指的是同一事物反复多次出现的性质。例如，批量生产的产品在生产过程中的重复

投入、重复加工、重复检验、重复出产；同一类技术活动（如某零件的设计）在不同地点、不同对象上同时或相继发生；某一种概念、方法、符号被许多人反复应用；等等。

标准是实践经验的总结。具有重复性特征的事物才能把以往的经验加以积累。标准就是这种积累的一种方式。一个新标准的产生是这种积累的开始（当然在此以前也有积累，那是通过其他方式）。标准的修订是积累的深化，是新经验取代旧经验。标准化过程就是人类实践经验不断积累与深化的过程。

事物具有重复出现的特性，标准才能重复使用，才有制定标准的必要。对重复性事物制定标准的目的是总结以往的经验，选择最佳方案，作为今后实践的目标和依据。这样既可最大限度地减少不必要的重复劳动，又能扩大“最佳方案”的重复利用次数和范围。标准化的技术经济效果有相当一部分就是从这种重复中得到的。

（4）由公认的权威机构批准。国际标准、区域标准以及各国的国家标准，是社会生活和经济技术活动的重要依据，是参与制定标准的各方利益的体现，并且是一种公共资源。它必须由能代表各方面利益并为社会所公认的权威机构批准，方能为各方所接受。

（5）标准的属性。ISO/IEC将标准定义为“提供规则、指导或给出特性的文件”，在本质上是为公众提供一种可共同使用和反复使用的最佳选择，或为各种活动及其结果提供规则、导则、规定特性的文件（公共物品）。

ISO/IEC（2004a）对产品标准、过程标准和服务标准分别给出的定义需要引起注意。例如，产品标准被定义为：“规定产品需要满足的要求以保证其适用性的标准。”其中的关键词是“要求”，即标准化对象需要满足的要求。过程标准和服务标准采用完全相同的定义，只不过把定义中的产品换为过程或服务。ISO/IEC（2004a）还指出，应该从广义上理解产品、过程和服务——它们包括材料、元器件、设备、系统、接口、（数据）协议、程序、功能、方法或活动等。实际上，这三类标准的定义是从标准化对象的角度定义了什么是标准。

（二）ISO/IEC的标准化定义

ISO/IEC（2004a）的“标准化”定义：“为了在一定范围内获得最佳秩序，对现实问题或潜在问题制定共同使用和重复使用的条款的活动。”这个定义还包含两个注：（1）上述活动主要包括编制、发布和实施标准的过程；（2）标准化的主要作用在于为了其预期目的改进产品、过程或服务的适用性，防止贸易壁垒，并促进技术合作。

理解上述标准化定义的要点包括：

（1）标准化不是一个孤立的事物，而是一个活动过程，主要是制定标准、实施标准以及修订标准的过程。这个过程也不是一次就完结了，而是一个不断循环、螺旋式上升的运动过程。每完成一个循环，标准的水平就提高一步。标准化作为一门学科就是研究标准化过程中的规律和方法；标准化作为一项工作，就是根据客观情况的变化，不断促进这种循环过程的进行和发展。

标准是标准化活动的产物。标准化的目的和作用都是要通过制定和实施具体的标准来体现。所以，标准化活动不能脱离制定、修订和实施标准，这是标准化的基本任务和主要内容。

标准化的效果只有当标准在社会实践中实施以后才能表现出来，绝不是制定一个标准就可以了事。即使有再多、再好的标准，没有被运用，什么效果也收不到。因此，在标准化的全部活动中，实施标准是个不容忽视的环节。这一环节中断了，标准化循环发展过程也就中断了，也就谈不上标准化了。

（2）标准化是一项有目的的活动。标准化可以有一个或更多特定的目的，以使产品、过程或服务具有适用性。目的可能包括品种控制、可用性、兼容性、互换性、健康、安全、环境保护、产品防护、相互理解、经济效益、贸易等。一般来说，标准化的主要作用，除了为达到预期目改进产品、过程或服务的适用性之外，还包括防止贸易壁垒、促进技术合作等。

（3）标准化活动是建立规范的活动。定义中所说的“条款”，即规范性文件内容的表述方式。标准化活动所建立的规范具有共同使用和重复使用的特征。条款或规范不仅针对当前存在的问题，而且针对潜在的问题，这是信息时代标准化的一个重大变化和显著特点。

（三）ISO/IEC 定义的局限性

ISO/IEC（2004a）的标准和标准化定义是专门为了标准化组织的标准化工作而建立的。标准定义中的“经协商一致制定并由公认机构批准”“促进最佳共同效益”，以及标准化定义中的“防止贸易壁垒，并促进技术合作”都不适用于企业，也不适用于 20 世纪后期蓬勃发展的产业联盟。因为企业和绝大部分产业联盟都不能算是公认机构，制定标准也不是为了共同效益，更不是为了防止贸易壁垒，促进技术合作，而是为了在市场中竞争。此外，标准定义的落脚点是“文件”，这就把标准可能存在的其他形式排除在外了，如标准样品、图形符号、模型或物理表达等。由此得出，ISO/IEC 的标准和标准化定义相对狭义，仅仅适用于讨论标准化组织的标准化。为了更好地理解什么是标准和标准化，有必要从相对广义的角度考察它们的基本概念。

三、我国关于标准和标准化的定义

我国国家标准 GB/T 20000.1—2014 修改采用了 ISO/IEC（2004a）的定义，将标准定义为：“通过标准化活动，按照规定的程序经协商一致制定，为各种活动或其结果提供规则、指南或特性，供共同使用和重复使用的文件。”

这个定义还以注的形式补充说明了三点：（1）标准宜以科学、技术和经验的综合成果为基础；（2）规定的程序指制定标准的机构颁布的标准制定程序；（3）诸如国际标准、区域标准、国家标准等，由于它们可以公开获得以及必要时通过修正或修订保持与最新技术水平同步，因此它们被视为构成了公认的技术规则。其他层次上通过的标准，诸如专业协（学）会标准、企业标准等，在地域上可影响几个国家。

GB/T 20000.1—2014 把标准化定义为：“为了在既定范围内获得最佳秩序，促进共同效益，对现实问题或潜在问题确立共同使用和重复使用的条款以及编制、发布和应用文件的活动。”

这个定义还以注的形式补充说明了两点：（1）标准化活动确立的条款，可形成标准化文件，包括标准和其他标准化文件；（2）标准化的主要效益在于为了产品、过程或服务的预期目的改进它们的适用性，促进贸易、交流以及技术合作。

我国的标准和标准化定义从基本概念上来说与 ISO/IEC 的定义没有原则上的不同。

第3节 标准和标准化的基本概念

一、标准化的目的、主体和对象

（一）标准化的目的和效果

标准化的目的是期望达到的效果。标准化的目的具有多重性。不同领域的标准化目的是不同的，例如产品标准化的目的不同于体育竞技标准化的目的，但是标准化又有其普遍意义上且适用于各个领域的基本目的——控制、有序化和统一化。

控制是实施标准的重要目的之一（明茨伯格，2007：5），包括对过程的控制以及对最终结果的控制。例如企业在采购、库存、生产过程中对各个环节依靠标准进行控制——控制采购的质量，控制产品的技术指标，控制生产过程等，以及在管理中控制计划的实施、控制成本、控制产品质量，等等。

获得有序化和统一化也是标准化的目的。有序化是指通过标准化形成一定的秩序，例如在系统的要素之间形成有序排列或过程的规律性；统一化是指由于标准化的简化作用造成方案或品类的减少，从而使过程和结果的差异性减少。统一化不一定是单一的结果，也可以形成系列化的结果，或者说系列化也是统一化的一种形式。获得有序化和统一化能形成规模化效应，达到提高效率和降低成本的结果。“共同使用和重复使用”和“在一定范围内获得最佳秩序”（ISO/IEC，2004a）也可以认为是实施标准和传播标准的目的。但是，最佳秩序很难量化，而且共同使用和重复使用与获得有序化和统一化在意义上是一致的，都有形成规模化的含义。这里选择使用获得有序化和统一化是因为它是对标准化更为普遍的认识。需要注意的是，控制和有序化/统一化是密切相关的。控制是本质，有序化/统一化是表象。得到控制了，自然就有统一化和有序化的结果。

标准化的目的和标准化的实际效果应该是一致的，任务的各个环节都得到控制，进而形成过程的有序化和结果的统一化。但是在实际中由于各种原因可能会造成标准化的实际效果与预期有一定的差距。造成这种结果的原因有很多，可能和标准的产生过程有关，也可能和标准的实施过程有关，所以标准化不是一次性的过程，它需要不断循环和持续改进。

（二）标准化的主体

我们把制定标准和实施标准的主体称为标准化的主体。标准是人制定的，也需要由人来实施，所以标准化的主体是人。机构也可以是制定标准和实施标准的主体，如各类标准化组织或企业，主要体现在机构对标准化过程的组织作用。机构制定标准或机构实施标准的本质也是其中的人发挥了作用。人在标准化中发挥的作用体现了标准化的社会学意义。无论是在标准制定的过程中，还是在标准实施和传播的过程中，都需要人与人之间的沟通和协调。但是，人在建立标准的时候可能会发生偏差，在标准的实施和传播过程中对标准方案的理解也可能发生偏差，这也是标准化组织在制定标准的时候需要协商一致，企业在实施标准的时候需要采用不断循环的方式进行持续改进的重要原因。

（三）标准化的对象

我们把标准作为手段发挥作用的对象称为标准化的对象（或标准化的客体），亦即标准的规制对象。标准化对象可以抽象化为能够表达任何事物的“实体”（entity）。实体可以是具体的事物（人、物、事件）或抽象的事物（想法、概念等），或者是这些事物的组合（de Vries，1999）。属于物的标准化对象大部分是指静态的“人造物”，如零部件、产品、服务的结果等；属于事件的标准化对象主要是指动态过程，如零件加工顺序、机床刀具的行程顺序、生产流程、服务的过程等；针对人的标准化对象可以是人的行为、操作等；属于抽象事物的标准化对象主要是指需要逻辑思维导出的事物，包括术语、图形符号、生产计划、费用限定额、工时定额、产品不良率等。

相比用穷举法罗列标准化对象的办法（Gaillard，1934），采用抽象的实体表示标准化对象的做法具有很大优势——讨论问题非常方便，而且不会造成遗漏。按照 ISO/IEC（2004a）的定义，标准是为了共同使用和重复使用，所以标准化对象应该是重复性的事物。在工业中标准化对象为“物”的标准一般都是产品标准，标准化对象为“事件”或“人”的标准一般为过程标准或服务标准，而标准化对象为“抽象事物”的标准主要是术语标准、图形符号标准，以及管理中的某些限定标准，如工时定额、产品不良率等。标准化对象涉及标准定义的范围。范围窄的属于狭义的定义，范围宽的属于广义的定义。把标准化对象抽象为能够表达任何事物的实体属于广义的定义。人类在不断创新的过程中实际上也在不断创造新的标准化对象。

二、标准的本质和作用

（一）标准的本质

（1）标准是匹配问题解决方案。这是从标准的内容角度认识其本质。匹配问题是指由于实体之间不匹配而需要解决的问题（de Vries，1999）。可以举出很多匹配问题解决方案的例子，如机械产品标准是不同零部件/产品/人之间的匹配问题解决方案，工艺标准是被加工零件与刀具之间的匹配问题解决方案（给出切削参数等），操作标准是人与工具（机床、设备）之间的匹配问题解决方案，等等。冶金行业的冶炼标准是不同配比的材料、条件（温度、压力、时间、催化剂等）以及冶炼容器之间的匹配问题解决方案。

匹配问题解决方案的含义：假定有 N 个实体（$N\geqslant 2$），互相之间需要匹配，则解决方案要确定其中一个实体的特征值或多个实体的特征值，使得这些实体之间能够达到匹配（de Vries，1999）。需要指出的是，匹配问题涉及的实体不一定都是标准化对象。例如，当有 N 个实体需要匹配，而解决方案中只需要确定一个实体的特征值的时候，这种情况下的标准化对象只有一个。例 2-2 中显示了匹配问题的实体个数等于 3，而标准化对象涉及的实体仅有一个。一般情况是，假定需要匹配的问题中有 N 个实体（$N\geqslant 2$），标准化对象可能的实体个数 N_1 为：$1\leqslant N_1\leqslant N$。以下用三个例子进行说明。

例 2-1

假设需要制定电源插头和电源插座的标准，插头可以用实体 A 表示，插座可以用实体 B 表示。匹配问题的实体个数 N 等于 2；插头和插座都需要标准化，所以标准化实体 N_1 也等于 2。插头和插座都有各自的特征：形状尺寸、材料等。插头和插座的每个特征都要确定具体的数值。这些具体数值即为实体的特征值。插头的形状尺寸必须和插座（插孔）的形状尺寸相匹配。形状尺寸弄错了，将无法匹配，即制定这样的标准需要确定这两个实体的所有特征值，使得插头和插座能够匹配，包括插头金属片的形状尺寸、材质硬度、安装位置、承受的最大电流等，以及插座的插孔形状尺寸、内部金属片的形状尺寸，同样还有材质硬度、安装位置、承受的最大电流，等等。

例2-2

我国现行标准GB/T 2099.9—2017中规定了一种5孔插座。其中的两个孔需要与一款两头插头相匹配，另外三个孔需要与一款三头插头相匹配。两个不同的插头都在另外已有的标准中做出了规定。这个例子可以看成匹配问题的实体个数N等于3，两头插头和三头插头的特征值都是已经固定的，不可变。而插座的特征值要同时适应另外两个实体，相当于标准化方案中只确定一个实体的特征值来匹配其他实体，所以标准化实体N_1等于1。

例2-3

当我们建立术语标准的时候，实际上是让一个具体的词（术语）和它要表达的概念相匹配。例如，国家标准GB/T 20000.1—2014中把术语“标准”定义为“通过标准化活动，按照规定的程序经协商一致制定，为各种活动或其结果提供规则、指南或特性，供共同使用和重复使用的文件”。这里“标准”是一个术语，我们把它看作实体A。“文件”则是一个概念，我们把它看作实体B。在本定义中“文件”之前的一系列形容词属于实体“文件”本身的特征值，即“按照规定的程序”“经协商一致制定”“为各种活动或其结果提供规则、指南或特性”“供共同使用和重复使用”。这些特征值对文件做了限定。这个例子的实体个数N等于2，通过定义实体“文件”的特征值，与术语“标准”相匹配。这个例子说明了标准可以是术语和概念之间的匹配问题解决方案。

（2）标准为标准化对象（实体）规定应满足的要求。这也是从内容的角度看标准的本质。标准的解决方案中规定的实体特征值实际上是对标准化对象提出的目标要求。这种要求在标准的实施中是必须要满足的，起到规制的作用。例如，零件标准中规定的形状尺寸、材料、表面光洁度，工艺标准中规定的切削参数，如切削深度、刀具行程和切削速度等都属于对标准化对象提出的具体要求。这一含义与ISO/IEC（2004a）关于产品标准、过程标准和服务标准的定义是一致的。标准化对象需要满足的要求一般是一个或若干目标值，实施标准的实际结果往往与目标值并不能百分之百地重合，最理想的情况是无限逼近目标值。

每个标准都有其容忍度，用以判断标准实施结果是否满足标准的要求，也就是产品标准和工艺标准中都需要的公差。不同领域的标准容忍度是不同的。剪裁衣料的容忍度一般可以在毫米级，机械加工的容忍度一般在微米级，而半导体光刻机的容忍度在纳米级。标准化对象需要满足的要求和容忍度与质量概念有非常紧密的关系。

可以证明，在标准规模化实施的情况下，结果的概率分布符合正态分布函数（见图2-1）。标准给出的指标要求实际上相当于规定了期望值，而对于实施结果来说它是概率分布的平均值；标准给出的误差要求（如公差）相当于容忍度。标准实施结果大部分都落在允许范围之内，可能有少数结果落在允许范围之外。理想的情况是绝大部分结果无限逼近期望值，结果分布为很陡的曲线。

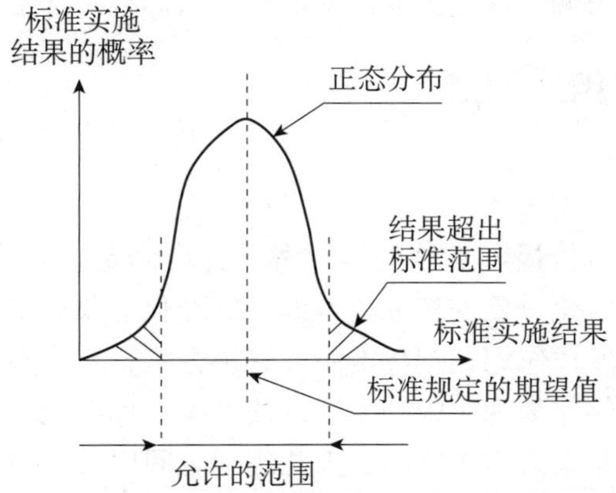

图 2-1　标准规模化实施的概率分布

（3）标准是规则。这是从实施角度看标准的本质，也是社会学对标准的最基本认识（Busch，2011：17-18），说明标准是一种治理工具。整个人类社会运行都是由规则（指令、标准、准则）支撑的。[①] 也就是说，规则是上位概念，标准是下位概念。标准具有规则的所有属性，而且具有其自身的特殊属性。例如，标准对于指令来说最重要的区别是其选择上的自愿性。标准是规则这一认识强调人的作用。首先，规则一定是人制定的，也必须由人来实施，所以标准首先区别于自然规律，或者说自然规律不在标准的讨论范围之内。其次，规则既对事物进行限定，也对人的行为进行限定；即便是对物制定了标准，也隐含着对人制定了标准。也就是说，虽然标准的规制对象既可以是人也可以是物，但是所有标准的本质都是对人的规制。例如，我们制定了一个产品的形状标准，也相当于为操作工人限定了加工规则（例如加工尺寸等）。

（二）标准的作用

标准的作用是它在实施过程中对现实世界发挥的作用。标准有构建现实世界和组织现实世界的作用。布施（Busch，2011）从社会学的角度认为，标准是现实世界的处方，它能够构建并组织世界。按照标准的规则行事，由此产生制造物、过程、行为、概念等，既包括构建现实世界的过程，又包括组织现实世界的过程。例如，建造楼宇要按照标准进行；建造完成之后的楼宇日常运转也要按照事先设定的标准进行，包括供电、供水、照明、采暖等。再如，体育比赛要按照标准设定场地和比赛器具等，比赛过程要按照标准设定的规则来进行。企业的产品设计把技术固化为产品标准和工艺标准，然后按照产品标准和工艺标准进行加工和生产制造，产出合格的产品。这一过程是产品标准中的技术方案转化并构建实际产品的过程，也是工艺流程标准（工艺路线）和管理标准对生产过程发挥组织作用的过程。这些都是人类通过标准构建、组织现实世界的例子。其结果是标准方案中设定的虚拟实体转化为现实中的实体。

标准还有一个重要作用是为相关方建立互相交流和共同理解的基础（Gaillard，1934）。这种基础作用在工业领域尤其重要。例如企业内部在工程技术人员、管理人员、采购人员之间有大量的沟通、协调和交流，产业供应链的上下游企业之间同样有技术信息和产品交付、

① 指令是强制性的规则，如法律、组织机构发布的规章制度、军队长官发布的命令等；准则是在社会群体日常活动中内化于人的行为规范，参见 Brunsson（2000）。

运输管理等信息的沟通和协调，这些沟通和交流都要以标准为基础。

三、标准化的本质和作用

（一）标准化的本质

标准化是标准的制定、传播和实施的全过程。标准制定是建立匹配问题解决方案的过程，这一过程需要确立标准化对象的特征值，即为标准化对象规定需要满足的要求。标准的实施过程是标准作为规则发挥作用，把标准中的解决方案转化为现实的过程。通过这个过程将标准方案中设定的实体转化为现实中的实体。或者说，标准化输出的实体是标准方案设定实体的镜像。标准的传播是在人与人之间、人与组织之间以及组织与组织之间，例如标准化组织的标准向企业的传播，上下游企业之间的标准传播等。在这个过程中标准方案不断得到复制，标准得到“共同使用和重复使用”（ISO/IEC，2004a），形成知识的传播效应。标准实施的结果也不断得到重复（克隆），并在一定时空范围内进行扩散，形成过程的有序化，结果的统一化和规模化。

（二）标准化的作用

标准化的一个重要作用是它对创新方案的选择和简化，这是社会学对标准化的重要认识。人类社会总是有朝着复杂化方向发展的趋势，而标准化是朝着相反的方向努力，即制定标准是对多种创新方案的选择和优化过程，其结果是技术方案/知识的固化。对技术方案进行选择的结果导致产品的品类减少。方案和品类的减少也是一种简化（松浦四郎，1981：17－23），结果是阻止事物的过度复杂化，形成复杂化和简化之间的平衡。

每个工业革命的重要转型期都会涌现大量创新技术。很多创新技术是对相同的问题给出不同路径的解决方案，所以企业内部对于某一个技术问题总会有若干技术方案的选择；最终的企业标准只能选择其中的一个。代表各个企业参加标准化组织制定标准的专家都会提出有利于自己企业的方案，而在标准化组织中最终形成标准的技术方案却只能有一个。所以，标准的建立是在众多创新方案中加以选择，只保留标准制定者认为最佳的方案（最经济的、最合理的、最高效的、最符合目标的等），结果形成方案的简化。简化是人类为了提高效率，有意识地阻止事物向过度复杂化和无序化发展的趋势。由此可见，标准化与创新在人类认识世界和改造世界的过程中发挥着同等重要的作用。没有标准化的简化作用，世界将不再有秩序；没有秩序的多样化，创新也会失去光亮，多姿多彩的世界将变得杂乱无章。这种情况与达尔文的进化论有着近似的逻辑：物种基因突变造成自然界向复杂化发展的趋势，而优胜劣汰法则对物种的过度发展趋势进行了有效的控制，从而形成自然界的物种多样性和大自然生存空间之间的平衡。

延伸阅读 2－1
松浦四郎关于简化和负熵的观点

延伸阅读 2－2
标准化是组织的协调机制

四、标准的记录形式、自愿/强制性、时空范围

（一）标准的记录形式

标准可以有多种记录形式，即记录标准信息的载体形式，例如文件、样品、图形符号、物理表达等形式（Gaillard，1934）。标准的记录形式也是它的存在形式。

现代标准绝大部分是书面文件的形式，如国际标准、国家标准、地方标准、团体（协会）标准、企业标准等。虽然企业内部的产品规范、工艺规程、操作规范、检测规范、仓储规范等都没有冠以标准的名称，但都是以文件形式存在的企业标准。工厂的车间里还大量使用图形符号标准，包括运输车通道标识、安全标志、机器按钮上面的标识图形等等。

在现实中，样品、实物模型以及物理的标准表达形式在某些领域也很重要。1799 年法国制作了铂质原器（米原器）——铂杆，将此杆两端之间的距离规定为一标准米，这是标准样品的形式。1983 年，国际计量大会（CGPM）规定"光在真空中行进1/299 792 458 秒的距离"为一标准米，这是标准用物理形式的表达方法。美国的"标准化之父"埃利·惠特尼把步枪拆成零件，针对零件分别进行仿制，这实际上是把实物模型当成加工制造的标准。不同标准的信息载体可能会发生重叠。例如，任何标准样品还需要文件中记录的信息与之配套。然而，文件中记录的标准样品信息并不等于真实的标准样品，无法作为标准使用。

（二）标准的自愿和强制属性

标准的重要属性是它具有选择的自愿性和执行的强制性。因为对于任何问题解决方案的选项都不是唯一的，每个人或组织（如企业）在选择方案的时候会选自己认为的最佳方案。不同的人或组织对"最佳"的认识会有不同。无论是组织内部标准的确立，还是采用外部标准（如国际标准），这种选择都是自愿的。

当标准方案确定之后，每个人或组织都希望标准的实施能够尽可能做到最好，所以标准的执行具有一定的强制性。强制的程度是不同的，与实施的惩罚直接相关。如果违反组织制定的标准不会造成很大损失，惩罚的程度就会弱（弱强制）。质量标准如果未能很好执行会造成损失，企业就会针对不同损失给予较高的惩罚，其强制程度就比较高。标准如果受到法律的强制，强制程度是最高的。如商业合同中正式引用的标准，以及技术法规中引用或直接写入技术法规的标准都会到法律的强制。需要注意的是，受到法律强制的标准让组织失去了选择上的自愿性。任何相关的人和组织都不能拒绝采用法律强制的标准。一般将标准化组织制定的标准统称为"自愿性标准"，它强调对企业来说是自愿采用的，与技术法规的强制采用相区别。

（三）标准的时空范围

标准作为一种社会现象，它存在于社会的各个角落。但是每一个标准都在某个具体空间范围内（如某个工业领域）发挥作用，具有一定的边界。标准在时间维度的生命周期也是有限的。在当今科技高速发展的时代，任何标准都可能被新的标准替代。由于标准在企业中和企业之间持续不断地得到"共同使用和重复使用"（ISO/IEC，2004a），所以它能够在有限的时空范围内得到规模化复制和广泛传播。

五、理解标准和标准化概念的框架

综上所述，我们给出一个理解标准和标准化概念的框架（见图2-2）。

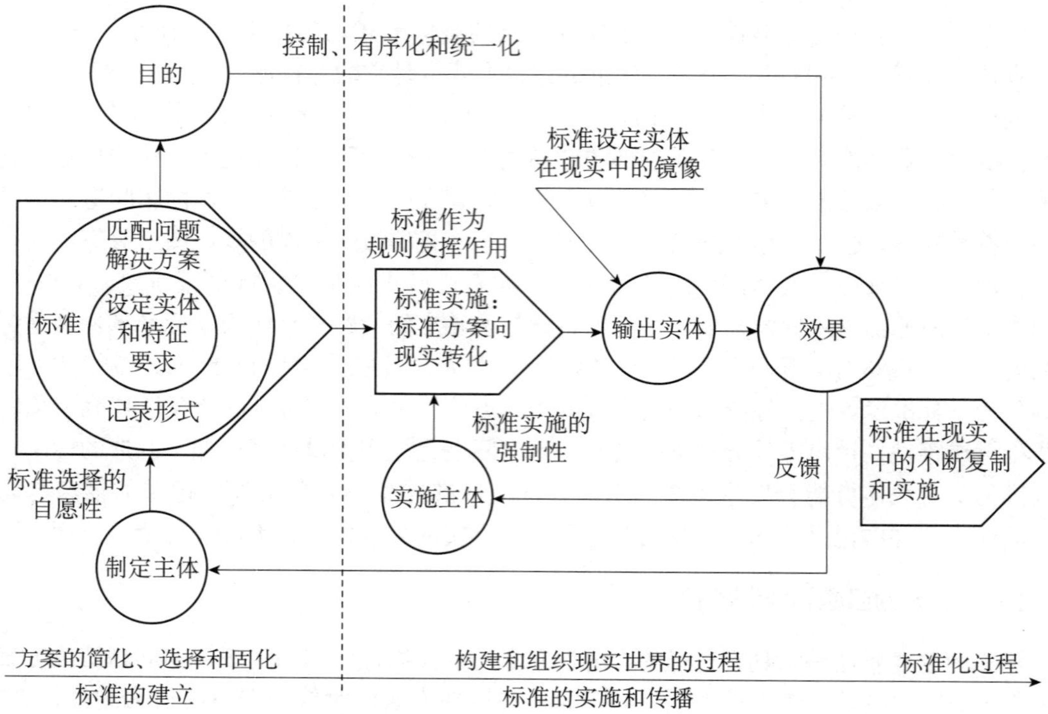

图2-2　理解标准和标准化概念的框架

资料来源：修改自王平（2020）。

其中：

（1）标准化的目的具有多重性。其最基本的目的是控制、有序化和统一化。

（2）标准化的主体是人/机构。从本质上说标准是人制定的，也是人实施的，而机构发挥制定标准/实施标准的组织保障作用；标准化对象（实体）可以是具体的或抽象的事物，也可以是它们的组合。

（3）标准从内容角度看是匹配问题解决方案，并为标准化对象规定应满足的要求（设定特征值）；标准从实施角度看是规则；标准的作用是它在实施过程中作为规则发挥构建和组织现实世界的作用，把标准方案中设定的实体转化为现实中的实体；标准也为相关方提供互相理解的基础。

（4）标准化是建立、实施和传播以及不断完善、改进标准的过程；标准化的作用是对创新方案的选择和简化。在这一过程中，人类通过有意识地简化阻止客观世界向复杂化/无序化过度发展的趋势，达成简化和复杂化之间的平衡。标准化还为规模化生产建立协调机制。

（5）标准的记录形式是标准的存在形式，包括文件、样品、图形符号、物理表达方式。

（6）标准具有选择的自愿性和实施的强制性。

（7）每个标准的时空范围都是有限的，是在有限的范围内进行的规模化复制和传播。

（8）标准化的目的也是期望达到的效果。标准化实施的结果在理想状态下可能会无限逼近期望值，也可能会有较大偏差，所以标准化需要结果的反馈和持续改进。

最后，对标准的认识可以有狭义的看法，也可以有广义的看法，或者说有狭义的定义或广义的定义。采用狭义的定义讨论问题所涉及的空间范围就会缩小。例如 ISO/IEC 的定义适用于讨论正式标准化组织制定的标准，但是在讨论企业和联盟标准的时候就会产生困惑。

第 4 节　与标准相关的概念

一、质量

（一）质量基本概念

质量有一个用法非常广泛的词义，指事物、产品、工作的优劣程度。它不但可以用在工业界，而且可以用于其他领域，如教育培训、影视、体育、文化等。工业领域中的质量主要包括产品质量、加工质量、操作质量、管理质量等。产品质量对于企业来说是在市场中生存攸关的大事，很多企业把质量管理作为提高竞争力的重要战略之一。

国际标准化组织的 ISO 9000 标准（我国等同采用）给出的质量定义为："客体的一组固有特性满足要求的程度"（ISO，2015）。其中的关键词是客体、特性和要求。

该标准把"客体"定义为："可感知或可想象到的任何事物。"对此定义还有一个注释：客体可能是物质的（如一台发动机、一张纸、一颗钻石）、非物质的（如转换率、一个项目计划）或想象的（如组织未来的状态）。该标准给出的"客体"的示例为：产品、服务、过程、人员、体系、组织、资源。

该标准把"特性"定义为："可区分的特征。"对此进一步的注释为：特性可以是固有的或赋予的、定性的或定量的。特性的类别包括：物理的、感官的、行为的、时间的、人因功效的、功能的。

该标准把"要求"定义为："明示的、通常隐含的或必须履行的需求或期望。"标准进一步给出注释：明示的要求是成文的信息，隐含的要求是组织惯例或一般做法。要求可以是不同相关方提出或组织内部提出。

（二）质量概念的理解

（1）质量的客体是指质量问题的对象，如产品、过程、服务、系统、组织、计划等等。

质量概念有狭义和广义两种，或称小质量和大质量。这种区分主要是质量客体范围的区别。小质量主要是指涉及技术问题的产品质量、制造过程的质量。而 ISO 9000 给出的质量定义属于大质量的概念。其描述的客体范围包括"可感知或可想象到的任何事物"，也就是说，客体范围囊括了任何具体事物和抽象事物。对比前文关于标准化对象（实体）的定义（具体的事物（人、物、事件）或抽象的事物（想法、概念等）），我们可以认为小质量的客体与工业品标准化对象基本上是重合的，而大质量的客体与广义理解的标准化对象基本上是重合的。

（2）客体的固有特性及其要求。客体的固有特性是指"可区分的特征"。例如，物品的特征主要有外在特征和内在特征，外在特征如零件的形状尺寸、光洁度、颜色等，内在特征如零件的材料、硬度、导电性能等。同理，流体材料也有其外在特征和内在特征。对特征的区分需要测出物品实际的特征值，例如对零件实际测量得到的尺寸值、光洁度具体数值等。客体的固有特性不同于赋予的特性，如物品的价值属于赋予的特性。赋予的特性不在质量讨论的范围之内。

讨论质量问题首先要为客体规定要求。这种要求不是客体固有的，而是预先规定的，是对客体的特性规定需要满足的特征值。例如对零件的形状尺寸、光洁度、颜色等都要预先规定具体特征值。"客体满足要求的程度"表示客体的固有特性值与要求的特性值之间的差距。差距越小的质量越好，差距越大的质量越差。对客体的要求也会有隐含的（虽然很少），例如，一件衣服必须有两个袖子，中国道路上的车必须靠右行驶；还有的要求是强制的，如法规的要求等。

（三）质量和标准的关系

对比前文指出的，标准规定标准化对象（实体）的特征要求，即标准确定实体的特征值。可以认为，标准规定实体特性实际上就是质量为客体提出的要求，而实施标准是为了让客体的固有特性满足要求。广义标准的要求和广义质量（大质量）的要求绝大部分是重合的，但是个别的也有差异，例如质量包含隐含的要求，而标准的要求一般都要求"明示"。标准为客体规定要求（特征值），质量则表示客体与要求之间的差距。

图2-3表示质量和标准的关系。标准的规模化实施结果（客体的固有特性）服从正态分布。其中标准规定的指标要求也是质量的特性要求。客体的固有特性可能分布在横轴的所有点上。标准一般会规定标准实施结果允许的范围（如公差），固有特性落在允许的范围之内则符合质量要求，否则不符合质量要求。

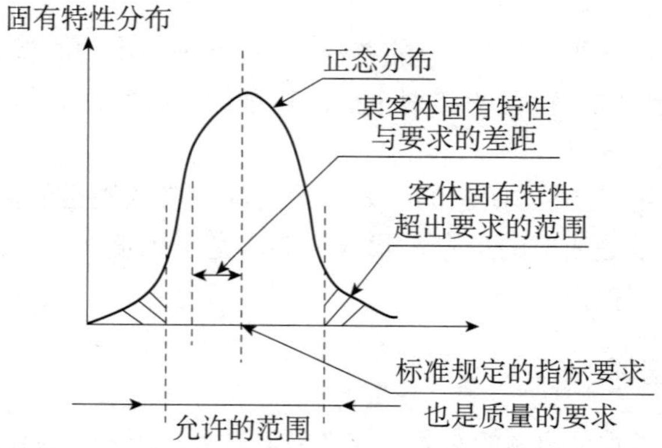

图2-3　质量和标准的关系

二、合格评定

（一）合格评定基本概念

国际标准 ISO/IEC 17000：2004 对合格评定进行了定义："与产品、过程、体系、人员或机构有关的规定要求得到满足的证实"（ISO/IEC，2004b）。我国国家标准等同采用了这个定义。其中的关键词是"要求"和"证实"。该标准对此定义的注释有：（1）合格评定的专业领域包括检测、检查和认证，以及对合格评定机构的认可活动；（2）合格评定对象包括接受合格评定的特定材料、产品（包括服务）、安装、过程、体系、人员或机构。此外，该标准还把“规定要求”定义为“明示的需求或期望”。

（二）合格评定概念的理解

（1）合格评定的对象。虽然国际标准中并没有专门定义合格评定对象，但是从注释中的示例可以看出，它包括静态的事物（如材料、产品、体系、机构），也包括动态的事物（如安装、过程、人员）。

（2）合格评定概念中的“……规定要求得到满足的证实”表示采用一种方法证明合格评定对象是否满足了规定的要求。这一证明过程称为合格评定。

（3）合格评定一般采用检测和检查的方法，证明合格评定对象是否满足要求。对于技术的要求都可以采用在实验室中进行检测的办法，而对于管理的要求（质量管理、计划管理等）只能靠专业人员（认证咨询师）进行现场检查的办法。

（4）合格评定是采用中立的第三方检测机构和认证机构对企业的产品、服务或体系等（合格评定对象）进行检测、检查，并在认定合格评定对象满足各项规定要求（标准）之后发给合格证书（认证）的过程。

（5）合格评定是市场中建立的一种机制，主要是为了解决企业和客户之间的信息不对称，因为客户很难了解企业的产品质量，也很难了解企业的可信赖程度。中立的第三方合格评定的证书能够向市场中的客户传递可以信赖的产品信息和企业信息。

（三）合格评定与标准、质量的关系

可以认为，合格评定对象与质量的客体、标准的对象基本上是一致的。从其定义给出的示例可以看出，合格评定的对象主要是企业中的事物，所以它主要是为企业开展合格评定工作。

合格评定的“要求”、质量的“要求”以及标准的“要求”在总体上是一致的。略有不同的是——合格评定的要求和标准的要求都是明示的；而质量则不同，它可以是隐含的。明示的要求可以是组织（如企业）外部的要求，如国家标准的要求、技术法规的要求、客户的要求，也可以是组织内部标准的要求，如产品要求、工艺要求、管理要求、质量要求、操作要求等。

三、计量

（一）计量基本概念

1. 计量概念和测量紧密相关

计量是利用技术和法制手段实现单位统一和量值准确可靠的测量。为了测量的结果量值准确可靠，首先要采用统一的计量单位标准，然后用技术手段和法制手段保证进行测量的量具和仪器符合标准。为此目的，对测量用的计量器具需要进行定期校准和检定。计量涉及计量单位的定义和转换、量值的传递和保证量值统一所必须采取的措施、规程和法制等。

2. 对计量的理解

（1）计量单位标准化。现代工业和经济发展需要对各种物理量进行测量，例如测量长度、质量、时间、温度、电流、电压、功率、速度等。进行测量首先需要这些物理量单位的统一，也就是要制定这些量的单位标准。国际计量组织的标准规定了七个基本量，包括长度、质量、时间、电流、热力学温度、物质的量和发光强度，并规定这七个基本量对应的国

际单位制名称、符号和定义。七个基本量对应的名称分别是：米、千克、秒、安培、开尔文、摩尔、坎德拉。

这里仅以长度单位的标准定义为例。标准样品的办法很容易受到环境的影响，其精度已经不能满足现代技术纳米数量级的测量精度要求（如光刻机）。而将国际计量大会（CGPM）规定的标准米定义转化（复现）为现实中的标准米长度需要非常精密的仪器装置。

（2）计量基准、计量标准、工作计量器具和标准化。国家计量权威机构首先需要用复杂的计量器具（量具、仪表、装置）把所有必要的计量单位定义复现为实际的高精度单位量值，如米、千克、秒等。这种复杂的计量器具称为计量基准（国家基准）。截止到2020年底我国现有计量基准185项。

各地方（省、市）的计量检定机构使用的计量器具称为计量标准器具，简称计量标准。企业使用的计量器具称为工作计量器具。从原理上说，为了保证各个层级的计量器具的精确度和可靠性，国家计量权威机构需要以计量基准复现的单位标准量值为依据对各省市的计量检定机构使用的计量标准器具进行定期检定，而各省市的计量检定机构需要用计量标准器具对地方企业的工作计量器具进行定期检定；对检定合格的计量器具还要发给合格证书。这个过程保证了计量单位的标准量值从中央到地方再到企业的传递，也保证了工作计量器具的测量值能够回溯到国家计量基准。计量单位的标准量值传递形成了全国性的网络。从本质上说，计量检定属于合格评定的范畴。

（二）计量和标准、标准化的关系

计量检定是从中央到地方再到企业的庞大系统，其正确运行需要相应的标准保障。我国采用制定三种计量检定规程的办法，分为国家、部门和地方的计量检定规程。检定规程是对计量器具进行检定时必须严格执行的程序。其内容包括适用范围、使用条件、操作步骤、检定项目、测试方法、不确定度分析和数据记录格式等。除了标准，这个庞大网络的运行还要靠法律的保障。

计量工作是标准化工作的基础。所有技术标准中的指标都离不开标准的计量单位。技术标准的实施过程、检测过程都要用到定期检定过的计量器具，确保各种指标的正确性。没有计量工作的保证，就没有技术标准的根基，也就无法保证全国工业和经济的安全运行。

表2-1给出标准和标准化、质量、合格评定、计量的对比。

表2-1　标准和标准化、质量、合格评定、计量的对比

	标准和标准化	质量	合格评定	计量
对象/客体	标准化对象：具体的或抽象的事物（实体）	质量的客体：感知或可想象到的任何事物	合格评定对象：产品、过程、体系、人员或机构	计量单位、计量器具
对象/客体示例	盖拉德用枚举法列出的对象，见本章第2节。ISO/IEC认为应该是广义上的产品、服务和过程	产品、服务、过程、人员、体系、组织、资源	特定材料、产品（包括服务）、安装、过程、体系、人员或机构	计量单位：长度、容量、重量、时间、温度等等 计量器具：电子秤、游标卡尺、温度计等等

续表

	标准和标准化	质量	合格评定	计量
本质	标准是匹配问题解决方案，为标准化对象规定需要满足的要求，即建立实体特征值（特性）及其容忍度（公差）	质量是客体的固有特性满足要求的程度，质量管理保证客体的特性落在要求的范围之内	第三方机构采用检测和检查手段确定合格评定对象是否满足了特定要求（标准）	在计量单位和计量器具标准化的基础上，用技术手段和法制手段保证计量单位的量值正确传递

本章小结

本章首先介绍了ISO/IEC定义的产生和演变，给出国际标准化组织ISO/IEC的标准和标准化定义，并指出这两个定义仅适用于正式标准化组织的标准化，属于狭义的定义。之后本章从广义的角度讨论了标准和标准化的内涵，包括标准化的目的、标准化的主体和对象、标准和标准化的本质，以及标准的作用、存在形式、强制性和自愿性、时空范围等几个方面，并给出了理解标准和标准化内涵的框架。最后本章讨论了与标准化紧密关联的三个概念，包括质量、合格评定和计量，以及它们之间的相互关系。

关键术语

标准	标准化	统一化
有序化	实体	匹配问题
解决方案	规则	控制
简化	质量	合格评定
计量		

思考题

1. 理解ISO/IEC（2004a）的标准和标准化定义，讨论其中的要点和具有的局限性，以及这两个定义对标准和标准化内涵的贡献。

2. 深入理解并掌握标准和标准化内涵，找出表达标准和标准化概念的要素并进行讨论，理解标准概念和标准化之间的关系。举例说明。

3. 讨论盖拉德的标准定义对标准内涵的贡献。

4. 依据本章给出的理解标准和标准化内涵的框架，讨论标准和标准化的要素和它们的意义。举例说明。

5. 理解质量、合格评定、计量的概念并讨论它们之间的关系。

参考文献

[1] 胡雄伟．标准之辞源考．标准科学，2009（7）：9－13.

[2] 明茨伯格．卓有成效的组织．北京：中国人民大学出版社，2007.

[3] 松浦四郎．工业标准化原理．北京：技术标准出版社，1981：3－5.

[4] Brunsson N，Jacobsson B. A world of standards. New York：Oxford University Press，2000：12.

[5] 王平．基于多学科观点的标准和标准化基本概念．标准科学，2020（7）：28－38.

［6］Busch L. Standards：recipes for reality. Cambridge：The MIT Press，2011：73－75.

［7］David P A，Greenstein S. The economics of compatibility standards：an introduction to recent research. Economics of Innovation and New Technology，1990，1（1－2）：3－41.

［8］de Vries H J. Standardization：a business approach to the role of national standardization organizations. London：Kluwer Academic Publishers，1999：13－15.

［9］Standardization：fundamentals，impact，and business strategy. APEC，2010：3－35.

［10］Gaillard J. Industrial standardization：its principles and application. New York：H. W. Wilson Company，1934：33.

［11］GB/T 20000.1—2014 标准化工作指南 第1部分：标准化和相关活动的通用术语.

［12］Grindley P. Standards，strategy，and policy：cases and stories. New York：Oxford University Press，1995：25.

［13］ISO/IEC. ISO/IEC GUIDE 2：2004 Standardization and related activities—general vocabulary. Geneva：ISO，2004a：12.

［14］ISO/IEC. ISO/IEC 17000：2004 Conformity assessment—vocabulary and general principles. Geneva：ISO，2004b.

［15］ISO 9000：2015 Quality management systems—fundamentals and vocabulary. Geneva：ISO，2015.

［16］Mintzberg H. The structuring of organizations. Pearson，1978.

［17］Murphy C N，Yates J. The International Organization for Standardization（ISO）：global governance through voluntary consensus. Routledge，2009：11－17.

［18］Taylor F. The principles of scientific management. Harper & Brothers，1919.

［19］Verman L C. Standardization：a new discipline. Archon Books，1973.

第3章

标准种类

学习要点

1. 掌握各种标准划分的原则、分类、区别及其意义

2. 掌握公标准和私标准的基本含义与特点

3. 了解国际标准、区域标准、国家标准、行业标准、地方标准、团体标准和企业标准

4. 了解强制性标准和推荐性标准

5. 了解技术标准、管理标准；标准文件和标准样品

6. 了解区分标准、分级标准、选优标准和过滤标准

第1节　按制定标准的宗旨划分

分类是人们认识事物和管理事物的一种方法，也是一门学科建设的基础。世界各国标准种类繁多，分类方法不尽统一。本章根据我国实际情况，参照国际上最普遍使用的标准分类方法，对标准种类进行了划分。

首先按制定标准的宗旨，标准可分为两大类：一类是为社会公众服务的“公共”标准，简称公标准；另一类是为制定标准的组织（例如企业、企业联盟等）服务的“私有”标准，简称私标准。

一、公标准（公共标准）

公标准的宗旨是维护公共秩序，保护公共利益，为全社会服务。经济学把服务于公共目

的标准称为公共品[①]（Holmes，2006）。公标准主要有两类，一类是完全动用公共资源制定的标准，例如政府标准化组织制定的标准；另一类虽然没有动用公共资源，但经过了利益相关方的充分协调，达成了协商一致，所制定的标准相当于协调了产业利益，为整个产业服务。例如国际三大标准化组织（ISO、IEC 和 ITU），以及很多传统的民间标准化组织（如ASTM、IEEE 等）制定的标准都属于这一类。[②]

公标准的特点：

（1）谋取最佳公共利益。这是公标准不应偏离的宗旨，任何形式的偏离都会影响公标准的公信力。

（2）公开。标准内容面向全社会公开；标准的形成过程公开，接受利益相关方和消费者对标准的意见。

（3）广泛参与。从组织上杜绝标准的倾向性和不公正性。

（4）充分协调。以取得最佳公共利益（而不是个人或某个组织的利益）并保护消费者为目标，增进标准的科学性和可行性。

在我国，所有公标准都是依据国家的法律法规，在政府组建的标准化技术委员会中按照特定程序制定，并由政府行政主管部门批准的标准。我国国家标准、行业标准、地方标准均属公标准。

二、私标准（私有标准）

私标准具有独占性质，其宗旨是为市场中的少数利益主体（例如企业、企业联盟等）服务，提高组织的竞争力，获取实施标准带来的利益等。经济学认为这种标准属于私有物品[③]（Kindleberger，1983）。

私标准的特点：

（1）为市场竞争服务。这是在市场经济条件下标准的市场行为，主要表现为通过制定和实施标准，提高本企业的市场竞争力，有时甚至要击败竞争对手在市场竞争中取胜。

（2）吸收专利诀窍。将企业的发明、创造、专利、诀窍纳入各类标准，使标准成为本企业的技术积累并转化为现实的生产力。

（3）具有独占性和不公开性。私标准是企业的技术机密，是独立的经济主体（或联合体）的独占资源，具有不可侵犯的性质。

（4）在遵守国家法律法规的前提下，私标准如何制定、制定为什么格式、规定什么、不规定什么、用什么方式、采用什么形式等等，都由企业自己创造，不受任何干预，以体现经济主体对标准的独立支配权。

我国的国有企业、合资企业、民营企业、独资企业、联合体（各种企业联盟）的标准以及各类事实上的标准均属私标准范畴。

将标准划分为公、私两大类，有利于严格区分不同宗旨的两类标准，采取有区别的政策，维护公标准的公益性和私标准的独占性与竞争性，防止公私混淆。同时也有利于从两类标准的不同宗旨和特点出发，探索两类标准的不同发展规律以及它们之间的关系，为标准化

① 公共品：public goods。

② 也有学者认为这一类属于“准公共品”。

③ 私有物品：private goods。

理论和法制建设奠定基础。

第2节　按制定标准的主体划分

按标准制定的主体，标准可划分为国际标准、区域标准、国家标准、行业标准、地方标准、团体标准和企业标准。这类标准划分也和标准的使用范围紧密相关。

一、国际标准

（一）国际标准

国际标准是指国际标准化组织（ISO）、国际电工委员会（IEC）和国际电信联盟（ITU）制定的标准，以及其他国际组织制定的标准。ISO、IEC和ITU制定的标准分别称为ISO标准、IEC标准和ITU标准，这三类标准主要应用于工业领域。此外，在全球范围内还有上百个国际组织也在制定不同领域的国际标准，如CAC（食品法典委员会）标准、OIML（国际法制计量组织）标准、CIE（国际照明委员会）标准、IFRS（国际会计准则理事会）标准、ILO（国际劳工组织）标准等等。这些组织在不同的领域中都有广泛影响，具体组织名录见第8章。

（二）国际标准的种类

国际标准化组织ISO为标准的种类制定了ICS分类法（国际标准分类法）（ISO，2015）。这个分类法是一种按照专业领域划分的树形分类方法，分为三级。第一级设40个大类；第二级是第一级的细分，共有392个二级类；二级中的144类又进一步细分为909个三级类。ICS分类法的第一级见表3-1。

表3-1　ICS分类法的第一级

类目号	类目名称	类目号	类目名称
01	综合、术语学、标准化、文献	53	材料储运设备
03	服务、企业组织、管理和质量、行政管理、运输、社会学	55	货物的包装和调运
07	自然和应用科学	59	纺织和皮革技术
11	医药卫生技术	61	服装工业
13	环境、健康防护、安全	65	农业
17	计量学和测量、物理现象	67	食品技术
19	实验	71	化工技术
21	机械系统和通用部件	73	采矿和矿产品
23	流体系统和通用部件	75	石油及相关技术
25	制造工程	77	冶金
27	能源和热传导工程	79	木材技术

续表

类目号	类目名称	类目号	类目名称
29	电气工程	81	玻璃和陶瓷工业
31	电子学	83	橡胶和塑料工业
33	电信、音频和视频工程	85	造纸技术
35	信息技术	87	油漆和颜料行业
37	成像技术	91	建筑材料和建筑物
39	精密机械、珠宝	93	土木工程
43	道路车辆工程	95	军事事务、军事工程、武器
45	铁路工程	97	家用和商用设备、文娱、体育
47	造船和海上建筑物	99	（无标题）
49	航空和航天器工程		

注：表中类目号不是顺序号；表中共有40项专业领域，第41项（类目号99）属于收容项。

ICS采用阿拉伯数字编码；第一级到第三级分别用两位、三位、两位数字表示；各级之间用下脚点（.）相隔。例如：

一级：43 道路车辆工程

二级：43.040 道路车辆系统

三级：43.040.20 照明、信号和示警装置

二、区域标准

区域标准是指由国际上的区域标准化组织通过并公开发布的标准。

区域标准的种类通常按制定区域标准的组织进行划分。目前在全球范围内有影响的区域标准主要有欧洲三个标准化组织制定的标准，包括欧洲标准化委员会（CEN）标准、欧洲电工标准化委员会（CENELEC）标准、欧洲电信标准学会（ETSI）标准。全球范围内分布着近十个区域标准化组织（见第8章）。除了欧洲标准化组织，也有其他区域标准化组织制定很少量的区域标准，如阿拉伯标准化与计量组织（ASMO）标准、非洲地区标准化组织（ARSO）标准等。也有些区域标准化组织本身并不制定标准，而仅仅是协调成员之间的国家标准，以及成员在国际标准化活动中的立场。

三、国家标准

国家标准是指由国家标准管理机构通过并公开发布的标准。

我国的国家标准是指对在全国范围内需要统一的技术要求，由国务院标准化行政主管部门制定并在全国范围内实施的标准。

各国标准化机构及国家标准名称代号见本书附录：世界各国（地区）标准化机构一览表。

各国的国家标准有自己不同的分类方法，其中普遍使用的是ISO按专业划分的方法（ISO/ICS分类法）。我国于1989年制定了《中国标准文献分类法（CCS）》，采用两级类目：第一级按专业领域共划分为24类，用字母标识，如B表示农业、E表示石油、G表示化工；第二级进一步细分，用双位数字标识，如G 25表示农药。

四、行业标准

行业标准是指由行业组织通过并公开发布的标准。

工业发达国家的行业协会属于民间组织，它们制定的标准种类繁多、数量庞大，通常称为行业协会标准。

我国的行业标准是指由国家有关行业行政主管部门公开发布的标准（见表3-2)。根据我国《标准化法》的规定，对没有推荐性国家标准、需要在全国某个行业范围内统一的技术要求，可以制定行业标准。行业标准由国务院有关行政主管部门制定。

表3-2 我国的行业标准类别

序号	行业标准代号	行业标准类别	序号	行业标准代号	行业标准类别
1	AQ	安全生产	33	LY	林业
2	BB	包装	34	MH	民用航空
3	CB	船舶	35	MR	市场监管
4	CH	测绘	36	MT	煤炭
5	CJ	城镇建设	37	MZ	民政
6	CY	新闻出版	38	NB	能源
7	DA	档案	39	NY	农业
8	DB	地震	40	QB	轻工
9	DL	电力	41	QC	汽车
10	DY	电影	42	QJ	航天
11	DZ	地质矿产	43	QX	气象
12	EJ	核工业	44	RB	认证认可
13	FZ	纺织	45	SB	国内贸易
14	GA	公共安全	46	SC	水产
15	GC	国家物资储备	47	SF	司法
16	GH	供销合作	48	SH	石油化工
17	GM	国密	49	SJ	电子
18	GY	广播电影电视	50	SL	水利
19	HB	航空	51	SN	出入境检验检疫
20	HG	化工	52	SW	税务
21	HJ	环境保护	53	SY	石油天然气
22	HS	海关	54	TB	铁路
23	HY	海洋	55	TD	土地管理
24	JB	机械	56	TY	体育
25	JC	建材	57	WB	物资管理
26	JG	建筑工程	58	WH	文化
27	JR	金融	59	WJ	兵工民品
28	JT	交通	60	WM	外经贸
29	JY	教育	61	WS	卫生
30	LB	旅游	62	WW	文物保护
31	LD	劳动和劳动安全	63	XB	稀土
32	LS	粮食	64	YB	黑色冶金

续表

序号	行业标准代号	行业标准类别	序号	行业标准代号	行业标准类别
65	XF	消防救援	69	YS	有色金属
66	YC	烟草	70	YY	医药
67	YD	通信	71	YZ	邮政
68	YJ	减灾救灾与综合性应急管理	72	ZY	中医药

注：该行业类别未包括军用标准，军用标准采用单独的分类方法。

五、地方标准

地方标准是国家内部的某个区域组织制定并公开发布的标准。

我国的地方标准是指由省、自治区、直辖市标准化行政主管部门公开发布的标准。其他国家基本没有地方标准。根据我国现行标准化法的规定，为满足地方自然条件、风俗习惯等特殊要求，可以制定地方标准。

六、团体标准

团体标准是民间团体或非营利组织制定并公开发布的标准。

根据我国《标准化法》的规定，国家鼓励学会、协会、商会、联合会、产业技术联盟等社会团体协调相关市场主体共同制定满足市场和创新需要的团体标准。团体标准区别于政府行政部门制定的标准。我国学会、协会、商会、联合会制定的标准等同于发达国家的行业协会标准。大部分民间标准化组织会采用一定的组织原则（如公开透明和协商一致）协调产业利益，所制定的标准可以看成（准）公标准。

产业技术联盟制定的标准又称为联盟标准（consortia standards）。产业技术联盟的本质是通过协议形成企业联合组织，所制定的标准并不是为了协调整个产业利益，而是为了联盟会员企业在市场中的竞争（王平，梁正，2016），所以联盟标准属于私标准，其特点是：

（1）标准由多个企业联合制定，所有制定者共同拥有该标准的知识产权，共同享有该标准带来的利益。

（2）联盟标准可以由联盟组织的会员代表投票批准发布，也可以由多个企业的法人代表共同批准、发布。

（3）联盟标准的实施范围不仅包括所有的联盟会员企业，而且通过供应链扩散到众多相关企业，还通过合同影响到广大顾客和市场相关方。具有重要影响力的企业联盟标准有可能成为事实上的国际标准。

七、企业标准

企业标准是由企业制定并由企业法人代表或其授权人批准、发布的技术或管理标准。按照我国现行标准化法的规定，企业可以根据需要自行制定企业标准。

企业在生产过程中有大量必须严格执行的技术规范和管理规范。虽然并没有制定为正式的企业标准，但也属于企业内部的标准范围，包括企业的产品技术规范、工艺规范、操作规范、管理规范等。

一个企业标准通常只在制定该标准的企业内部应用。随着世界经济一体化和全球供应链的发展，有些企业技术标准的应用范围逐渐从该企业扩散到了供应链上下游的多个企业。在这种情况下，名义上的一个企业标准在事实上已经成为供应链范围内多个企业共用的企业标准。

企业标准与国家标准等公标准有着本质的区别：企业标准是企业独占的无形资产；在遵守法律的前提下，企业标准如何制定，完全由企业自己决定；企业标准采取什么形式、规定什么内容，以及标准制定的时机等，完全依据企业本身的需要和市场及客户的要求，由企业自己决定。

第 3 节　按标准化对象的基本属性划分

按标准化对象的基本属性，标准分为技术标准和管理标准两大类。不同产业领域的标准化对象是不同的，例如机械制造业的标准化对象主要是独立的零部件和产品及其制造过程；流程工业的标准化对象可能是液态产品（如油漆、汽油），也可能是粉状产品（如水泥），以及这类产品的生产过程；软件产业的标准化对象是数据、软件代码、软件模块和接口以及软件的开发过程；服务业的标准化对象是服务的过程和结果。因为不同产业标准化对象的属性差异很大，在技术和管理上细分的时候很难统一，所以本节内容主要以制造业为例，讨论对技术标准和管理标准的划分。这里的制造业指的是机械/电子、石油化工、服装等产业，不包括软件和服务业。

一、技术标准

技术标准是指对标准化对象需要协调统一的技术属性所制定的标准。

技术标准的形式可以是标准、技术规范、规程等文件，以及标准样品实物等。

技术标准是标准体系的主体，量大、面广、种类繁多，主要有以下几种。

（1）基础标准。基础标准是具有广泛适用范围或包含一个特定领域的通用条款的标准。基础标准可直接应用，也可作为其他标准的基础。例如：

1）标准化工作导则，包括标准的结构和文件格式要求、标准编写的基本规定、标准印刷的规定等。这些标准是标准化工作的指导性标准。

2）通用技术语言标准，包括术语标准，符号、代号、代码、标志标准，技术制图标准等。这些标准是为使技术语言统一、准确，便于相互交流和正确理解而制定的。

3）量和单位标准。

4）数值与数据标准。

5）公差、配合、精度、互换性、基本系列标准。

6）信息技术、人类工效学、价值工程和工业工程等通用技术方法标准。

7）通用的技术导则。

（2）产品标准。产品标准是规定产品应满足的要求以确保其适用性的标准。

产品标准除了包括适用性的要求外，还可直接或间接引用包括诸如术语、抽样、测试、包装和标签等方面的要求，有时还可包括工艺要求。

产品标准可以规定完整的或部分的必要要求，由此可区分为完整的标准和非完整的标准。同理，产品标准又可区分为其他不同类型的标准，例如尺寸类标准、材料类标准和交货技术通则类标准。

产品标准的主要作用是规定产品的质量要求，包括性能要求、适应性要求、使用技术条件、检验方法、包装及运输要求等。

产品标准可以是一个标准，也可以由若干标准组成（如产品技术条件、产品检验标准、产品包装标准等）。一个完整的产品标准在内容上应包括产品分类（型式、尺寸、参数）、质量特性及技术要求、试验方法及合格判定准则、产品标志、包装、运输、储存、使用等方面的要求。

为了使产品满足不同的使用目的或适应不同经济水平的需要，产品标准中可以规定产品的分等分级。

制定企业正式的产品标准，一般应以面向市场、最终使用者或消费者为主，主要规定产品的性能要求和使用要求。

原料、材料、燃料、能源等在市场环境下也都是独立生产的产品，有时也单独列为技术标准的一大类。

（3）设计标准。设计标准是指为保证与提高产品设计质量而制定的技术标准。设计标准在企业里通常列为基础标准。为表明其重要性，这里单列一项。

设计的任务是将顾客的期望和要求转化为企业产品标准的过程。这一过程要用到相关的原料、材料、外购件等技术标准，形成图纸、图样、工艺流程、工艺规范等技术文件，通过样品制作和小批量生产进行验证，再依据验证的结果对所有的技术文件进行修正，并最终完成产品定型。

设计的质量从根本上决定产品的质量。设计标准通过规定设计的过程、程序、方法、技术手段，保证设计的质量。

设计标准包括：

1）设计图形、符号、代号、术语标准。

2）设计准则和专业设计规范，如：设计项目任务书的格式与要求；设计评审、设计验证、设计确认的程序和要求；设计参数与数据标准；设计计算方法标准；设计的工程施工及验收规范；设计中用于评价产品和工序的试验方法和验收规则。

3）设计文件标准，如：设计图样与文件的格式；设计文件的完整性；设计文件的编号。

4）计算机辅助设计及设计软件标准。

（4）工艺标准。工艺标准是指依据产品标准要求，在产品实现过程中对原材料、零部件、元器件进行加工、制造、装配的方法，以及有关技术要求的标准。

工艺标准的主要作用在于规定正确的产品生产、加工、装配方法，使用适宜的设备和工艺装备，保证生产过程的稳定和有序化，以生产出符合规定要求的产品。

工艺标准包括：

1）工艺基础标准，如：工艺符号、代号、术语标准；工艺分类编码标准；工艺文件标准；工艺余量标准（如毛坯余量和工序余量）等。

2）工艺流程，如工艺流程图标准。

3）工艺规程，如：专用工艺规程、通用工艺规程、标准工艺规程；工艺配方、工艺参数、工艺质量指标；工艺卡、工序操作规范；特殊工序工艺标准等。

4）工序能力标准。

5）工序控制标准。

（5）设备和工艺装备标准。设备和工艺装备标准是指对产品制造过程中所使用的通用设备（各种机床）、专用工艺装备（包括刀具、夹具、模具、工位器具等）、工具及其他生产器具的要求制定的技术标准。

设备和工艺装备标准的作用主要是保证设备的加工精度，以满足产品质量要求，以及对设备进行维护使之保持良好状态，以满足生产要求。

设备和工艺装备标准的主要内容包括：

1）设备及主要备件标准。

2）设备操作规程和设备维护、保养规程。

3）工艺装备标准，包括专用工具、工位器具、夹具、模具的技术标准。

（6）检验和试验标准。检验是指通过观察和判断，适当结合测量、试验所进行的符合性评价。检验的目的是判断是否合格。针对不同的检验对象，检验标准分为进货检验标准、工序检验标准、产品检验标准、设备安装交付验收标准、工程竣工验收标准等。

试验是指按照程序确定试验对象的一个或多个实际特性。试验的目的是在规定的条件下，按规定的程序和方法，准确地确定产品特性及各项性能参数。试验标准是指与试验方法有关的标准，有时附有与测试有关的其他条款，例如抽样、统计方法的应用、试验步骤。

检验和试验标准通常分为两类：检验和试验的方法标准；保证试验、监视和测量精度的计量器具标准。

1）检验和试验的方法标准，包括抽样方法、试样采制、试剂和标准样品、检验和试验使用的仪器以及试验条件、检验和试验的程序、检验和试验的结果、统计和数值计算方法、合格判定的准则、质量水平评价的方法等。

2）计量器具标准，包括测量仪器仪表、量具的性能、量程、偏移、精密度、稳定性、使用的环境条件等质量要求，操作规程和安装及使用程序，计量仪器的检定、校准、校准状态、标识、调整、修理，以及搬运和储存等方面的技术要求。

（7）信息标识、包装、搬运、储存、安装、交付、维修、服务标准。

（8）基础设施和能源标准。这类标准是指对生产经营活动和产品质量特性起重要作用的基础设施，包括生产厂房、通信、供电、供热、供水、供压缩空气、产品运输及储存设施等制定的技术标准。

基础设施和能源标准的主要作用是保证生产技术条件、环境和能源满足产品生产的质量要求。

（9）医药卫生和职业健康标准。

1）医药卫生与人类健康直接相关，这方面的标准是标准化的重点内容，其中主要的有：药品、医疗器械、环境卫生、劳动卫生、食品卫生、营养卫生、卫生检疫、药品生产以及各种疾病诊断标准等。

2）职业健康标准是指为消除、限制或预防职业活动中危害人身健康的因素而制定的标准，其目的和作用是保护劳动者的健康，预防职业病。职业健康标准包括：作业场所粉尘、污染物等有毒有害物质的浓度限量标准，噪声与振动控制标准，辐射防护标准，气温异常防护标准，生物危险防护标准等。

（10）安全标准。安全标准是指为消除、限制或预防产品生产、运输、储存、使用或服务过程中潜在的危险因素，避免人身伤害和财产损失而制定的标准。制定这类标准要考虑产品、过程或服务的安全问题，通常着眼于实现包括技术因素和非技术因素（如人的行为）在内的若干因素的最佳平衡，达到免除不可接受的风险的目的。

安全标准主要包括：

1）通用安全标准，包括安全标志和报警信号标准、危险和有害因素分类分级标准。

2）安全工程标准，包括机械安全标准、电气安全标准、燃气安全标准、消防安全标准、防爆安全标准、爆破安全标准、储运安全标准、建筑安全标准、信息安全标准等。

3）生产过程安全标准，包括安全操作规程、设备安全标准、特殊工作环境（如矿井、高温、易燃易爆环境等）安全标准等。

4）产品安全标准。

5）安全防护用品标准。

（11）环境标准。按环境范围不同，可分为社会环境与企业环境。社会环境标准是个庞大的标准体系，可分为基础标准、环境质量标准、污染物排放标准和分析测试方法标准等；企业环境标准分为工作场所环境（小环境）标准和企业周围环境（大环境）标准。环境标准的目的和作用是保证产品质量，保护工作场所内工作人员的职业健康安全，以及履行企业的社会责任。

1）工作场所环境标准包括：与产品质量密切相关的环境要求，如温度、湿度、空气清洁度等；与现场工作人员的健康和安全密切相关的环境要求，如粉尘、噪声、有毒有害气体、电磁辐射等。

2）企业周围环境标准包括：大气、水等环境质量标准，各种污染物排放标准，以及环境监测标准。

二、管理标准

管理标准是指对标准化领域中需要协调统一的具有管理属性的事物所制定的标准。

管理标准与技术标准的区别只是相对的，一方面管理标准可能会涉及技术事项，另一方面技术标准也可能会涉及管理事项。管理标准可分为管理基础标准、技术管理标准、经济管理标准、行政管理标准等，其中的每一类又可细分为更具体的内容。

企业管理活动中所涉及的管理事项包括经营管理、开发与设计管理、采购管理、生产管理、质量管理、设备与基础设施管理、安全管理、职业健康管理、环境管理、信息管理、人力资源管理、财务管理等。

通常，企业中的管理标准种类和数量都很多，主要包括管理体系标准、管理程序标准、定额标准、期量标准和工作标准。

1. 管理体系标准

管理体系标准通常是指 ISO 9000 质量管理体系标准、ISO 14000 环境管理体系标准、ISO 45001 职业健康安全管理体系要求及使用指南、ISO 50001 能源管理体系标准以及其他管理体系标准。

2. 管理程序标准

管理程序标准通常是在管理体系标准的框架结构下，对具体管理事务（事项）的过程、流程、活动、顺序、环节、路径、方法的规定，是对管理体系标准的具体展开。

3. 定额标准

定额标准指在一定时间、一定条件下，对生产某种产品或进行某项工作消耗的活劳动、物化劳动、成本或费用所规定的数量限额标准。定额标准是进行生产管理和经济核算的基础。

定额标准通常分为劳动定额标准和物资消耗定额标准两大类。

(1) 劳动定额标准。劳动定额标准是对能计算考核工作量的工种和岗位，在一定的生产技术组织条件下，对劳动消耗的数量所规定的限额标准。

劳动定额的基本形式是工时定额和产量定额。工时定额表现为生产单位产品或完成单位工作所需要的劳动时间。产量定额表现为在单位时间内应完成的合格产品的数量。

(2) 物资消耗定额标准。物资消耗定额标准是在一定的生产技术组织条件下，对生产单位产品或完成单位工作量所需要的材料、能源等物资消耗数量所规定的限额标准。

4. 期量标准

期量标准是生产管理中关于期限和数量方面的标准。在生产期限方面，主要有流水线节拍、节奏，生产周期、生产间隔期、生产提前期等标准；在生产数量方面，主要有批量、在制品定额等标准。

5. 工作标准

工作标准是为实现整个工作过程的协调，提高工作质量和工作效率，对工作岗位所制定的标准（工作标准是管理标准的一种，由于数量庞大，为了管理的方便将其与技术标准、管理标准并列）。

通常，企业中的工作岗位可以分为生产岗位（操作岗位）和管理岗位两大类。工作标准也可分为如下两类：

(1) 管理工作标准。主要规定工作岗位的工作内容、工作职责和权限，本岗位与组织内部其他岗位纵向和横向的联系，本岗位与外部的联系，岗位工作人员的能力和资格要求等。

(2) 作业标准。作业标准的核心内容是规定生产过程中的作业程序和方法。在有的企业里，这类标准常以作业指导书或操作规程的形式存在。

1) 作业指导书的主要内容是规定各具体岗位的工作内容和作业方法，包括岗位环境、位置、设施、设备、工具，生产、加工或装配的对象，工作顺序、操作方法、作业动作，对加工产品或工作结果的检查，以及合格判定准则等。作业指导书的目的和作用是告诉人们怎样正确地做好一个岗位上的工作。

2) 操作规程的主要内容是规定各专业工种的通用操作程序和方法，如电工操作规程、电焊工操作规程等。操作规程的目的和作用是告诉人们怎样正确地做好一项专业技术操作工作。

第4节 按标准的约束力划分

一、我国的强制性标准和推荐性标准

按标准实施的约束力，我国标准分为强制性标准和推荐性标准。

(1) 强制性标准。根据我国现行标准化法的规定，对保障人身健康和生命财产安全、国家安全、生态环境安全以及满足经济社会管理基本需要的技术要求，应当制定强制性国家标准。除少数特殊行业有强制性行业标准外（如建筑行业、环保行业等），我国的强制性标准主要是强制性国家标准。强制性国家标准的代号是 GB。依据现行标准化法，强制性标准文本应当免费向社会公开。

强制性标准的强制性是指标准的应用方式的强制性，即需要利用国家的法制强制实施。这种强制性不是标准固有的，而是国家法律法规赋予的。

（2）推荐性标准。强制性标准以外的标准是推荐性标准。根据我国现行标准化法规定，我国现有推荐性国家标准、推荐性行业标准和推荐性地方标准。我国推荐性国家标准的代号是 GB/T。通常，国家和行业主管部门鼓励企业积极采用推荐性标准，企业则完全按自愿原则自主决定是否采用。企业采用推荐性标准的自愿性和积极性一方面来自市场需要和顾客要求，另一方面来自企业发展和竞争的需要。

我国实行企业标准自我声明公开和监督制度。标准化法规定："企业应当公开其执行的强制性标准、推荐性标准、团体标准或者企业标准的编号和名称。"企业之间的协议如果采用了某推荐性标准作为产品标准，那么该推荐性标准就具有相应的法律约束力。

二、世界贸易组织的技术法规和标准定义

在世界贸易组织的《技术性贸易壁垒协定》（《WTO/TBT 协定》）[①] 中，技术法规指强制性法规文件，而标准仅指自愿性标准。技术法规体现国家对贸易的干预，标准则反映市场对贸易的要求。

（1）技术法规。技术法规是指规定技术要求的法规，它或者直接规定技术要求，或者通过引用标准、技术规范或规程来规定技术要求，或者将标准、技术规范或规程的内容纳入法规。

技术法规可附带技术指导，列出为了符合法规要求可采取的某些途径，即权益性条款。《WTO/TBT 协定》对"技术法规"的定义是："强制执行的规定产品特性或相应加工和生产方法（包括可适用的行政或管理规定在内）的文件。技术法规也可以包括或专门规定用于产品、加工或生产方法的术语、符号、包装、标志或标签要求。"所以技术法规应该包括两方面的内容，首先它应该包括技术内容，即对需要规制的对象规定技术要求；其次，它还应包括行政监管和规制内容，即对违反技术要求的情况如何给予行政处罚的条款。

（2）标准。《WTO/TBT 协定》对"标准"的定义是："由公认机构批准的、非强制性的、为了通用或反复使用的目的，为产品或相关加工和生产方法提供规则、指南或特性的文件。标准也可以包括或专门规定用于产品、加工或生产方法的术语、符号、包装、标志或标签要求。"《WTO/TBT 协定》的定义还附有一个注："ISO/IEC 指南 2 定义的标准可以是强制性的，也可以是自愿性的。本协定中标准定义为自愿性文件，技术法规定义为强制性文件。"

三、欧盟的技术协调指令和标准

为了统一欧洲内部大市场，保证商品的自由流通并有效地维持市场秩序，欧盟理事会于 1985 年提出技术协调"新方法"，在技术立法中采取欧盟制定的"新方法指令"和欧洲标准化组织制定的"协调标准"两种技术文件的有机融合手段（刘春青，等，2013）。

---

① 参见 https://www.wto.org/english/docs_e/legal_e/17-tbt_e.htm。

（1）新方法指令（new approach directive）。欧盟对涉及产品安全、工业安全、人体健康、保护消费者和保护环境方面需要的技术要求采用制定新方法指令的办法。新方法指令的性质是技术法规，各成员国依法强制实施。依据欧盟理事会《技术协调与标准新方法决议》规定的基本原则，新方法指令的范围仅限于确保产品在欧盟市场自由流通中所必需的人类健康和安全等方面的基本要求，而将制定对应技术协调标准的任务交给欧洲标准化组织完成，使法律通过“采用标准”（主要是欧洲标准）的方式对技术进步做出快速反应。

（2）协调标准（harmonised standard）。协调标准是指欧盟委员会依据新方法指令委托欧洲标准化组织 CEN、CENELEC 或 ETSI 制定的标准，这些协调标准均属于欧洲标准（EN）。每个新方法指令都需要协调标准的支持，即每一个新方法指令都需要引用对应的协调标准。协调标准依据新方法指令的基本要求规定具体技术细节，起到技术支持的作用。

尽管欧洲的协调标准是用于支撑强制性新方法指令的，但其性质仍然是自愿性的，企业自愿采用。协调标准的作用在于：凡按照这些标准生产的产品，可被推定为符合新方法指令的基本要求。由此可以推定，产品只要符合协调标准的要求，就可以投放欧盟市场。企业也可以不采用协调标准，但必须证明其产品符合新方法指令的基本要求。欧盟用协调标准支撑技术协调指令的做法有效推动了标准化的发展。

第 5 节 按标准的信息载体划分

按标准的信息载体进行划分，标准化组织制定发布的标准和企业的常用标准可分为标准文件和标准样品。标准文件的作用主要是提出要求或做出规定，作为某一领域的共同准则；标准样品的作用主要是提供实物，作为质量检验、鉴定的对比依据，测量设备检定、校准的依据，以及作为判断测试数据准确性和精确度的依据。

一、标准文件

标准文件是标准信息载体的最基本形式，也是现代社会中绝大部分标准实际的存在形式。标准文件按照其内容的不同可划分为术语标准、符号标准、分类标准、试验标准、规范标准、规程标准、指南标准（白殿一，王益谊，2019）。

（1）术语标准。术语标准是规定特定领域中的概念对应的术语名称及其定义的标准。一个术语标准的内容包含若干术语条目；每个术语条目通常含有一个术语以及该术语的定义，有时还附有示意图、注、示例等。一个术语标准通常包含某个领域或某个标准化对象的全部或部分术语及其定义。

（2）符号标准。符号标准是指规定特定领域中使用的图形符号表现形式及其名称和含义的标准。一个符号标准的内容一般涉及某个领域中的若干图形符号，对每个图形符号或标志的表现形式、名称及其含义分别给予规定。

（3）分类标准。分类标准是指依据某种相似性（来源、构成、性能或用途等）为同类标准化对象建立分类体系的标准。分类可以细化为不同的层级，并形成树形的分类结构。分类树的每个节点都有相应的类目名称和编码。

（4）试验标准。试验标准是指在一定的条件下（确定的精度和环境），规定试验过程以及取得试验结果的方法标准。试验标准的内容通常包括详细的试验步骤和试验数据的处理方法。

（5）规范标准。规范标准是指为产品、过程或服务规定需要满足的要求以及判定该要求是否得到满足的方法标准。标准化对象为产品的规范标准主要是技术规范；标准化对象为过程的规范标准可能是技术规范，也可能是管理规范；标准化对象为服务的规范标准则属于服务规范。

（6）规程标准。规程标准是指为某一活动的过程规定明确的程序（步骤）并且给出判定该程序是否得到正确实施的追溯方法标准。规程标准的标准化对象是具体的活动过程。当规范标准的标准化对象为过程的时候与规程标准的含义是重合的。试验本身也是过程，所以试验标准有时也称为规程标准或规范标准。由于企业中存在大量的规程标准，因此把它单列一类。

（7）指南标准。指南标准是依据适当的背景知识为某主题提供普遍性、原则性、方向性的指导，并给出相关建议或信息的标准。与其他标准不同，指南标准一般是为开展某一项工作（如实施一项工程或者编制/实施一项标准）给予相应的指导，例如，给出如何策划、可能的行动步骤及其评价方法，以及为每一步的工作应采用的标准提供建议，等等。

二、标准样品

标准样品（简称标样）是具有足够均匀的一种或多种化学的、物理的、生物学的、工程技术的或感官的性能特征，经过技术鉴定，并附有说明有关性能数据证书的一批样品。标准样品作为实物形式的标准，按其权威性和适用范围分为内部标准样品和有证标准样品（GB/T 15000.2—2019）。

（1）内部标准样品。内部标准样品是在企业、事业单位或其他组织内部使用的标准样品，其性质是一种实物形式的企业内控标准。例如，涂料生产企业用于控制各批产品色差的涂料标样就是一种内部标准样品。内部标准样品可以由组织（如企业）自行研制，也可以从外部购买。

（2）有证标准样品。有证标准样品是具有一种或多种性能特征，经过技术鉴定，附有说明上述性能特征的证书，并经国家行政主管部门批准的标准样品。有证标准样品既广泛用于企业内部质量控制和产品出厂检验，又大量用于社会上或国际贸易中的质量检验、鉴定，测量设备检定、校准，以及环境监测等方面。

第6节　社会学的标准划分

社会学对标准有独特的分类（见图3-1），包括区分标准、分级标准、选优标准、过滤标准。[①] 社会学的标准分类是一种广义的分类，不仅适用于工业领域，而且适用于其他社会领域。

---

① 这里借鉴了布施（Busch，2011：42-50）的标准分类：奥林匹克标准（Olympic）、过滤标准（Filters）、区分标准（Divisions）、分级标准（Ranks）。

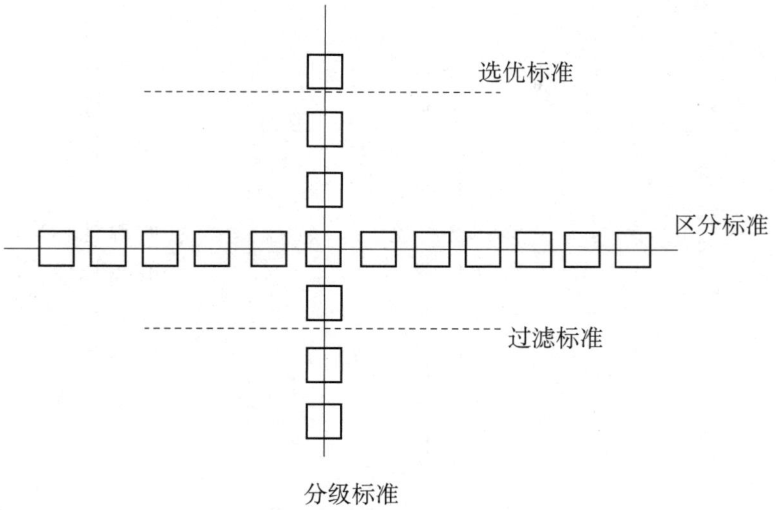

图3-1 四种标准及其之间的关系

资料来源：改编自 Busch，2011：48。

区分标准相当于标准化对象的细分或分类标准。这种区分没有类别的高低之分，属于水平分类。例如家电的不同品牌区分、零件的区分、水果的产地区分、人的男女区分等。

分级标准是把标准化对象分为有高低之分的不同等级，属于纵向的区分。例如同一品种的水果可以按其品质划分为特级、一级、二级、三级以及等外品。汽车按发动机排量或输出功率大小的划分，人类智商（IQ）高低等级的划分，某些体育比赛按照体重的划分，这些都是一种能力高低的区分或者质量优劣的区分。

选优标准是为选出少数优秀或高质量的评选对象，如体育奥林匹克冠军、特级苹果、某品牌汽车发动机的最大排量、优秀人才等。影视、文化、时装、教育领域中大量的比赛都需要选优标准。

过滤标准是把大部分符合要求的保留，而把相对少数不符合要求的过滤掉。最常见的是企业要筛选出大部分的合格产品并剔除次品；学校教育的考试要筛选出大部分合格的毕业生；社会上很多类型的培训考试也属于这种类型。

这种标准对现实世界的横向区分和纵向分级恰好与本体（ontology）逻辑相对应，能够让现实世界的矩阵与人类认知的实体、概念、事件及其属性形成的矩阵形成映射关系，对于信息化的数据存储技术有非常重要的意义（王平，2020）。

本章小结

本章从不同目的和角度出发，依据不同准则对标准进行分类。按制定标准的宗旨，可将标准分为公标准与私标准两大类；按制定标准的主体，标准分为国际标准、区域标准、国家标准、行业标准、地方标准、团体标准和企业标准；按标准化对象的基本属性，标准分为技术标准和管理标准；按实施的约束力，标准分为强制性标准和推荐性标准；按信息载体，标准分为标准文件和标准样品。在《WTO/TBT 协定》中，“标准”仅指自愿性标准，“技术法规”指强制性文件。在欧盟，强制性新方法指令与自愿性协调标准相结合。社会学把标准划分为区分标准、分级标准、选优标准和过滤标准。

关键术语

国际标准	国家标准	行业标准
团体标准	地方标准	企业标准
公标准	私标准	技术标准
基础标准	产品标准	管理标准
标准样品	强制性标准	推荐性标准
术语标准	符号标准	分类标准
试验标准	规范标准	规程标准
指南标准	安全标准	环境标准
能源标准	区分标准	分级标准
选优标准	过滤标准	

思考题

1. 公标准与私标准的区别及其意义是什么？
2. 按照制定标准的主体划分的类别及其应用范围是什么？
3. 技术标准和管理标准包括哪些种类？
4. 强制性标准与推荐性标准各有哪些特点？
5. 中国的“强制性标准”和“推荐性标准”、《WTO/TBT 协定》的“技术法规”和“标准”、欧盟的“新方法指令”和“协调标准”这三种划分有什么区别？
6. 社会学的标准划分的类别及其意义是什么？

参考文献

[1] 白殿一，王益谊．标准化基础．北京：清华大学出版社，2019：8。

[2] 国家标准化管理委员会，中国标准研究中心．欧洲共同体新方法指令应用指南：工业产品进入欧洲共同体市场的法律依据．北京：中国标准出版社，2002.

[3] 刘春青，等．国外强制性标准与技术法规研究．北京：中国标准出版社，2013：145－155.

[4] 王平，梁正．我国非营利标准化组织发展现状：基于组织特征的案例研究．中国标准化，2016（14）：100－110.

[5] 王平．基于多学科观点的标准和标准化基本概念．标准科学，2020（7）：28－38.

[6] 国家技术监督局．中国标准文献分类法．北京：中国标准出版社，1989.

[7] Busch L. Standards：recipes for reality. Cambridge：The MIT Press，2011.

[8] GB/T 15000.2—2019 标准样品工作导则 第2部分：常用术语及定义．

[9] ISO. International classification for standards（edition 7）. Geneva Switzerland：ISO Central Secretariat，2015.

[10] Holmes P，Leonardo L，Rungroge K，et al. Capacity-building to meet international standards as public goods. Vienna：UNIDO Working Paper，2006.

[11] Kindleberger C P. Standards as public，collective and private goods. KYKLOS，1983，36（3）：377－396.

第 4 章 标准化过程

学习要点

1. 过程的含义
2. 标准化是有目的有组织的活动过程
3. 通过标准化三角形把握标准化的基本过程
4. 通过标准化金字塔理解标准化的发展过程
5. 标准系统的形成过程及其特点
6. 标准化过程控制的目的和控制的关键
7. 标准化过程改进的重要性

第 1 节　标准化是有目的有组织的活动过程

一、什么是过程

“过程”是个最常用、最一般的概念，通常被解释为“事情进行或事物发展所经过的程序”，可以简单地理解为“过程”即“程序”。

国际标准 ISO 9000 将“过程”定义为“一组将输入转化为输出的相互关联或相互作用的活动”，而“程序”则是“为进行某项活动所规定的途径”，从而将“过程”与“程序”加以区别（ISO，2015a）。

ISO 对“过程”的定义是从产品质量管理的角度给出的。因此，它的含义比一般的理解更深刻、更具体（ISO，2015b）。

（1）任何过程都要有输入。输入的可能是人力、物力资源，也可能是信息资源。总之，没有任何输入的过程是不存在的。

（2）输入不是目的，输入要转化为输出。输出的可能是物质实体也可能是某种信息。它们都可被视为产品。

（3）将输入转化为输出的过程，也是对输入资源的消耗过程或转换过程。转换的目的是要使之增值，或者使输出的产品价值提高，或者使输出的信息更有意义。否则，转换就成为毫无意义的活动。

根据这个定义，凡使用（输入）资源，并将输入转化为输出的活动都视为一个过程。

二、标准化是一系列活动过程

标准化是人类社会的一个创造，并且是人类社会实践活动的一部分（陈波，1989）。标准化活动从来就不是孤立进行的，或者结合生产实践，或者结合管理实践，或者兼而有之。到今天，标准化活动几乎渗透到人类社会实践活动的一切领域。

标准化活动在同其他社会实践活动相结合的过程中，其基本功能是总结实践经验，并把这些经验规范化、普及化。由此决定了标准化活动有着与物质产品的生产活动所不同的特点。但是，它的每一项活动，从实践经验的总结，到经验的规范化和普及化，也就是标准的制定和实施等，实际上都是一个将输入转化为输出的活动过程。

标准的制定是标准化过程的一个子过程。它的基本任务是总结实践经验并将其规范化（制定成标准）。这就是一个将输入转化为输出的活动。输入的资源除人力、财力和必要的研究、试验条件外，主要是通过各种途径获得的信息资源；输出的产品是标准，这个标准便是通过信息转换而被增值了的信息的载体，并且依据是否增值以及增值的多少来评价标准的优劣和标准化活动的成败。

标准的实施是标准化过程的另一个子过程。它的基本任务是将标准所承载的信息传递（转换）给生产、管理等各项实践活动过程，成为这些过程的输入，指导这些过程中的有关活动按照标准提供的信息正确地进行。这也是一个将输入转化为输出的过程。输入的除标准信息外，有时还包括其他资源。譬如，与宣传培训有关的资源，新旧标准更替需要的资源，为符合新标准要求进行工艺、技术改造和检测设备更新所投入的资源，等等，均属过程输入。这些输入都是为了转化成输出。输出的内容因标准而异，有的表现为设计质量和设计效率的提高，有的表现为生产过程的稳定，有的则是产品质量可靠、顾客满意度高。这些输出是衡量标准是否符合预定目的的主要依据，也是判定标准化投入是否在转换过程有所增值的最终证据。

标准实施的信息反馈，也是标准化过程的子过程。它的基本任务是收集、分析标准在实施过程中的表现，并将有关信息及时传递给相关组织，以便采取措施。这同样是一个将输入转化为输出的过程。输入的资源包括为收集和分析实施过程信息的投入，输出的是向相关组织传递的信息。这个信息转换至关重要，它能使相关组织及时掌握标准在实施过程产生的效果、出现的问题以及必须及时采取的纠正措施，同时为下一个过程循环准备必要的信息资源。

三、标准化是有目的的活动过程

人类社会的标准化实践是有目的的活动。不仅国际标准化、国家标准化和企业标准化各有其目的，而且每制定一项标准、每一项标准化活动也都有其特定的目的和目标。

标准化目的既是标准化活动的出发点又是标准化过程的归宿。对标准化过程的评价和考察，归根结底就是看它是否达到了预定的目的，这个目的是通过标准的实施达到的。

就国际标准化而言，它的主要目的是：

（1）获得最佳秩序，促进最佳的共同效益。人类社会之所以达成共识，共同制定并遵守国际标准，完全是由于人们从实践中认识到秩序是社会存在和发展的基础。但秩序的建立和形成要通过规范的作用，而标准不仅具有规范的特点，而且发挥着规范的作用。它以科学合理的规定，为人们提供一种最佳选择，使它不仅能被广泛认同，成为规范人们行为的准则，而且能达到促进最佳社会效益的目的。

（2）消除和减少贸易壁垒，营造公平、高效的市场环境。经济全球化的发展、全球市场的建立、产品的全球生产、商品的全球流通，都要求国际标准的支持。国际标准已成为现代国际贸易的基本因素，建立在标准基础上的合格评定是建立买卖双方信用的基础，"一个标准，一次检验，全球接受"是建立公平、高效市场环境的理想目标。

（3）为技术发展提供平台，促进技术交流。国际标准不仅具有一定的先进性，而且具有广泛的适用性和国际权威性。它既是共同遵守的技术规则，又是增进相互理解的统一的符号系统。世界各国都可借助这个平台与全球进行沟通，共享标准化成果，提升自己的技术水平。

（4）缩短跨越"数字技术分水岭"的时间。我们这一代人正在建设的是万物互联的信息社会。数据、算法、芯片及各种数字电子设备是信息社会的关键构件，通常被称作"信息通信技术"（ICT），它对社会发展的每一方面，乃至减少贫困都有直接影响。"数字技术分水岭"把国家分为享有 ICT 的"富国"和不享有的"贫国"。使 ICT 能为发展中国家所用的关键是 ISO，IEC，ITU 制定的国际标准，广泛参与国际标准化是跨越和消除分水岭，把 ICT 的富国和贫国连接起来的必要条件。联合国拉丁美洲和加勒比经济委员会估算，跨越无线电分水岭用了 70 年，跨越电视分水岭用了 40 年，ISO、IEC、ITU 通过标准化将使跨越"数字技术分水岭"的时间大为缩短。

四、标准化是有组织的活动过程

标准化活动始终是一个组织的行为。这个组织最初是企业。后来，经济的发展和市场的扩大，为标准的应用创造了广阔的空间，提出了新的需求，于是形形色色的标准化团体相继产生。行业（团体）标准化组织、国家标准化组织和国际标准化组织的空前发展，使标准化由最初的企业规模扩展为国家规模和国际规模。这些组织的活动及其所制定的标准，记载着百年来工业社会的进程和发展的轨迹，并为世界经济准备了一套保证公平贸易的技术规则。

企业是标准化的发祥地和最基层组织。最初的企业标准化仅限于与企业技术活动相关的内容，作为企业技术机构的一项任务，标准化活动被认定为技术工作的一部分。后来，标准化在管理活动中的广泛应用，使标准化活动成为企业管理的基础工作。有的企业甚至设立了专门机构、配备专职人员，有组织、有计划地开展标准化活动。

国家标准化是 20 世纪初才开始的。第一个国家标准化组织是 1901 年成立的英国工程标准委员会（英国标准协会的前身）。1901—1921 年，各工业发达国家纷纷组建国家级的标准化机构，开始大量制定国家标准。到现在世界上几乎所有的国家都建立了国家标准化机构，负责组织制定国家标准，管理国家的标准化活动。

国际标准化是全球范围的标准化活动。组织这项活动的机构主要有 ISO（国际标准化组织）、IEC（国际电工委员会）和 ITU（国际电信联盟），它们组织制定国际标准并开展相关的国际标准化活动（详见第8章）。

第2节 标准化过程模式

标准化是一个活动过程。这个过程是由一系列相互关联的活动组成的。其中的每一项活动又可能是由一系列更具体的活动组成的过程。为了把握这个过程，借助形象化的模式对其做进一步的展开。

一、标准化基本过程模式——标准化三角形

标准化基本过程模式反映的是标准化的基本过程。所谓基本过程是指标准从制定、实施到信息反馈的一次循环过程。

上述标准化过程的三个环节，可以看作由一系列活动组成的三个子过程。它们之间的关系以及它们各自的地位、作用可以用一个等边三角形来表示（见图4-1）。

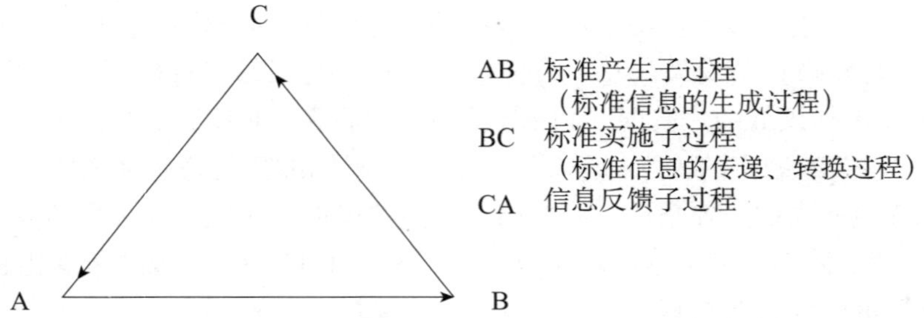

图4-1 标准化基本过程模式（标准化三角形）

标准化基本过程之所以用等边三角形，其含义是这三个子过程是同等重要的，不存在哪个重要哪个不重要的问题。

三角形的三个边连接在一起，形成一个信息传递（转换）的闭环通道。AB是标准信息的生成过程，BC是标准信息的传递、转换过程，CA是信息反馈过程。标准化过程实际上就是由标准信息的生成、传递、转化、反馈等环节组成的连续过程。其中的任何一个环节发生缺失或功能不足都会对整个过程的效果产生直接影响；如果个别环节发生中断（如缺少信息反馈）则整个过程便会中断，闭环变成开环，反馈过程变成无反馈的失控过程。标准化过程中发生的许多不良反应，都可通过对这个三角形的解析找到原因。

三角形的三个子过程是标准化过程最基本的结构要素。它们中的每一个又都是由一系列更具体的活动组成的子过程。

（一）标准的产生过程

标准的产生过程同时又是标准信息的生成过程。由于标准化对象不同，这个过程所包含的活动内容也会有所不同，尤其企业标准与国家标准、国际标准产生的过程差别更为显著。尽管如此，过程内容大体包括下列相互关联的一系列活动：

（1）标准需求调查。明确制定标准的目的和应满足的要求。

（2）试验研究论证。根据需要对有关问题进行必要的试验、论证。

（3）起草标准并反复征求意见。必要时补充调查或试验。

（4）编写送审稿并组织审查。

（5）编写报批稿并经主管机构复核、审批、发布。

上述的每一项活动又都是一个过程，其中也包含一系列相互关联的更具体的活动。

为了规范国际标准的产生过程，ISO 和 IEC 发布了专门的导则性文件。我国还依据该导则制定了相应的国家标准管理办法以规范国家标准的制定程序（详见第 9 章）。

标准化过程中，这个阶段的工作内容是较为清楚和明确的。这个环节既是政府资源投入的重点，也是关注的重点。这个阶段容易发生的问题有程序性的（如参与制定的人员代表性不够、征求意见的范围过小等），但更主要的是实质性的，即标准的适用性、可行性、先进性方面的问题。产生这类问题的原因，常与制定标准的目的不明确、调研不彻底、信息不充分、信息转换失误等因素有关。

（二）标准的实施过程

标准化是一项有目的的活动。标准化的目的只有通过标准的实施才能达到。

标准是实践经验的总结并用以指导实践的统一规定。这个规定是否科学、合理，也只有通过实施才能得到验证。

标准不仅需要通过实施来验证其正确性，而且标准的改进和发展的动力也来自实施。总之，实施这一环节同样是至关重要的。

标准的实施过程包括哪些活动内容？由于不同的标准实施的难易程度不同、要求的条件不同，难以做出统一规定。对于较为重大且涉及面较广的标准，应做到有组织、有计划地实施，具体可包括如下活动：

（1）实施过程策划。明确目标、责任、程序、进度、措施。

（2）实施准备。包括组织准备、物资准备、技术资料准备、人员培训。

（3）实施过程管理。包括更改文件、执行标准、原始记录、问题处置。

（4）总结和改进。包括效果评价、提出改进意见，必要时修订标准。

上述每一项活动同样是由一系列具体活动组成的过程。在标准实施过程中易出现的问题是不认真、不主动，“轻实施”是较为普遍的现象。该实施的标准不实施，即使实施也不认真准备，出现问题也不积极采取措施，从而影响标准化效果的发挥。

工业发达国家的标准都是自愿采用的，其实施的动力一方面来自标准本身的科学性、公正性产生的信任，另一方面来自市场的力量和合格评定（详见本书第 12 章）。

（三）标准的信息反馈过程

标准是由人制定的，在制定与审查过程中尽管遵守规定的程序，并通过征求意见等活动，力求消除标准的缺陷和不足，但是，由于客观实际的复杂性和人的知识的局限性，标准与实际脱节的事常常是难免的。标准中的问题在实施过程中都会暴露出来（李春田，2004）。能否在实施过程及时把握这方面的信息，向有关组织及时反馈信息，并利用这些信息对标准做必要的调整或采取某些补救措施，是防止标准负面影响扩大、降低标准化风险必不可少的过程。

信息反馈过程的活动内容和活动方式会因标准不同而有很大差别。企业标准是企业自己制定的，实施范围也仅仅在企业内部，发现问题和纠正都较为方便。如果是国家标准，情况就大不一样，标准所覆盖的企业越多、范围越广，表现出来的问题就越多、越复杂。它不仅要求企业及时地反馈信息，而且要建立起畅通的信息渠道，确立接收信息、分析研究信息、处理信息的专门职能。就整个国家的标准化而言，这个信息反馈过程实际上是要形成一个覆盖全国的信息沟通网络。

信息反馈是标准化基本过程的最后一个环节，是过程的终结，同时又是下一个过程的开始。它总结了前一个过程的经验和问题，并依据客观环境的新变化和新要求提出标准修订的新目标，这是标准化过程永不止息的推动力。标准化过程的信息反馈功能越差，标准中积累的问题越多、标准落后的速度越快，标准的适用性便越差、威信越低。哪一类标准的信息反馈中断，过程也就中断了，标准失去了改进的推动力，便会走向老化、僵化，失去活力和存在的价值。

二、标准化发展过程模式——标准化金字塔

标准化三角形反映的是标准化的基本过程，即“标准的产生—标准的实施—信息反馈”。但标准化活动并不到此终止。当基本过程结束时，第二次 ABCA 循环就开始了。第二次循环的终点又是第三次循环的起点。依此循环，永不止息，这才是标准化的全过程。

标准化过程的 ABCA 循环，不是一次次地原地打转，而是每循环一轮，都在原来的基础上有所创新、改进，即通过标准的重新制定或修订，使标准向前发展一步。标准化就是在这种不断的循环中一步步向前发展的。它的发展轨迹是无数个不断“迁升”的三角形，它的发展模式就是构筑“标准化金字塔”（见图 4-2）。

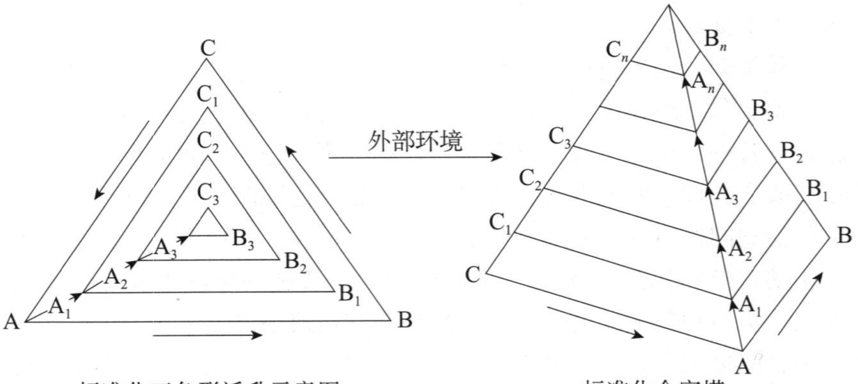

图 4-2　标准化三角形的迁升与标准化金字塔

（一）标准化三角形迁升

（1）迁升的定义。标准化三角形从初始的 ABCA 循环，向下一个以及以后的一系列循环的过渡方式叫迁升。

“迁升”的含义是这种过渡具有上升或跳跃式发展的特征。就是说，当标准重新制定或修订后，这个新标准或者增加了新功能或者原有的功能水平有了提高，即有了新的增值。而所有这一切都是同变化着的客观环境对标准提出的新要求相适应的。

迁升有时是量的积累（如水平的提高），有时是质的飞跃（新标准取代旧标准）。若干次

量的积累也能形成质的飞跃，因此，迁升的实质是质的飞跃。标准化发展过程呈现的阶段性，就是迁升的表现。

（2）迁升的动力。不论是标准还是标准系统它必须处于稳态才能发挥其功能。因此，它的每一个 ABCA 循环都是处于稳态（静态）的。保持这种稳态是标准系统控制的重要任务。不仅要及时排除影响系统稳定和系统功能发挥的各种干扰，而且从着手建立系统时就力求稳定（如不制定短命标准）。标准系统持续稳定的时间越长，标准化成本越低，对相关系统的干扰越小，社会效益也较好。

但是标准系统不可能永远稳定，因为它不是一个孤立系统，它自身的稳定性受诸多因素的影响。如果由于经济的发展、技术的进步、市场的变化以及标准需求方的要求，原有的标准或系统不能适用时，如果标准系统不依据环境的要求及时应变，这个系统要么失效（自愿性标准），要么产生负效应（强制性标准）。标准系统控制的又一个重要任务就是当出现这种要求时，或者当已经预见到这种趋势时，即应组织标准的修订或对标准系统进行调整，这就是迁升发生的原因。

标准化三角形的迁升虽然是人为实现的，但其动力却源于标准所处的外部环境。迁升的尺度、迁升的内容均须依据环境的要求，但参与迁升过程的人的能动作用，如对客观要求的识别、迁升内容和尺度的确定以及迁升时机的把握等，对迁升是否成功有决定性影响。

（二）标准化金字塔与标准水平

（1）标准化金字塔。标准化金字塔是 ABCA 标准化循环的结果，即标准化三角形迁升的结果是标准化发展过程和发展方向的形象化模型。

金字塔不仅形象地表达标准化三角形迁升的过程，而且能形象地表达迁升的目标或结果——标准的持续改进和标准水平的不断提高。

金字塔表明，标准化不是一个孤立的事物，而是一个同外部环境协调进行的活动过程，主要是制定标准、实施标准和标准信息反馈的过程。这个过程也不是一次就完结了，而是一个不断循环、逐步提高，有时是跳跃式上升的过程。这就是标准和标准化水平提高的过程，也称为标准化的发展模式。

（2）标准水平问题。提高标准水平是标准化工作追求的主要目标，而在什么是标准水平、如何衡量标准水平以及如何提高标准水平等问题上存在着各种各样的解释，其中占主导的是用标准涉及的产品、过程或服务的特性值的多少和特性值的高低作为判定水平高低的证据。而判定的准则或参照系则是其他国家的标准或国际标准。这种用特性值简单对比的方法虽然也能说明某些差距或问题，但容易产生“水平就看指标”，提高水平就是提高指标之类的误导，把提高标准水平这一艰难而繁重的工作简单化。

标准水平是对标准（含标准系统）的适用性、科学性、先进性、可行性的综合评价，一般说来这个评价是很难、很复杂的。标准水平的提高不会像修改一个指标那样简单易行，而是一个复杂的过程。标准化金字塔描述的就是这个过程的外部表象。

标准水平的提高过程是诸多方面的整合过程，恰如一座金字塔的形成过程。金字塔是一层层垒高的，标准水平也是通过持续化的改进才得以提高的，这个持续改进非常重要，舍此，则不会有标准化三角形的迁升，长期不迁升的标准（尤其产品标准）便会失去活力，不可能形成金字塔。没有金字塔或金字塔很少的标准系统，其标准的个体水平低，整体水平也低。

因此，探求标准整体水平不高的原因以及提高水平的途径，都需要透过标准化金字塔，认真解析反映标准化过程的标准化三角形。

三、标准系统是标准的存在方式

在标准化的初级阶段，人们所制定的标准常常是为解决某一具体的技术性问题，不仅内容较为单一，而且其存在方式也是个别的、零散的。

到了今天，世界上绝大多数国家的标准化都积累了50年以上的成就。无论是企业标准还是国家标准，都形成了数量可观的阵容，并以系统的方式存在，这是标准存在方式的一次质变。

现今的标准不仅以系统方式存在，而且以系统方式发生作用，这是同标准化对象的系统属性相吻合的。例如，为规范某种产品的质量，企业制定了一个该产品的质量标准，在标准中对产品应满足的质量要求做了明确规定。有了这个标准可以明确这种产品的质量管理目标，同时为最终的质量检验提供判定合格的准则（朱兰，2003）。但是，实践证明企业只有这么一个孤立的产品质量标准是远远不够的，还必须制定对实现产品最终质量要求起保证作用的原材料、零部件、工艺装备以及作业和管理等标准，共同发挥作用。这就是一个以产品质量标准为核心的标准系统。产品质量的保证作用说到底是这个系统的效应。

当我们对标准和标准化活动中的任何过程进行分析研究时，都不可能割裂这种客观存在的内在联系而将某一项标准孤立起来进行分析，必须把它放到它所在的系统中，视其为系统的一个要素。这是现代标准化的一个显著特征。对标准化过程的考察是不可能脱离它所赖以存在的系统的。

第3节　标准化过程控制

一、标准化过程控制的目的和任务

（一）标准化过程控制是标准化管理的重要任务

标准以系统形式存在并发挥作用，这个系统又必须随着环境的变化而改变并能适应环境的要求。但是，由于标准系统是一种人工系统，离开人为的干预或控制，标准系统既无法形成和发展，也难以有效地发挥作用。因此，对标准尤其是标准系统的控制，便成为对标准化过程进行管理的重要任务（李春田，2003）。

当标准系统发展到一定规模时，标准化管理机构（企业的或国家的）对系统实施控制的能力和力度，对该领域标准化作用的发挥以及标准化本身的发展，都有至关重要的影响。强调和重视标准的制定和标准系统的建立是对的，但制定之后如何去实施以及标准系统建立之后如何维护和发展，则是更值得重视的问题。否则，即便制定了大量的标准、建立了系统，也会由于管理不善、过程失控，体现不出标准的作用。客观形势和标准化自身的发展，都把对标准化过程的控制问题提上了管理者的日程。

（二）降低过程阻力，提高资源、信息的转换（传递）效率

标准化过程是由标准制定、标准实施和信息反馈等要素组成的闭环过程。如果标准化过程中的任何一个子过程以及子过程中的任何一个环节出现缺损，都会对 ABCA 循环产生影响，或降低循环效率或造成循环中断。标准化过程中出现的这类问题统称为标准化“过程阻力”。

标准化过程中一旦出现某种阻力，即使对过程投入大量资源，也会由于资源和信息的转换效率降低，降低标准化效果，甚至产生负效果。例如：

- 标准制定过程中，如果对市场需求的调研不充分或未做调研，使所定标准脱离实际，倘若按该标准组织生产，便极可能给企业造成经济损失，产生标准化的负效果。
- 标准实施过程中，如果实施的准备工作不充分，该更改的文件未更改，该更换的工装未更换，有的岗位按新标准操作，有的按老规定执行，等等，势必打乱正常的生产秩序，造成不应有的负面影响。
- 信息反馈过程中，如果标准实施过程中暴露出的问题（有标准本身的问题，有执行中的问题）不能及时反映，或虽已反映，但因信息渠道不畅，致使该及时更改的标准未做更改，该采取的措施未能及时采取等，也会降低标准化效果乃至产生负效果。

这仅仅是企业标准化过程中经常发生的阻力，实际情况比这些还要复杂。至于国家标准化过程以及国家标准系统中的阻力的表现形式以及发生阻力的原因就更为复杂。然而，恰恰是由于存在这样那样的阻力才降低了标准化投入的转化效率，标准化过程控制的一个重要任务就是消除或降低标准化过程阻力。

（三）保持标准的适应性和适用性

标准是标准化活动的直接产物，但标准化活动的目的绝不仅仅是制定出多少标准，而是要通过标准的实施产生经济效益和社会效益，这是标准化过程的终端，资源转换的最终结果。

但是这个资源转换的过程链并不像一条固定式生产流水线那样稳定和目标一贯。标准化过程对应的是一个多变的客观环境，它包括诸如法律、法规的变化，市场形势的变化，顾客要求的变化，以及技术、经济、管理等方面的新要求，尤其是科技进步对产品创新的巨大推动作用等，都要求我们及时调整标准系统的结构和功能，调整标准化过程的目标，以适应变化了的环境。

如果标准乃至整个标准系统不能依环境的变化而及时调整，就不会有标准化三角形的迁升，也不会有标准化金字塔的形成。即使当初被相关方认定为具有较好适用性的优秀标准，也会由于时过境迁而变得落后，最终导致标准整体水平低下。其直接后果就是标准滞后于经济技术发展的要求，适用性差、先导作用不强、标准化投入的增值效果不明显，甚至产生负效果。因此，保持标准和标准系统的适应性和适用性是标准化管理的核心任务，是标准化过程控制的主要目的。

二、标准化过程控制的关键——信息反馈

标准化过程不是只有一个简单的过程链，而是由许多过程链交织在一起的过程网络。对这个过程网络实施控制的组织，实际上也是一个管理网络。它们之间既有资源和信息的输

入、输出，也有资源的转换和信息的反馈；既有相互作用，又有相互要求。每一个标准化组织、每一个标准化工作者乃至与标准化相关的人都能在这个网络中找到自己的位置。

过程控制就是要使过程网络中的每一个过程以及过程中的每一项活动处于受控状态。控制的内容会因过程和活动的性质不同而有所不同，对其中的关键过程的控制，还应包括必不可少的评审、验证和确认等项内容。

标准化过程大多是信息的处理过程，对过程的控制就是对信息的控制。标准信息控制包括以下关键环节和内容。

（一）标准化过程的“状态信息”

过程控制是标准化管理组织的基本职能和重要任务。任何一级管理组织其控制职能的行使都必须掌握足够的信息，在对信息分析研究的基础上方能做出正确的决策。可以说没有信息支持的控制是盲目的控制，没有信息支持的决策是主观决策，都会带来标准化风险。为了实施有效的过程控制，首要条件就是标准化管理组织要获得足够数量的信息，尤其是标准化过程的“状态信息”，如：

● 颁布的标准是否已被相关方获得？是何原因尚未获得？

● 标准是否被相关方实施？有哪些已实施，哪些尚未实施？

● 实施过程中存在什么问题？标准本身有什么问题？客观上有什么问题？影响和后果是什么？影响面多大，该如何处置？

● 标准系统中哪些标准已不适用，应该予以修订？哪些标准应该废止？

● 经济和技术的发展、市场竞争、法律法规等客观环境的变化对标准提出了哪些新要求？亟须制定哪些新标准？等等。

这些问题，有的可在每五年一次的标准复审时得到解决，有的是不可能等上五年的。对于涉及面较广、影响较大的标准，如果存在较多或较严重的问题，要越快越好地获得反馈信息并且越快越好地予以修正。此外，像那些与市场竞争有关的标准，还有个抓住机遇的问题，更要求快速反应。

这类对标准和标准系统进行控制所必需的信息还可列举许多。如果实施控制的管理机构不掌握这方面较为准确的信息，将不知如何作为，甚至无所作为。无论是企业的还是国家的标准系统，都可能从这里找到一些影响其作用发挥的原因。

（二）信息反馈渠道和反馈功能

标准信息反馈是标准化过程的一个重要子过程，是标准化三角形中不可缺少的构成要素。它的基本功能就是反馈标准化过程的状态信息。这个状态信息是标准化过程控制的依据，也是标准化三角形迁升和标准化金字塔形成的推动力。然而，在某些标准化过程中并不具备完善的信息反馈子过程。许多情况下，标准的实施状况并无信息反馈，许多标准颁布实施后状况如何，存在什么问题，标准化管理机构是不清楚的。对缺乏标准系统状态信息支持的管理和控制来说，难免带有不同程度的主观性和盲目性。

标准信息反馈问题，可以说是标准化三角形中的一个瓶颈。没有信息反馈就不会形成闭环过程，而是一个无反馈开环过程，它实际上是个放任自流的、失控的过程。处于这种过程的标准和标准系统其适应性和适用性都要不断衰减。

产生这一问题的原因有许多，但最关键的是反馈渠道和反馈功能问题。标准化过程网络中，几乎每时每刻都有资源的投入、产出，以及信息从输入到输出的转换。其中的大量信息，有的形成新的资源，要及时存储和积累；有的在网络中流动，沟通、协调各要素间的关系；有的则要向相关部门反馈，作为过程控制的输入；等等。没有反馈渠道或渠道不畅通、不健全，这些极有价值的信息便白白流失。此外，标准信息的反馈是不会自动实现的，除渠道之外，还需要有相关的组织承担这样的功能。标准化系统功能结构上可能出现的一个重大缺陷，就是信息反馈功能严重缺失，甚至那些身处最基层与实施标准的企业直接接触的管理机构也不具有这样的功能或不行使这样的职能。

（三）双向的信息沟通

标准化过程也可以说是信息的传递和转换过程。在标准化过程网络中流动的信息不只是单一方向的反馈信息，而应该是双向的信息沟通。如前所述，向标准化管理机构反馈标准化过程的状态信息是十分重要的，与此同时标准化过程中的一些环节也需要标准化管理机构对反馈的某些信息做出反应，尤其是企业在其标准化活动中，有时需要政策指导，有时则需要与国际市场竞争以及市场准入有关的广泛的信息支援。这类信息的需求会随着经济全球化的发展而不断增强。

这种双向的信息沟通是标准化过程生命力的源泉。建立沟通渠道、明确沟通职能、保证信息的质量、加快信息的传递速度、着力解决信息资源不足和信息不对称等问题是实施双向信息沟通的要求。

实现这些要求的关键一环就是建立完善的标准信息系统。建立这个系统的目的就是承担起双向信息沟通的任务。标准信息服务机构和标准信息系统，是否具有收集、处理、传递标准化过程状态信息的功能，是否能向企业提供信息支援，特别是国际贸易中急需的标准信息，是衡量这些机构和这个系统的目的性及其功能价值的准则。

三、标准化过程改进

（一）标准化过程改进的必要性

（1）提高资源（信息）转换效率的需要。标准化过程是信息转换过程，同时也是将输入的资源转化为输出的过程。过程改进就是要消除影响转换效率的因素，克服信息传递的阻力，最大限度地提高标准化投资效果，实现增值转换。

（2）适应相关方要求变化的需要。标准相关方的要求是标准设计过程的输入。这种输入经过多次信息转换形成输出，这种输出是否达到了相关方的要求（即使企业标准也不仅仅从企业自身考虑，首先是顾客，还有供应商、分销商乃至供应链上的所有方面），可以通过实施后的效果和相关方的满意程度来评价和确定。由于相关方的要求（尤其是顾客的要求）是经常变化的，标准化过程也必须具备持续改进的能力，以适应这种变化。

（二）标准化过程的持续改进

标准化过程有资源的输入（其中主要的是人力资源，其次是资金、物资和信息）、资源和信息的转换以及信息的输出。每一个过程又包含若干子过程，每个子过程同样有输入到输出的转换。可以说在这个复杂的过程网络中，随时随地都可能产生影响资源转换效率和转换质量的因素，这就是标准化过程阻力。所以过程改进主要是消除阻力。如资源投入不足或浪费、职责不清、接口不相容或不协调、目标不明确或不能实现等都可能成为过程阻力和改进的重点。

此外，随着形势的变化，原有过程中的某些内容（如标准的水平、标准化系统的结构和功能、标准化工作程序等）也需要适应客观形势的要求加以改进。标准化三角形描述的标准化基本过程就是以信息反馈为推动力的循环往复的改进过程；由标准化三角形向标准化金字塔的过渡记载着标准化过程改进的轨迹。标准化就是在这个持续改进的过程中向前发展的。

本章小结

标准化是一系列活动过程。这个过程同其他过程一样，是资源（信息）的转换过程，即将输入转化为输出的过程。

标准化基本过程包括三个构成要素（子过程）：标准产生、标准实施和信息反馈，由此构成标准化三角形。

标准化基本过程是一个不断循环上升的发展过程，它的表现形式是标准化金字塔。

客观环境（外部需求）是标准化三角形循环上升的推动力，也是标准水平提高的根据。

标准化过程必须人工控制。控制的任务是降低过程阻力，提高资源（信息）的转换效率；控制的目的是保持标准的适应性和适用性；控制的关键环节是信息反馈。

标准系统所处的环境是个不断变化的环境，标准化过程必须同环境的变化相适应，标准化过程必须坚持持续改进。

关键术语

过程	数字技术分水岭	标准化过程
标准化过程模式	标准化三角形	标准化金字塔
迁升	标准水平	标准系统
标准化过程控制	过程阻力	信息反馈
适应性	适用性	状态信息
双向信息沟通	标准化过程改进	

思考题

1. 为什么说标准化是一系列活动过程？
2. 标准化基本过程为什么用三角形表示？
3. 标准化金字塔是怎样形成的？
4. 标准化过程为什么必须进行控制？
5. 标准化过程控制最终要达到什么目的？
6. 为什么要强调标准化过程的持续改进？

参考文献

[1] 陈波，等．社会科学方法论．北京：中国人民大学出版社，1989.
[2] 李春田．标准控制论．上海标准化，2003 (1).

［3］李春田．第十二讲：结束语：标准化是一把双刃剑．中国标准化，2004（12）．

［4］朱兰，戈弗雷，霍格斯图尔，等．朱兰质量手册：第5版．北京：中国人民大学出版社，2003.

［5］ISO 9000：2015a Quality management systems—fundamentals and vocabulary.

［6］ISO 9001：2015b Quality management systems—requirements.

第 5 章

标准系统的管理原理

学习要点

1. 标准系统的属性及系统管理的必要性
2. 标准个体效应与系统效应的关系及系统效应原理的含义和实践意义
3. 系统的结构与功能的关系，结构优化原理及其实践意义
4. 标准系统的稳定与发展、有序和无序的关系
5. 标准系统与环境的关系，信息反馈和控制的意义

第 1 节　标准系统及其管理

一、标准系统

按照现代系统论的观点，无论是自然界还是人类社会，普遍存在着各种各样的系统。标准也同样具有系统属性，并且存在着各种各样的标准系统。

标准系统不是从来就有的，它是人类社会发展到一定阶段后才出现的。它也不是自然产生的，而是人类根据自己的需要创造出来的，属于人类社会系统中具有特定功能的人造系统。

人类创造的这个标准系统不是一个孤立的系统。它同无机系统、有机系统和人类社会系统的其他分系统（如社会生产系统、社会流通系统、社会服务系统等）保持着密切的联系。标准系统的存在和发展，标准系统的结构和功能，无不受到上述系统的影响和制约。所以，标准系统虽然是人造系统，但它不是人们随心所欲地臆造出来的。

就某个具体的标准而言，可以说它也是一个系统。例如，对一个产品标准来说，它所包含的品种、规格、技术要求、试验方法、检验规则，以及包装、标志、储存、运输等项内容，便是组成这个系统的要素。在对标准进行微观考察时，可以这样进行系统分析。当我们

出于对标准系统进行宏观控制的目的，而对标准系统进行分析时，可将每个具体的标准作为系统的构成要素看待。在这种情况下，所谓标准系统，一般是指为实现确定的目标，由若干相互依存、相互制约的标准组成的具有特定功能的有机整体。

二、标准系统的属性

标准系统的属性主要有如下几方面：

（1）目标性。任何标准系统的建立都有其明确的目的或目标。或者为了保障健康、安全，或者为了保证产品质量，或者为了维护消费者利益，或者兼而有之。标准系统的目标是创造这个系统的人们的愿望的反映，是人类意志的体现。标准系统的目标具有具体化、定量化的特征，这是它具有管理功能的重要原因。

（2）集合性。古代的标准常常是孤立发生作用的，而现代标准化则以标准的集合为特征。随着生产社会化程度的提高，标准的集合性也在增强。任何一个标准几乎都难以独自发挥其效应。正是基于这种原因，标准化才从个体水平上升为系统水平。

标准系统的集合性与其目标性有着密切的联系。没有目标，集合便是盲目的、无根据的。许多标准的集合就是为了实现一定的目标；而系统目标的优化程度及其实现的可能性，又同标准的集合程度、集合水平有直接关系。

（3）层次性。标准系统有的较简单，有的却是相当复杂，但任何一个标准系统都不是杂乱无章的，整个标准系统的结构是有秩序、分层次的。

标准系统的结构层次性，是由系统中各要素之间的联系方式以及系统运动规律的类似性等因素决定的。一般是高一级的结构层次对低一级的结构层次有着较大的制约性，而低层次又是高层次的基础并反作用于高层次。

（4）开放性（动态性）。标准系统既不是封闭的，也不是绝对静止的。因为任何标准系统总是处于某种环境（包括更大的标准系统）之中，总是同环境之间进行相互作用，交换信息，并且不断淘汰那些不适用的要素，及时补充新的要素，使标准系统处于不断进化的过程。

（5）阶段性（相对稳定性）。标准系统的开放性增强了标准系统的活力和对外界的适应性，这是标准系统发展的动力。但标准系统的发展是有阶段性的，因为标准效应的发挥要求系统处于稳态，这是标准系统很显著的特点。由于标准系统的发展阶段性是人为控制的，所以它的发展阶段常常同客观环境的发展步伐脱节，出现标准滞后于客观实际的现象，这是必须对标准系统进行控制的原因。

对一个结构简单、要素较少的标准系统来说，在它发挥功能的一段时间里，系统是稳定的。标准系统的动态特性是在较长时间内从全局来看的。总之，稳定性是相对的，开放性（动态性）是绝对的。如何处理好它们的关系，常常是对标准系统进行管理时需要认真把握的一个关键问题。

三、标准系统的管理

由于标准系统是人造的开放系统，这个系统的发展及其功能的发挥，不仅取决于系统内部诸要素间的相互作用，而且取决于外部环境的变化；更由于这个系统不能进行自我调节，这就必然要求由人来对它进行管理。

对标准系统的管理，就是要运用计划、组织、监督、控制、调节等职能和手段，对标准系统内部各要素间的关系以及同外部环境间的关系进行协调，正确处理标准系统发展过程中的各种矛盾，充分发挥其系统功能（钱学森，许国志，王寿云，1978），促进标准系统的健康发展。

在互联网已成为人们主要应用工具的信息化时代的今天，已经有各种类型的标准系统，继续沿用传统的理论和方法对标准系统进行管理已经远远不够了，必须探索同这个系统的特点相适应的管理理论、管理原则和管理方法。本章提出的原理只是针对标准系统的宏观管理（标准化微观领域的问题将在本书其他章节叙述）。这些原理是：

- 系统效应原理——关于标准系统的目标及其优化问题。
- 结构优化原理——关于系统效应产生的内在根据问题。
- 有序原理——关于标准系统进化、发展的动力问题。
- 反馈控制原理——关于对标准系统进行宏观控制的机理问题。

第2节　系统效应原理

一、个体效应与系统效应

标准系统并不是若干互不相干的标准的简单集合，而是一个互相联系的有机整体。标准系统与其要素（组成该系统的各个标准）的关系类似整体与局部的关系或个体与总体的关系。

每一个具体的标准都有其特定的功能，也都可以在实施中产生特定的效应，这种效应叫做个体效应或局部效应（汪应洛，1982）。

由若干具有内在联系的标准个体组成的标准系统，也有其特定的功能，也可在实施中产生特定的效应，这种效应叫做总体效应或系统效应。

系统效应需以个体效应为基础。如果组成标准系统的各个要素（标准）均不产生效应，则系统也就无所谓效应。在系统整体中，每一个要素的性质和行为，将影响到整体的性质和行为，所以要素的效应（个体效应）是标准系统效应的基础。但是，系统效应绝不简单等于组成该系统的各个要素的孤立效应的总和。这就是说，标准系统与单个标准之间既有密切联系，又有本质区别。这是因为，当由若干密切联系的标准组成标准系统时，这个系统就具有新的功能，其功能并不等于各个标准功能的简单相加。一个形成系统的诸要素的集合，永远具有一定的特性或者表现出一定的行为，而这些特性和行为不是它的任何一个部分（要素）所能具有的（钱学森，1979）。

二、系统效应原理

关于个体效应与系统效应的关系，通过标准化实践人们得出这样的结论：标准系统的效应，不是直接地从每个标准本身而是从组成该系统的互相协同的标准集合中得到的，并且这个效应超过了标准个体效应的总和。这就叫做系统效应原理。其含义是：

（1）标准系统是一个不可分割的整体，其效应一定要从完整的系统来看，而不是从孤立要素的简单叠加来看。作为有机整体的标准系统，其效应既与组成该系统的各个标准及它们的结构有关，又不是各个标准个体效应的简单总和。同时，每个标准的个体效应又同它所从属的系统有关，受系统的影响和制约。

系统效应之所以不同于个体效应，是因为在结构上合理的标准系统已经不是互不相干的标准群体，而是形成了标准之间、标准与系统整体之间相互联系、相互作用、相互适应、相互补充的统一体。系统效应就是从要素量的集合达到整体质的飞跃中产生的，是相关标准之间相互作用产生的相关效应。这种效应一般要比各个标准效应的简单总和大得多。所以说，系统效应必须在系统内部各级、各类子系统和要素间的错综复杂的协同作用中探求。倘若子系统或要素之间协同性很差，也不会产生系统效应。

（2）标准化活动是由人力、物力、财力、技术、信息等要素构成的社会活动。根据系统效应原理，这些要素的构成或组合方式不同，所产生的效果也很可能不同。倘若根据需要或特定的目标，通过对各要素的合理筹划和有机组合，形成系统，便可产生特殊的效应——系统效应。它能使有限的资源产生更大的能量，用较小的代价取得更大的效益，在较短的时间内获得更快的发展速度。但在以往的标准化活动中，偏重于追求单个标准的个体效应，较少考虑标准的系统性以及标准系统的合理结构。因此，系统效应才是标准化管理追求的目标。系统效应原理是现代标准化理论的核心，它标志着标准化方法论的重大转变。

三、系统效应原理的实践意义

系统效应原理是指导标准化活动最基本的原理，它的思想应贯穿标准化的全过程。

（1）在对标准系统进行设计时，应把它当做由若干子系统或要素结合成的有机整体看待。对每个子系统的功能要求，都应首先从实现整个系统的总目标出发加以考虑。对于子系统之间以及子系统和系统整体之间的关系也都需要从整体协调的需要出发加以处理。同样道理，某个系统又是它所从属的更大系统的组成部分，它的功能的设定以及它的系统效应的发挥，必然受到这个更大系统的制约，服从它的要求。这就使标准之间（包括系统之间）的协调变得格外复杂，这是对现代标准系统进行管理的一个特点。

（2）系统效应观点是现代标准化理论的核心问题，也是同以往的标准化理论相区别的重要标志。按照系统效应原理，每一个标准的功能和效应都难以孤立地发挥，它总是居于系统中的一定地位上，在系统的总效应中表现出它的个体效应。每一个要素的性质和行为以及它影响系统整体的途径，依赖于其他一个或几个要素的性质和行为。没有一个要素是独立地影响整体的，同时，每一个要素至少被其他一个要素影响。因此，标准虽然是逐个制定的，但实际上是填补系统的一个要素，或在纵横交错的系统网络中填补一个节点。这个标准的功能受到该系统严格的制约。只有充分认识了这个系统对它的要求和制约，特别是系统总效应的要求，才能定出一个好标准（有较好的适应性和适用性），才能保证整个系统发挥出较好的功能，产生出较好的系统效应。

（3）系统效应原理要求标准化工作者树立系统意识或全局观念。在标准化活动中常会出现这样的情形，一项规定或一个指标从局部看是合理的、可行的，而从全局看是不合理的或不可行的。在一般情况下局部应服从全局，因为系统效应原理表明，个体效应好系统效应不一定好，系统效应才是我们所追求的最终目标。所以，这一原理为标准之间的协调提供了最基本的理论依据。

（4）系统效应原理具有方法论的意义。依据这一原理开展标准化活动时，首先要确立明确的目标（或要求），然后制定与实现目标有关的标准并认真处理好标准之间的协调、配合关系，保证标准系统是个有机的整体，产生系统效应，达到预定目标。

如果目标并不明确，或盲目追求系统的规模，只是制定了一堆互不协调、互不配合的标准，这既不能称其为标准系统，又不可能产生系统效应，甚至会出现负面效应（许多企业建立的标准体系就是这种状况）。

（5）系统效应原理奠定了标准化方法论的基础。在标准化管理活动中，从目标确定，规划、计划的落实，到决策方案的选择，以及在决策实施过程中根据信息进行的协调、控制，都必须运用这一原理。始终不脱离系统的总的奋斗目标，追求较好的系统效应，才能进行有效的管理，不断提高标准化的科学管理水平。

第3节 结构优化原理

一、标准系统的要素及其结构

标准系统的结构①是指标准系统要素的内在的有机联系形式。任何一种标准系统的要素都按照一定的次序排列或组合。如果仅有一堆标准，还不能说这就是标准系统。要素仅仅是组成系统的必要条件，而不是全部条件。系统是在要素基础上，以某种方式相互联系，形成整体结构，这时才具有系统的性质。系统的结构是系统具有特定功能、产生特定效应的内在依据。而且系统效应的大小，在很大程度上取决于系统要素是否形成好的结构。所以标准系统的结构是现代标准化理论中又一个重要的课题。

二、标准系统的结构与功能的关系

凡是人造系统都是有目标的，系统要素集合能否达到目标要求，除了环境因素之外，要素间的相关关系如何即结构形式如何可以起决定作用。

就系统的结构与功能的一般关系而言，可以说结构不同，功能也就不同，结构决定功能，但功能又能促进结构的改变。就标准系统而言，由于它是人造系统，所以常常是首先确立功能目标，而后根据目标来设计或调整标准系统的结构。对较为复杂的系统，也常常是将系统的总目标分解为各个层次的分目标，然后据以构造出分系统的组成要素以及它们的相互关系，最后形成整体协调的系统结构。

在标准系统的结构与功能的关系中，强调结构对功能的决定作用是很重要的，但也绝不可忽视功能目标对结构的反作用。因为标准系统的功能目标是个活跃的因素，它在系统内外各种因素相互作用的过程中不断发生变化，而结构一般是较稳定的，只有当功能目标变化到一定程度（如标准已不适应生产发展的客观需要）时，才能引起结构的部分改变（如某些标准修订或废止）或全部改变。

在对标准系统进行宏观控制过程中，应不断分析功能与结构的关系，一旦发现结构状况

---

① 这里所说的结构是指系统中各要素相互联系、相互作用的状态，是属于哲学范畴的结构概念，不能等同于具体物质的实体结构（肖前，1981）。系统论的创始人贝塔朗菲认为："结构是系统的部分的秩序。"结构越严密、越合理，表明系统的有序性越高。

影响了功能的发挥和目标的实现，就应采取措施改变结构。譬如，当我们发现国家标准中有关保障消费者安全的标准比重太小，并且屡屡发生安全事故时，就表明现行标准系统保障安全的功能太差，必须调整系统结构，增加必要的安全标准。

由此可见，即使已经构成标准系统，如果结构不合理，标准之间的关系没有协调好，仍然产生不出较好的系统效应，这就提出了标准系统结构优化的问题。

三、结构优化原理

标准系统要素的阶层秩序、时间序列、数量比例及相关关系，依系统目标的要求合理组合，使之稳定，并能产生较好的系统效应。这就是结构优化原理。其含义如下：

（1）标准系统的结构不是自发形成的，是优化的结果，只有经过优化的系统结构，才能产生较好的系统效应。这是标准系统的一个特点，由此决定了标准系统的结构优化是对标准系统进行宏观控制的一项重要任务。

（2）标准系统的结构形式，总的来说是变幻无穷的，但最基本的有阶层秩序（层次之间的关系）、时间序列（标准的寿命时间方面的关系）、数量比例（具有不同功能的标准之间的构成比例）和各要素之间的关系（主要是相互适应、相互协调的关系），以及它们之间的合理组合。它要求我们按照结构与功能的关系，不断调整和处理标准系统中的矛盾成分和落后环节，保持系统内部各组成部分有个基本合理的配套关系和适应比例，以提高标准系统的组织程度，使之发挥出更好的效应，这就是结构的优化。

（3）标准系统只有稳定才能发挥其功能，经过优化后的标准系统结构，应该能够相对稳定。所谓稳定是指系统某种状态的持续出现，从而其功能可持续发挥。而要如此，一是要使各相关要素之间建立起稳定的联系（或相互协调的关系）；二是提高结构的优化水平，并特别注意处理好与环境的协调关系。因此，标准系统结构的稳定程度既是结构优化的目的，也是衡量优化效果的依据。

四、实现结构优化的方法

协调是结构优化的基本方法。由于组成系统的各个标准，其特性和功能是相互依存的，所以任何一个标准，其特性和功能的变化，都意味着要对与其相关的其他标准进行相应的调整。在一个标准系统中，每一个要素的性质和行为都将影响到整体的性质和行为。但是这种影响都不是孤立进行的，要依赖于其他一个或几个要素的性质和行为。也就是说，系统中的要素没有一个是孤立起作用的，同时每一个要素都会被其他要素影响。系统越复杂，这种相互影响的关系也越复杂。通过各种途径使相关要素之间重新建立起相互适应的关系，求得稳定结构，这就叫做协调（朴昌根，1985）。协调仍然是标准化活动中普遍采用的优化方法。

综合标准化就是通过对相关要素的整体协调建立标准系统，发挥系统效应的一种标准化方法。它从总体效应（目标）出发，在对每个系统要素的功能透彻了解的基础上，按照功能与结构的制约关系，把这些要素（标准）有机地（或者叫做综合地）组织起来，并使外围要素与核心要素相配合，形成理想的系统结构。这种方法不仅可以使系统结构优化，而且会随着标准化对象的发展，形成功能和结构互相促进、相得益彰的局面。

五、结构优化原理的实践意义

（1）根据结构优化原理可以得出这样的推论：当标准的数量一定时，这些标准之间的结构形式不同，其效应也会不同。要注意防止那种片面追求数量而忽视结构优化的倾向。这种倾向会削弱标准的系统效应，降低标准化效果。

（2）以往的标准化比较重视对单个标准的优化。根据结构优化原理，要系统发挥较好的效应，就不能仅仅停留在提高单个标准的水平方面，应该在一定水平的基础上，致力于改进系统结构。搞结构改革，常常可以收到事半功倍之效。模块化就是通过变革系统结构的方法来提高和改进系统功能的一种标准化形式。

（3）采取调整系统中要素的组合关系可以改进系统的功能。有时采用精简结构要素的办法，减少组成系统的要素的数量和某些不必要的结构，其结果不仅不会削弱系统功能，还可能提高系统功能，这可看成简化的理论依据。

（4）改进系统的结构可以提高和改进系统的功能，发挥更大的组织效应，而不合理的结构会导致对系统功能的削弱。所以，研究标准系统的结构、结构与功能的关系、结构变化的机制、变革结构的方法等，不仅对提高标准的系统效应有现实意义，而且有可能探索出一条发展标准化的新途径。

第4节　有序原理

一、标准系统的有序和无序

我们制定标准、建立标准系统的目的是要用它来解决问题。标准系统是工具，解决问题是目的。自然，工具越是有效，问题会相应地解决得越好。怎样才能使标准系统这个工具更有效呢？这就必须从分析标准系统这个工具的特点入手。

假如有甲、乙两个类似的企业，为解决同一性质的问题，各自制定了相同数量的标准，甲企业的做法是，首先明确了目标（解决什么问题？解决到什么程度？达到什么要求？），然后将总目标分解到各相关要素，各相关要素则根据总目标对它的要求制定保证自己分目标实现的标准。最后通过整体协调，使所有这些标准之间相互关联、相互配合，共同围绕总目标。乙企业的做法是，标准数量并不比甲企业少，技术标准、管理标准、工作标准样样齐全，但这些标准没有共同目标，每个标准各有各的背景、各有各的适用范围、各有各的要求，相互之间没有什么关联。这两个企业都说自己建立了标准系统，但它们的作用（解决问题的能力）却截然不同。类似这样的情况可以说是相当普遍的。

这就向我们提出了一个必须重视的问题，甲、乙两个企业为建立标准系统，它们的标准化投入大体相同（标准数量相当），但这两个系统的功能却大不一样，问题到底出在哪里？我们该如何指导企业建立标准系统？

系统理论告诉我们，系统的有效性是和系统的有序性密切相关的。上述两个企业的标准系统之间的区别，从根本上来说是它们的有序程度不同。

系统的有序性是系统要素间有机联系的反映。系统要素间秩序井然、有条不紊、相互联系、稳定牢固，整个系统具有某种特定的运动方向（如指向共同目标），则表明其有序度高，这样的系统便是稳定的、能充分发挥其功能的系统。甲企业的标准系统就是具备这样特征的系统。要素间的结构松散、混沌、杂乱无章、方向不定（无共同目标），则表明其有序度低，无序度高。这样的系统状态便是不稳定的，其效应一定很低，乙企业的系统就是这样的有序程度低、无序程度高的系统。所以，努力提高系统的有序性是维持标准系统稳定性并充分发挥系统功能的关键。

二、标准系统有序性的影响因素

为提高标准系统的有序程度，必须了解它的影响因素。标准系统的有序程度受哪些因素影响呢？

（1）标准系统的目标。标准系统是人造系统。人们之所以创造标准系统是有目的的，又因为标准是定量化的规定，所以这个目的通常要转换为定量化的目标。对于标准系统来说，目标性是它的显著特征。

标准系统的目标在系统形成过程中起什么作用呢？起导向作用。目标指明了这个系统的方向，系统中不论有多少标准都朝着一个方向，指向一个总目标。系统中的每一个标准都知道为实现总目标自己该做什么。这就产生一种使系统内部有序化的机制，令所有要素的行为和运动方向一致，从而产生 1＋1＞2 的系统效应。

如果标准系统没有目标或目标不明确，可想而知系统中的标准不可能方向一致，即使每个标准都很优秀，也不可能产生好的整体效果。许多企业的标准系统之所以不见效果，这可能是一个重要原因。

（2）系统要素的构成。系统是由各要素构成的，标准系统到底应该由哪些要素构成，由多少要素构成，这也是必须认真对待的问题。一般来说，为实现某一特定目标而建立的标准系统，不是越大越好，也不是要素越多越好，理想的状态是用最少的必要标准解决问题。这就是说，必要的标准不能少，无用的标准不能有，这是保证系统有序性的必要前提条件。

怎么判定有用和无用呢？这又和上述的系统目标有直接关系。只要系统目标明确，需要哪些标准、需要多少标准，是不难确定的。如果是在系统目标并不明确的情况下建系统，就有可能把追求标准数量当成目标，结果是要素不断增加，系统规模不断扩大，有用标准和无用标准混在一起，有的标准起正向作用，有的标准起反向作用。系统规模越大，内部混乱越严重，无序程度越高，系统失效便越快。这是许多企业走过的路。

（3）要素之间的关联。标准系统之所以能产生系统效应，全都依赖系统中的要素相互配合、相互关联，形成一个有机整体，是这个整体而不是单个的标准发挥作用。

怎么才能使所有的标准相互配合、相互关联并形成一个有机整体呢？它不会自动实现，关键是要协调，而且还必须进行整体协调。只有经过整体协调的系统，它的所有要素才能相互关联，才能把所有标准的目标和运动方向调整到有序状态。舍此则无有序可言。至今我们已经建立了许许多多的标准系统，但真正经过整体协调并达到要素间相互关联、形成有机整体的相对较少。

以上诸项所起的作用，归结到一点就是提高标准系统的组织程度。组织程度高，系统朝有序方向发展；组织程度低，系统朝无序方向退化。

如果从较长时期来看，标准系统的状态是有序和无序的反复交替。当初建立的系统可能是有序的，经过一段时间之后，由于环境的变化有的标准不适用了，系统的有序程度开始降低，无序性逐渐增强，最后无序代替了有序。标准化管理的一项重要任务就是把握这种变化的趋势和规律，不失时机地对系统进行调整，保持其有序状态。

三、有序原理

通过以上的分析，可以得到这样的认识：标准系统的功能与其状态相关，标准系统的状态即其组织程度表现为有序或无序，保持或提高标准系统的有序性是提高标准系统功能的基础。这就是标准系统的有序原理。

有序原理告诉我们，建立标准系统的目的是要它更好地发挥作用。怎样才能更好地发挥标准系统的作用呢？制定恰到好处的适用标准并把它们组织起来，组织得好有序程度高，组织得不好有序程度低、无序程度高。有序性或无序性是反应（衡量）标准系统的组织程度或标准系统状态的参量。有序程度越高，系统功能越好；有序程度越低，无序程度越高，系统功能越差。对标准系统进行管理的一项重要任务就是保持或提高其有序程度。

如何提高标准系统的有序程度？除了上文提到的，在建立系统时充分考虑系统目标、系统要素的构成和要素之间的关联之外，当系统在运行过程中一旦出现与环境或客观要求不相适应，系统功能降低时，即应及时淘汰系统中落后的、低功能的和无用的要素或补充对系统优化有激发力的新要素，才能使系统从较低有序状态向较高有序状态转化。

四、有序原理的实践意义

（1）有序原理告诉我们，标准系统不是越大越好，系统中的标准也不是越多越好。由必要的适用标准组织起来的系统才是有效的。那种贪大求全的做法实不可取。

（2）任何人造系统都是有目的的，尤其标准系统一定要有明确目标。在目的和目标均不明确的情况下建立的标准系统，其内部各要素不可能有一致的行动方向和努力目标，极有可能形成混乱无序状态。没有明确目标的系统，注定是一个无序的系统，它不会发挥出系统功能。

（3）标准系统的有序状态是整体协调的结果。把一堆标准摆在一起，不可能自动形成有序状态，必须经过整体协调。不经整体协调不可能使要素之间形成互相配合、互相关联的有序状态。这是标准系统建立过程中最难也是最重要的任务。

（4）当标准系统已经不能适应客观要求时，即系统处于不稳定的无序状态，这时可向系统补充某些具有激发力的、功能水平较高的标准。如果处理得当，它们有可能把系统“拖”到新的稳定有序状态。一旦掌握了这个系统发展的机制，便可以自觉地运用它来推进标准化。例如，在较为落后的标准系统中，引进一部分先进标准，就可能起到这种激发作用，有可能使原来较为落后的标准系统跃迁到一个新的有序状态。总之，“标准化活动就是我们为从无序状态恢复到有序状态而做出的努力”（松浦四郎，1981）。

第5节　反馈控制原理

一、标准系统的环境

标准系统的环境是指系统存在和发展的外界条件的总和。系统是离不开环境的。它在与环境不断相互作用下生存和发展。所以，标准系统的运动，不仅依赖于其内部要素的相互作用，同时依赖于它和周围环境的相互作用，这两种作用构成了标准系统发展的动力。

标准系统的环境是一系列动态系统，它们是经常变化的。标准系统必须能适应这种环境的变化。对环境缺乏适应性的标准系统，是不会有生命力的。因此，研究标准系统的环境及其对标准系统的影响等问题，同样是对标准系统进行宏观管理的重要课题。

影响标准系统的环境（经常处于变动状态的）主要有：

（1）市场形势的变化，经济管理和社会行政管理的日益现代化，尤其是相关技术法规的出台都将要求标准系统做相应的调整。

（2）生产结构和社会经济结构的重大变革。例如，经济管理体制的改革，地区间的协作，企业的跨国经营等，都要求标准系统具有较强的横向联系的功能，甚至发生系统互相包容（一个系统的输出是另一系统所需的输入）等情况。

（3）科学技术的发展步伐加快，导致产品寿命周期缩短，标准系统的稳定性降低，因而与产品有关的标准系统要经常调整。

（4）贸易范围扩大，即标准系统的外部环境扩展，使标准系统的运行条件发生变化，系统的结构和功能也需相应调整。

（5）属于较高层次的标准系统或同一层次的相关标准系统发生变化时，该标准系统也必然发生变化。

对标准系统进行管理的一个很重要的任务就是经常地、及时地洞察这些环境因素的变化情况、变化趋势，不失时机地对标准系统加以控制和调整，使之与环境的变化相适应。

二、信息及其反馈

为使标准系统适应环境的变化，首先必须能够感知环境的变化，而欲感知环境的变化，就必须从变化的环境中接收信息。没有接收信息和处理利用信息的能力，就谈不上对系统的控制，也谈不上对环境的适应。

人类从事的标准化活动，从某种意义上可以说就是不断地从外界获得信息并对它进行加工，制定出标准，建立标准系统的过程；在系统的运行过程中还要不断地从外界获得环境变化的信息，对这些信息再加工，并根据所加工的信息对标准系统进行控制，使之与环境相协调。这是一个无限循环的过程。没有信息就无法对标准系统进行管理，也就无所谓标准化活动。

信息反馈（这里指负反馈）是对标准系统进行管理的前提。任何一个标准系统，尤其是全国性的标准系统，不仅必须有信息反馈，而且必须建立相应的信息反馈子系统，经常地获得必要的信息，迅速地传递，正确地加工和利用。否则，这个标准系统是无法运行的，也是不可能稳定的。

三、控制

对标准系统来说，控制的含义包括指挥、调节、组织、协调等管理职能。

控制的目的或者是使系统稳定，或者是使系统内诸要素逐步形成一个具有新功能的新结构，产生更大的系统效应，并使系统与环境相适应。由此可见，无论是系统效应的发挥、系统结构的优化与稳定，还是系统的进化与发展，都离不开控制。

控制的形式，一般来说主要是开环控制和闭环控制两种。

（1）开环控制。开环控制的特点是输出量对系统控制作用没有影响，即没有输出的反馈作用（见图5-1）。这种形式要求控制的精度高，而且不能发生扰动和环境条件的变化，否则便达不到控制目标。标准系统一般不能采用这种控制，主要是因为标准系统经常发生扰动，而且环境条件也处于经常变动中。

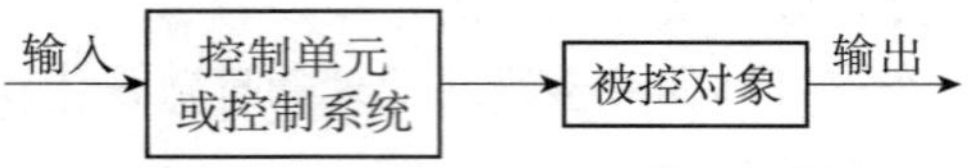

图5-1　无反馈（开环）控制示意图

（2）闭环控制。闭环控制的特点是输出量对系统控制作用起直接影响的、具有反馈作用的控制，这种反馈叫做负反馈（见图5-2）。

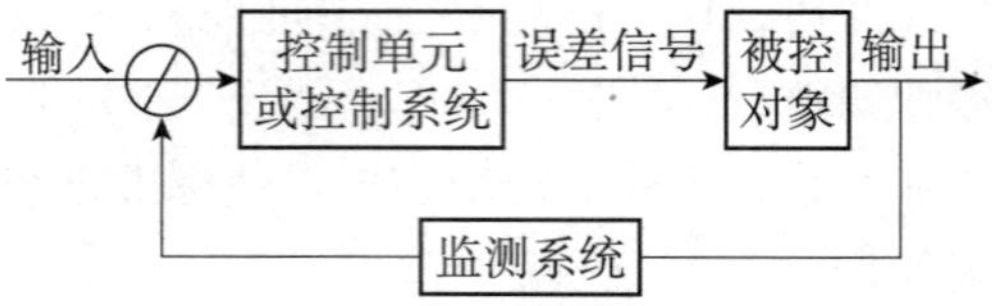

图5-2　负反馈（闭环）控制示意图

这种负反馈控制系统对提高标准系统稳定性至关重要。运用好这种控制系统的关键是要求标准管理系统具有对信息的收集、传输、处理和判断的较强能力和较高的可靠性。

四、反馈控制原理

标准系统演化、发展以及保持结构稳定性和环境适应性的内在机制是反馈控制；系统发展的状态取决于系统的适应性和对系统的控制能力。这就是反馈控制原理。它的含义如下：

（1）标准系统在建立和发展过程中，只有通过经常的反馈（指负反馈），不断地调整同外部环境的关系，提高系统的适应性，才能有效地发挥出系统效应，并使系统向有序程度较高的方向发展。

（2）标准系统同外部环境的适应性和有序性都不可能自发实现，都需要由控制系统（标准化管理部门）实行强有力的反馈控制。标准化管理部门的信息管理系统是否灵敏、健全，利用信息进行控制的各种技术的和行政的措施是否有效，即管理系统的控制能力、管理水平如何，对标准系统的发展有重要影响。

（3）标准系统效应的发挥，依赖于标准系统结构的优化；标准系统的稳定是有序化的结果，所以它又依赖于标准系统的演化发展（在发展过程中实现稳定），而所有这一切都离不开反馈控制。由此不仅可以看出反馈控制原理的重要意义，还可看出标准系统的四个管理原理之间的联系，它们实际上是一个整体，是一个不可分割的理论体系。

五、反馈控制原理的实践意义

（1）标准系统是人造系统，它需要标准化管理者自觉地运用反馈控制原理主动进行调节，才能使系统处于稳态；没有人的干预它是不会自行达到稳态的。而干预和控制都要以信息反馈为前提。虽然建立了标准系统，如果没有信息反馈，就无法对系统进行控制和优化，系统就将处于失控状态。标准化管理的一项重要任务就是建立信息反馈系统并收集和处理反馈信息。

（2）标准系统的反馈信息要通过标准实施的实践过程才能得到，如果标准化管理系统不用相当的精力注意标准的实施，就无法得到反馈信息，最后势必还会形成开环控制的局面。

（3）对现代标准系统进行管理的水平，在很大程度上取决于标准化管理部门收集的信息的质量（及时、准确、适用、经济）和对信息传输、加工、处理和使用的能力和效率（何健文，钱伟长，等，1981）。所谓标准化管理的现代化，主要是指这方面的现代化，这是信息时代标准化管理水平的重要标志。

（4）为了使标准系统与环境条件相适应，除了及时修订已经落后的标准，制定指标水平较高的具有抗干扰能力的标准之外，还应尽可能使标准具有一定的弹性，以补偿阶段性造成的功能不足，减缓它对技术进步的反作用。这应该成为标准化的一条原则——弹性原则。对标准指标采取分等、分级的办法，也是提高标准弹性的一种措施。

此外，标准系统在环境面前也不完全处于被动地位。标准系统输出的信息，不仅要影响环境、作用于环境，而且要改造环境。标准系统没有这个功能它就失去了存在的意义。标准系统在人的控制下运行，通过改造客观世界改造其自身。

上述这些原理只是针对标准系统的宏观管理提出的。这些原理既不是孤立存在的，也不是孤立起作用的。它们不仅密切联系、融成一体，而且相互渗透、相互依存，形成一个理论整体。

标准化实践是标准化理论的源泉。随着标准化实践的深化和发展，人类对标准化活动规律的认识也必将深化和发展。新的更完善的原理，必将取代旧的行将过时的原理。正如恩格斯所说："我们只能在我们时代的条件下进行认识，而且这些条件达到什么程度，我们便认识到什么程度。"对标准化原理的认识也只能在一个无限渐近的过程中实现。

本章小结

现代标准以系统方式存在并发生作用。标准系统的性质决定了它必须由人来管理。对标准系统的管理不可能沿用古老的理论，必须探索同这个系统的特点相适应的管理理论、管理原则和管理方法。

系统效应原理遵循系统思想，在明确个体效应与系统效应之间的区别和联系的基础上，追求系统总效应（系统效应）。

结构优化原理强调标准系统结构与功能的关系，主张通过调整和优化标准系统的结构，达到改善系统效应的目的。

标准系统的功能与系统的组织程度密切相关，有序原理揭示了标准系统组织程度的影响因素及提高组织程度的途径。

标准系统演化、发展以及保持结构稳定性和环境适应性的内在机制是反馈控制；系统发展的状态取决于系统的适应性和对系统的控制能力。

关键术语

标准系统	个体效应	系统效应
系统结构	系统功能	系统秩序
有序	无序	反馈

负反馈　　控制　　开环控制
闭环控制

思考题

1. 为什么说标准具有系统属性？
2. 什么是系统效应？它与个体效应是什么关系？
3. 系统效应原理有什么实际意义？
4. 结构优化原理对标准化工作有什么指导意义？
5. 标准系统为什么需要控制？如何控制？

参考文献

[1] 何健文，钱伟长，等．管理现代化研究和实用教材．长沙：湖南人民出版社，1981.
[2] 朴昌根．论系统科学体系．系统工程理论与实践，1985 (2)：28－32.
[3] 钱学森，许国志，王寿云．组织管理的技术：系统工程．文汇报，1978－09－27.
[4] 钱学森．大力发展系统工程，尽早建立系统科学的体系．光明日报，1979－11－10.
[5] 松浦四郎．工业标准化原理．北京：技术标准出版社，1981.
[6] 汪应洛．系统工程导论．北京：机械工业出版社，1982.
[7] 肖前．辩证唯物主义原理．北京：人民出版社，1981.

第6章

参数选择和参数分级的数学方法

学习要点

1. 参数的类型，参数在标准中的作用
2. 等差数列的特点及其用途
3. 等比数列与等差数列的区别
4. 优先数系的构成规律，数值的种类及其应用范围
5. E系列的构成规律及其应用领域
6. 建筑模数的构成，模数数列及其适用范围

第1节 参数选择和参数分级原理

一、基本概念

参数是指表明任何现象、产品或过程中某些重要性质的量。

这个定义表明参数有两个同时发生的作用，即表明事物的性质及其量值。有时把前者称为参数，后者称为参数值。

基本参数是指表征产品基本技术特征的参数。表6-1是普通车床的基本参数及参数值系列。

主参数是指在一个标准化对象的若干基本参数中起主导作用的参数（主要参数），它反映该事物最主要的特性。普通车床常用工件最大回转直径作为主参数（见表6-1）。

表 6-1 普通车床的基本参数及参数值系列

参数	参数值系列（mm）							
工件最大回转直径	250	320	400	500	630	800	1 000	1 250
刀架上最大回转直径	125	160	200	250	320	450	630	800
主轴通孔直径	25	36	50	63	80	80	100	100
主轴头号	3.4	4.5	6	8	11	11	15	15
装刀基面与主轴中心距	18	22	28	36	36	45	56	56
最大工件长度	350～12 000							

参数选择是指确定或选定用哪些参数表征标准化对象的特性的活动。

参数分级是指同一种事物内部，彼此间以某一特性（参数）的数值不同而相互区别，则说它们分属不同的级。如同一种车床的不同规格、同一款服装的不同号型等都是参数分级的结果。

经过分级后的参数常按一定规律形成数列。标准化活动中经常借用数学方法建立数列。常用的有等差数列、等比数列、优先数系列、模数数列、E 系列等。

数学作为方法和工具，在选择和确定参数系列时，可用以反映参数之间的关系，即参数之间的规律性。但这种关系和规律的发现不是生搬硬套数学公式的产物，而是以参数选择的理论为依据，创造性地运用数学方法进行广泛分析研究的结果。

二、参数的相关特性

在标准化活动中，经常要解决产品或其他标准化对象的多样性问题。有时为了合理地组织生产，对客观存在的品种规格过多、过杂的产品加以简化；有时为了更好地满足消费者多种多样的要求，通过标准化促进品种、规格的发展。这两种方式都要求我们对标准化对象的参数进行合理的选择和分档、分级，形成总体功能最佳的参数系列。

任何一种产品都有反映其一系列技术特性的参数。这些参数不仅同该种产品本身的性质有关，而且同与该产品相关的一系列产品的技术特性有关。某种产品的参数直接、间接地影响其他产品的参数，或受其他产品参数的制约。例如，车轮的直径这个参数就对橡胶轮胎的参数有直接影响；纸张幅面的尺寸影响并决定印刷品的尺寸以及印刷机、打印机、书架、文件夹、文件柜等一系列产品的尺寸参数。

我们把参数之间这种相互关联、不断扩散的特征叫做参数的相关特性。

不仅如此，为了满足用户多种多样的要求，同一种产品的同一个参数还要从最大到最小取不同的值，从而形成具有不同规格的产品系列。这个系列确定得是否合理，与所取的数值如何分档、分级有直接关系。这也是系统结构的优化问题。参数分级科学合理，系统的有序化程度便可提高，功能效应就好，就会以较少种类的规格满足尽量广泛的需要，取得最佳的经济效果；分级不合理，就会降低系统的功能，就不能很好地满足需要，或造成生产的不经济。更何况一种产品不止一种参数，而每一种参数又大都具有一系列数值。这样一来参数数值的相关问题就更加复杂了。每一个参数不仅有横向的联系（与相关产品的参数之间的联系），而且还有纵向的联系（同一参数的各个取值之间的联系）。数值的传播甚至跨越行业和部门的界限形成很广泛的联系，这就是所谓的标准化对象的参数相关性特征的突出表现。这也是标准化活动中经常要解决的技术经济问题之一。

由于上述原因，在确定标准化对象的参数以及对这些参数进行分档、分级时，不仅要做周密的分析研究，而且要求不同部门、不同的设计或生产单位，在它们分别确定这种有关联性的参数以及这些参数值的系列时，能够做到彼此协调一致。这就需要借助数学方法，建立一个能够适应各种需要的、各方面人员均须遵守的科学的数列体系，作为参数选择和参数分级的统一依据。有了这样的数列体系，既可防止个别设计者在取值时随心所欲，造成恶性传播，又可达到不同的设计者在分别确定相关参数时，基本做到“不谋而合”、协调一致。

三、参数选择和参数分级的依据

（一）客观实用性

所谓客观实用性，是指在确定参数分级时，要从实际出发，充分考虑各种制约因素，使之符合客观实际情况。对参数分级起制约作用的因素很多，常见的有：

（1）标准化对象自身的特性。如：齿轮的齿数不管如何分，必须始终为整数；电机的极数必须成偶数；包装物尺寸互成倍数或分数；与人的吃穿用有关的物品的参数，大多数要求等差排列；等等。这些都属于事物自身特性的要求，违背这些要求便会失去客观实用性。

（2）技术继承性。工业化时期的标准化，在对产品的参数进行设定时，常常是对现存的混乱状态加以整顿，对已有的产品参数组合加以调整，这就不能不考虑技术的继承性问题，也就是说不能不受到现状的严重制约。结果，常常使最后确定的参数系列并不具有非常严格的规律性。当然也不排除在个别情况下可以摆脱现状的制约，制定理想的参数系列。

（3）使用的方便性。如成套制造的量具，从使用方便考虑，要求能用最少的件数得到最多的功能组合。就砝码组来说，用 1，2，2，5（每十进数量级）构成的系列，复现从 1～10 的所有值的可能性，要比由 1，2，3，4 这样按等差级数整齐排列的系列更为合理（制造和使用均方便）。而对量块来说，如果要求它在给定的范围内对任何长度值能用不多于 4～5 块量块来复现时，使用由 87 块量块组成的成套量块组（长度（单位：mm）间隔为 0.001，0.01，0.1，0.5 和 10）便可用不多于 4 块量块的组合，来复现从 0.5～340mm 的长度。如果量块组是按与砝码组类似的系列（1，2，2，5，10，20，20，50，…）构成长度间隔的话，为了复现 188.88mm 的长度，则需要用 13 块量块进行组合。再如货币的面值采用 1，2，5，10 系列等等，均属于使用方便的要求。

（二）感觉的规律性

当标准化对象的参数同人的感觉（视觉、听觉、嗅觉、味觉、肤觉、平衡、运动、肌体感觉等）直接相关时，参数值的选择和参数分级的密度，便受到人的生理功能和心理习惯的严格制约（华东师范大学心理学系公共必修心理学教研室，1982）。

研究结果表明，人的感觉是由刺激引起的，但并不是任何刺激都能引起感觉。如要产生感觉，刺激物就必须达到一定的量（把那种刚刚能引起感觉的最小刺激量叫做“绝对感觉阈限”）。在刺激物引起感觉之后，如果刺激物的量发生变化，并不是所有的变化都能引起感觉上的变化。例如，100 克的重量再增加 1 克时是感觉不出重量的变化的，只有当重量增加到 3 克以上时，才能感觉到重量的改变。人们把感觉所能觉察到的刺激物的最小差异量叫做“差别感觉阈限”。

法国物理学家布格尔和德国生理学家韦伯分别发现了如下规律：如果以 I 表示最初刺激物的强度，以 $I+\Delta I$ 表示刚刚觉察出变化的较强刺激的强度，当 I 的大小不同时，ΔI 的大小也会不同，且 $\Delta I/I=K$，K 为常数。这便是著名的布格尔-韦伯定律。在不同的分析范围内常数 K 的数值不同，在重量感觉中 K 是 0.03；在视觉中 K 是 0.01；在听觉中 K 是 0.1；在味觉和嗅觉中 K 都是 0.25；在触压觉中 K 是 0.05 等。

后来，费希纳在韦伯研究的基础上进一步发现，感觉的大小同刺激强度的对数成正比，即当刺激强度增加 10 倍时，感觉强度才增加 1 倍。前者是按几何级数递增的，而后者是按算术级数递增的。如音强（声音的刺激强度）和响度（对声音的感觉强度）之间有如表 6－2 所示的关系。

表 6－2　音强和响度的对应关系

音强比	1	10	100	1 000	10 000
响度（分贝）	0	10	20	30	40

信息化时代之前的铅字排版印刷既要满足人的视觉与排版美观对字体大小多样化的需求，也要满足为了提高排版效率（人工拣字、排版、校对）必须减少铅字尺寸系列数量的需求，从而需要确定铅字字身的尺寸系列及字身尺寸的增量标准（见图 6－1）。信息化时代的文档电子排版依然遇到了类似的问题，所以铅字字身的标准自然就转换为汉字信息的点阵字型国家标准系列。

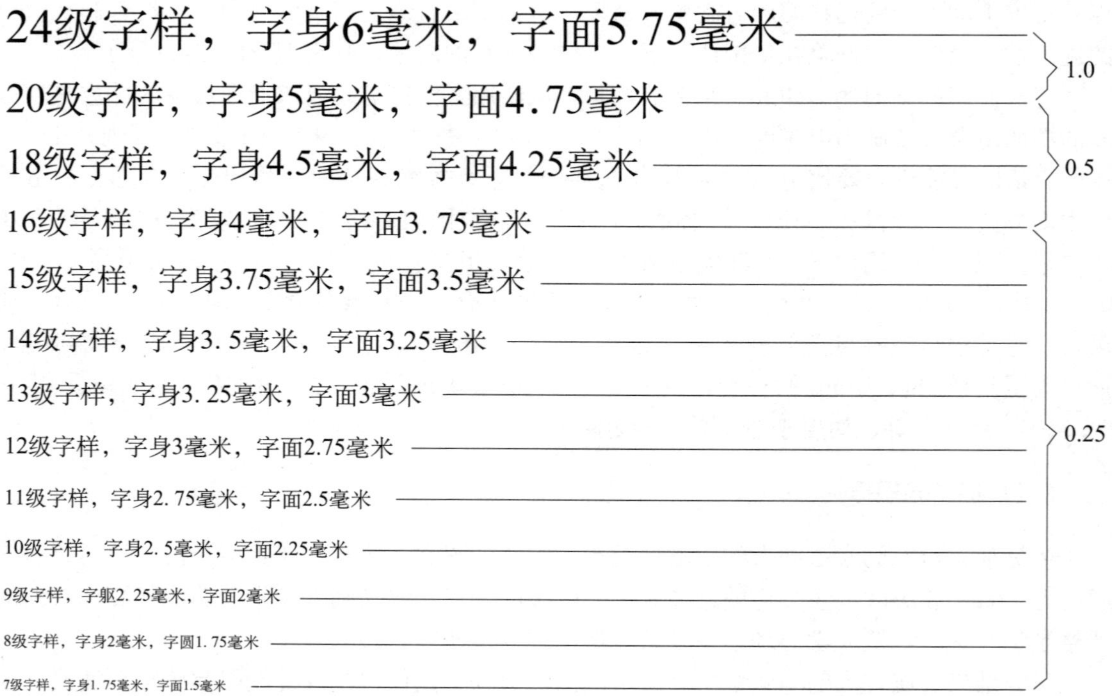

图 6－1　铅字字身尺寸系列及字身尺寸增量（部分字样）

（三）综合经济性

不同的参数组合（特别是产品的主参数）会产生具有不同功能水平的产品组合，而不同的产品组合，其对生产的经济性、对社会需求的满足程度、对生产的发展和技术的进步等方面所起的作用是不同的。所以，在选择参数系列或确定参数分级密度时，应从技术与经济、生产与使用、近期与远期等各个主要方面进行综合分析研究，力求生产过程中的总耗费较少而在消费过程中的经济效益较大，这是确定参数分级密度时必须严格遵守的一条原则。

此外，政策和法令的有关规定、风俗习惯、地域或环境的特点、现行相关标准中的规定、人类工效学的要求等，都是对参数分级起重要影响的制约因素。

在标准化工作中，到目前为止常见的、作为参数分级用的数值系列有：一般数值系列（算术级数、分段算术级数、几何级数）、优先数系列、模数系列和 E 系列。其中有的已经标准化了，如优先数系列、E 系列和部分模数系列，成为具有约束力的数值分级制度。

第 2 节　一般数值系列

为了同标准化了的数值系列相区别，我们把等差数列（算术级数）、等比数列（几何级数）及其他尚未标准化的数值系列，叫做一般数值系列。

一、等差数列

等差数列是算术级数。这类数列的特点是数列中任意相邻两项之差是一常数，即

$$N_n - N_{n-1} = d$$

式中：N_n，N_{n-1}为数列中第 n 项和第 $n-1$ 项的值；d 为级数的公差。

等差数列是常用的最简单的一种数值分级方法。如我国统一的鞋号、服装的号型系列，以及轴承、紧固件和大量生活用品的参数分级都是采用等差数列。例如：

搪瓷面盆（坯胎上口外径（单位：mm））：300，320，340，360，380，400；

各种口杯（杯坯上口内径（单位：mm））：60，70，80，90，100，110，120；

高压锅（锅口内径（单位：cm））：20，22，24，26；

统一鞋号（以脚长为基准（单位：cm））：$21\frac{1}{2}$，22，$22\frac{1}{2}$，23，$23\frac{1}{2}$，24，…

等差数列相邻两项之差为一常数，数列变化呈现等程阶梯状态（见图 6-2），这是它的显著特征。

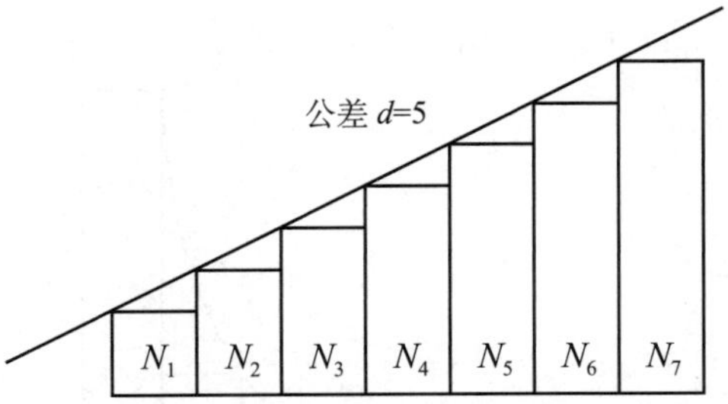

图 6-2　等差数列的特征示意图

等差数列构成非常简单，各项的项值比较整齐，便于分级，这是它的主要优点。等差数列的主要缺点是相邻两项的相对差不均匀。

$$\text{相对差} = \frac{\text{后项} - \text{前项}}{\text{前项}} \times 100\%$$

例如数列1，2，3，4，…，10，各相邻项的绝对差均为1，但相对差却为变量，在1与2之间相对差为100%，而在9与10之间变为11%，于是造成数值小的参数之间相对差反而大，数值大的参数之间相对差反而小的结果。这种情况对某些产品来说，不符合客观实际对产品参数分布规律的要求，而且多数情况下恰好与客观要求相反，这是算术级数的最大缺点，也是在许多场合不能应用的根本原因。

二、分段等差数列

为了克服上述缺点，有时可以把等差数列分段化，也就是把整个数列分为几段，各段的公差不同。例如GB/T 702—2017对圆钢直径（或方钢边长）（单位：mm）的规定，基本属于分段等差数列。即

$$\underbrace{5,\ 5.5,\ 6,\ 6.5}_{d=0.5},\ \underbrace{7,\ 8,\ 9,\ 10,\ \cdots}_{d=1},\ \underbrace{36,\ 38,\ 40,\ 42,\ \cdots}_{d=2}$$

$$\underbrace{70,\ 75,\ 80,\ 85,\ \cdots}_{d=5},\ \underbrace{130,\ 140,\ \cdots,\ 250}_{d=10}$$

这样可以使数值大的参数之间差值增大，从而剔除系列中不必要的项，使整个系列保持比较适当的密度，一定程度上克服了等差数列的缺点。但是分段等差数列项差的变化是不连续的，分段处出现跳跃式的剧增或剧减，而且不易把整个数列的变化规律控制在最佳状态，在实践中易于造成损失，所以它仍然不是理想的分级方法。

三、等比数列

等比数列是几何级数，其特点是任意相邻两项之比为一常数，即

$$N_n = N_1 \cdot r^{n-1}$$

或 $$r = \sqrt[n-1]{\frac{N_n}{N_1}}$$

式中：r 为公比；N_n 为第 n 项；N_1 为首项。

等比数列的特征如下：

（1）等比数列相邻两项之比为一定值，因而数值越大间隔也越大（见图6-3），这对许多工业产品（尤其是机电产品）的参数分级是适用的。

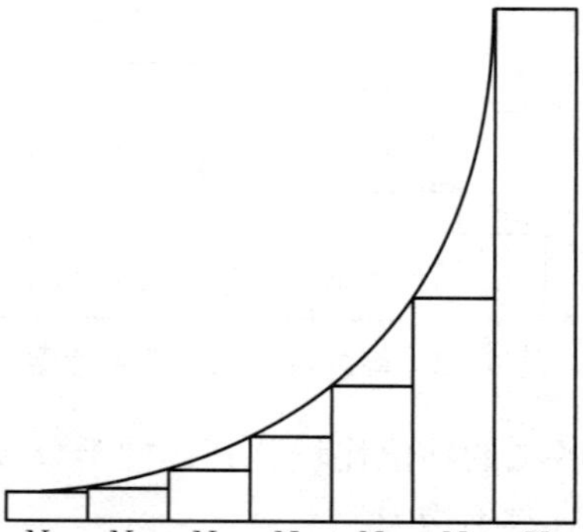

图6-3 等比数列特性示意图

（2）除首末两项外，等比数列中的任何一项都等于它的前项和后项的几何平均数（如 2^2，2^3，2^4，…，得 $\sqrt{2^2\times 2^4}=\sqrt{2^6}=2^3$）。

（3）在有限的等比数列中，与该数列两端等远的任意两项之积为一常数，该常数等于首末两项之积。

（4）等比数列各项都乘以（或除以）一个相同的数，所得的积（或商）的数列仍为等比数列。

（5）等比数列的各项分别乘以（或除以）另一等比数列的各项，所得的数值系列仍为等比数列。

（6）等比数列各项的同次根仍构成等比数列（各项均须为正数）。

由于等比数列的上述特征，在技术上更加接近实际需要，这是等比数列较为实用的原因。

但是，由于各种产品的特点互不相同，不可能都按一个公比形成系列（即使相关产品也不能完全做到），客观上需要这样一种数列，即项数较少的数列包含在项数较多的数列中，并且按照十进的规律向两端无限延伸，这才能使相关的协调问题得到较为合理的解决。

为了解决这个问题，人们终于发现了一种较为理想的十进几何级数，即优先数系。

第 3 节　优先数和优先数系

优先数和优先数系是一种科学的数值制度。它是一种无量纲的数值系统，适用于各种参数量值的分级。它又是十进几何级数，不仅对标准化对象的简化和协调起着重要作用，而且是制定其他标准的依据，是国际上统一的重要基础标准。

一、优先数系和优先数的定义

优先数系是由公比分别为 $\sqrt[5]{10}$，$\sqrt[10]{10}$，$\sqrt[20]{10}$，$\sqrt[40]{10}$ 和 $\sqrt[80]{10}$，且项值中含有 10 的整数幂几何级数的常用圆整值（GB/T 321—2005）。

各数列分别用符号 R5、R10、R20、R40 和 R80 表示，称为 R5 系列、R10 系列、R20 系列、R40 系列和 R80 系列。

优先数系的系列和理论公比一般以 R*r* 及 Q*r*（$Qr=\sqrt[r]{10}$）表示，其中 r 取 5，10，20，40 和 80，它又是系列中 1～10，10～100 等各个十进段内项值的项数（例如 R5 系列在 1～10 之间项数为 5）。

优先数系中的任一个项值均称为优先数。

根据 GB/T 321—2005《优先数和优先数系》的规定，优先数和优先数系适用于各种量值的分级，特别是在确定产品的参数或参数系列时，应最大限度地采用，这就是“优先”的含义。这些数不是杂乱无章地堆积，而是按一定规律有秩序地形成数值系列，故曰“数系”。其规律就是以 $\sqrt[r]{10}$ 为公比形成的等比数列。

R5 系列：以 $\sqrt[5]{10}\approx 1.60$ 为公比形成的数系；

R10 系列：以 $\sqrt[10]{10}\approx 1.25$ 为公比形成的数系；

R20 系列：以$\sqrt[20]{10}\approx 1.12$ 为公比形成的数系；

R40 系列：以$\sqrt[40]{10}\approx 1.06$ 为公比形成的数系。

以上称为基本系列。

R80 系列：以$\sqrt[80]{10}\approx 1.03$ 为公比形成的数系，它称为补充系列，仅在参数分级很细，基本系列不能满足实际需要时，才可考虑采用。

二、优先数系的由来

19 世纪末，法国的查尔斯·雷诺（Charles Renard）为了对军用飞艇上使用的绳索的规格进行简化，做出如下规定：简化后形成的尺寸规格系列，每进 5 项使项值增大 10 倍（十进几何级数）。

设 a 为起始项，q 为公比，由上述规定可得关系式：$a \cdot q^5 = 10a$，即可求得公比 $q=\sqrt[5]{10}$。

由此得出以下数系：

$$a,\ a\sqrt[5]{10},\ a(\sqrt[5]{10})^2,\ a(\sqrt[5]{10})^3,\ a(\sqrt[5]{10})^4,\ 10a$$

这就是最初的优先数系理论，根据这个理论把求得的计算值加以圆整，用以对绳索尺寸系列进行分级，结果把 425 种规格简化成 17 种。

这个数值系列相当于现今优先数系中的 R5 系列，后来在此基础上又进一步形成了分级更细的 R10，R20 和 R40 等系列。为了纪念雷诺，取名 R 数系。

1920 年德国制定了第一个优先数系标准。1935 年国际标准化协会公布了 ISA 11 号通告，把优先数系规定为国际标准建议，1973 年转为国际标准。我国于 1960 年颁布了《优先数和优先数系》部标准（JB 109—60），1964 年定为国家标准（GB 321—64），现行标准为 GB/T 321—2005。

三、优先数系的结构

（一）基本系列与补充系列

基本系列指 R5，R10，R20，R40 系列，是优先数系中的常用系列（见表 6－3）。

表 6－3 基本系列

基本系列（常用值）				序号	理论值		基本系列和计算值间的相对误差（%）
R5	R10	R20	R40		对数尾数	计算值	
(1)	(2)	(3)	(4)	(5)	(6)	(7)	(8)
1.00	1.00	1.00	1.00	0	000	1.000 0	0
			1.06	1	025	1.059 3	+0.07
		1.12	1.12	2	050	1.122 0	−0.18
			1.18	3	075	1.188 5	−0.71
	1.25	1.25	1.25	4	100	1.258 9	−0.71
			1.32	5	125	1.333 5	−1.01
		1.40	1.40	6	150	1.412 5	−0.88

续表

基本系列（常用值）				序号	理论值		基本系列和计算值间的相对误差（%）
R5	R10	R20	R40		对数尾数	计算值	
(1)	(2)	(3)	(4)	(5)	(6)	(7)	(8)
			1.50	7	175	1.496 2	+0.25
1.60	1.60	1.60	1.60	8	200	1.584 9	+0.95
			1.70	9	225	1.678 8	+1.26
		1.80	1.80	10	250	1.778 3	+1.22
			1.90	11	275	1.883 6	+0.87
	2.00	2.00	2.00	12	300	1.995 3	+0.24
			2.12	13	325	2.113 5	+0.31
		2.24	2.24	14	350	2.238 7	+0.06
			2.36	15	375	2.371 4	−0.48
2.50	2.50	2.50	2.50	16	400	2.511 9	−0.47
			2.65	17	425	2.660 7	−0.40
		2.80	2.80	18	450	2.818 4	−0.65
			3.00	19	475	2.985 4	+0.49
	3.15	3.15	3.15	20	500	3.162 3	−0.39
			3.35	21	525	3.349 7	+0.01
		3.55	3.55	22	550	3.548 1	+0.05
			3.75	23	575	3.758 4	−0.22
4.00	4.00	4.00	4.00	24	60	3.981 1	+0.47
			4.25	25	625	4.217 0	+0.78
		4.50	4.50	26	650	4.466 8	+0.74
			4.75	27	675	4.731 5	+0.39
	5.00	5.00	5.00	28	700	5.011 9	−0.24
			5.30	29	725	5.308 8	−0.17
		5.60	5.60	30	750	5.623 4	−0.42
			6.00	31	775	5.956 6	+0.73
6.30	6.30	6.30	6.30	32	800	6.309 6	−0.15
			6.70	33	825	6.683 4	+0.25
		7.10	7.10	34	850	7.079 5	+0.29
			7.50	35	875	7.498 9	+0.01
	8.00	8.00	8.00	36	900	7.943 3	+0.71
			8.50	37	925	8.414 0	+1.02
		9.00	9.00	38	950	8.912 5	+0.98
			9.50	39	975	9.440 6	+0.63
10.00	10.00	10.00	10.00	40	000	10.000 0	0

补充系列即 R80 系列，只有当基本系列无法满足实际需要时，才允许采用（见表 6-4）。

表 6-4 补充系列 R80

1.00	1.60	2.50	4.00	6.30
1.03	1.65	2.58	4.12	6.50
1.06	1.70	2.65	4.25	6.70
1.09	1.75	2.72	4.37	6.90
1.12	1.80	2.80	4.50	7.10
1.15	1.85	2.90	4.62	7.30
1.18	1.90	3.00	4.75	7.50
1.22	1.95	3.07	4.87	7.75
1.25	2.00	3.15	5.00	8.00
1.28	2.06	3.25	5.15	8.25
1.32	2.12	3.35	5.30	8.50
1.36	2.18	3.45	5.45	8.75
1.40	2.24	3.55	5.60	9.00
1.45	2.30	3.65	5.80	9.25
1.50	2.36	3.75	6.00	9.50
1.55	2.43	3.87	6.15	9.75

说明：大于 10 和小于 1 的优先数，均可用 10 的整数幂（如 10，100，1 000，…，或 0.1，0.01，0.001，…）乘以表 6-3 中的优先数（或表 6-5 中的化整值）求得。

（二）优先数的序号和系列代号（Rr）

序号 N 表示优先数在基本系列和补充系列中排列的次序。它从优先数 1.00 的序号 $N=0$ 开始计数，形成一个等差数列。系列代号 Rr 是 R5，R10，R20，R40，R80 的通式。

（三）优先数的几种数值

理论值是指理论等比数列的项值（$\sqrt[r]{10}$）^{Nr}，其中 Nr 为任意整数。但因理论值一般是无理数，不便于实用。

计算值是指对理论值取 5 位有效数字的近似值。同理论值相比，其相对误差小于 1/20 000，在作参数系列的精确计算时可用来代替理论值。

常用值即通常所说的优先数。它是为了便于实际应用而对计算值进行适当圆整后统一规定的数值。

$$\text{常用值的相对误差}=\frac{\text{常用值}-\text{计算值}}{\text{计算值}}\times 100\%$$

化整值是指对 R5，R10，R20，R40 系列中的常用值作进一步圆整后所得的值。这类数值只允许在某些特殊情况下使用。

化整值系列（见表 6-5）是由优先数的常用值和一部分化整值所组成的系列，只是在参数取值受到特殊限制时才允许应用。化整值误差较小的系列称为第一化整值系列，用符号 R′r 表示；误差较大的系列称为第二化整值系列，用符号 R″r 表示。

表 6-5　化整值系列数值

列	1		2			3			4		5	6	7	8	9	10
项数或指数	5		10			20			40		序号	计算值	系列中每个项值和计算值之间的相对误差(%)			
近似的公比	1.6		1.25			1.12			1.06							
系列	R5	R″5	R10	R′10	R″10	R20	R′20	R″20	R40	R′40			R 5~40	R′ 10~40	R″ 20	R″ 5和10
	1		1			1.0			1.0		0	1.000 0	0			
									1.06	1.05	1	1.059 3	+0.07	−0.88		
						1.12	1.1		1.12	1.10	2	1.122 0	−0.18	−1.96	−1.96	
									1.18	1.2	3	1.188 5	−0.71	+0.97		
			1.25		(1.2)	1.25		(1.2)	1.25		4	1.258 9	−0.71		−4.68	−4.68
									1.32	1.3	5	1.333 5	−1.01	−2.51		
						1.4			1.4		6	1.412 5	−0.88			
									1.5		7	1.496 2	+0.25			
	1.6	(1.5)	1.6		(1.5)	1.6			1.6		8	1.584.9	+0.95			−5.36
									1.7		9	1.678 8	+1.26			
						1.8			1.8		10	1.778 3	+1.22			
									1.9		11	1.883 6	+0.87			
			2			2.0			2.0		12	1.995 3	+0.24			
									2.12	2.1	13	2.113 5	+0.31	−0.64		
						2.24	2.2		2.24	2.2	14	2.238 7	+0.06	−1.73	−1.73	
									2.36	2.4	15	2.371 4	−0.48	+1.21		
	2.5		2.5			2.5			2.5		16	2.511 9	−0.47			
									2.65	2.6	17	2.660 7	−0.40	−2.28		
						2.8			2.8		18	2.818 4	−0.65			
									3.0		19	2.985 4	+0.49			
			3.15	3.2	(3)	3.15	3.2	(3.0)	3.15	3.2	20	3.162 3	−0.39	+1.19	−5.13	−5.13
									3.35	3.4	21	3.349 7	+0.01	+1.50		
						3.55	3.6	(3.5)	3.55	3.6	22	3.548 1	+0.05	+1.46	−1.38	
									3.75	3.8	23	3.758 4	−0.22	+1.11		
	4		4			4.0			4.0		24	3.981 1	+0.47			
									4.25	4.2	25	4.217 0	+0.78	−0.40		
						4.5			4.5		26	4.466 8	+0.74			
									4.75	4.8	27	4.731 5	+0.39	+1.45		
			5			5.0			5.0		28	5.011 9	−0.24			
									5.3		29	5.308 8	−0.17			
						5.6		(5.5)	5.6		30	5.623 4	−0.42		−2.19	
									6.0		31	5.956 6	+0.73			
	6.3	(6)	6.3		(6)	6.3		(6.0)	6.3		32	6.309 6	−0.15		−4.90	−4.90
									6.7		33	6.683 4	+0.25			
						7.1		(7.0)	7.1		34	7.079 5	+0.29		−1.11	
									7.5		35	7.498 9	+0.01			
			8			8.0			8.0		36	7.943 3	+0.71			
									8.5		37	8.414 0	+1.02			
						9.0			9.0		38	8.912 5	+0.98			
									9.5		39	9.440 5	+0.63			
	10		10			10.0			10.0		40	10.000 0	0			
公比的最大不均匀性（%）	+1.42	−5.37	+1.66	+1.66	−5.61	−1.83	−1.97	−4.48	+1.15	+2.94						

（四）优先数的派生系列

派生系列是从基本系列或补充系列 Rr 中，每 P 项取值导出的系列，以 Rr/P 表示。如，R10/3 系列就是在 R10 系列中从某一项开始，每后数 3 项取一项。假如从 1 开始，就可得出 1，2，4，8，…这样的数列。

移位系列也是一种派生系列。它的公比与某一基本系列相同，但项值与该基本系列不同。例如，项值从25.8开始的R80/8系列，是项值从25.0开始的R10系列的移位系列。

（五）系列的代号

1. 基本系列与补充系列的代号

（1）系列无限定范围时，用R5，R10，R20，R40和R80表示。

（2）系列有限定范围时，应注明限值。例如：

R10（1.25…）——以1.25为下限的R10系列；

R20（…45）——以45为上限的R20系列；

R40（75…300）——以75为下限，300为上限的R40系列。

2. 派生系列的代号

（1）系列无限定范围时，应注明系列中含有的一个项值。例如，R10/3（…80…）——含有项值80，并向两端无限延伸。

如果系列中含有项值1，可简写为Rr/P。

（2）系列有限定范围时，应注明界限值。例如，R20/4（112…）——以112为下限的派生系列。

四、优先数系的主要特征

（1）R5，R10，R20，R40和R80，前一数系的项值均包含在后一数系之中。

（2）Rr系列中的项值可按十进法向两端无限延伸。所有大于10和小于1的优先数，均可用10的整数幂乘以表6-3和表6-4中的优先数求得。

（3）同一系列中任意相邻两优先数常用值的相对差近似不变（R5系列约为60%，R10系列约为25%，R20系列约为12%，R40系列约为6%，R80系列约为3%）。

（4）同一系列中任意两项的理论值之积和商、任意一项理论值之整数乘方，仍为此系列中的一个优先数理论值。常用值之间近似地具有此种关系。

（5）同一系列中各优先数理论值之对数值构成一个等差数列。优先数的序号Nr是优先数理论值以Q_r（$\sqrt[r]{10}$）为底的特殊对数。故优先数的运算可仿照一般对数计算方法转换为序号运算而得到简化。即两个优先数之积的序号，等于这两个优先数序号之和；两个优先数之商的序号，等于这两个优先数序号之差。

五、优先数系的应用要点和原则

（1）在确定产品的参数或参数系列时，如果没有特殊原因而必须选用其他数值的话，只要能满足技术经济上的要求，就应当力求选用优先数，并且按照R5，R10，R20和R40的顺序，优先选用公比较大的基本系列；当一个产品的所有特性参数不可能都采用优先数时，也应使一个或几个主要参数采用优先数；即使单个参数值，也应按上述顺序选用优先数。这样做既可在产品发展时插入中间值仍保持或逐步发展成为有规律的系列，又便于跟其他相关产品协调配套。

（2）当基本系列的公比不能满足分级要求时，可选用派生系列。选用时应优先采用公比较大和延伸项中含有项值1的派生系列。移位系列只宜用于因变量参数的系列。

（3）当参数系列的延伸范围很大，从制造和使用的经济性考虑，在不同的参数区间，需要采用公比不同的系列时，可分段选用最适宜的基本系列或派生系列，以构成复合系列。

按优先数常用值分级的参数系列，公比是不均等的。在特殊情况下，为了获得公比精确相等的系列，可采用计算值。

（4）如无特殊原因，应尽量避免使用化整值。因为化整值的选用带有任意性，不易取得协调统一。化整值由于误差较大而带来一些缺点，例如：系列中含有化整值，使以后向较小公比的系列转换变得较为困难；化整值系列公比的均匀性差；化整值的相对误差经乘、除运算后往往进一步增大；等等。

六、优先数系的优点

优先数是各种量值（特别是产品参数）分级时应优先采用的数，其目的是把实际应用的“数”（如产品的尺寸、规格）限制在必须的最小范围内，并为在不同场合都能优先选用相同的数创造一个先决条件，以达到简化、统一。优先数系的主要优点有：

（1）它是经济合理的数值分级制度。经验和统计表明，参数值按等比数列分级，能在较宽的范围内以较少的规格，经济合理地满足社会需要。这就要求用“相对差”反映同样“质”的差别，而不能像等差数列那样只考虑“绝对差”。例如，对轴径分级，在 10mm 不合需要时，如用 12mm，则两级之间绝对差为 2mm，相对差为 20%。但对 100mm 来说，加大 2mm 变成 102mm，相对差只有 2%，显然太小。而对直径为 1mm 的轴来说，加大 2mm 变成 3mm，相对差 200%，显然太大。等比数列是一种相对差不变的数列，不会造成分级疏的过疏、密的过密的不合理现象。优先数系正是按等比数列制定的，因此，它提供了一种经济、合理的数值分级制度。

（2）它是统一、简化的基础。一种产品（或零件）往往同时在不同场合，由不同的人员分别进行设计和制造，而产品的参数又常常影响到与其有配套关系的一系列产品的有关参数。如果没有一个共同遵守的选用数据的准则，势必造成同一种产品的尺寸参数杂乱无章，品种规格繁多。优先数系是国际上统一的数值制度，可用于各种量值的分级，以便不同的地方都能优先选用同样的数值。这就为技术经济工作上的统一、简化和产品参数的协调提供了依据。

按优先数系确定的参数和系列，在以后的标准化过程中（从企标发展到行标、国标等）有可能保持不变，这在技术上和经济上都有很大意义。

企业自制自用的工艺装备等设备的参数，也应当选用优先数系。这样，不但可简化、统一品种规格，而且可使尚未标准化的对象，从一开始就为走向标准化奠定基础。

在制定标准或规定各种参数的协商中，优先数系应当成为用户和制造厂之间或各有关单位之间共同遵循的准则，以便在无偏见的基础上达成一致。

（3）具有广泛的适应性。优先数系中包含各种不同公比的系列，因而可以满足较密和较疏的分级要求。由于较疏系列的项值包含在较密的系列之中，这样在必要时可插入中间值，使较疏的系列变成较密的系列，而原来的项值保持不变，与其他产品的配套协调关系不受影响。这对发展产品品种是很有利的。

在参数范围很宽时，根据情况可分段选用最合适的基本系列，以复合系列的形式来组成最佳系列。

由于优先数的积或商仍为优先数，这就更进一步扩大了优先数的适用范围。例如，当直径采用优先数时，π可近似用优先数3.15代替，则圆周长和圆面积也都为优先数。于是圆周速度、切线速度、圆柱体的面积和体积、球的面积和体积等也都是优先数。

优先数系适用于能用数值表示的各种量值的分级，特别是产品的参数系列。如长度、直径、面积、体积、载荷、应力、速度、时间、功率、电流、电压、流量、浓度、传动比、公差、测量范围、试验或检验工作中测点的间隔，以及无量纲的比例系数等。凡在取值上具有一定自由度的参数系列，都应最大限度地选用优先数。在制定产品标准时，特别在产品设计中应当有意识地使主要尺寸、参数符合优先数。

（4）简单、易记、计算方便。优先数系是十进等比数列，其中包含10的所有整数幂。只要记住一个十进段内的数值，其他十进段内的数值可由小数点的移位得到。所以只要记住R20中的20个数值，就可解决一般应用问题。

优先数系是等比数列，故任意个优先数的积和商仍为优先数，而优先数的对数（或序号）则是等差数列。利用这些特点可以大大简化设计计算。

一般来说，确定标准化对象的参数系列时，应根据具体情况，从经济和技术方面进行综合分析，找出最佳方案，再从优先数中选取接近最佳值的优先数系和优先数。由于优先数系本身的特点，能够适应多数情况下的要求，总的说来它是比较理想的数值制度。但是，优先数系不可能解决一切问题，对于有些产品的参数分级就不适用。例如，同人民生活直接相关的衣服、鞋、帽、锅、盆之类的产品的参数分级一般只能按等差数列。有些工业设备实际上也有不遵守优先数系规律的，如有的国家生产的压力机系列为：20t，40t，55t，75t，100t。

另外，由于优先数的和或差一般不再保持为优先数，因此，对于有些组合尺寸只能采用模数制。

第4节　电阻器和电容器优先数系（E系列）

E系列也是一种由几何级数构成的数列。E系列首先在英国电工行业中应用，故采用了Electricity的第一个字母E表示这一系列。

E系列于1951年由国际电工委员会通过，1952年公布为国际标准，但该系列只适用于电阻器的电阻值和电容器的电容量值。

我国无线电专业标准：SJ 618—1973《电阻器标称阻值系列》以及SJ 616—1973《固定式电容器标称容量系列》都曾分别采用E6，E12和E24系列。此外，SJ 619—1973《精密电阻器标称阻值系列、精密电容器标称容量系列及其允许偏差系列》还采用了E48，E96和E192三个系列。

上述专业标准于1981年转化为国家标准（GB 2471—1981），1995年修订该国家标准时，等同采用了IEC 63—1963。

E系列是由$\sqrt[3]{10^n}$，$\sqrt[6]{10^n}$，$\sqrt[12]{10^n}$，$\sqrt[24]{10^n}$，$\sqrt[48]{10^n}$，$\sqrt[96]{10^n}$和$\sqrt[192]{10^n}$理论数的修约值组成，其中n为正整数或负整数。所形成的数值系列分别称为E3系列、E6系列、E12系列、E24系列、E48系列、E96系列和E192系列。其中E96系列由E192系列隔项省略而成并依此类推。

表6-6为E3，E6，E12和E24的数值。表中给出的数值及其十进倍数或约数是伴有允

许偏差的优先数系，用于电阻器的电阻值和电容器的电容量值。

表 6-6　伴有允许偏差的优先数系

E24	E12	E6	E3	E24	E12	E6	E3
允许偏差 ±5%	允许偏差 ±10%	允许偏差 ±20%	允许偏差 >±20%	允许偏差 ±5%	允许偏差 ±10%	允许偏差 ±20%	允许偏差 >±20%
1.0	1.0	1.0	1.0	3.3	3.3	3.3	
1.1				3.6			
1.2	1.2			3.9	3.9		
1.3				4.3			
1.5	1.5	1.5		4.7	4.7	4.7	4.7
1.6				5.1			
1.8	1.8			5.6	5.6		
2.0				6.2			
2.2	2.2	2.2	2.2	6.8	6.8	6.8	
2.4				7.5			
2.7	2.7			8.2	8.2		
3.0				9.1			

E48，E96，E192 数列给出的数值（参见 GB/T 2471—1995）只有当元件的允许偏差严于 5%和因特殊要求而 E24 系列不能满足需要时才予以考虑。

第 5 节　模数制

一、模数和模数制的基本概念

模数是指在某种系统（构筑物或制品）的设计、计算和布局中普遍重复应用的一种基准尺寸。

例如，建筑上用的砖，其尺寸为 24cm×12cm×6cm，故设计房屋的长宽尺寸时，均取 24cm+1cm=25cm 的整数倍，即砖长加 1cm 灰口的整数倍。这样砖的尺寸就成了建筑工程上最基本的尺寸。

以内件为基准的结构，采用组合模数；以外件为基准的结构，采用分割模数。

组合模数（记作 m）是组合尺寸的最小基数，它的数值取决于元件装接的最小尺寸。这种组合尺寸是等差数列 1m，2m，3m，…，Km（K 取整数）中的项值。

分割模数（记作 M）是组合尺寸的最大基数，它的数值取决于最大外件的包容尺寸。在 M 已给定的条件下，内件的尺寸应取 M 的整数分割值，以充分利用包容面积和空间。这时内件尺寸系列由数列 1M，M/2，M/3，…，M/K 中的项值构成。

模数值就是模数 m 的取值。例如 GB 1360—1978《印制电路网路》中所规定的网格模数 m=2.5mm。

模数尺寸就是模数乘以正整数或分数所得尺寸值。

模数数列就是所选定的模数与某一乘数数列相乘所得到的模数尺寸数列。例如，模数值选定为100时，当它与数列2，4，6，8，…相乘时，即可得到模数数列200，400，600，800，…。

模数制就是在模数的基础上所制定的一套尺寸协调的标准。

二、建筑模数制

模数的应用起源于建筑业。在对建筑物的设计、规划和布局，以及设计和制造建筑物的构件（如砖、砌块、窗、门和卫生设施）时，按照选定的模数为基础规定它们的尺寸，可以实现设计标准化、构件加工预制工厂化和施工作业机械化。建筑物的模数设计和建筑物构件的模数配合是实现建筑工业化的重要条件。

世界上许多国家还把基本模数定为标准。目前的趋向是采用100mm作为构件标准化的基本模数，并以这个数的3倍和6倍作为扩大模数，供建筑设计中较大的尺寸用。我国曾制定了以100mm为基本模数的《建筑统一模数制》。现行国家标准为GB/T 50002—2013《建筑模数协调标准》。

（一）建筑模数的构成

（1）基本模数。基本模数的数值为100mm，其符号为M，即1M等于100mm。

整个建筑物和建筑物的一部分以及建筑组合件的模数化尺寸，应是基本模数的倍数。

（2）导出模数。导出模数分为扩大模数和分模数，其基数应符合下列规定：

1）水平扩大模数基数为3M，6M，12M，15M，30M，60M，其相应的尺寸分别为300mm，600mm，1 200mm，1 500mm，3 000mm，6 000mm；竖向扩大模数的基数为3M与6M，其相应的尺寸为300mm和600mm。

2）分模数基数为1/10M，1/5M，1/2M，其相应的尺寸为10mm，20mm，50mm。

（3）模数数列（见表6-7）。

表6-7 模数数列

单位：mm

基本模数	扩大模数						分模数		
1M	3M	6M	12M	15M	30M	60M	$\frac{1}{10}$M	$\frac{1}{5}$M	$\frac{1}{2}$M
100	300	600	1 200	1 500	3 000	6 000	10	20	50
100	300						10		
200	600	600					20	20	
300	900						30		
400	1 200	1 200	1 200				40	40	
500	1 500			1 500			50		50
600	1 800	1 800					60	60	
⋮	⋮	⋮	⋮	⋮	⋮	⋮	⋮	⋮	⋮
3 600	7 500	9 600	12 000	12 000	36 000	36 000	200	400	1 000

（二）建筑模数数列的幅度

（1）水平基本模数为1M。1M数列应按100mm进级，其幅度应为1M～20M。

（2）竖向基本模数为 1M。1M 数列应按 100mm 进级，其幅度应为 1M～36M。

（3）水平扩大模数的幅度，应符合下列规定：

3M 数列按 300mm 进级，其幅度应为 3M～75M；

6M 数列按 600mm 进级，其幅度应为 6M～96M；

12M 数列按 1 200mm 进级，其幅度应为 12M～120M；

15M 数列按 1 500mm 进级，其幅度应为 15M～120M；

30M 数列按 3 000mm 进级，其幅度应为 30M～360M；

60M 数列按 6 000mm 进级，其幅度应为 60M～360M 等，必要时幅度不限制。

（4）竖向扩大模数的幅度，应符合下列规定：

3M 数列按 300mm 进级，幅度不限制；

6M 数列按 600mm 进级，幅度不限制。

（5）分模数的幅度，应符合下列规定：

1/10M 数列按 10mm 进级，其幅度应为 1/10M～2M；

1/5M 数列按 20mm 进级，其幅度应为 1/5M～4M；

1/2M 数列按 50mm 进级，其幅度应为 1/2M～10M。

（三）建筑模数数列的适用范围

（1）水平基本模数 1M～20M 的数列，主要用于门窗洞口和构配件截面等处。

（2）竖向基本模数 1M～36M 的数列，主要用于建筑物的层高、门窗洞口和构配件截面等处。

（3）水平扩大模数 3M，6M，12M，15M，30M，60M 的数列，主要用于建筑物的开间或柱距、进深或跨度、构配件尺寸和门窗洞口等处。

（4）竖向扩大模数 3M 数列，主要用于建筑物的高度、层高和门窗洞口等处。

（5）分模数 1/10M，1/5M，1/2M 的数列，主要用于缝隙、构造节点、构配件截面等处。

分模数不应用于确定模数化网格的距离，但根据设计需要分模数可用于确定模数化网格平移的距离。

三、包装模数

为了适应货物装卸机械化、自动化、运输集装化以及仓储现代化的要求，包装物的外形尺寸必须实现模数化。

国际标准（ISO 3394：2012）以 600mm × 400mm、600mm × 500mm 和 550mm × 366mm 为运输包装平面模数尺寸，规定了硬质直方体运输包装件的 4 个平面尺寸系列（1 219mm×1 016mm，1 200mm×1 000mm，1 200mm×800mm，1 100mm×1 100mm）。

我国国家标准 GB/T 4892—2021《硬质直方体运输包装尺寸系列》修改采用了 ISO 3394：2012，以 ISO 的包装基本平面模数尺寸作为确定运输包装尺寸模数的基础，同时考虑到我国托盘标准（GB/T 2934—2007《联运通用平托盘 主要尺寸及公差》），确定的托盘平面尺寸为 1 200mm×1 000mm，1 100mm×1 100mm，为此 GB/T 4892—2021 选择了 1 200mm×1 000mm、1 200mm×800mm 和 1 100mm×1 100mm 作为包装单元货物的平面尺寸，并且给出用整数除运输包装模数尺寸计算约数求得的运输包装平面尺寸系列。

四、模数制的推广和统一

模数理论不仅在建筑业得到普遍推广，而且在包装物的标准化，电器、仪器和成套装置的组装尺寸的标准化，以及机电工业产品的单元尺寸和组合尺寸的协调等方面，都涉及模数配合与模数协调问题。有的已经制定了相应的标准，如印制电路网格模数；有的正在制定这方面的标准。图 6-4 是产品包装、包装箱、运输托盘和载重汽车之间的模数配合与模数协调示意图。

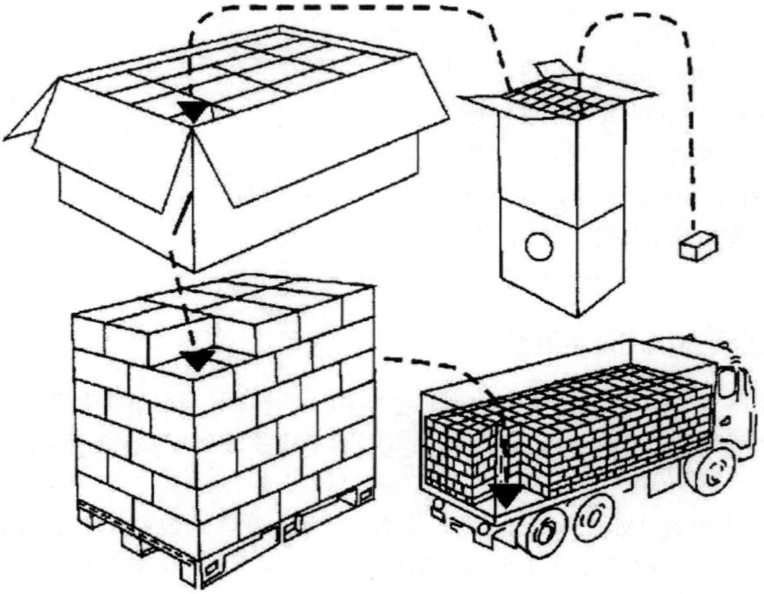

图 6-4　模数配合与模数协调示意图

随着模数理论应用领域的扩大，模数制的统一问题也就提到日程。如果每个部门都制定自己的一套模数制度，这对各类尺寸之间的协调和衔接是不利的。为此，应逐步建立起一套综合完整的统一的模数系统。国际标准化机构（IEC 和 ISO）一直在为此做不懈努力。

本章小结

参数是表明任何现象、产品或过程中某些重要性质的量。通常有基本参数、主参数之分。参数选择和参数分级是产品标准最主要的内容。参数之间相互关联、不断扩散的特性是建立数值分级制度的根本原因。

在确定产品（尤其是设备、设置）的基本参数时，应防止随意使用任何的非标准数（值）。这将有利于产品发展和设备配套。

在日常的技术实践中，无论进行任何形式的分级，都要首先考虑使用优先数。仅在确有理由时，这一原则才允许通融。

对于目前使用和即将采用的每一分级体系，都应进行缜密的分析。必须考虑参数的相关性和扩散性所产生的后果。

分析任何分级体系时，必须从逻辑、数学、技术、经济、心理、实践等多角度进行综合研究。

当改变产品的参数或数系时，必须考虑现有情况，尽可能使从过去到未来的过渡不过分突然（不产生过大的扰动）。

关键术语

参数	基本参数	主参数
参数选择	参数分级	等差数列
分段等差数列	等比数列	优先数
优先数系	派生系列	移位系列
基本系列	补充系列	E 系列
模数	模数制	模数数列

思考题

1. 什么是产品的参数？它有什么用？
2. 等差数列的特点及其适用范围如何？
3. 优先数适用于哪类参数的分级？
4. 简述优先数在产品标准化中的重要意义。
5. 分析几种产品的参数系列，指出其构成规律。
6. 举出几个模数配合的例子。

参考文献

[1] 华东师范大学心理学系公共必修心理学教研室．心理学．上海：华东师范大学出版社，1982.

[2] ISO 3394：2012 Packaging—complete，filled transport packages and unit loads—dimensions of rigid rectangular packages.

[3] GB/T 321—2005 优先数和优先数系．

[4] GB/T 702—2017 热轧钢棒尺寸、外形、重量及允许偏差．

[5] GB/T 1360—1998 印刷电路网格体系．

[6] GB/T 2471—1995 电阻器和电容器优先数系．

[7] GB/T 2934—2007 联运通用平托盘 主要尺寸及公差．

[8] GB/T 4892—2021 硬质直方体运输包装尺寸系列．

[9] GB/T 50002—2013 建筑模数协调标准.

第 7 章

标准化的形式

学习要点

1. 标准化形式与内容的关系
2. 简化的本质、应用原则
3. 统一化与简化的区别、统一化的原则
4. 通用化的目的和作用
5. 系列化三个方面之间的区别和联系
6. 组合化的特点和实用意义
7. 模块化的特点、应用前景及其技术经济意义

形式即内容。没有无形式的内容，也没有无内容的形式。

标准化的形式是标准化内容的存在方式。标准化有多种形式，每种形式都表现不同的标准化内容，针对不同的标准化任务，达到不同的目的。

标准化的形式是由标准化的内容决定的，并随着标准化内容的发展而变化，但标准化的形式又有其相对的独立性和自身的继承性，并反作用于内容，影响内容。标准化过程是标准化的内容和形式的辩证统一过程。

研究各种标准化形式及其特点，不仅便于在实际工作中根据不同的标准化任务，选择和运用适宜的标准化形式，达到既定的目标，而且能够根据标准化内容的发展和客观的需要及时地创立新形式，取代旧形式，为标准化的进一步发展开辟道路。

比较主要的标准化形式是简化、统一化、通用化、系列化、组合化、模块化等。

第1节　简　化

一、简化的定义

简化就是在一定范围内缩减对象（事物）的类型数目，使之在既定时间内满足一般需要的标准化形式（松浦四郎，1981；桑德斯，1974；魏尔曼，1980）。

这就是说，简化一般是事后进行的，也就是事物的多样化已经发展到一定规模以后，才对事物的类型数目加以缩减，这便是这种标准化形式的特点。当然，这种缩减是有条件的，它是在一定的时间和空间范围内进行的，其结果应能保证满足一般需要。

然而简化并不是消极的“治乱”措施，它不仅能简化目前的复杂性，而且能预防将来产生不必要的复杂性。通过简化确立的品种构成，不仅对当前的生产有指导意义，而且在一定时期、一定范围内能预防和控制不必要的复杂性的发生。

二、简化的客观必要性

（1）事物的多样性是发展的普遍形式。在生产领域，由于科学、技术、竞争和需求的发展，社会产品的种类急剧增多。这种社会产品（或商品）越来越增加，越来越多样化的趋势，是社会生产力发展的表现，一般来说是符合人类愿望的。但是，在商品生产社会里，这种多样化的发展趋势不可避免地带有不同程度的盲目性，如果不加控制地任其发展，就有可能出现多余的、无用的和低功能的产品品种。这类产品的大量存在，是社会生产力的一种浪费，既不利于生产的进一步发展，也不利于更好地满足社会需求。对这类产品（或其他对象）除了通过竞争加以淘汰（这要以相当大的经济损失和资源浪费为代价）之外，简化便是人类对社会产品的类型进行有意识的自我控制的一种有效形式（松浦四郎，1981）。世界上每一个国家，在工业化过程中都曾遇到这样的问题，并且把简化作为克服和防止混乱的手段加以广泛应用，至今仍然如此。

（2）简化的直接目的是控制对象的类型（如产品的品种、规格）盲目膨胀，而不是一般地限制多样化。简化消除了低功能的和不必要的类型，使产品系统的结构更加精练、合理。这就不仅可以提高产品系统的功能，而且为新的更有必要的类型的出现和多样化的合理发展扫清了障碍。因此，简化是事物（尤其是产品系统）发展的外在动力。

（3）商品生产和竞争是多样化失控的重要原因。只要商品生产还存在，竞争还存在，社会产品的类型就有盲目膨胀的可能，简化这种自我调节、自我控制的手段就是必不可少的。

三、简化的一般原则

简化不是对客观事物进行任意的缩减，更不能认为只要把对象的类型数目加以缩减就会产生效果。简化的实质也是对客观系统的结构加以调整使之优化的一种有目的的标准化活动。因此，必须遵循标准化原理（尤其是结构优化原理）以及从实践中确立的原则。这些原则如下：

（1）对客观事物进行简化时，既要对不必要的多样化加以压缩，又要防止过分压缩。为此，简化方案必须经过比较、论证，并以简化后事物的总体功能是否最佳作为衡量简化是否合理的标准。

（2）对简化方案的论证应以特定的时间、空间范围为前提。在既定的时间范围里，既要考虑到当前的情况，也要考虑到今后一定时期的发展要求，以保证标准化成果的持续性和系统的稳定性；对简化所涉及的空间范围以及简化后标准发生作用的空间范围，都必须做较为准确的计算或分析，切实贯彻全局利益原则。

（3）简化的结果必须保证在既定的时间内足以满足一般需要，不能因简化而损害消费者的利益。

（4）对产品规格的简化要形成系列，其参数组合应尽量符合数值分级制度。

四、简化的应用

简化是古老的标准化形式，又是最基本的标准化形式。它的应用领域十分广泛，仅就生产领域而言，便可列举许多方面。

（1）物品种类的简化。任何一个生产企业都有大量的库存备品，种类繁多。其中有的长期无用，有的品种规格可以归并，只要实行简化便可消除许多无用的、多余的、可替换的类型，不仅减少资金占用、腾出库房面积，还可改进管理。这类事例随处可见。

（2）原材料的简化。许多企业采购原材料不做论证，设计人员随意提要求，采购的品种规格过多、过杂。某机器厂仅使用的润滑剂、冷却切削液和热处理油就有179个品种，后简化为25种，年节约材料资金近一半。

（3）工艺装备简化。有些企业编制工艺文件时，采取分散工序的做法，并依此选择加工工具，结果工具品种数量繁多。倘能通过工艺文件审查和使用统计，便可将通用性差的和可代替的加以简化。

（4）零部件简化。机电产品是由零部件、元器件组成的，有的产品中功能相近的零部件很多，如能归并简化，便可显著提高设计和制造效率。

（5）数值简化。不同的设计人员在设计过程中，如果自由取值，就会使同一参数出现多种数值（如销、轴直径），并使工具、量具的种类增多，管理复杂化。若能加以简化，形成标准作为选用的依据，便可防止数值的不必要多样化。

（6）结构要素（形面要素）简化。孔径、螺纹直径、圆角半径、倒角等辅助要素的简化和统一化，会产生极可观的效益。因为减少这些要素，就意味着减少工具和不同加工过程的数量，压缩信息在生产过程中的繁殖，降低生产成本。

案　例

某汽车集团公司在企业信息化建设过程中，通过网络开发，实施供应商远程服务系统，下达分时分线物料需求计划，同时全面启动物料免包装技术，实现了物料供应流程的简化：

简化前：供方生产线—下线检验—包装—装车—运输—卸货—拆包装—上线检验—上工位器具—需方生产线。

简化后：供方生产线—下线检验—上工位器具—运输—需方生产线。

简化后的流程不仅满足了准时拉动管理对物料的需求，还大幅度降低了采购成本（包装物、装拆费)。公司附近 200 公里范围内的供应商,基本实行免包装供应,供需双方总成本明显降低,2000 年节约成本 277 万元。同时,由于直送工位(如后桥、坐椅、变速器、轮胎、钢圈、板簧等)可大幅度降低双方库存,每月又可平均降低储备资金 450 万元。

资料来源:黄海嵩.企业信息化建设指南.合肥:安徽科学技术出版社,2002.

第 2 节 统一化

一、统一化的定义

统一化是把同类事物两种以上的表现形态归并为一种或限定在一个范围内的标准化形式(松浦四郎,1981;魏尔曼,1980)。

统一化同简化一样,都是古老的标准化形式。统一度量衡,统一文字、货币、兵器等,都是统一化的典型事例。

统一化的实质是使对象的形式、功能(效用)或其他技术特征具有一致性,并把这种一致性通过标准确定下来。因此,统一化的概念同简化的概念是有区别的。前者着眼于取得一致性,即从个性中提炼共性;后者肯定某些个性同时共存,故着眼于精练,在简化过程中往往保存若干合理的品种,简化的目的并非简化为只有一种。虽然在实际工作中两种形式常常交叉并用,甚至难以分辨清楚,但它们毕竟是两个出发点完全不同的概念。

例如,我国从前的铁路,轨距有多种:东北的中东铁路为 1 524mm、京沈铁路为 1 435mm、滇越铁路为 1 000mm。后来提高标准化将全国营运铁路的轨距统一为 1 435mm。再如,民用电的电压和频率,也由 110V60Hz,110V25Hz,100V50Hz,125V50Hz 等统一为 220V50Hz。这都是统一化,而不是简化,因为出发点就是统一,就是要一致。但是,对于铁路钢轨的型式来说,由原有的 108 种简化为 3 种,虽然大多数型式都淘汰了,但也不是统一,因为出发点是在保证满足需要的前提下,求得型式的精练,而且根据客观需要的变化和发展,型式还可增减。

统一化的目的是消除由于不必要的多样化而造成的混乱,为人类的正常活动建立共同遵守的秩序。由于社会生产的日益发展,各生产环节和生产过程之间的联系日益复杂,特别是在国际交往日益扩大的情况下,需要统一的对象越来越多,统一的范围也越来越大。

统一化有两类。一类是绝对的统一,它不允许有灵活性。例如,各种编码、代号、标志、名称、单位、运动方向(开关的转动方向、电机轴的旋转方向、交通规则)等。另一类是相对的统一,它的出发点或总趋势是统一,但统一中还有灵活,根据情况区别对待。例如,产品的质量标准便是对该产品的质量所进行的统一化,不仅质量指标允许有灵活性(如分级规定、指标上下限、公差范围等),而且允许有自由竞争的内容,不能一律强求统一。

二、统一化的一般原则

(1)适时原则。统一化是事物发展到一定规模、一定水平时,人为地进行干预的一种标准化形式。干预的时机是否恰当,对事物未来的发展有很大影响。把握好统一的时机,是搞好统一化的关键,也是统一化的一条原则。

所谓适时就是指统一的时机要选准，既不能过早，也不能过迟。如果统一过早，特别是已经出现的类型并不理想，而新的更优秀的、更适宜的类型正在酝酿过程中，这时强行统一就有可能使低劣的类型合法化，不利于优异的类型的产生；如果统一过迟，就是说必要的类型早已出现，并且重复的、低功能的类型也已大量产生的时候才进行统一，这时虽然能选择出较为合适的类型，但在淘汰低劣类型过程中必定会造成较大的经济损失，增加统一化的难度（如盒式录像带的统一化）。这类现象在高新技术领域已有很多，不可能继续沿用那种待技术成熟、生产稳定后，再通过协商或协调制定统一标准的做法。对这类对象的统一化，可行的对策是：在研究开发的早期阶段制定对技术或产品发展起先导作用的标准；对与网络或系统起连接作用的部分（如接口），以及通用性、兼容性之类的问题先行统一，防止不必要的多样化和混乱的发生，同时又不妨碍产品的竞争和创新（胡晓鹏，2009）。

根据实践经验，标准化活动中，统一过早的事例并不多见，而统一过迟的事却屡见不鲜。

（2）适度原则。统一要适度，这是统一化的另一条原则。所谓度就是在一定质的规定中所具有的一定量的值，度就是量的数量界限。对客观事物进行的统一化，既要有定性的要求（质的规定），又要有定量的要求。所谓适度，就是要合理地确定统一化的范围和指标水平。例如，在对产品进行统一化（制定产品标准）时，不仅要对哪些方面必须统一、哪些方面不做统一、哪些要在全国范围统一、哪些只在局部进行统一、哪些统一要严格、哪些统一要灵活等做出明确的规定，而且必须恰当地规定每项要求的数量界限。在对标准化对象的某一特性做定量规定时，对可以灵活规定的技术特性指标，还要掌握好指标的灵活度。

所谓指标的灵活度也就是指标允许值的灵活幅度。统一化的本质是取得一致性，但由于统一化对象的复杂性和客观要求的多样性，对某些对象的统一化只能实现相对的统一，也就是有灵活度的统一。这就是总的方向是统一，但统一中又有灵活。尤其以产品质量、工作质量为对象的统一化常需施以灵活度。

（3）等效原则。任何统一化都不可能是任意的，统一是有条件的，首要的前提条件是等效性。所谓等效指的是把同类事物两种以上的表现形态归并为一种（或限定在某一范围）时，被确定的“一致性”与被取代的事物之间必须具有功能上的可替代性。就是说，当从众多的标准化对象中确定一种而淘汰其余时，确定的对象所具备的功能应包含被淘汰的对象所具备的必要功能。

统一化常常是对原有的各种类型的综合或是在某一较好类型基础上加以改进。但也有从原型中优选的，不过它仍遵循等效原则。秦统一文字、货币（见图7－1）就是统一化的典型。

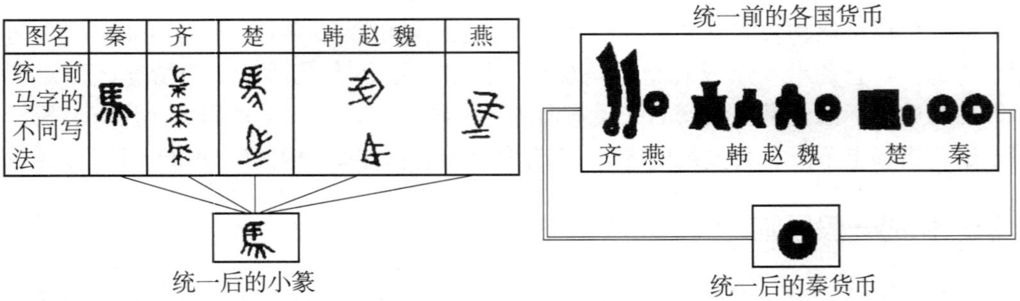

图7－1　秦统一文字、货币示意图

（4）先进性原则。等效原则只是对统一化提出了起码要求，因为只有等效才有统一可谈；统一化后必须保持社会所必要的功能，否则便失去了统一的意义。但统一化的目标绝非仅仅实现等效替换，而是要使建立起来的统一性具有比被淘汰的对象更高的功能，在生产和使用过程中取得更大的效益。为此还须贯彻先进性原则。

所谓先进性，就是指确定的一致性（或所做的统一规定）应有利于促进生产发展和技术进步，有利于社会需求得到更好的满足。就产品标准来说，就是要能促进质量提高。统一化过程实质上是打破旧的平衡、树立新平衡的过程。这是统一化的灵魂，也是统一成败的关键。

第 3 节　通用化

一、什么是通用化

通用化要以互换性为前提。互换性指的是不同时间、不同地点制造出来的产品或零件，在装配、维修时不必经过修整就能任意替换使用的性质。

互换性概念有两层含义：一是产品的功能可以互换，叫做功能互换性，它要求某些影响产品使用特性（常指线性尺寸以外的特性）的参数按照规定的精确度互相接近。二是尺寸互换性。当两个产品的线性尺寸相互接近到能够保证互换时，就达到了尺寸互换性。尺寸互换性是功能互换性的部分内容，它对于零部件的通用化具有突出作用，但功能互换性是根本目的。因此，通用化的概念还应该包括功能互换的含义，即包括具有某种功能的产品的通用化在内。

这样，可以给通用化下一个广义的定义：在互相独立的系统中，选择和确定具有功能互换性和尺寸互换性的子系统（功能单元）的标准化形式叫做通用化。

二、通用化的目的和作用

零部件通用化的目的是最大限度地减少零部件在设计和制造过程中的重复劳动。在同一类型不同规格或不同类型的产品或装备之间，总会有相当一部分零部件的用途相同、结构相近，或者用其中的某一种可以完全代替时，经过通用化，使之具有互换性。在设计和试制另一种新产品时，该种零部件的设计（包括工装设计与制造）的工作量都得到节约，此外还能简化管理，缩短设计试制周期，扩大生产批量，提高专业化水平，为企业带来一系列经济效益。

对于具有功能互换性的复杂产品来说，它的通用化的意义更为突出。例如，一个生产柴油机的企业，如果它所设计的柴油机既可用于拖拉机，又可用于汽车、装运机、推土机和挖掘机等，即它的通用性越强，产品的销路就越广，生产的机动性越大，对市场的适应性越强。发展这样的产品，对于防止不必要的多样化、组织专业化生产、提高经济效益都有很大意义。

三、通用化的一般方法

在对产品系列设计时，要全面分析产品的基本系列及派生系列中零部件的共性与个性，从中找出具有共性的零部件，先把这些零部件作为通用件，以后根据情况有的还可以发展成为标准件。如果对整个系列产品中的零部件都经过了认真的研究和选择，能够通用的都使之通用，这就叫系列通用。这是通用化的重要环节和基本方法。

在单独设计某一种产品时，也应尽量采用已有的通用件。新设计的零部件应充分考虑到要让后续的新产品能够采用，使其成为通用件。

在对已有的产品进行整顿时，根据生产和使用过程中的经验，特别是产品维修过程中暴露出来的问题，对可以通用的零部件经过分析、试验实现通用化，这是老产品整顿的一项内容。

在企业里可以把通用件编成图册，也可以编写典型工艺，供设计和生产人员参考选用。通用化虽然不是标准化的典型形式，但它是标准化过程中的一个重要阶段。许多通用的零部件经过生产和使用考验以后有可能提升为标准件，所以它是标准化的必要阶段。另外像具有某种功能的产品的通用更是标准化的其他形式所无法代替的。

四、通用化在工艺工作中的应用

通用化在工艺工作中同样得到了广泛的应用，早期使用的是典型工艺的方法，后来根据成组技术的原理又发展出来成组工艺的方法。

（一）典型工艺

典型工艺是指把某些形状和工艺路线相似的零件归为一类并为它们编制通用的工艺规程（陈心德，2005）。典型工艺不仅可以直接用于某一加工对象，而且基本上可供该类所有加工对象使用，例如某类零件的典型工艺，只需稍做调整，便可适用于该类中的每一种零件。所以，它实际上是通用工艺规程。在产品品种多变的企业，典型工艺还可作为编制新工艺规程的依据，在一定程度上起着标准的作用。

编制典型工艺可以零件组为对象，也可以各种零件中的同一工艺要素为对象，即以工序为对象，如电镀、涂漆、包装等。

对于标准件和通用件则更适于采用典型工艺，因为同类标准件的结构相同，只是尺寸不同，所以无须再分类分组便可直接编成供操作者使用的典型工艺过程卡，绘出结构简图，在表格中列出尺寸系列，如图7-2所示。

工艺规程典型化有利于改进企业工艺管理，减少工艺文件的编制数量（工作量），简化工艺试验和验证，缩短生产准备周期，为应用新技术、组织专业化生产创造条件，还可以提高工装的通用化程度，节约加工工时，简化车间的生产组织和计划管理。典型工艺是企业早期采用的一种方法。后来由于计算机技术的发展和CAPP的应用，企业开始广泛采用成组工艺的方法。

（二）成组工艺

成组工艺就是依据成组技术的基本原理①，利用零件的相似性对产品工艺进行设计和管理的方法。零件的相似性是广义的。在几何形状、尺寸、功能要素、精度、材料等方面的相似性为基本相似性；以基本相似性为基础，在制造、装配等生产、经营、管理等方面所导出的相似性称为派生相似性（陈心德，2005）。

---

① 成组技术就是利用事物客观存在的相似性对事物进行系统化、科学化的聚类处理。

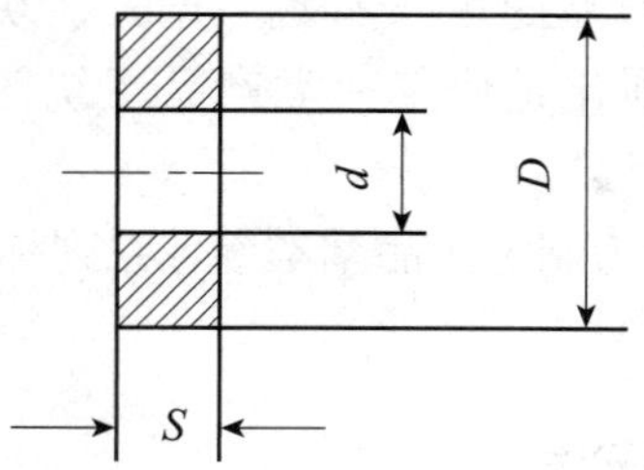

公称直径(螺钉螺纹)	d 公称尺寸	d 允差	D 公称尺寸	D 允差	S 厚度	孔的允许偏心	工序 剪切	工序 压力	工时 剪切	工时 压力	下料尺寸	工具编号
4	4.5	+0.3	12	−0.70	0.8	0.4	1	1	0.05		略	略
5	5.5		14									
6	6.6	+0.36	18		1.5							
8	9		22	−0.84								
10	11	+0.43	28		2	0.6		2	0.05	0.04		
12	14		35	−1.00								
14	16		38									
16	18		45		3							
18	20	+0.52	50									
20	22		55	−1.20								
22	24		60									

图 7－2　冲压垫圈典型工艺卡

编制成组工艺的一个关键是依据相似性的原理对零件进行聚类成族。分组一般采用编制零件编码方法。企业可自行创建零件编码系统，也可选用目前已开发成功的编码系统。在编制成组工艺时应注意选用那些反映工艺信息较全面的零件编码系统。

成组工艺的编制可采用综合零件法和流程分析法。综合零件法是指以综合零件为基础编制成组工艺规程。所谓的综合零件是指能代表某一相似零件族所有零件的结构和工艺特征的零件，它可以是该零件族的实际零件，也可以是靠人工综合而成的某一假想零件。以综合零件为基础编制的成组工艺规程基本反映了该族所有零件的主要加工工艺。流程分析法是指对构成某一零件族的所有零件的工艺流程进行分析，找出适合族内所有零件的工艺流程，并据此编制成组工艺。流程分析法是生产中的常用方法。

成组工艺的实施步骤包括：(1) 产品零件按零件分类编码系统进行分组分类；(2) 制定零件的成组加工工艺过程；(3) 设计成组工艺装备，如成组夹具、成组刀具、成组量具等；(4) 建造成组加工生产线，设计成组输送装置、成组装卸装置、仓库等。

第 4 节　系列化

系列化是对同一类产品中的一组产品通盘规划的标准化形式。

系列化是通过对同一类产品国内外产需发展趋势的预测，结合自己的生产技术条件，经过全面的技术经济比较，将产品的主要参数、型式、功能、基本结构等做出合理的安排与规划。因此，也可以说系列化是使某一类产品系统的结构优化、功能最佳的标准化形式。

工业产品的系列化一般可分为制定产品基本参数系列标准、编制产品系列型谱和开展产品的系列设计等三方面内容。

一、制定产品基本参数系列标准

（一）产品基本参数系列的意义和作用

产品的基本参数是产品基本性能或基本技术特征的标志，是选择或确定产品功能范围的基本依据。

产品的基本参数按其特性可分为性能参数与几何尺寸参数两种。

性能参数是表征产品的基本技术特性的参数，如载荷、功率、容量、转速、压力等。

几何尺寸参数是表征产品规格的参数。

在一个产品的若干基本参数中，起主导作用的参数称为主参数。主参数能反映产品最基本的特性，如电动机的功率、起重机的起重量等。

产品的性能参数与几何尺寸参数之间、主参数与其他参数之间，一般都存在某种内在的联系。通过理论推算或试验，可以发现这种联系的规律性，有的还可以用某种函数关系来表示。这对实现产品的相似设计，即通过设计少数典型产品，然后按相似关系设计出整个系列的产品有重要意义。

由产品的基本参数构成的基本参数系列，是指导生产企业发展品种，指导用户选用产品的基本依据。

产品基本参数系列确定得是否合理，不仅直接关系到该产品与相关产品之间的配套协调，而且在很大程度上影响企业的经济效益乃至社会经济效益。

产品基本参数系列是产品系列化的首要环节，也是编制产品系列型谱、进行产品系列设计的基础。

（二）制定基本参数系列标准的步骤和方法

（1）选择主参数和基本参数。主参数是各项参数中起主导作用的参数。选择主参数的原则如下：

1）主参数应能反映产品的最主要特性（如电动机的功率）。

- 应是产品中最稳定的参数（如车床床身上工件最大回转直径）。
- 应从方便使用出发，优先选择性能参数，其次选择几何尺寸参数。
- 主参数的数目一般只选一个，最多选两个。

2）基本参数是能反映产品基本性能和基本尺寸的参数。对于不同种类的产品，其参数的内容是很不相同的，必须具体分析。

（2）确定主参数和基本参数的上下限。确定上下限，就是确定参数系列的最大值、最小值。这个数值范围的确定，一般要经过对国内外用户近期和长远的需要情况、国内该产品的生产情况、质量水平，以及国外同类产品的生产和使用情况做周密的分析才能确定。

（3）确定参数系列。主要是确定在上下限之间的参数如何分布，整个系列安排多少档，档与档之间选用怎样的公比等。完成这项任务除了必须进行调查、掌握足够的统计资料之外，一般都应提出几个可行方案，然后运用统计资料进行技术经济比较，从中选择最优方案。

只要技术上和经济上能够满足要求，机电等类产品的参数系列应尽量符合优先数系，表 7－1 为普通摇臂钻床的主参数系列。

表 7－1　普通摇臂钻床的主参数系列

第一主参数	最大钻孔直径（mm）	25		40			63		80			100		125
第二主参数	跨距（mm）	800	1 000	1 250	1 600	2 000	2 000	2 500	2 500	3 150	4 000	3 150	4 000	4 000

二、编制产品系列型谱

（一）编制产品系列型谱的必要性

有了参数系列为什么还要编制系列型谱？因为社会对产品的需要是多方面的。只对参数分级分档，划分不同的规格，有时还是不能满足需要，还要求同一规格的产品有不同的型式，以满足不同的特殊要求。解决这个问题是系列型谱的任务。

系列型谱是根据市场和用户的需要，依据对国内外同类产品生产状况的分析，对基本参数系列所限定的产品进行型式规划，把基型产品与变型产品的关系以及品种发展的总趋势用图表反映出来，形成一个简明的品种系列表。

一种产品的系列型谱，实际上是该产品的品种发展规划的一种表现形式，它是一种具有战略意义的基础性标准，对整个企业未来产品的发展有着重要的指导意义。因此，编制型谱是一件很复杂、很细致又很慎重的工作，要以大量的调查资料和科学的分析预测为基础。

（二）系列型谱的形式和内容

型谱的形式不尽一致，有的较简单，有的较复杂，要依情况而定。下面以摇臂钻床的型谱表为例，对型谱的内容和特点加以说明（见表 7－2）。

该型谱中横的关系表示产品的参数系列（也可以说是产品的规格），它是由产品的主参数系列确定的。表中横向的每一行代表结构相同、参数大小不同的产品系列。

该型谱中纵向的关系表示产品的结构型式，即基型与变型（以基型产品为基础派生出来的变型产品）之间的关系。表中纵向的每一列代表结构相似、主参数相同的基型和各种变型产品。

该型谱中“普通摇臂钻床”为基型系列，余者为变型系列。

纵横交错构成的每一网格，表示一个品种。但型谱中并非全部肯定所有可能出现的品种。到底应该发展哪些变型，肯定、否定哪些品种，要经过分析选择，这是型谱编写中十分复杂细致的工作。有些型谱还将该产品的发展方向、生产情况、设计试制状况、近期及远期重点等带方向性的问题，用醒目的符号标出来，以指导生产和设计。

表 7-2　普通及变型摇臂钻床品种系列型谱表

<table>
<tr><td rowspan="3" colspan="3"></td><td rowspan="3">跨距（mm）</td><td colspan="13">最大钻孔直径（mm）</td><td rowspan="3">品种数</td></tr>
<tr><td colspan="2">25</td><td colspan="3">40</td><td colspan="2">63</td><td colspan="3">80</td><td colspan="2">100</td><td>125</td></tr>
<tr><td>800</td><td>1 000</td><td>250</td><td>1 600</td><td>2 000</td><td>2 000</td><td>2 500</td><td>2 500</td><td>3 150</td><td>4 000</td><td>3 150</td><td>4 000</td><td>4 000</td></tr>
<tr><td rowspan="15">型式</td><td rowspan="2">普通摇臂钻床</td><td colspan="2">机械操纵室</td><td>○◣</td><td>○◣</td><td>◣</td><td>◣</td><td>◣</td><td>—</td><td>—</td><td>—</td><td>—</td><td>—</td><td>—</td><td>—</td><td>—</td><td>5</td></tr>
<tr><td colspan="2">液压操纵室</td><td>—</td><td>—</td><td>○◣</td><td>○◣</td><td>◣</td><td>○◣</td><td>◣</td><td>○◣</td><td>◣</td><td>◣</td><td>○◣</td><td>◣</td><td>○◣</td><td>11</td></tr>
<tr><td rowspan="5">滑坐式摇臂钻床</td><td rowspan="5">滑坐行程</td><td>2</td><td colspan="2" rowspan="5">—</td><td rowspan="5">—</td><td>◣</td><td>◣</td><td>◣</td><td>—</td><td>—</td><td>—</td><td>—</td><td>—</td><td>—</td><td>—</td><td>3</td></tr>
<tr><td>4</td><td>—</td><td>◣</td><td>◣</td><td>◣</td><td>◣</td><td>◣</td><td>◣</td><td>◣</td><td>◣</td><td>◣</td><td>9</td></tr>
<tr><td>6</td><td>—</td><td>—</td><td>—</td><td>☆◣</td><td>☆◣</td><td>☆◣</td><td>☆◣</td><td>☆◣</td><td>☆◣</td><td>☆◣</td><td>7</td></tr>
<tr><td>8</td><td>—</td><td>—</td><td>—</td><td>—</td><td>—</td><td>☆◣</td><td>☆◣</td><td>☆◣</td><td>☆◣</td><td>☆◣</td><td>5</td></tr>
<tr><td>10</td><td>—</td><td>—</td><td>—</td><td>—</td><td>—</td><td>☆◣</td><td>☆◣</td><td>☆◣</td><td>☆◣</td><td>☆◣</td><td>5</td></tr>
<tr><td colspan="3">万向摇臂钻床</td><td>—</td><td>◣</td><td>◣</td><td>◣</td><td>◣</td><td>◣</td><td>◣</td><td>◣</td><td>—</td><td>—</td><td>—</td><td>—</td><td>—</td><td>7</td></tr>
<tr><td rowspan="2">滑坐式万向摇臂钻床</td><td rowspan="2">滑坐行程</td><td>2</td><td colspan="2" rowspan="2">—</td><td></td><td>◣</td><td>◣</td><td>◣</td><td>—</td><td>—</td><td>—</td><td>—</td><td colspan="3" rowspan="2">—</td><td>3</td></tr>
<tr><td>4</td><td>—</td><td>—</td><td>◣</td><td>◣</td><td>◣</td><td>◣</td><td>—</td><td>—</td><td>4</td></tr>
<tr><td colspan="3">车式摇臂钻床</td><td colspan="2">—</td><td>—</td><td>—</td><td>◣</td><td>—</td><td>◣</td><td>—</td><td>◣</td><td>◣</td><td>◣</td><td>◣</td><td></td><td>6</td></tr>
<tr><td rowspan="2">坐标摇臂钻床</td><td colspan="2">普通型</td><td colspan="2" rowspan="2">—</td><td colspan="2" rowspan="2">—</td><td>◣</td><td>—</td><td>◣</td><td colspan="3" rowspan="2">—</td><td colspan="3" rowspan="2">—</td><td>2</td></tr>
<tr><td colspan="2">数控型</td><td>◣</td><td>—</td><td>◣</td><td>2</td></tr>
</table>

注：◣表示发展的品种。
○表示已完成设计的品种。
☆表示特殊订货供应的品种。

（三）系列型谱的作用

（1）它是指导产品发展方向和制订产品和技术发展规划的重要依据。

（2）可以根据型谱所确定的产品品种，合理安排产品的发展计划及同类产品企业间的生产分工，充分发挥系列产品通用性强的优越性，提高生产专业化水平。

（3）可以防止盲目设计落后的没有发展前途的品种，可以避免平行设计同一型式的产品。有了型谱，还可以把有关企业的技术活动统一起来，把设计力量组织起来，进行集中设计，统一设计，以及对系列产品进行系列设计。这是挖掘社会技术经济潜力，发挥联合与协作的优势，加快技术和产品发展的科学方法。

型谱还可以起到整顿现有产品的作用，既可迅速地发展新品种（利用基型发展变型）满足社会多种多样的要求，又可限制整个社会产品品种杂乱，提高产品系统的功能，最大限度地发挥系统效应。

三、产品的系列设计

系列设计是以基型为基础，对整个系列产品进行的总体设计或详细设计。

（一）系列设计的做法

（1）首先在系列内选择基型。基型应该是系列内最有代表性、规格适中、用量较大、生产较稳定、结构较先进，经过长期生产和使用考验，结构和性能都比较可靠，又很有发展前途的型号。

（2）在充分考虑系列内产品之间，以及与变型产品之间的通用化的基础上，对基型产品进行总体设计或详细设计。

（3）向横的方向扩展，设计全系列的各种规格。这时要充分利用结构典型化和零部件通用化等方法，扩大通用化程度；或者对系列内的产品的主要零部件确定几种结构型式（叫做基础零部件），在具体设计时，从这些基础件中选择合适的（图 7-3 是摇臂钻床基型系列产品示意图）。

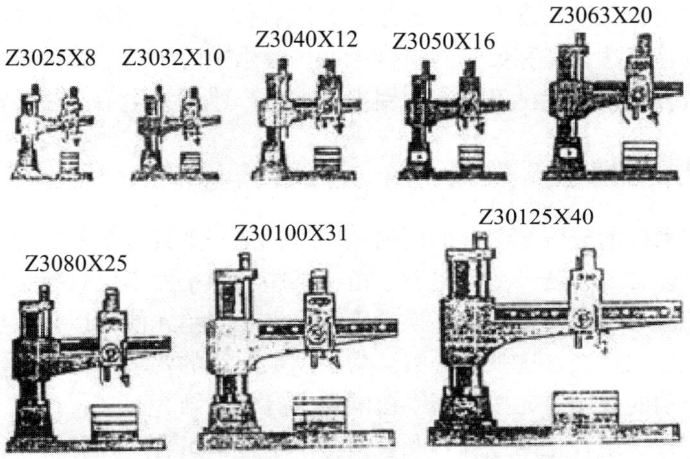

图 7-3　摇臂钻床基型系列产品示意图

（4）向纵的方向扩展，设计变型系列或变型产品。变型与基型要最大限度地通用，尽量做到只增加少数专用件即可发展一个变型产品或变型系列。

（二）系列设计的意义

（1）系列设计是最有效的统一化，也是最广泛的选型定型工作。它可以有效地防止同类产品型式、规格的杂乱。

（2）系列设计可以最大限度地发挥企业的设计优势，能以最快的速度开发出市场急需的新产品，并显著降低开发成本，做到最大限度地节约设计力量，还可防止企业盲目设计落后的产品。

（3）系列设计的产品，基础件通用性好，它能根据市场的动向和消费者的特殊要求，采用发展变型产品的经济合理的办法，机动灵活地发展新品种，既能及时满足市场的需求，又可保持企业生产组织的稳定（徐宏玲，2006）。

（4）系列设计不是简单的选型定型，而是选择中有创新，选择和创新相结合。经过系列设计定型的产品，一般都有显著改进，所以它也是推广新技术、促进产品更新的一个手段。

（5）便于组织专业化协作生产，便于维修配套。

第5节　组合化

一、组合化的定义

组合化是按照统一化、系列化的原则，设计并制造出若干组通用性较强的单元，根据需要组合成不同用途的物品的一种标准化的形式。

组合化是受积木式玩具的启发而发展起来的，所以也有人称它为“积木化”。组合化的特征是将统一化的单元组合为物体，这个物体又能重新拆装，组合新的结构，而统一化单元则可以多次重复利用。

建筑用砖从“组合化”角度来看是最原始的组合件。活字印刷术是组合化的典型创造。文字和数字符号也是表达语言和数量的组合单元。音乐中的乐谱是选择最佳旋律的组合式系统等等。可见，组合化很早就已经被人们用来作为生产建设和生活交往的科学手段。

二、组合化的理论基础

组合化建立在系统的分解与组合的理论基础上。把一个具有某种功能的产品看做一个系统，这个系统又可以分解为若干功能单元。由于某些功能单元不仅具备特定的功能，而且与其他系统的某些功能单元可以通用、互换，于是这类功能单元便可以分离出来，以标准单元或通用单元的形式独立存在，这就是分解。为了满足一定的要求，把若干事先准备的标准单元、通用单元和个别的专用单元按照新系统的要求有机地结合起来，组成一个具有新功能的新系统，这就是组合。组合化的过程，既包括分解也包括组合，是分解与组合的统一。

组合化建立在统一化成果多次重复利用的基础上。组合化的优越性和它的效益均取决于组合单元的统一化（包括同类单元的系列化），以及对这些单元的多次重复利用。因此，可以说组合化就是多次重复使用统一化单元或零部件来构成物品的一种标准化形式。通过改变这些单元的连接方法和空间组合，使之适用于各种变化了的条件和要求，创造出具有新功能的系统。

三、组合化的主要过程和内容

无论在产品设计、生产过程，还是在产品的使用过程中，都可以运用组合化的方法。组合化的内容，主要是选择和设计标准单元和通用单元。这些单元又可叫做“组合元”。

确定组合元的程序，大体是先确定其应用范围，然后划分组合元，编排组合型谱（由一定数量的组合元组成产品的各种可能形式），检验组合元是否能完成各种预定的组合，最后设计组合元件并制定相应的标准。除确定必要的结构型式和尺寸规格系列外，拼接配合面（接口）的统一化和组合单元的互换性是组合化的关键。

此外，预先制造并储存一定数量的标准组合元，根据需要组装成不同用途的物品。

例如，机械加工过程中使用的夹具常常具有比较复杂的结构，可以看做具有某种功能的系统。但这类系统不管它如何复杂，都是可以分解的，都是由具备某些特定功能的零部件组成的。整个系统的功能经过分解，一般对工件起支承、定位、导向、压紧等作用。由此，便可将夹具的元件划分为基础件、支承件、定位件、导向件、压紧件、紧固件等类型。每一类元件根据其作用和使用范围，又可设计成几种结构型式。每种结构型式的元件又可形成不同的尺寸规格系列，并按一定的原则编号。这些统一化的夹具单元成批制造、分类保存、反复使用。图 7-4 是一部分支承件的结构和规格，图 7-5 是由组合元件组装成的组合夹具。

元件名称及示意图

右角度垫板

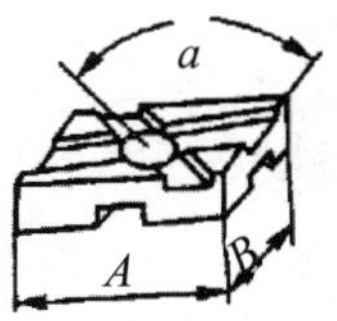

A×B×a

编号	规格
21 601	60×60×15°
21 602	60×60×30°

角度支承

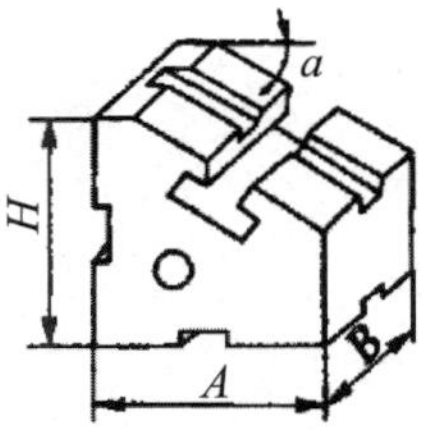

A×B×a

编号	规格
21 701	60×60×5°
21 702	60×60×10°
21 703	60×60×15°
21 704	60×60×20°
21 705	60×60×25°
21 706	60×60×30°
21 707	60×60×35°
21 708	60×60×40°
21 709	60×60×45°

左角度支承

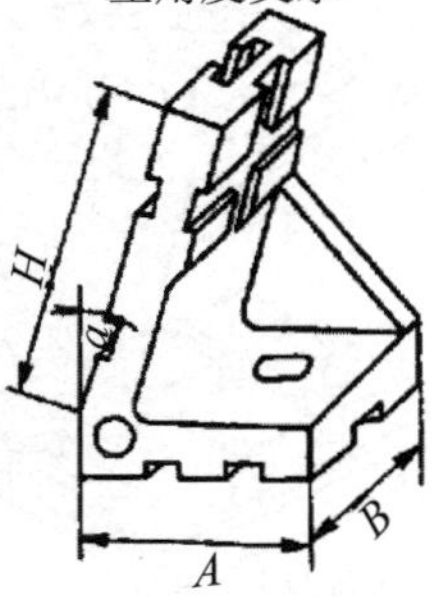

H×B×a

编号	规格
21 801	120×60×15°
21 802	120×60×35°
21 803	120×60×45°
21 804	180×60×15°
21 805	180×60×30°
21 806	180×60×45°
21 807	240×60×15°
21 808	240×60×35°
21 809	240×60×45°

右角度支承

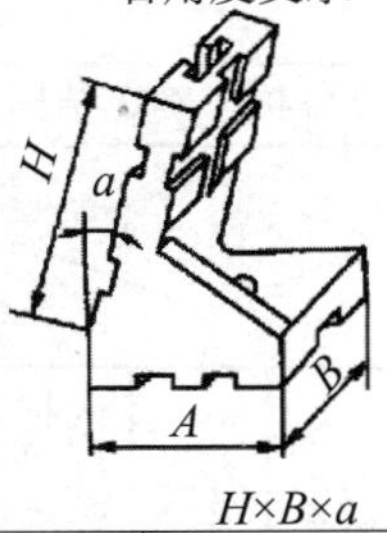

H×B×a

编号	规格
21 901	120×60×15°
21 902	120×60×30°
21 903	120×60×45°
21 905	180×60×30°
21 906	180×60×45°
21 907	240×60×15°
21 908	240×60×30°
21 909	240×60×45°

角度角铁

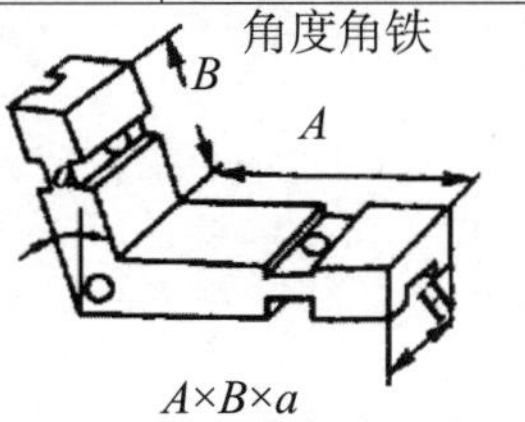

A×B×a

编号	规格
22 001	90×60×15°
22 002	90×60×30°
22 003	90×60×45°

左支承角铁

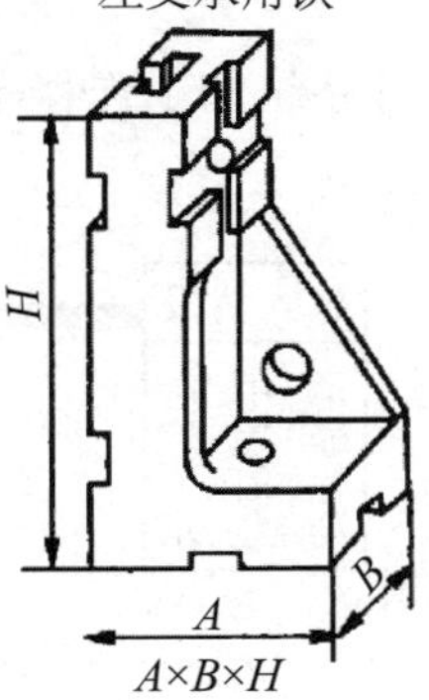

A×B×H

编号	规格
22 101	60×60×120°
22 102	60×60×180°
22 103	90×60×240°
22 104	90×60×300°

图 7-4 组合夹具的部分支承件规格系列

四、组合化在产品开发设计中的应用——组合设计系统

(一) 什么是组合设计系统

组合设计系统是在设计新产品或新零件时，不是将其全部组成部分和零件都重新设计，而是根据功能要求，尽量从存储的标准件、通用件和其他可继承的结构和功能单元中选择。即使重新设计的零件，也要尽量选用标准的结构要素，实现固有技术和新技术的组合，扩大标准化的重复利用成果。这是把组合化的方法运用于产品开发设计，能够适应市场竞争，经济地生产各种类型产品的设计思想和设计系统。

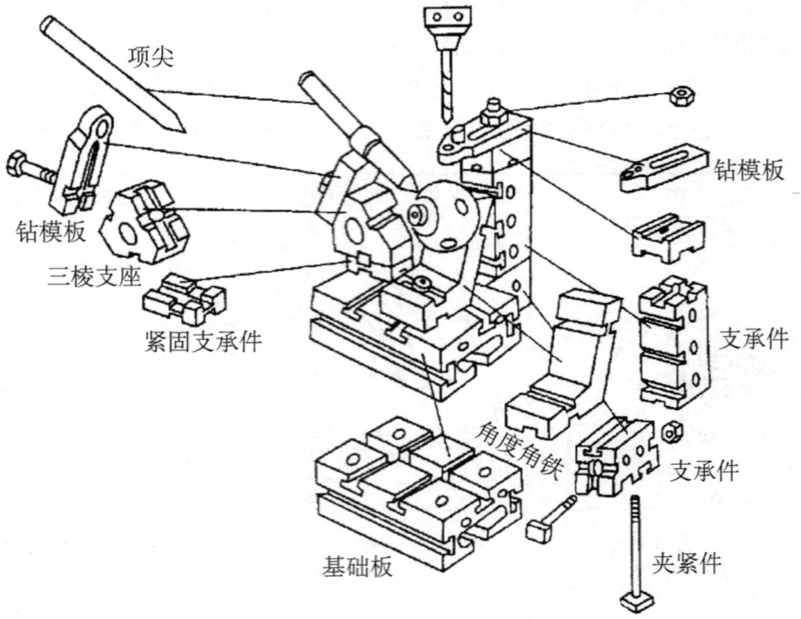

图 7-5　手轮钻夹具组装示意图

（二）组合设计系统的工作程序

组合设计系统的工作程序如图 7-6 所示。

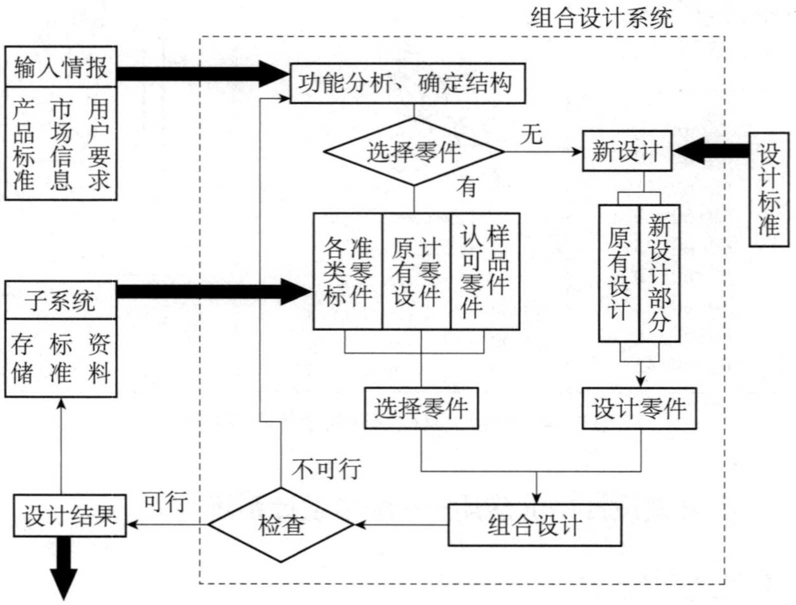

图 7-6　组合设计系统的工作程序示意图

（1）输入产品的有关信息，主要是消费者的要求（这些要求集中反映在产品标准中）和产品的应用范围，并对消费者的功能要求（标准中的综合性技术要求）进行分解。通常是用族树分析的方法进行功能展开，根据产品的应用范围选定产品的品种类型，提出明确的设计要求，确定产品结构和对每一功能单元（零部件）的性能要求并据以确定其结构型式。这是组合设计的准备阶段。

（2）从存储子系统中检索、选择符合要求的单元（零部件）或典型结构。同时，对必须重新设计的新单元，按设计标准的要求重新设计，然后将两部分组合。这是产品组合设计图的产生过程。

（3）通过审查评价系统，对设计结果进行审查、评价。运用这种设计方法，能根据市场动向和顾客要求及时改变产品性能、产品结构甚至产品品种。能显著缩短产品设计周期，迅速响应市场，接受小批量订货，而又无须大规模调整生产流程和改造设备。这就有可能使企业取得技术上、经济上的优势，获得经营上的活力和对市场的应变能力（古川光，等，1984）。

五、组合化应用领域的扩展及其意义

组合化的原则和方法广泛应用于机械产品、仪表产品的设计和制造，工艺装备的设计、制造和使用，家具的设计和制造，建筑业也广泛采用组合式建筑结构。在所有这些领域里，组合化都显示出明显的优越性。此外，对于像编码系统和计算机程序之类的软件，同样可以通过组合化使之更加合理，在这方面组合化同样有着广阔的发展前景。

组合化具有以下重要意义：

（1）依据对功能结构的分解而确定的单元能以较少的种类和规格组合成较多的制品，它能有效地控制零部件（功能单元或结构单元）的多样化，从而取得生产的经济性。

（2）组合化开创了适应多种组装条件的可能性，从而为实现既能满足多种要求又尽量少增加新的结构单元的理想生产方式（如大规模定制）奠定了基础。

（3）按组合化原则设计的单元，以及单元的分类系统，为实行成组加工打下基础。批量较大的标准单元还可组织专业化集中生产。

（4）由于组合化能更充分地满足消费者的要求，用户能及时更新老产品（如设备更新），有时只需要换某些单元，不致全盘报废，这同样会给消费者带来经济效益。

（5）在基础件（单元）统一化、通用化的条件下，对产品的结构和性能采用组合设计，可以实现多品种、小批量、产品性能多变的生产方式，既满足市场需求，又保证生产结构相对稳定，保持一定的生产批量，不降低生产专业化水平。这就为那些单一品种大批量生产的企业向多品种小批量生产的转变找到了一条出路。这种办法对批量小、结构复杂、研制周期长、性能变化快的产品设计和制造具有特殊意义。

第 6 节　模块化

模块化是 20 世纪后半叶发展起来的标准化新形式，虽然得到广泛应用，但目前尚未形成系统的理论，它的一些基本概念尚无统一的定义。本节在总结现有经验的基础上，提出一些观点和认识。

一、模块化产生的背景

任何一种标准化形式的出现都与当时社会经济技术的发展有密切关系，模块化也不例

外。20 世纪后期，世界各国都在致力于发展经济。经济的发展有力地促进了技术进步，尤其是信息技术的发展催生了一系列高科技复杂产品。企业面对的是一系列复杂系统的挑战。模块化是在这种客观形势下产生的应对复杂系统（产品或工程）的标准化新形式。

二、模块化的一般概念

（一）模块

模块通常是由元件或零部件组合而成的、具有独立功能的、可成系列单独制造的标准化单元，通过不同形式的接口与其他单元组成产品，且可分、可合、可互换（李春田，2008）。

这个定义描述了模块的如下特征：

（1）模块不同于一般产品的零部件，它是一种具有独立功能，可单独制造、销售的产品。

（2）模块通常由各种元器件组合而成，高层模块还可包含低层模块（由模块组成模块）。

（3）它是构成产品系统的完整单元（要素），它与产品系统的其他要素可分、可合。

（4）模块通过各种形式的接口（刚性、柔性）和连接方式（单向、双向、多向）实现模块间的连接与组合。

（5）模块通常是标准化产品，可成系列设计和制造。

（二）模块的种类

按照用途和特征模块可以划分为许多种类，我国学者通常将其分为功能模块和结构模块两大类。

按照价值工程的功能分析方法，可将产品系统分为具有不同功能的单元，执行这些功能的模块称为功能模块。功能模块又可分为基本功能模块、辅助功能模块、特殊功能模块等，它们又可根据产品的特点进一步细分为功能更具体的模块（孔宪伦，2003）。

依据模块在产品系统中所处的地位和模块之间的关系，可将模块划分为不同等级，叫做分级模块，在这个分级体系中通常包括高层模块、分模块（子模块），或一级模块、二级模块、三级模块等。

高层模块通常由相应分级系统中低一级的模块组成；最低等级的模块则由元件或分元件组成，元件或分元件的构成要素叫做负分元件，它是分级体系中最基本的模块元件。

此外，还可依据模块的通用程度分为通用模块、专用模块、特别模块。

通用模块是指该类模块的通用化程度高，不仅用于某一种产品，而且能在该类产品系列中通用，甚至能做到跨系列、跨大类产品通用。这种模块通常是成系列开发、成批制造，不断产生派生、变型产品，其应用面广、生命周期长、经济效益好。

专用模块是为某种产品或某项用途而专门设计制造的，一般需单独研制。

特别模块是根据系统的特殊要求而特殊设计的。

（三）模块化

模块化是以模块为基础，综合了通用化、系列化、组合化的特点，用以解决复杂系统快速应变的标准化形式。

上述定义揭示了模块化的如下含义：

(1) 模块化是标准化的一种形式，它是在综合了标准化其他形式特点的基础上发展起来的标准化的高级形式。

(2) 模块化的对象是复杂系统，这个系统可以是产品、工程或一项活动（如教学）。这个系统的特点是结构复杂、功能多变、类型多变。

(3) 模块化的基础是模块，由模块（而不是由零件）组合成产品或工程。

三、模块化的过程

模块化的过程通常包括模块化设计、模块化生产和模块化装配。

（一）模块化设计

模块化设计可有两种情形。一种是为生产某种复杂产品或为完成某项工程，采用模块组合的方法。根据该产品或工程系统的功能要求，选择、设计相应的模块，确定它们的组合方式。另一种是在对各种不同类型、不同用途、不同规格产品进行功能分析的基础上，从中提炼出共性较强的功能，据此设计功能模块，目的不仅仅是满足某种产品的需要，还要它在更广的范围内通用（童时中，2000）。

模块化设计的程序同产品系列设计极其相似（金烈元，2008）。在市场调查的基础上明确目标要求（性能、结构等）；确定拟覆盖的产品种类和规格范围（确定参数范围和系列型谱）；进行基型产品设计（确定基型产品的结构和功能，提出对高层模块的要求）；进行分系统设计（确定分系统的结构和功能，对构成分系统的模块提出要求）；模块设计（根据分系统的要求，确定模块的结构和功能，对构成模块的元件提出要求）；元器件设计（根据模块的要求，设计或选用元器件，按尺寸、性能、精度、材料等形成系列并尽量标准化）。

在基型设计的基础上根据需要发展变型。

完成设计的各级、各类模块需要建立编码系统，将其按功能、品种、结构、尺寸等特点分类编码，进行统一管理。

（二）模块化生产

模块化生产指的是模块的制造。由于模块本身就是一件标准化的产品，并且构成模块的元件和分元件也基本上是标准化的，所以模块的生产制造有可能采用先进、高效的制造技术，如成组技术（GT）、计算机辅助制造技术（CAM）、柔性制造技术（FMS）、计算机集成制造技术（CIM）等，以提高模块的制造质量和生产效率。

（三）模块化装配

这是由模块组装成所需产品的过程。有些产品是在工厂里完成装配之后，运送给用户；有些产品或工程由于规模过于庞大无法整体运输，可将各类模块配套之后，运到现场装配，如模块化变电所、模块化居室、模块化锅炉等。目前个人计算机的用户也可以根据自己的经济条件、偏好和实际需要，选购适当的配套设备（功能模块）组合成产品系统。这是模块化的突出特点，也是它适应时代要求得以发展的原因。图 7－7 为应用模块化原理设计、制造的大型设备。

MCL 型离心压缩机　　BCL型离心压缩机

图7－7　应用模块化原理设计制造的产品（沈阳鼓风机集团有限公司授权）

四、模块化的应用领域

模块化最初是制造业提出来的。组合机床可以说是模块化机床的雏形，后来推广到电器制造，仪器、仪表制造和各种高精度测试设备的设计和制造。

兵器制造特别是船舶和舰艇的模块化是成功的典范，它极大地提高了这类产品的生产效率，降低了制造成本，更重要的是使舰艇可以根据实战的需要随时改变其功能。在造船行业通常把模块化叫做模件化。

集成电路、大规模集成电路、超大规模集成电路是电子工业领域最典型也是最杰出的模块化成果。正因为有了它们，产品设计师才有可能从纷繁无比的电子元器件中解放出来，采取直接选用标准集成块来组成产品的设计方式，从而引起了电子行业革命性的变化。电子产品成为更新换代最快的产品，诸如通信设备、电视技术装备、计算机硬件和软件都走上了模块化的道路。

大型设备如海洋平台、宇宙飞船都是模块化的杰作，苏联的“和平号空间站”就是按模块化的思路设计和制造的，从而具有功能模块可分、可合、可互换的特点。目前汽车的设计制造也是模块化的。

模块化从产品起源到现在已扩展到工程领域。模块化工程体现出多、快、好、省的优越性。模块化教育系统、模块化电子战系统，也都在实际应用中。到了21世纪，模块化产品比比皆是，模块化制造系统、模块化企业、模块化企业族群、模块化产业结构、模块化产业集群网络等成为经济学界的研究热点，有经济学家把当今的时代称为“模块时代”。

五、模块化的技术经济意义

（1）模块化产品的派生和更新换代，可通过更换或增减模块的方式实现，这是以少变求多变的产品开发策略。

（2）模块化基础上的新产品开发实际上就是研制新模块，可以取代产品中功能落后（不足）的模块，有利于缩短周期，降低开发成本，保证产品的性能和可靠性（基本不变部分占绝大比重），为实行大规模定制生产奠定了基础。

（3）模块化设计、制造是以最少的要素组合最多产品的方法，它能最大限度地减少不必要的重复，又能最大限度地重复利用标准化成果（模块、标准元件）。

（4）产品维修和更新换代都可通过更换模块来实现，不仅快捷方便，而且使用户减少损失，节约资源。

（5）模块化产品的可分解性，模块的兼容性、互换性和可回收再利用等，均属绿色产品的特性。这种产品具有广阔的发展前景和强大的市场竞争力。

（6）产品开发设计的模块化决定了生产的模块化，而生产的模块化又决定了组织结构的模块化，推动产业结构的变革和生产方式的变革。

本章小结

标准化的形式是标准化内容的存在方式。标准化有多种形式，每种形式都表现不同的标准化内容，针对不同的标准化任务，达到不同的目的。

简化是缩减事物的类型数目并预防不必要的复杂化，目的是保证更好地满足需求并减少资源的浪费。

统一化就是实现一致性，目的是建立共同遵守的秩序。统一是有条件的，必须遵循适时、适度、等效和先进性的原则。

通用化是在互换的基础上扩大技术成果的重复利用。

系列化是标准化的高级形式，它通常可包括三个相互联系的内容，即产品基本参数系列、产品系列型谱设计和产品系列设计，均具有产品发展规划的作用。

组合化是事先设计制造的标准单元根据需要拼合成不同用途物品的标准化形式。其目的是通过标准单元的多次重复利用获得标准化效果。

模块化是综合了通用化、系列化、组合化的特点，应对复杂系统类型多样化、功能多变的标准化新形式。

关键术语

简化	统一化	通用化
互换性	工艺规程典型化	成组工艺
系列化	基本参数系列	主参数
系列型谱	型式	基型
变型	系列设计	组合化
组合元	组合设计系统	模块化
模块	模块化设计	模块化生产
模块化装配		

思考题

1. 试举出一两个现实生活中需要加以简化的事例。
2. 统一化对社会经济技术发展有什么重要作用？
3. 举例说明通用化的好处。
4. 系列化和组合化对提高企业产品竞争力有什么作用？
5. 为什么说模块化为实行大规模定制生产奠定了基础？

参考文献

[1] 古川光，田中宏，藤田董，等．标准化．北京：中国标准出版社，1984.
[2] 胡晓鹏．模块化：经济分析新视角．北京：人民出版社，2009.
[3] 黄海嵩．企业信息化建设指南．合肥：安徽科学技术出版社，2002.
[4] 金烈元．武器装备的通用化、系列化、组合化．北京：国防工业出版社，2008.
[5] 孔宪伦．军用标准化．北京：国防工业出版社，2003.
[6] 李春田．现代标准化前沿：模块化研究．北京：中国标准出版社，2008.
[7] 桑德斯．标准化的目的与原理．北京：科学技术文献出版社，1974：2.
[8] 松浦四郎．工业标准化原理．北京：中国标准出版社，1981：6-7.
[9] 童时中．模块化原理设计方法及应用．北京：中国标准出版社，2000.
[10] 魏尔曼．标准化是一门新学科．北京：科学技术文献出版社，1980：33-34.
[11] 徐宏玲．模块化组织研究．成都：西南财经大学出版社，2006.

第 8 章

标准化组织

学习要点

1. 标准化组织的发展历程
2. ISO、IEC、ITU 三大国际标准化机构
3. 欧洲三个标准化组织，以及其他区域标准化组织
4. 发达国家（英国、德国、法国、美国、日本）的标准化组织
5. 联盟标准组织，重点掌握 IETF、W3C、3GPP
6. 我国的国家、行业、地方标准化管理机构

第 1 节　引　言

标准化组织是随着工业革命逐渐发展起来，在一定范围内吸收利益相关方参与，对某些技术或管理中的方案进行协商，通过一定的程序制定标准的组织。到目前为止，世界范围内的标准化组织包括国际标准化机构（如国际标准化组织（ISO）、国际电工委员会（IEC）、国际电信联盟（ITU））、区域标准化组织（如欧洲三个标准化组织）、国家标准化组织、协会标准化组织等。我们把这些标准化组织称为正式标准化组织。20 世纪后期由于信息通信技术（ICT）等领域标准化的发展需要，在国际上发展出很多重要的联盟标准组织。联盟标准组织与正式标准化组织有很大不同，一般称它们为非正式标准化组织。

正式标准化组织一般都采用会员制，广泛吸纳利益相关方共同参与制定标准。不同的组织对会员要求是不同的。例如国际标准化机构 ISO、IEC 的会员主要是各个国家的标准化组织。欧洲三大区域标准化组织（CEN/CENELEC/ETSI）的会员主要是欧洲国家的标准化组织。国家标准化组织的会员一般以这个国家的企业为主，还有部分咨询机构、合格评定机构、研究机构等。

正式标准化组织内部一般都要按照不同的领域建立若干技术委员会（TC）、分技术委员会（SC）和工作组（WG）。制定标准的工作主要是靠TC/SC/WG定期开会来完成。参加制定标准的人主要是产业界的专家，各自有自己的隶属单位，只有当标准化组织定期开会的时候才到会参加标准化活动。ISO或IEC的TC/SC一般一年召开一次或两次会议。会议期间还会有很多工作需要依靠通信来完成，例如标准草案在会员中征求意见，会员对标准草案进行投票等。这些来自产业界的专家参与到标准化组织中，无论是参与制定标准，还是担任TC、SC的主席/秘书，甚至担任标准化组织的主席/副主席，都属于志愿者。标准化组织并不负担他们参加标准化会议的差旅费，而是由志愿者自己所隶属的机构来承担（如派他们来参加会议的公司）。这种机制能够让来参与标准化的会员都是真正有标准需求的利益相关方。

标准化组织的总部一般工作人员较少，主要负责日常运转和标准化会议的组织工作。标准化组织的总部和TC/SC的秘书处并不决定技术方向，也不决定制定什么标准。这些重要决策都是由参与标准化的业界专家共同协商决定的。标准化组织相当于为众多企业和其他机构提供了一个合作的平台。这些机构派出的专家能够在这个平台上对很多需要跨企业/跨业务协调的技术或管理问题提出提案，依据标准化组织的规则进行协商，最终对解决方案达成一致并制定为标准。

标准化组织一般采用“开放透明、协商一致”的基本原则。“开放”是指对所有的利益相关方开放，不能阻止任何有意愿参加标准化的利益相关方进入其中。“透明”是指标准化过程的任何程序都不能暗箱操作，要公平对待所有参与制定标准的利益相关方。“协商一致”是指在制定标准的过程中利益相关方要经过专门的协商过程达成一致。例如在开会的时候，如果参会人员对标准草案的某一关键技术问题持反对意见，就需要深入讨论。会议主席有责任对这种问题进行协调，争取不同利益相关方的互相妥协。在有些问题最终无法协调时，最后的办法就是投票决定。需要注意的是，标准化组织不是学术组织，学术问题是不能靠投票来解决的。标准化组织中的矛盾往往是利益相关方之间的技术方案的博弈，背后代表了各自的经济利益。这种利益的竞争在很多情况下是无法完全靠协商的办法解决的。

各类标准化组织都是伴随着工业革命逐渐产生的。ISO、IEC、ITU和发达国家的标准化组织一般都是民间非营利组织。非营利组织没有政府的强制手段，所制定的标准对于企业和其他机构来说都是自愿性的。自愿性标准相当于给这些机构提出了一个技术或管理解决方案的建议。任何机构都拥有是否采用标准的自主权。标准的自愿性对于市场中的企业是非常必要的。标准化组织100多年的发展结果证明，自愿性标准恰恰满足了企业在市场竞争中的需求，体现的是用市场的力量决定其中的资源配置。

除了标准的自愿性，任何企业和其他机构参与外部的标准化也是自愿性的。在市场经济中，任何机构都不会受到是否参与外部标准化的强制。正因为如此，正式标准化组织一般都把“开放透明、协商一致”基本原则看成能够最大限度吸引利益相关方积极参与标准化的生命线（Murphy，2009）。如何保证在制定标准过程中真正做到“开放透明、协商一致”对于标准化组织来说极为重要，所以每一个标准化组织都要通过自己的组织章程对会员规则、标准立项、起草和批准程序、会议的组织、TC和SC中不同职位的职责、如何投票等事项做出非常具体的规定，而且还要建立相应的申诉程序，为某些会员可能受到的不平等待遇提供申诉和解决问题的渠道。标准化组织TC或SC的秘书处有一个非常重要的职责，就是要确保标准化组织章程的正确执行。每个秘书要非常熟悉组织章程，在制定标准的过程中以及在标准化会议过程中要不断提醒参与各方遵守章程。

不同标准化组织的经济来源是不同的，完全由各自的运行模式决定。非营利标准化组织的经济来源是会员缴纳会费、标准销售以及为企业提供培训服务等，而政府标准化组织的运行经费一般来自政府的财政资金。需要注意的是，非营利标准化组织的经费仅仅是用于其总部的花销，包括总部的日常运行和职工的工资，并不包括参与标准化的所有志愿者的差旅费。[①] 例如，ISO 在日内瓦的总部（中央秘书处）需要支付工资的正式职工只有 150 人左右，而 ISO 在全球的志愿者大约有 10 万人，每年志愿者的差旅费支出至少需要 1 亿美元。这些费用绝大部分都是由志愿者的派出单位支付的。

20 世纪后期由于信息技术的快速发展，在标准化领域中开始出现标准必要专利（SEP）现象。到目前为止，几乎所有正式标准化组织都制定了相应的标准专利政策。

第 2 节　国际标准化机构

一、历史回顾[②]

国际标准化机构是指会员向全球所有国家开放，在国际层面开展标准化活动并制定国际标准的组织机构。国际标准化机构在国际范围内协调各国、各地区的标准化活动，制定并推广采用国际标准，并就标准化有关问题进行交流和研讨，以促进全球经济、技术、贸易的发展，保障人类安全、健康和社会的可持续发展。国际标准化组织也是现代大工业的产物，起源于全球产业链的扩张和国家之间的贸易往来。

1865 年，为顺利实现国际电报通信，20 个欧洲国家的代表在巴黎签订了《国际电报公约》并成立国际电报联盟（ITU），1932 年国际电报联盟改名为国际电信联盟（缩写词依然是 ITU）。ITU 是成立最早的国际标准化机构之一。

1904 年，部分欧美国家在美国圣路易斯召开了国际电气会议。会议强调，世界迫切需要在电气电工领域进行标准化，建议各国技术团体进行必要的协调，并决定建立电工领域负责国际标准化的机构。1906 年 6 月，在伦敦通过了国际电工委员会章程，正式成立国际电工委员会（IEC）。

第一次世界大战后，工业发达国家相继建立了国家标准化机构，制定国家标准。为协调各国标准，1926 年在纽约召开会议，决定建立国家标准化协会国际联合会（简称国际标准化协会（ISA））。第二次世界大战爆发后，ISA 无法继续工作，于 1942 年解体。该协会共发布了 32 个公报，均属于机械制造方面的基础标准。

1944 年，中、美、英、法、苏等 18 个国家成立了联合国标准协调委员会（UNSCC）。1946 年 10 月 14 日，中、美、英、法、苏等 25 个国家的 64 名代表在伦敦召开会议，决定建立新的国际标准化组织（ISO）。1947 年 2 月，ISO 章程获得 15 国批准正式成立。1969 年 ISO 理事会决议，将 10 月 14 日定为“世界标准日”。

---

① 这种情况掩盖了全球标准化实际的经费支出（Murphy，2009）。

② 本部分引自王平（2011）。

随着世界经济、科技和国际贸易的快速发展，各行各业纷纷建立各类标准化组织，制定标准，国际标准化活动日益活跃，国际标准的重要作用与巨大影响也日益显现。在众多制定标准的国际组织中，ISO、IEC和ITU是当今最主要、最有影响力的三个机构，肩负着推动国际标准化的使命。2001年，为了推动建立协商一致的自愿性国际标准体系，ISO、IEC和ITU共同成立了世界标准合作组织（WSC）。WSC一方面促进三大国际标准化机构的工作透明，有效避免重复；另一方面通过召开研讨会、举办教育和培训活动等，促进国际标准的采用和实施。

二、国际标准化组织（ISO）①

ISO是世界上最大的国际标准化机构。它是非政府组织，与联合国的许多机构关系密切，是联合国的甲级咨询机构。ISO的宗旨是在全世界范围内促进标准化的发展，以便于国际间贸易交流与服务，并扩大知识、科学、技术和经济方面的合作。其工作范围涉及除电工/电子/电信以外的所有领域。总部设在瑞士日内瓦。

ISO成员分为三类：团体成员（member bodies）、通信成员（correspondent members）和注册成员（subscriber members）。每个国家只能有一个具有广泛代表性的国家标准化机构参加。截至2021年底，ISO共有165个成员，其中：团体成员124个，通信成员39个，注册成员4个②。

ISO的管理体系主要由全体大会、理事会、中央秘书处等构成。全体大会是ISO最高权力机构，每年召开一次会议。理事会是ISO大会闭会期间的常设管理机构，负责ISO的日常运作。理事会下设政策制定委员会（PDC）、理事会常设委员会（CSC）、技术管理局（TMB）和特别咨询组（AAG）。ISO的日常行政事务由中央秘书处（CS）全面负责。

ISO的具体标准制定工作主要是通过技术管理局下属的技术委员会（TC）进行的。TC的设立须经理事会批准，其工作范围由技术管理局确定。每个TC可根据需要设立若干分技术委员会（SC）。TC或SC下面按项目设立工作组（WG）或特别工作组（AG）。每个TC和SC均设有秘书处，由ISO的正式国家成员担任。每个WG和AG设一召集人。TC和SC的成员分为积极成员（P成员）和观察成员（O成员）③。P成员应积极参加活动并有投票的权利和义务；O成员仅能参加会议，了解情况，获取资料，无投票权。

ISO在日内瓦的总部（中央秘书处）一共有来自28个国家的员工167人。截至2021年底，ISO共有TC 256个、SC 546个④，工作组（WG）和咨询组（AG）3 000多个；ISO制定的标准和标准类文件总共有23 574项；所有标准文件的总页数超过100万页。仅2020年，ISO批准发布的标准共1 627项（约84 000页），在43个国家中一共召开了5 256次标准化会议；每个工作日平均有30个会议在召开⑤。为ISO工作的志愿者大约有10万人（Murphy，2009），其中绝大部分是来自工业界的工程技术人员。

---

① 关于ISO的组织内容部分引自《国际标准化工作手册》(2003：1-10)。

② ISO成员情况见 https://www.iso.org/members.html? m=MA。

③ ISO的国家成员一般要根据自己国家的情况决定是否成为某一TC或SC的成员。

④ ISO的TC/SC的数据见 https://www.iso.org/technical-committees.html。

⑤ ISO标准的基本数据源自 https://www.iso.org/iso-in-figures.html。

三、国际电工委员会（IEC）①

IEC 是从事电工电子领域国际标准化活动的非政府组织，也是联合国的甲级咨询机构，其宗旨是促进电工电子工程中标准化及相关问题的国际合作，增进相互了解。总部设在日内瓦。IEC 成员分为正式成员（full member）和协作成员（associate member）。一个国家只能有一个机构以国家委员会名义参加 IEC。正式成员可参加各种活动并具有投票权。协作成员可以观察员身份参加会议，并在其自行选择的 4 个 TC 或 SC 中享有投票权。截至 2021 年底，IEC 共有 85 个成员，其中正式成员 62 个，协作成员 23 个②。

IEC 的管理体系主要由全体会员大会、理事局、执行委员会等构成。全体会员大会是 IEC 的最高权力机构，每年至少召开一次 IEC 全体大会。理事局（CB）是主持 IEC 工作的最高决策机构，下设管理咨询委员会（MAC）、标准化管理局（SMB）、市场战略局（MSB）和合格评定局（CAB）。所有这些下设机构都执行全体会员大会和理事局的决议，同时下设秘书处（SEC）作为 IEC 的办事机构和活动中心。③

IEC 的标准制定工作主要是由标准化管理局下属的技术委员会（TC）进行的。标准化管理局同时下设技术咨询委员会（TAC）和行业局（ISB），以确保标准之间的协调和对市场的适应性。截至 2021 年底，IEC 共有技术组织 1 809 个，其中，TC 110 个、SC 102 个、WG 719 个、项目组（PT）197 个、维护组（MT）681 个④。截止到 2020 年底，IEC 制定的标准及其他文件共 10 992 项，其中 IEC 国际标准 7 114 项。仅 2020 年制定的标准及其他文件共 775 项，其中 IEC 国际标准 485 项⑤。

IEC 除制定电工电子领域的国际标准外，还从事电工电子产品质量合格评定和安全认证等工作。目前设有三个认证体系，分别是电工产品检测与认证体系（IECEE）、防爆电气安全认证体系（IECEx）、电子元器件质量评定体系（IECQ）。

20 世纪 80 年代，ISO 与 IEC 在信息技术领域成立了联合技术委员会（JTC 1）。1995 年，又成立了联合技术顾问委员会（JTAB），以促进 ISO 和 IEC 之间的技术协调，并向双方的技术管理部门提出建议。

四、国际电信联盟（ITU）⑥

ITU 是联合国负责信息通信技术（ICT）事务的专门机构，属于政府之间的国际联盟组织，简称国际电联。总部设在日内瓦。ITU 旨在促进国际上通信网络的互联互通，可以加强国际合作，合理分配和使用无线电频谱资源和卫星轨道，促进技术设施的发展和应用，以提高电信业务效率；研究、制定和出版国际电信标准并促进其应用；协调各国电信领域的行为；促进并提供对发展中国家的援助。

ITU 向各国政府及民间组织开放。各国政府机构可作为成员国加入 ITU，民间组织则

---

① 关于 IEC 的内容部分引自《国际标准化工作手册》(2003：43-47)。

② IEC 的会员统计见 https://www.iec.ch/national-committees。

③ IEC Management Structure. https://www.iec.ch/management-structure.

④ IEC 内部组织构成见 https://www.iec.ch/technical-committees-and-subcommittees。

⑤ IEC 制定的标准统计见 https://www.iec.ch/understanding-standards#publications。

⑥ 关于 ITU 的简介部分引自 https://www.itu.int/zh/about/Pages/default.aspx。

作为ITU下属各部门的成员加入ITU。截至2021年底，ITU共有193个成员国，此外还有电信、广播和信息技术领域的900多个部门成员、部门准成员和学术机构成员。

ITU的管理体系主要由全权代表大会、理事会、中央秘书处、无线电通信部（ITU-R）、电信标准化部（ITU-T）和电信发展部（ITU-D）等构成。全权代表大会是ITU的最高决策机构，每四年召开一次会议。闭会期间，由理事会主持ITU的运作。

ITU的实质性技术工作分别由ITU-R、ITU-T和ITU-D三个部门承担。其中，ITU-T居于中心地位，是制定ITU标准（又称"建议书"）的主要部门。ITU-T由原国际电报电话咨询委员会（CCITT）和国际无线电咨询委员会（CCIR）从事标准化工作的部门合并而成。截至2021年底，ITU标准已超过4 000项。

五、其他国际标准化机构

除ITU与ISO、IEC三大机构外，世界上还有数百个制定标准或技术规则的国际性机构，公认的有广泛影响力的机构如表8-1所示。

表8-1　重要的国际标准化机构名称及缩写

序号	机构名称	缩写
1	国际计量局	BIPM
2	国际人造纤维标准化局	BISFA
3	食品法典委员会	CAC
4	空间数据系统咨询委员会	CCSDS
5	国际建筑和建设研究与创新理事会	CIB
6	国际照明委员会	CIE
7	国际内燃机理事会	CIMAC
8	国际烟草科学研究合作中心	CORESTA
9	世界牙科联合会	FDI
10	国际货运代理协会联合会	FIATA
11	国际结构混凝土联合会	FIB
12	森林管理委员会	FSC
13	国际原子能机构	IAEA
14	国际航空运输协会	IATA
15	国际民用航空组织	ICAO
16	国际谷物科技协会	ICC
17	国际文化财产保护与修复研究中心	ICCROM
18	国际民防组织	ICDO
19	国际排灌委员会	ICID
20	国际辐射防护委员会	ICRP
21	国际辐射单位和测量委员会	ICRU
22	糖分析方法国际委员会	ICUMSA
23	国际制酪业联合会	IDF
24	互联网工程任务组	IETF

续表

序号	机构名称	缩写
25	国际图书馆协会和机构联合会	IFLA
26	国际有机农业联盟	IFOAM
27	国际燃气联盟	IGU
28	国际制冷学会	IIR
29	国际焊接学会	IIW
30	国际劳工组织	ILO
31	国际海事组织	IMO
32	国际橄榄油理事会	IOC
33	国际种子检验协会	ISTA
34	国际皮革工艺师和化学家协会联合会	IULTCS
35	国际纯化学和应用化学联合会	IUPAC
36	国际毛纺织组织	IWTO
37	国际兽疫防治局	OIE
38	国际法制计量组织	OIML
39	国际葡萄与葡萄酒组织	OIV
40	国际铁路运输政府间组织	OTIF
41	国际建筑材料、系统和结构实验室和专家联盟	RILEM
42	国际铁路联盟	UIC
43	联合国贸易便利化和电子商务中心	UN/CEFACT
44	联合国教科文组织	UNESCO
45	万国邮政联盟	UPU
46	世界海关组织	WCO
47	世界卫生组织	WHO
48	世界知识产权组织	WIPO
49	世界气象组织	WMO

第 3 节　区域标准化组织

一、区域标准化组织概述

区域标准化组织是指同处一个地区的国家共同开展标准化活动的组织。区域标准化组织的成员一般由某一地理区域的国家组成，也有的由来自不同地区的国家组成。区域标准化组织的作用是：协调本地区各成员国的技术标准和合格评定程序，消除本地区的贸易技术壁垒；协调组织成员参与国际标准化活动的立场，维护本地区的利益，推进本地区标准与国际标准的协调；制定满足本地区民族和地理条件差异需求的标准。

区域标准化是国际标准化的必要补充，它推动了国际标准化的进程。但是也应看到，如果区域标准化机构过分强调本地区利益，坚持推行排他性标准，阻碍国际标准的制定或拒绝与国际标准协调，必将人为地造成贸易技术壁垒，与国际标准化的宗旨和 WTO 的要求背道而驰。这时，区域标准化便成为国际标准化的消极因素了。

区域标准化机构广泛存在于各大洲。其中在国际上影响最大的是欧洲的三个标准化组织。

二、欧洲标准化组织

20 世纪下半叶，欧洲国家开始推动统一欧洲大市场的工作。为了消除很多国家之间的贸易技术壁垒，欧洲成立了三个重要的区域标准化组织，包括欧洲标准化委员会（CEN）、欧洲电工标准化委员会（CENELEC）和欧洲电信标准学会（ETSI）。这三个组织分别与 ISO、IEC 和 ITU 在业务上相对应并保持密切的联系。欧洲各个国家的标准化组织都代表各自的国家成为这三个组织的成员。CEN 与 CENELEC、ETSI 是相互支持、互为补充的独立机构。CENELEC 负责电工电子技术领域的标准化工作；ETSI 负责通信技术工程领域的标准化工作；其他领域的标准化工作则由 CEN 承担。

（一）欧洲标准化委员会（CEN）①

CEN 成立于 1961 年，其宗旨是促进成员国之间的标准化协作，制定必要的欧洲标准（EN），推行以欧洲标准为基础的合格评定（认证）制度。受欧盟的委托，为欧洲立法工作提供标准保障。一项欧洲标准通过后，其成员国有义务在 6 个月内作为国家标准发布，但允许有不影响贸易的本国修改。

CEN 作为最具权威的区域标准化组织之一，在国际标准化活动中占有非常重要的地位。为了实现欧洲标准与国际标准的趋同，1991 年 6 月，CEN 与 ISO 签订了技术合作协议——《维也纳协议》。该协议确立了国际标准化优先原则，即 CEN 尽量等同采用现有的 ISO 标准为欧洲标准。协议同时规定，对由 ISO 或 CEN 承担的标准化项目，交由两机构进行平行审批，通过的则作为国际标准和欧洲标准同时发布实施。目前，CEN 的工作内容原则上不涉及 ISO 承担的项目，以避免工作重复或产生分歧。

（二）欧洲电工标准化委员会（CENELEC）②

CENELEC 成立于 1972 年，其宗旨是协调各成员国电工电子技术领域的标准，制定统一的欧洲标准，实行电工电子产品合格评定（认证）制度。CENELEC 也受欧盟的委托，研究制定支持欧盟技术法规（指令）的标准以及其他项目。1990 年 CENELEC 与 IEC 签订了卢加诺协议，确立了国际标准化优先原则；1996 年双方签署了“关于共同规划新工作和并行投票”的协议，即 IEC/CENELE 德累斯顿协议；2016 年双方于法兰克福又对德累斯顿协议做了更新。

（三）欧洲电信标准学会（ETSI）③

ETSI 是制定欧洲电信标准的机构，成立于 1988 年。其宗旨是充分利用欧洲现有电信资源，加快欧洲电信领域技术协调和标准化进程，研究制定欧洲通用的电信基础标准。2012

① 关于 CEN 的内容部分引自 CENCENELEC 官网（https://www.cencenelec.eu/about-cen）。

② 关于 CENELEC 的内容部分引自 CENCENELEC 官网（https://www.cencenelec.eu/about-cenelec）。

③ 关于 ETSI 的内容部分引自 ETSI 官网（http://www.etsi.org/）。

年，ETSI 与 ITU 签署谅解备忘录（MoU），确认了合作关系。除此之外，ETSI 还同欧洲广播联盟（EBU）等合作，开展广播技术领域的标准化工作。

欧洲标准化机构的活动，不但对欧洲，而且对国际标准化的发展产生了重要的推动作用。

三、其他区域标准化组织

在欧洲标准化持续发展的同时，其他区域标准化活动也日趋活跃，一些区域标准化组织正逐渐成为区域范围内标准化协作的平台。例如：太平洋地区标准化大会（PASC）、亚太经合组织标准与合格评定分委会（APEC/SCSC）、东盟标准与质量协商委员会（ACCSQ）、美洲的泛美标准委员会（COPANT）、非洲的非洲地区标准化组织（ARSO）等（见表 8－2）。这些区域标准化组织大部分都不制定标准，主要功能是在区域内部协调各个国家的标准，以及协调各个国家参与国际标准化组织制定标准的立场等。目前能够见到非洲地区标准化组织（ARSO）等在制定少量的区域标准。

表 8－2　20 世纪中后期成立的区域标准化组织（部分）

序号	区域标准化组织	成立年份	区域
1	欧洲标准化委员会（CEN）	1961	欧洲
2	欧洲电工标准化委员会（CENELEC）	1972	欧洲
3	欧洲电信标准学会（ETSI）	1988	欧洲
4	东盟标准与质量协商委员会（ACCSQ）	1992	东盟十国
5	亚太经合组织标准与合格评定分委会（APEC/SCSC）	1994	亚太地区
6	太平洋地区标准化大会（PASC）	1973	太平洋地区
7	泛美标准委员会（COPANT）	1949	泛美地区
8	非洲地区标准化组织（ARSO）	1977	非洲地区
9	欧亚标准化、计量与认证委员会（EASC）	1992	欧亚地区俄语国家

我国参与的区域标准化组织主要有如下两个。

（一）亚太经合组织标准与合格评定分委会（APEC/SCSC）

APEC/SCSC 是 APEC 贸易与投资委员会下设的分委员会，成立于 1994 年，旨在通过协调亚太经贸合作组织各经济体的标准与合格评定程序，减少其对亚太地区贸易和投资带来的负面影响，促进地区开放，建立广泛的一体化生产网络。近年来，APEC/SCSC 在食品安全、节能环保、贸易便利化、标准化教育、支持中小企业等方面取得了一定成绩。

（二）太平洋地区标准化大会（PASC）

PASC 是太平洋地区比较松散的一个自愿性论坛组织，1973 年成立，宗旨是就国际标准化活动特别是 ISO 和 IEC 的重大问题和决策进行讨论，交流信息，协调政策，以便于各成员加强联络相互协调，维护本地区各成员利益。PASC 无常设机构，一般不制定区域性标准，而是致力于国际标准在本地区的推广采用，以及就有关国际标准化问题做出决议，提交 ISO/IEC 考虑。目前，PASC 已成为 ISO/IEC 的正式区域性联络组织。

第4节 国家标准化组织

一、国家标准化组织概述

国家标准化组织是指一个国家内部建立的，负责组织制定国家标准并在全国范围内开展标准化活动的组织。国家标准化组织的目的是在全国实现标准的协调统一，促进科学技术、经济及贸易的发展，并在国际标准化活动中谋求本国标准与国际标准的协调，扩大交流与交往。

最早建立国家标准化机构的当属英国。英国于1901年建立了英国标准协会（BSI）的前身——英国工程标准委员会（ESC）。第一次世界大战后，各工业发达国家如荷兰、德国、美国、瑞士、法国、瑞典、比利时、日本及苏联等，先后建立了国家标准化机构。

不同国家由于历史、政治或经济等原因，其国家标准化机构的运行模式并不完全相同。一般说来，发达国家的国家标准化机构大部分是民间非营利组织，由政府认可为唯一的国家标准化组织，所制定的标准都是自愿性的。而在发展中国家，由于受到科技和生产力水平的制约，有一部分标准化组织由政府推动组建，并且隶属于政府。至今，仍有少数欠发达国家的标准化工作处于初始阶段，甚至尚未建立国家标准化机构。

主要发达国家的国家标准化组织基本上是基于已有的民间标准化组织产生的。所以，这种国家标准化组织的基本构架、运作模式与民间标准化机构大致相同。它们依然保持非营利机构（非政府）的运行模式，遵循公开透明、协商一致的标准化基本原则，所制定的国家标准还保留自愿的性质，组织的运行经费还是依靠向市场提供标准服务的回报（王平，2011）。这些组织制定标准的组织构架一般要按照专业领域建立不同技术委员会（TC）、分技术委员会（SC）和工作组（WG）的层级机构。

政府性质的标准化组织模式对不同国家来说也有很大差异。一般来说，政府标准化组织应隶属于政府的某个部门；为了让标准化组织的总体决策真正满足工业界的需求，还需要成立一个由产业界有名望的专业人士组成的委员会，定期对标准化的重要事项进行审议和批准；组织的总部（秘书处）由隶属于政府的某一个机构承担；政府可以拿出一部分资金对标准化工作进行补贴；组织制定标准依然遵循“公开透明、协商一致”的基本原则；具体制定标准的组织构架同样采用TC、SC、WG的模式。

二、英国标准化组织[①]

英国工程标准委员会（ESC）于1901年由英国的四个民间协会共同发起成立，这也是国际上第一个全国性的标准化机构。1918年该组织更名为英国工程标准协会（BESA），1929年被英国枢密院批准的皇家宪章（Royal Charter）赋予国家标准化的特殊地位[②]，1931年改为现用名——英国标准协会（BSI）。BSI是英国唯一的全国性标准化机构，代表英国参

---

① 关于BSI的简介部分引自 https://www.bsigroup.com/。

② 参见 https://www.bsigroup.com/en-GB/about-bsi/governance/the-royal-charter/。

加国际和地区标准化活动。

BSI 负责英国国家标准（BS）的制定。此外，其测试部设有规模宏大的汉梅尔·汉普斯德检验所，该所是测试检验中心；质量保证部负责风筝标志和安全标志的管理，风筝标志是世界上第一个向顾客证明其产品质量和安全符合相关标准要求的产品认证标志。1966 年 BSI 成立了出口商技术服务部（THE），为出口商提供标准信息服务和技术咨询。

BSI 极为重视国际标准化，为国际标准化的发展做出了重要贡献。ISO 历史上影响最大、最成功的系列标准 ISO 9000，正是基于英国 BS 5750 系列标准制定的。迄今，ISO 9000 系列标准已为 178 个国家和地区采用，100 余万家企业通过了质量管理体系认证。

截止到 2021 年底，BSI 的委员会会员一共有 12 200 个，制定国家标准 33 000 项①，承担 ISO 和 IEC 所属 TC/SC 秘书处工作的数量分别为 77 个和 19 个②。

三、德国标准化组织③

德国的国家标准化始于 1917 年，德国通用机械制造标准委员会改组为德国工业标准委员会（Normenausschuss der Deutschen Industrie，NDI），为民间非营利组织。1926 年 NDI 改为德国标准委员会（DNA），1975 年再改为现在的名称：德国标准化学会（DIN）。同年，DIN 与政府签订了一项协议：政府承认 DIN 是德国的标准化主管机构，并代表德国参加非政府性的国际和区域标准化机构（房庆，等，2004：226）。

DIN 是公益性民间团体。它所制定的 DIN 标准是德国国家标准，与政府部门制定的技术法规以及各专业团体制定的标准共同构成德国的标准体系。其中，DIN 标准居于主要地位。

DIN 于 1971 年成立德国商品标志协会，负责 DIN 标志管理工作。DIN 还与德国质量协会等机构共同组成德国质量管理体系认证协会，开展 ISO 9000 系列标准等国际标准的认证。截止到 2021 年底，DIN 承担 ISO、IEC 的 TC/SC 秘书处工作的数量分别为 132 个和 36 个。

德国的专业协会实力较强，如德国工程师协会（VDI）、德国电气工程师协会（VDE）、德国汽车工业协会（VDA）等，其标准不仅多数纳入 DIN 标准，在国际上也有一定影响。

四、法国标准化组织④

1918 年，法国曾设立政府标准化常设委员会（CPS），后停止活动。法国标准化协会（AFNOR）于 1926 年依据民法成立，是由政府承认和资助的民间非营利性质的标准化机构。1930 年，法国工商部内成立了标准化最高委员会。1941 年政府机构改革，任命了政府的标准化专员，颁布了标准化法，确认标准化工作是一项公益事业，明确了政府和民间标准化机构各自的任务和它们之间的关系，确定了法国的标准制定程序。法国的标准化机构经过多次改革，最后采取了官助民办、政府监督的办法。政府内设有标准化专门机构，代表政府指导、监督全国的标准化工作，与 AFNOR、31 个行业标准化局、部分行政管理部门和 20 000 名专家组成了标准化系统。1984 年，法国贸易与工业部下设标准化高级委员会（CSN），

① 参见 https://www.bsigroup.com/en-GB/about-bsi/media-centre/Facts-and-figures/。

② 数字来源于 https://www.iso.org/；https://www.iec.ch/。

③ 本节内容部分引自 https://www.din.de/en。

④ 关于 AFNOR 的简介部分引自 https://www.afnor.org/en/。

作为标准化最高咨询和指导机构。法国国家标准由 AFNOR 和各行业标准化局共同承担制定工作，标准草案经由工业或农业部长批准后才成为正式的国家标准（房庆，等，2004：247）。

法国实行国家标准 NF 标志的产品质量认证制度，由 AFNOR 与制造商、试验室、消费者、贸易商、政府有关部门代表共同建立的认证指导委员会管理，其常设机构设在 AFNOR。1987 年后，AFNOR 又推行了以 ISO 9000 系列标准为依据的质量管理体系认证。截止到 2021 年底，AFNOR 承担 ISO、IEC 所属 TC/SC 秘书处工作的数量分别为 79 个和 22 个。

五、美国标准化组织①

美国早在 19 世纪就建立了一些颇具影响力的专业性标准化团体。1918 年，美国机械工程师协会（ASME）、美国土木工程师协会（ASCE）、美国材料与试验协会（ASTM）、美国矿业与冶金工程师协会（ASMME）、美国电气工程师协会（AIEE）等民间团体与美国商务部、陆军部和海军部三个政府部门共同发起成立了美国工程标准委员会（AESC）。1928 年改为美国标准协会（ASA），1966 年又改为美利坚合众国标准学会（USASI），1969 年改为现用名——美国国家标准学会（ANSI）。ANSI 是民间非营利组织，负责批准、发布美国国家标准，代表美国参加国际和区域标准化活动。

美国于 1901 年还成立了一个很重要的机构，当时定名国家标准局（NBS），其主要内容是美国的国家物理科学实验室，也兼有制定标准的功能。NBS 当时隶属于美国财政部，后来改为隶属于商务部。该机构于 1988 年才更名为国家标准技术研究院（NIST）②。NBS 在早期为美国的工业标准化做出了很大贡献。后来美国的工业标准化逐渐被 ANSI 和其他工业标准化协会取代。

NIST 与 ANSI 于 1995 年签署谅解备忘录（MoU）。备忘录认可 ANSI 作为美国国家标准化组织的角色，以及 NIST 作为协调政府部门（联邦机构）标准相关活动的角色。ANSI 和 NIST 同意改善公共和私人部门内部和相互之间的沟通，确保信息的及时流动，促进国家和国际标准的决策和行动的实施③。

与欧洲国家的标准化体制相比，美国的标准化属于更加分散的体制。ANSI 自己并不制定国家标准，也没有技术委员会的组织形式，只是起到国内民间标准化组织的协调作用。ANSI 具有对其他民间标准制定组织（SDO）进行认可的功能。截止到 2021 年底，经 ANSI 认可的 SDO 一共有 282 个④，其中包括在工业界和贸易中扮演重要角色的标准化组织，如 ASTM、ASME、IEEE 等。经过 ANSI 认可的 SDO 所制定的标准就有资格转化为美国国家标准⑤。ANSI 代表美国加入 ISO 和 IEC。截止到 2021 年底，ANSI 承担 ISO、IEC 所属 TC/SC 秘书处工作的数量分别为 98 个和 27 个。

---

① 关于 ANSI 的简介部分引自 https://www.ansi.org/和 https://www.nist.gov/。

② 参见 https://www.nist.gov/pao/nist-100-foundations-progress。

③ 参见 https://www.nist.gov/speech-testimony/prepared-remarks-american-national-standards-institute-board-meeting。

④ 参见 https://share.ansi.org/Shared%20Documents/Standards%20Activities/American%20National%20Standards/ANSI%20Accredited%20Standards%20Developers/July2022ASD.pdf。

⑤ 如果 SDO 想将其编制的标准变成美国国家标准，还需经过 ANSI 的标准审核委员会（Board of Standards Review）对该标准进行认可。

美国的SDO经过一个多世纪的发展，已经在工业中占有非常重要的位置，得到了美国政府和工业界的承认，甚至得到了国际范围内很多业界的认可。其中有些专业团体颇负盛誉，如美国材料与试验协会（ASTM）、美国机械工程师协会（ASME）、美国石油学会（API）、美国机动工程师协会（SAE）、美国保险商实验室（UL）、美国电气和电子工程师协会（IEEE）、美国电气制造商协会（NEMA）等，其标准在国际上都具有较高权威性，大量标准为ISO、IEC所采用。美国政府的技术法规除了引用ANSI国家标准，也大量直接引用ASTM等组织的标准。美国的企业与其他国家发生的贸易也可能直接采用ASTM、API、IEEE等的标准。美国几百个独立的SDO所制定的标准中真正转化为国家标准的相对较少。

美国政府（部门）制定的标准主要来自国防部、总务管理局和商务部。其中国防部的标准数量最多，技术也比较先进，很多已成为ANSI标准，同时被很多国家采用。所有这些政府部门的标准化活动都由NIST负责协调。

美国不实行统一的认证制度，以各种标准为依据的认证活动均由各专业团体承担。

六、日本标准化组织[①]

1921年，日本曾成立工业品规格统一调查会（JESC），1946年解散。1949年，根据日本《工业标准化法》设立了日本工业标准调查会（JISC）。1950年，根据《农林产品标准化法》设立了农林产品标准调查会。两组织分别制定日本工业标准（JIS）和日本农林标准（JAS），二者均为日本国家标准，但以日本工业标准调查会（JISC）作为国家标准化机构。

JISC隶属于经济产业省，代表国家参加国际标准化活动。由JISC审议的JIS标准和JIS标志项目须经政府主管大臣批准。日本实行以政府为主导的标准化管理体制；国家标准均由政府组织制定，但标准的实施是自愿的。JIS标准和JIS标志制度是日本最重要的国家标准和认证制度，在世界上也有一定的影响。

日本由于工业发展晚于欧美，又经受了战争破坏，在标准化方面也受到了影响。20世纪70年代以来，日本开始重视国际标准化，修订了《工业标准化法》，对外开放了JIS认证，加紧实施JIS与国际标准的整合步伐。在使JIS与国际标准协调的同时，积极推荐JIS作为国际标准。同时力争在新技术领域更多地承担ISO/IEC技术组织秘书处工作。2021年，JISC承担ISO、IEC所属TC/SC秘书处工作的数量分别为81个和23个。

七、第三世界国家标准化组织[②]

第三世界属于全球经济发展的后来者，工业发展相对落后，开展标准化工作的能力也相对较弱。有些发展中国家的标准化组织是民间非营利组织，也有些是隶属于政府的标准化组织。当一个国家的工业发展相对落后的情况下，政府拿出一定的资源组织标准化工作也是推动国内工业发展的一种有效方式。以下对几个第三世界国家的标准化组织进行简要说明。

（1）古巴标准化机构。古巴共和国国家标准局（NC）是根据1994年政府第147号法令创建的政府组织，隶属于古巴科学技术和环境部。古巴的国家标准局负责提出国家的标准化、计量、质量方针并组织实施，其权力和职责由2004年的政府第5179号决议批准。国家

① 关于日本标准化部分源自 https://www.jisc.go.jp/eng/index.html。

② 几个案例部分源自 https://www.iso.org/members.html/。

标准局由总部、2个研究所和15个地区标准化办公室组成。古巴的国家标准局是古巴的标准化机构、国家认证机构、质量核查机构和计量管理机构。

（2）印度标准化机构。印度的国家标准化活动始于1947年，当时根据1860年《社团登记法》成立了印度标准协会（ISI）。1986年，印度政府对ISI的结构和地位进行了审查，并评估了它对国家经济发展和印度工业各部门的技术增长的影响。印度政府认为，需要制定一项国家战略对标准化和质量管理工作给予新的推动，并将标准化与不同部门的生产/出口的增长和发展相结合。因此，印度政府决定建立一个法定的政府组织推动标准化工作，命名为印度标准局（BIS），其运作拥有充分的自主权和灵活性，以实现标准化、认证等工作和谐发展。1986年印度通过了《印度标准局法案》；印度标准局于1987年4月1日正式成立（房庆，等，2004：107－109）。

（3）越南标准化机构。越南标准、计量与质量局（STAMEQ）是越南科学技术部下属的一个政府机构，负责管理国内的标准化、计量和质量工作，并向政府提出咨询建议。STAMEQ的主要职能包括：组织起草有关标准化、计量和产品质量的国家政策、战略、总体规划、计划、项目和法律文件；组织制定和评审国家标准；组织制定国际标准；组织制定、维护国家计量标准；对进口的或市场上流通的产品进行质量检查；负责合格评定活动和合格评定机构的管理。

（4）埃及标准化组织。埃及于1957年依据总统第2号令成立“埃及标准化组织”（EOS）。1979年，根据总统第392号令又成立了隶属于EOS的“质量控制中心”，并把EOS的名称更改为“埃及标准化和质量控制组织”。该组织属于非营利标准化组织。

（5）南非标准化组织。南非标准局（SABS）成立于1945年，是一个非营利民间组织。SABS成立的依据是政府发布的《标准法》（1945年第24号法案及2008年第8号法案）。作为南非的国家标准化机构，SABS的任务包括制定、推广和维护南非国家标准，促进与产品和服务有关的质量，提供合格评定服务。

第5节　联盟标准组织

一、概述

产业联盟（industrial consortia）最早起源于20世纪六七十年代。以美国为首，欧洲和日本等发达国家和地区开始了产业联盟的实践。开始时主要是技术研发联盟（R&D consortia），后来发展出联盟标准组织。联盟是一种资源共享和快速研发的企业合作方式，也是一种应对市场竞争的资源配置手段。联盟成为信息通信技术（ICT）行业进行技术/市场协调的结构性特征（Hawkins R，1999）。

联盟标准组织的出现主要是因为正式标准化组织无法满足ICT行业的高速发展。ISO/IEC的标准制定周期大约在3～5年之间，为保证“公开透明、协商一致”而建立的标准制定程序极为复杂。而半导体技术发展的摩尔定律让技术的生命周期不断缩短。半导体芯片集成度在18个月就会翻一番，并且带动硬件和软件产业的颠覆性技术不断涌现，致使ICT标准化再无法按照正式标准化组织的传统做法制定标准。一个例子是，ISO/IEC JTC 1制定的互联网开放系统互连七层参考模型系列标准（OSI）[①] 被产业界束之高阁，而 IETF 制定的 TCP/IP 网络协议在产业的实施大获成功（王平，侯俊军，2020）。

后来的发展证明，美国的联盟组织是非常活跃的也是很有影响力的。从 1986 年到 20 世纪末，ICT 领域的联盟数量从屈指可数的几个增加到 100 多个。形成的总体格局是，大多数联盟的总部设在美国，但会员是来自全球的国际企业，包括美国本土、欧洲、日本和韩国的大型跨国公司——都参与由美国发起的联盟。联盟开展的标准化实际上是一种与技术研发并行的标准化，也称为前标准化（proactive standardization），即在产品成熟之前开展的标准化（Jakobs，2000）[②]。联盟组织制定标准并不强调严格的协商一致，其制定标准的程序具有非正式性，标准的制定周期大大缩短，所以联盟标准组织也被称为非正式标准组织。联盟标准组织的出现引发了非常重要的标准化治理体系变革（Blum U，2008）。ISO 和 IEC 都采用一种机制，给联盟标准提供了一个能够快速转化为 ISO 或 IEC 标准的通道。

联盟组织中的成员往往是产业中的少数领先企业，它们联合起来把持着技术专利，而且把专利技术制定为标准，形成标准中的必要专利。联盟成员之间采用交叉许可的互惠方式，对外则可以通过实施标准收取高额专利费。与传统标准化组织制定的标准相比，联盟标准的基本属性已经不再具有公共品属性，而是属于私有化的物品。

联盟标准组织虽然在 ICT 领域标准化具有一定的优势，但是它也有明显的劣势。联盟一般情况下只关注很窄的技术领域，制定的标准数量相对很少，不能形成体系。而且大部分联盟往往生命周期很短，技术研发结束了，标准制定完成了，联盟可能就会解散。这造成联盟所制定的标准无法长期保存。因此，有些联盟会把自己的标准提交到 ISO/IEC，转化为 ISO/IEC 的标准文件。相比之下，正式标准化组织反而有更大的优势，它们的组织结构非常稳定，形成的标准不断积累，能够根据产业的需求长期保存，所以正式标准化组织依然处于全球标准化的中心位置，为全球工业、经济和贸易的发展提供全面的公共品支撑。

二、联盟标准化组织案例

（一）互联网工程任务组（IETF）[③]

互联网工程任务组（IETF）成立于 1985 年，在全球互联网领域是最具权威的标准化组织之一，主要负责互联网相关技术规范的研发、制定和维护。虽然隶属于国际互联网协会 ISOC[④]，但在标准化业务方面 IETF 是一个相对独立的民间标准化组织。与正式标准化组织有很大不同，IETF 不设公司会员，只有个人会员，任何人都可以注册参加 IETF 的会议。IETF 大会每年举行 3 次，规模均在千人以上。

IETF 的组织形式极为扁平化。没有 TC 和 SC，只设工作组（WG）。大多数 IETF 的实际工作是在其 100 多个工作组中完成的。这些工作组根据主题的不同划分为多个领域，包括应用领域、通用领域、网络互联领域、操作与管理领域、路由领域、安全领域、传输领域等。所有 IETF 的标准等文件都可在互联网上随意下载，并免费复制。组织的运行经费主要

---

① OSI 系列标准参见 https://www. iso. org/committee/45072/x/catalogue/p/1/u/0/w/0/d/0。

② 一般正式标准化组织的标准化是在产品成熟之后，所以称为后标准化（reactive standardization）。

③ IETF 的详细情况参见 http://www6. ietf. org/tao-translated-zh. html。

④ ISOC 是在美国注册的互联网协会（Internet Society），而负责 IETF 法务和财务管理的 IETF LLC 是 ISOC 的非独立实体会员。参见 https://www. ietf. org/about/administration/overview/。

靠社会赞助与捐赠。

IETF 的标准制定主要依靠定期的会议，以及在其邮件平台上的通信完成。会议对制定标准的每一个具体问题都会深入讨论，但是并不进行投票。IETF 提倡“大致的协商一致”，反对用投票机制（多数人的意志）进行决策。主持人在会议中采用一种哼唱（humming）仪式的办法，即在讨论过程中口头征求意见，根据同意或反对的声音判断是否达成协商一致。

IETF 要求制定标准要披露知识产权信息，包括知识产权持有人的详细信息，但是其知识产权政策并不对专利持有人的专利许可方式进行限制，而是尊重知识产权持有人自身的权利。①

（二）万维网联盟（W3C）②

万维网联盟（W3C）是通过协议形成的联合体。它不是法人实体，任何一个组织都可以采用签署协议的形式成为其会员。它有 4 个签署了合作协议的全球总部，包括美国麻省理工学院（MIT）、欧洲数学与信息学研究联盟（ERCIM）、日本庆应大学（Keio University）和中国北京航空航天大学，负责全球团队联合运营。此外，W3C 还在全球 20 个国家和地区设立了办事处机构。

W3C 主要制定 Web 技术标准，包括 HTML、CSS、SVG、Font、XML 等核心 Web 基础技术标准，以及数字出版、数字营销、网联汽车、物联网、支付、在线视频、电信、虚拟现实及增强现实等技术标准。W3C 秉承全人类共享一个万维网的理念，通过信息无障碍技术、安全与隐私，以及国际化等标准技术，帮助不同社会群体更好地利用 Web 对生活带来的便利。

W3C 也采取了极为扁平化的形式。W3C 内的标准化工作由不同类型的小组负责。其中：工作组主要负责标准编写；兴趣组主要负责标准需求的讨论和用例收集；社区组作为孵化器是标准技术预研的开放讨论平台；业务组则作为行业平台为特定行业梳理行业的横向需求。

W3C 的收入主要来自 W3C 会员费、政府及企业的研究经费支持、赞助与捐赠。W3C 对企业收取的会员费是按照企业规模来收的。中小企业的会员费相对很少，而有实力的大企业的会员费则较高。W3C 对企业的参加基本没有什么门槛，相对来说是很开放的。

W3C 采用的专利政策是有条件的免费许可，即在全球范围内不可转让和无连带的免费许可。

（三）第三代移动通信伙伴计划（3GPP）③

第三代移动通信伙伴计划（3GPP）是由 7 个标准化组织签署合作协议形成的联合体，相当于一个协议集团。这七个组织包括：美国电信行业解决方案联盟（ATIS）、日本无线电工业和商业协会（ARIB）、中国通信标准化协会（CCSA）、日本电信技术委员会（TTC）、欧洲电信标准协会（ETSI）、韩国电信技术协会（TTA）、印度电信标准发展协会（TSD-

---

① 参见 RFC 8179 Intellectual Property Rights in IETF Technology。

② 万维网联盟的组织情况参见 https://www.w3.org/Consortium/。

③ 本部分内容源自 https://www.3gpp.org/about-3gpp/about-3gpp 以及 http://www.ccsa.org.cn/dqzz?desc=4&link=0&list=0&title=3GPP。

SI)。3GPP 在移动通信领域已经制定了 3G/4G/5G 标准。

3GPP 的会员包括三类：组织伙伴会员、市场伙伴会员以及公司会员。组织伙伴会员是最初成立 3GPP 时签署协议的 7 个标准化组织，它们是 3GPP 的理事会成员；市场伙伴会员与 3GPP 是合作关系，并不参与 3GPP 标准的制定，而是负责 3GPP 标准的推广。目前 3GPP 有 20 家市场伙伴会员，如 GSMA、GSA、5GAA、5G－ACIA① 等世界知名组织。公司会员是 3GPP 中实际的标准制定者和技术贡献者，公司加入 3GPP 的前提是首先成为前面 7 个组织伙伴中某一个组织的会员。目前 3GPP 已经有近 700 家公司会员，这些公司会员包括全球移动通信产业链上几乎所有的知名公司。

3GPP 有三个重要文件：7 个组织签署的合作协议、3GPP 的组织说明、3GPP 的工作程序。3GPP 合作协议是一个非常简洁的法律文本，目的是保证组织能够正常运行。3GPP 的组织说明是对 3GPP 的详细介绍，包括范围、目标、会员、组织结构等。3GPP 的标准化采用协商一致的原则，标准的最终批准采用投票决策的方法。3GPP 的专利披露政策要求公司会员向组织伙伴申报其认为对 3GPP 开展的任何工作至关重要或可能至关重要的任何知识产权，同时 3GPP 鼓励公司会员遵从公平、合理、无歧视（FRAND）授权原则。

第 6 节　我国标准化机构

一、计划经济时期政府标准管理体系的初步形成②

受苏联模式的影响，1949—1965 年，我国基本形成了适应计划经济的标准化管理体系。1949 年 10 月，我国成立了中央技术管理局，下设标准处。1957 年在国家技术委员会中内设标准局。1962 年国务院发布《工农业产品和工程建设技术标准管理办法》，集中体现了我国那个时期的标准化体制。技术标准分为国家标准、部标准、企业标准，国家标准由主管部门提出草案，视其性质和涉及范围报请国务院或科学技术委员会和国家计划委员会会同国家经济委员会、国务院财贸办公室、国务院农林办公室审批。计划经济条件下的标准全部是强制性的。

二、改革开放初期标准化法确立的组织框架

1965 年后，我国标准化管理体制逐步形成由中央政府管理国家标准化，行业行政主管部门管理行业标准化，地方政府管理地方标准化的管理体系。中央政府（国务院）对标准化的管理实际上是委托一个全国标准化行政主管部门负责——1972 年成立国家标准计量局；1978 年成立国家标准总局，1982 年改名为国家标准局。1988 年，国家标准局、国家计量局、国家经济委员会质量局合并，成立国家技术监督局。国务院用这种办法实现了对全国标准化工作的统一管理（叶柏林，2001）。

1989 年，我国发布了《中华人民共和国标准化法》（以下简称《标准化法》）。虽然该

① GSMA：全球移动通信系统联盟（Global System for Mobile Communications Alliance）。GSA：全球移动供应商协会（Global Mobile Suppliers Association）。5GAA：5G 汽车协会（5G Automotive Association）。5G－ACIA：5G 产业自动化联盟（The 5G Alliance for Connected Industries and Automation）。

② 本部分内容源自须浩风（1986）。

《标准化法》建立的体制沿袭了在计划经济体制中确立的标准化管理体制，但是在许多方面有了比较大的进步。首先它明确了国家标准和行业标准有强制性和推荐性之分。该《标准化法》还确定了开展标准化工作应该建立标准化技术委员会。从此，政府开始大力推动建立标准化技术委员会（technical committee，TC），承认产业的专家和利益相关方在标准化工作中的作用，从而向国际通行的标准化方法靠拢（王平，侯俊军，2017），为我国标准化工作步入法制化轨道奠定了坚实的工作基础。

三、按照《标准化法》逐步建立的管理运行体系[①]

（一）国家标准化机构

按照1989年《标准化法》的规定，“国家标准由国务院标准化行政主管部门制定”。由于政府机构的不断改革，1998年成立国家质量技术监督局，2001年与国家出入境检验检疫局合并成立国家质量监督检验检疫总局，同时成立总局下属的国家标准化管理委员会（简称国家标准委，缩写为SAC)。国家标准委的职责包括：每年向各个政府主管部门（行业标准化行政主管部门）征集国家标准立项建议，完成国家标准立项过程；负责对国家标准项目进行最后审查、批准和发布；受理并批复组建新的TC[②]；负责分配国家财政提供的标准补助经费；等等。2018年，国家标准委改为隶属于国家市场监管总局。国家标准委作为我国正式的国家标准化管理机构参加ISO和IEC，组织我国的专家参加国际标准化活动。

（二）行业标准化机构

根据1989年《标准化法》的规定，“行业标准由国务院有关行政主管部门制定”。这些行业标准化主管部门在改革开放初期全部都是主管不同行业的部级机构。1990年原国家技术监督局发布的《行业标准管理办法》规定的行业代码一共有64个，说明当时的行业主管部门有64个。后来由于政府的多次机构改革，有些行业标准化的行政管理在一段时间内是由国家发展与改革委员会统一负责的。2008年工业和信息化部挂牌成立时，国家发展和改革委的部分职能转到工业和信息化部（简称工信部）。这些行业标准化管理职能也随之转到工信部。现在工信部已经成为管理行业标准最多的部门，包括的行业代码至少有18个。目前还有一些负责产业的政府部门，包括旅游局、住建部、铁道部、民航总局等，依然是各自独立负责管理行业的标准化。目前，我国的行业标准代码共有72个。

（三）地方标准化机构

地方标准化涉及22个省、5个自治区、4个直辖市。每个地方政府都由市场监管局具体主管本地区的标准化工作。其职责包括地方标准的立项、组织制定和发布。

（四）标准化研究机构和标准化协会

1963年国家科委设立标准化综合研究所，之后发展为现在的中国标准化研究院。改革

---

① 本节部分内容源自王平，侯俊军(2017)。

② 我国目前的TC和SC参见全国专业标准化技术委员会目录（http://org.sacinfo.org.cn/manage-commitee-readonly/public-commitee-info.do? sys=tcrm)。

开放之后，各级政府成立了很多标准化研究机构。例如，行业层面有中国电子技术标准化研究院、通信标准研究所、冶金工业信息标准研究院、纺织工业标准化研究所、中国建筑标准研究设计院等。① 各个地方政府也设立了地方的标准化研究机构，如北京市标准化研究院、上海市质量和标准化研究院、广东省标准化研究院等。这些研究机构为政府提供标准化咨询建议，协助政府组织标准化重大活动，承担标准化技术委员会，组织不同层面的标准化工作等。

改革开放之后，各级政府还推动成立了很多标准化协会。例如，国家层面有中国标准化协会（CAS），行业层面有各个行业部门的标准化协会，如中国工程建设标准化协会、中国电子工业标准化技术协会、中国通信标准化协会等。地方层面的每一个省市也都有各自的标准化协会。标准化协会主要协助各级政府做一些标准化的宣传、推广和培训工作。

四、团体标准化组织的发展

进入 21 世纪之后，我国政府标准化管理部门开始意识到全部由政府管理的标准化体制与推行市场经济的矛盾性，应该采用按照市场经济要素进行资源配置的方法开展标准化，对民间成立标准化协会和技术标准联盟持鼓励态度，希望借此孕育民间的标准化。科技部 2008—2009 年发布了一系列文件，旨在通过创新联盟的发展来推动产业发展，促进创新技术、知识产权和标准化相结合，提高我国企业的市场竞争力。2018 年修订之后的标准化法规定，“国家鼓励学会、协会、商会、联合会、产业技术联盟等社会团体协调相关市场主体共同制定满足市场和创新需要的团体标准”。目前，我国的标准化协会和联盟标准组织蓬勃发展，而且出现了很多成功的案例。

本章小结

标准化组织伴随着工业革命发展起来，包括国际三大标准化组织、区域标准化组织、国家标准化组织、协会标准化组织和联盟标准组织。正式标准化组织的标准化一般遵守“开放透明、协商一致”的原则，制定标准都采用 TC/SC/WG 的组织形式，所制定的标准是自愿性的。对全球工业界影响最大的国际标准化组织是 ISO、IEC、ITU，除此之外，世界上还有其他数百个制定国际标准或技术规则的组织。在国际上最有影响力的区域组织是欧洲的 CEN、CENELEC、ETSI；其他区域标准化组织很少制定标准，影响力也相对较小。绝大部分国家都设有国家级标准化组织。发达国家的标准化组织大部分是民间非营利组织，一部分发展中国家的标准化组织是政府组织。联盟标准组织是随着 ICT 产业发展起来的，其特点是技术研发和制定标准同时进行，制定标准的速度快，大部分标准都与专利有关。我国的国家、行业和地方标准化机构都由政府负责。我国 2018 年修订发布的《标准化法》鼓励社会团体组织制定标准。

关键术语

国际标准化组织（ISO）　　国际电工委员会（IEC）
国际电信联盟（ITU）　　欧洲标准化委员会（CEN）

---

① 随着政府部门的改革，很多行业标准化研究机构也进行了相应的改制，成为工商部门注册的非营利性社会组织。

欧洲电工标准化委员会（CENELEC）
欧洲电信标准学会（ETSI）
区域标准化组织
国家标准化组织
团体标准化组织
联盟标准组织
协商一致
标准必要专利（SEP）
国家标准化管理委员会
中国标准化协会

思考题

1. 正式标准化组织都包括哪些？其共同点和不同点是什么？
2. 简述正式标准化组织的组织特点及如何开展标准化。
3. 如何理解开放透明、协商一致的标准化原则？
4. 什么是区域标准化组织？区域标准化有何利弊？
5. 民间非营利标准化组织和政府管理的标准化机构的共同点和不同点是什么？
6. 简述联盟标准组织产生的原因和组织特点。
7. 简述我国政府管理的标准化机构构成。

参考文献

[1] 房庆，等．国际国外标准化研究（中国技术标准发展战略研究以及国家技术标准体系建设研究课题组研究报告）．中国标准化研究院，2004.

[2] 国际标准化管理委员会．国际标准化工作手册．北京：中国标准出版社，2003.

[3] 王平．再论标准与标准化组织的地位和作用（二）：国家、国际标准化组织的产生发展以及WTO的影响．标准科学，2011（3）：8－13.

[4] 王平，侯俊军．我国改革开放过程中的标准化体制转型研究：从政府治理到民间治理．北京：标准科学，2017（5）：6－16.

[5] 王平，侯俊军．从传统标准化到标准联盟的崛起：全球标准化治理体系的变革．标准科学，2020（12）：51－62.

[6] 须浩风．当代中国的标准化．北京：中国社会科学出版社，1986.

[7] 叶柏林．质量 标准化 计量百科全书．北京：中国大百科全书出版社，2001.

[8] Baron J，Pohlmann T. Who cooperates in standards consortia：rivals or complementors? . Journal of Competition Law & Economics，2013，9（4）：905－929.

[9] Hawkins R. The rise of consortia in the information and communication technology industries：emerging implications for policy. Telecommunications Policy，1999，23（2）：159－173.

[10] Jakobs K. Standardisation processes in IT：impact，problems and benefits of user participation. Springer Science & Business Media，2000：13.

[11] Murphy C N，Yates J. The International Organization for Standardization（ISO）：global governance through voluntary consensus. Routledge，2009：38－42.

第 9 章

标准的制定和实施

学习要点

1. 企业标准的概念和类型，企业标准化的基本范式
2. 企业标准的制定，技术主线和管理主线的任务分解
3. 企业标准的实施和子任务的集成
4. 标准化组织开展标准化的基本原则
5. ISO/IEC 及我国的标准制定程序和标准编写格式

第 1 节　企业的标准制定与实施

一、企业标准及其类型

（一）企业标准概念

首先，企业的标准化对象都是企业的产品以及为生产出合格的产品而涉及的所有事物。企业标准从内容角度看依然是匹配问题解决方案；每个标准都要对标准化对象提出具体要求，即规定标准化对象的特征值。其次，企业标准在实施过程中是用来调动车间、仓储、物流中的设备、材料和人员的规则（Nakamura，1993），也是各个岗位的员工在完成任务的过程中需要遵守的规则。在整个工厂的进料、加工、组装等过程中，标准发挥构建和组织现实世界的作用，把原材料转化为零部件和半成品，再把半成品转化为最终产品。

需要注意的是，标准化组织的标准化和企业的标准化有着根本的不同。标准化组织对标准化的定义仅仅是指标准的制定过程，而企业的标准化则一定是从企业标准的产生到标准的实施并因此获得有序化和统一化的全过程。

（二）企业的标准类型

企业采用的标准大致可以分为技术标准和管理标准两种类型。有时技术标准和管理标准无法完全分离：一方面管理标准可能会涉及技术事项，另一方面技术标准也可能会涉及管理事项。企业采用的标准有相当一部分是自己制定的，但是也大量采用外部的，如国家标准、国际标准等。以下标准类型主要以制造类企业采用的标准为例。

1. 技术标准

（1）基础标准。基础标准包括通用技术语言标准，量和单位标准，数值和数据标准，以及公差配合、精度等标准。其中通用技术语言标准包括：术语标准，符号、代号、代码、标志标准、技术制图标准等。这些标准大部分是由标准化组织制定的，主要是为了技术语言的统一，便于专业人员的相互交流和正确理解。

（2）产品、工艺、设备和装备标准。这是制造企业在生产制造过程中最为重要的标准。其中很多通用类标准都是由标准化组织制定的，如通用的零部件标准和工艺标准等。这些现成的标准为企业的产品设计、工艺设计和生产制造带来极大的方便，大大提高了效率。企业的产品设计和工艺设计在很多情况下可以直接采用标准化组织制定的标准，而且很多标准零部件由非常专业的生产企业供货，所以企业不用自己进行设计和制造，可以直接从其他企业进行采购。

标准化组织制定的标准不可能满足企业的全部需要。企业还要为了最终产品的某些功能和技术指标自行设计一部分专门的零部件，自行制定专用的加工工艺规范，这些都是企业的内部标准。企业的产品设计以及工艺设计在本质上都是企业制定自己的产品标准和工艺标准。企业的这些标准融合了所有必要的外部标准和企业自行设计的零部件标准，还纳入了企业申请的专利、长期积累的工程经验和独特的技术诀窍。企业的产品标准和工艺标准代表了企业的技术创新和竞争力，属于企业的私有财产，对外是绝对保密的。

（3）检验和测试标准。检验和测试标准是企业保证产品质量的重要方法标准。标准化组织为检验和测试制定了很多通用的方法标准。同样的道理，在这些通用标准无法满足要求的情况下，企业还要为自己生产的产品建立专用的检验和测试标准。

（4）其他标准。除了产品的设计和生产制造过程需要的标准之外，企业还需要其他标准，如信息标识、包装、搬运、储存、安装、交付、维修、服务标准，以及基础设施和能源标准、职业健康标准、安全标准、环境标准等。标准化组织针对这些领域制定了很多通用类标准供企业选用，但是企业依然需要制定一些自己的专用标准。

2. 管理标准

管理标准是指一个企业对需要协调统一的管理属性所采用的标准。管理标准包括：

（1）管理体系标准。管理体系标准通常是指 ISO 9000 质量管理体系标准、ISO 14000 环境管理体系标准、ISO 45001 职业健康安全管理体系要求及使用指南、ISO 50001 能源管理体系标准以及其他管理体系标准。

（2）管理程序标准。管理程序标准通常是在管理体系标准的框架结构下，对具体管理事务（事项）的过程、流程、活动、顺序、环节、路径、方法的规定，是对管理体系标准的具体展开。制造企业的管理程序标准主要包括工艺路线、加工装配流程、车间生产排序等，它们都是需要企业自行制定的标准。

（3）定额标准。定额标准是指在一定时间、一定条件下，对生产某种产品或进行某项工作消耗的活劳动、物化劳动、成本或费用所规定的数量限额标准。定额标准是进行生产管理和经济核算的基础。工时定额既涉及具体的用工，又涉及成本和劳动时间，所以往往需要企业人力资源部门和工艺部门联合制定。

（4）期量标准。期量标准是生产管理中关于期限和数量方面的标准。期量标准在企业中往往体现为生产计划，包括企业总的生产计划（主生产计划）和车间的生产计划，而且具体的工作岗位也有生产数量、起始时间和完成时间的限定。一个产品的总期量标准又体现为产品最终的交付指标，包括时间限定指标和数量限定指标。

（5）工作标准。工作标准是企业为实现整个工作过程的协调，提高工作质量和工作效率，为各个工作岗位所制定的标准。

二、企业标准化的基本范式

管理学权变理论的重要人物明茨伯格（2020：5，8－10）基于劳动分工的观点，认为企业中的任何复杂生产任务都可以分解为子任务，其中的每一项子任务都可以通过设定过程标准、输出标准和人的技能标准的方法来完成（见图 9－1）。

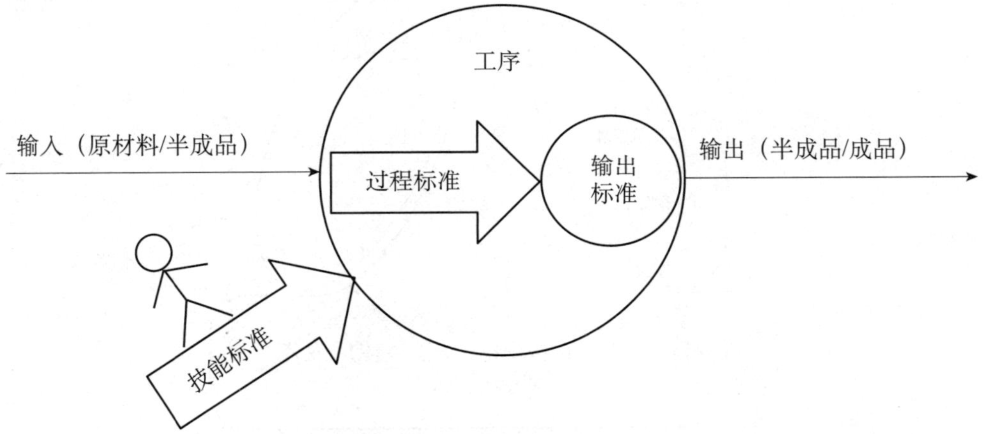

图 9－1　每道工序的标准

每一项子任务的输出结果都符合标准了，把所有子任务按照一定的规则集成在一起，最终的结果（如产品）就能符合标准。我们认为这是企业标准化的最基本逻辑，称为基于分解集成的标准化范式。其中，过程标准是对完成任务的过程/步骤给出的要求，输出标准是对任务的输出给出的指标要求，技能标准是对人完成任务应该具备的素质给出的要求。为简单起见，以下讨论我们忽略人的技能标准，默认所有岗位的人都经过培训，符合上岗要求。

无论是子任务还是总任务的输出标准一般都有四个重要的指标，包括技术指标（T，technology）、质量指标（Q，quality）、成本指标（C，cost）和期量/交付指标（D，delivery）。

技术指标是指对任务输出（半成品/成品）的技术要求。质量指标是指对任务输出的不良率限定。成本指标对于不同的任务有不同的表现形式，它可能是半成品/成品的生产总成本，也可能是与成本相关的指标，如加工任务的工时定额、材料定额等。期量/交付指标是指任务完成的期限和数量指标要求。为了便于区分，我们把子任务输出标准的四个指标分别用 T'、Q'、C'、D'表示，子任务的过程标准用 P'表示。

三、企业标准的制定

（一）企业标准产生于技术结构的分析者

按照明茨伯格（2020：216－217）的组织结构理论，典型的制造企业属于机械科层式结构，所以企业标准是从科层体制的层级结构中产生的。企业内部可以分为战略高层、中间线、运营核心、技术结构、支持人员（见图9－2）。制造企业的运营核心需要彻底的标准化（明茨伯格，2020：18），它包括采购、仓储、设备操作、组装、营销、发货等全过程。运营核心（又称生产部门）执行的标准都是技术结构的专业人员制定的，明茨伯格把这些人员称为分析者。技术结构涉及设计部门、工艺部门、质量管理部门、计划财务部门等。在车间层面也存在技术结构的专业人员，如车间的工艺工程师等。企业的支持人员不为运营核心的运转制定标准，如研发、公共关系、法律顾问、薪酬、接待、餐饮服务等人员。

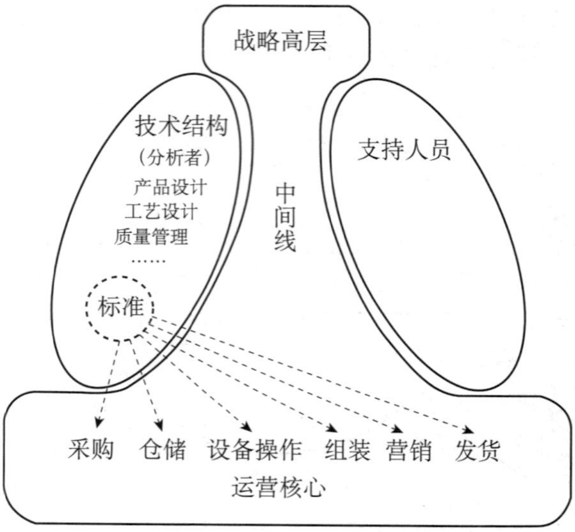

图9－2 技术结构中的分析者为运营核心制定标准

说明：本图部分借鉴了明茨伯格的组织结构图，见明茨伯格，2020：15，25。

技术结构的专业人员为生产部门如何生产出合格的产品从不同的角度给出具体的解决方案。例如，设计部门通过产品设计确立企业的产品标准，包括产品基本功能和技术要求、全套详细设计方案和技术文档；工艺部门为生产产品确立工艺路线，为加工工艺和装备给出具体的规范；质量管理部门要给出合理的产品质量指标，以及为采购、生产过程、仓储等方面给出具体的质量管理流程，落实ISO 9000标准等；财务和计划部门要为生产给出定额指标和期量指标。所有这些解决方案（技术规范、规程、操作规程、管理流程或指标等）经领导签字后正式生效，成为生产部门（运营核心）需要执行的标准。领导签字相当于为解决方案背书，既表示领导认可该方案因而该方案在企业内部具有权威性，也表示有人对此负责。正式生效的标准在运营核心一般是无权更改的，发现问题时必须要反馈到制定标准的部门，进行判定之后才能决定处理办法。

复杂任务的分解和相应标准的制定主要分布在技术和管理两条主线中。技术主线主要包括产品设计过程和工艺设计过程。管理主线主要包括生产计划管理、质量管理和成本管理过程。

（二）技术主线的标准制定

1. 产品设计

产品设计在本质上是企业的产品标准制定过程。面向最终用户的产品设计首先要确定产品的外观、基本功能、综合技术性能指标，包括外形尺寸、产品工作原理、最主要的功能指标和实现方法等。所有这些既是最终产品的技术指标，也是进一步详细设计的基础。产品的结构设计和详细设计是一个从上至下，把产品逐步分解和细化，直到零部件细节的过程。一般机械/电子产品设计要经历结构设计、模块设计、模块之间的接口设计、自制零部件设计，以及确定需要外购的零部件等过程。这些工作最后都会分解到产品结构的最下级，并且每个模块、组件、零件都要确定其功能、材料、外形尺寸、允许的误差，以及与其他零部件的接口等。类似的还包括配套电器/电子控制系统的设计过程和分解过程等。完成整个产品的结构设计和详细设计之后形成的所有设计文件（CAD 文档），包括全套产品的二维和三维图、产品设计的文字说明、物料清单，以及相应的技术专利、技术诀窍等都属于企业的产品标准。产品标准是企业创新技术的固化，凝结了企业在发展过程中不断积累的工程经验和最佳实践。产品标准囊括了总任务输出标准的综合技术指标，以及反映产品技术细节的众多指标。所有反映技术细节的指标都将映射到后续的工艺设计之中。

2. 工艺设计

工艺设计要建立在产品设计的基础之上，对复杂生产任务进行分解和细化——包括加工基准的选择、加工阶段从粗到细的划分、机床设备和工艺装备的选择、加工尺寸公差和尺寸链的分析和计算等，结果是把加工、装配分解为众多工序（子任务）。每道工序都是操作人员或机床的一连串动作。然后，工艺设计还要确立不同子任务的加工工艺或装配工艺等标准，并把产品设计形成的静态技术指标分配到对应的子任务中。经过分解的每个子任务都是一道工序或若干道工序，其中的过程标准（P'）既包括对人的要求，如人的操作步骤，也包括对物的要求，如对机床加工的刀具要求、切削量等工艺参数要求；输出标准是对子任务输出的技术指标要求（T'），如轴加工的技术要求是轴的直径为 50mm，允许误差为 ±0.05mm。工艺设计完成时，复杂任务的分解也就完成了，每个子任务的过程标准（P'）和输出标准中的技术指标要求（T'）也就随之建立了。所以，工艺设计在本质上是任务的分解和子任务标准的制定过程，并为每个子任务建立相应的工艺卡。

需要注意的是，工艺设计对每个子任务的输出标准设定只包括技术指标（T'），还缺少质量指标（Q'）、成本指标（C'）和期量/交付指标（D'）。这都将在管理主线中加以确定。

（三）管理主线的标准制定

企业的生产计划过程[①]是在不同层次按照不同时间周期（年、季、月、日等）对产品生产总任务的 Q、C、D 指标进行分配的过程。首先要制订年度生产计划/主生产计划，其中要确定年度质量指标（Q）、成本指标（C）和期量/交付指标（D），亦即生产的管理绩效标准。企业质量管理对产品生产的总质量指标提出要求，一般为产品的不良率（PPM[②]）；企业成本管理在对产品成本和生产成本进行综合分析和计算的基础上提出生产的总成本指标，

---

① 参见薛伟，蒋祖华（2015）；沙尔文迪（2005）。

② PPM 即 parts per million，以百万作为分母表示的不良率。

一般用产值和利润表示；总产出/交付指标（期量标准）则是企业在考虑自身生产能力的基础上与客户谈判的结果，一般为完成时间和产量两个指标。

物料需求计划（MRP）系统根据客户订单、库存、市场预测以及车间的生产能力等信息做出采购计划、库存计划、车间作业计划以及营销和发货计划等。车间作业排序要在工艺路线的基础上安排车间生产的工序级作业计划（具体的物料运输、各种加工、组装等），综合考虑把众多不同工作安排到特定机器设备（如机床）上，决定哪个作业先开始，哪个作业后开始。车间计划员可能需要采用专门数学模型的方法寻找最佳的作业排序。

车间的作业顺序排定之后，相当于从车间的作业计划到子任务的分解全部完毕。每个工位的子任务将收到任务的输出标准和过程标准要求，例如加工工位将收到加工单和工艺卡，给出确定的零部件加工工序、夹具和刀具信息（过程标准 P′），加工尺寸和精度信息（技术指标 T′），工时信息、加工费用（成本指标 C′），加工数量和开始结束时间（期量/交付指标 D′）以及不良率指标（质量 Q′）。

在整个任务的分解过程中，技术主线和管理主线同时发挥作用。其中企业的计划管理起到龙头的作用，它首先确定总的 Q、C、D 指标。产品设计和工艺设计是技术基础，产品设计确定最终产品的技术细节，工艺设计确定所有任务的技术细节。企业的工艺管理、质量管理和成本管理都与生产计划管理和作业排序相配合，确保企业的整个运营核心（从进料、加工、装配到产出）的每一个工位都能在正确的时间收到正确的任务要求，包括任务的过程/工艺标准和输出标准，其中输出标准是对任务输出确立的要求，包括与技术、质量、成本和期量/交付相关的指标要求，也称子任务的绩效标准。

四、企业标准实施过程和系统集成

（一）企业标准实施过程

企业生产运营核心的整个运行过程也是所有企业标准的实施过程，其中所有的标准都要落实到每一个子任务。如果从过程管理的角度进行考察（见图 9-3），子任务的过程涉及的要素包括人、物料、设备、方法、测量器具、信息（5M+I[①]）。过程有必要的输入（物料/半成品）和输出（半成品/成品），还有相应的信息输入和信息输出，如输入指令、规范、图纸、绩效指标，输出过程记录、自检记录等。前面讨论的输出标准和过程标准都是在子任务外部制定的，然后作为信息输入到过程当中。任务的完成需要一定的资源，包括具有资质的人、设备（如机床、工具等）、测量器具（如游标卡尺等）。每个子任务的完成都需要符合过程标准（如工艺标准）要求、工时定额要求（和成本相关）、时间要求和任务量要求（和期量相关）、不良率要求（和质量相关），还要对完成的结果进行自检，并对所有这些要求对应的结果做好必要的记录，作为任务的输出信息。

从技术角度看，即使每一个子任务的完成都符合标准，任务的输出结果相比标准设定的技术指标也会有一定的误差（见图 9-4（a））。如果是规模化的任务，输出结果的概率分布应该符合正态分布（见图 9-4（b））。这种结果是企业的人机系统固有的现象。企业可以通过质量管理工作（如实施六西格玛质量管理方法）让输出结果尽量逼近标准的设定值，但是仍然会有个别结果超出允许误差的现象。企业标准化的主要目的就是控制，而控制的第一要

① 5M+I，即 man，material，machine，method，measurement，information，参见 Nakamura（1993）。

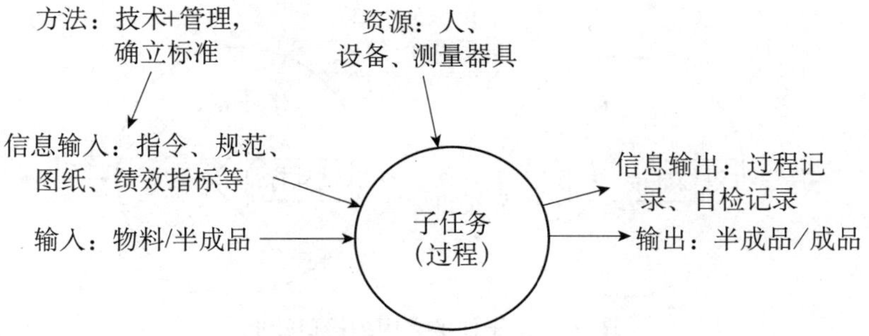

图 9-3　子任务的过程管理

资料来源：王平，于明（2021）.

务就是发现这种超出允许误差现象的出现，一方面不能让不良品进入后面的工序，另一方面要检查不良率是否超出了设定的要求。如果超出要求，就要分析原因，进行持续改进。例如，生产车间一般要设质量检察员职位，负责监视车间各道工序（子任务）的输出是否符合设定的技术标准，同时负责车间产出的半成品/成品的总体质量要求。

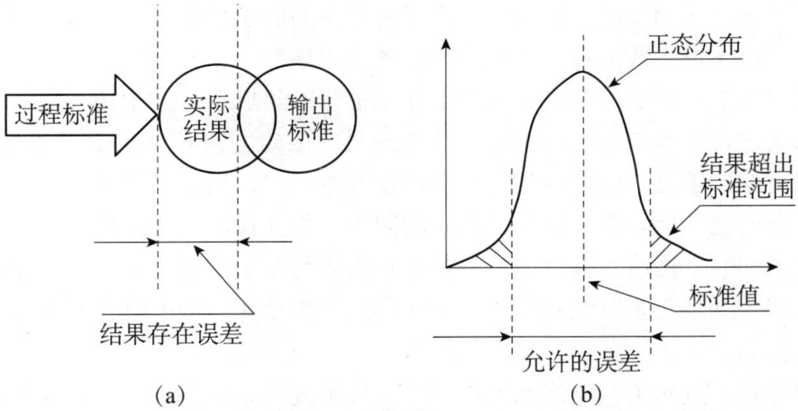

图 9-4　子任务的实际结果与目标之间的误差

（二）系统集成的标准

每一个子任务都按照各自的标准完成，并不等于总任务就能很好地完成，还需要一定的规则进行系统集成。

1. 接口标准和标准系统

任何相关联的两个子任务都会形成“子任务对”。一个子任务的输出标准相对于后续子任务是两者的接口标准（见图 9-5）。每个子任务的输出标准除了保证自身各项指标的完成，也确保后续子任务的输入满足要求。所有子任务的集成首先要保证子任务之间接口标准的正确性。任何接口标准都必须是刚性的，这样就把所有子任务连接成刚性网络。复杂任务中的所有标准形成标准系统。系统最终的输出标准是根据客户需求或市场预测设定的产品技术指标和管理绩效总目标。相对于总的绩效指标来说，整个标准系统可以看成总任务的过程标准。企业采用的所有外部标准，包括国际/国家标准、团体（协会/联盟）标准、技术法规等，都将转化到总任务的标准系统中，而且要映射到某些子任务的过程标准和输出标准中。系统中的每一个标准对于任务的集成来说都是不可或缺的。这个标准系统保证整个复杂任务

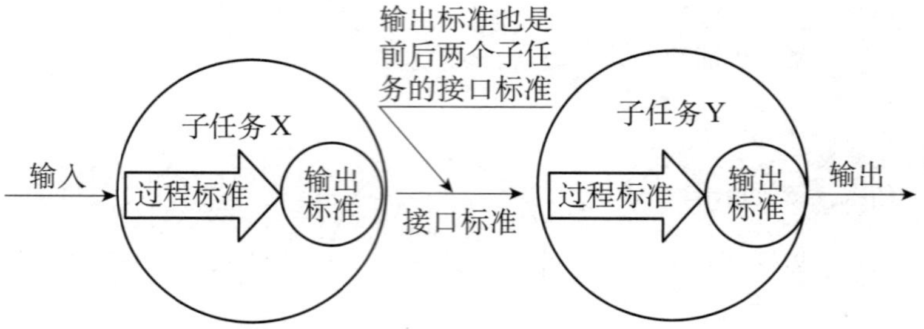

图9-5 子任务之间的接口标准

能够高效率、低投入、高质量地完成。

2. 工艺路线/车间作业排序与子任务的集成

工艺设计过程建立的工艺路线是描述物料加工、零部件装配的操作顺序的技术文件，即建立加工制造过程中众多子任务之间逻辑关系的企业标准，它扮演任务的组织和集成的角色，指导加工制造按照规定的作业流程完成任务。工艺路线要根据企业现有的条件、加工能力（现有的机床设备、工艺装备或工作中心）以及以往的工程经验确定。工艺路线由多个工序（基本任务单元）序列组成，相当于确定了很多不同的子任务链。例如，一条流水线就是一条工艺路线，这条流水线上包含了众多子任务（工序）。

工艺路线是从加工制造的基本逻辑对子任务进行的集成，形成子任务之间的虚拟空间网络，但是尚未给出每个节点的时间限定。节点的时间限定与总任务的交付指标有直接关系。由于产品的交付期要求是不能改变的，车间的作业排序要依据工艺路线中子任务的节点位置计算每个子任务的提前期，并给出具体的时间限定。作业排序完成之后，子任务之间形成具有确定逻辑关系的时空网络。所有子任务的真正集成都是工艺路线和作业排序在生产过程中发挥作用实现的。制定工艺路线和作业的排序都属于为企业的生产流程建立标准，相当于企业管理的流程标准。

需要注意的是，虽然工艺路线和工序不是一成不变的，会随着产品型号的改变或技术的进步进行一定的调整，但它们都是明茨伯格（2020：21-22）所谓“技术结构的分析者”（专业人员）为企业运营核心制定的标准；运营核心在生产过程中必须严格执行它们。

可以看出，企业复杂任务的完成就是企业标准的实施过程。任务的集成靠的是子任务之间的接口标准、工艺路线和车间作业排序。所有这些标准都是企业技术结构的分析者为运营核心建立的。整个运营核心通过这些标准形成集成化生产系统的基本逻辑。

第2节 标准化组织的标准制定

一、标准化组织的标准化概述

标准化组织是在19世纪随着第二次工业革命发展起来的。国际标准化组织ISO、IEC，以及欧美发达国家的标准化组织都是民间组织。这些标准化组织对于企业来说都是自愿参加的，所制定的标准也都是自愿采用的。这种组织经过上百年的发展获得了极大成功，得到了工业界的认可，所制定的标准也得到了非常广泛的应用。为什么完全自愿性的标准制定机制能够在全球范围内获得巨大成功，这是学术界关注的重要问题之一。

标准化组织在最初的发展过程中面临着巨大压力。这种组织一开始都是从民间组织发展起来，被设计为民间协会（非营利）的组织形式，在不具有政府的法律强制手段的情况下，它们制定的标准如何被产业界广泛接纳是一个极为重要的问题。经过上百年的发展，这些标准化组织总结的最重要的一条成功经验就是：制定标准一定要遵循“开放透明、协商一致”基本原则。标准化组织把这一条作为自己的生命线。

这些组织采用的办法包括：(1) 组织会员要向所有的利益相关方开放，最大限度地吸引利益相关方参与制定标准；(2) 制定标准的过程完全透明，公平对待所有的利益相关方，不允许个别的人或组织操控标准的制定；(3) 制定标准采用协商一致的决策过程，包括在会议中的充分讨论和协商，以及严格的投票程序等；(4) 建立严格的会员和组织制度，以及标准的立项、起草、投票和批准制度，会员的申诉制度等，确保制定标准的程序正义。

采用这种办法可最大限度地争取利益相关方参与制定标准，从而让标准提案真正来自企业和有标准需求的相关方，保证标准的立项能够最大限度地满足社会发展的根本需求，而且得到会员的普遍认可。透明的标准制定程序可保证在任何环节都能最大限度地杜绝暗箱操作；参与制定标准的利益相关方也都能在其中发表意见，所有分歧都能够进行深入的探讨。TC/SC 秘书长的责任是确保制定标准的过程严格遵守标准化规章制度，保证开放透明、协商一致；TC/SC 主席的责任是协调各种观点，在利益相关方充分探讨的基础上，对不同的观点和方案进行协调，争取各方的妥协，最终找出各方都能接受的标准方案。

当然，由于利益博弈最终可能还会有反对意见，对此标准化组织会有严格的投票程序，作为最终的决策手段，从而保证大部分利益相关方达成一致，形成最终的标准。由此可以看出，制定标准所有的决策都不是标准化组织的哪位领导做出的，而是工业界的利益相关方在“开放透明、协商一致”基本原则的保障之下共同做出的。这也是标准化组织制定的自愿性标准能够在产业界建立权威性，被企业广泛应用的根本原因。

标准的根本需求来自企业。如果企业靠自身的能力能够把生产中遇到的所有问题都解决掉，那它肯定不会额外投入财力和人力来求助于标准化组织。但是大约从 19 世纪开始企业之间的分工造成很多跨企业的技术协调问题，而且越来越多。高度复杂的产品（如汽车、火车、飞机等）造成一家企业无法独揽设计、加工、制造的全部，从而发展出很多专业化的企业专门制造高质量的零部件，如密封圈、轴承、弹簧等通用的零件，以及电机、发动机、变速箱等部件或产品模块等，形成大量需要跨企业进行技术协调的问题，特别是城市现代化发展出来的各种服务网络，如供电、交通、通信、自来水等，造成以兼容性、互换性、互操作性为特点的跨企业标准需求猛增。标准化组织为此制定了大量的工业标准。

但是也应该看到，企业并没有把所有的技术都拿到标准化组织中制定为外部标准。还有很多企业把自己独特的核心技术/技术诀窍保留在企业内部，仅仅是以企业内部的私有标准/规范的形式存在。每个企业一般都会选择把一部分自己具有核心竞争力的产品标准作为私有财产进行保密。即便有的企业从战略的角度考虑有限公开一部分私有技术，如制定为专利或外部标准，但也仅仅是其中的一部分。例如可口可乐的配方就是企业始终保密的私有标准。标准化组织制定的标准集合仅仅是全部企业/产业标准需求的一个子集。

下面对 ISO/IEC 以及我国的标准制定程序和标准编制规则进行说明。标准化组织制定的工业相关标准同样需要在企业中实施，本节对此不予讨论，详见第 1 节。

二、基本原则

ISO（2019）《标准化良好行为（GSP）》为国际标准化确定了9条基本原则，其中有5条与标准的制定紧密相关，下面分别予以介绍。

（一）透明原则

透明（transparency）一般是指有明确的规则、计划、过程和行动并予以公开，让人了解其中的方方面面。这意味着在标准化工作中，官员、管理人员和技术委员会成员的行为是可见的，也是可理解的，而且他们的活动还要给出报告，以便系统外的人能够追踪到内部人员的责任，增加人们对标准机构以及对参与标准化的人的信任（ISO，2019：67）。

标准化过程要具有完全的透明度。从标准立项、标准起草、征求意见、投票到最终批准的整个过程都应该是透明的，不允许有任何暗箱操作。

（二）开放原则

开放（openness）一般是指为开发更好内容的合作过程。一个开放的系统就是要扩大参与度，让适宜的受众广泛参与，还要制定一个具有包容性的文件或行动计划，以便争取更加广泛的参与（ISO，2019：70）。

开放主要是针对标准化组织的会员制度，即不能对相关方的加入造成障碍，而是要降低加入门槛，尽量广泛吸纳利益相关方的参与。因为ISO和IEC都是国家会员制，即某一国家标准化机构代表自己的国家作为会员参加ISO和IEC，各个国家标准化组织在国内要根据情况设立标准化TC，而且也会争取尽可能多的国内会员，所以从ISO和IEC的角度，它们吸纳的国家会员越多，利益相关方就会越多。例如世界上已经有165个国家成为ISO的会员。

（三）公正和协商一致原则

1. 公正原则

公正（impartiality）原则也称公平（fair-mindedness）原则。公正是指在做决策时应基于客观的判据，而不应出于不正当的原因、有偏见或成见，从而选择有利于某个人而不利于其他人。这里的偏见是指持有特定观点的倾向或观点，往往伴随着拒绝考虑替代方案。相反，公正性就能够以客观的方式考虑所有的选择，既不会有所偏袒，也不会受到不当的外部影响（ISO，2019：72）。

公正就是在制定标准的过程中对待利益相关方一视同仁，不能让任何一位参与者感觉受到了歧视，也不能因为某种原因对某一利益相关方给予特殊待遇。公正原则对于标准化组织的信誉极为重要。如果标准化组织经常发生不公正的情况，它就会失去信任。

2. 协商一致原则

协商一致（consensus）是指总体上达成一致，其特点是重要的利益相关方对实质性问题没有持续的反对意见，并且要有一个寻求兼顾到各方意见的，调解所有冲突观点的过程。对此还有一个重要的注解：协商一致并不意味着全体同意（ISO/IEC，2004：8；ISO，2019：73）。

也就是说，在起草标准的过程中，利益相关方会出现很多不同意见。这种情况可能出现在委员会、工作组或其他小组的不同层面中。那么不同层面的负责人，如委员会的主席、工作组的组长，就有责任在主持会议的时候对出现的问题和意见进行充分讨论，想办法对各方进行调节，努力化解冲突。而且这些负责人还有判断是否达成了协商一致的责任，最好的结果是把所有问题都解决掉。但是进行充分讨论后还可能有不同意见，在这种情况下，委员会主席或工作组组长还要判断这种意见是否是重要利益相关方的持续反对意见：如果不是，则把该意见明确地记录在会议纪要中并进行后续的工作；如果是，则需要有诚意地再次努力调节（ISO/IEC，2021a：31）。但是这种重要利益相关方的持续反对意见并不意味着对讨论结果的否决，最终达不到"全体同意"也是正常的。

需要注意的是，TC/SC 的负责人应该"以纯粹的国际身份开展工作，抛弃自身的国家立场；他不能在其自身的委员会中同时担任成员国的代表"（ISO/IEC，2021a：8）。在标准化会议中出现冲突的时候，TC/SC 的负责人应该坚持中性的立场，不应偏袒任何一方。负责人往往需要认真听取各方意见，理解背后的真正原因，洞察双方是否存在妥协的可能性；除了要按照规则进行深入的讨论（辩论）之外，还要在主持会议的过程中（也包括会下）靠自身的智慧和人格魅力尽最大努力化解冲突（Murphy，Yats，2009）。

（四）利益相关方参与原则

利益相关方参与（stakeholder engagement）是指要使尽可能多的利益相关方参与标准的制定，让他们成为标准制定过程的一部分。标准化良好实践的所有原则都是以利益相关方参与为基础的，这往往需要大量的宣传或推广活动，使其他人认识到标准的好处并采用标准（ISO，2019：84）。

让尽可能多的利益相关方参与到标准化中不但能保证制定的标准可以最大限度地满足工业的需求，也是赢得工业界信任的重要手段。特别是 ISO 和 IEC，以及欧美国家的民间标准化组织，得到广泛参与的标准化结果相当于在很大程度上协调了产业利益。

（五）正当程序原则

正当程序（due process）是依据既定原则和规则定期进行活动的正式议程。正当程序应该是所有标准制定活动的核心，确保程序公开、透明，并为所有参与者所知悉，不会有例外情况发生（ISO，2019：86）。

标准化组织的正当程序一般都在组织章程里做出具体规定。例如，ISO/IEC 为标准化制定了非常详细的导则，其内容就是详细规定标准化活动的规则和议程。《ISO/IEC 导则 第 1 部分：技术工作程序》就是专门为 ISO/IEC 的标准化活动确立的规则，包括委员会的组织结构、不同职位的工作职责、标准制定的详细程序、各种会议的细则、申诉程序及其处理方案等等（ISO/IEC，2021a）。这些规则从标准的立项开始一直到最后的批准发布都做了详细规定，以确保开放透明、协商一致等基本原则。参加标准制定的利益相关方并不一定非常了解这些程序，但是标准化组织的秘书/秘书长应该详细掌握这些程序和规则的内容，在必要的场合进行解释，并提醒利益相关方遵守这些程序和规则。秘书/秘书长的重要职责就是确保这些规则的正确实施，而不是对标准的内容发表个人观点。

三、标准的制定程序

（一）ISO/IEC 国际标准的制定程序

按照 ISO/IEC 统一的技术工作程序，国际标准制定分为正常程序和快速程序。大致包括7个阶段。以下介绍的是《ISO/IEC导则 第1部分：技术工作程序》中对ISO/IEC标准制定程序的规定（ISO/IEC，2021a），不包括对其他形式的标准化文件（如技术规范、公共可用规范等）制定程序的规定。

（1）预阶段：提出预工作项目（preliminary working item，PWI）。预阶段的设置是为了TC/SC紧跟新技术的发展。虽然有些创新技术尚不完全成熟，无法进入正式的标准提案阶段，但是已经预示着有很好的发展前景。TC和SC可采用P成员表决，用简单多数的办法把这种项目作为预工作项目纳入工作计划。

需要说明的是，TC和SC的成员分为P成员、O成员和联络成员（liaison）。P成员是积极成员（positive member），即正式成员；O成员是观察成员（observe member）。TC/SC的成员与ISO/IEC的国家成员不是一回事。ISO/IEC的每一个国家成员需要根据TC/SC的工作领域和自己国家的产业发展情况决定自己在TC/SC中是P成员、O成员或不予参加。联络成员不代表国家，而是某协会或其他TC/SC的代表。

（2）提案阶段：提交新工作项目提案。新工作项目（new project，NP）可由国家成员、TC/SC秘书处以及其他相关组织提出，并要求至少4个P成员（委员总数小于等于16时）或5个P成员（委员总数大于等于17时）同意参加该项目，再经TC/SC的P成员投票，2/3多数通过即被接受。一个提案被接受为NP说明该提案在TC/SC中成为正式的标准项目。在投票的时候同意参加项目的P成员必须同时指定将来准备参与该新工作项目的具体专家。此阶段还需产生一名项目负责人。

（3）准备阶段：准备工作草案。NP被接受后，TC/SC将为此成立一个新的工作组（working group，WG）并确定工作组的组长（一般为NP的项目负责人）。除了投票时项目发起的P成员已经确定的专家之外，其他P成员以及联络成员[①]也需要确认参与工作组的专家。工作组组长还应该邀请一位工作组成员作为工作组秘书。工作组的主要任务就是按照NP确定的内容准备标准的工作草案（working draft，WD）。起草标准的格式应该按照《ISO/IEC导则 第2部分：ISO和IEC文件的结构和起草原则与规则》（ISO/IEC，2021b）的要求。一般情况下，起草标准的实际执笔人和组长并不是同一人。组长的重要职责是在标准的起草过程中主持工作组会议，把握标准制定进度，协调工作组成员对技术方案的冲突，争取在工作组成员中取得协商一致。

应该注意的是，参与起草标准的人一般都是技术专家，他们最主要的任务是把经过工作组协商确定的技术方案很好地体现在标准草案中。秘书处或工作组组长会告诉他们文件格式应该遵循《ISO/IEC导则 第2部分：ISO和IEC文件的结构和起草原则与规则》的要求，但并不会要求他们一定要严格掌握标准格式的每个细节。标准起草人的一般做法就是从原有的国际标准中把通用的标准格式拷贝过来。每个TC/SC都有一个专门编辑委员会负责对标准的格式进行把关。

准备阶段的最终结果是要把工作草案转为满足下一阶段的委员会草案（committy draft，CD）报中央秘书处登记，准备阶段结束。

（4）委员会阶段：CD稿在TC/SC层面征求意见。委员会阶段是P成员和O成员发表意见的主要阶段，目的是就标准草案的技术内容在TC/SC范围内达成一致。在这个阶段，

---

① 联络成员不是国家成员，而是TC/SC认为某个机构的工作与自己的标准化内容紧密相关，同意该组织成为自己的利益相关方。

TC/SC 把 CD 稿分发给所有 P 成员和 O 成员，P 成员和 O 成员应仔细研究 CD 稿的文本，并提交所有相关的意见。这一阶段的默认时间是 8 周，也可以确定为 10 周或 12 周。

之后，TC/SC 秘书处将用 4 周时间对所有反馈意见汇总形成意见汇总表（很多情况下会委托工作组来完成），并分发给所有成员。一般情况下，工作组对每条反馈意见都应做出具体回应，如果接受意见，则给出如何修改，如果不接受意见，则必须给出不接受意见的正当理由。不管如何回应，工作组都有责任和提出意见的成员进行详细探讨，并争取与对方达成一致。

如果秘书处判断在 TC/SC 范围内已经达成了协商一致，则可以进入下一阶段（征询阶段）；如果在 8 周之内未达成一致，则可能会延长时间（具体时间由 TC/SC 决定）。如果 CD 稿出现无法解决的“持续反对意见”，秘书处还可以采用 TC/SC 的 P 成员进行投票的办法，但需要 2/3 多数赞成票才能算通过。这种情况下持反对意见的成员可以按照申诉程序正式提出申诉。所有技术问题得到解决后，TC/SC 需要用最多 16 周的时间提出征询草案，报中央秘书处登记，委员会阶段结束。

（5）征询阶段：提出征询草案。征询阶段是由中央秘书处把征询草案（ISO 为 DIS，IEC 为 CDV）[①] 分发给 ISO/IEC 的所有国家成员进行为期 12 周的投票（注意不是在 TC/SC 层面）。投票结果的计算首先需要 TC/SC 的 P 成员 2/3 多数赞成，然后需要所有国家成员的反对票不能超过 1/4，同时满足这两个条件即可认为投票通过。中央秘书处在 4 周之内把投票结果返给 TC/SC。如果投票未能通过，可能还会要求 TC/SC 对 DIS/CDV 稿继续进行修改，并再次进行为期 8 周（最长 12 周）的投票。

所有技术问题和编辑问题都解决之后，形成最终国际标准草案（final DIS，FDIS），经由中央秘书处登记，征询阶段结束。工作组的任务也随之完成并将被解散，但是其负责人会作为咨询专家一直到该标准的最终批准完成。

（6）批准阶段：提出最终国际标准草案。最终国际标准草案再度分发给所有国家成员进行投票，当参加投票的 TC/SC 的 P 成员 2/3 多数赞成，且所有国家成员的反对票不超过投票总数的 1/4 时通过，即批准其作为国际标准发布。如未获通过，可将文件退回相关的 TC/SC，批准阶段结束。

（7）出版阶段：印刷发行国际标准。中央秘书处应在 6 周之内校正 TC/SC 秘书处指出的所有错误，并且印刷和分发国际标准。出版阶段结束。

以上的 7 个阶段是国际标准制定的正常程序。应该注意，任何一个标准项目在委员会阶段、征询阶段、批准阶段都有因为最终投票无法通过而撤销项目的可能性。此外，快速程序为了适应快速变化的科技发展和市场需求，通过简化程序制定标准。一般应先有较为成熟的标准文件，可作为制定国际标准的 DIS 或 FDIS，从而省略正常程序中的准备阶段乃至委员会阶段，加快标准制定的进程。

（8）ISO/IEC 标准的复审。标准的复审不属于标准制定程序的一个阶段，而是为了判定某个正式标准经过一段时间的实施之后是否因为技术的进步而使该标准的内容不再适宜产业的应用。所以 ISO/IEC 的正式有效标准在达到 5 年年限时需要复审一次。经过复审的标准需要做出如下决定：（1）该标准继续有效；（2）需要进行修订；（3）予以废止。修订标准的程序与前述标准制定程序相同。

---

① 征询草案在 ISO 中为 DIS（Draft International Standard），在 IEC 中为 CDV（Committee Draft for Vote）。

（二）我国国家标准的制定程序

我国国家市场监督管理总局于2020年发布了《国家标准管理办法（征求意见稿）》[①]。以下对其中的国家标准制定程序予以介绍。

（1）立项。政府部门、社会团体、企业事业组织以及公民可以依据国家有关发展规划和经济社会发展需要，向国务院标准化行政主管部门（国家标准化管理委员会）或者技术委员会提出国家标准的立项建议，也可以直接向国务院有关行政主管部门提出国家标准的立项建议。

技术委员会应当评估立项建议的必要性、可行性，符合要求或者5名以上委员联合提议的立项建议应当提交全体委员表决。表决通过的，形成国家标准项目立项申请。立项申请应当经有关部门和行业协会审核后，报国务院标准化行政主管部门。国务院标准化行政主管部门委托国家标准专业审评机构对国家标准项目进行评估，提出立项或不予立项的建议。

（2）起草。国务院有关行政主管部门或者技术委员会应当按照下达的国家标准计划，组建起草组，承担具体国家标准的起草工作。起草组应当具有专业性和广泛代表性。

起草组应当按照《标准化工作导则》（GB/T 1）、《标准编写规则》（GB/T 20001）、《标准中特定内容的起草》（GB/T 20002）的要求起草国家标准征求意见稿、编制说明及有关材料。

（3）征求意见。国务院有关行政主管部门或者技术委员会应当就国家标准征求意见稿和编制说明，向涉及的其他国务院有关行政主管部门、企业事业组织、社会团体、消费者组织和科研机构等相关方征求意见，同时通过全国标准信息公共服务平台向社会公开征求意见。

征求意见的期限一般不少于60日。国务院有关行政主管部门或者技术委员会应当对征集的意见进行处理，形成国家标准送审稿。

（4）技术审查。技术委员会应当采用会议形式对国家标准送审稿开展技术审查，重点审查技术要求的科学性、合理性、适用性、规范性。审查会议的组织和表决按照《全国专业标准化技术委员会管理办法》有关规定执行。未成立技术委员会的，国务院有关行政主管部门应当成立审查专家组，采用会议形式开展技术审查。技术审查如需表决，3/4以上同意为通过。起草人员不得承担技术审查工作。技术委员会或审查专家组应当根据审查意见形成国家标准报批稿，经有关部门和行业协会审核后，报国务院标准化行政主管部门审批。

（5）批准发布。国务院标准化行政主管部门委托国家标准专业审评机构对国家标准报批稿及报批材料进行审核。强制性国家标准由国务院批准发布或者授权批准发布。推荐性国家标准由国务院标准化行政主管部门统一批准、编号，以公告形式发布。

（6）复审。国家标准的复审周期不超过5年。复审结论包括继续有效、修订和废止。复审结论为修订的，国务院有关行政主管部门或者技术委员会应当在报送复审结论时提出修订项目。

四、标准的编写要求

标准作为从事生产、建设及商品流通的共同依据，应该具有措辞准确、逻辑严密的特殊

① 参见 http://zqyj.chinalaw.gov.cn/readmore?id=4071。

文风。不仅内容要体现技术和经济的合理性，而且表达形式也要力求简明、准确，做到内容和形式的统一。为此，国际标准化组织 ISO/IEC 及大部分国家的标准化组织都会颁布相关的文件，对标准的体例格式、章节编号、文字结构与表达方式等方面做出规定和要求，在编写标准时应予以遵守。但是不同国家对标准编写格式的要求并不完全统一。

（一）ISO/IEC 的标准编写要求

《ISO/IEC 导则 第 2 部分：ISO 和 IEC 文件的结构和起草原则与规则》用 100 多页的篇幅详细规定了 ISO 和 IEC 标准文件的编制要求（ISO/IEC，2021b）。具体包括：

首先是对标准文件编写的基本要求，包括编写的基本原则、标准化主题与文件结构、语言文字的统一、条款的语言表达、文字体例、拼写和缩写词、数字、单位、数量、标准文献的引用等规定和要求等。

其次是对标准文件结构内容的要求，包括标准文件的名称和编号、前言、序言、范围、规范性引用文件、术语和定义、符号和缩写词、计量和测试方法、标识、标签和包装、附录和参考文献的规定和要求等。

再次是对标准文件要素的要求，包括章节、列项、注释、举例、脚注、数学公式、图表的规定和要求等。

最后是对有关政策的要求，包括专利、商品名和商标、版权、复合性评价、质量管理体系和可靠性的规定和要求等。

（二）不同标准化组织的标准编写格式的差异

需要注意的是，不同标准化组织的标准编写格式规定是有差异的，包括标准封面的体例格式、标准编号方法、章节编号、文字结构与表达方式等。欧洲标准化组织 CEN/CENELEC（2019）修改采用了 ISO/IEC 的标准编写格式（ISO/IEC，2018），所以欧洲标准编写格式的绝大部分和 ISO/IEC 标准的编写格式相同，主要差异是标准的封面和标准代号不一样。美国 ANSI 国家标准目前都是由美国 ANSI 认可的其他协会组织制定的，其中任何一个协会标准经 ANSI 评估批准后都可以成为美国国家标准。被批准成为美国国家标准的协会标准不要求做任何格式上的变动，仅仅是在该标准首页的协会标准代号前面增加“ANSI/”字样，表示该标准既是协会标准也是美国的国家标准（ANSI，2021），因此，美国国家标准的格式并不要求采用统一的格式。应该看到，美国国家标准不规定统一格式的做法并未削弱美国标准在国际贸易中的地位。

我国关于国家标准的编写是在 GB/T 1.1—2020 中规定，非等效（NEQ）采用了 ISO/IEC（2018）的规定。这个做法与欧洲标准化组织 CEN/CENELEC 的方法相同。也就是说，我国国家标准的编制规则绝大部分与 ISO/IEC 相同，一个重要的不同是我国国家标准的封面和标准代号必须由我国自己规定。

（三）标准编写格式差异中的统一方法

尽管不同标准化组织的标准编写格式有差异，但是还有一些统一的方法体现出全球工业标准化的成功经验，被工业界和标准化界普遍认同，对于工业标准化有着重要意义。包括：

（1）规范的标准编号规则、分类规则、规范化的名称，以及在标准中明确规定适用范围能够让标准使用者易于从不同标准化组织的众多标准中找到真正适用于自己的标准。这些规则在信息化社会中尤为重要。这就是每个标准都要有一个标准化封面的原因，其中包括规范的标准名称、标准号、标准分类号、标准的发布机构等，以及在标准正文的开始一般都要规定标准的适用范围。

（2）在标准的开始部分还需要规定统一的术语及其定义以及重要的缩写词。标准化的术语和缩写词是标准的使用者互相沟通的基础，保证使用各方不会发生对标准内容理解的偏差，从而确保不会造成标准在实施过程中出现错误，也确保在商务合同中引用标准时不会由于协议双方理解的不同造成纠纷。

（3）每个标准一般都会有一节标题为"规范性引用文件"的部分，其中详细列出所有与这个标准有关联的其他标准的标准号、标准名称、年代号等。因为每个标准都不是孤立的，在其适用范围内一定有若干互相关联的标准。这些标准互相支撑，在实际上形成一种技术/管理方案的标准体系。列出这些标准对于使用者来说在标准实施的时候就非常方便，因为实施某一项标准很可能需要同时实施其他相关联的标准。

（4）标准正文中的条款对标准化对象（产品、服务、过程、术语等）提出具体要求，规定标准化对象的特征值，但是不讲其中的科学原理。换句话说，标准不是教科书，它只讲如何做，不讲为什么。因为在制定标准的时候都默认标准的使用者是这个领域的专业人员，科学原理对他们来说是不言而喻的。

（5）标准的条款要用简洁明了的语言表达，要有清晰和严密的逻辑。

（四）标准涉及专利的处置

进入21世纪之后，是否同意在标准中纳入专利成为标准化组织无法回避的重要问题。国际标准化组织ISO/IEC/ITU为此共同制定了知识产权政策（ISO，IEC，ITU，2016），要求标准制定的任何参与方都应该向ISO/IEC/ITU提供有关专利（自己的或其他机构的）及其所属机构的信息，即所谓的专利披露。在专利披露的时候，专利持有人对其专利权有三种方案可选。第一种是他同意以合理、无歧视（RAND）原则[①]与其他各方协商，提供专利的免费许可。第二种是他同意在符合RAND原则的基础上向其他各方收取专利许可费；第三种是他收取专利费但不遵循RAND原则。ISO/IEC/ITU在第一和第二种情况下都同意专利可以纳入到标准之中，成为标准必要专利（standard essential patent，SEP），而对于第三种情况则不同意。ISO/IEC/ITU的专利政策并不负责由此产生的许可、专利费等必要事项，而是留给具体的参与方自己决定。ISO/IEC/ITU对这些专利也不负责提供有关证明、有效性和范围等权威信息。出现专利纠纷的时候，ISO/IEC/ITU也不负任何责任，而是需要纠纷双方靠法律手段（通过诉讼程序）来解决。几乎所有的正式标准化组织都采用了与上述国际标准化组织相类似的专利政策。

我国国家标准化管理委员会和国家知识产权局于2014年联合发布了《国家标准涉及专利的管理规定（暂行）》。由于我国是ISO/IEC/ITU的成员国，所以采用的标准涉及专利的政策与ISO/IEC/ITU的政策基本上是一致的。

---

① RAND：reasonable and non-discriminatory，翻译为合理、无歧视，意为以合理的条件，在无歧视的基础上与各方协商。

本章小结

本章内容有三个重点：(1) 企业标准的制定与实施。复杂任务都可分解为众多子任务，而每个子任务都可通过建立过程标准、输出标准的方法来完成。企业技术结构中的分析者负责制定标准。产品设计的本质是建立产品标准。工艺设计把生产任务分解为众多子任务，并为每个子任务制定过程（工艺）标准和输出标准。计划管理、质量管理、成本管理要确定每个子任务输出的期量标准、质量标准和成本标准。生产过程是标准的实施过程。子任务之间的接口、工艺路线、作业排序都是子任务的集成标准。(2) 标准化组织的标准制定。ISO/IEC 的标准制定基本原则包括开放、透明、公正和协商一致、利益相关方参与、正当程序。ISO/IEC 标准制定的正常程序共有 7 个阶段，包括预阶段、提案阶段、准备阶段、委员会阶段、征询阶段、批准阶段、出版阶段。ISO 和 IEC 标准在发布后的 5 年之内需要进行复审。(3) 我国国家标准制定程序共有 5 个阶段，包括立项、起草、征求意见、技术审查、批准发布，标准发布后的 5 年之内同样需要进行复审。ISO/IEC 为标准的编写格式做出了非常详细的规定；欧洲标准化组织和我国都修改采用了 ISO/IEC 的方法；美国没有严格的标准格式规定。

关键术语

标准化范式	子任务	输出标准
过程标准	集成	技术结构
分析者	运营核心	产品标准
工艺标准	工艺路线	作业排序
开放	透明	公正
协商一致	利益相关方	正当程序
标准必要专利		

思考题

1. 简述企业标准概念及其类型，企业的标准化范式。
2. 为什么说产品设计和工艺设计的本质是制定产品标准和工艺标准的过程？
3. 简述企业标准的制定和实施过程。
4. ISO/IEC 标准制定的基本原则包括哪些？为什么需要采用这些基本原则？
5. 简述 ISO 标准化程序的 7 个阶段。
6. 标准编写格式主要的统一做法及其重要意义是什么？
7. 简述 ISO/IEC/ITU 的专利政策。

参考文献

[1] 明茨伯格．卓有成效的组织．杭州：浙江教育出版社，2020.

[2] 王平，于明．基于分解和集成的制造企业标准化范式：明茨伯格和中村标准化思想的启示．北京：标准科学，2021 (12)：10.

[3] 薛伟，蒋祖华．工业工程概论．2 版．北京：机械工业出版社，2015：150－180.

[4] ANSI Essential requirements: due process requirements for American National

Standards. New York：American National Standards Institute（ANSI），2021.

［5］CEN/CENELEC. Internal regulations part 3—principles and rules for the structure and drafting of CEN and CENELEC documents（ISO/IEC Directives—part 2：2018，modified）. Brussels：CEN & CENELEC，2019.

［6］GB/T 1.1—2020 标准化工作导则 第1部分：标准化文件的结构和起草规则.

［7］ISO. Good standardization practice. Geneva：ISO Central Secretariate，2019.

［8］ISO/IEC Guide 2：2004 Standardization and related activities-general vocabulary. Geneva：ISO & IEC，2004.

［9］ISO，IEC，ITU. Guidelines for implementation of the common patent policy for ITU-T/ITU-R/ISO/IEC. Geneva：ISO & IEC & ITU，2016.

［10］ISO/IEC Directives，Part 2 Principles and rules for the structure and drafting of ISO and IEC documents. Geneva：ISO & IEC，2018.

［11］ISO/IEC Directives，Part 1 Procedures for the technical work. Geneva：ISO & IEC，2021a.

［12］ISO/IEC Directives，Part 2 Principles and rules for the structure and drafting of ISO and IEC documents. Geneva：ISO & IEC，2021b.

［13］Murphy C N，Yates J. The International Organization for Standardization（ISO）：global governance through voluntary consensus. Routledge，2009：25－45.

［14］Nakamura S. The new standardization：key stones of continuous improvement in manufacturing. Portland：Productivity Press，1993：13，19－20.

［15］沙尔文迪. 工业工程手册：第3版. 北京：清华大学出版社，2005：1036－1049.

第 10 章
质量管理

学习要点

1. 质量和质量管理的基本概念
2. 质量管理的基本过程
3. 质量管理的原则
4. 六西格玛管理
5. 标杆分析
6. 卓越绩效模式

第 1 节　质　量

质量正在日益成为全球范围内的关注重点。著名的质量管理大师朱兰博士曾讲过，“正如 20 世纪是生产率的世纪一样，21 世纪将是质量的世纪”。人们普遍认识到，在一个全球化的竞争性市场上，质量是各类组织乃至一个国家取得成功的最重要的因素之一，是企业竞争力和国家竞争力的核心。

一、质量的概念

“质量”是人们最常用的概念之一，也是质量管理中一个最基本的概念。在我国有些地区或有些场合下，人们常常也使用“品质”一词来表达同一含义。这里的质量不同于物理学中的质量概念，也并非哲学意义上的“质”与“量”的组合。在各种文献资料中，存在着大量关于质量的定义，反映了人们观察和认识事物的各种不同的角度和立场。这里谨以国际标准化组织（ISO）所给出的质量定义为依据来加以讨论，这也是影响最为广泛的一个定义。在 ISO 9000：2015《质量管理体系 基础和术语》这一国际标准中，质量被定义为：客体的一组固有特性满足要求的程度。这一定义虽然看上去抽象而概括，但只要把握了“客体”、“特性”和“要求”这三个关键词就很容易理解。其中的“客体”一词是指质量概念所描述的对象，是定义中的“特性”的载体，它涵盖了人们可感知或可想象到的任何事物，如产品、服务、过程、人员、组织、体系、资源等。

该定义是从“特性”和“要求”这两者之间关系的角度来描述质量的，亦即某种事物的“特性”满足某个群体“要求”的程度。满足的程度越高，就可以说这种事物的质量就越高或是越好，反之则认为该事物的质量低或差。

这里的特性指的是“可区分的特征”。ISO 的质量定义中特别强调了用于描述事物质量的特性是“固有特性”，就是指某事或某物中本来就有的，尤其是那种永久的特性。“固有”的反义是“赋予”或外在，事物的“赋予”特性如“价格”等不属于质量的范畴。

质量定义中的“要求”是由各种不同的相关方，亦即与组织的绩效或成就有利益关系的个人或团体，如顾客、股东、雇员、供应商、银行、工会、合作伙伴或社会等，所提出的。“要求”反映了人们对于质量概念所描述的对象的需要或期望。这些“要求”有时是明确规定的，如产品购销合同中对于产品性能的规定；也可以是隐含的或不言而喻的，如银行对客户存款的保密性，即使人们没有特别提出，也是必须保证的；还可以是由法律法规等强制规定的，如食品的卫生、电器的安全等。

“等级”是与质量概念密切相关而又经常容易引起混淆的表述。当人们在习惯上用质量这一术语来表述卓越程度时，例如将五星级酒店同小旅馆相比较时，有时会引起歧义。在这种场合下，使用“等级”的表述将有助于避免分歧。等级反映了同一用途或功能的事物为了满足不同层次的需要而对质量要求所作的有意识的区分。不同的等级意味着不同的购买能力或消费层次。质量的比较只有针对同一等级时才是有意义的。例如，酒店的星级反映的便是不同的等级，它并不等同于服务质量的卓越，小旅馆同样可以提供非常优质的服务。

二、“大质量”与“小质量”

20 世纪 80 年代以后，人们对于质量的认识变得更加深入和广泛。如果把以往的质量认识称作“小质量”观的话，后来形成的便是“大质量”观。这种“大质量”观日益被越来越多的人接受，且成为不可逆转的趋势。质量经理和高层主管是“大质量”观的忠实信徒。技术领域和职能部门的主管则显得相对保守一些。表 10 - 1 显示了“大质量”观与“小质量”观在诸多问题上认识的差异（朱兰，等，2003）。

表 10 - 1 “大质量”观与“小质量”观的对比

条目	小质量	大质量
产品	制造的有形产品	所有类型的产品，无论是否供销售
过程	直接与产品的制造相关的过程	包括制造、支持和经营在内的所有过程
产业	制造业	包括制造、服务和政府机构在内的所有产业，无论是否是营利性的
质量被视为	技术问题	经营问题
顾客	购买产品的主顾	所有受影响的人，不论内外
如何认识质量	以职能部门这种文化为基础	基于具有普遍意义的三部曲
质量目标体现在	工厂目标之中	公司的经营计划当中

续表

条目	小质量	大质量
不良质量的成本	与不良的加工产品有关的成本	若每件事情都能够完美的话，将会消失的所有那些成本
质量的评价主要基于	与工厂规格、程序和标准的符合性	与顾客需要的对应
改进针对	部门绩效	公司绩效
质量管理培训范围	集中在质量部门	全公司
协调者	质量经理	高层主管构成的质量委员会

三、质量的重要性

质量对于人类生活的重要性呈现出与日俱增的趋势，这可归因于如下的主要驱动因素。

第一，人类日益“生活在质量大堤之下”。这是朱兰博士的一个著名的比喻。随着科学技术的发展，产品种类日益丰富，产品的复杂性也达到了前所未有的程度。人们能否安居乐业在很大程度上受到产品的安全性和可靠性的影响。质量因此成为保障人们幸福生活的关键。

第二，消费者权益保护运动的高涨。消费者权益运动近半个世纪以来呈现出日益高涨的态势。消费者个人的力量在强大的厂商面前微不足道，他们唯有组织起来才有可能保护自身的权益。在这种背景下，产生了消费者权益运动。各种消费者组织和团体在社会生活中的力量日益强大。这一运动对于促使政府在保护消费者方面的立法也取得了成功。

第三，各国政府对于质量的管制日益加强。最初的管制主要集中于人身安全方面，制定了法律来惩罚那些因提供不良质量而致人伤亡的责任者。以后的管制开始趋向于“防患于未然”。在有关人类健康的领域，人们制定法律来保证食品、药品以及医疗器具的质量；从事特定行业的许可管理得到了强化；还制定了许多有关产品安全、公路安全、职业安全以及消费者保护等方面的法律。政府的这种干预是企业必须认真面对的力量。

第四，质量在国际竞争中扮演着越来越重要的角色。传统上国与国之间的竞争主要表现在军备方面。冷战结束之后的竞争则更多地表现在经济领域。质量方面的表现构成了国际竞争力的主要内容之一。

第五，日益严峻的环境和资源问题的压力。随着各国经济发展的进程，地球的资源正在日益枯竭，环境也在不断恶化。保护环境、节约资源、绿色发展成为全人类的共同责任。高能耗、高污染、低效率的生产体系不是一种可持续的生产体系，其增长是有极限的。全面质量管理是一种最有效的集约型的经营方式，是实现可持续发展的最强大的方法论之一。

第2节　质量管理

质量是一个永恒的主题。质量活动伴随着社会生产力的发展和文明的进步而变得日益重要。现代意义上的质量管理活动是从20世纪初开始的。质量管理已经成为当今各类组织塑造其竞争力的最重要的途径之一。

一、管理与质量管理

在阐述质量管理之前，有必要对“管理”这一概念做一简单的分析。

管理是一定组织中的管理者通过实施计划、组织、领导和控制来协调他人的活动，带领人们既有效果又有效率地实现组织目标的过程。（焦叔斌，杨文士，2019）

这一概念包含以下几个方面的含义：

首先，管理的目的是有效地实现组织的目标。管理存在于组织之中，是为实现组织目标而服务的。管理的载体是组织。管理产生于组织的集体活动，离开了组织的目标，管理就成了无的之矢。其次，管理是“协调”，是“带领”人们去实现目标，是为了激发和释放人们的潜能，而非把人们“管住”。再次，管理活动既追求效果（effectiveness），又追求效率（efficiency）。效果意味着“做正确的事”，效率则是指“正确地做事”。有效的管理就是要“正确地去做正确的事情”。最后，管理是由计划、组织、领导和控制这样一系列相互关联、连续进行的活动构成的。这些活动称为管理的职能。计划职能就是要确立组织所追求的目标以及实现目标的途径。组织职能是对群体活动的分工和协作。领导职能则意味着对人施加影响以使他们全心全意地去实现组织目标的过程。控制职能就是随时纠正实施过程中的偏差，确保事情按计划进行。

将管理应用于不同的领域或聚焦于不同的对象或目标便有了不同类型的管理分野，如运营管理、营销管理、财务管理、人力资源管理、供应链管理、成本管理、质量管理等。

在ISO 9000：2015标准中，质量管理被定义为：关于质量的管理。这可以理解为，质量管理就是为了实现组织的质量目标而进行的计划、组织、领导与控制的活动。

在ISO上述定义的注解中，还补充了以下内容：质量管理可包括制定质量方针和质量目标，以及通过质量策划、质量保证、质量控制、质量改进实现这些质量目标的过程。质量策划、质量保证、质量控制、质量改进都是质量管理的组成部分。质量策划致力于制定质量目标并规定必要的运行过程和相关资源以实现质量目标；质量控制致力于满足质量要求；质量保证致力于提供质量要求会得到满足的信任；质量改进致力于增强满足质量要求的能力。

二、朱兰三部曲

著名的质量管理专家朱兰博士的主张颇有助于我们把握质量管理的全貌，他认为：“要获得质量，最好从建立组织的‘愿景’以及方针和目标开始。目标向成果的转化（使质量得以实现）是通过管理过程来进行的，过程也就是产生预期成果的一系列活动。在质量管理活动中频繁地应用着三个这样的管理过程，即：质量计划①、质量控制和质量改进。这些过程被称为‘朱兰三部曲’。”这也就是说，质量计划、质量控制和质量改进这三个管理过程构成了质量管理的主要内容。

在质量管理的三部曲中，质量计划明确了质量管理所要达到的目标以及实现这些目标的途径，是质量管理的前提和基础；质量控制确保组织的活动按照计划的方式进行，是实现质

---

① 计划（planning）是管理的首要职能，在ISO 9000标准的中文翻译中这一词汇被译作策划，故质量计划活动也称为“质量策划”。

量目标的保障；质量改进则意味着质量水准的飞跃，标志着质量活动是以一种螺旋式上升的方式在不断攀升和提高。朱兰三部曲的具体内容如表 10-2 所示（朱兰，等，2003）。

表 10-2　质量管理的三个普遍过程

质量计划	质量控制	质量改进
· 设定质量目标 · 辨识顾客是谁 · 确定顾客的需要 · 开发应对顾客需要的产品特征 · 开发能够生产这种产品特征的过程 · 建立过程控制措施，将计划转入实施阶段	· 评价实际绩效 · 将实际绩效与质量目标对比 · 对差异采取措施	· 提出改进的必要性 · 做好改进的基础工作 · 确定改进项目 · 建立项目小组 · 为小组提供资源、培训和激励，以便： 　· 诊断原因 　· 设想纠正措施 　· 建立控制措施以巩固成果

还应当指出，上述三个管理过程要能够有效地实施必须具备一个前提，这就是组织必须建立起一个完善而有效的质量管理体系。

三、质量管理的发展历程与全面质量管理

根据解决质量问题的手段和方式的不同，一般可以将现代质量管理分为三个阶段。第二次世界大战以前可以看作第一阶段，人们通常称之为质量检验阶段。第二阶段是从第二次世界大战开始到 20 世纪 50 年代的统计质量控制阶段。第三阶段是从 20 世纪 60 年代以后开始的全面质量管理阶段（焦叔斌，2018）。

最初的质量检验阶段的特征主要是通过检验的方式来控制和保证产出或转入下道工序的产品质量。20 世纪以前的质量控制主要依赖手工操作者的手艺和经验。进入 20 世纪以后，随着企业规模的进一步扩大和分工与专业化程度的日益提高，企业中大量设立了检验人员的职位，专职负责产品检验。这种做法只是从成品中挑出废、次品，实质上是一种事后的把关。

在第二阶段的统计质量控制阶段，人们对于在生产活动中应用统计方法的必要性有了充分的认识。大量的实用统计方法，如抽样检验法、实验计划法等被开发了出来。这一时期质量管理的重点在于确保产品质量符合规格和标准。人们通过生产过程中的数据分析，及时发现异常情况，确定产生缺陷的原因，迅速采取对策加以消除，使生产过程保持在稳定状态。

全面质量管理的起源可以追溯到第二次世界大战以后。人类在科技上取得了许多划时代的重大突破，生产力获得了前所未有的大发展，市场的竞争达到了空前激烈的程度，消费者权益运动呈现出了日益高涨的局面，人们对产品质量表现出了越来越高的要求。人们开始认识到，仅仅依靠制造领域中的统计质量控制已经远远不能满足顾客对质量的要求，也不足以应付日益严峻的挑战。员工的能动性和参与对于企业的成功愈加成为不可或缺的因素。1956 年，美国通用电气公司的菲根堡姆发表了题为《全面质量控制》(Total Quality Control) 的论文（《哈佛商业评论》，1956 年 11～12 月刊），首先提出了“全面质量控制”(TQC) 的概念，主张解决质量问题不能只是局限于制造过程，解决问题的手段仅仅局限于统计方法也是不够的，而必须是多种多样的。这样，质量管理由制造过程中的统计质量控制逐渐发展到了为满足顾客要求所必须关注的各个方面。与此同时，一些银行、航空公司等开始应用质量管理的思想和方法来尝试解决各自面临的问题，从而使得质量管理由传统的制造业领域扩展到

了服务业领域。

此后，全面质量管理逐渐成为一种世界性的潮流。20世纪80年代后期以来，全面质量管理得到了进一步的扩展和深化，逐渐由早期的TQC演化成为TQM（total quality management，全面质量管理）。强调系统化的管理，强调通过持续改进系统来实现组织绩效的全面提升，是TQM最主要的特征。TQM的含义已经超出了一般意义上的质量管理的领域，而成为一种综合的、全面的经营管理方式和理念。

全面质量管理的有效性在过去半个多世纪中被世界各国的实践所证明。日本通过深入开展全面质量管理，用了近20年的时间，从战后的废墟上一跃成为世界主要的工业强国。美国在20世纪七八十年代的国际竞争中处于劣势的局面下，通过大力开展质量运动而扭转了颓势。我国在改革开放以后，尤其是加入世界贸易组织之后，通过广泛而深入地推行全面质量管理，大批先进企业的产品质量赶上或超过了发达国家的产品水准，树立了我国的民族品牌，提升了我国企业的竞争地位，进而推动了我国成为全球最大的制造业强国，成为当之无愧的世界工厂。

四、质量管理七原则

国际标准化组织在综合提炼当代质量管理的实践经验及理论分析的基础上，确立了七项质量管理原则，以帮助各类组织利用这些原则来建立质量管理体系并进行绩效改进。无论是各国质量奖所体现的卓越绩效模式，还是近几十年来在全球得到普遍应用的ISO 9000族标准，或是其他形式的质量管理模式（如六西格玛管理等），均体现了这些质量管理原则。这七项原则构成了现代质量管理的精神实质，是对过去一个世纪中全球质量管理发展的经验和教训的总结，也是对戴明、朱兰等质量先驱的管理理念的进一步提炼、精萃。以下将对这些原则做简明阐述。

原则1：以顾客为关注焦点

“质量管理的首要关注点是满足顾客要求并且努力超越顾客期望。”

关注顾客或以顾客为中心是全面质量管理的一个最基本的概念。组织只有为顾客提供产品和服务才能生存。为顾客创造价值是企业经营管理的基本立场，也是思考其他问题的出发点和前提。企业经营的过程就是了解顾客需要，提供相关的产品和服务，实现顾客满意的过程。

原则2：领导作用

“各级领导建立统一的宗旨和方向，并创造全员积极参与实现组织的质量目标的条件。”

领导作用就是要在组织中形成一种“上下同欲”的状态，创造一个让员工为实现组织目标充分发挥作用的积极的内部环境。这意味着组织的领导者首先要确立组织的方向，要向组织的全体成员进行有效沟通，还要在组织中营造一种能够让人全力以赴的环境，同时还必须惩恶扬善，确保组织永远只做正确的事情。

原则3：全员积极参与

“整个组织内各级胜任、经授权并积极参与的人员，是提高组织创造和提供价值能力的必要条件。”

组织是人的集合。企业要实现向以顾客满意为宗旨的组织的转变，没有人员的转变是不可想象的。企业的管理当局必须营造适当的环境来激发人们的热情和主动精神，使人们懂得并愿意高效地工作，从而极大地促进组织的彻底转变。员工的参与是全面质量管理最基本的特征之一。

原则 4：过程方法

“将活动作为相互关联、功能连贯的过程组成的体系来理解和管理时，可更加有效和高效地得到一致的、可预知的结果。”

过程即一整套共同为顾客创造价值的首尾相连的活动。将相互关联的过程作为系统加以识别、理解和管理，有助于提高组织的有效性和效率。全面质量管理的基本思路就是通过建立、实施和改进质量管理体系的方式来实现质量的改进、成本的降低和生产率的提高，亦即实现组织的卓越绩效。

原则 5：改进

“成功的组织持续关注改进。”

组织的运行犹如逆水行舟，不进则退。改进已经成为当今各类组织的一种运作方式。有关改进的文献可以说是汗牛充栋。这些改进发生在制造公司、医院、通信企业、政府机构、各种类型的服务公司以及学校中。有关改进的各种方法已经日益为人们所熟悉。

原则 6：询证决策

“基于数据和信息的分析和评价的决策，更有可能产生期望的结果。”

有效的决策建立在对事实、数据和信息进行分析的基础上。询证决策就是以事实为依据来决策，也就是人们常说的“一切用数据讲话”，这是全面质量管理最主要的特征之一。

原则 7：关系管理

“为了持续成功，组织需要管理与各相关方（如供方）的关系。”

相关方就是那些可能从组织的成功中获益或因组织的失败而遭受损失的个人或团体。相关方与组织之间存在着一定形式的交换关系，为组织提供某种形式的资源，相应地要求组织满足他们的某种期望。组织失去了相关方的支持可能意味着毁灭性的打击。为了持续获得支持，组织就应考虑所有相关方的期望和要求，将这些要求反映到组织的战略中。只有有效地管理与各相关方的关系，才能使组织以更加开阔的视野从事活动，才有可能实现持续的成功。

上述各项原则之间有着一定的内在逻辑关系。组织的生存和发展首先要确立以顾客为中心的立场，这体现了原则 1 的要求（以顾客为关注焦点）。在明确立场的基础上，组织的管理当局要带领（原则 2 的“领导作用”）全体成员（原则 3 的“全员积极参与”）去实现这种转变。上下同欲的努力还必须有正确的方法论（原则 4 的“过程方法”）。因为存在着激烈的竞争，同时顾客的期望也在不断地升高，因而必须对由过程构成的体系加以持续不断的改进（原则 5）。循证决策（原则 6），用数据说话，是持续改进最有力的武器。视野仅仅局限于组织的内部是不可能成功的，组织必须与自己的顾客、供应商以及其他相关方紧密合作才有可能取得持续的更大的成功（原则 7）。

第 3 节　质量管理的标准化

在长期的质量管理实践中，人们总结和提炼出了诸多的标准化的质量管理方法论，如 ISO 9001 质量管理体系、六西格玛管理、标杆管理、卓越绩效模式等。其中，ISO 9001 质量管理体系无疑是最为人们所熟知的，这部分内容将在第11章讨论。卓越绩效模式是本章第4节的内容。本节主要讨论六西格玛管理和标杆分析这两种高度标准化的质量管理方法论。

一、六西格玛管理

六西格玛管理是近年来得到广泛普及的一种质量改进活动，这种做法最早起源于美国摩托罗拉公司。20世纪70年代后期，在日本企业的强大攻势下，几乎所有的美国产业都面临着巨大的竞争压力。在这种形势下，摩托罗拉从1980年开始了其"质量振兴计划"，内容包括加快产品开发、大幅度提高产品质量以及通过调整生产过程来降低成本等，希望以此来提升企业的竞争力，从而能够同竞争对手抗衡。六西格玛管理构成了实施这一计划的关键方法论。这一举措在摩托罗拉取得了显著成果。摩托罗拉由于其在质量方面的显著表现而于1988年荣获了美国马尔科姆·波多里奇国家质量奖。此后，这种做法在世界范围内逐步普及开来，成为继ISO 9000之后的又一波管理热潮。六西格玛管理得到广泛的普及，与其形式上的标准化不无关联。

六西格玛管理的实质是对过程的持续改进，它是一种持续改进的方法论。六西格玛管理活动体现了"只有能够衡量，才可以实施改进"的思想。摩托罗拉在开发六西格玛管理方法论时，首先确定了用以衡量企业各方面质量的一种通用的、可横向比较的测量尺度，在此基础上设定了企业质量改进的奋斗目标，进而提出了实现质量目标的一套系统化的步骤或程序。

（一）质量的衡量与质量改进目标

（1）质量的衡量。要改进质量，首先必须能够衡量质量。摩托罗拉创造性地引入了一个衡量质量的通用指标，称为"百万机会缺陷数"（defects per million opportunity，DPMO）。这里的缺陷是指所有导致顾客不满的情况。一般而言，缺陷率、合格率等指标无法在不同产品、不同部门之间进行横向比较，因为不同产品、不同种类的工作其复杂程度不同。对象越复杂，出错的机会就越多，反之出错就会少一些。但相对于同样的出错机会而言却是能够比较的。因而利用出错机会作为通用的衡量尺度是符合逻辑的。顾名思义，百万机会缺陷数就是在面对每一百万个出错的可能性的情况下，实际发生缺陷的数量。

（2）质量改进目标的确立。依据百万机会缺陷数这一衡量尺度，摩托罗拉确立了其质量改进的目标，就是要将DPMO降至3.4。这个数字的意义可以理解为，如果面临着100万次出错的可能性的话，实际出错只允许有3.4次。

（3）用西格玛值来表达的质量水平。为了便于普及和推广，摩托罗拉在构造六西格玛管理方法时，进一步将DPMO的取值与正态曲线上的一定σ（西格玛）范围内所包括的面积相关联起来，每一个DPMO的取值都对应着一个相应的西格玛值（注：在将DPMO与西格玛值进行对应时，正态曲线设定为离中心值有1.5个西格玛的偏移）。这样，用某个DPMO数值所描述的质量水平就可以换算为某个西格玛值来表示。显然，DPMO值越低对应的西格玛值越大，质量水平就越高。例如，DPMO为6 210的质量水平对应的西格玛是4，DPMO为233的质量水平对应的西格玛是5，而DPMO为3.4这一目标所对应的西格玛便是6。这便是"六西格玛管理"这一名称的由来。

对于制造业而言，六西格玛质量水平对应着过程能力指数（C_P 值）为 2 的情况。这一目标可以说达到了一种近乎完美的境界。有关六西格玛管理的统计学原理的详尽讨论可以参看何桢（2014）《六西格玛管理》的有关章节。

（二）实现六西格玛目标的"六步法"

现代质量管理是通过对过程进行改进来实现高质量、低成本和高生产率的。实现六西格玛质量目标便是要对过程进行持续不断的改进。持续改进是通过六个步骤的循环来实现的。这六个步骤分别为：

第一步，明确你所提供的产品或服务是什么。

这里的"你"代表组织的过程链条上的任意一个环节，可以是一个部门、一道工序或一个团队等。这里的"产品或服务"指的便是这一特定环节的输出。通过这个步骤的活动，要明确你所提供的产品和服务是什么，同时要确定测量你的产品或服务的单位。

第二步，明确你的顾客是谁，他们的需要是什么。

这里的顾客是指过程链上的"你"的下一个环节，你的产品或服务质量的优劣是由你的顾客来判定的。在这一步骤中，要明确你的顾客，明确顾客的关键需要，并同顾客就这些关键需要达成共识。

第三步，为了向顾客提供使他们满意的产品和服务，你需要什么。

这是要明确为了满足你的顾客的需要，你需要什么，谁来满足你的需要。从过程链的角度来看，这是要明确你的上一个环节，以及为了使你能够满足顾客的需要，他们应当为你提供什么条件。

第四步，明确你的过程。

在这一步骤中，通常要借助流程图将过程的现状描绘出来。

第五步，纠正过程中的错误，杜绝无用功。

在上一步对过程的现状充分认识的基础上，分析过程中的错误和冗余，制定纠错后的理想流程图。

第六步，对过程进行测量、分析、改进和控制，确保改进的持续进行。

计算过程的 DPMO 及相应的西格玛水平，制订并实施用新过程取代旧过程的改进计划，将取得的成果与他人分享。通过周而复始地实施这六个步骤，企业就可以实现持续改进，逐步趋近六西格玛质量水平。

六西格玛管理方法论蕴含着丰富的思想内涵。以顾客为中心、有效的领导、全员参与、面向过程的系统化管理、持续改进、以事实为依据和合作共赢的组织间关系这七项现代质量管理的基本原则在六西格玛管理活动中得到了充分的体现。

二、标杆分析

标杆分析（benchmarking）是近年来企业界及其他各类组织广泛采用和实施的一种质量改进方法论。在我国，这一方法又称标杆法、水平对比法、基准评价法、标杆管理法、基准化、对标管理等。这种方法是美国施乐公司于 20 世纪 70 年代末首创的。当时，施乐公司在竞争对手的强大攻势下，市场地位不断下滑，处于危机重重的境地。通过全面开展这一活动，施乐公司的竞争地位得到了显著恢复，并于 1989 年荣获了美国马尔科姆·波多里奇国家质量奖。以后这一方法逐渐为越来越多的企业及其他各种类型的组织所接受，成为一种获得普遍应用的威力强大的管理工具。

所谓标杆分析就是通过对比和分析先进组织的行事方式，对本组织的产品、服务、过程等关键的成功因素进行改进和变革，使之成为同业最佳的系统性过程。标杆（benchmark）一词原意是测量学中的“水准基点”，在此引申为在某一方面的“行事最佳者”或“同业之最”，也就是要学习和超越的榜样。

标杆分析的实质是对组织的变革，是对因循守旧、抱残守缺、按部就班、不思进取等陋习的围剿，它必然伴随着组织原有秩序的改变。要在组织中导入标杆分析活动，组织的高层管理者必须勇于变革。

在开展标杆分析活动时，通常是采用小组或团队的方式来进行。小组成员应当具备相应领域的专业知识以及把握问题、分析问题的能力和技能，应当具备较强的合作精神。

标杆分析活动一般由五个步骤构成：

第一步，确定实施标杆分析的领域或对象。

组织的资源和时间是有限的，因此开展标杆分析活动应当集中于那些对于改进组织的绩效和顾客的满意最具有影响的因素，这些因素通常称为关键成功因素。

第二步，明确自身的现状。

主要通过调查、观察和内部数据分析，真正了解自己的现状。在这一步骤中，小组必须绘制出详细的流程图将本组织在该领域中的当前状况描绘出来。这项工作对于标杆分析活动的成功至关重要，一张详细的流程图有助于小组就当前过程的运行方式、所需的时间和成本、存在的缺点和失误等达成共识。

第三步，确定谁是最佳者，也就是选择标杆分析的标杆。

要根据各方面的信息来源确定在所选领域中的标杆。通常可以有四种类型的标杆，即本组织内部的不同部门、直接的竞争对手、同行组织以及全球范围内的领先者。许多组织在刚开始推行标杆分析活动时，通常从内部的标杆开始。这样有利于积累经验，锻炼队伍。面向全球领先者的标杆分析是开展这一活动的最高境界。

第四步，明确标杆是怎样做的。

通过收集和分析所选定的标杆的信息，形成准确反映其能力和长处的完整材料，找出其优于自己并成为行业之最的能力和特长之所在。

第五步，确定并实施改进方案。

在详细分析内、外部资料的基础上，由项目小组和有关人员提出并优选改进方案，在组织内部达成共识，推动方案的有效实施。

实施标杆分析活动的直接效果是可以显著改善组织的产品、服务和过程。此外，它还有利于帮助组织正确认识自身在市场中的真实地位以及与领先者之间的差距，有利于激发组织中的个人、团体和整个组织的潜能，有利于学习更好的改进方法并提高改进的能力，有利于利用外部信息确立更有效的目标，有利于组织打破障碍促进变革。

第4节　卓越绩效模式——TQM的标准化

所谓卓越绩效模式就是由美国马尔科姆·波多里奇国家质量奖和欧洲质量奖等著名质量

奖项所体现的一套综合的管理模式，它可以看作一套标准化的全面质量管理（TQM）实施办法。在吸收各国的经验并结合我国企业的实践的基础上，我国于 2004 年 8 月发布了国家标准 GB/T 19580—2004《卓越绩效评价准则》，又于 2012 年 3 月发布了该标准的修订版 GB/T 19580—2012《卓越绩效评价准则》。自 2001 年以来，由中国质量协会举办的“全国质量奖”一直都是以卓越绩效模式作为评奖标准的。

一、“卓越绩效”的由来与实质

在有关卓越绩效的各种模式中，美国马尔科姆·波多里奇国家质量奖最具代表性。20 世纪 80 年代，在极大的竞争压力下，美国的工商企业界对于质量活动呈现出了与日俱增的兴趣。许多有识之士都主张通过设立国家质量奖来促进美国公司的质量活动。这当然是受到了日本的做法的启示。1987 年 1 月 6 日，美国国会通过了《马尔科姆·波多里奇国家质量改进法案》，规定了马尔科姆·波多里奇国家质量奖计划的设立。其第一步便是建立一套评价标准，即卓越绩效准则（Criteria for Performance Excellence）。由这套准则所体现的管理模式便被称为“卓越绩效”模式。紧随其后，欧洲质量奖于 1992 年诞生。由于其在提升各国的竞争力方面所表现出的突出效果，这种做法逐渐在全世界蔓延开来。绝大多数情况下，各国的质量奖计划都是以美国马尔科姆·波多里奇国家质量奖或欧洲质量奖为范本来建立评奖方式和评奖标准的。这些评奖标准已经成为企业经营管理的事实上的国际标准。

就其实质而言，卓越绩效准则是全面质量管理的一种实施细则，是对以往的全面质量管理实践的标准化、条理化和具体化。“卓越绩效”这四个字已不再只是其字面上的简单含义，而成了一个特定的术语，亦即“一种综合的组织绩效管理方式”（NIST，2021）。

卓越绩效准则为各类组织实施 TQM 提供了一种更加有效的手段。用农业上的灌溉术语来类比的话，传统的推行 TQM 的方式是“大水漫灌”，声势很大，效果却比较差。而通过卓越绩效准则来实施 TQM 的方式则是“精准滴灌”，每一分努力都用在了最需要的地方。

二、卓越绩效模式的基本构成

在卓越绩效模式的知识体系中，最核心的是一套价值观和一套评价准则，分别体现了卓越绩效模式的“道”和“术”两个层次。以下我们依据美国马尔科姆·波多里奇国家质量奖 2021—2022 年的卓越绩效准则来对卓越绩效模式的基本构成做一简要说明（NIST，2021）。

从“道”的角度来看，卓越绩效准则是一套相互关联的价值观的载体。如果把这套评价准则看作一个注射器，则其承载的这些价值观便是治病救人、强身壮体的“灵丹妙药”。卓越绩效模式的价值观共有 11 项，分别为：系统的视野；前瞻性领导；顾客驱动的卓越；注重人的价值；组织学习和敏捷性；聚焦于成功；促进创新的管理；基于事实的管理；社会贡献；符合伦理和透明；注重结果和创造价值。这些价值观可以看作对 TQM 的本质特征或 TQM 所持的根本信念的描述。

就“术”的角度而言，卓越绩效准则是由总分值为 1 000 分的七个类目的“要求”构成的一套评价准则，这七个类目分别是领导，战略，顾客，测量、分析和知识管理，员工，运营，结果。七个方面的内在联系如图 10－1 所示。

其中，领导、战略以及顾客代表着领导的三要素。这几个方面放在一起旨在强调聚焦于战略和顾客的领导的重要性。员工、运营和结果代表着结果的三要素。组织产出结果的工作

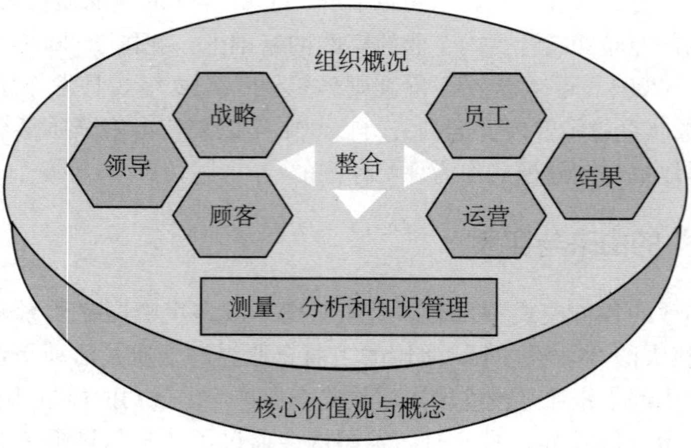

图 10-1 卓越绩效准则框图

是由组织的成员和伙伴通过其关键过程来实现的。组织所有的行动都指向结果，这里的结果是由顾客方面的结果、财务的以及非财务的结果所构成的一个综合体，其中还包括了人力资源和社会责任方面的结果。测量、分析和知识管理则构成了组织绩效管理系统的基础。

卓越绩效准则的七个类目又可以进一步细分为 17 个条目（items）。每个条目中又包括了一个或多个要点（areas to address），其构成如表 10-3 所示：

表 10-3 美国 2021—2022 年卓越绩效准则的结构

类目（categories）	条目（items）
1. 领导	1.1 高层领导
	1.2 治理与社会贡献
2. 战略	2.1 战略制定
	2.2 战略展开
3. 顾客	3.1 顾客期望
	3.2 顾客关系
4. 测量、分析和知识管理	4.1 组织绩效测量、分析与改进
	4.2 信息与知识管理
5. 员工	5.1 员工环境
	5.2 员工积极参与
6. 运营	6.1 工作过程
	6.2 运营有效性
7. 结果	7.1 产品和过程结果
	7.2 顾客结果
	7.3 员工结果
	7.4 领导和治理结果
	7.5 财务、市场和战略结果

多年来人们对于 TQM 的认识可以说是“横看成岭侧成峰，远近高低各不同”，这种状况大大影响了开展 TQM 的有效性。而卓越绩效准则如此具体、详尽地勾勒出了 TQM 的轮廓，为人们更加有效地开展 TQM 提供了指南和依据。标准化的威力在此得到了印证。

三、卓越绩效准则的作用与用法

卓越绩效准则的作用可以从四个方面来理解。

第一，卓越绩效准则是一个“注射器”。卓越绩效准则是将 TQM 的理念注入到组织中的一种有效手段。卓越绩效准则犹如一个注射器，它承载了以 11 项价值观为主要内容的 TQM 的核心理念。在学习、推广和实施准则的过程中，这些理念也被注入到了组织的机体中，渗透到了组织成员的思想和行为中。

第二，卓越绩效准则是一张“设计图”。卓越绩效准则为指导组织的计划工作提供了一种框架。它犹如一张建筑设计图，勾勒出了组织管理体系的轮廓，显示了组织必须重视的各个主要方面，描绘了组织各方面之间以及局部与整体之间的关系。

第三，它是一个“诊疗仪”。卓越绩效准则是各类组织认清现状、发现长处、找出不足并知己知彼的一个诊疗仪。它有助于人们认清自身的强弱之所在，使得人们能够明确自己相对于他人的位置，明确需要改进的领域以及实施改进的效果。

第四，它还是一个“仪表盘”。组织是一个复杂的系统，其管理必须有一个系统的思路。卓越绩效准则为组织提供了一个驾驭复杂性的有效工具，有助于确保组织运行在正确的轨道上，有助于实现管理的重点突出与全面兼顾的结合，有利于正确地评价和引导组织中的各个部门和全体成员的行为，从而使得管理层的努力能够真正用到引导组织成功的正确方向上。

本章小结

本章讨论了质量与质量管理领域中的一些基本概念，讨论了质量管理的思路、发展历程、基本原则以及这些原则之间的逻辑关系，介绍了当今常见的几种典型的标准化的质量管理方法论，即六西格玛管理、标杆分析、卓越绩效模式。

关键术语

质量	质量管理	全面质量管理
六西格玛	标杆	卓越绩效

思考题

1. 质量与等级的区别是什么？
2. 大质量与小质量有什么区别？
3. 质量管理的三个基本过程是什么？
4. 质量管理经历了哪些主要的发展阶段？
5. 质量管理的七个原则之间所体现的逻辑关系如何？
6. 实施六西格玛管理包括哪些主要的步骤？
7. 标杆分析活动一般由哪几个步骤构成？
8. 卓越绩效准则有哪些作用？

参考文献

[1] 何桢．六西格玛管理．3版．北京中国人民大学出版社，2014.

[2] 焦叔斌，杨文士．管理学．5版．北京：中国人民大学出版社，2019：4.

[3] 焦叔斌．质量管理学．北京：中国人民大学出版社，2018：46－48.

[4] 朱兰，戈弗雷，霍格斯图尔，等．朱兰质量手册：第5版．北京：中国人民大学出版社，2003：10－12.

[5] NIST. Criteria for performance excellence（2021—2022）. Baldrige Performance Excellence Program，2021.

第 11 章
管理体系标准

学习要点

1. 管理体系标准的概念
2. 管理体系标准的作用
3. 高阶结构管理体系要求
4. 质量、环境、职业健康安全、能源管理体系的特点及核心内容

第 1 节　概　述

一、管理体系标准现状

所谓管理体系标准是指导组织建立管理体系，制定方针和目标，并实现这些目标的一系列标准。现行的国际上比较著名的管理体系标准是由国际标准化组织（ISO）制定和发布的，包括：ISO 9001 质量管理体系、ISO 14001 环境管理体系、ISO 45001 职业健康安全管理体系、ISO 50001 能源管理体系、ISO 27001 信息安全管理体系、ISO 55001 资产管理体系、ISO 22000 食品安全管理体系、ISO 19600 合规管理体系、ISO 20121 大型活动可持续性管理体系、ISO 44001 协作业务关系管理体系、ISO 22301 公共安全业务连续性管理体系、ISO 28001 供应链安全管理体系。对于上述国际标准，我国均已等同转化为国家标准。此外，按照管理体系国际标准的编制原则和思路，我国还自主研制了信息化和工业化融合管理体系、社会责任管理体系、企业诚信管理体系等国家标准。本章着重介绍 ISO 9001 质量管理体系标准、ISO 14001 环境管理体系标准、ISO 45001 职业健康安全管理体系标准、ISO 50001 能源管理体系标准，以及未来管理体系标准的发展趋势。

二、管理体系标准的高阶结构要求

由于 ISO 已公布的管理体系标准数量众多，涉及范围甚广，各个管理体系标准之间存

在术语定义不统一、用语不统一、结构不统一、格式不统一等现象，无形中给组织实施这些管理体系乃至实现一体化管理体系都造成诸多困惑和不便，且容易造成因理解不一致而使实施出现偏差。有鉴于此，国际标准化组织为了在其制定的各种管理体系类国际标准的结构上实现最大限度的一致和兼容，在ISO/IEC工作导则第1部分（第12版，2021年）的附件《管理体系标准的协调方法》中对管理体系标准的高阶结构（high level structure，HLS）做了有关规定（ISO/IEC，2021）。附件由ISO联合技术协调工作组编制，对未来所有管理体系标准的制定提出了统一的结构框架要求，得到了ISO/TMB（技术管理局）的认可，其在世界范围内的影响将是巨大和深远的。附件实质上是适用于所有管理体系标准（management system standards）的通用标准模板，即凡是管理体系标准，除了引言以外，均应该包括10章内容，分别为：

（1）范围（scope）；

（2）规范性引用文件（normative references）；

（3）术语和定义（terms and definitions）；

（4）组织环境（context of the organization）；

（5）领导力（leadership）；

（6）策划（planning）；

（7）支持（support）；

（8）运行（operation）；

（9）绩效评价（performance evaluation）；

（10）改进（improvement）。

按照国际标准化组织的要求，未来所有新出版的和修订的ISO管理体系标准都将遵循附件所规定的上述标准结构和框架进行编制。

三、新版管理体系标准的共性变化及特点

（一）强调组织所处的环境

GB/T 19001—2016、GB/T 24001—2016、GB/T 45001—2020和GB/T 23331—2020国家标准均新增了“组织环境”的要求。组织环境是对组织建立和实现目标的方法有影响的内部和外部因素的组合。一个组织的质量、环境、职业健康安全、能源管理体系的设计和实施受组织的环境及其变化，以及与该环境有关的风险和机遇、相关方的期望、组织的各种变更（包括所提供的产品或服务，所采用的过程、技术和方法）等内外部因素的影响。管理体系能否成功建立并真正有效运行，与组织的内外部环境状况密切相关。因此，组织应监视和评审这些信息；组织的最高管理者应审时度势，站在全局高度审视问题；既要关注技术、竞争、文化、社会、经济和自然环境等外部因素，又要关注组织的发展理念、价值观、文化、知识和绩效等内部因素。最高管理者要明确组织的愿景、战略、中长期目标，确保与国家政策、法律法规的要求相一致，确立共同的信念和价值观，营造适合组织自身发展的企业文化。每个组织都有其独特的内、外部生存环境，只有认清组织所处的环境，清晰自身的定位，才能抓住环境变化带来的机遇，并经受与组织环境有关的风险考验。

(二) 强调领导作用是管理体系成功实施的关键

领导及其作用是所有管理体系成功的关键。管理体系的成功实施取决于最高管理者领导下的组织各层次和职能的承诺。一方面，如果没有领导的参与和积极支持，组织的各项管理体系将成为空谈或流于形式；另一方面，领导对于质量、环境、职业健康安全和能源等管理的认识、理解、观念、态度及其言行，决定了组织能否形成良好的企业管理文化。因此，GB/T 19001—2016、GB/T 24001—2016、GB/T 45001—2020 和 GB/T 23331—2020 国家标准更加突出了领导在管理体系中不可替代的作用。明确了最高管理者在管理体系有效性、方针、目标、战略、信息沟通、预期结果、高层指挥、分配职责和权限以及促进持续改进等方面应承担的角色和发挥的重要作用。为了建立有效的管理体系并证实领导作用和承诺，最高管理者应建立管理方针和管理目标，并与组织的战略方向和所处的环境一致；为管理体系运行提供人力、财力和物力资源；明确各级人员的职责和权限。此外，最高管理者还应在组织内强化过程方法和基于风险的思维；鼓励、指导和支持员工对管理体系运行的有效性做出贡献。总而言之，管理体系标准更加强调了最高领导者应当亲自参与或进行指导，对管理体系的有效性负责，以确保管理体系实现预期结果。

(三) 采用基于风险的思维

采用基于风险的思维是 ISO 管理体系标准的新的共同特点。风险有不确定的影响，基于风险的思维是实现管理体系有效性的前提，因而管理体系要求将基于风险的思维应用于策划和实施管理体系的全过程。基于风险的思维使组织能够确定可能导致其过程和管理体系偏离策划结果的重要因素，以便实施控制，最大限度地降低不利影响，并最大限度地利用出现的机遇。对于质量管理体系而言，基于风险的思维并非新概念。ISO 9001 以往的版本已经隐含了基于风险的方法，但是 GB/T 19001—2016 标准更加强调基于风险的思维应具有系统性、持续性和预防性。对于环境管理体系而言，“风险和机遇”概念及其要求在 GB/T 24001—2016 国家标准中的首次提出，标志着环境管理体系对风险控制的重视。为此，组织在策划环境管理体系时，首先应确定其需要应对的风险和机遇，作为后续制定环境目标和措施策划的输入信息。风险和机遇主要来源于三个方面：环境因素、合规义务，以及基于对其所处环境及相关方需求和期望的理解所识别出的风险和机遇。随后，组织采取应对风险和机遇的措施，以确保环境管理体系能够实现其预期结果，预防或减少不期望因素的影响，并实现持续改进。对于职业健康安全管理体系而言，危险源辨识和风险评价本身就是一种基于风险管理原理的思维，只是在 GB/T 45001—2020 中，基于风险管理的思维得到了更多的重视和完善。例如：不仅要评价风险，还要评价机遇；不仅要评价职业健康安全风险，还要评价职业健康安全管理体系的其他风险；不仅要评价职业健康安全机遇，还要评价职业健康安全管理体系的其他机遇。需要注意的是，尽管目前所有的管理体系标准都要求采用基于风险的思维，但并不要求进行正式的风险管理或文件化的风险管理过程。

(四) 对成文信息 (文件化信息) 的要求更加灵活

“成文信息（文件化信息）”是管理体系标准的共同术语。GB/T 19001—2016、GB/T 24001—2016、GB/T 45001—2020 和 GB/T 23331—2020 国家标准对管理体系成文信息（文件化信息）的要求更加灵活，淡化了对文件形式硬性、僵化和格式化的具体要求，强调更加灵活多样地理解和处理成文信息，避免管理体系被“文件体系”代替等流于形式的通病。新标准取消了以往标准中对编制管理体系手册的规定性要求，以及对文件控制、记录控制、不合格品控制、内部审核、纠正措施、预防措施等形成程序文件的强制性要求，这种自由度主要是为了确保有效的过程控制，将关注点聚焦在管理体系的有效实施和绩效，而非复杂的文件化信息控制系统。成文信息的多少、详略程度取决于组织的规模、活动、过程、产品和服务类型。应结合过程复杂程度及其相互作用，结合人员能力来确定成文信息的程度、数量和形式，以证实其对过程的有效策划、运行控制和有效性的持续改进，因此标准更加强调对过程的管理，更重视过程而非文件，更重视绩效而非记录。组织还可针对透明性、责任、连续性、一致性、培训，或易于审核等目的，选择创建附加的文件化信息，并将组织实施的所有管理体系信息相整合。

（五）强调内外部信息交流并重视相关方的需求和期望

信息交流包括内部信息交流和外部信息交流。GB/T 19001—2016、GB/T 24001—2016、GB/T 45001—2020 和 GB/T 23331—2020 国家标准均要求组织重视外部和内部信息交流并重视相关方的需求和期望，包括建立所需的信息交流过程，沟通一致的、可信的信息的要求，针对组织控制下工作的人员建立信息交流机制，提出改进管理体系的建议等。此外，标准还对信息交流提出了透明化、适当性、真实性、事实性、准确性与可信性等一系列更为细化和具体的要求。信息交流是一个双向的过程，建立良好的信息交流机制有利于组织寻找改进管理体系的机会。

四、实施管理体系标准的作用和收益

管理体系标准是世界上许多经济发达国家管理实践经验的科学总结。众多国家直接等同采用这些国际标准，并开展了本国相应的管理体系认证活动。截至 2021 年 9 月，我国共有认证机构 869 家，累计颁发有效的管理体系认证证书达到 152 余万张，获证组织超 72 万家，连续多年位居全球第一。其中，质量管理体系认证证书达 732 916 张，环境管理体系认证证书达 348 991 张，职业健康安全管理体系认证证书达 297 118 张，能源管理体系认证证书达 7 911 张，食品农产品管理体系认证证书达 39 748 张，信息安全管理体系认证证书达 24 598 张。管理体系认证证书还涉及信息技术服务管理体系、测量管理体系、知识产权管理体系，以及其他各类管理体系。

我国组织通过建立、实施、保持并持续改进上述各类管理体系，获得认证证书，取得了良好的社会、经济和环境效益：

（1）建立和实施质量管理体系，有利于提高产品质量，保护消费者利益，提高产品的可信程度；质量管理体系所采用的过程方法及所提供的持续改进的框架，有效提高了组织的管理能力，也提升了市场竞争力；同时，质量管理体系也有助于组织的持续改进和持续满足顾客的需求和期望；对促进国际经济贸易活动，消除贸易技术壁垒、推动贸易便利化和经济全球化也都起到了十分积极的作用。

（2）建立和实施环境管理体系，促使组织自觉遵纪守法，有效控制环境因素，减少不利环境影响，不断提升环境管理绩效，促进了中国企业打破绿色贸易壁垒，提升国际竞争力，提升企业形象和品牌形象；同时，也促进了企业加快产业结构调整，积极开发有利于保护环境的新工艺和产品，促使企业积极承担绿色、低碳、环保等社会责任。

（3）建立和实施职业健康安全管理体系，引导并促进了企业更有效地提高职业健康安全意识，有效控制危险源和风险因素，构建职业健康安全文化，提升了职业健康安全管理水平，保障了广大职工的身心健康和生命安全，同时有效降低了财产损失，改善了整体职业健康安全状况。

（4）建立和实施能源管理体系，可制度化地将节能工作上升到战略高度，有利于企业内部能源节约和综合利用工作的准确贯彻落实，对于企业规范节能行为，建立节能自律机制起到了良好的促进作用；能源管理体系也为应用先进有效的节能技术和方法，挖掘和利用最佳节能实践和经验搭建了良好平台，可精准实施能源管理绩效评价，提高企业的能源效率和能源管理综合效益。

第 2 节　质量管理体系标准

一、质量管理体系标准的发展过程

20 世纪 80 年代，随着质量管理理论与实践的发展，许多国家和组织为了保证产品质量，选择和控制供应商，纷纷制定国家或本组织标准，对组织内部和供方的质量活动制定质量体系要求，质量保证标准由此产生。与此同时，随着国际贸易的迅速发展，为了适应产品和资本流动的国际化趋势，消除国际贸易中的技术壁垒，国际标准化组织质量管理和质量保证标准化技术委员会 ISO/TC 176 组织各国专家在总结各国质量管理经验的基础上，制定了 ISO 9000 质量管理系列国际标准。ISO 9000 质量管理系列国际标准首次发布于 1987 年。1994 年，ISO/TC 176 对其进行了全面修订并重新颁布实施，2000 年和 2008 年，又先后两次对 ISO 9000 系列标准进行了重大改版。其核心标准包括 ISO 9000：2000《质量管理体系 基础和术语》、ISO 9001：2000《质量管理体系 要求》、ISO 9004：2000《质量管理体系 业绩改进指南》和 ISO 19011：2002《质量和（或）环境管理体系审核指南》等。2012 年初，ISO/TC 176/SC 2 开启了对 ISO 9001：2000《质量管理体系 要求》国际标准的修订工作，最新版 ISO 9001：2015 于 2015 年 9 月 15 日正式颁布。

我国早在 1994 年就由全国质量管理和质量保证标准化技术委员会（SAC/TC 151）对 ISO 9001：1994 国际标准进行了跟踪研究并等同转化为 GB/T 19001—1994《质量管理体系 要求及使用指南》国家标准，后续随着 ISO 9001 国际标准的修订，先后完成了 GB/T 19001 的改版工作。GB/T 19001—2016《质量管理体系 要求》于 2016 年 12 月 30 日正式发布，2017 年 7 月 1 日正式实施。同期或后续制定并发布的质量管理体系国家标准还有 GB/T 19000—2016《质量管理体系 基础和术语》、GB/T 19002—2018《质量管理体系 GB/T 19001—2016 应用指南》、GB/T 19004—2020《质量管理 组织的质量 实现持续成功指南》，均系对相应国际标准的等同转化，共同构成了我国的质量管理系列国家标准。

二、2016 版质量管理体系标准的核心内容及特点

（一）质量管理体系标准的目的

质量管理体系标准的目的在于为各组织提供一个提升质量能力和水平的框架，以确保组

织稳定地提供满足顾客要求以及适用的法律法规要求的产品和服务的能力，为组织的产品和服务提高信任度，增加顾客满意的机会。同时，旨在应对与组织环境和目标相关的风险和机遇，最终证实符合规定的质量管理体系要求的能力。

（二）质量管理体系标准的核心内容

GB/T 19001—2016（ISO 9001：2015，IDT①）《质量管理体系 要求》国家标准采用策划（plan）、实施（do）、检查（check）和处置（act），即PDCA循环模式，其核心内容包括：策划阶段，根据顾客的要求和组织的方针、建立质量管理体系的目标及其过程，确定实现结果所需的资源，并识别和应对风险和机遇；实施阶段，实施所做的策划；检查阶段，根据方针、目标、要求和经策划的活动，对过程以及形成的产品和服务进行监视和测量，并报告结果；处置阶段，必要时采取措施提高绩效。

（三）质量管理体系标准的特点

除了本章第1节所述的新版管理体系标准的共性特点外，GB/T 19001—2016《质量管理体系 要求》国家标准的技术内容还体现了以下特点：

1. 质量管理原则

GB/T 19001—2016《质量管理体系 要求》国家标准是在GB/T 19000—2016《质量管理体系 基础和术语》所述的七项质量管理原则的基础上制定的。质量管理原则包括：以顾客为关注焦点、领导作用、全员积极参与、过程方法、改进、循证决策、关系管理。

2. 过程方法的应用

过程方法实际上是所有管理体系标准共同的特点。GB/T 19001—2016《质量管理体系 要求》国家标准倡导在建立、实施、保持和持续改进质量管理体系以及提高其有效性时采用过程方法，通过满足顾客要求提高顾客满意度。过程方法的应用使组织能够策划其过程及其相互作用，对其体系的过程之间相互关联和相互依赖的关系进行有效控制，从而有助于组织有效且高效地实现其预期结果，并提升组织整体绩效。

过程方法结合了PDCA循环与基于风险的思维。其中，PDCA循环使组织能够确保其过程得到充分的资源和管理，确定改进机会并采取行动；而基于风险的思维使组织能够确定可能导致其过程和质量管理体系偏离策划结果的各种因素，进行预防控制，最大限度地降低不利影响，并最大限度地利用出现的机遇。

在质量管理体系中应用过程方法，能够使组织理解并持续满足要求，从增值的角度考虑过程，获得有效的过程绩效，并在评价数据和信息的基础上改进过程。

3. 同时适用于产品和服务

GB/T 19001—2016《质量管理体系 要求》国家标准定义的“产品”是指在组织和顾客之间未发生任何交易的情况下，组织能够产生的输出。通常，产品的主要要素是有形的，如硬件、流程性材料、软件，而“服务”是至少有一项活动必须在组织和顾客之间进行的组织的输出。通常，服务的主要要素是无形的。标准所阐述的“产品和服务”，不仅表明标准适用于产品，而且凸显了适用于服务的特点，旨在强调在某些要求的应用方面，产品和服务之间存在的差异。服务与有形的产品不同，服务是在与顾客接触面上完成的活动，具有输出无

---

① IDT，identical的缩写，表示等同采用。

形的特点，这是管理体系应考虑的特征。越来越多的组织重视顾客体验，为顾客营造舒适的氛围，给顾客留下难以忘怀的印象，从而提升了服务水平，增强了顾客满意。对于服务型组织而言，其服务是以活动和过程展开的，由此标准也提高了其在服务业的适用性。

4. 注重实现预期的过程结果以增强顾客满意

所谓实现预期的过程结果，实际上就是获得有效的过程绩效，增强顾客满意。主要体现在：组织应确定质量管理体系所需的过程及其在整个组织中的应用，确定这些过程所需的输入和期望的输出，确定这些过程的顺序和相互作用，确定和应用所需的准则和方法（包括监视、测量和相关绩效指标），以确保这些过程的有效运行和控制；应确定这些过程所需的资源并确保其可获得；应分配这些过程的职责和权限；评价这些过程，实施必要的变更，确保实现这些过程的预期结果。此外，还应按照标准的要求应对风险和机遇，并持续改进过程和质量管理体系。

三、质量管理标准体系的构成

质量管理标准体系包括质量管理的核心标准、支持性标准、技术规范和技术报告等，如表 11－1 所示。

表 11－1　质量管理标准体系

	国际标准代号和名称
核心标准	• ISO 9000：2015《质量管理体系　基础和术语》 • ISO 9001：2015《质量管理体系　要求》 • ISO 9004：2018《质量管理　组织的质量　实现持续成功指南》 • ISO 19011：2018《管理体系审核指南》
支持性标准	• ISO 10001：2018《质量管理　顾客满意　组织行为规范指南》 • ISO 10002：2018《质量管理　顾客满意　组织投诉处理指南》 • ISO 10003：2018《质量管理　顾客满意　组织外部争议解决指南》 • ISO 10004：2018《质量管理　顾客满意　监视和测量指南》 • ISO 10005：2018《质量管理　质量计划指南》 • ISO 10006：2017《质量管理　项目质量管理指南》 • ISO 10007：2017《质量管理　技术状态管理指南》 • ISO 10008：2013《质量管理　顾客满意　企业-消费者电子商务交易指南》 • ISO 10012：2003《测量管理体系　测量过程和测量设备的要求》 • ISO 10014：2006《质量管理　实现财务和经济效益的指南》 • ISO 10015：1999《质量管理　培训指南》 • ISO 10018：2012《质量管理　人员参与和能力指南》 • ISO 10019：2005《质量管理体系咨询师的选择及其服务的使用的指南》
技术规范	• ISO/TS 9002：2016《质量管理体系 ISO 9001：2015 应用指南》
技术报告	• ISO/IWA 4：2005《质量管理体系　地方政府应用 ISO 9001：2000 指南》 • ISO/TR 10017：2003 ISO 9001：2000《统计技术指南》 • ISO/TR 10013：2001《质量管理体系文件指南》
合格评定标准	• ISO/IEC 17021—3：2017《合格评定-管理体系审核认证机构要求　第 3 部分：质量管理体系审核与认证能力要求》

第3节　环境管理体系

一、环境管理体系标准的发展过程

国际标准化组织（ISO）一贯关注全球环境保护这一热点问题，并努力通过其标准化工作为此做出贡献。1993年ISO成立TC 207环境管理标准化技术委员会，专门负责环境管理领域的标准化工作。ISO/TC 207的宗旨是支持环境保护工作，改善并维持生态环境质量，减少人类各项活动所造成的环境污染，使之与社会经济发展达到平衡，促进经济的持续发展。其职责是在理解和制定管理工具和体系方面的国际标准和服务上，为全球提供先导。它通过制定和实施一套环境管理国际标准来规范企业、社会团体、政府机构等所有组织的环境行为，以达到节省资源、减少环境污染、改善环境质量、促进经济持续健康发展的目的。ISO/TC 207的工作领域是环境管理体系和环境工具的标准化，而不包括具体的技术，如污染物测试方法、污染物和排放物的极限值、环境质量标准、产品标准等方面的内容。

由于环境管理标准化工作对环境保护的重要性，以及未来的环境管理标准可能对国际贸易产生的巨大影响，ISO/TC 207的成员规模不断壮大，拥有83个正式成员、37个观察成员、33名ISO内部联络组织及32名外部联络组织，成为国际标准化组织中最大的技术委员会。ISO/TC 207的主席和秘书国为加拿大，目前下设的七个分委员会分别是：SC 1环境管理体系、SC 2环境审核和调查、SC 3环境标志和声明、SC 4环境绩效评价、SC 5生命周期评价、SC 6术语和定义（于2001年解散后成立TC G术语协调组）、SC 7温室气体管理。另外，根据标准制修订的需要，在技术委员会或分委员会下还可设立工作组，诸如术语协调组（TC G）、环境因素工作组（WG 7）、物质流成本分析工作组（WG 8）、荒漠化治理工作组（WG 9）、环境意识设计组（WG 10）等。

1996年9月1日，ISO发布的ISO 14001：1996《环境管理体系 规范及使用指南》和ISO 14004：1996《环境管理体系 原则、体系和支持技术通用指南》是ISO 14000系列标准中最重要的两项标准，被誉为ISO 14000环境管理系列的“龙头标准”。2004年，ISO/TC 207完成了对这两项标准的第一次修订（第2版），其中ISO 14001：2004更名为《环境管理体系 要求及使用指南》；第3版的ISO 14001和ISO 14004分别于2015年和2016年相继完成修订（第二次修订），其中ISO 14004：2016更名为《环境管理体系 通用实施指南》。

我国早在1996年就由全国环境管理标准化技术委员会（SAC/TC 207）对ISO 14001：1996国际标准进行了跟踪研究并等同转化为GB/T 24001—1996《环境管理体系 规范及使用指南》国家标准，后续随着ISO 14001国际标准的修订，完成了GB/T 24001的改版工作。GB/T 24001—2016《环境管理体系 要求及使用指南》于2016年10月13日正式发布，2017年5月1日正式实施。同期制定并发布的环境管理体系国家标准还有GB/T 24004—2017《环境管理体系 通用实施指南》，也是对相应国际标准的等同转化。

二、2016 版环境管理体系标准的核心内容及特点

（一）环境管理体系标准的目的

当今世界，为了既满足当代人的需求，又不损害后代人满足其需求的能力，必须实现环境、社会和经济三者之间的平衡。通过平衡这“三大支柱”的可持续性，实现可持续发展目标。另外，随着法律法规的日趋严格，以及污染、资源的低效使用、废物管理不当、气候变化、生态系统退化、生物多样性下降等给环境造成的压力不断增大，社会对可持续发展、透明度和责任的期望值已发生了变化。因此，各组织通过实施环境管理体系，采用系统的方法进行环境管理，为“环境支柱”的可持续性做出贡献。

环境管理体系标准的目的在于为各组织提供框架，以保护环境，响应变化的环境状况，同时与社会经济需求保持平衡；通过建立并实施环境管理体系，组织可预防或减轻不利环境影响以保护环境，减轻环境状况对组织的潜在不利影响，帮助组织履行合规义务，提升组织的环境绩效。同时，通过运用生命周期观点，控制或影响组织的产品和服务的设计、制造、交付、消费和处置的方式，防止环境影响转移到生命周期的其他阶段。此外，还可实施环境友好且可巩固组织市场地位的最佳方案，以获得财务和运营收益。环境管理体系的成功实施也有助于组织与相关方就环境信息进行良好的沟通。

（二）环境管理体系标准的核心内容

GB/T 24001—2016（ISO 14001：2015，IDT）《环境管理体系 要求及使用指南》国家标准采用 PDCA 循环模式，其核心内容包括：策划阶段，建立所需的环境目标和过程，以实现与组织的环境方针相一致的结果；实施阶段，实施策划的过程；检查阶段，依据环境方针、环境目标和运行准则，对过程进行监视和测量，并报告结果；改进阶段，采取措施以持续改进。

在实施环境管理体系的操作层面，GB/T 24001—2016《环境管理体系 要求及使用指南》国家标准以环境因素为核心主线，制定并实施环境方针和目标，通过理解组织所处的环境、需要应对的风险和机遇来建立系统的管理过程，进行环境因素识别、环境影响评价，并确定必要的控制措施，提升人员的环境管理意识和能力，评价环境绩效，寻找改善的机会并持续改进，确保员工在环境管理事务中发挥积极作用。

（三）环境管理体系标准的特点

除了本章第 1 节所述的新版管理体系标准的共性变化外，GB/T 24001—2016《环境管理体系 要求及使用指南》国家标准的技术内容还体现了以下特点：

1. 战略环境管理思维

战略环境管理思维主要体现在对可持续发展理念的强化。环境管理是可持续发展的重要组成部分，将环境管理置于可持续发展的框架内，强调环境管理与可持续发展密不可分；组织采取战略环境管理思维，通过实施环境管理体系，采用系统的方法进行环境管理，可为环境、社会和经济三大支柱中的“环境支柱”的可持续性做出贡献。

2. 将环境管理体系融入组织的业务过程

将环境管理体系融入组织的业务过程是组织建立、实施、保持和持续改进环境管理体系

过程中始终应坚持的思想。组织的环境管理工作，围绕环境管理体系建立和实施所开展的策划活动、资源投入、运行控制，以及监视、测量、分析、评价、审核与评审等活动都应与组织自身的业务过程保持良好的融合，让环境管理体系始终扎根并置身于组织的业务过程中。只有这样，环境管理体系才能充分发挥好管理工具的作用，真正指导组织各项业务过程中的环境管理工作。

3. 承诺从污染预防扩展到保护环境

GB/T 24001—2016《环境管理体系 要求及使用指南》国家标准的环境方针，将以往标准中的“污染预防承诺 ”进一步拓展为“保护环境承诺，其中包含污染预防及其他与组织所处环境有关的特定承诺”。所谓其他特定承诺，包括“资源的可持续利用、减缓和适应气候变化、保护生物多样性和生态系统”。这意味着在当前资源低效使用、废物管理不当、气候变化、生态系统退化、生物多样性减少的全球环境形势和压力下，对组织的期望已由过去简单被动的预防污染扩展到积极主动的保护环境，以免因组织的活动、产品和服务而导致的环境危害与退化。这些承诺可能涉及水质量、再循环或空气质量的问题，并包括与减缓和适应气候变化、保护生物多样性与生态系统以及环境修复相关的承诺。

4. 强调履行合规义务

GB/T 24001—2016《环境管理体系 要求及使用指南》国家标准将以往标准中的“法律法规和其他要求”改写为“合规义务”，并在诸多条款要求中予以体现，充分体现了遵守合规义务并进行合规性评价在组织建立、实施、保持和持续改进环境管理体系过程中的重要性。合规义务包括组织须遵守的法律法规要求，及组织须遵守的或选择遵守的其他要求。组织应确定并获取与其环境因素有关的合规义务，确定如何将这些合规义务应用于组织，以及在建立、实施、保持和持续改进其环境管理体系时必须考虑这些合规义务。标准还特别强调了组织应对那些与相关方需求和期望有关的合规义务给予特别关注和详细确定。组织应建立、实施并保持评价其合规义务履行情况所需的过程；确定实施合规性评价的频次，对所有合规义务均定期予以评价，必要时采取措施，保持其合规状况的知识和对其合规状况的理解。

5. 强化提升环境绩效

GB/T 24001—2016《环境管理体系 要求及使用指南》国家标准更加关注组织建立、实施环境管理体系后环境绩效的评价和提升，在诸多条款要求中也都提及有关环境绩效的提升。取得认证证书并非组织的最终目的，只有通过环境绩效评价才能真实验证环境管理体系的实施成效；只有不断采取检查和改进措施，才能切实实现组织环境绩效的整体提升。环境绩效的提升也是一个持续改进、不断提升的过程；通过持续改进环境绩效来持续改进环境管理体系，将不断增强环境管理体系的有效性。

6. 运用生命周期观点

生命周期观点是环境管理的重要思想。生命周期观点及方法运用，是确保环境管理体系取得成功的有力工具。首先，环境管理体系控制的核心对象“环境因素”是基于生命周期观点和方法加以识别的。其次，在采取措施对环境因素进行控制时，运行策划和控制要求应从生命周期观点出发；组织应制定控制措施，确保在产品或服务设计和开发过程中，考虑其生命周期的每一阶段，并提出环境要求，同时考虑提供与产品或服务的运输或交付、使用、寿命结束后处理和最终处置相关的有潜在重大环境影响的信息的需求。可见，组织在建立、实施、保持和持续改进环境管理过程中，应始终充分运用生命周期（LCA）观点和方法，无论是对重要环境因素的识别，还是对外包、供应链、相关方的运行控制和施加影响都应从生命周期角度加以考虑。

三、环境管理标准体系的构成

ISO 14000 环境管理系列标准是世界各国对近年来常用的环境管理技术的总结与提高。这些环境管理技术，是近半个多世纪以来人们反省工业与社会发展的结果，是人们为了保护环境，实现可持续发展所开发的最新管理工具。ISO/TC 207 成立之初，ISO 中央秘书处就为 ISO 14000 系列预留了 100 个标准号。截止到 2021 年底，ISO/TC 207 共发布国际标准 35 项，技术报告 7 项，技术规范 4 项，指南 1 项。环境管理标准体系包括环境管理的核心标准、管理工具标准、技术规范、技术报告、指南、合格评定标准等，如表 11-2 所示。

表 11-2 环境管理标准体系

	国际标准代号和名称
核心标准	• ISO 14001：2015《环境管理体系 要求及使用指南》 • ISO 14004：2016《环境管理体系 通用实施指南》
管理工具标准	• ISO 14002-1：2019《环境管理体系 针对某个环境主题领域应用 ISO 14001 处理环境因素和应对环境状况的指南：第一部分 通则》 • ISO 14005：2019《环境管理体系 分阶段实施的灵活方法指南》 • ISO 14006：2020《环境管理体系 引入生态设计指南》 • ISO 14007：2019《环境管理 确定环境成本和效益的指南》 • ISO 14008：2019《环境影响及相关环境因素的货币估值》 • ISO 14015：2001《环境管理 现场和组织的环境评价（EASO)》 • ISO 14016：2020《环境管理 环境报告担保指南》 • ISO 14020：1999《环境标志和声明 通用原则》 • ISO 14021：2016《环境标志和声明 自我环境声明（Ⅱ型环境标志)》 • ISO 14024：1999《环境标志和声明 Ⅰ型环境标志 原则和程序》 • ISO 14025：2006《环境标志和声明 Ⅲ型环境声明 原则和程序》 • ISO 14026：2017《环境标志和声明 足迹信息交流的原则、要求和指南》 • ISO 14030-1：2021《环境绩效评价 绿色债务工具 第 1 部分：绿色债券程序》 • ISO 14030-2：2021《环境绩效评价 绿色债务工具 第 2 部分：绿色贷款程序》 • ISO 14030-4：2021《环境绩效评价 绿色债务工具 第 4 部分：验证计划要求》 • ISO 14031：2013《环境管理 环境绩效评价 指南》 • ISO 14033：2019《环境管理 定量环境信息 指南与示例》 • ISO 14034：2016《环境管理 环境技术验证》 • ISO 14040：2006《环境管理 生命周期评价 原则与框架》 • ISO 14044：2006《环境管理 生命周期评价 要求与指南》 • ISO 14045：2012《环境管理 产品体系的生态效益评价 原则、要求和指南》 • ISO 14046：2014《环境管理 水足迹 原则、要求与指南》 • ISO 14050：2020《环境管理 术语》 • ISO 14051：2011《环境管理 物质流成本核算 通用框架》 • ISO 14052：2017《环境管理 物质流成本核算 在供应链中的实际实施指南》 • ISO 14053：2021《环境管理 物质流成本核算 组织分阶段实施指南》 • ISO 14055-1：2017《环境管理 建立防治土地退化和荒漠化良好实践的指南 第 1 部分 良好实践框架》 • ISO 14063：2020《环境管理 环境信息交流 指南和示例》

续表

	国际标准代号和名称
管理工具标准	• ISO 14064－1：2018《温室气体 第一部分：组织层面对温室气体排放和清除的量化和报告的规范及指南》 • ISO 14064－2：2019《温室气体 第二部分：项目层面对温室气体排放或和清除的量化、监测和报告的规范及指南》 • ISO 14064－3：2019《温室气体 第三部分：温室气体声明确认与验证的规范及指南》 • ISO 14065：2013《温室气体 温室气体确认与验证机构合格性鉴定或其它认可形式的要求》 • ISO 14066：2011《温室气体 温室气体确认与验证团队能力的要求》 • ISO 14067：2018《温室气体 产品碳足迹 量化要求及指南》 • ISO 14080：2018《温室气体管理及相关活动 气候行动方法的框架和原则》 • ISO 14090：2019《适应气候变化 原则、要求和指南》 • ISO 14091：2021《适应气候变化 脆弱性、影响和风险评估指南》 • ISO 14097：2021《温室气体管理和相关活动 包括评估和报告与气候变化有关的投资和筹资活动的原则和要求的框架》
技术规范	• ISO/TS 14027：2017《环境标志和声明 产品种类规则的制定》 • ISO/TS 14048：2002《环境管理 生命周期评价 数据文件格式》 • ISO/TS 14071：2014《环境管理 生命周期评价 鉴定性评审过程和评审人员能力》 • ISO14044：2006《附加要求和指南》 • ISO/TS 14072：2014《环境管理 生命周期评价 组织生命周期评价要求与指南》 • ISO/TS 14092：2020《地方政府与社区适应计划的要求和指南》
技术报告	• ISO/TR 14047：2012《环境管理 生命周期评价 如何将》 • ISO 14044《应用于影响评价情况的示例》 • ISO/TR 14049：2012《环境管理 生命周期评价 如何将》 • ISO 14044《应用于目的和范围的确定及清单分析的示例》 • ISO/TR 14061：1998《协助林业组织使用环境管理体系标准》 • ISO 14001 和 ISO14004 的信息 • ISO/TR 14062：2002《环境管理 将环境因素引入产品的设计和开发》 • ISO/TR 14069：2013《温室气体 组织温室气体排放的量化和报告》 • ISO 14064－1 应用指南 • ISO/TR 14073：2017《环境管理 水足迹 如何应用 ISO14046 的说明性示例》
指南	• Guide 64：2008《在产品标准中包含环境因素的指南》
合格评定标准	• ISO/IEC 17021－2：2016《合格评定 管理体系审核和认证机构的要求 第2部分：环境管理体系审核和认证的能力要求》

第4节 职业健康安全管理体系

一、职业健康安全管理体系标准的发展过程

最早的职业健康安全管理体系标准是由英国标准协会（BSI）、挪威船级社（DNV）等13个组织于1999年联合推出的国际性标准，包括 OHSAS 18001：1999《职业健康安全管理体系 规范》和 OHSAS 18002：1999《职业健康安全管理体系 OHSAS 18001 实施指南》。

它是组织建立职业健康安全管理体系的基础，是 20 世纪 80 年代后期对国际上新兴的现代安全管理模式的总结，与 ISO 9001、ISO 14001 国际标准并称为后工业化时代的三大管理方法。随后，OHSAS 18001 和 OHSAS 18002 于 2007 年进行了修订。随着经济社会的发展和国际社会对职业健康安全管理体系的广泛重视与认可，国际标准化组织正式成立了 ISO/TC 283 职业健康安全管理技术委员会，并于 2018 年 3 月 12 日发布了 ISO 45001：2018《职业健康安全管理体系 要求及使用指南》国际标准，代替 OHSAS 18001：2007 和 OHSAS 18002：2007，正式上升为 ISO 标准。

我国于 2001—2002 年参照 OHSAS 18001：1999 和 OHSAS 18002：2000，制定了国家标准 GB/T 28001—2001《职业健康安全管理体系 规范》和 GB/T 28002—2002《职业健康安全管理体系 指南》两项国家标准。2011 年，随着 OHSAS 18001：2007 和 OHSAS 18002：2008 的发布，我国等同转化并发布了 GB/T 28001—2011《职业健康安全管理体系 要求》和 GB/T 28002—2011《职业健康安全管理体系 实施指南》国家标准。2018 年 ISO/TC 283 正式发布 ISO 45001：2018 国际标准后，我国等同转化为 GB/T 45001—2020《职业健康安全管理体系 要求及使用指南》国家标准，并于 2020 年 3 月 6 日正式发布实施。

二、2020 版职业健康安全管理体系标准的核心内容及特点

（一）职业健康安全管理体系标准的目的

组织应对工作人员和可能受其活动影响的其他人员的职业健康安全负责，包括促进和保护他们的生理和心理健康。职业健康安全管理体系标准的目的在于为各组织管理职业健康安全风险和机遇提供框架。职业健康安全管理体系本身的目的和预期结果正是防止对工作人员造成与工作相关的伤害和健康损害，并提供健康安全的工作场所。因此，对于组织而言，采取有效的预防和保护措施以消除危险源和最大限度地降低职业健康安全风险至关重要。

组织通过其职业健康安全管理体系应用这些措施时，能够提高其职业健康安全绩效。如果及早采取措施以把握改进职业健康安全绩效的机会，职业健康安全管理体系将会更加有效和高效。实施符合 GB/T 45001—2020 标准的职业健康安全管理体系，能使组织管理其职业健康安全风险并提升职业健康安全绩效，同时，职业健康安全管理体系有助于组织满足法律法规要求和其他要求。

（二）职业健康安全管理体系标准的核心内容

GB/T 45001—2020（ISO 45001：2018，IDT）《职业健康安全管理体系 要求及使用指南》国家标准采用 PDCA 循环模式，其核心内容包括：策划阶段，确定和评价职业健康安全风险、职业健康安全机遇以及其他风险和机遇，制定职业健康安全目标并建立所需的过程，以实现与组织职业健康安全方针相一致的结果；实施阶段，实施策划的过程；检查阶段，依据职业健康安全方针和目标，对活动和过程进行监视和测量，并报告结果；改进阶段，采取措施持续改进职业健康安全绩效，以实现预期结果。

在实施职业健康安全管理体系的操作层面，GB/T 45001—2020《职业健康安全管理体系 要求及使用指南》国家标准以危险源辨识和风险评价为核心主线，制定并实施职业健康安全方针和目标，通过理解组织所处的环境、需要应对的风险和机遇来建立系统的管理过程，进行危险源辨识、风险评价，并确定必要的控制措施，提升人员的职业健康安全意识和

能力，评价职业健康安全绩效，寻找改善的机会并持续改进，确保员工在职业健康安全事务中发挥积极作用。

（三）职业健康安全管理体系标准的特点

随着经济的高速发展，我国已成为全球制造大国，对职业健康安全管理工作的要求越来越高。近20年来，我国职业健康安全管理体系标准实践取得了丰硕成果，得到了广大组织的高度认可和一致好评。除了本章第1节所述的新版管理体系标准的共性变化外，GB/T 45001—2020《职业健康安全管理体系 要求及使用指南》国家标准的技术内容还体现了以下特点：

1. 强化危险源辨识和风险评价的要求

主要包括危险源辨识过程中必须考虑的内容更加详细和具体，并更加合理和完善；风险评价的要求从风险和机遇两方面阐述，更加全面和系统，易于理解和应用。

2. 加强变更管理、采购和外包控制等运行控制管理

进一步完善了运行控制要素，分为“运行策划和控制”和“应急准备和响应”两部分；在“运行策划和控制”部分增加了对变更管理、采购和外包控制的要求，使得运行控制要求更加细化和具体。

3. 关注职业健康安全绩效、绩效监视和测量

将以往标准中的“合规性评价”、“内部审核”和“管理评审”统一纳入“绩效评价”要素之中，使得绩效评价更加清晰，易于理解。

4. 强调安全生产的主体责任

特别针对ISO 45001：2018中“responsibility”和“accountability”的原始含义以汉语词汇“职责”和“问责”加以严格区分，以强调安全生产的主体责任，特别强调安全生产问责制，尤其是对最高管理者以及相关责任人的问责。

三、职业健康安全管理标准体系的构成

职业健康安全管理标准体系包括职业健康安全管理的核心标准、合格评定标准等，如表11-3所示。

表11-3 职业健康安全管理标准体系

	国际标准代号和名称
核心标准	• ISO 45001：2018《职业健康安全管理体系 要求及使用指南》
合格评定标准	• ISO/IEC TS 17021.10：2018《合格评定 管理体系审核认证机构要求 第10部分：职业健康安全管理体系审核与认证能力要求》

第5节 能源管理体系

一、能源管理体系标准的发展过程

能源管理体系概念的产生源自对能源问题的关注。世界经济的发展需求与能源制约的矛盾唤醒和强化了人们的能源危机意识。在能源使用过程中，人们逐渐认识到实现节能目标不

仅需要开发应用节能技术和装备，也需要建立系统性的管理框架，开展管理实践，推动行为节能。基于 ISO 9000 质量管理体系和 ISO 14000 环境管理体系的成功实施经验，世界很多国家积极探索将系统管理理念应用到能源管理工作中，研究制定能源管理体系国家标准，例如：英国能源效率办公室针对建筑能源管理制定的《能源管理指南》、美国国家标准学会（ANSI）制定的 MSE 2000《能源管理体系》、瑞典标准学会（SIS）制定的《能源管理体系说明》、爱尔兰国家标准局（NSAI）制定的《能源管理体系 要求及使用指南》等。

2008 年，ISO 批准成立能源管理体系标准化项目委员会（ISO/PC 242），2011 年完成了 ISO 50001：2011《能源管理体系 要求及使用指南》国际标准的制定工作。同年，ISO 批准将其转化为 ISO/TC 242 能源管理技术委员会；2016 年，经 ISO 批准，原 ISO/TC 242 与原 ISO/TC 257 节能量技术委员会合并，成立新的 ISO/TC 301 能源管理和能源节约技术委员会，接管原来两个技术委员会的所有标准项目和工作组。随后，ISO/TC 301 启动对 ISO 50001：2011 的修订，基于多年来对旧版标准使用的经验，并引入 ISO 管理体系标准的高阶结构（HLS），不但使其与 ISO 9001 和 ISO 14001 等其他 ISO 管理体系标准更好地兼容，而且更加符合不同行业、组织对能源管理体系标准的要求。2018 年新版 ISO 50001：2018 修订工作完成并替代老版标准。2020 年，ISO/TC 257 还完成并发布了配套的新版国际标准 ISO 50004：2020。

我国从 2002 年开始逐步探索建立能源管理体系系列国家标准。“十一五”以来，钢铁、有色金属、煤炭等重点行业，以及各个地方均针对企业普遍存在的节能法规政策落实不到位、节能技术获取渠道不畅通、节能目标责任不明确、能源计量统计薄弱等问题，积极借鉴国际先进经验，研究和探索能源管理体系建设。《关于印发万家企业节能低碳行动实施方案的通知》（发改环资〔2011〕2873 号）明确指出通过开展能源管理体系建设等加强对万家企业的节能监管，极大地推动了能源管理体系建设工作的开展。

基于丰富的能源管理体系建设实践经验，我国于 2009 年制定发布了首个能源管理体系国家标准，即 GB/T 23331—2009《能源管理体系 要求》，成为我国能源管理体系建设中的重要指导性文件。2011 年，随着 ISO 发布 ISO 50001：2011 国际标准，我国随即对 GB/T 23331—2009 国家标准进行修订。GB/T 23331—2012《能源管理体系 要求》和 GB/T 29456—2012《能源管理体系 实施指南》于 2012 年发布，保证了我国国家标准与国际标准的协调一致性，并成为我国能源管理体系层面的最高指导性标准。2020 年，我国完成并正式发布了 GB/T 23331—2020《能源管理体系 要求及使用指南》国家标准，该标准等同转化了 ISO 50001：2018 国际标准，代替 GB/T 23331—2012，于 2021 年 6 月 1 日正式实施。

二、2020 版能源管理体系标准的核心内容及特点

（一）能源管理体系标准的目的

能源管理工作由来已久，世界各国在能源管理经验、节能意识提升、节能方法应用等方面都积累了丰富的经验。能源管理体系标准旨在帮助组织建立必要的体系和过程，使组织能源管理的各项目标、制度和措施之间能够形成一个有机整体，使全过程的、系统化的能源管理思想在具体的能源管理实践中得到具体体现并取得预期绩效，促进节约能源并有效降低组织生产经营成本。能源管理体系的成功实施可支持能源绩效改进的节能文化的建设，建立节能文化取决于组织各层级尤其是最高管理者的承诺，并与企业文化相融合。组织实施能源管理体系标准，有利于促进国家能源方面的法律法规、政策、标准和其他要求的贯彻实施，有

助于组织将现有的管理制度与能源管理要求有机结合，科学强化能源管理；实施能源管理体系标准也有利于组织将节能工作落到实处，及时发现能源管理工作中存在的问题，不断挖掘节能潜力；同时，能源管理体系标准也能帮助组织建立并完善相互联系、相互制约和相互促进的能源管理工作机制，提高能源管理工作的系统性和整体水平。

（二）能源管理体系标准的核心内容

GB/T 23331—2020（ISO 50001：2018，IDT）《能源管理体系 要求及使用指南》采用PDCA循环模式，其核心内容包括：策划阶段：理解组织所处的环境，建立能源方针和能源管理团队，考虑应对风险和机遇的措施，进行能源评审，识别主要能源使用并建立能源绩效参数、能源基准、目标和能源指标以及必要的措施计划；该计划与组织的能源方针一致，用以实现能源绩效改进的结果。实施阶段：实施措施计划、运行和维护控制、信息交流，确保人员能力，并在设计和采购时考虑能源绩效。检查阶段：对能源绩效和能源管理体系进行监视、测量、分析、评价、审核及管理评审。改进阶段：采取措施处理不符合项，并持续改进能源绩效和能源管理体系。

在实施能源管理体系的操作层面，GB/T 23331—2020《能源管理体系 要求及使用指南》国家标准注重将能源管理融入用能单位现有的实践中，帮助用能单位建立必要的体系和过程，通过提供改进能源绩效的系统方法，使用能单位转变管理能源的方式，不断提高能源利用效率、降低能源消耗，减少与能源相关的温室气体排放，使用能单位更具竞争力。

（三）能源管理体系标准的特点

除了本章第1节所述的新版管理体系标准的共性变化外，GB/T 23331—2020《能源管理体系 要求及使用指南》国家标准的技术内容还体现了以下特点：

1. 强调能源绩效的改进

与之前的能源管理体系标准版本相比，此版本更加关注组织建立、实施能源管理体系后能源绩效的改进。能源绩效改进是同能源基准相比较，与能源使用相关的能源效率或能源消耗的可测量结果的改进，在体系策划、支持和运行、绩效评价、改进等各阶段的诸多条款要求中都予以提及。建立能源管理体系，甚至取得认证证书不是目的，通过实施、保持并持续改进能源管理体系，不断改进能源绩效、降低相关的能源成本、提高组织的竞争力，才是能源管理体系的意义所在。采用科学、适用的方法开展能源绩效评价，能够真实了解能源管理体系运行状况和实施成效，也能够不断完善、优化能源管理体系，使其更有效地发挥作用。

2. 强调能源绩效的可比性

考虑到能源绩效改进与否是判断能源管理体系是否有效实施的关键。GB/T 23331—2020《能源管理体系 要求及使用指南》国家标准强调采用科学、适用的方法开展能源绩效评价，使得不同条件下的能源绩效具有可比性。标准首先引入了相关变量、能源绩效参数值的概念，当相关变量对能源绩效有重大影响时，应量化这些变量的影响；其次引入了归一化的概念，规定组织中有数据表明相关变量显著影响能源绩效时，应对能源绩效参数和相应的能源基准进行归一化，以修正数据来反映变化，使得不同条件下的能源绩效具有可比性；最后引入了静态因素的概念，规定当静态因素发生重大变化时，应对能源基准进行调整。

3. 强调能源数据收集策划和相关要求

准确的能源数据是监测和持续改进能源绩效的基础和关键条件。GB/T 23331—2020

《能源管理体系 要求及使用指南》国家标准强调对能源数据收集进行策划，明确能源数据收集的类型、方式以及频率，从而确保能源评审、监视、测量、分析与评价等过程中能源数据的可获得性，同时确保用于测量关键特性的设备所提供数据的准确性和可重现性。另外，应建立按规定时间间隔的评审能源数据收集计划，并适时更新，以保证能源数据收集策划始终适用于能源管理体系。

三、能源管理标准体系的构成

截至 2021 年 12 月，ISO/TC 301 共组织制定 21 项标准，正在起草 6 项标准，涉及能源管理体系、术语、能源审计、能源绩效评价工具、节能量评估、能源服务等方面，能源管理标准体系如表 11 - 4 所示。

表 11 - 4 能源管理标准体系

	国际标准代号和名称
核心标准	• ISO 50001：2018《能源管理体系 要求及使用指南》 • ISO 50004：2020《能源管理体系》 • ISO 50001《能源管理体系实施、保持和改进指南》
管理工具标准	• ISO 50002：2014《能源审计 要求及使用指南》 • ISO 50003：2021《能源管理体系 能源管理体系审核与认证机构要求》 • ISO 50005：2021《能源管理体系 分阶段实施指南》 • ISO 50006：2014《使用能源基线（EnB）和能源绩效参数（EnPI）测量能源绩效——通用原则和指南》 • ISO 50007：2017《能源服务 向用户提供能源服务的评价与实施指南》 • ISO/TS 50008：2018《能源管理和能源节约 能源绩效的建筑能源数据管理 系统数据交换方法指南》 • ISO 50009：2021《能源管理体系 在多个组织中实施通用能源管理体系的指南》 • ISO 50015：2014《组织能源绩效的测量与验证 通用原则和指南》 • ISO 50021：2019《能源管理和能源节约 选择节能量评估人员的通用指南》 • ISO 50044：2019《节能项目 经济和财务评价指南》 • ISO 50045：2019《火电厂节能量评估技术指南》 • ISO 50046：2019《节能量前评估通用方法》 • ISO 50047：2016《节约能源 组织节能量的确定》 • ISO 50049：2020《国家、区域和城市层面能源效率和能耗变量的计算方法》 • ISO/IEC 13273 - 1：2015《能效和可再生能源 国际通用术语 第 1 部分：能效》 • ISO/IEC 13273 - 2：2015《能效和可再生能源 国际通用术语 第 2 部分：可再生能源》 • ISO 17741：2016《项目节能量测量、计算和验证技术通则》 • ISO 17742：2015《国家、地区和城市能效和节能量计算》 • ISO 17743：2016《用于节能量计算和报告的方法学框架的定义》

第 6 节 管理体系标准的发展趋势

一、一体化管理体系标准思想

随着管理体系的日益增加，组织建立和实施各种管理体系要投入相当大的人力、财力和时间资源。尽管各类组织在质量、环境、职业健康安全、能源等各项管理事务中建立了各自的管理体系，有效促进了质量、环境、职业健康安全和能源管理工作，使组织管理水平不断提升，但在管理体系运行中也出现了诸多问题：其一，组织为了满足不同管理体系标准认证的需要，做了大量重复劳动，编制了多本管理手册和程序文件，重复进行各个体系的内审和管理评审，导致管理体系运行效率低下。其二，依据不同的管理构架建立多个不同的管理体系，造成组织内部相互协调的工作量巨大，经常出现质量、环境、职业健康安全、能源等不同的管理部门从各自负责的专业范围和管理责任出发，导致争资源、政令不统一、信息难以共享、甚至互相排斥的情况。其三，为了获得各种认证证书，不得不寻求并接受多种审核，有时可能是由多家认证机构分别进行的。由于上述种种问题所导致的管理体系“两张皮”现象屡见不鲜，很大程度上违背了组织建立、实施、保持和持续改进管理体系的初衷，有鉴于此，努力倡导并积极实施一体化管理体系标准的思想已成为管理体系标准未来发展的重要趋势。

从管理体系国际标准的制定角度，ISO/IEC 导则第 1 部分的附件所规定的《管理体系标准的协调方法》（ISO/IEC，2021）倡导了一体化管理体系标准的重要思想，并使各类管理体系的整合技术可行。一体化管理体系的建立应符合几个基本条件：一是对管理对象相同、管理特性要求基本一致的内容应进行整合。凡是各项管理体系标准中管理的对象相同，管理特性要求基本一致的内容，组织对体系文件、资源配置、运行控制均可整合。二是整合后的管理特性要求应覆盖各项管理体系标准的内容，不能遗漏，并应就高不就低。三是整合后的管理体系文件应具有可操作性，保持文件之间的协调性和针对性，整合后的管理体系程序并不是越多越好，整合应有利于减少文件数量，便于文件使用，力求方便操作，有利于统一协调体系的策划、运行与监测，实现资源共享，同时有利于提高管理效率，降低管理成本。

总之，一体化管理体系思想的根本是便于组织认识并把握各项管理事务和对象的内在规律和联系。在组织建立一体化的管理基础条件下，能够科学地调配人力资源，优化组织的管理机构，统筹开展管理特性要求一致的活动，从而最终实现提高工作效率、培养复合型人才、降低管理成本、提高管理体系运行效率、切实提升管理绩效的目的。

二、碳管理体系的探索

应对气候变化是当今人类社会面临的共同挑战，已成为国际上最受瞩目的全球性重大议题。从世界环境日、亚太经合组织峰会、达沃斯论坛、G20 峰会到哥本哈根世界气候大会，“应对气候变化，发展低碳经济”已成为当今世界重要的主题之一，而其核心问题就是碳排放问题。全球气候变化的主要原因是人类在近一个世纪以来大量使用化石燃料，排放大量的温室气体所致。1992 年通过的《联合国气候变化框架公约》（UNFCCC）是控制温室气体排放的第一部国际公约，也是国际社会在应对气候变化问题上进行国际合作的基本框架。1997年，UFCCC 第三次缔约方大会通过的《京都议定书》提出在 2008—2012 年间，将发达国家的 CO_2 等六种温室气体的排放量在 1990 年基础上平均减少 5.2%。它是国际社会首次以法规形式对限制温室气体排放做出规定，于 2005 年 2 月 16 日正式生效，提出了“联合履行”、“排放贸易”和“清洁发展机制”三种温室气体减排的灵活机制。为了应对气候变化，《巴黎协定》于 2015 年 12 月 12 日在巴黎气候变化大会上通过，2016 年 4 月 22 日在纽约签署。世界各国应共同承担节能减排的责任与义务。截至 2020 年底已有 100 多个国家提出了碳中和承诺，并积极制订碳中和实施规划。

2007年12月召开的巴厘岛会议提出了“巴厘路线图”，即温室气体排放“可测量、可报告、可核查”（MRV）体系。在此次会议上，国际标准化组织（ISO）召开了“以标准化应对气候变化”的研讨会，引起了各国对标准化应对气候变化所发挥作用的强烈关注。从国际经验看，标准化在减缓和适应气候变化方面起到日益重要的作用。标准化既可为应对气候变化的协议、机制、政策和法规提供具有可操作性的技术支撑，也可为温室气体排放监测、计算、评价提供科学的解决方案；标准化既能促进适应与减缓气候变化技术的创新与推广，又能推动现有工业体系应对气候变化的技术升级与管理优化。在应对气候变化国际标准化领域，国际标准化组织环境管理标准化技术委员会ISO/TC 207于2007年成立了SC 7温室气体管理分技术委员会，已发布国际标准11项，正在研制国际标准7项，标准涉及：能源密集型产业温室气体量化、组织层面温室气体排放和移除的量化和报告、环境信息的审定和核查要求、投融资和气候变化、气候变化风险评估、碳中和、地方适应规划等方面。2011年9月，ISO还成立了ISO/TC 265碳捕获与碳储存技术委员会，已发布国际标准10项，正在起草国际标准3项，标准涉及：温室气体捕集、运输、地质封存、CCS量化与验证、驱油封存等方面。2014年4月，我国国家标准化管理委员会正式批复成立了全国碳排放管理标准化技术委员会（SAC/TC 548），已发布13项温室气体排放核算国家标准和3项温室气体减排量评估国家标准，并完成其他28项相关技术标准的起草工作。

2020年9月22日，国家主席习近平在第七十五届联合国大会一般性辩论上宣布：应对气候变化《巴黎协定》代表了全球绿色低碳转型的大方向，是保护地球家园需要采取的最低限度行动，各国必须迈出决定性步伐。中国将提高国家自主贡献力度，采取更加有力的政策和措施，二氧化碳排放力争于2030年前达到峰值，努力争取2060年前实现碳中和。这一庄严承诺，宣布中国国家自主贡献一系列新举措，将用历史上最短的时间完成全球最高的碳排放强度降幅。目前，随着我国双碳战略的不断深入，依托于各类管理体系的成熟发展，有关碳管理体系的研究与实践正在开展。在管理体系PDCA框架指引之下，企业可将组织的碳排放管理、碳资产管理、碳交易管理、碳中和管理和碳信用管理等内容纳入碳管理体系建设，作为企业在双碳环境下提升核心竞争力的有力抓手，加强组织的碳管理能力，积极主动参与碳交易市场，提高市场流动性，同时提升碳交易的合规性和安全性，维护市场稳定，共谋绿色高质量发展。

本章小结

本章概述了管理体系标准的现状及高阶结构（HLS）管理体系要求，分析总结了新版管理体系标准强调组织所处的环境，强调领导作用是管理体系成功实施的关键，采用基于风险的思维，对成文信息（文件化信息）的要求更加灵活，强调内外部信息交流并重视相关方的需求和期望等共性变化，以及实施管理体系标准的作用和收益及特点，然后分别阐述了质量、环境、职业健康安全和能源各个管理体系标准的发展过程、新版标准的核心内容及特点，以及标准体系的构成，并对一体化管理体系标准思想、碳管理体系的探索等管理体系标准的未来发展趋势进行了论述。

关键术语

管理体系标准	高阶结构	产品

环境因素　　　　能源使用　　　　危险源
绩效

思考题

1. 什么是管理体系标准？目前国际上通行的管理体系标准有哪些？管理体系标准有哪些作用？

2. 什么是高阶结构？高阶结构管理体系标准具有哪些特点？

3. 质量管理体系的核心控制要点是什么？

4. 环境管理体系的核心控制要点是什么？

5. 职业健康安全管理体系的核心控制要点是什么？

6. 能源管理体系的核心控制要点是什么？

参考文献

[1] GB/T 19001—2016 质量管理体系 要求.

[2] GB/T 24001—1996 环境管理体系 要求及使用指南.

[3] GB/T 45001—2020 职业健康安全管理体系 要求及使用指南.

[4] GB/T 23331—2020 能源管理体系 要求及使用指南.

[5] ISO/IEC Directives，Part 1 Consolidated ISO supplement—procedure for the technical work—procedures specific to ISO（Twelfth edition）. ISO/IEC，2021.

第 12 章

合格评定

学习要点

1. 合格评定的概念及其内涵
2. 认证认可的国际机制和国际互认
3. 中国合格评定工作的发展
4. 认可的概念及认可制度
5. 认证的概念及认证制度
6. 从业人员注册制度及咨询活动要求

第 1 节 综　述

一、合格评定的概念

在市场经济环境中，市场是资源配置的主体。政府可通过市场采购由公共财政投资的规模巨大的电站、水库、港口、桥梁，以及遍布全国的铁路、公路和电信等设施所需的建设用材料和物品；企业和社会组织通过市场可采购生产或活动所需的资料和物资；个体消费者可通过市场获取日常生活所需的产品或服务，诸如此类采购的例子不胜枚举。无论是何种形式的采购活动，购买方均希望物有所值、质量有保证，能满足使用的要求。因此，在市场经济和现实生活中，需要一种公正的、对在市场中流通的产品和所提供服务的安全性和符合性进行科学评价的制度，以确保在市场流通的产品和各类服务的质量与安全，从而使市场规范有序地发展，也可便利和促进国内外贸易，真正保护消费者的利益。这一需求引发了以认证和认可为主要形式的合格评定制度的诞生。随着市场经济的发展，各类产品和服务的交换所需要的评价活动越来越多，除了认证之外，还有检验、检测、检查、注册、鉴定和认可等多种形式的评价活动，涉及诸多国家和地区的法律法规、标准、技术规范，乃至国际标准、导则、条约、协议等。如何用一个简单的概念和词汇来概括，又能科学地反映各类评价活动的内容，成为一个亟待解决的课题。国际标准化组织（ISO）和国际电工委员会（IEC）经过多年讨论，于1985年决定采用“合格评定”（conformity assessment）来描述这一事物，同时将原国际标准化组织的“认证委员会”（CERTICO）更名为“合格评定委员会”（CASCO），至此在全世界范围内统一了这一术语。

（一）合格评定

根据ISO/IEC 17000所给出的定义，合格评定是指规定要求得到满足的证实（ISO/IEC，2020）。

（1）合格评定活动和对象。合格评定活动包括了第一、二、三方的各类检测、检验、审定、核查、认证和认可活动。合格评定的对象主要有：产品、过程、服务、体系、装置、项目、数据、设计、材料、声明、人员、机构或组织，或其中的任意组合。所谓的“第一方”“第二方”和“第三方”主要用于区分针对给定对象的合格评定活动，不要与法律上表示合同各相关方的说法混淆（孙大伟，2012）。

（2）合格评定方。根据ISO/IEC 17000所给出的定义，第一方合格评定活动是指由提供合格评定对象，或其自身是合格评定对象的人员或组织进行的合格评定活动；第二方合格评定活动是指由对合格评定对象具有使用方利益的人员或组织进行的合格评定活动；第三方合格评定活动是指由独立于合格评定对象的提供方且对该对象没有使用方利益的人员或组织进行的合格评定活动。

（3）合格评定是符合性评价。合格评定活动在一定意义上可视为证明符合技术性法律法规、标准和合同约定的活动。特别需说明的是，尽管“合格评定”一词已为多数国家或地区所接受，但不少国家因为习惯将这类评价活动称为“认证认可”活动。鉴于认证认可在合格评定活动中的重要地位，现给出其定义和内涵。

（二）认证

根据ISO/IEC 17000标准所给出的定义，认证是与合格评定对象有关的第三方证明，认可除外。认证适用于除合格评定机构自身外的所有合格评定对象，认可适用于合格评定机构。

认证对象主要是有关产品、过程、体系或人员等。根据该定义，认证可从以下方面来理解：

（1）“认证”的概念原译于英文词“certification”，意为经授权的机构所出具的证明。根据上述“第一方”“第二方”“第三文”的定义，在市场经济条件下的贸易活动，我们通常将产品、过程、体系或人员的提供方称为第一方，将产品、过程、体系或人员的采购或使用方称为第二方，而将独立于第一方和第二方的一方称为第三方。在认证活动中，第三方视为一个公正的机构，它与第一方和第二方没有直接的行政隶属关系和经济利益关系，只有这样的公正机构出具的证明才是可靠和可信赖的。

（2）定义所指的“产品、过程、体系或人员”包括硬件的实物产品也包括软件产品，过程（如工艺性作业，电镀、焊接、热处理工艺等），服务（如饭店、商业、保险业、银行和通信业等），以及对人员资格的确认。

（3）标准或技术规范是认证的基础。所谓“符合”，就是符合贸易双方共同承认并遵守的标准和技术规范，因此合同中的质量条款和技术要求是履行合同的法律依据。

（4）产品或体系是否真正符合标准或技术规范，要通过规定的程序，以科学的方法加以证实，这里包括了产品检测、管理体系的检查和获得认证后的监督等项活动。

（5）某项产品或过程，经规定的程序证实其符合特定的标准或技术规范，则由第三方认证机构出具书面证明，如认证证书或认证标志。

（三）认可

根据 ISO/IEC 17000 标准所给出的定义，认可是正式表明合格评定机构具备实施特定合格评定活动的能力、公正性和一致性运作的第三方证明。

（1）合格评定机构。指从事合格评定活动的机构。合格评定机构不包括认可机构；认可机构是实施认可的权威机构；其权威性可源自于政府、公共权威机构、合同、市场接受或方案所有者（余师孟，2011）。

（2）公正性和一致性。公正性是指合格评定活动结果的客观性，客观性可理解为免受偏见的影响或免受利益冲突的影响。一致性是指在规定的或特定的范围内，两个或多个合格评定结果无显著差异。

（3）证明。在做出已证实规定要求得到满足的决定后，基于该决定出具相应的陈述。“符合性陈述”的结论性陈述用于传达对规定要求已得到满足的保证。该保证本身并不足以提供合同方面或其他法律方面的担保。

二、合格评定的由来与发展

最初的合格评定活动以认证活动为主，而认证作为市场中履行合同约定和公正评价商品或服务符合标准或技术规范的手段，广泛存在于产品和服务的形成、流通和使用的各个环节。认证也是随着现代工业的发展，作为一种对产品和服务的质量保证发展起来的。1903年，英国首先以英国国家标准（BS 标准）为依据，在政府引导下开展规范性的认证工作，对英国铁轨进行认证并授予风筝标志，开创了国家认证制度的先河，将认证为贸易服务的功能更好地予以实现。由于政府通过立法而开展认证活动，因而形成了强制性认证和自愿性认证两大类型。

认证活动经历了一个多世纪的发展，其发展过程可分为四个阶段：第一个阶段是第二次世界大战之前，一些工业化国家建立起以本国法规、标准为基础的国家认证制度，只对本国市场上流通的本国产品实施认证制度。第二个阶段是第二次世界大战后至 20 世纪 70 年代，开始了本国认证制度对外开放，国与国之间认证制度的双边乃至多边互认，进而发展到以区域性法规和标准为依据的区域认证制度（如欧共体的电工产品认证制度）。第三个阶段是 20 世纪 80 年代至 90 年代初，国际组织开始实施以国际标准和规则为依据的国际认证制度（如 IEC 的电工产品安全认证制度）。与此同时，为更加便利贸易，减少重复审核，英国率先制定了评价供方质量管理体系的英国国家标准（BS 5750 标准）。ISO 于 1987 年发布了质量管理和质量保证标准，即 ISO 9000 系列标准，推动了世界范围的质量管理体系认证活动的开展。第四个阶段是 20 世纪 90 年代后，多数国家为证明实验室、认证机构的能力，分别建立了国家认可制度，用以对实验室、认证机构和认证人员的能力和行为加以证明和规范。为更加有效地推动贸易发展，减少国际贸易中的技术壁垒，开始启动在承认认可结果的基础上，进而承认检验检测报告、认证证书的认可制度的国际或区域互认制度，如国际认可论坛

(IAF)、国际实验室认可合作组织（ILAC）。

随着贸易自由化和便利化以及经济全球化发展趋势的逐步形成，各国及国际有关经济、贸易和交付责任等法律法规制度的不断完善，除第三方认证以外的多种评价方式的结果也越来越多地被贸易双方接受，如企业自我声明等。所以，ISO在认证的基础上，将这些按照相关标准所实施的评价活动均称为合格评定，并针对各类活动制定相应的标准，以便更好地服务并便利国际贸易的发展。

三、合格评定国际机制和国际互认活动

（一）合格评定国际机制

合格评定国际机制是指国际标准化组织（ISO）和国际电工委员会（IEC）等国际组织为了维护国际合格评定秩序、促进共同发展、规范国际合格评定行为而建立的一系列有约束力的制度性安排和活动规则，它包括合格评定的原则、规范、规则、程序和组织制度。

（1）原则、规范一般是指合格评定的理念及其价值取向，如开展合格评定应遵循的客观独立、公正公开、诚实信用的原则。

（2）规则是指在各国合格评定实践的基础上，有关国际组织制定并颁布实施的合格评定国际标准、导则、实施指南等国际文件，如ISO和IEC标准、导则、实施指南文件等。

（3）程序是指合格评定国际机制实际运作的途径。

（4）组织制度是合格评定国际机制的组织安排，即国际机制要以相应的国际组织为载体和依托，如ISO，IEC，IAF，ILAC等国际组织。

合格评定国际机制建立和运作的实践，逐步形成了合格评定活动的国际理念：一是相互依存和合作的理念。在各国合格评定制度和机构相互依存和全球性合格评定问题普遍存在的情况下，通过合格评定国际机制进行合作，实现合作，从而使合作各方分享利益和成果，以求得双赢、多赢局面的实现。二是法理和规则意识。该理念是法制观念在国际合格评定界的延伸，主张由国际组织及其成员共同制定原则、规则和标准与导则，来规范合格评定的国际关系，处理国际事务，协调利益分配。在国际合格评定界，特别强调各国家和地区的合格评定行为和国际关系要受共同认同的一系列规章、标准、程序的约束，如合格评定的国际多边互认协议，并倡导机制规范下的共同行动和共同责任。三是强调理性思维和行动。合格评定国际机制调整下的各成员的行为应与国际机制所确定的行为规范相协调，国家合格评定制度也要与国际机制并存互补，共同发挥作用，理性地处理好两者之间的关系，兼顾各成员的现实利益和超国家的国际机制未来的发展和走势。

（二）国际合格评定标准和导则

作为国际标准化领域的两大国际标准化组织，ISO和IEC均设有专门负责合格评定工作的管理机构：合格评定委员会（ISO/CASCO）、合格评定局（IEC/CAB）。ISO/CASCO负责组织制定、修订合格评定国际标准和导则；IEC/CAB是IEC在合格评定领域的管理和决策机构，负责认证认可领域的制度建设、方针制定、检测与认证体系的建立等工作。

到目前为止，ISO/CASCO已制定、发布且正在生效的国际标准、导则37个，涵盖了合格评定活动的基本规则、互认体系、符合性标志、供方声明、认可、产品认证、管理体系

认证、服务认证、检验、检测、检查人员认证等活动。

（三）合格评定国际机制下的国际互认活动

1. 国际互认活动

合格评定国际互认活动是指以双边或多边相互承认或接受合格评定结果为目标而开展的有关国际活动。按照合格评定国际标准和导则建立合格评定制度，并遵循世界贸易组织（WTO）所确定的原则进行合格评定结果的相互承认，是开展国际互认活动的重要前提条件。合格评定结果的国际互认建立在各国或各地区政府间相互信任和对合格评定机构能力充分信任的基础之上，而相互信任关系的建立需要通过具体的国际合作安排实现（许增德，2011）。国际互认活动可以在国家、区域和国际三个层次上进行，即在两国的政府或合格评定机构之间、区域和国际合格评定组织的各成员之间，通过签订双边或多边国际互认协议加以规定和实施。国际互认活动亦可以在任何一类合格评定活动，如在实验室、检查、认证、认可等强制性或自愿性的合格评定活动中开展。

2. 国际互认体系的发展

以认证认可活动为代表的合格评定活动发展至今历经一个世纪，到 20 世纪 80 年代之后，在 ISO 和 IEC 的积极倡导下，先期在 ISO 建立了认证委员会（CERTICO）（后更名为合格评定委员会（CASCO）），负责研究制定包括认证认可国际互认在内的 ISO/IEC 国际标准和导则，并开始在电工电子产品领域推行以国际标准为依据，全世界范围内多国参加的国际认证制度。从 80 年代初 IEC 开始建立检验检测和认证结果的国际互认体系，如 IEC 电工产品检测与认证体系（IECEE）、IEC 防爆电气安全认证体系（IECEx）、IEC 电子元器件质量评定体系（IECQ）等，特别是 IECEE 电工产品检测互认体系（IECEE/CB 体系）已经成为国际认证认可界最具影响的产品检测国际互认体系之一。国际认可论坛（IAF）于 1995 年正式签订 IAF 管理体系“谅解备忘录”（IAF/MoU），明确了 IAF 将致力于在世界范围内建立一套合格评定体系，通过确保已认可的认证证书的可信度来减少商业及其顾客的风险。国际实验室认可合作组织（ILAC）于 1996 年正式签署“谅解备忘录”，为实验室认可的国际互认奠定了基础。成立于 1995 年的国际审核员培训与注册协会（IATCA），后更名为国际人员认证协会（IPC），是一个由各国认证人员注册机构和认证人员培训课程批准机构共同发起的国际性组织。

3. 国际互认协议

合格评定结果的国际互认，要以签署双边或多边国际互认协议加以规定和保证。标准化和合格评定领域的国际或区域组织均致力于合格评定活动结果的国际互认工作，以减少不合理的技术性贸易壁垒对国际贸易的负面影响。国际标准化组织合格评定委员会和国际电工委员会已制定颁布了《合格评定结果的承认和接受协议》（ISO/IEC 指南 68），用以规范合格评定互认活动。

四、中国合格评定工作的发展

我国以认证活动为代表的合格评定工作经历了起步、发展、认可和互认等发展阶段。

（一）起步

1981 年，我国建立了第一个产品质量认证机构：中国电子元器件质量认证委员会

(QCCECC)，1983年该机构成为IEC电子元器件质量评定体系（IECQ）管委会（CMC）成员，1985年成为IECQ全权成员。1984年又成立了中国电工产品认证委员会（CCEE），1985年成为IEC电工产品检测与认证体系（IECEE）的成员。1990年，我国的9个电工电子领域的实验室通过国际同行评审成为IECEE承认的IECEE/CB实验室，同时我国成为IECEE的全权成员国。

（二）发展

随着我国标准化和合格评定工作的发展，将检验检测和认证活动纳入法制管理的轨道成为必然。1985年颁布的《中华人民共和国计量法》、1988年颁布的《中华人民共和国标准化法》和1993年颁布的《中华人民共和国产品质量法》对我国认证制度的建立做了原则性规定。特别地，1991年发布的《中华人民共和国产品质量认证管理条例》，规定了认证的宗旨、性质、组织管理、条件和程序、检验机构和检验人员、罚则等，明确质量认证制度为国家的基本质量监督制度，也为我国实施质量管理体系认证提供了法律依据（叶柏林，2001）。

（三）建立国家认可制度和实现国际互认

1994年，我国成立了中国质量管理体系认证机构国家认可委员会（CNACR）、中国产品质量认证机构国家认可委员会（CNACP）、中国认证人员国家注册委员会（CRBA）、中国实验室国家认可委员会（CNACL），依据《中华人民共和国产品质量法》建立并全面启动了我国的国家认可制度。1997年，CNACR通过国际认可论坛（IAF）和亚太认可合作组织（PAC）的国际同行评审，并于1998年1月首批签署了国际认可论坛和亚太认可合作组织的多边互认协议；CRBA于1998年8月首批签署了国际审核员培训与注册协会（IATCA）的多边互认协议；1999年12月，CNACL签署了国际实验室认可合作组织（ILAC）的多边互认协议。

2001年8月，为了履行我国政府加入WTO时的承诺，成立了由国务院直接授权的统一监督管理认证认可工作的国家认证认可监督管理委员会（CNCA），特别是2003年《中华人民共和国认证认可条例》的颁布和施行，为履行我国加入WTO的承诺和参与经济全球化和贸易便利化的进程，整顿和规范认证市场秩序，适应社会生产力发展需要，提高我国产品、服务质量和管理水平，不断满足人民群众日益增长的物质文化需要提供了有力的法律保障。《中华人民共和国认证认可条例》的颁布和实施，对于国务院认证认可监督管理部门坚持依法行政、转变政府职能、推进认证认可事业的发展具有重要的意义，标志着我国认证认可事业进入了一个全新的发展时期。

在合格评定领域，中国已与世界主要国家和地区建立了磋商机制或双边合作关系，与世界绝大多数国家和地区的政府机构或认证机构签署了双边合作协议或合作谅解备忘录。在多边国际合作方面，中国的国家认证认可机构加入了相关的国际组织。在产品认证的国际互认方面，国家认证认可监督管理委员会（CNCA）是IEC电工电子产品检测与认证体系（IECEE）、IEC防爆电气安全认证体系（IECEx）、IEC电子元器件质量评定体系（IECQ）的全权成员机构。特别是作为以IEC标准为基础的IECEE检测互认体系（IECEE/CB体系）的签署成员国，中国已有35个实验室通过IECEE国际同行评审，成为国际电工委员会IECEE承认的CB实验室。中国的国家认可机构与国际认可论坛（IAF）、国际实验室认可合作组织（ILAC）、国际人员认证协会（IPC）及亚太认可合作组织（PAC）、亚太实验室认可合作组织（APLAC）签署了上述国际和区域组织的多边互认协议，已在质量管理体系、环境管理体系、实验室认可、检查机构认可和认证人员认证领域实现了国际互认。

第2节　认可制度

一、认可的概念

在上一节中依据ISO/IEC 17000国际标准给出了“认可”定义；《中华人民共和国认证认可条例》对认可的定义是：认可，是指由认可机构对认证机构、检查机构、实验室以及从事评审、审核等认证活动人员的能力和执业资格，予以承认的合格评定活动。

近一个世纪，由于检验检测认证市场的不断发展，从事检验检测认证的各类机构纷纷诞生，一些能够站在第三方立场，通过科学、公正地为客户提供诚信有效服务的实验室和认证机构享有较高的信誉，但是在检验检测认证市场中也存在着大量能力不强，甚至评价行为不规范的现象，需要进行管理和规范。1985年英国贸工部授权成立了英国统一的国家认可机构。受到英国的影响，欧洲各国纷纷建立起本国的国家认可机构，推行国家认可制度。加拿大、澳大利亚、新西兰，以及东盟国家、巴西、印度也纷纷仿效。美国和日本则建立起对从事体系认证的机构进行认可的国家认可制度。

ISO和IEC在总结各国检验检测认证活动的基础上，为使检验检测认证活动在国际上得到广泛承认和在国际贸易中降低技术性贸易壁垒，相继组织制定了一系列有关检验检测、检查、认证和认可活动的国际标准或导则，如《检测和校准实验室能力的通用要求》（ISO/IEC 17025）、《产品认证机构通用要求》（ISO/IEC指南65）和《合格评定　各类检查机构运行要求》（ISO/IEC 17020）等国际文件，构成了对认证机构、实验室和检查机构认可的基本要求，以及规范认可机构行为的《合格评定　认可机构通用要求》（ISO/IEC 17011），检验检测、检查、认证和认可领域的国际标准和国际导则的颁布，为统一各有关国家建立的认可制度提供了依据，为各国认可制度的规范运作提供了技术依据，也为合格评定制度的国际化和国际互认活动的开展奠定了技术基础。

二、认证机构认可

认证机构认可是指认可机构依据正式发布的认可准则，按照规定的程序对认证机构从事管理体系认证、产品认证和服务认证的能力实施评定，证明其具备在特定领域实施认证能力的活动。

管理体系认证机构认可的依据是管理体系认证机构和产品认证机构认可准则。认可准则包括两部分内容，即“质量管理体系认证机构认可的基本要求”和国际认可论坛（IAF）的实施指南。

管理体系认证机构认可的业务范围是ISO 9000族标准和ISO 14000系列标准所适用的行业，如质量管理体系认证机构认可的业务范围通过39大类予以界定。产品认证机构认可的业务范围通过评审三方面的技术能力加以界定：一是认证机构相应产品领域的专业管理能力；二是认证机构相应产品领域的实验室检测能力；三是认证机构相应产品领域的检查人员的技术能力。

获准认证机构认可资格的，由认可机构颁发体系认证机构国家认可证书，准许使用体系认证机构国家认可标志。

三、实验室认可

实验室认可是正式表明检测和校准实验室具备实施特定检测和校准工作能力的第三方证明。实验室获得认可的作用和意义在于：一是表明实验室具备了按相应认可准则开展检测和校准服务的技术能力；二是增强市场竞争能力，赢得市场、政府部门和社会各界的信任；三是获得签署互认协议的国家和地区认可机构的承认；四是有机会参与国际间合格评定机构认可双边、多边合作交流；五是在认可范围内使用ILAC国际互认联合标志；六是列入获准认可的实验室名录，提高知名度。

（一）实验室认可的由来和发展

实验室认可是检测和校准市场发展到一定阶段的必然产物。无论是发展商贸、质量认证、公正活动的仲裁，还是政府对市场的监管，都需实验室提供公正、可靠、准确的数据。为此，就需对各类实验室的公正性和技术能力按照统一的准则要求进行认可，使人们对获准认可的实验室提供的检验结果放心。为了使各个国家和地区建立的检测机构认可制度及对实验室的准则要求趋于一致，ISO和IEC制定并发布了指导实验室认可的ISO/IEC 17011和ISO/IEC 17025等国际标准。

1947年澳大利亚建立了世界上第一个国家实验室认可机构澳大利亚检测机构协会（NATA）；20世纪60年代英国建立了英国国家实验室认可机构（NAMAS），进而使欧洲组成区域性的欧洲实验室认可合作组织（EAL）；70年代美、法、新西兰等有了实验室认可活动；80年代发展到东南亚，建立了区域性的亚太实验室认可合作组织（APLAC）；90年代更多的发展中国家（包括中国）加入了实验室认可的行列。1977年国际实验室认可大会（ILAC）成立，并于1996年改称“国际实验室认可合作组织”，英文缩写仍为ILAC。

实验室认可活动正在向双边和多边互认的趋势发展。当产品从一个国家销往另一个国家时，没有必要既在出口国又在进口国重复进行检测或校准。多边互认的结果是减少重复检测和校准，以时间、人力和物力的大量节约来促进商品的自由流通。目前WTO以及亚太经济合作组织（APEC）都积极推动，把实现世界性或区域性范围内实验室认可的相互承认放在相当重要的地位，认为这是消除贸易技术壁垒、促进国际贸易发展的重要手段。

（二）认可机构、认可准则和认可程序

实验室认可机构应按照ISO/IEC 17011的要求建立认可体系，负责实验室认可制度的机构应具有明确的法律地位。按照国际惯例，认可机构应具有开展认可活动所需的职权及资源（人力、物力、资金等），能够实现其公正性和独立性，有完善的组织结构，以及根据国际标准要求建立文件化的质量管理体系和程序文件。同时，认可机构应依据《检测和校准实验室能力的通用要求》（ISO/IEC 17025），制定对实验室的认可要求。

实验室获得认可批准后，可获得认可机构颁发的认可证书，实验室可在认可的范围内使用认可标志。

四、检查机构认可

检查机构认可是正式表明检查机构具备实施特定检查工作能力的第三方证明。检查机构

获得认可的作用和意义在于：一是表明检查机构具备了按相应认可准则开展检查活动的技术能力；二是增强市场竞争能力，赢得市场、政府部门和社会各界的信任；三是获得签署互认协议的国家和地区认可机构的承认；四是有机会参与国际间合格评定机构认可双边、多边合作交流；五是在认可范围内使用 ILAC 国际互认联合标志；六是列入获准认可的检查机构名录，提高知名度。

检查机构认可的领域包括：商品检验、特种设备、建设工程、货物运输、工厂检查、信息安全和健康检查。检查机构认可的依据是《合格评定 各类检查机构运行要求》（ISO/IEC 17020）。检查机构认可过程与实验室认可过程一致，检查机构获得认可批准后，也可在认可范围内使用认可标志。

第 3 节　认证机构与实验室监管和认证制度

一、认证机构与实验室监管

（一）认证机构审批与监管制度

认证机构审批制度是一项强制性的行政许可制度，由国务院认证认可监督管理部门负责建立和实施。根据《中华人民共和国认证认可条例》，认证机构应当符合设立的法定条件，经批准并依法取得法人资格后，方可从事批准范围内的认证活动，进入认证市场提供认证服务。为加强对认证机构的监督管理，规范认证活动，提高认证有效性，国家市场监督管理总局在修订的基础上于 2020 年颁布实施了《认证机构管理办法》（国家市场监督管理总局令第 31 号），全面规定了认证机构审批和监管制度，对独立从事产品、服务和管理体系符合标准、相关技术规范要求的合格评定活动的认证机构，提出了具体的法定要求和行为规范，为确保获批准进入认证市场的认证机构公正、规范、有效地提供认证服务打下良好的基础，更为使认证工作真正从源头上确保产品和服务质量、强化环境保护、规范市场秩序、建立诚信制度、提高产品质量、提升市场竞争力、促进贸易便利发挥了积极的作用。

（二）实验室和检查机构资质认定制度

实验室资质认定制度是一项强制性的行政许可制度，由国务院认证认可监督管理部门负责建立和实施，是根据《中华人民共和国计量法》《中华人民共和国标准化法》《中华人民共和国产品质量法》《中华人民共和国认证认可条例》等有关法律法规的规定开展的，针对向社会出具具有证明作用数据和结果的实验室和检查机构进行的，评价和确认其具有符合法律法规规定的基本条件和能力的制度。2006 年 4 月 1 日，《实验室和检查机构资质认定管理办法》（原国家质检总局第 163 号令）颁布实施，将资质认定制度明确为包括计量认证、审查认可在内的实验室强制性评价制度。

2001 年，中国国家认证认可监督管理委员会（认监委）成立，认监委具有统一规范和管理校准、检测、检定、检查、检验检疫、鉴定等实验室和检查机构的基本条件与技术能力评审、资质审核和资格认定工作，研究拟定相关的制度等职能。2003 年 9 月 3 日，《中华人民共和国认证认可条例》颁布实施，规定：向社会出具具有证明作用的数据和结果的检查机构、实验室，应当具备有关法律、行政法规规定的基本条件和能力，并经依法认定后，方可从事相应活动，认定结果由国务院认证认可监督管理部门公布（王凤清，李适时，2004）。至此，资质认定制度的建立有了明确法律依据。

二、认证制度

（一）产品认证

1. 产品认证的概念

产品认证是由第三方通过检验评定企业的质量管理体系和样品型式试验来确认企业的产品、过程或服务是否符合特定要求，是否具备持续稳定地生产符合标准要求产品的能力，并给予书面证明的程序。

产品认证制度分为强制性产品认证制度和自愿性产品认证制度。强制性产品认证制度是政府主管部门为保护广大消费者人身安全和健康，保护环境，保护国家安全，而对相关产品强制性实施的评价其是否符合国家规定的技术要求（标准或技术规范）的产品认证制度。我国的强制性产品认证制度涉及认证机构的行政许可、指定、认可，强制性标准和技术法规等内容，是以国家标准或技术法规为依据进行的产品认证，认证机构须由国家认证认可监督管理委员会认定。自愿性产品认证制度具有指导消费者选购性能优良的商品、增强企业市场竞争能力，全面提高产品性能和提高企业持续稳定生产符合标准要求产品的作用。自愿性产品认证可以采取国家统一推行和认证机构自主开展两种方式。

2. 产品认证的基本要素

产品认证的基本要素主要包括产品的型式检验、对工厂质量管理体系进行检查、获准认证后的监督检验和监督检查。

（1）型式检验。型式检验是为了证明产品是否能够满足产品技术标准的全部要求而进行的检验。检验用样品可由生产厂家送样，由独立的检验机构依据标准进行检验，所出具的检验结果只对所送样品负责。

（2）质量管理体系检查。质量管理体系检查是对产品的生产厂家的质量保证能力进行的检查和评定。质量管理体系包括组织机构、责任制度、各项管理办法、工作程序等。产品认证活动不仅要证明产品质量是否符合标准或技术规范的要求，而且要证明产品质量是否能持续符合标准的要求，对生产厂家的质量管理体系进行检查和评定，是一种经济且简便的方法。

（3）监督检验。监督检验是对获准认证的产品从生产企业的最终产品中，或从市场上抽取样品，由认可的独立实验室进行检验。如检验结果证明符合标准要求，则许可继续使用认证标志；如果不符合，则需要根据具体情况采取必要措施，防止在不符合标准的产品上使用认证标志。

（4）监督检查。监督检查是对获准认证的产品生产厂家的质量管理体系进行定期的复查，这是保证认证产品质量持续符合标准要求的又一项监督措施。建立有效的质量管理体系是证明企业具有生产符合标准要求的产品的能力。监督检查主要是为了证明企业坚持执行已建立的质量管理体系，从而确保产品质量的稳定。

3. 产品认证的模式

国际标准化组织对世界各国和地区所采用的产品质量认证模式进行分析，总结出了产品质量认证的八种模式。

（1）型式检验。按规定的检验方法对产品的样品进行检验，以证明样品符合标准或技术规范的全部要求。

（2）型式检验＋认证后的监督＋市场抽样检验，是带有监督形式的型式检验。监督的办法是从市场上购买样品或从批发商、零售商的仓库中随机抽取样品进行检验，以证明产品持续符合标准或技术规范的要求。

（3）型式检验＋认证后的监督＋工厂抽样检验，是带有监督形式的型式检验。监督的办法是从生产厂家随机抽取样品进行检验，以证明产品持续符合标准或技术规范的要求。

（4）型式检验＋认证后的监督＋市场和工厂抽样检验，是带有监督形式的型式检验。监督的办法是既从市场购买，又从生产厂家随机抽取样品进行检验，以证明产品持续符合标准或技术规范的要求。

（5）型式检验＋质量管理体系检查＋认证后的监督＋质量管理体系复查＋市场和工厂抽样检验。这种认证制度的显著特点是增加了对产品生产厂家的质量管理体系的检查、评定，及在批准认证后的监督中增加了对生产厂家的质量管理体系的复查。此种认证制度包括了认证制度的全部要素，无论是取得认证的资格条件，还是认证后的监督措施，均是最完善的，它集中了各种认证模式的优点，因而能向消费者提供最大的信任。这种认证模式是各国普遍采用的典型认证模式。

（6）企业质量管理体系认证。这种认证制度是对生产厂家按特定的技术标准制造产品的质量保证能力进行检查和评定。

（7）批检。根据规定的抽样方案对一批产品进行抽样检验，并据此做出该批产品是否符合标准或技术规范的判断。

（8）百分之百检验。每一件产品在出厂前，均要依据经认可的检验机构进行检验。

4. 产品认证的基本条件

产品认证的基本条件是符合规定的标准和技术规范的要求。这里的要求包含两方面的内容，一是企业生产合格产品的技术要求。所谓“符合”，就是企业生产的产品符合贸易双方共同承认并遵守的标准和其他技术规范。为了证明产品是否满足产品技术标准的全部要求，认证机构要委托独立的检验机构，依据标准要求对抽取的样品进行检测，予以证明。二是企业的质量保证能力应符合规定的要求。为了确保产品质量符合用户或标准的要求，任何一个企业都必须根据企业的特点建立质量管理体系，使影响产品质量安全的要素得到控制，以减少、消除特别是预防质量缺陷的产生。企业根据实际情况，建立了符合要求的质量管理体系，并通过认证机构对产品的生产厂家的质量管理体系的检查和评定，从而证明企业具备了持续生产符合标准产品的能力。

5. 产品认证的基本程序

产品认证的基本程序主要包括：（1）审批过程，包括申请、质量管理体系检查、产品检验和审批等程序；（2）获准认证产品的监督过程，包括监督检查、监督检验和监督后的处理等程序。

6. 产品认证标志

认证标志是由认证机构设计并发布的一种专用标志，用来证明某一产品符合特定标准或技术规范，经认证机构批准，使用在认证产品、产品铭牌、包装物、产品使用说明书或出厂合格证上。

认证标志可分为合格标志和安全标志两种，分别使用在获准合格认证和安全认证的产品上。产品上带有认证标志，不仅可以把准确可靠的质量信息传递给用户和消费者，对企业而言，还起到质量信誉证明的作用，表明认证标志产品的生产企业要接受认证机构的监督复查，确保出厂的认证产品持续稳定符合规定标准要求。图 12-1 为部分国家和地区的产品安全标志，图 12-2 为部分国家认证机构的合格认证标志。

图 12-1　部分国家和地区安全标志（示例）

图 12-2　部分国家认证机构合格认证标志（示例）

7. 服务认证

服务认证是认证机构按照规定的程序标准证明服务是否符合相关服务质量标准或规范要

求的合格评定活动，是市场经济条件下为适应服务业发展需要应运而生的一项新的认证制度。依据国际标准化组织（ISO）和国际电工委员会（IEC）颁布的 ISO/IEC 17000、ISO/IEC 17011、ISO/IEC 17065 等国际标准的定义，服务作为特殊的“无形产品”应包括在产品之内。因此，可以认为服务认证是产品认证的特殊形式。目前，我国已开展的服务认证有：体育服务认证、绿色市场认证、软件过程及能力成熟度评估、商品售后服务评级体系认证等。

（二）管理体系认证

管理体系认证是指由认证机构依据公开发布的管理体系标准，遵照相应认证程序要求，对供方的管理体系进行科学公正的评价，由认证机构颁发管理体系认证证书，并实施监督的活动。目前，全球范围内客观存在着多种针对不同管理对象的管理体系认证，其中在市场上和贸易活动中十分重要的管理体系认证是 ISO 9000 质量管理体系认证、ISO 14000 环境管理体系认证、职业健康安全管理体系认证和 ISO 50001 能源管理体系认证。

1. ISO 9000 质量管理体系认证

质量管理体系认证是指由认证机构依据公开发布的质量管理体系标准和补充文件，遵照相应认证制度要求，对供方的质量管理体系进行评价，符合的由认证机构颁发质量管理体系认证证书，予以注册并实施监督的活动。

1987 年，国际标准化组织发布了 ISO 9000 质量管理和质量保证系列标准，它是全球统一的质量管理体系建立和认证用标准，为在全球范围内质量管理体系认证的全面推开和相互承认认证结果奠定了基础。

质量管理体系认证的基本原则是独立性、公正性和科学性。质量管理体系认证机构可以根据自己的特点，在认证程序上有所不同，但其遵循的原则应是共同的。企业可以向认证机构询问其认证的一般程序，认证机构也应向申请方公开说明自己的认证制度，包括其认证程序。已获认证的组织有义务履行认证机构颁发的有关认证制度，也有权利使用认证证书或认证标志。在权利得不到保证时，保留向认证机构申诉的权利。

质量管理体系认证的基本程序是：交流信息；提出申请；合同评审；文件评审；现场审核；认证评定；发证注册；证后监督。

ISO 9000 族标准作为通用的质量管理和质量保证标准，在企业建立质量管理体系和开展质量管理体系认证中发挥了十分重要的作用，但对于一些特殊和专业性很强的技术领域，也显示出可操作性和针对性不强的问题。因此，在全球范围内，出现了以 ISO 9000 标准为基础的，在不同技术领域专门的质量管理和质量保证的标准，影响较大和运用范围较广的主要有：汽车行业质量体系要求（QS 9000，VDA 6.1，ISO/TS 16949）、医疗器械行业质量体系专门要求（ISO 13485）和电信行业质量体系要求（TL 9000）等。

2. ISO 14000 环境管理体系认证

环境管理体系认证是指由认证机构依据公开发布的环境管理体系标准和补充文件，遵照相应认证制度要求，对供方的环境管理体系所规定的环境行为进行评价，符合的由认证机构颁发环境管理体系认证证书，予以注册并实施监督的活动。

国际标准化组织于 1996 年发布了 ISO 14000 环境管理体系系列标准，以规范各类组织（企业、社会团体等）在其活动、提供产品和服务过程中的环境行为，使全球形成了统一的环境管理体系的建立和认证标准，为在全球范围内环境管理体系认证的全面推开和相互承认认证结果奠定了基础。

国家认可制度在质量管理体系认证领域的成功，尤其是国际认可论坛（IAF）在质量管理体系认证领域实现国际互认之后，使得认可制度在环境管理体系认证领域的运用变得十分便利，大部分参加IAF的认可机构均按照ISO/IEC有关导则和IAF的实施说明，制定了环境管理体系认证机构的认可准则，并实施了环境管理体系认证机构认可活动，使环境管理体系认证工作迅速铺开。

环境管理体系认证的基本原则是独立性、公正性和科学性。环境管理体系认证机构可以根据自己的特点，在认证程序上有所不同，但其遵循的原则应是相同的。环境管理体系认证的基本程序是：交流信息；提出申请；合同评审；文件评审；现场审核；认证评定；发证注册；证后监督。

3. 职业健康安全管理体系认证

企业建立内部的职业健康安全管理体系（management system for occupation of safety and health），以确保劳动者的职业健康与安全，是随着经济发展与社会文明的进步而逐渐提出来的。职业健康安全管理体系标准（OHSAS 18001）的制定正好满足了建立职业健康安全管理体系的迫切需要。职业健康安全管理体系规范是针对一个组织确保劳动者职业健康与安全提出的管理体系要求，用以确保组织能够控制其职业健康与安全的风险，并改善绩效；作为认证依据，由第三方公正的认证机构对组织的职业健康与安全进行认证与监督，以证实组织具备确保劳动者职业健康与安全的能力。标准的主要内容包括组织的职业健康与安全的方针与政策、策划、实施与运作、检查与纠正措施、管理者评审以及持续改进等管理要素实施的要求。

（三）认证从业人员注册制度

认证从业人员注册是国际上通行的对认证评审与审核、认证培训和认证咨询从业人员的能力评价考核方式。我国由中国认证认可协会（CCAA）负责统一实施认证人员注册工作，对管理体系认证审核人员、产品认证检查员、认证培训教员和认证咨询师等从事认证及认证培训、咨询活动的人员进行执业资格注册。

1. 管理体系审核员的培训

作为独立、客观和公正地从事认证活动的专业人士，需要经过专门的培训，因此，必须有一批认证人员的培训机构作为基础，经认证培训管理机构的评价和审查，批准具备审核员培训能力的组织可以从事认证人员培训活动。

培训机构首先应是一个实体机构，建立文件化的管理体系和程序并有效实施，应包括课程设置、教材、案例分析和模拟练习材料，特别是要具有符合准则要求的教师和开展培训所必备的资源。认证人员培训指国家认可的培训机构针对从事认证审核的人员审核知识和技能等的资格培训，包括审核员、内部审核员、审核员教师和验证审核员等。

2. 管理体系审核员的注册管理

审核员的认证是由经授权的认证人员注册机构，根据培训的结果，并经统一的考核后，给予人员认证、颁发证书的活动。根据国际人员认证协会（IPC）的规定，要对审核员进行教育和培训并确定认证等级。对取得认证资格的审核员，为了保持审核工作能力，应经常进行管理体系审核活动。认证人员认证的程序：一是个人根据培训和经历等诸多因素确定申请认证的级别；二是申请的评价，由评价人员对申请人的资格和经历做出合理的评价。

（四）认证咨询

认证咨询是指为组织提供的以申请认证为目的，以有偿服务的方式，参与组织建立或改善管理体系的活动，它是随着认证活动的发展而逐渐发展形成的市场活动。作为市场竞争主体的企业，在其按照管理体系的标准建立质量体系和申请认证的过程中，均面临一些实际问题，例如：如何正确理解标准的要求；如何有计划、有步骤地完成整个实施过程；如何防止走弯路，减少人力、财力和物力的浪费，尽快达到审核要求；如何维持已建立的管理体系并实现持续改进，这些问题使许多企业感到困惑。通过咨询机构提供的专业化技术服务，就有可能较好地解决上述问题。

认证咨询活动主要包括以下内容：一是帮助咨询组织学习和正确理解产品和管理体系标准；二是帮助咨询组织选择适用标准并完成质量管理体系的诊断和设计，确定管理体系要素及其实施程度和要素证实程度；三是指导并帮助咨询企业编写和整理管理体系文件；四是推动咨询企业的实施工作；五是参与内部审核，指导管理评审，使咨询组织的质量管理体系的运作达到审核要求；六是认证机构的选择和审核安排；七是帮助组织对管理体系的保持和改进。

本章小结

合格评定可以理解为是直接或间接确定是否符合规定要求的任何活动，习惯上将这类活动称为“认证认可”。合格评定是社会经济发展的产物，随着人类社会经济活动范围的扩大，合格评定也由国家规模扩展到地区和国际规模，并且同经济全球化、国际经济一体化和国际贸易便利化相呼应，出现了认证认可的国际机制和国际互认。

合格评定制度主要包括认可制度和认证制度。“认可”包括对认证机构、实验室和检查机构的认可；“认证”包括产品认证、管理体系认证和服务认证。产品认证又可分为强制性认证和自愿性认证两大类。

合格评定发展到今天，已经走上了法制法、规范化、科学化的轨道，并且以国际标准和相关国际组织的规范为依据，开展了广泛的国际合作。

合格评定制度是国际通行的规范经济、促进发展的重要手段，是企业和组织机构提高管理和服务水平、保证产品和服务质量、提高各类组织的竞争力的公正可靠的方式，是国家或地区确保产品质量安全、提升服务质量、规范市场主体行为、指导消费、保护环境、保护人类生命健康、促进和便利贸易发展的战略性选择。

关键术语

合格评定	认证	认可
认证认可国际机制	认证认可国际互认	产品认证
服务认证	强制性产品认证	管理体系认证
认证机构认可	实验室认可	检查机构认可

思考题

1. 简述合格评定的概念及其由来与发展。

2. 简述认证认可的国际机制及国际互认体系。
3. 简述中国的合格评定制度和《中华人民共和国认证认可条例》。
4. 简述认可的概念及认可制度。
5. 理解认证的概念以及产品认证、服务认证、管理体系认证。
6. 理解认证机构建立以及实施产品认证。
7. 管理体系认证的基本程序和要求是什么？
8. 认证咨询活动的基本要求是什么？

参考文献

[1] 孙大伟. 中国质检工作手册：认证认可监管. 北京：中国质检出版社，2012.
[2] 王凤清，李适时. 中华人民共和国认证认可条例释义. 北京：中国标准出版社，2004.
[3] 许增德. 合格评定建立信任：合格评定工具箱. 北京：中国标准出版社，2011.
[4] 叶柏林. 质量 标准化 计量大百科全书. 北京：中国大百科全书出版社，2001.
[5] 余师孟. 中国认证认可年鉴2011. 北京：中国质检出版社，2011.
[6] ISO/IEC 17000：2020 Conformity assessment—vocabulary and general principles (Second Edition). ISO/IIEC，2020.

第 13 章

标准化与知识产权

学习要点

1. 标准的公共特征与知识产权的私权属性
2. 标准必要专利与 FRAND 原则
3. 国内外标准专利政策
4. 证明商标与标准化组织的商标政策
5. 标准著作权的归属与标准化组织的著作权政策

第 1 节　标准与知识产权的冲突与融合

一、标准的公共特征

（一）标准体现了多元化利益

我们常用利益相关方形容参与标准制定的主体。在 ISO《会员手册》（Membership Manual）中，利益相关方包括企业、政府、消费者、劳工组织、学术研究机构、标准机构和非政府组织等。利益相关方作为标准制定主体参与标准化活动是通过特定机制安排实现的；标准化技术委员会是这一特定机制安排的基本形式；各国标准化政策均强调标准化技术委员会须由利益相关方组成。例如，我国《全国专业标准化技术委员会管理规定》规定，“技术委员会的委员应当具有广泛的代表性，可以来自企业、科研机构、检测机构、高等院校、政府部门、行业协会、消费者等”。

（二）标准制定过程是一个技术民主化的过程

标准制定过程的技术民主化是通过标准化组织健全的组织结构和严谨的工作程序予以保

障的。我国《标准化法》规定，制定推荐性标准的“标准化技术委员会和专家组的组成应当具有广泛代表性”，“制定团体标准，应当遵循开放、透明、公平的原则，保证各参与主体获取相关信息”。这从立法上强调了标准制定过程是一个技术民主化的过程。标准制定过程与表征民主的法律制定过程十分类似，旨在保障标准制定过程中用户的意见诉求能被充分呈现出来，使最终形成的标准真正能够反映所有用户的利益。程序正义是标准化活动的重要特征（于连超，2021）。

（三）国家标准的制定和发布主体是权威性的标准化机构

根据ISO/IEC关于标准的定义，“由公认的权威机构发布”是标准的核心要素之一。国家标准管理机构是国家标准制定或发布的主体，一般由中央政府行政机构或者中央政府承认的权威标准化机构承担。在我国，依据《标准化法》的规定，强制性国家标准由国务院批准发布或者授权批准发布，推荐性国家标准由国务院标准化行政主管部门制定，行业标准由国务院有关行政主管部门制定，地方标准由省、自治区、直辖市人民政府标准化行政主管部门制定。可见，我国的国家标准、行业标准和地方标准的制定和发布主体都是政府机构。在美国、英国和德国等国家，国家标准机构是由民间权威标准化组织承担的。

尽管标准具有强烈的公共属性，但也不能忽视标准专用化的发展趋势。理论上，将动用公共资源、谋取最佳公共利益、法定性质、程序公开、广泛参与以及充分协调等特征的标准称之为公有标准，而将表达企业自身利益、缺乏公开性，具有独占性、机密性、竞争性等特征的标准称之为私标准（于连超，2021）。实践中，公有标准与私标准不是泾渭分明的，二者之间具有互动关系。

二、知识产权的私权属性

（一）知识产权的概念与类型

知识产权是基于智力创造成果和工商标记依法产生的权利的统称，主要包括著作权、专利权和商标权，其中专利权与商标权也被统称为“工业产权”。由世界知识产权组织（WIPO）颁布的《建立世界知识产权组织公约》中规定的知识产权包括：（1）关于文学、艺术和科学作品的权利；（2）关于表演艺术家的演出、录音和广播的权利；（3）关于人们努力在一切领域的发明的权利；（4）关于科学发现的权利；（5）关于工业品式样的权利；（6）关于商标、服务商标、厂商名称和标记的权利；（7）关于制止不正当竞争的权利；（8）在工业、科学、文学或艺术领域里一切其他来自知识活动的权利。我国《民法典》第一百二十三条规定：“民事主体依法享有知识产权。知识产权是权利人依法就下列客体享有的专有的权利：（一）作品；（二）发明、实用新型、外观设计；（三）商标；（四）地理标志；（五）商业秘密；（六）集成电路布图设计；（七）植物新品种；（八）法律规定的其他客体。”

知识产权具有人身权和财产权双重属性。其中，著作权中的发表权、修改权、署名权、保护作品完整权，以及专利权中的署名权等权利就是人身权。著作权中的财产权包括复制权、发行权、出租权、展览权、表演权、放映权、广播权、信息网络传播权、摄制权、改编权、翻译权、汇编权以及应当由著作权人享有的其他权利等，专利权、商标权主要为财产权，即通过使用专利技术和商标标识，或者许可他人使用专利技术和商标标识获得经济利益的权利。

（二）知识产权的私权属性

世界贸易组织《与贸易有关的知识产权协议》（TRIPS）在序言中宣示“知识产权为私权”。知识产权的私权本质主要是指知识产权归属于民事权利范畴。在我国，知识产权作为一种私权也得到了理论界的一致认可。知识产权的私权本质主要体现在以下方面（吴汉东，2021）：

一是知识产权的主体一般是民法意义上的私人主体。知识产权的权利人是具有平等法律地位的民事法律关系主体，尽管有时候国家也可以成为知识产权的权利人，但此时的国家也是民事主体，与其他民事主体形成相互平等的法律关系。也正因如此，知识产权成为各国民法调整的重要内容。

二是知识产权的属性是私有权利。知识产权的私有指知识产权作为民事权利为特定民事主体所享有。所有权是特定人直接支配所有物之权利，债权是特定人请求特定人为特定行为之权利。知识产权之私权是特定私人享有的私有权利，而不是一切人同享的公共权利。

三是知识产权的内容是私益权利，即知识产权的私益是与公益相对应的个人利益。根据私法的原则，允许“个人根据自己的意愿形成相互之间的经济关系和其他关系”，追求合法的私利。知识产权归类于私权，在于它具备私权的一般确认标准。知识产权是“关于私人利益方面的各种权利”，主要包括财产权和人身权。

四是知识产权的形态具有专有性。知识产权的专有性又称为独占性、排他性、垄断性。在权利的有效期内，未经知识产权权利人的许可，在规定的地域内，任何人不得使用此项权利。对于一项智力成果，国家所授予的某一类型知识产权应是唯一的，不能再对同一智力成果授予他人同一类型的知识产权。

（三）知识产权使用的限制

为平衡知识产权作为私权的专有性与公平竞争之公共利益，知识产权理论和实践中还有一系列相应的权利限制制度。一是权利穷竭制度，即知识产权的权利人或经其授权的被许可人制造的含有知识产权的产品，在第一次投放到市场后，权利人即丧失了对它的进一步的控制权，权利人的权利即被认为用尽、穷竭了。二是知识产权要受到反垄断法的约束，我国《反垄断法》规定，经营者不得滥用知识产权，从事排除、限制竞争的行为。经营者在行使知识产权或者从事相关行为时，达成或者实施垄断协议，滥用市场支配地位，或者实施具有或者可能具有排除、限制竞争效果的经营者集中，可能构成滥用知识产权排除、限制竞争的行为。

三、标准与知识产权融合发展

（一）知识产权融入标准客观上变得难以避免

专利是创新技术的典型代表，是当今世界最有效的知识产权技术信息，受到各个国家和众多企业的高度重视。实践中，专利技术进入标准在客观上已经变得不可避免。在某一相关技术领域经常会存在多项专利技术，众多的专利技术之间存在密切的关系，如果要将某一技术进行商业化实施，就必须获得其他专利权人的授权。这就是所谓的“专利丛林”（Patent Thicket）。在今天的知识经济时代，标准的制定与实施已经难以脱离专利技术的支撑，难以逾越专利丛林。在制定标准时要求专利权人放弃其专利是不可行的，这样还可能会限制或者阻碍技术创新和传播。欧洲电信协会（CEPC）在1982年主持起草关于全球移动通信系统（GSM）标准时，要求需要将其专利技术纳入GSM标准的企业对后来的标准使用人无偿许可使用其专利技术，以换取该企业在合同中就相关移动通信设备自由定价的权利。这一提案遭到众多专利权人的反对，结果导致这一标准迟迟不能出台。仅摩托罗拉就拥有涉及GSM标准的数十项核心专利技术。没有得到这些专利权人的支持，GSM标准是无法得到协商一致和有效实施的。

实践中，高新技术企业和产业技术联盟会实施专利标准化战略。企业可能会试图将自己的专利作为必要专利纳入标准，而不是基于该专利的技术贡献。因为必要专利不仅仅是重大收入的来源，而且通过“交换芯片”还为交叉许可打开了大门，那些在标准中不拥有任何必要专利的企业，通常不会处在一个令人羡慕的位置（朱国华，2010）。

（二）标准与专利技术结合的方式

标准与专利技术结合的方式是与标准构成要素一致的。根据标准文本结构和标准编写规则，标准一般由概述要素、标准要素和补充要素三部分构成（王忠敏，2010）。其中，概述要素与补充要素合称为资料性要素，即是标示标准、介绍标准以及提供标准附加信息的要素；而标准要素是规范性要素，是声明符合某一标准而需要遵守的条款之要素，符合或者遵守某一标准就是要符合或者遵守这一标准中规范性要素所规定的条款内容。进一步地，规范性要素又分为规范性一般要素和规范性技术要素，前者包括名称、范围与规范性引用文件等内容，后者规定标准的技术内容。

从标准中的规范性技术要素与专利权的关系角度出发，可以将标准与专利权的结合方式分为三种类型：一是标准之中的规范性技术要素包含有对某种产品或者服务的指标性要求或者功能性要求，而相关的专利技术是实现这一指标性要求或者功能性要求的具体技术方案。如乳制品的营养含量的指标性要求以及打火机防止儿童随意开启的“安全锁”的功能性要求。二是标准之中的规范性技术要素涉及产品或者服务的某一特征，而相关的专利技术是实现上述这一特征的技术途径，此时规范性技术要素所规定的特征与相关专利技术权利要求书的条款有部分重合。三是标准之中的规范性技术要素包含有相关专利技术权利要求书的条款描述的全部技术特征，此时标准之中的规范性技术要素的规定内容便构成了一个专利技术，即标准与专利技术在实体技术要求上是一致的（张平，马骁，2005）。

（三）知识产权与标准融合的积极效益与消极影响

标准是先进经验和技术的总结，而专利代表了创新性技术。一般来讲，专利融入标准会产生三方面的积极影响：一是提高标准的技术水平。专利技术是技术创新的集中体现，反映了最新创新成果。将专利技术融入标准之中，能够提高标准的技术水平，克服标准原有的滞后性，使新制定的标准更能够满足市场发展和产业创新需求，提高标准的市场适应性。二是有利于填补标准体系的空白和不足。专利技术涵盖的是创新型的技术、方法、工艺或产品，属于新技术范畴，往往是对旧技术的颠覆性创新，而标准主要是成熟技术的总结。标准中技术方案和方法工艺往往具有滞后性。将先进的专利技术融入标准可以有效填补标准体系的空白和不足。三是有助于提高社会整体效益。专利技术具有私有性，是典型的私权利。但是，专利制度的重要价值之一是通过赋予专利权人垄断权，换取通过专利权人将专利技术许可给他人使用，以获得更多的社会公共利益。当专利技术融入标准之后，随着标准的普遍采用，专利技术也得到广泛使用，专利的社会价值也得到体现（栗宁，等，2020）。

尽管如此，专利与标准的融合也会产生一些消极影响。在专利标准化过程中，专利权人牢牢掌控着专利技术的许可权，获得了在相关市场的支配地位，他们可能会采取拒绝许可、价格歧视、高价许可等垄断行为，获取高额的垄断利润，损害广大中小企业利益。同时，掌握专利技术的少数大企业可能会采取排斥新技术研发等措施，打压竞争对手，限制甚至排除市场竞争，不利于科技创新和社会整体利益。

因此，应建立既对创新技术形成专利融入标准的鼓励，又要规避一旦标准中加入专利对市场形成的垄断，最终达成最优的平衡机制。这是标准化工作者应重点考虑的一个问题。

第 2 节　标准化中的专利权问题

一、标准必要专利与 FRAND 原则

（一）标准必要专利（SEP）

当标准的实施不可避免地会使用专利技术时，便引发了“标准必要专利”（standard essential patent，SEP）问题。欧洲电信标准化学会（ETSI）将标准必要专利定义为“在标准的实施过程中，不可能在不侵犯该知识产权的情形下，而去制造、销售、出租、处理、修理、使用或运用包含该技术标准的设备或方法”。国际电信联盟（ITU）对标准必要专利的定义是“任何可能完全或者部分覆盖标准草案的专利或专利申请”。美国电气和电子工程师协会（IEEE）对标准必要专利的定义是“在标准被采纳时，对于标准草案中的强制或者选择性标准，在商业上和技术层面上不具有可行性且非侵权的替代标准执行方法”。我国《国家标准涉及专利的管理规定（暂行）》的相关规定指出，标准必要专利就是指实施该标准必不可少的专利。综合上述不同表述，标准必要专利是指技术标准中包含的必不可少和不可替代的专利，即为实施技术标准而不得不使用的专利。

标准必要专利是指那些生产标准产品不可缺少的专利技术，而该专利技术没有可替代性的选择。这一替代性选择有两种含义，一是在技术可行性上根本不存在其他技术可替代该必要专利技术用来实施标准；二是技术可行性上存在其他技术可替代该必要专利技术用来实施标准，但由于不经济等原因致使该可替代技术的实施在商业实践中不可行。IEEE 认为的必要专利是指没有技术上和商业实践中可行性的替代技术，而 ETSI 所认为的必要专利主要是基于技术可行性方面，并考虑到正常的技术实践和标准制定时的技术发展水平进行综合判断（马海生，2010）。

（二）专利池

在标准制定过程中，众多专利权人会积极将相关专利技术集合在一起，形成专利池。一般而言，专利池是由多个专利技术权利人，为了通过交叉许可分享彼此的专利技术，或者为了统一对第三方进行专利许可而形成的联盟性组织。专利池组织形式多种多样，依其开放性可分为开放式专利池（open pools）、封闭式专利池（close pools）以及复合式专利池三种形

态。开放式专利池是多个专利权利人组成专利池后，面向第三方进行专利许可，许可费用则根据各专利权利人对专利池的贡献进行分配。通过汇集相关的专利技术，打包专利技术或者进行一揽子许可，进而获得专利许可使用费。可以说，将专利权人与被许可人连接起来，对第三方进行许可是开放式专利池的主要目的。开放性是此类专利池的基本特征，该开放性既是对被许可人而言的，也是对竞争者而言的。相关专利持有人可以申请加入专利池，开放式专利池的成员具有不固定性。封闭式专利池主要解决专利池内部交叉许可问题；此类专利池以分享彼此的专利技术为目的。封闭性是此类专利池的基本特征，该封闭性既是对专利池外部的被许可人而言的，也是对企图加入专利池的竞争者而言的，也就是说，封闭式专利池的成员具有固定性。如果专利池内的专利技术价值基本相当，其间的交叉许可可能会采取免费分享的模式；如果专利池内的专利技术价值差距较大，其间的交叉许可可能会采取相互支付许可费的模式。以上两种分类更多地具有理论分析的因素，实践中的专利池多是复合式的，不仅在专利池内部各专利技术持有人之间进行交叉许可互相分享专利技术，还对第三方提供专利许可。专利池的性质是由诸多因素决定的，判断专利池的开放性或封闭性的最重要因素是组建专利池的目的。（张平，2011）

（三）FRAND原则

标准必要专利权利人应以怎样的许可条件和使用费许可其专利技术给标准实施者，才能既有效保障专利权人获得合理利润，又可周全维护广大标准实施者的合法权益，并最终不会损害消费者利益，成为标准必要专利问题的核心内容。为应对标准必要专利引发的这一问题，协调标准必要专利权利人与标准使用人的利益冲突，美国和欧盟标准化组织和司法实践总结出规制标准必要专利行使的基本原则，即FRAND原则。FRAND的基本含义是“公平、合理、无歧视”（fair，reasonable and non-discriminatory），即标准必要专利权利人承诺在其专利技术被纳入标准后，将以公平、合理、无歧视的条件对所有的标准使用人许可使用其专利技术。FRAND原则对标准必要专利施以适当限制，旨在防止标准必要专利权利人滥用专利权，损害标准使用人和消费者的利益。所以，对承诺遵守FRAND原则的专利权人违反该原则再寻求侵权禁令时，法院多持不支持态度，以矫正标准必要专利权利人以禁令为由而劫持标准使用人。如今，几乎所有的标准化组织以及很多产业联盟和论坛已经采取了FRAND原则。关于FRAND原则的法律性质，专家认为，FRAND的承诺只不过是标准必要专利权人给其标准必要专利设定负担的单方法律行为（李扬，2018）。

二、标准化组织的专利权政策

（一）美国国家标准学会（ANSI）的专利政策

在美国，ANSI有关专利许可政策的雏形是以建议形式首先在1932年8月举办的标准委员会会议上提出的，这也是全世界标准制定组织有关专利政策的最早提案。1969年在ANSI制定的专利政策中建立了专利许可条件的审查机制，规定专利权人在选定许可条件后，应当向ANSI的委员会提交声明，阐明各被许可人对其许可条件的接受程度。后来，随着ANSI更为积极地介入到专利许可条件的判定工作中，其对专利进入标准的态度也有了重大转变，并确立了FRAND许可原则。1997年，ANSI专利政策有两个重大转变，一是删除要求权利人向ANSI委员会提交许可条件及被许可人接受程度声明的规定，二是删除记录

FRAND 许可原则的规定。这一转变标志着 ANSI 将从标准必要专利许可的纠纷中解脱出来，将 FRAND 原则许可条件的谈判归还合同当事人，裁判机制归还法院。随着标准与专利的紧密融合发展，美国企业越来越意识到专利对于标准的重要性，ANSI 的服务目标也转向标准化战略和标准全球化（杨正宇，2018）。

2017 年 ANSI 发布的专利政策明确鼓励企业及时向 ANSI 披露专利信息，并将其纳入标准之中。《ANSI 基本要求：美国国家标准的正当程序要求》对美国国家标准涉及专利问题进行了原则性规定，主要包括以下几个方面：(1) 如果有充分技术理由作证，ANSI 并不反对专利技术进入美国国家标准。(2) 专利技术进入美国国家标准应遵守相应程序要求，包括专利权人以书面形式声明放弃专利技术，或者以公平合理的价格向标准实施者许可专利技术等。(3) ANSI 没有职责对美国国家标准中可能需要得到专利权人许可的所有专利技术进行鉴别，也不负责对专利技术的法律效力和范围实施调查。

（二）美国电气和电子工程师协会（IEEE）的专利政策

作为国际权威的电子技术与信息科学工程师的组织，美国电气和电子工程师协会（IEEE）也是著名的国际标准化组织。IEEE 专门设有 IEEE 标准协会（IEEE-SA），负责标准化工作。IEEE 制定的标准涉及电气与电子设备、试验方法、元器件、符号、定义以及测试方法等多个领域。IEEE 标准属于协会标准，其中常会涉及专利技术，因此，IEEE 专门制定了相应的专利政策。2014 年 9 月，IEEE 向美国司法部递交了其“新版专利政策”，以寻求反垄断执法机构对该新版专利政策的执法态度。美国司法部认为，IEEE 新版专利政策对竞争和消费者利益都有积极影响，没有得出该政策会损害竞争的结果（于连超，2018）。IEEE 新版专利政策主要包括以下四方面内容：

一是禁止令是否适用。IEEE 新版专利政策认为，当各方不能就许可条款协商一致而需求助中立的第三方来解决他们的许可纠纷时，接受 FRAND 原则的专利权人不应寻求禁止令，除非专利被许可人没有遵守法院的判决结果。

二是合理费率的界定。IEEE 新版专利政策规定了合理费率的决定因素，即对专利权人必要专利的合理补偿，并排除因将必要专利技术纳入 IEEE 标准而产生的额外价值，从费率中排除使用人从标准技术转换使用其他技术而产生的转换成本或不可操作性成本。

三是所有合规使用。IEEE 新版专利政策要求接受 FRAND 原则约束的专利权人对任何合规使用（compliant implementation）许可其专利，这意味着专利权人不得对在任何生产阶段的 IEEE 标准的使用拒绝许可其专利。

四是互惠—回授（reciprocity—grantbacks）规则。IEEE 新版专利政策禁止许可人要求申请人将不属于同一标准的必要专利回授许可与许可人，且禁止许可人强制申请人接受不属于该标准必要专利的许可。

（三）ITU/ISO/IEC 共同专利政策

2007 年 3 月，ITU、ISO 和 IEC 三大国际标准组织联合制定并发布了《ITU/ISO/IEC 共同专利政策实施指南》，2012 年、2015 年和 2018 年进行了三次修订，共同专利政策主要包括以下方面（郝文建，等，2021）。

(1) 关于专利披露时间。ITU/ISO/IEC 共同专利政策规定：任何提出标准提案的成员体，应当从一开始就告知组织其提案可能涉及专利或在审查当中的专利情况，不论这些专利权归属成员体自身还是其他组织。

（2）关于披露内容。ITU/ISO/IEC共同专利政策要求各成员体尽力披露专利信息，但不要求进行专利检索。从专利披露及专利许可实施声明规定来看，ITU/ISO/IEC共同专利政策规定要求披露专利与制定中的标准相关信息，主要有法律状态、国别、专利申请号或专利授权号、专利名称、专利权人（包括国别、联系方式等）及专利许可承诺类型等。

（3）关于许可政策。ITU/ISO/IEC共同专利政策规定是，根据专利持有人在专利披露时的承诺声明可能有三种不同的情况：（1）专利持有人同意将其所拥有的标准必要专利以合理无歧视的条件免费许可给被许可人使用；（2）专利持有人同意将其所拥有的标准和专利以合理无歧视的条件收费许可给被许可人使用；（3）专利持有人不同意按照以上两种方式进行专利实施许可。前两种情况符合ITU/ISO/IEC的许可政策，许可双方之间的合同具体条款和条件由许可人和被许可人在ITU/ISO/IEC之外协商确定；第三种情况不符合ISO/IEC/ITU的许可政策，因此这种条件下的专利不能纳入最终标准的条款中，即不能纳入ITU的建议书（recommendation）或ISO/IEC最终的标准文件（deliverable）的条款中。换句话说，这三大组织的专利政策的核心要求是，无论专利持有人采用免费许可或收费许可，他必须承诺合理无歧视的许可原则，否则其专利不能纳入标准。

（4）关于专利权转让。依照ITU/ISO/IEC共同专利政策，专利持有人提交的承诺声明应被解释为对所有转让专利的利益继承人都具有约束力。在转让专利时，应在相关的转让文件中纳入适当的条款以确保所做出承诺的约束力依然有效。同样的做法应延续到受让人在之后的转让中，以约束所有的利益继承人。

（5）关于互惠许可。ITU/ISO/IEC共同专利政策要求当被许可人同意为实施同一标准以声明的条件许可其专利时，专利持有人同时有义务向被许可人授权许可其专利，从而达成互惠许可。

（6）关于对第三方的要求。专利持有人在披露专利时，必须使用专利声明和许可声明表格。任何引起ITU/ISO/IEC注意的第三方标准必要专利，需以书面形式进行披露并提交专利申明表。当第三方专利持有人拒绝按照专利政策进行许可时，ITU/ISO/IEC将立即联系所属各技术组织（TC/SC/WG等），以便各技术组织决定是否取消对标准文件或草案的继续使用，或者设法消除其中的技术问题冲突。

（7）关于专利信息数据库。ITU/ISO/IEC遵守共同专利政策，而且三大国际标准化机构都建立了各自的标准必要专利数据库，定期更新并提供可下载的Excel文档或其他文档。

三、我国的标准专利政策

（一）标准涉及专利的政策

2013年，国家标准化管理委员会和国家知识产权局联合发布的《国家标准涉及专利的管理规定（暂行）》（以下简称《暂行规定》）对国家标准涉及专利问题做了系统规定。《暂行规定》指出，国家标准中涉及的专利应当是必要专利，即实施该项标准必不可少的专利，专利包括有效的专利和专利申请。

（1）关于专利披露。要求在国家标准制修订的任何阶段，参与标准制修订的组织或者个人应当尽早向相关全国专业标准化技术委员会或者归口单位披露其拥有和知悉的必要专利，同时提供有关专利信息及相应证明材料，并对所提供证明材料的真实性负责。参与标准制定的组织或者个人未按要求披露其拥有的专利，违反诚实信用原则的，应当承担相应的法律责任。全国专业标准化技术委员会或者归口单位应当将其获得的专利信息尽早报送国家标准化管理委员会。

（2）关于专利许可。国家标准在制修订过程中涉及专利的，全国专业标准化技术委员会或者归口单位应当及时要求专利权人或者专利申请人做出专利实施许可声明，并遵守 FRAND 原则。

（3）关于标准批准。除强制性国家标准外，未获得专利权人或者专利申请人在做出的专利实施许可声明中不承诺遵守 FRAND 原则的，国家标准不得包括基于该专利的条款。涉及专利的国家标准草案报批时，全国专业标准化技术委员会或者归口单位应当同时向国家标准化管理委员会提交专利信息、证明材料和专利实施许可声明。除强制性国家标准外，涉及专利但未获得专利权人或者专利申请人根据上述规定做出的专利实施许可声明的，国家标准草案不予批准发布。

（4）关于专利许可费用。国家标准中所涉及专利的实施许可及许可使用费问题，由标准使用人与专利权人或者专利申请人依据专利权人或者专利申请人做出的专利实施许可声明协商处理。

（5）关于强制性标准。强制性国家标准一般不涉及专利，强制性国家标准确有必要涉及专利且专利权人或者专利申请人拒绝做出上述（1）或者（2）规定的专利实施许可声明的，应当由国家标准化管理委员会、国家知识产权局及相关部门和专利权人或者专利申请人协商专利处置办法。

（二）司法政策

最高人民法院发布的《关于审理侵犯专利权纠纷案件应用法律若干问题的解释（二）》第二十四条对推荐性国家标准、行业标准和地方标准涉及专利侵权纠纷的司法规则做了规定。第二十四条包括四款内容，规定了推荐性国家标准、行业标准和地方标准明示涉及专利信息的，标准实施者提出不侵权抗辩和专利权人请求停止侵权的适用规则。法院可应当事人请求介入纠纷内部，确定许可实施条件。法律和行政法规对标准必要专利问题有规定的，适用其规定，这也将司法政策和相关立法衔接起来。

根据这一司法政策，如果推荐性国家、行业或者地方标准明示所涉必要专利的信息，被诉侵权人就不得以实施该标准无需专利权人许可为由抗辩不侵犯该专利权；“明示”也是专利权人、被诉侵权人协商专利实施许可条件的前提。第二十四条第 2 款针对专利权人“专利劫持”行为设置了禁令请求权的限制性规则：因专利权人违反 FRAND 原则的承诺导致无法达成专利实施许可合同，如果标准实施者又无明显过错的，专利权人请求标准实施者停止标准实施行为的主张，将不会得到法院支持。根据上述规定，可以认为司法政策也确认了标准实施者必要专利“反劫持”行为的侵权属性和专利权人适用禁令请求权的正当性，在此基础上确立了规范“反劫持”行为的适用规则：即专利权人遵守了其承诺的 FRAND 原则，但标准实施者以种种理由推迟或者拒不达成专利实施许可合同，就构成对必要专利的“反劫持”行为。此时，专利权人有权获得禁令救济，即要求标准实施者停止使用专利技术（于连超，王益谊，2017）。

四、标准专利的反垄断政策

（一）标准化组织的竞争政策

由于标准化活动可能会触犯反垄断法，标准化组织非常重视竞争政策。德国竞争执法机构联邦卡特尔局与DIN主席团根据《反限制竞争法》第38节的规定签署了一个备忘录，旨在为标准化工作的直接参与方提供一个行动指南，以免违反《反限制竞争法》。ANSI也专门发布了“反垄断政策”（Antitrust Policy）和“道德规范”（Code of Ethics）。其中的“反垄断政策”指出，ANSI不是任何个人或组织就价格、销售条款、客户或市场达成非法协议或从事反竞争行为其他方面的工具。此外，ISO中央秘书处发布了《ISO标准制定过程参与者的竞争法指南》（Competition Law Guidelines for Participants in the ISO Standards Development Process）①，目的是提高ISO标准制定的参与者对竞争法问题的认识，并提供广泛的指导。《ISO标准制定过程参与者的竞争法指南》涉及ISO标准制定过程中的所有会议和信息交流，并针对所有参与者，如技术委员会和标准委员会的代表、主席和秘书以及工作组的专家和召集人。可以说，《ISO标准制定过程参与者的竞争法指南》是对企业或组织的竞争合规指南和政策的补充。

（二）《关于知识产权领域的反垄断指南》

在我国，标准专利问题得到反垄断政策的高度重视。国务院反垄断委员会《关于知识产权领域的反垄断指南》指出，标准制定有助于实现不同产品之间的通用性，降低成本，提高效率，保证产品质量。但是，具有竞争关系的经营者共同参与标准制定可以排除、限制竞争。《关于知识产权领域的反垄断指南》专门规定了标准必要专利涉及的特殊问题。一方面，认定拥有标准必要专利的经营者是否具有市场支配地位，应当考虑以下因素：标准的市场价值、应用范围和程度；是否存在具有替代关系的标准或者技术，包括使用具有替代关系标准或者技术的可能性和转换成本；行业对相关标准的依赖程度；相关标准的演进情况与兼容性；纳入标准的相关技术被替换的可能性。另一方面，拥有市场支配地位的标准必要专利权人通过请求法院或者相关部门做出或者颁发禁止使用相关知识产权的判决、裁定或者决定，迫使被许可人接受其提出的不公平高价许可费或者其他不合理的许可条件，可能排除、限制竞争。具体分析时应当考虑以下因素：谈判双方在谈判过程中的行为表现及其体现出的真实意愿；相关标准必要专利所负担的有关承诺；谈判双方在谈判过程中提出的许可条件；请求法院或者相关部门做出或者颁发禁止使用相关知识产权的判决、裁定或者决定对许可谈判的影响；请求法院或者相关部门做出或者颁发禁止使用相关知识产权的判决、裁定或者决定对下游市场竞争和消费者利益的影响。

（三）标准专利反垄断案例

近年来，我国实践中出现了多起标准专利反垄断规制案例。如国家发改委对高通公司专利垄断案开出60.88亿元的罚单。根据处罚决定书，在CDMA、WCDMA和LTE（分别为

---

① 参见 https://www.iso.org/files/live/sites/isoorg/files/developing_standards/docs/en/competition_law_guidelines.pdf。

2G、3G、4G 标准）无线通信技术标准中，当事人高通公司在持有的每一项无线标准必要专利许可独立构成的相关产品市场，均占有 100%的市场份额，具有市场支配地位。经查明，当事人高通公司存在滥用在无线标准必要专利许可市场的支配地位行为，收取不公平的高价专利许可费，其中包括对过期无线标准必要专利收取许可费、要求被许可人将专利进行免费反向许可；在无线标准必要专利许可中，没有正当理由搭售非无线标准必要专利许可。基于此，国家发改委认定当事人高通公司违反《反垄断法》，并处以高额罚款。再如，在“华为诉交互数字滥用市场支配地位垄断纠纷案”中，二审法院认为，交互数字公司在每个标准专利许可市场上均具有市场支配地位，标准必要专利权利人违背公平、合理、无歧视（FRAND）原则的许可承诺，无视实施者在许可谈判过程中的诚意和善意，以诉讼手段威胁强迫实施者接受过高的专利许可条件，逼迫实施者就必要专利之外因素支付相应对价，构成滥用市场支配地位，违反了《反垄断法》。

第 3 节　标准化中的商标权问题

一、商标的含义与功能

（一）商标的含义与类型

商标是指生产者、经营者或提供服务的相关方在其商品或服务上使用的，由文字、图形、字母、数字、三维标识、颜色组合、声音和气味等要素以及上述要素的组合构成的具有显著性、便于识别商品和服务来源的标识。从不同角度，可以将商标划分为不同类型：根据是否登记注册，可将商标划分为注册商标和未注册商标；根据使用对象的不同，可将商标划分为商品商标和服务商标；根据使用主体的不同，可将商标划分为制造商标和销售商标；根据用途的不同，可将商标划分为集体商标和证明商标；根据使用目的的不同，可将商标划分为联合商标和防御商标。

（二）商标的质量保证功能

区别商品来源被认为是商标最原始和最基本的功能。“商标这种事物原本是为区别商品和服务的来源应运而生的。这是商标的根本功能，也是它生存的唯一理由”（刘春田，2002）。随着消费经济的崛起，商标独立于商品的价值凸显出来，同时商标的表达功能愈发得到发挥。消费者行为学认为，在符号消费社会中，商品的使用价值已退居次席，人们更加注重的是商品呈现出的符号意义。如今商标早已不再是单纯的指示商品来源的工具，其自身也成为消费对象的一部分，即商标发挥着表彰符号意义的功能。商标的质量保证功能是由商标识别功能衍生出来的目的之一。

商品的品质保证功能不在于保证商品质量的高品质，而在于表明以同一商标所表明的商品或服务具有同样的品质，即具有品质的统一性。因此，企业为维护自身商标在消费者心目中的信誉，需要努力保证使用同一商标的商品质量相同。而消费者在具有竞争关系的产品、服务中进行选择时，就有了相应的依据。如此，商标也就在客观上起到了防止商品或者服务质量下降，保证其品质的作用。

二、商标对标准内容信息的表达

（一）标准的内容是信息

形形色色的产品具有不同的功能、品质与特征，而这些功能、品质与特征多是通过标准来规定的，如电器安全标准规定了电器要符合安全使用的要求，计算机软件兼容标准表达了该产品的可兼容性程度，食品营养标准规定了食品的蛋白质、脂肪、热量等营养成分的含量，绿色食品标准则是对食品的有机性、污染性等方面的规定。当然，这些标准可能是政府强制性的或者市场自愿性的，可能是技术兼容标准或产品质量与安全标准，亦可能是产品标准、过程标准或服务标准。不管标准的形式与效力如何，标准均表达了对产品功能、品质与特征的规定性，这一规定性是对产品所承载的各种各样信息的规定。（于连超，2021）。

（二）商标是标准信息的外在化表现

标准表达的是信息，且这一信息是复杂的、不对称的。但是，产品需要面对消费者，即需要将产品的内在信息外在化。产品内在信息外在化的基本途径是商业标识，如大型零售商家乐福（Carrefour）制订了名为“Carrefour Agir”的系列商业标识计划，该计划包括四类子标识：一是“Carrefour Agir Éco Planète”，该标识的基本含义是表达其所提供产品的环境友好性；二是“Carrefour Agir Bio”，该标识的基本含义是表达其所提供产品或食品是有机的；三是“Carrefour Agir Solidarie”，该标识的基本含义是其所提供的产品或服务是经过公平贸易的，即没有贸易歧视；四是“Carrefour Agir Nutrition”，该标识的基本含义是其所提供的食品是健康的。附有上述表达不同含义标识的产品须符合相应的标准，如附有表达环境友好性的“Carrefour Agir Éco Planète”标识的木质产品（如木质家具）须符合森林管理委员会（FSC）制定的有关保护森林和避免植被破坏的标准。此外，上述不同标识所表达的部分标准是由 Carrefour 自己制定的。

三、证明商标对质量标准的表达

（一）证明商标的表达作用

证明商标（certification mark，CM），在瑞士《商标法》中又被称为“担保商标”（guarantee mark）。证明商标有三种类型：一是证明商标用以证明商品或服务来自特定的地域，如法国某地区蒸馏白兰地的证明商标为“COGNAC”；二是证明商标用以证明商品或服务符合有关质量、材质或者是生产方式的特定标准，如“UL”证明商标；三是证明商标用以证明商品或服务由某工会或者其他组织成员来完成，或者证明工作者符合特定的标准。根据我国《商标法》，地理标志可以被注册为证明商标。其实，证明商标包括两个基本类型，一是产品证明商标（product certification mark），即表示某一产品符合特定标准要求的标识，如质量标识、安全标识、产品注册标识等；二是体系证明商标（systems certification mark），即表示某一管理体系符合特定国家或国际认可标准要求的标识，如质量管理体系、环境管理体系等。

（二）证明商标对质量标准的表达

证明商标表达质量标准的前提是质量标准体系。现代商标法规定，在申请注册证明商标时，申请人须对商标意图证明的标准做出声明，当然一个商标并不限于只证明一个特征。同时，申请人还须提交一份判断他人是否可以在其产品或服务中使用该证明商标的标准。这一标准既可以是申请人自己制定的，也可以是他人制定的标准，如政府机构制定的标准或者其他行业组织、企业等主体制定的标准。我国《集体商标、证明商标注册和管理办法》规定，证明商标的使用管理规则应当有多个方面，包括证明商标证明的商品的特定品质和使用该证明商标的条件。证明商标的存在是以质量标准为前提的，因为证明商标旨在证明使用该证明商标的商品符合其质量标准。而且，质量标准经常是以体系化形式表达的。例如，我国的绿色食品标识属于证明商标范畴，其权利人是中国绿色食品发展中心，其表达的标准即属于食品安全标准范畴。

证明商标表达质量标准的公信力是第三方认证。证明商标的一个基础原则是证明商标所有人不能在相应的商品或服务上使用该证明商标。该原则出自这样的理念，即如果从事对产品或服务进行认证的认证人不能够独立，那么是不符合公共利益的。因此，根据英国《商标法》，如果欲申请注册证明商标的申请人所从事的业务涉及提供商标所证明的商品或服务的，则不予以注册证明商标。那么，如果证明商标所有人从事了与该商标所证明的商品或服务有关的业务，该证明商标将被撤销。证明商标表达质量标准是通过第三方认证实现的，一般情况是证明商标的权利人即为该证明商标的认证机构。我国《集体商标、证明商标注册和管理办法》规定，证明商标的使用管理规则应当包括"使用该证明商标的手续"以及"注册人对使用该证明商标商品的检验监督制度"等内容。

四、标准化组织的商标政策

（一）英国标准协会（BSI）的商标政策

在英国，根据《皇家特许》（Royal Charter and Bye-Laws）[1] 规定，英国标准协会（BSI）的职能是制定、销售和传播标准，同时促进英国标准和国际标准的广泛应用。《皇家特许》还规定，为实现推广应用标准之目的，BSI可以使用标识，并采用检测、认证等技术手段。1903年，英国制造商开始在符合尺寸标准的钢轨上使用世界上第一个认证标识——BSI的"风筝标识"。1919年英国政府颁布了《商标法》，规定经第三方检验机构检验合格的产品方可使用"风筝标识"。1921年成立的英国标识委员会负责管理"风筝标识"的发放使用和管理工作。1926年，英国标识委员会向英国电气总公司颁发了第一个《风筝标识使用许可证》。1975年开始在家用电器及其他安全设备和产品上使用BSI安全标识。如今，在从沙井盖到安全套、安全锁、灭火器和骑行头盔的数百种产品上都能看到BSI"风筝标识"。将BSI"风筝标识"与产品或服务相关联可以确认其符合特定标准。每个BSI"风筝标识"方案都涉及确定是否符合产品的相关标准或规格以及对供应商运营的管理系统的评估。

---

① BSI的皇家特许参见 https://www.bsigroup.com/Documents/about-bsi/royal-charter/bsi-royal-charter-and-bye-laws.pdf?epslanguage=en-US。

（二）美国保险商实验室（UL）的商标政策

美国保险商实验室（Underwrites Laboratories Inc.，UL）是全球最大的从事安全试验和鉴定的民间机构之一。在100多年的发展过程中，其自身形成了一套严密的组织管理体制、标准开发和产品认证程序。其中，UL标识是美国保险商实验室对机电（包括民用电器）类产品颁发的安全保证标识。UL标识分为三类，分别是列名、分级和认可标识，这些标识的主要组成部分是UL的图案，它们都注册了商标，分别用在不同产品上，相互之间是不通用的。某个公司通过了UL认证并不表示该企业的所有产品都是UL产品，只有附带UL标识的产品才能被认为是UL跟踪检验服务下生产的产品。早在1998年，UL认证标识作为证明商标已在我国原国家工商行政管理总局商标局进行了商标注册。后来，UL又将其拥有的UL和RU商标向海关总署进行了知识产权海关保护备案，受到我国《商标法》的严格保护。

第4节　标准化中的著作权问题

一、标准著作权的基本要件

（一）作品是著作权的保护对象

通过给人类的智力劳动成果以著作权保护，鼓励优秀作品的创作与传播是著作权制度的基本价值。我国《著作权法》规定，著作权保护客体为作品。《著作权法实施条例》规定，作品是“文学、艺术和科学领域内具有独创性并能以某种有形形式复制的智力成果”。产生作品的过程为“创作”，意为“直接产生文学、艺术和科学作品的智力活动”。此处“创作”可由单个主体独立完成，亦可由多个主体共同完成。著作权的客体为作品，我国与诸多域外立法在以列举式界定何为作品的同时，亦将某些思想的表达形式排除在作品范畴之外。我国《著作权法》规定，法律、法规，国家机关的决议、决定、命令和其他具有立法、行政、司法性质的文件，及其官方正式译文等，不适用《著作权法》保护。

总的来看，作品的构成要件有二：一是具有原创性或者独创性。原创性指向的是思想表达形式，而非思想本身。原创性是作者在创作作品的过程中投入了某种智力性劳动，创作出来的作品具有最低限度的创造性。二是具有可复制性。强调作品应具有可复制性并不是强调作品必须以某种物质形态的形式固定下来。对于标准而言，上述第二个要件是较容易满足的，因为标准的本质要求即是要通用或重复使用。此时，标准多以标准文件的形式出现。标准成为作品要求其制定过程须是一个创作性的劳动过程。标准获得著作权的条件是标准具有创造性和可复制性，构成著作权法里的作品。

（二）标准构成著作权法保护的汇编作品

汇编作品为著作权客体作品的表达形式之一，其含义是将已有的资料或者数据汇集起来，经过选择、组合、编排形成的作品。汇编作品构成作品的前提是具有原创性，汇编作品的著作权归属汇编人享有。标准被一般性地描述为以先进科学技术成果和工作经验为基础，因此，标准多是汇编的结果，即为一定的目的，将相关领域的科技成果汇集在一起成为一个体系或者一个系统的集合。当由汇编而成的标准具有原创性时，便可构成汇编作品，进而获得著作权法的保护。当作为作品的标准是由标准制定组织汇编而成时，其中的著作权归属于标准制定组织，因为标准制定组织是将相关零散的数据和资料进行选择并编排的汇编人。尽管组成该汇编的数据和相关资料的权利人分别对其数据和相关材料部分拥有著作权，但该汇编作品之标准的著作权还是归属于汇编人。各国立法多规定，该汇编作品属于标准汇编人共同所有。

二、标准著作权的法律主体

（一）标准是众多技术专家集体创作的作品

在标准化活动实践中，标准制定是一个科学严谨、民主协商的程序，这一过程耗时费力，旨在保障标准的权威性和广泛可接受性。根据《ISO/IEC 导则 第 1 部分：技术工作程序》，ISO/IEC 国际标准的制定和维护工作由技术委员会（TC）和分技术委员会（SC）承担。国际标准的制定一般会经过预阶段、提案阶段、准备阶段、委员会阶段、询问阶段、批准阶段和出版阶段等复杂过程。由技术委员会这一技术机构制定标准是标准化活动的基本原则，而标准化技术委员会是由众多利益相关方所派技术专家为代表组成的，所以标准化技术委员会具有广泛代表性。可以说，标准是众多利益相关方和技术专家集体智慧的结晶。

（二）标准制定组织通过受让成为标准著作权实际权利人

权利主体明确是法治社会和市场经济的基本要求，产权不清晰既造成权利利益没有主体享有，也使得义务与责任没有主体承担。实践中，权利主体的高度分散不利于权利行使和权利保护，也不利于保障标准的权威性。在各国的标准化工作实践中，标准制定组织通常会以不同形式与标准起草人签订标准著作权归属协议，约定标准著作权归标准制定组织所有，这符合著作权协商归属和著作权自由转让的法理。例如，欧洲标准化委员会（CEN）和欧洲电工标准化委员会（CENELEC）均明确要求技术委员会或工作组使用包含有“使用权转让声明”（ERAS）的“与会者名单”，通过获取专家的签名将专家所拥有的撰稿使用权转移给 CEN 或 CENELEC。通常签署撰稿使用权转让声明是没有报酬的，也不在出版的文件中承认个人贡献。再如，《荷兰标准化协会法规》第十七条规定，某个标准化技术委员会提供的信息或思想或数据产生的著作权受知识产权立法的保护，该权利归标准化协会所有。通过上述与标准起草人个别约定，或者统一约定，实现了标准著作权从众多利益相关方和技术专家转移到标准制定组织。因此，通过受让标准制定组织成为标准著作权的实际权利人（于连超，2014）。

三、我国标准著作权保护政策

（一）标准化政策的规定

依据《标准化法》规定，强制性标准文本应当免费向社会公开。但是，对其他类型标准的著作权问题并没有规定。国家标准化管理委员会 2005 年颁布的《标准网络出版发行管理规定（试行）》第四条规定：“标准网络出版发行工作，由国家标准化管理委员会统一管理。”

第五条规定："国家标准化管理委员会授权中国标准出版社为标准网络出版发行单位，享有标准网络专有出版权。未经授权的任何单位和个人，不得从事标准网络出版发行活动。"

（二）司法解释的规定

强制性标准属于《著作权法》排除保护的对象，已得到学界和实务界的普遍认可。在《国家版权局版权管理司关于标准著作权纠纷给最高人民法院的答复》（权司〔1999〕第50号）中，最高人民法院倾向于认为推荐性标准属于自愿采用的技术性规范，不具备法律法规性质。由于推荐性标准的制定也是付出创造性劳动的过程，具有创造性智力劳动成果的性质，符合《著作权法》规定的作品的其他条件，应当认为推荐性标准属于著作权法保护的范畴。国家著作权行政主管机构也较为明确地表明态度，认为推荐性标准不属于技术法规范畴，进而应当获得《著作权法》的保护。

（三）国家标准全文公开系统

《推进国家标准公开工作实施方案》采取"保护版权、免费公开"的原则，即国家标准公开应当保护标准版权，维护标准版权所有者合法权益。国家标准公开实行文本免费在线查阅，促进标准推广应用。《推进国家标准公开工作实施方案》提出，要健全促进国家标准公开的机制和措施，及时向社会公开强制性国家标准文本，分阶段向社会公开推荐性国家标准文本，进一步增强国家标准制修订工作的公开性和透明度，确保社会公众能够便捷地获取权威的国家标准信息。

四、ISO/IEC的著作权政策

ISO的出版物包括ISO标准、ISO衍生品和成套产品、ISO/CS产品和期刊、合作出版物。在IEC框架下，"产品"包括电子版形式或者硬拷贝形式的出版物、文件和数据等。为帮助ISO和IEC标准及其各国版本的用户能够在通过互联网便利获得标准的同时避免侵害其中的著作权，ISO和IEC于2007年共同发布了题为《ISO/IEC著作权、标准和互联网》的文件。该文件指出，很多用户正在有意或者无意地复印和销售标准，这一侵犯著作权行为使ISO和IEC的经济收入受到损害，也使标准文件本身陷入被篡改或者被随意修改的风险之中。较为普遍的侵权方式主要有三种：（1）滥用密码，即将某一个用户在特定网址上使用标准时所需要的密码分享给多人使用；（2）分发非法复制的标准，如通过电子邮件形式大规模分发已购买的标准的影印版；（3）将已购买的标准上传至公共网络领域，包括将标准传至某个可供其他人公开获得的互联网网址上或者某个机构的内部网址上。

2017年3月，ISO理事会批准了《ISO关于出版物分发、销售和复制及ISO版权保护政策》（简称ISO POCOSA 2017），该文件将替代《ISO关于ISO出版物的分发和ISO版权保护政策》（简称ISO POCOSA 2012）及相关附件。ISO POCOSA是ISO的著作权政策，它规定了ISO成员和ISO中央秘书处（ISO/CS）应采取的商业行动规则和程序，以及ISO成员在使用和销售ISO出版物时拥有的权利和承担的职责，并对使用、翻译、复制ISO出版物应缴纳的费用等问题进行了规定。ISO POCOSA 2012要求成员国只能在"国内销售"，ISO POCOSA 2017则允许"境内主动销售，境外被动销售"，也允许"通过签署协议在境外主动销售"，并且在"未超过最高阈值时即可境外主动销售"，但仅限于国家采标标准及相关产品的销售，第三方经销商不能从中受益。可见，主动销售和被动销售成为新的销售模式。

此外，第三方经销商的复制、经销及权限也是 ISO POCOSA 2017 的重要条款之一；POCOSA 2017 在“5.2. 向第三方经销商授予许可的协议”部分指出，“ISO 成员和 ISO/CS 可签订许可协议，允许第三方经销商在其国家领土内行使全部或部分使用权”，但对第三方经销商跨国销售国家采标标准提出了禁令，即“严禁 ISO 成员授权第三方经销商在其领土外主动销售国家采标标准的权利，此权仅限 ISO 成员”，并只能获得该政策赋予 ISO 成员的利益，但在境外只能拥有被动销售的权限（刘春青，李莉莎，2017）。

本章小结

标准具有强烈的公共特征，知识产权具有鲜明的私权属性，二者既有价值冲突，又融合发展。标准化中的知识产权法律问题成为产业实践、政策制度和理论研究的关注焦点。标准必要专利是标准与专利结合的核心问题。标准化组织专门制定了标准专利政策予以应对，形成了标准必要专利许可的 FRAND 原则。标准必要专利问题也得到反垄断法的高度关注。司法实践中出现了一些相关判例。商标是标准信息外在化表达的具体形式，是商标质量保证功能和信任传递功能的体现，证明商标是质量标准典型的表达形式。英国标准协会（BSI）等标准化组织制定了专门的商标政策。标准构成著作权法保护的汇编作品，作为作品的标准应当获得著作权法的保护。标准制定组织通过受让成为标准著作权实际权利人，标准化组织制定了标准著作权政策。我国立法和政策也不断完善标准著作权保护制度。

关键术语

知识产权　　标准必要专利　　FRAND 原则

证明商标　　著作权

思考题

1. 为什么知识产权与标准会融合发展？
2. 标准必要专利的许可政策是什么？
3. 证明商标是如何表达标准信息的？
4. 标准获得著作权保护的条件是什么？

参考文献

[1] 郝文建，高艳炫，魏梅，等．ITU-T/ITU-R/ISO/IEC 共同专利政策发展分析．信息技术与标准化，2021（7）：47－51.

[2] 栗宁，李刚，魏凤，等．专利与标准的关系分析．北京：科学出版社，2020：16－17.

[3] 李扬．FRAND 承诺的法律性质及其法律效果．知识产权，2018（11）：3－9.

[4] 刘春青，李莉莎．ISO 标准版权保护最新政策解析．标准科学，2017（10）：12－19.

[5] 刘春田．商标法代表了我国民事立法的方向．中华商标，2002（8）：7－8.

[6] 马海生．专利许可的原则：公平、合理、无歧视许可研究．北京：法律出版社，2010：29－30.

[7] 王忠敏．标准化基础知识实用教程．北京：中国标准出版社，2010：70－72.

[8] 吴汉东．知识产权法．北京：法律出版社，2021：12－13.

[9] 杨正宇．美国国家标准学会专利许可政策演进考察．知识产权，2018（3）：88－96.

[10] 于连超．标准的著作权法保护问题探析．山东师范大学学报（人文社会科学版），2014（6）：127－134.

[11] 于连超．团体标准及其专利政策的反垄断法事前评估：以美国司法部商业审查函为例．武汉理工大学学报（社会科学版），2018（4）：58－64.

[12] 于连超．标准化法原论．北京：中国标准出版社，2021：180－231.

[13] 于连超，王益谊．论我国标准必要专利问题的司法政策选择：基于标准化体制改革背景．知识产权，2017（4）：53－58.

[14] 张平．冲突与共赢：技术标准中的私权保护：信息产业技术标准的知识产权政策分析．北京：北京大学出版社，2011：127－130.

[15] 张平，马骁．标准化与知识产权战略．2版．北京：知识产权出版社，2005：43－44.

[16] 朱国华．高新技术产业化的专利、标准与人才战略．北京：化学工业出版社，2010：112－114.

第14章
技术法规

学习要点

1. 技术法规的属性及其作用
2. 技术法规的制定和实施原则
3. 技术法规与标准的关系
4. 技术法规体系的构成要素
5. 中国强制性标准的特点与作用

第1节　概　述

技术法规是一国法律体系的重要组成部分，不断加强技术法规建设是完善国家法律体系的内在要求，也是保障国家贸易安全，规范市场秩序，推动技术进步以及保护消费者权益的客观需要。

一、技术法规的产生与发展

技术法规是随着经济和社会的发展，尤其是技术的发展而逐步产生的。当人类社会出现农业、手工业分工，为了提高生产效率，开始逐步统一生产工具和技术规范；国家为了满足社会分工的交流配合，满足贸易交换，保证安全和人身健康，保护环境，通过制定相关的法律将技术规范法律化，形成技术法规。

（一）技术法规的产生

技术法规作为一种强制执行的技术规范，是随着经济和社会的发展，尤其是技术的发展而逐步建立起来的。对于技术法规，应当将其置于历史的视角分析其产生和发展，才能把握技术法规的真正内涵及其价值。

第一次工业革命后，世界进入以社会化大生产为基础的近代标准化阶段，标准化活动也进入了定量的，以实验数据为依据的科学阶段。从这时开始，我们可以将技术法规的产生分为三个阶段。

第一个阶段主要是为了满足现代化生产和保证质量而推动技术法规的产生。第二个阶段是第二次世界大战结束后，世界经济迅猛发展，科学技术日新月异，随之带来的环境问题、资源问题、卫生安全问题日趋恶化，技术法规开始成为保护环境和人类安全、健康的重要工具。第三个阶段是技术法规进入国际法。随着国际贸易的发展，各国为保护本国工业、农业、民族产业以及本国消费者的正当权益，通过制定技术标准和技术法规的形式来限制他国产品进入本国市场，技术法规由此演变成了技术性贸易壁垒的一种表现形式。各国制定的标准和技术法规大都是从保护消费者的角度出发。随着科学技术的发展，产品与服务的技术含量不断提升，使人们生活水平不断提高，这就促使各国采取有效的技术性措施来保障正常的生产、贸易与消费。但鉴于各国的经济发展水平不同，各国制定的技术性贸易措施差别很大，给国际贸易造成了不必要的阻碍。国际贸易的实践要求各国对进口产品的技术要求方面进行广泛协调。

为了避免不必要的贸易障碍和国际贸易的相互限制，解决复杂的国际经济问题，特别是制定国际贸易政策，成为战后各国普遍面临的重要任务。1948 年 1 月 1 日生效的《关税及贸易总协定》(GATT) 便成为各国共同遵守的贸易准则，是协调国际贸易与各国经济政策的唯一的多边国际协定。《技术性贸易壁垒协定》(《WTO/TBT 协定》) 1980 年生效，从此，技术法规在国际法领域确立起法律地位。

1994 年 4 月 GATT 被世界贸易组织（WTO）的《WTO/TBT 协定》取代，并于 1995 年 1 月 1 日开始生效。《WTO/TBT 协定》是一个旨在帮助各成员国减少和消除技术性贸易壁垒的重要文件，是唯一一个专门协调技术法规、标准和合格评定程序的国际准则。

ISO 和 IEC 在其指南 2 中也对技术法规给出了定义，并随着国际贸易和技术的发展，于 1983 年、1986 年、1992 年、1996 年、2004 年对技术法规的定义进行了多次调整和完善。

（二）技术法规的发展

20 世纪 90 年代以来，《WTO/TBT 协定》运用得最为直接也最为显著的特征是其技术要求不断提高，特别是涉及人类安全、生命健康和环境保护的检测标准日趋严格。由于科技进步，各国不断提高技术法规、标准和合格评定程序的严格程度，对进口产品的要求越来越苛刻，已从规定个别限量指标发展成为规定名目繁多的限制性指标体系。

与此同时，各国在完善单一产品技术法规的同时，也在不断完善技术法规体系的建设，从零散的逐项法规向系列化法规发展，由针对单独的产品向产品的生命循环链发展，而且立法越来越多地涉及环境保护、人身安全和动植物的生命和安全等方面。《WTO/TBT 协定》是法律体系的重要组成部分，其中技术法规是国际贸易中强制执行的重要技术措施，也是效力范围最为广泛的规则。

二、技术法规的定义

技术法规属于法的范畴，但并非一个独立的法律概念，而是一系列法律法规的统称；它首先出现在国际条约和国际协定中，是国际法领域的一个概念。从目前世界各国制定与实施技术法规的实践来看，尚无任何一个国家将技术法规作为一个独立的部门法或专门的单行法。技术法规都是以法律、法规、规章、条例、指令、命令或强制性标准的形式颁布实施。

关于技术法规的定义，主要源于《WTO/TBT 协定》和 ISO/IEC（2004）指南 2 给出的有关定义。WTO 是当今最大的世界性贸易组织，面对的是各国和各地区政府；国际标准化组织（ISO）和国际电工委员会（IEC）面对的是各成员国的国家标准化机构。

（一）国际法意义上的技术法规

就国际法意义上的技术法规而言，它主要出现在国际标准化组织、国际条约和国际协定之中，分别界定如下。

（1）ISO/IEC（2004）将“技术法规”定义为：“规定技术要求的法规，它或者直接规定技术要求，或者通过引用标准、技术规范或规程来规定技术要求，或者将标准、技术规范或规程的内容纳入法规中。”

（2）在 1980 年生效的 GATT 的《TBT 协定》中规定，技术法规是“强制执行的规定产品特性或其有关加工和生产方法，也可以包括或专门规定用于产品、加工或生产方法的术语、符号、包装、标志或标签要求”。

（3）WTO 在 1995 年生效的《WTO/TBT 协定》中规定，技术法规是“强制执行的，规定产品特性或相应加工和生产方法，包括适用的行政管理规定在内的文件。技术法规也可以包括或专门规定用于产品、加工或生产方法的术语、符号、包装、标志或标签要求”。

从上述三种对技术法规的定义来看，由于视角和规定内容的不同而有所差异，但都从不同的层面揭示了技术法规的内涵和本质。

从 ISO/IEC、GATT 和 WTO 对于技术法规内涵的比较而言，ISO 关于技术法规的定义主要从内容的视角界定了技术法规的内涵，指出技术法规或者直接规定技术要求，或通过引用标准来规定技术要求，充分揭示了技术法规与标准的关系，亦即技术法规以标准为基础。在这种状况下，标准作为解决技术问题的重要手段被技术法规所应用，成为技术法规体系的重要支撑和基础内容。

GATT 的《TBT 协定》主要从基本特点和规范对象的视角界定技术法规，指出技术法规有两个最基本的特征：一是技术法规具有强制执行性；二是技术法规的规范对象是产品。它所规定的内容是针对产品的特性、质量、性能、生产工艺和方法等技术指标和技术要求。

《WTO/TBT 协定》对技术法规的内涵有更充实的描绘，从基本特点和规范对象的视角界定了技术法规，指出它有两个最基本的特征：一是强调了技术法规在执行层面上的强制性；二是技术法规的规范对象是产品。它所规定的内容是针对产品的特性、质量、性能、生产工艺和方法等技术性指标和技术要求，以及包括产品适用的行政管理性内容。当然，如此定义是与 WTO 侧重技术法规对于贸易的影响因素有关，而 ISO 则侧重于强调标准的作用。

总之，ISO/IEC、GATT 和 WTO 都出于需要和实用的目的从各自的角度对技术法规给出了定义，而在法律界并未明确技术法规的概念，也尚未形成一致的认知和共识。

（二）国内法意义上的技术法规

技术法规是《WTO/TBT 协定》创造的一个法律概念。根据国际法基本原则——条约必须信守原则，成员国各方遵守《WTO/TBT 协定》中的基本规定是遵守国际法的必然要求，因而各国在国内法层面不对技术法规进行特别规定，而是采用《WTO/TBT 协定》中的具体规定。技术法规作为国际法领域一个重要的法律概念，各国主要通过三种方式使其在国内法中得以适用，包括转化方式、并入或采纳方式、混合方式。这是国际条约必须信守的内在要求和必然结果。许多国家都是依据《WTO/TBT 协定》对技术法规的定义，或是按照 ISO/IEC 的规定（2004）来定义技术法规。

以下是几个典型国家或地区的做法：

（1）美国。美国国家标准与技术研究院（NIST）在其相关文件中给出技术法规的定义："技术法规是强制性标准和技术规则，涵盖产品安全、环境影响、消费者保护、包装和标签以及产品特性等内容。""政府法规或制度明确规定了根据特定法律必须满足的强制性（法律）要求，以实现机构的总体目标。这些要求可能涉及健康、产品安全、操作员/用户安全、环境影响、检疫要求、消费者保护、包装和标签、产品特性或其他与公共利益相关的事项。法规可以由机构制定的技术规范或要求组成，也可以允许使用特定民间标准的全部或部分作为合规手段"（刘春青，2013）。这一定义进一步明确了技术法规所规范的领域、内容的构成，并指出技术法规可以引用民间组织制定的标准作为合规手段。

（2）欧盟。欧洲议会和欧盟理事会在《关于技术标准和法规领域提供信息程序的 98/34/EC 指令》中对技术法规做出定义："在成员国或其大部分地区销售或使用产品的情况下，法律上或事实上强制遵守的技术规范和其他要求，包括相关的行政条款以及成员国的法律、法规或行政条款，但本指令第 10 条规定禁止制造、进口、销售或使用某种产品的那些除外。"欧盟的定义对技术法规规范的内容没有具体限定，但是在 1985 年通过的《技术协调与标准化新方法决议》中对"指令"的范围进行了严格限定，即健康、安全、环境等领域。

（3）俄罗斯。《俄罗斯技术调节法》（2002 年版本）对技术法规的定义是："技术法规是一种文件，或由俄罗斯联邦法律批准的俄罗斯联邦国际条约，或由联邦法律，或由俄罗斯联邦总统令，或由俄罗斯联邦政府令颁布的文件，它为技术监督对象（包括建筑、结构在内的产品、生产、操作、储存、运输、销售和使用过程）制定强制性要求。"

就我国国内法而言，我国遵守《WTO/TBT 协定》关于技术法规规定的法律渊源不仅包括国内法律，还包括经过我国签署和承认的国际条约和国际惯例等。从法理上看，理由有二：一方面，采取《WTO/TBT 协定》中关于技术法规的规定是国际条约必须遵守的国际法基本原则的内在要求。根据 2000 年全国人大常委会通过的《关于我国加入世界贸易组织的决定》和 WTO 通过的《关于中华人民共和国加入的决定》，我国作为 WTO 的成员国应当遵守 WTO 法律制度。《WTO/TBT 协定》作为 WTO 法律制度的组成部分之一，对我国具有国际法的法律约束力。另一方面，采取《WTO/TBT 协定》中关于技术法规的规定是与国际法律制度接轨、避免与其他国家技术法规制度产生冲突的客观需要。

在实践中，我国在 2018 年实施的《标准化法》中明确了"对保障人身健康和生命财产安全、国家安全、生态环境安全以及满足经济社会管理基本需要的技术要求，应当制定强制性国家标准"。由此可以看出，我国的强制性标准符合《WTO/TBT 协定》对技术法规明确的两个基本特征：（1）规定有关的（产品或生产的）技术要求；（2）在执行层面具有强制性。所以我国的强制性标准在法理意义上等同于《WTO/TBT 协定》定义的技术法规，而不属于通常意义上的标准化组织制定的自愿性标准。加入 WTO 后，我国将强制性国家标准作为技术法规的主要表现形式向 WTO 进行通报，也得到了 WTO 成员国的普遍认同（郭济环，2010）。

在以下的论述中，"技术法规"是指政府发布的把产品和生产过程作为调整对象的强制性文件，其中包括我国发布的强制性标准；而“标准”仅指各国标准化组织制定的自愿性标准或我国的推荐性标准。

三、技术法规的定义分析

综上所述，技术法规是指由立法机关制定或者认可并以国家强制力保障实施的，规定产品特性、加工工艺和生产方法，以及产品生产过程中行政管理的具有普遍约束力的法律规范总称。一个国家有很多法规，但只有规定技术内容的法规是技术法规。因此，技术法规的本质属性是技术性和强制性，具体而言，应从以下几个方面把握技术法规的概念。

（一）内容上，技术法规具有技术性

技术法规的制定是基于科学、技术知识和客观经验，主要体现为技术内容。它是以规定产品特征的技术要求以及规定产品生产经营过程中应适用和遵守的行政性管理要求为内容的法律规范。

值得关注的是，各个国家对技术法规的制度设计并不相同。我国采用把技术内容直接纳入强制性标准的办法，而欧盟则采用新方法指令引用标准的办法；美国在制定技术法规时鼓励政府的法规文件引用民间技术标准，但是在民间标准无法满足要求的情况下，也允许政府自己制定强制性标准。在一定意义上讲，标准是制定及执行技术法规的必要补充，甚至可以说技术法规是以标准为基础内容的。

（二）效力上，技术法规具有法的强制性

作为法律体系的一部分，技术法规具备了法律所具有的规范性、国家意志性、普遍约束性、程序性和强制性等基本特征。技术法规是强制性的规范，其内容包括强制执行的技术规范和技术行为管理规范，以义务性规范为主，还规定了违反技术法规的法律责任。技术法规由国家、国家行政主管部门依据立法程序制定和颁布，并由国家强制力保障实施。

（三）形式上，技术法规表现为分散性

就形式而言，技术法规具有分散性。它不存在于统一的法典中，也不是一个独立的部门法，所以它不具有统一的法律形式，而是分布在不同的基本法或单行法中。

（四）内涵上，技术法规具有特定的目的性

保障产品的安全性是技术法规的基本目的。技术法规以产品为调整核心，所规定的内容是确保产品符合相关的要求和标准。根据《WTO/TBT 协定》的规定，技术法规的内容限制在“维护国家安全、防止欺诈行为、保护人类的安全或健康、保护动物和植物的生命或健康、保护环境”等方面，涉及以上“合法目标”（葛志荣，2001）的内容应制定技术法规。

四、技术法规的制定和实施原则

技术法规作为法律体系的重要组成部分，其基本原则应当契合一般的法律原则。法律原则是指“法律的基础性真理或原理，为其他规则提供基础性或本源的综合性规则或原理，是

法律行为、法律程序、法律决定的决定性规则”（张文显，2003）。技术法规也具有其自身的基本原则，以指导技术法规的立法、执法和司法的实践。它是技术法规的本质和内容的集中体现，贯穿于技术法规体系的各项制度和具体规范之中。

技术法规的制定应当遵循国际公认的基本原则和相应的规则。为防止不合理的技术性贸易措施给国际贸易造成不必要的障碍，《WTO/TBT 协定》对各国的技术性贸易措施做了全面的规定。由于技术法规是具有强制执行力的法律，一旦发布，就必须执行。

《WTO/TBT 协定》规定各成员方制定和实施技术法规应当遵守以下几个基本原则：

（一）非歧视原则

非歧视原则是指各个成员在技术法规的制定或实施过程中不应存在差别待遇，而应遵循共同的原则，其目的是确保在国际贸易中实现公平竞争（《WTO/TBT 协定》第 2.1 款）。

（二）最小障碍原则

最小障碍原则是指技术法规的制定、实施在目的或者效果上均不应对国际贸易造成不必要的障碍，并将这种障碍可能造成的影响降到最小程度（《WTO/TBT 协定》第 2.2 款）。

制定技术法规的目的只限于“维护国家安全、防止斯诈行为、保护人类的安全或健康、保护动物和植物的生命或健康、保护环境”等“合法目标”。技术法规对贸易的限制范围不得超过合法目标的要求，不得对国际贸易造成壁垒。除此之外，不应有额外的限制贸易的条款。“在评估此类风险时，应考虑的特别因素包括：可获得的科学和技术信息、有关的加工技术或产品的预期用途”（葛志荣，2001）。对此，在制定有关产品特性、工艺和生产方法以及产品形式要求为内容的技术法规时，应当以最小障碍原则为出发点。

（三）等效原则

等效原则是指“各成员应积极考虑将其他成员的技术法规作为等效法规加以接受，即使这些法规不同于自己的法规，只要它们确信这些法规能够实现与自己的法规相同的目标”（《WTO/TBT 协定》第 2.7 款）。也就是说，成员为相同的目的制定了不同的技术法规，那么每个成员都应该在国际贸易中积极考虑接受其他成员的技术法规。

例如：A 国的某一产品只符合 A 国的技术法规，且该产品需要出口到 B 国，而 B 国为同一目的制定的技术法规与 A 国的技术法规并不相同。如果 B 国相信符合 A 国的技术法规能够实现自己技术法规的目的，就应该考虑接受 A 国的技术法规，同意该产品的进口。

（四）协调原则

协调原则是指在制定或实施技术法规时，虽然应当以国家标准为依据，但是各个成员之间技术法规的内容应以国际贸易的共同原则为出发点协调一致。如果已经有相应的国际标准，则应以国际标准为基础。

（五）合理性原则

合理性原则是指技术法规的制定和实施应当具有科学合理的依据，不能制定没有科学依据的过于苛刻和严格的技术标准和要求。

（六）透明度原则

透明度原则是指技术法规的内容必须公开、透明，让所有成员都知晓其具体内容和要求，并要求技术法规的制定和实施者应当提前公布，使其他成员有一定的时间熟悉。

基于透明度原则，《WTO/TBT 协定》要求其成员保证履行三项义务：一是每个成员要设立一个咨询点，以回答其他成员有关其技术法规、标准和合格评定程序的合理问题；二是对正在制定或修订的技术法规，要按照有关规定及时进行通报；三是在公开刊物上发布技术法规文本。

《WTO/TBT 协定》规定了关于技术法规告知、说明、建议等程序，要求技术法规的制定者和实施者对相关问题给予公布与说明，并接受利害关系人的意见和请求。“各成员应保证及时公布已批准和实施的所有技术法规，或以可使其他成员中的利益相关方知晓的其他方式提供。”各成员技术法规的制定信息和进展，必须向 WTO 秘书处通报，并通过 WTO 秘书处转发其他各成员。

各成员在制定和实施技术法规时必须遵守上述基本原则，并将其纳入技术法规条款。

第 2 节　技术法规与标准

在《WTO/TBT 协定》框架下，技术法规总是与标准联系在一起的，《WTO/TBT 协定》明确提出，“如需制定技术法规，而有关国际标准已经存在或即将拟就，则各成员应使用这些国际标准或其中的相关部分作为其技术法规的基础……”这就意味着，技术法规与标准有着密切的关系。技术法规的制定是为了合法目标，而标准是基于科学、技术和经验的综合成果（ISO/IEC，2004）。标准内容的先进性、科学性为技术法规提供了技术上的补充。

一、技术法规与标准的联系

技术法规与标准联系可以从以下三个方面理解：

（1）绝大多数的技术法规是以标准为基础，以标准为主要内容。这是由于二者有共同的技术基础和相同的作用对象，在一定条件和立法或执法程序下，标准可以转化为技术法规或者直接以强制性标准的形式出现而具有强制执行力和法律效力。

（2）技术法规和标准都是针对需要在市场流通的产品而做出的有关特性、工艺过程和生产方法的规定。从《WTO/TBT 协定》对这两个定义的内容可知，该规定涉及的范围较为广泛，包括术语、符号、包装、标志或标签要求。二者在内容的规定方面存在一定的相同性和重叠性，都集中在产品及其生产过程的方法及其他技术性的要求。

（3）技术法规和标准都是技术性贸易措施的组成部分；有的标准或技术要求被直接写入技术法规（如我国的强制性标准）中，而有的自愿性标准则被技术法规引用（如欧美国家的做法）。标准对技术法规的制定和实施具有支撑作用，而被技术法规引用的标准也必须强制执行。这是因为技术法规作为法律体系的一部分，具有法律效力和强制执行力；技术法规引用标准使得标准同样具有了法律效力，从而形成了标准实施的强制性。技术法规和标准相互补充、相互促进，从一定意义上讲是完善国家技术性贸易措施体系最为重要的两个层面的要素。

二、技术法规与标准的区别

技术法规与标准之间是相互联系的，但由于二者属于不同的领域范畴，因而具有不同的属性，在诸多方面也存在不同：

（一）性质不同

根据《WTO/TBT协定》对技术法规的定义，技术法规是技术性和强制性文件，具有强制执行力，属于法律范畴，是国家法律体系的组成部分。其他国家的产品进入本国境内时，产品必须符合本国颁布的技术法规。

根据《WTO/TBT协定》对标准的定义，标准属于非强制执行的文件。其他国家的产品进入本国境内时，可以由买卖双方协商选择适用的技术标准。

（二）制定原则不同

在制定技术法规时，立法机构遵循的原则是《WTO/TBT协定》中提出的“维护国家安全、防止欺诈行为、保护人类的安全或健康、保护动物和植物的生命或健康、保护环境”等“合法目标”。为了实现这些目标，政府可以牺牲某些企业的局部利益，特别在环境保护要求方面。例如政府为了保护环境，要求造纸厂必须对排出的污水进行处理才允许排放，这种要求必然给企业增加了负担，但政府绝不会因为迁就个别企业的利益而放弃保护人们的安全和健康以及保护环境的目标。

与技术法规不同的是，标准的制定采取协商一致的原则。标准是与利益相关方相互协商和妥协的结果。因此参与标准制定的利益相关方至少有生产方、使用方、政府部门和消费者的代表。

（三）法律保护不同

技术法规作为强制性实施的法律文件，反映了政府的意志，必须让人们及时获得、了解、遵守和执行。因此，技术法规不受版权法的保护，而且政府应该向企业提供免费且便捷的技术法规获取渠道。

而标准则不同，它是享有知识产权的出版物，受版权法保护。因为标准是集体智慧的结晶，是以科学、技术和经验的综合成果为基础的，反映的是利益相关方的利益。上述分析表明，技术法规与标准存在着紧密的联系。由于二者都是针对需要在市场流通的产品而做出的有关特性、工艺过程和生产方法的规定，因此二者在内容的规定方面存在一定的相同性和重叠性；标准对技术法规的制定具有支撑作用，而被技术法规引用的自愿性标准则需要强制实施。标准发挥作用的空间扩展到了法律范畴。这在一定意义上来说也是对标准化的促进。

此外，技术法规（包括我国的强制性标准）作为具有强制执行力的法律法规，只能由享有立法权或由法律授权的机构制定和发布。而标准是由公认机构制定，所制定的推荐性/自愿性标准不具有强制执行力。在具体实践中，不同国家的标准制定机构的性质是不一致的，有的是民间团体，也有的是政府机构。依据标准化法，我国制定强制性国家标准（技术法规）和推荐性国家标准的都是政府机构。

第 3 节 技术法规的作用

技术法规对于提高产品质量、推动技术进步、维护社会秩序、保障公共利益、促进国际贸易和保障国家利益等方面都有着不可替代的作用和至关重要的影响。具体地说，技术法规的作用主要体现在以下几个方面。

一、技术法规是维护公共秩序的保障

美国法学家庞德认为，法的作用就在于："法律是一种社会控制的工具，所有其他的社会控制手段只能服从于法律，并在法律确定的范围内进行活动。"法律的作用就在于规定行为准则和法律责任，为社会公共秩序的形成和公众权益的保护提供制度支撑。技术法规作为以规范产品和产品生产行政管理为内容的法律，不仅关系到社会公共秩序的形成，也关系到产品质量、人类生命财产安全和生态环境保护等公众权益的维护。

技术法规规范的对象囿于"维护国家安全、防止欺诈行为、保护人类的安全或健康、保护动物和植物的生命或健康、保护环境"等"合法目标"，且这些"合法目标"是当今各个国家维护社会秩序以及国际社会的共同内容。技术法规则是维护世界秩序与和平竞争的重要手段和规则。

二、技术法规是国家治理工具

市场经济也是法制经济。市场经济国家的政府对于经济、社会的管理职能重在宏观调控和必要的监管。对于这两项职能的履行，技术法规的作用极其重要。

市场经济是以市场自我调节机制为基础的经济形式，不依靠行政手段直接组织和运作。换言之，政府并不直接管理由市场调节和企业自主负责的事务。政府通过制定法律法规、政策指导，从宏观上调整和把握经济工作的走势，保障经济的健康发展。技术法规属于法的范畴，它是以国家强制力作为后盾来调控经济，规范秩序，指导发展，从而实现从技术上有效地规范企业的行为，使政府处于管理和规范市场的主导地位，也使政府的宏观调控职能得到有效的保证。

技术法规有利于对市场主体的行为和市场客体（产品）的质量进行规范，它可以作为市场准入制度的补充。国家通过技术法规，可以保证将危及人类生命健康安全、扰乱市场秩序、不利于市场竞争的产品排除在市场之外，从而实现国家对市场实施社会监管的最终目的，维护消费者的合法权益，保证市场经济健康有序发展。

三、技术法规是保障国家安全的武器

从国际贸易的层面看，技术法规是一把双刃剑。一方面，技术法规与标准、合格评定程序都是一国技术性贸易措施体系的重要组成部分。制定严格的技术法规，可以合理有效地限制国外产品的进口，保护本国的产品市场和民族产业。从这个意义上看，技术法规成为技术性贸易壁垒的一种形式，不利于国际贸易全球化。另一方面，技术法规作为一国法律体系的重要组成部分，建立健全完善的技术法规不仅可以为国家对外贸易安全提供坚实的法律保障和制度支撑，也可以维护国内法律秩序和市场秩序，并有效地减少和消除国际贸易对国内贸易的不利影响，它是维护国家贸易安全和国家利益的重要的法律手段。

值得强调的是，随着在WTO框架内的国际条约、国际贸易规则、国际惯例不断健全完善，技术法规的贸易壁垒作用将会不断消减，而技术法规维护国内市场秩序、保护消费者合法权益和公共利益的积极作用将不断凸显。

第4节　技术法规体系的构建

一、技术法规体系概念分析

技术法规作为规定技术内容的强制性文件是法律体系的一部分。它由包含技术内容的法律、法规、规章等各位阶的立法组成，是一个具有特定调整对象和功能目的的有机整体，对于这一整体，我们称之为技术法规体系。分析表明，技术法规体系不仅具有自身的调整对象和构成要素，还有自身的独特目的，且三者之间构成了一个有机联系和协调统一的整体。具体从以下几个维度把握。

（一）技术法规具有特定的调整对象

如前所述，技术法规是以产品技术要求和产品生产过程为调整对象的一系列法律规范的总和；其调整对象具有双重性和独特性，不仅包括私法领域①平等主体之间的社会关系，也包括公法②领域的不平等主体之间的社会关系。技术法规是一个部门法交叉的特殊法律领域。

（二）技术法规具有自身的独特目的

技术法规是一个国家技术性贸易措施体系的重要组成部分，也是一国法律体系的重要内容。根据《WTO/TBT协定》，技术法规的目的仅限于实现“维护国家安全、防止欺诈行为、保护人类的安全或健康、保护动物和植物的生命或健康、保护环境”。这一规定既彰显了国际法维度的公平和公正，也给予了各国利用这一规定保护自身利益的特有权利。可以说，技术法规的目的是复合多维的，也是明确具体的。

（三）技术法规体系是一个内部有机联系的整体

从体系的层面看，技术法规的调整对象、构成要素和独特目的之间是相互统一、相互联系、缺一不可的，它们共同构成了技术法规体系的三个基本内核。

首先，技术法规的调整对象是技术法规体系的构成内容，调整对象的存在使得技术法规体系具备了赖以存在的基础。其次，技术法规的构成要素（假定条件、行为模式、法律后果）是技术法规体系的外在形式，技术法规的各种构成要素使得技术法规体系具备了赖以表

---

① 私法相对于公法，一般而言指的是规范私权关系、保护私人利益的法律，如民法、商法等。

② 公法的调整对象侧重于社会的秩序，比如宪法、刑法、行政法等。

现的外在载体。最后，技术法规的独特目的是技术法规体系的价值依归，使得技术法规体系具备了赖以存在基础上的特殊价值。

二、技术法规体系的构成要素

技术法规体系是由有关法律、法规、规章等法律形式组合构成的，具有特定的调整对象和功能目的的一个有机整体。运用技术法规规范产品的技术要求和产品生产过程，不仅需要制定法律、法规或规章等法律形式，为保障技术法规的实施和“合法目标”的实现，还需要借助技术标准的支持和合格评定程序的保证，以便形成完整有效的技术法规体系。

（一）技术法规体系的构成要素

分析表明，技术法规体系的构成可从其构成要素和体系化两个角度来把握，从构成要素的角度上看，技术法规体系主要包括核心性构成要素、补充性构成要素和辅助性构成要素，见图 14－1（刘春青，2013）。

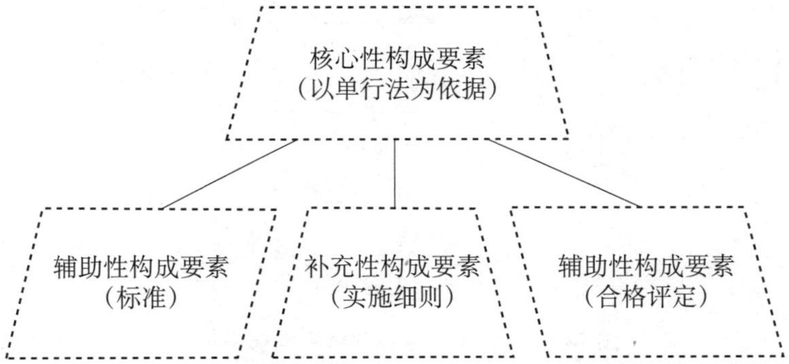

图 14－1　技术法规体系的核心性构成要素、补充性构成要素和辅助性构成要素

（1）核心性构成要素。技术法规体系的核心性构成要素是指技术法规体系中最重要且保证其赖以存在的组成部分。它是技术法规体系最基础的内容。技术法规并不隶属某一个独立的法律部门，也没有一个关于技术法规总体性的统一法典或基本法。技术法规体系是以有关技术法规的主要单行法为基础，对技术法规各个领域做出的一般性规定。

（2）补充性构成要素。技术法规体系的补充性构成要素是指用以加强或进一步充实技术法规体系的组成部分，是保证技术法规体系核心性构成要素有效实施的重要内容。

一般而言，以单行法为主干的技术法规体系核心性构成要素所规定的基本内容和基本制度具有原则性和概括性，应当进一步制定与其相配套的、具有针对性和可操作性的行政法规、规章和地方性法规等补充性内容。这些补充性的条例和规则对于确保技术法规的实施起着十分重要的作用，是技术法规体系的补充性构成要素。

（3）辅助性构成要素。技术法规体系辅助性构成要素是指协助技术法规体系的核心要素与补充要素有效实施的相互关联、相互促进的制度。

所谓“徒法不足以自行”，单一技术法规制度难以保障技术法规体系的完整性和科学性，没有其他辅助制度和机制的保障就难以实现技术法规体系的合法目标。由于技术法规的调整对象是产品和生产过程，所以标准（技术要求）以及合格评定必然成为技术法规体系的重要辅助性构成要素。从《WTO/TBT 协定》看，技术法规、标准和合格评定程序三者相互联系、相互补充，共同构成一个完整的技术性贸易措施体系。技术法规的制定应以国际标准为基础，而合格评定程序是确保满足技术法规或标准中相关要求的程序。可见，标准和合格评定程序是保障技术法规有效实施的辅助制度和机制。

（二）技术法规体系的纵横向特征

从体系化的角度看，技术法规体系包括纵向体系和横向体系，是一个有机、统一、协调的双向体系。

根据技术法规本身的构成要素及与其他机制的相互关联性，可以将技术法规体系划分为纵向体系与横向体系两个部分，二者构成一个有机、协调、统一的双向技术法规体系，如图 14-2 所示（刘春青，2013）。

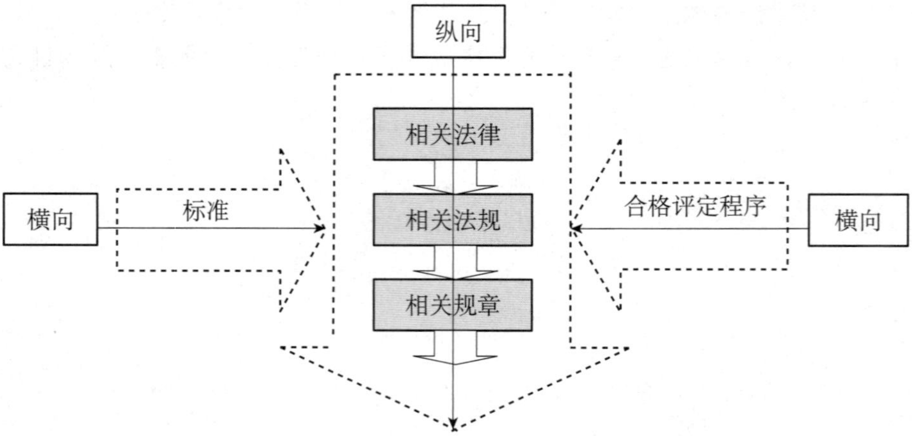

图 14-2　技术法规纵向体系与横向体系

（1）纵向体系。所谓纵向体系是指技术法规体系内部的以主要单行法为核心、以相关的法律法规为主干，以其他的法规、规章为补充，不同法律效力等级依次形成的体系。从构成要素角度看，纵向体系是由技术法规体系的核心性构成要素和补充性构成要素共同构成的。纵向体系是着眼于技术法规构成要素的内部视角来划分的，它是技术法规体系的直接组成部分，也就是以调整产品特性、产品技术要求和产品生产经营过程行政管理规定为对象的单行法核心，并以此为依据所形成的包括法律、法规、规章等在内的体系。

纵向体系具有两个基本特点：一是纵向体系的构成内容由法律、法规、规章等不同效力层级的法组成；二是纵向体系的内部是效力等级层次分明、内在协调统一的整体。这主要是由于各国法律体系中的各种法律形式的效力不同，因而形成的纵向体系也应当是效力层级分明、内在协调统一的。

（2）横向体系。所谓横向体系是指技术法规体系与标准、合格评定程序等外部辅助性制度共同形成的衔接有效的统一的体系。

横向体系是以技术法规、标准、合格评定程序等外部制度的相互关联性为视角来划分的，可以从内容和形式上理解技术法规与标准、合格评定程序的关系。首先从内容上，技术法规规定了产品特性或加工和生产方法，包括适用的行政管理规定；标准规定了产品或有关工艺和生产方法的规则、指南或特性。其次，技术法规是强制性执行的文件，标准是非强制性文件。最后，合格评定程序则是用来直接或间接确定是否符合技术法规或标准要求的程序。

技术法规是强制性的，而标准是自愿性的。合格评定程序既可是强制性的，也可是自愿性的，这取决于其表现形式。以技术法规形式出现的合格评定程序就是强制性的，以标准形式出现的合格评定程序就是自愿性的。技术法规或对产品技术要求和产品生产过程进行规定，或通过引用标准保证技术法规的完整性；合格评定程序则是评定产品是否符合技术法规或标准要求的辅助机制。因此，健全完善的标准和合格评定程序，不仅是保证技术法规有效实施的制度支撑，也是实现“合法目标”的机制保障。

美国的技术法规存在于美国的法律体系中，并以不同的形式分布在法律体系的不同效力层级中，具有不同的法律地位；各个层级的法律依据其在法律体系中的效力位阶而具有不同的法律地位。从结构上讲，美国技术法规具有两个特点：一方面，技术法规以不同的法律形式分散在法律体系中，成为美国法律的重要组成部分，构成了较为完整统一的纵向体系；另一方面，美国的自愿性标准及合格评定程序也构成了实施技术法规的基础支撑和配套制度，三者之间形成了系统、协调、衔接有效的横向体系（刘春青，2013）。

欧盟技术法规以指令为主要形式，也存在条例及决定等不同形式，它们依据欧盟的根本法——《欧盟联盟条约》制定，指令、条例和决定是欧盟的二级法。尽管在欧盟的法律体系中没有技术法规这一层级，技术法规也不是一个独立的法律部门，但根据技术法规的要求不同而分布在条例、指令和决定中。从结构上讲，欧盟的技术法规体系具有两个特点：其一，由以技术法规为内容的条例、指令和决定，以及各国国内法构成的纵向技术法规体系，具有较强的可操作性。欧盟采用的“引标入法”机制的新方法指令制度要求，技术法规中仅针对所要实现的保护人类健康和安全的基本要求提出原则性和概括性的规定，而对于具体的技术要求则通过直接引用欧洲标准，或委托欧洲标准化组织制定标准。这种被引用的标准或由欧洲标准化组织依据指令要求制定的协调标准具有了“被推定为符合法律基本要求”的地位。其二，欧洲的合格评定制度也是新方法指令得以有效实施的重要保证。新方法指令对所采用的合格评定程序做出具体规定，从而保证了产品符合指令的基本要求。

第 5 节　中国强制性标准

1989 年发布实施的《中华人民共和国标准化法》（简称《标准化法》）提出我国强制性标准以“保障人体健康，人身、财产安全”为目标，这与《WTO/TBT 协定》对技术法规的“合法目标”是一致的。虽然我国的《标准化法》没有使用技术法规的概念，但从法律效力来看，强制性标准是我国的技术法规。中国强制性标准的产生与发展推动了我国经济、社会和科技的发展，在对外贸易和保护国家利益方面发挥了重要作用。

一、中国强制性标准的产生

技术法规一词引起我国学者的关注要追溯到我国加入 WTO 所签署的《WTO/TBT 协定》。该协定首次对技术法规概念做了明确界定。但实际上，我国技术法规的产生要比它早得多。

新中国建立后，在计划经济体制下，我国的技术标准成为政府组织和管理企业生产的强制性技术工具。1979 年颁布的《中华人民共和国标准化管理条例》明确规定“标准一经批准发布，就是技术法规”。此时的标准被国家法律赋予了强制力，成为我国技术法规的表现形式。

党的十一届三中全会后，在改革开放的大背景下，政府从“对企业人、财、物全管”到主要负责管理市场秩序。为了适应这种变化，1989 年发布实施的《标准化法》将原来由国家统一强制执行的标准划分为强制性标准和推荐性标准两大类。

《标准化法》第十四条规定：“强制性标准，必须执行。不符合强制性标准的产品，禁止生产、销售和进口。推荐性标准，国家鼓励企业自愿采用。”这一条所阐述的是强制性标准和推荐性标准的实施要求。

《标准化法》第二十条规定：“生产、销售、进口不符合强制性标准的产品的，由法律、行政法规规定的行政主管部门依法处理，法律、行政法规未作规定的，由工商行政管理部门没收产品和违法所得，并处罚款；造成严重后果构成犯罪的，对直接责任人员依法追究刑事责任。”这一条是关于对违反强制性标准的行为追究法律责任的规定。虽然《标准化法》没有使用技术法规的概念，但从法律效力来看，强制性标准是我国的技术法规（郭济环，2010）。

加入世界贸易组织后，我国将强制性标准作为技术法规的主要表现形式进行通报，得到 WTO 各成员国的普遍认同。ISO 和 IEC 在其发布的《在技术法规中使用和引用 ISO 和 IEC 标准指南》中，将我国的强制性标准作为技术法规的四种主要表现形式之一向国际社会推荐。强制性标准体系在我国经济发展过程中，在促进产品质量整体水平提高、促进对外贸易等方面发挥着不可替代的作用。

二、中国强制性标准的发展

2017 年 11 月 4 日，第十二届全国人民代表大会常务委员会第三十次会议表决通过了新修订的标准化法。2018 年 1 月 1 日开始实施的《中华人民共和国标准化法》第十条规定：“对保障人身健康和生命财产安全、国家安全、生态环境安全以及满足经济社会管理基本需要的技术要求，应当制定强制性国家标准。”2018 年《标准化法》将强制性国家标准制定范围严格限定在保护人类健康和生命财产安全、国家安全、生态环境安全以及满足社会经济管理基本需要的技术要求。这也完全符合《WTO/TBT 协定》对成员的基本要求。

2018 年《标准化法》对强制性国家标准制定程序（包括项目提出、立项、组织起草、征求意见、技术审查、对外通报、编号、批准发布等）做出明确、具体规定。国务院有关行政主管部门依据职责负责强制性国家标准的项目提出、组织起草、征求意见和技术审查，这里的“依据职责”即根据法律、行政法规授予国务院有关行政主管部门的职责来开展强制性国家标准制定的相关工作。

目前我国以强制性标准为代表的技术法规在我国许多行业发挥了重要的治理工具作用。例如《中华人民共和国食品安全法》第十九条规定：“食品安全标准是强制执行的标准。除食品安全标准外，不得制定其他食品强制性标准。”可以说，中国强制性国家标准是“中国模式”的技术法规，是中国特色社会主义法制体系的组成部分（柳经纬，2016）。

三、中国推动强制性标准管理机制的确立

为了贯彻落实新《标准化法》，加强强制性国家标准管理，规范强制性国家标准的制定、

实施和监督，推动我国强制性标准的有序发展，2020 年 1 月 6 日，国家市场监督管理总局批准发布了《强制性国家标准管理办法》。该办法第三条再次强调强制性标准的重要性，并规定“对保障人身健康和生命财产安全、国家安全、生态环境安全以及满足经济社会管理基本需要的技术要求，应当制定强制性国家标准”。

该办法从强制性国家标准的定位、功能和内涵出发，确立了强制性国家标准的管理机制，规定了强制性国家标准的制定、实施和监督检查等工作细则，对规范、完善和加强强制性国家标准的管理起到了重要作用（李佳，逄征虎，2021）。

四、中国推动法规引用标准制度的建立

2021 年 10 月，中共中央、国务院印发了《国家标准化发展纲要》。该纲要是我国第一部由中共中央、国务院印发的标准化发展规划，标志着标准化改革与发展成为国家战略。

纲要提出：“强化标准实施应用。建立法规引用标准制度、政策实施配套标准制度，在法规和政策文件制定时积极应用标准。”这是按照《WTO/TBT 协定》，结合我国法治建设实际提出的战略措施，对于建立符合我国发展需要的技术法规体系具有重要的意义。

推动法规引用标准的制度将在以下几方面促进我国技术法规体系建设：（1）将有效地增强我国法规的科学性和可实施性，法规引用标准，将使法规更加科学，具有更好的可实施性。（2）将使法规更有利于推动创新和创新成果的转化；法规引用标准，即为法规注入了在保持基本稳定基础上的与时俱进的灵活性。（3）建立法规引用标准制度、政策实施配套标准制度和在法规和政策文件制定时积极应用标准，将有力地引导标准化工作的方向。

五、中国强制性标准作为技术法规的主要表现形式对外通报

在我国，强制性标准作为技术法规的主要表现形式有其历史延续性和现实实践性。改革开放以来，我国强制性标准作为技术法规的主要表现形式不断发展和完善。加入 WTO 后，我国强制性标准根据《WTO/TBT 协定》的规定和方向进一步调整和完善，成为技术法规体系的重要组成部分。同时，我国根据《WTO/TBT 协定》中关于各成员技术法规必须向 WTO 通报的相关规定，把强制性标准作为技术法规向 WTO 进行通报，通报工作是由国务院标准化行政主管部门的 WTO 咨询点具体负责。WTO 各成员并没有因为是强制性标准而提出异议，而是得到了普遍认可。事实上，《WTO/TBT 协定》的目的是避免技术性贸易壁垒，因而要求各成员必须把可能对国际贸易产生影响的强制性技术文件进行通报，而不关注强制性技术文件的名称和表现形式如何。我们看到，我国的强制性标准作为技术法规在市场经济体制建设、融入全球经济一体化和参与全球治理过程中发挥了越来越重要的作用。

本章小结

本章对技术法规的定义、技术法规的制定原则、技术法规的作用、技术法规体系的构建以及中国强制性标准的发展做了系统分析和解读。

技术法规以“维护国家安全、防止欺诈行为、保护人类的安全或健康、保护动物和植物的生命或健康、保护环境”为“合法目标”，具有强制执行效力，属于法的范畴。因此，技术法规在国家治理和全球治理中发挥着重要作用。

在《WTO/TBT 协定》框架下，技术法规是与标准联系在一起的。这是因为技术法规

的制定是为了“合法目标”，而标准是“为了促进最佳的共同效益”，并且凝聚了科学、技术和经验的综合成果，反映了最新技术水平，对于解决技术问题具有先进性和合理性。标准的这些特质是技术法规所追求的效果。因此，技术法规引用标准，将使技术法规更具有科学性，成为更好的国家治理和全球治理工具。

中国强制性标准的目标与《WTO/TBT 协定》项下的技术法规目标是一致的，致力于维护国家安全、保护人类的安全或健康、保护环境等“合法目标”。加入 WTO 后，我国将强制性标准作为技术法规向 WTO 进行通报，得到了 WTO 和各成员的普遍认同。我国强制性标准在对外贸易和国家经济建设中发挥了重要的作用，并随着时代的发展、改革的深入、融入全球经济的进程而不断完善。

关键术语

《WTO/TBT 协定》	技术法规	标准
强制性标准	合格评定程序	技术性贸易措施
合法目标	技术性	强制性
法律属性		

思考题

1. 什么是技术法规？技术法规的产生背景是什么？
2. 技术法规的“合法目标”是什么？
3. 技术法规的属性是什么？为什么技术法规通常会引用标准？
4. 制定技术法规时需遵循哪些原则？
5. 中国强制性标准的目标是什么？与《WTO/TBT 协定》对技术法规的定位是否一致？

参考文献

[1] 葛志荣.《技术性贸易壁垒协定》的理解.北京：中国农业出版社，2001：6-20.

[2] 郭济环.我国技术法规概念刍议.科技与法律.2010，84（2）：10-13.

[3] 李佳，逄征虎.强制性国家标准的内涵和管理机制研究.标准科学，2021（11）：10-15.

[4] 刘春青，等.国外强制性标准与技术法规研究.北京：中国质检出版社，2013：52-68.

[5] 刘春青，等.国家质检公益性行业科研专项项目（项目编号：200810596）：强制性标准体系与技术法规体系比较研究课题报告.中国标准化研究院，2013.

[6] 柳经纬.标准与法律的融合.政法论坛，2016（6）：18-29.

[7] 张文显.法理学.2版.北京：高等教育出版社，2003：95.

[8] ISO/IEC. ISO/IEC GUIDE 2：2004 Standardization and related activities— general vocabulary. Geneva：ISO，2004.

[9] ISO/IEC. Using and referencing ISO and IEC standards for technical regulations. Geneve：ISO/IEC，2007.

[10] WTO. WTO/TBT：Agreement on technical barriers to trade. https://www.wto.org/english/docs_e/legal_e/17-tbt_e.htm.

第15章
信息通信技术标准化

学习要点

1. 信息通信技术标准化的对象
2. 信息通信技术的分类及其重点技术标准
3. 信息技术标准化、通信技术标准化和网络安全标准化的区别和联系
4. 信息通信技术标准化对产业实践的作用

第1节 引 言

信息通信技术（ICT）是推动我国数字经济发展的重要动力，也是支撑新型基础设施建设的技术基础。技术标准是与产品或服务相关的技术规范，作为技术积累的结果、市场需求的体现和引导产业发展的引擎，得到了大多数生产商和用户认可。ICT标准化涉及信息的采集、表示、处理、传输、交换、描述、管理、组织、存储、检索及其技术实现，以及系统与产品的设计、研制、管理、测试及其相关工具开发等范畴。近年来，信息通信技术的加速融合和创新，使得技术的模块化和子系统特征越来越突出，标准已成为加强系统兼容性，促进全球知识与创新传播的有效载体。标准与技术创新相互协调、相互促进，构成信息通信产业发展的良性循环。

截至目前，我国在ICT领域建立了较为完善的标准体系，尤其是编码字符集、软件与系统工程、软硬件系统与产品、物联网、识别技术、数字多媒体、信息化应用支撑、信息化应用等信息技术领域，以及全程全网、互联互通、移动通信、互联网等通信技术领域都逐步形成了国家标准、行业标准和企业标准相互衔接的体系化格局。此外，在以密码技术、鉴别与授权、网络安全评估、通信安全、网络安全管理、数据与个人信息安全、新技术应用安全等为代表的网络安全技术方面，也研制了一批产业界广泛接受和应用的标准，为我国网络安

全保障体系建设提供了支撑。“十三五”期间，我国发布工业通信业行业标准8 446项，与国际标准一致性程度达到79.25%；牵头起草了655项国际标准项目，其中274项获批成为国际标准，还发布了一批如人工智能、车联网、工业互联网等新兴产业标准体系建设指南。未来，我国信息通信标准化工作将进一步发挥对经济转型和产业升级的支撑作用，促进信息通信技术在社会生产生活的全面深入应用，为“两化”深度融合和落实“中国制造2025”、培育智能制造产业、保障网络信息安全等提供了有效支撑。

第2节　信息技术标准化

一、编码字符集

字符（character）是各种文字和符号的总称，包括各国家文字、标点符号、图形符号、数字等。字符集（character set）是多个字符的集合。常见字符集有ASCII字符集、GB2312字符集、BIG5字符集、GB18030字符集、Unicode字符集等。计算机要想准确识别和存储各种文字，就需要运用标准化手段对字符进行统一编码，例如：汉字“啊”在GB 18030—2005《信息技术 中文编码字符集》中的编码是0xB0A1，其中“啊”为字符，0xB0A1为该字符的编码表示。通常图形字符集及其特征的标准化工作包括字符串排序、相关控制功能、信息交换用字符的编码显现以及代码扩充技术，但不包括音频及图像的编码。

（一）ISO/IEC 10646

在编码字符集领域，修订工作最活跃的国际标准是ISO/IEC 10646《信息技术 通用编码字符集（UCS）》，其宗旨是对全球所有文种统一编码。该标准的第一版于1993年5月正式发布，并处于持续修订中。截至2021年9月30日，国际标准ISO/IEC 10646已收录了超过14万个字符。对于我国来说，该标准实现了简繁汉字的统一处理与跨操作系统的信息交换，同时解决了汉字与少数民族文字的统一处理问题。

（二）从GB 2312到GB 18030

我国于1980年发布首个汉字编码字符集国家标准GB 2312—1980《信息交换用汉字编码字符集 基本集》，规定了最常用的6 763个汉字的编码，以保证汉字信息处理的基本应用。在此技术框架下，我国又相继制订了5个扩充集标准。在国际标准ISO/IEC 10646发布之后，我国在沿用原先GB 2312内码实现方式技术框架的基础上，研制了支持超大汉字字符集的强制性国家标准GB 18030《信息技术 中文编码字符集》。该标准在字汇方面完全兼容ISO/IEC 10646，是收录汉字数量最多的中文编码字符集标准，目前该标准已经修订到第3版，总收录汉字达到87 875个，同时收录了10种少数民族文字。经国家市场监督管理总局批准，全国信息技术标准化技术委员会（以下简称“信标委”，TC 28）先后设立了8个少数民族文字信息技术国家标准工作组（包括藏文、维哈柯文、蒙古文、云南少数民族语言文字、彝文、壮文、朝鲜文、锡伯文），对编码字符集分技术委员会提供技术支持。编码字符集国家标准对我国中文信息技术产品20年来的发展产生了深刻而有益的影响。

二、软件与系统工程

（一）软件工程

软件工程是指采用工程化的概念、原理、技术和方法来开发和维护软件。软件工程标准化涉及软件标准和软件过程标准，具体包括专业基础、软件过程、软件产品评价与质量度量、技术与管理、工具与方法、数据与建模、软件构件、信息技术服务管理与治理。该领域国际标准化工作由 ISO/IEC JTC 1/SC 7（软件与系统工程分技术委员会）负责，现行有效国际标准 191 项，在研项目/子项目 34 个。我国专家承担了 ISO/IEC 25020、ISO/IEC TS 25025、ISO/IEC 29119—8 等标准的起草工作，以及 ISO/IEC 25010、ISO/IEC 25030、ISO/IEC 23396 等标准的联合起草工作。我国于 20 世纪 70 年代末开始开展软件工程领域标准化工作，1979 年发布了第一个软件工程标准 GB/T 1526—1979《程序流程图》，并陆续建立了包含基础、软件质量与测试、生命周期管理、工具和方法、软件文档化、IT 资产管理以及软件绩效与成本度量七个部分的国家标准体系。目前，该领域国内标准化工作由 SAC/TC 28/SC 7（信标委软件与系统工程分技术委员会）负责，现行有效国家标准 123 项，行业标准 19 项。

（二）程序设计语言

程序设计语言是计算机的基础技术。程序设计语言标准通过定义数据类型、类、运算符、关键字/保留字、引用、重载、函数接口等，来实现程序代码跨 CPU 与 OS 平台的移植，也可以规范并指导编译器与集成开发平台的实现。该领域国际标准化工作由 ISO/IEC JTC 1/SC 22（程序设计语言及其环境和系统软件接口分技术委员会）负责，主要标准有 Basic、Pascal、Cobol、Fortran、Ada、C、C++等（注：主要是早期的编程语言，当前流行的 Java、C#、Go、Python、perl 等 SC 22 没有涉及）。目前主流程序设计语言以欧、美、日为主的专家主导，国内一些大型互联网企业的专家近年来在 C++等标准方面提出了标准扩充技术提案。SC 22 还制定了 POSIX（可移植操作系统接口）和 LSB（Linux 标准基础）两个标准，规范操作系统运行环境及应提供的编程接口。目前，C、C++等程序设计语言的标准化内容每 3 年更新一版，主要针对最新编程技术需求（如并行化、协程）对语言进行扩展。

（三）嵌入式软件

嵌入式软件标准化涉及嵌入式操作系统、数据库、支撑软件、应用系统、数据处理与交换等领域，具体分为三个方面：第一，嵌入式操作系统及驱动适配——系统相关接口、系统裁剪和驱动技术等；第二，与信息交换相关的嵌入式应用——移动浏览器相关技术、云计算技术、虚拟化技术、可穿戴技术等；第三，面向各个行业的嵌入式软件工程——针对嵌入式系统软件开发特点的工程管理。目前，嵌入式软件标准分散在各标准化组织的各专业领域中；国际、国内标准化组织尚未建立专门对口嵌入式软件的标准化组织。

三、软硬件系统与产品

（一）网络与设备互联

（1）网络通信与信息交换。网络通信与信息交换标准化涉及开放系统间的信息交换，包括系统功能、程序、参数、设备及其使用条件。目前网络通信与信息交换标准覆盖开放式系统互连（OSI）的全部层次（包括物理层、数据链路层、网络层和传输层服务、专用综合服务网络的底层应用、应用协议和服务），聚焦于OSI模型中的数据链路层和物理层的底层标准。该领域国际标准化工作由ISO/IEC JTC 1/SC 6（系统间远程通信与信息交换分技术委员会）负责，现行有效国际标准385项。国内标准化工作由SAC/TC 28/SC 6（信标委数据通讯分技术委员会）负责，现行有效国家标准208项、行业标准1项，涵盖了基于以太网技术的局域网系统验收测评、操作语义等相关方面。

（2）信息技术设备互连。信息技术设备互连标准化涉及家用电子系统、用户建筑群布缆系统和小型计算机系统接口。该领域国际标准化工作由ISO/IEC JTC 1/SC 25（信息技术设备互连分技术委员会）负责，现行有效国际标准229项，在研项目21项。我国主导制定了《信息技术 家用电子系统（HES）体系架构 第5-1部分：2类和3类资源共享协同服务核心协议》等7项信息设备资源共享协同服务国际标准。该领域国内标准化工作由SAC/TC 28/SC 25（信标委信息技术设备互连分技术委员会）负责，现行有效国家标准66项，行业标准6项，涵盖了用户建筑群布缆、信息设备资源共享协同服务等方面。

（二）数据库

数据库标准化涉及关系型和非关系型数据库在集中式、分布式、云平台等多种应用场景下的基础性标准。该领域的国际标准化工作由ISO/IEC JTC 1/SC 32/WG 3（数据库语言工作组）负责，现行有效的国际标准主要包括ISO/IEC 9075 SQL数据库语言和ISO/IEC 13249 SQL多媒体应用包两大系列。该领域国内现行有效的国家标准主要包括SQL数据库语言框架、关系数据管理系统技术要求和检测等。

（三）操作系统

操作系统标准化涉及系统技术要求、编程接口、操作系统安全、虚拟化、硬件支持、操作系统环境6个方面。该领域以联盟标准为主，主要包括Linux基金会的LSB（Linux标准基础，Linux Standard Base）、CGL（电信级Linux）、DCL（数据中心Linux）等。目前没有专门的标准化组织负责该领域的国际标准化工作，其中个别标准由ISO/IEC JTC 1/SC 22（程序设计语言及其环境和系统软件接口分技术委员会）维护。该领域国内标准化工作由SAC/TC 28/SC 22（信标委程序设计语言分技术委员会）负责，围绕Linux系统操作或者类UNIX操作系统，编制了系统技术要求、图形用户界面、应用编程接口等标准，以解决国内操作系统厂商较多、相互不兼容等问题。TC 28/SC 22正在进行API规范修订与操作系统兼容规范的研制工作，以降低软硬件厂商的兼容适配成本，改善基于国产CPU+、OS的应用生态。

（四）信息交换和存储用数字记录媒体

信息交换和存储用数字记录媒体标准化涉及光盘、磁盘、磁带，以及固态盘、盘阵列与库设备等产品的存储数据无损压缩算法、卷和文卷结构、确定数字存储媒体预期寿命的方法、数字存储媒体的错误监测方法等。该领域的国际标准化工作由ISO/IEC JTC 1/SC 23（信息交换和存储用数字记录媒体分技术委员会）负责，现行有效国际标准主要包括蓝光光盘格式标准、光盘长期数据存储数据迁移方法（ISO/IEC 30193：2020）、信息交换用卷和文卷格式标准（ISO 9660：1988/AMD 1：2013/AMD 2：2020）等。该领域的国内标准化工作由 SAC/TC 28/SC 23（信标委光盘分技术委员会）负责，现行有效国家标准以等同采用国际标准为主，包括磁盘、磁带、光盘、磁光盘等多项标准。

（五）信息技术设备

信息技术设备标准化涉及计算机、外围设备、办公设备、服务终端、手持式设备、存储设备、耗材等设备以及系统的基础属性和测试方法等。该领域国际标准化工作由多个标准化组织参与，主要由 ISO/IEC JTC 1/SC 28（办公设备分技术委员会）负责。2016 年我国向 ISO/TC 261 提交了我国在增材制造相关领域的第一项国际标准提案《信息技术 3D 打印和扫描 增材制造和增材制造服务平台框架》，于 2018 年 8 月正式立项。该领域国内标准化工作由 SAC/TC 28/SC 28（信标委办公机器、外围设备和耗材分技术委员会）负责，现行有效国家标准 87 项、行业标准 37 项，涵盖嵌入式摄像头、可穿戴产品、网际互联协议等方面。

（六）电子文件

电子文件是组织和个人履行法定义务或进行业务活动时，通过计算机等电子设备产生的具有凭证和查考作用的信息记录，可独立于信息系统存在，是国家的战略性信息资源。2013 年，国家电子文件管理部际联席会议印发了《电子文件管理标准体系框架》，经过近 10 年的发展，现行有效电子文件国家标准 60 余项，涵盖了电子文件格式、设备、数据、技术和应用等方面。新时代背景下，电子文件标准化迈入与数字化转型协调联动、价值互相放大的新阶段，除公文证照外，会计凭证、检测检验报告、图纸和工单、招投标和采购记录、电子病历（案）、电子合同等标准化需求旺盛。为深入贯彻落实网络强国和数字中国战略，呼应标准化需求，电子文件面临新的时代任务，包括推进核心技术自主化、拓展应用领域、发挥要素价值和与数字化转型深度融合等。

四、识别技术

（一）卡及身份识别技术

卡及身份识别技术标准化涉及身份识别和相关文件、卡、安全设备和令牌及其在行业间的应用和国际交换中使用的相关接口。该领域的国际标准化工作由 ISO/IEC JTC 1/SC 17（卡及身份识别安全设备分技术委员会）负责，国内标准化工作由 SAC/TC 28/SC 17（信标委卡及身份识别安全设备分技术委员会）负责，现行有效国家标准 56 项，其中 42 项等同采用了国际标准，主要涵盖了磁卡、接触式 IC 卡、非接触式 IC 卡和光卡等识别卡的模块规范和技术要求。

（二）射频识别技术

射频识别技术标准化涉及数据格式、数据语法、数据结构、数据编码、用于自动识别和数据采集过程的技术、用于行业内和国际商品流通应用的设备以及移动应用设备。该领域的国际标准化工作由 ISO/IEC JTC 1/SC 31（自动识别与数据采集技术分技术委员会）负责，国内标准化工作由 SAC/TC 28/SC 31（信标委自动识别与数据采集分技术委员会）负责。国家标准 GB/T 30996.2—2017《信息技术 射频识别 2.45GHz 空中接口协议》和 GB/T 28926—2012《信息技术 射频识别 2.45GHz 空中接口符合性测试方法》是探索并实践军民通用标准化的典型代表。

（三）生物特征识别技术

生物特征识别技术标准化涉及通用的、与人体相关的、支持在应用和系统间互操作和数据交换的生物特征识别技术。该领域的国际标准化工作由 ISO/IEC JTC 1/SC 37（生物特征识别分技术委员会）负责，国内标准化工作由 SAC/TC 28/SC 37（信标委生物特征识别分技术委员会）负责，现行有效国家标准 43 项、行业标准 3 项。

（四）传感器网络

传感器网络标准化涉及传感器节点标识、数据通信、协同处理、接口及安全等基础共性内容，以及围界安全、建筑节能、林业、农业、医疗健康卡、交通、公安等应用。该领域的国际标准化工作由 ISO/IEC JTC 1/SC 41（物联网和数字孪生分技术委员会）负责，我国先后提出了 3 项国际标准提案，并积极参与 ITU、OGC 等组织的国际标准化活动。国内标准化工作由 SAC/TC 28/SC 41（信标委物联网分技术委员会）负责，现行有效国家标准 33 项，涵盖了传感器网络总则、测试、网关、标识等。

五、数字多媒体

（一）音频编解码技术

音频编解码技术标准化涉及语音信号的压缩编码（以下简称“语音编码”）和宽带音频信号的压缩编码（以下简称“音频编码”）。早期语音编码标准有 CCITT 的 G721、G7XY 等，移动通信初期的语音编码标准有 CTIA 标准和 GSM 标准，3G 和 4G 时代的语音编码标准有 EVRC 系列标准。音频编码方面，自 1982 年第一个数字音频编码技术（Compact disc）诞生以来，音频编码技术在声道数和码率上不断提高，目前有超过 150 种各类型音频编码技术方案。该领域国际标准化工作由 ISO/IEC JTC 1/SC 29（音频、图像、多媒体和超媒体信息编码分技术委员会）负责，主要有 MPEG 系列音频编码标准、杜比（Dolby）音频编码标准、DTS 音频编码标准、WMA 系列音频编码标准等。该领域国内标准化工作由 SAC/TC 28/SC 29（信标委多媒体分技术委员会）负责，主要有国家标准 GB/T 33475.3—2008《信息技术 高效多媒体编码 第 3 部分：音频》和国家标准 GB/T 22726—2008。

（二）视频编解码技术

视频编解码技术标准化涉及标清、高清、超高清视频的编码。标清（720×576）的编码格式标准有 MPEG-2、AVS+、ITU-T H.264 等。高清（1 920×1 080）、超高清（3 840×2 160）编码格式标准有 H.264/MPEG-4、H.265/HEVC 和 H.266/VVC。我国专家于 2010 年起开始着手组织制定第二代具有自主知识产权的音视频编解码标准（AVS2《信息技术 高效多媒体编码》）和第三代音视频编解码标准（AVS3《信息技术 智能媒体编码》）。

（三）虚拟现实和增强现实技术

虚拟现实和增强现实技术标准化涉及近眼显示、感知交互、3D 图形生成、动态建模、三维音频等技术。现行有效国家标准 3 项。

六、信息化应用支撑

（一）大数据

大数据具有体量巨大、来源多样、生成极快且多变等特征，难以用传统数据体系处理。大数据标准化涉及数据资源开放共享、公共数据开发利用、大数据治理、数据分类分级、数据汇聚融合、大数据与产业融合、企业数字化转型、数据要素价值流通等方面。该领域国际标准化工作由 ISO/IEC JTC 1/SC 42/WG 2（大数据工作组）和 ISO/IEC JTC 1/SC 32（数据管理与交换分技术委员会）负责。该领域国内标准化工作由 SAC/TC 28/WG 22（信标委大数据标准工作组）负责，现行有效国家标准 24 项，涵盖基础、通用技术、系统产品、管理治理、评估评价等方面。

（二）云计算

云计算标准化涉及云计算应用的基础、资源、服务和安全等方面。该领域国际标准化工作由 ISO/IEC JTC 1/SC 38（云计算和分布式平台分技术委员会）负责，国内标准化工作由 SAC/TC 28/WG 20（信标委云计算标准工作组）负责，现行有效国家标准 37 项，涵盖云计算领域的基础、技术、产品、服务、系统和装备等方面，其中云基础标准 5 项、云资源标准 16 项、云服务标准 10 项、云安全标准 6 项。

（三）物联网

物联网领域国际标准化工作由 ISO/IEC/JTC 1/SC 41（物联网和数字孪生分技术委员会）负责，现行有效的国际标准有 ISO/IEC 21823－1：2019《物联网　系统互操作性　第 1 部分：框架》、ISO/IEC 21823－2：2020《物联网　系统互操作性　第 2 部分：传输互操作》、ISO/IEC 21823－3：2021《物联网　系统互操作性　第 3 部分：语义互操作》和 ISO/IEC 21823－4：2022《物联网　系统互操作性　第 4 部分：语法互操作》，正在制定的标准项目有 ISO/IEC 30173《数字孪生　概念和术语》和 ISO/IEC 30179《物联网　生态环境监测物联网系统概述和通用要求》等。该领域国内标准化工作由 SAC/TC 28/SC 41（信标委物联网分技术委员会）负责，现行有效国家标准 63 项，行业标准 2 项。目前国内物联网系统互操作标准以修改采用国际标准为主。

（四）边缘计算

边缘计算是指将数据处理和存储放在物联网边缘侧的计算架构，能够解决物联网延迟性、带宽成本、安全等问题。边缘计算标准化涉及术语定义、架构、服务接口、节点要求、数据管理等。该领域的国际标准化工作由 ISO/IEC JTC 1/SC 41（物联网和数字孪生分技术委员会）负责，现行有效的国际标准有我国主导的 ISO/IEC TR 30164：2020《物联网　边缘计算》。该领域的国内标准化工作由 SAC/TC 28/SC 41（信标委物联网分技术委员会）负责，正在制定的国家标准项目《物联网　边缘计算　第 1 部分：通用要求》处于报批阶段。

（五）区块链和分布式记账

区块链和分布式记账技术标准化涉及基础共性、核心技术、应用和服务、开发运营、安全保障相关内容。基础标准包括参考架构、术语和定义、分类和本体、账本编码和标识四个类别；技术标准包括基础设施、关键技术、互操作三个类别；应用和服务标准包括产业服务、应用服务、特定领域三个类别；开发运营标准包括开发指南、服务运营通用要求、系统管理规范、区块链治理、区块链系统集成五个类别；安全保障标准包括信息安全、数据安全、网络安全、隐私保护、身份认证五个类别。该领域国内标准化工作由 SAC/TC 590（全国区块链和分布式记账技术标准化技术委员会）负责，国际对口 ISO/TC 307。

（六）人工智能

人工智能（AI）是指利用计算机技术进行模拟、延伸和扩展人的智能，以感知环境、获取知识并利用知识获得最佳结果的理论、方法、技术和应用。该领域国际标准化工作由 ISO/IEC JTC 1/SC 42（人工智能分技术委员会）负责，已发布国际标准 13 项，正在制定的国际标准 25 项，主要涉及基础、平台/支撑、关键技术、产品及服务、应用、安全/伦理等内容。该领域国内标准化工作由 SAC/TC 28/SC 42（信标委人工智能分技术委员会）负责，主要涉及术语、知识图谱技术框架等内容。2020 年 7 月，国家标准化管理委员会、中央网信办、国家发展改革委、科技部、工业和信息化部联合印发《国家新一代人工智能标准体系建设指南》，提出了研制适应当前发展阶段的人工智能标准体系。

（七）量子计算

量子计算是一种新型计算模式，遵循量子力学规律并通过调控量子信息单元进行计算，具有经典计算无法比拟的巨大信息携带和超强并行能力。量子计算标准化目前还处于起步阶段。该领域的国际标准化工作由 ISO/IEC JTC 1/WG 14（量子计算工作组）负责，我国专家担任召集人。目前正在制定的国际标准项目 2 项，均由我国主导。该领域国内标准化工作由 SAC/TC 578（全国量子计算与测量标准化技术委员会）和 SAC/TC 28/SC 41/SG 2（信标委物联网分技术委员会先进计算研究组）负责，目前尚未发布量子计算领域国家和行业标准。

（八）实时定位系统

实时定位领域标准化主要涉及空中接口技术、安全技术、实时定位技术，以及编码、通信协议、测试、产品、应用等。该领域的国内标准化工作由 SAC/TC 28/WG 8（信标委实时定位系统技术标准工作组）负责，现行有效国家标准 7 项，目前已广泛应用于相关产品开发。

（九）用户界面

用户界面技术是指人和计算机之间的信息交换，是人工智能领域重要的关键技术。该领域国际标准化工作由 ISO/IEC JTC 1/SC 35（用户界面分技术委员会）负责，我国主导情感计算、全双工语音、跨设备交互映射等国际标准 6 项，参与国际标准 1 项。该领域国内标准化工作由 SAC/TC 28/SC 35（信标委用户界面分技术委员会）负责，现行有效国家标准 43 项，行业标准 2 项，涉及信息无障碍、用户界面的对象、操作和属性、人机交互等方面，正在制定的国家标准 4 项，涉及语音测试、情感计算和游戏等方面。我国的语音交互、情感交互、体感交互均保持着世界领先地位，市场发展迅速，也是国家战略发展的重点。

（十）信息技术与可持续发展

信息技术与可持续发展标准化主要涉及信息技术的可持续发展和通过信息技术实现可持续发展两个方面。该领域国际标准化工作由 ISO/IEC JTC 1/SC 39（信息技术与可持续性发展分技术委员会）负责，现行有效国际标准 25 项。该领域国内标准化工作由 SAC/TC 28/SC 39（信标委信息技术与可持续发展分技术委员会）负责，现行有效国家标准 6 项。

（十一）信息技术服务

信息技术服务标准化主要涉及信息技术服务产品及其组成要素，用于指导实施标准化和可信赖的信息技术服务，包括通用标准、保障标准、基础服务标准、技术创新服务标准、数字化转型服务标准和业务融合标准等。通用标准包括信息技术服务的业务分类和服务原理、服务质量评价方法、服务基本要求、服务从业人员能力要求、服务成本度量和服务安全等；保障标准包括服务管控标准和服务外包两部分；基础服务标准包括咨询设计、开发测试、集成实施、运行维护、云计算、数据中心等；技术创新服务标准包括智能化服务、数据服务、数字内容处理服务和区块链服务等新技术加持下新业态新模式的标准；数字化转型服务标准包括数字化转型成熟度模型、数字化转型就绪度评估模型、数字化转型效果评价模型、数字化监测预警技术要求等；业务融合标准包括智慧政务、智慧校园、智慧广电、智慧财会等融合创新的实施指南以及具有行业特点的相关标准和规范。现行有效国家标准 32 项、行业标准 17 项。

七、信息化应用

（一）智慧城市

智慧城市是运用信息通信技术实现可持续发展的一种创新型城市。智慧城市能够有效整合各类城市管理系统，实现城市各系统间信息资源共享和业务协同，推动城市管理和服务智慧化，提升城市运行管理和公共服务水平，提高城市居民幸福感和满意度。智慧城市标准化涉及总体类、支撑技术与平台类、基础设施类、建设与宜居类、管理与服务类、产业与经济类、安全与保障类 7 大类标准。该领域国际标准化工作由 ISO、IEC、ITU-T 三大国际标准化组织分别研究制定，涵盖智慧城市术语、评价指标、参考框架等基础领域，为各国开展智慧城市实践、技术交流提供了重要的载体。该领域国内标准化工作主要由智慧城市标准化总体组负责统筹，相关标准化技术组织负责制定，已发布国家标准 39 项，在研 30 项，涵盖顶层设计指南、术语、技术规范等智慧城市建设的各个方面。

（二）教育信息化

近年来我国教育信息化的技术水平和创新能力不断提升，参与国际标准化工作也从跟踪学习、参与编写，逐步迈入引领主导的实质性参与阶段。该领域国际标准化工作由 ISO/IEC JTC 1/SC 36（学习、教育和培训用信息技术分技术委员会）负责，目前已发布国际标准 54 项，其中我国提出并主导制定了 8 项国际标准（7 项已发布，1 项在研），主导成立 2 个国际标准工作组/研究组。该领域国内标准化工作由 SAC/TC 28/SC 36（信标委教育技术分技术委员会）负责。目前我国已发布学习资源类、学习环境类、教育管理信息类等相关的国家标准 50 项，教育行业标准 12 项，信息化行业标准 4 项，完成 12 项国际标准向国内标准的转化。

（三）数字政府

数字政府是将现代信息技术广泛应用于政府管理服务，以数据赋能为核心，推动政府治理流程再造和模式优化，实现政府治理方式全方位、系统性变革，全面提升履职能力的政府运行新形态。2002年，国标委联合原国务院信息化工作办公室成立了国家电子政务标准化总体组，负责统筹规划和总体协调国家电子政务标准化工作，全面开展我国电子政务标准体系的研究和建设。2004—2008年，通过《国家电子政务标准体系建设项目一期工程》的建设，我国基本形成了电子政务标准体系框架。2009年之后，相关部门围绕国家电子政务标准化（一期）工程的成果，对33项国家标准进行宣传贯彻，为“互联网＋政务服务”、政务信息系统整合共享等提供了基础支撑。2017—2020年，我国正式开启新形势下的电子政务标准体系研究，印发了《国家电子政务标准体系建设指南》，以指导新时期数字政府标准化工作。2021年，信标委组织开展了支撑数字政府建设的《政务信息化架构框架》5项系列标准的制定。

（四）智能制造

制造业是国民经济的主体，加快推进智能制造对提升国家经济实力具有重要意义。我国工业和信息化部联合国家标准化管理委员会先后印发了《国家智能制造标准体系建设指南》2015版、2018版和2021版，强化顶层设计并构建了一套行之有效的标准体系。国际标准化方面，我国专家积极参与ISO/IEC JTC 1第一联合技术委员会、IEC/SyC SM智能制造系统委员会和IEEE/C/SM电气和电子工程师协会智能制造标准委员会等智能制造领域工作，共同制定了34项智能制造国际标准。我国专家还担任了IEC/SyC COMM/WG 3应用领域工作组召集人、ISO/TC 184/SC 5/WG 12信息化与工业化融合工作组召集人等职务，并成立了IEC/SyC COMM的国内技术对口单位。国内标准化方面，我国围绕贯通智能制造的技术研究、标准编制、试验验证、试点应用等关键环节，搭建了标准试验验证平台191个，发布智能制造国家标准323项，初步解决了因标准缺失带来的产业发展共性问题。

第3节　通信技术标准化

一、全程全网

全程全网指某个服务运营商的某项业务在发起端通过终端设备、传输链路、交换设备以及相应的通信协议与信令、网管、同步等运行支撑系统的共同协作，到达接收端。为建设、运营、维护一个全程全网的通信网络和保证各类业务的开放，通信技术标准可进一步分为通用与基础、网络与支撑、设备与器件、业务与应用四大类标准。

（一）通用与基础

通用与基础标准是开展通信技术标准化工作的技术基础，包括通信领域的名词术语、图形符号、基本方法、基础编码，以及电话号码、IP地址、域名、无线电频率、物联网标识等通用、基础和资源标准。随着技术和业务的发展，我国相继制定了各类通信技术的通用与基础标准，为通信技术标准的全面发展奠定了基础。

（二）网络与支撑

网络与支撑标准是信息通信网络优化组成和有机运行与维护的技术保障。包括固定通信网、移动通信网、互联网等以及支撑网络的同步网、信令网、管理网与相应的各类网络的网络结构、路由、编号、安全等技术要求和测试方法，还包括网络相互衔接、互通的各类网络、系统、设备的接口、网关，以及相互运行的协议等技术要求和测试方法。我国制定了电话网、智能网、光交换网、移动通信网、互联网、移动互联网、物联网等网络总体标准和 7 号信令（又称公共信道信令，即以时分方式在一条高速数据链路上传送一群话路信令的信令方式）、同步、网管等支撑性网络标准。

（三）设备与器件

设备与器件标准是信息通信网络建设和业务开放、设备研发、入网检测的技术依据，包括网络、系统、传输、终端、电源、仪表等各类设备，以及接线器、光接头等各种零部件和元器件的技术指标、技术要求和测试方法等。我国相继制定了各类有线/无线设备、网络与信息安全、电信基础设施共建共享、信息无障碍等技术要求和测试方法等。

（四）业务与应用

业务与应用标准是为用户提供高质量、互连、安全保密的各种业务和应用的技术前提，其包括电话业务、IP 业务、互联网、移动互联网以及物联网等多种业务平台、应用场景、技术要求及测试方法等。目前我国制定并发布了 4 000 多项信息通信国家和行业标准，保障了我国信息通信网络与 240 多个国家和地区的全程全网的连接，为我国 14 亿固定电话和移动电话用户提供各种业务的接续。

二、互联互通

互联互通是指建立电信网间的有效通信连接，以使一个电信业务用户能够与另一个用户相互通信，或者能够使用另一个电信业务经营者提供的各项服务。互联互通和“三网融合”紧密联系，为广大用户带来真实的价值和体验感，其中“三网融合”是指电信网、互联网和广播电视网三者之间的融合（张淑芳，2016）。

（一）电信网

电信网由终端设备、传输链路和交换设备三要素构成，还包括了信令系统、通信协议以及相应的运行支撑系统。世界各国高度重视电信网的建设，国际电信联盟（ITU）、第三代合作伙伴计划（3rd Generation Partnership Project，3GPP）针对电信标准化发布了各类倡议书和研究报告，推动了电信标准化工作发展。我国积极参与国际标准化工作，促进电信标准制定，极大地促进了我国电信产业的发展。目前我国针对电信网制定的标准主要围绕基于公众电信网的物联网、智能应用、网络设备安全等方面。

（二）互联网

互联网又称因特网，泛指由多个计算机网络基于一定的通信协议相互连接而成的网络。

目前国内外均较多开展了与互联网相关的通用关键技术、行业融合方面的标准化研究工作；较多国家着力制定大数据、云计算、物联网等具有战略制高点的通用关键技术标准；一些新兴行业正在开展标准预研工作。目前我国针对互联网制定的相关标准涵盖了参考模型、通信协议以及典型应用等方面。

（三）广播电视网

广播电视网已建成了广播和电视并重，无线、有线、卫星等多种技术手段并用的广播电视综合覆盖网。目前我国已发布了广播电视网相关卫星、微波、光缆等领域的技术规范，同时结合广电行业网络安全现状和需求，发布了网络安全等级保护定级指南及基本要求。在三网融合的时代背景下，广播电视网还将向下一代广播电视网（next generation broadcast network，NGB）方向发展，并针对NGB推动制定了相关技术规范。

三、移动通信

移动通信（mobile communication）指通信双方或至少有一方在运动中进行的信息交换。移动通信技术已由最初的第一代移动通信（1G）发展到第五代移动通信（5G），并向第六代移动通信（6G）演进。ITU、3GPP等标准化组织积极开展移动通信领域的标准化工作，已取得一系列成果，为全球移动通信产业发展做出了巨大贡献。

（一）第一代移动通信（1G）

第一代移动通信（1G）主要基于蜂窝结构组网，直接使用模拟语音调制技术，传输速率约2.4kbit/s，分为NMT（Nordic Mobile Telephone）、AMPS（Advanced Mobile Phone System）和TACS（Total Access Communication System）等系统，不同国家采用不同的工作系统。我国最早的移动通信系统标准确定了我国移动通信采用900MHz频率的TACS系统、11位号码及编码方式、基于固定网的核心组网、路由配置、寻址方法、计费方式以及基站、发射台、终端等技术要求，为我国移动通信的高速发展奠定了坚实的技术基础。

（二）第二代移动通信（2G）

第二代移动通信（2G）支持话音、短信、彩信、低速上网等业务，能实现自动漫游，终端机卡分离且小型化形式多样，主要包括欧洲的GSM（Global System for Mobile Communications）和美国IS-95制式。我国根据所确定的GSM技术发展和业务需要，先后制定了900MHz TDMA（Time Division Multiple Access）数字蜂窝移动通信网的网络、信令、无线接口、人机接口、移动基站、终端等技术要求和测试方法，并针对技术和业务发展需要，制定了GPRS（General Packet Radio Service）和EDGE（Enhanced Data rates for GSM Evolution）等2.5G技术和应用标准。

（三）第三代移动通信（3G）

第三代移动通信（3G）支持话音和多媒体数据通信，可以创造性地提供各种宽带信息业务，如高速数据、慢速图像与电视图像等。3GPP于1998年12月成立并专注于3G标准研制，后来逐步延续到4G、5G等标准的研制。ITU在2000年5月确定了WCDMA（Wideband Code Division Multiple Access），CDMA2000（Code Division Multiple Access

2000）和 TD-SCDMA（Time Division-Synchronous Code Division Multiple Access）三大主流无线接口标准，其中 TD-SCDMA 是我国自主核心技术的国际标准。此后，TD-SCDMA 标准的融合和完善在 3GPP 中进行，并于 2001 年 3 月正式被 3GPP 采纳（何远强，2015）。基于良好的标准化基础和产业应用情况，“TD-SCDMA 关键工程技术研究及产业化应用”项目在 2012 年度荣获国家科学技术进步奖一等奖。在结合国际 3G 系列标准发展和我国实际技术和运营情况基础上，我国制定了近 500 项 3G 通信行业标准，包括三个制式的核心网系列、无线接入网络系列和终端系列。

（四）第四代移动通信（4G）

第四代移动通信（4G）基于 3G 进行了优化升级。我国针对 4G 自主研发的 TD-LTE（Time Division-Long Term Evolution）技术已经被 ITU、3GPP 接纳为国际标准，这是继 TD-SCDMA 之后又一个由中国主导的国际标准。TD-LTE 标准制定涵盖了 TD-LTE 的无线接入网、Uu 接口、Uu 接口层二、S1 接口、终端侧等相关技术要求和测试方法。“第四代移动通信系统（TD-LTE）关键技术与应用”项目在 2016 年度获得国家科学技术进步奖特等奖，这标志着我国移动通信产业再次登上科技创新的高峰。此外，我国自主研发的祖冲之（ZUC）安全算法被 3GPP 接纳为国际安全算法之一，并制定完成了相关的标准，可用于在 4G 移动通信系统中实现移动终端加密，从而保护用户信息和网络安全。

（五）第五代移动通信（5G）

第五代移动通信（5G）具有高速率、低时延和大连接特点。ITU 定义了 5G 的三类应用场景，即增强移动宽带（Enhanced Mobile Broadband，eMBB）、超高可靠低时延通信（Ultra-Reliable Low Latency Communications，uRLLC）和海量机器类通信（Massive Machine Type Communications，mMTC）。2018 年 6 月 3GPP 发布了第一个 5G 标准 Release－15，支持 5G 独立组网，重点满足增强移动宽带业务；2020 年 6 月 Release－16 版本标准发布，重点支持低时延高可靠业务，实现对 5G 车联网、工业互联网等应用的支持；Release－17 版本标准计划于 2022 年 6 月发布，将重点实现差异化物联网应用，实现中高速大连接。我国制定了 YD/T 3615—2019《5G 移动通信网 核心网总体技术要求》、YD/T 3616—2019《5G 移动通信网 核心网网络功能技术要求》、YD/T 3628—2019《5G 移动通信网 安全技术要求》等通信行业标准，同时积极参与推动 5G 国际标准的建设，发布了多项接轨全球的 5G 标准，涵盖核心网、无线接入网、承载网、天线、终端、安全、电磁兼容等领域。2021 年数据显示，我国 5G 标准发展取得领先优势，标准必要专利声明数量全球占比超过 38%，位居全球首位。

（六）第六代移动通信（6G）

第六代移动通信（6G）作为新一代移动通信技术演进的重要方向，将在 5G 基础上全面推动经济社会数字化浪潮，促使人类进入一个数字孪生、万物智联的全新时代。全球业界已开启了对 6G 的研究探索，我国也针对 6G 展开了诸多研究工作。IMT－2030（6G）推进组在 2021 年先后发布了《6G 总体愿景与潜在关键技术白皮书》《6G 网络架构愿景与关键技术展望白皮书》《6G 网络安全愿景技术研究报告》等，对未来 6G 的总体趋势、网络架构及关键技术等进行了展望，并积极推动相关标准在 ITU 等国际标准化组织的立项。2019 年 11

月，我国宣布6G技术研发工作开启；6G标准化工作预计将在2025年开始，预计会在2027年进行设备开发，为6G商业化夯实基础。

四、互联网

互联网是在功能和逻辑上组成的大型计算机网络。目前国际上主要由国际互联网工程任务组组织（Internet Engineering Task Force，IETF）负责相关技术规范的研发和制定。我国在参考IETF标准规范的基础上，制定了适合我国互联网运行的域名、服务器、协议传输、业务开放、安全防护、服务水平、管理控制等技术要求和相应的测试方法等，保证了我国互联网的健康高速发展。

（一）参考模型

国际标准化组织（ISO）制定了开放系统互联（open system interconnection，OSI）参考模型，将网络结构划分为七层，即物理层、数据链路层、网络层、传输层、会话层、表示层和应用层。针对OSI参考模型，我国已完成OSI服务定义约定、基本模型、安全体系结构、命名与编址、管理框架等方面的标准制定，发布了GB/T 17967—2000《信息技术 开放系统互连 基本参考模型 OSI服务定义约定》、GB/T 9387.1—1998《信息技术 开放系统互连 基本参考模型 第1部分：基本模型》等相关国家标准。

IETF开发了TCP/IP（Transmission Control Protocol/Internet Protocol）协议栈（网络中各种协议的总和），需要标准化的协议被列入RFC（request for comments）文档在网上进行公布。TCP/IP参考模型是目前业界事实上的网络互联标准，其体系结构可分为四层，由上到下分别为网络接口层、网际层、传输层和应用层。由于OSI模型过于复杂，目前互联网架构基本遵循TCP/IP模型。

（二）通信协议

互联网上主机之间要实现通信，每台主机都必须有唯一的IP地址。国际的互联网名称与数字地址分配机构（The Internet Corporation for Assigned Names and Numbers，ICANN）将IP地址分配给地区级互联网注册机构，地区下还可以有国家和普通地区级互联网地址分配机构。我国的IP地址分配机构主要为中国互联网信息中心（CNNIC）和中国教育和科研计算机网网络中心等。IP地址有IPv4（Internet Protocol version 4）和IPv6（Internet Protocol version 6）之分。

（1）IPv4。IPv4地址由32比特组成，可支持2的32次方个地址，由“.”和十进制数字组成，例如：250.1.23.202。随着全球互联网用户数量的急剧增多，互联网首先面临的是IPv4地址枯竭问题。2011年2月3日，国际互联网名称与数字地址分配机构（ICANN）宣布，全球IPv4地址池已耗尽。

（2）IPv6。IPv6地址由128比特组成，可支持2的128次方个地址，由“:”和16进制数字表示，例如：2001：C68：0：2：8：800：45FF。我国把IPv6作为下一代互联网的重要基点，意味着下一代互联网时代已经到来。相关标准组织开展了IPv6地址编码、资源分配、DNS、路由、承载网、安全以及IPv4向IPv6过渡等标准的研究制定，包括通信行业标准YD/T 2372—2011《支持IPv6的接入网总体技术要求》、YD/T 2395—2012《基于IPv6的下一代互联网体系架构》和国家标准GB/T 40695—2021《信息技术 系统间远程通信和信

息交换 基于 IPv6 的无线网络接入要求》等，这为我国互联网向下一代互联网发展奠定基础。

（三）典型应用

互联网作为一种新兴传播媒体，由于互动性良好、表现形式多种多样、感染力突出，衍生了 Email、Web、App 等典型新兴应用。IETF、W3C（World Wide Web Consortium）等组织在互联网应用的标准化工作中做出了巨大贡献。

（1）Email。Email 即电子邮件，是一种用电子手段实现信息交换的通信方式，也是互联网应用最广的服务。IETF 成立了邮件地址国际化标准工作组，并针对国际化邮件地址等问题制定了相关标准。随着 Email 应用的普及，我国也相继制定了电子邮件系统安全技术要求、电子邮件传送格式、邮件扩展（MIME）的安全报文交换、反垃圾电子邮件网关技术要求、设备技术要求和设备测试方法等规范，包括 GB/T 32397—2015《中文电子邮件地址 邮件头格式技术要求》、GB/T 32398—2015《中文电子邮件地址 简单邮件传输协议扩展技术要求》、GB/T 37002—2018《信息安全技术 电子邮件系统安全技术要求》等，以保证 Email 应用的健康发展。

（2）Web。万维网（World Wide Web）缩写为 WWW，常简称为 Web，是建立在互联网上的一种网络服务。W3C 组织是 Web 领域最具权威和影响力的国际中立性技术标准机构，已发布了 200 余项 Web 技术标准及实施指南，如为业界广泛采用的超文本标记语言、可扩展标记语言以及帮助残障人士有效获得 Web 内容的信息无障碍指南等，有效促进了 Web 技术的互相兼容，对互联网的发展和应用起到了支撑作用。目前，我国针对 Web 应用安全检测系统、Web 应用防火墙等展开了安全技术要求和测试评价方法的标准制定，并针对 Web 服务展开 IT 资源管理规范制定等，发布了 GB/T 29798—2013《信息技术 基于 Web 服务的 IT 资源管理规范》、GB/T 37931—2019《信息安全技术 Web 应用安全检测系统安全技术要求和测试评价方法》、GB/T 32917—2016《信息安全技术 WEB 应用防火墙安全技术要求与测试评价方法》等。

（3）App。App 即移动互联网应用程序，是指通过预装或下载等方式获取并运行在移动智能终端上，向用户提供服务的应用软件。国际上针对 App 相关标准化工作展开了丰富的研究，并取得了诸多成果。我国高度重视并积极推动 App 相关标准化工作，制定了关于 App 的技术要求、安全技术要求和测试评价方法等，同时已发布的标准也涉及应用商店安全、支付软件安全等领域。近年来，App 不当收集和使用个人信息问题成为监管重点，正在制定的《信息安全技术 移动互联网应用程序（App）收集个人信息基本要求》《信息安全技术 移动互联网应用程序（APP）个人信息安全测评规范》等国家标准为推动 App 落实个人信息保护法律法规要求方面提供了有力的标准支撑。

第 4 节　网络安全标准化

网络安全标准化是网络安全保障体系建设的重要组成部分，在构建安全的网络空间和建立完善的网络治理体系方面发挥着基础性、规范性作用。网络安全领域国际标准化工作由

ISO/IEC JTC 1/SC 27（信息安全、网络安全和隐私保护分技术委员会）负责，现行有效国际标准216项。网络安全领域国内标准化工作由SAC/TC 260（全国信息安全标准化技术委员会）负责，现行有效国家标准332项，涵盖了密码技术、鉴别与授权技术、网络安全评估、通信安全、网络安全管理、数据与个人信息安全、新技术应用安全等内容。这些标准为网络安全管理、网络空间治理和网络安全产业发展提供了有效支撑，同时也为国家网络安全审查、信息安全等级保护、信息安全产品检测与认证、信息安全风险评估、信息系统灾难恢复等重要工作，以及《中华人民共和国网络安全法》《中华人民共和国电子签名法》《中华人民共和国密码法》《中华人民共和国数据安全法》《中华人民共和国个人信息保护法》《关键信息基础设施安全保护条例》《网络安全审查办法》等法律法规的落地实施提供了有力支撑。

一、密码技术

密码技术国家标准主要包括基础类标准、基础设施类标准、产品类标准、应用支撑类标准、应用类标准、检测类标准等。密码技术领域现行有效国家标准42项。

基础类标准。此类标准主要对通用密码技术进行规范，包括密码术语与标识标准、密码算法标准、密码设计与使用标准、密码协议标准等。

基础设施类标准。此类标准主要针对密码基础设施进行规范，包括证书认证系统密码协议、数字证书格式、证书认证系统密码及相关安全技术标准等。目前已颁布的密码标准只涉及公钥基础设施，未来可能还将研究制定标识基础设施等其他密码基础设施类标准。

产品类标准。此类标准主要规范各类密码产品的接口、规格以及安全要求，包括对智能密码钥匙、VPN、安全认证网关、密码机等密码产品的设备接口、技术规范和产品规范，以及密码产品安全性的统一规范要求。

应用支撑类标准。此类标准主要对密码报文、交互流程、调用接口等方面进行规范，包括通用支撑和典型支撑两个层次。通用支撑类标准通过统一的接口向典型支撑标准和密码应用标准提供加解密、签名验签等通用密码功能。典型支撑类标准是基于密码技术实现的与应用无关的安全机制、安全协议和服务接口，例如，可信计算密码支撑平台接口、证书应用综合服务接口等。

应用类标准。此类标准主要是对使用密码技术实现安全功能的应用系统提出的要求以及规范，包括应用要求、典型应用和密码服务三类。应用要求规范各行业信息系统对密码技术的合规使用。典型应用规范具体的密码应用，如动态口令、安全电子签章等。密码服务规范面向公众或特定领域提供的各类密码服务。

检测类标准。根据标准体系确定的基础、产品和应用等类型的标准，此类出台对应的检测标准，例如，对随机数、安全协议、密码产品功能和安全性等方面的检测规范。其中对于密码产品的功能检测，分别针对不同的密码产品给出检测规范，对于密码产品的安全性给出统一的检测规范。

二、鉴别与授权技术

鉴别与授权技术国家标准主要包括授权类标准、鉴别类标准、凭证与核验类标准、标识类标准、集成应用与身份管理类标准等，现行有效国家标准66项。

授权类标准。此类标准主要包括授权机制、授权框架与协议、系统实现与安全要求。其中，授权机制主要对基于角色、基于属性的访问控制机制进行规范；授权框架与协议对目录访问控制、第三方资源授权、受限环境中的授权等方面进行规范；系统实现与安全要求主要对采用或实现授权技术的接口、访问控制系统等提出技术要求和系统安全要求规范。

鉴别类标准。此类标准主要包括鉴别机制、鉴别框架与协议、系统实现与安全要求。其中，鉴别机制主要对运行代码、网络服务、数字凭据、数字资产、实名/匿名实体、消息等身份属性的真实性，如数据源的真实性的验证方法和机制进行规范；鉴别框架与协议主要对基于生物特征识别、基于行为、基于凭证安全等级以及基于多因素的鉴别交互过程研究制定标准；系统实现与安全要求主要对实现鉴别技术的系统、接口等开展系统框架、接口规范、技术/实施要求和系统安全要求方面进行规范。

凭证与核验类标准。此类标准主要包括凭证语法与格式、凭证与核验机制与方法、凭证颁发安全技术要求等。其中，凭证语法与格式主要规范电子签名、数字证书、产品证明、电子证照、数字凭据、软件可信凭证、服务可信凭证、令牌等电子凭证的语法规范、格式要求；凭证与核验机制与方法主要规范电子凭证的生成机制、生成方法、生成技术要求等；凭证颁发安全技术要求主要对电子凭证颁发系统安全要求、凭证颁发管理安全要求进行规范。

标识类标准。标识是实体对象（如人员、设备、数据、服务、应用）的身份标志。标识类标准主要规范人员、设备、数据、服务、应用软件以及各种实物及其关联关系和隐私保护，主要是针对上网人员、联网设备、网络数据、网络服务和应用等方面的标识。

集成应用与身份管理类标准。此类标准包括总体类、应用实例及要求、身份管理框架及结构、接口及协议、安全机制及身份信息管理、互操作规范、开发及应用规范等。其中，总体类规定身份管理中的基本概念、术语及定义，数字身份格式以及数据模型；应用实例及要求主要对获取、处理、存储、传输实体标识符或个人可识别信息的身份管理系统进行规范；身份管理框架及结构主要对身份管理系统的通用框架及运行体系架构进行规范；接口及协议主要对身份管理互操作以及身份管理系统等的交互接口及协议进行规范；安全机制及身份信息管理主要对身份管理中的安全技术及安全机制以及个人身份信息管理进行规范；互操作规范主要对身份管理中涉及的数据模型和接口、身份管理框架及结构、安全技术与机制以及基于身份的 Web 服务之间的互操作进行规范；开发及应用规范主要对身份管理相关的互联网应用、社交服务的开发等进行规范。

三、网络安全评估

网络安全评估标准主要分为系统类标准、产品类标准、服务类标准等。截至 2021 年 11 月，网络安全评估领域现行国家标准 115 项。

系统类标准。目前，系统类标准按属性分为基础类和要求/指南/测评类标准，随着信息安全需求的发展，还可能出现新的应用领域。其中，基础标准包括通用准则、分级分类、定义描述和模型框架等子类；要求/指南/测评标准主要包括对系统的安全技术要求、测试评估指南和方法等进行规范。目前，系统标准涉及多个应用领域，除涉及通用领域外，还涉及传统信息系统、工业控制系统、物联网和汽车电子等应用领域。

产品类标准。产品类标准按标准属性同样分为基础标准和要求/指南/测评标准两个子类。基础标准包括通用准则、分级分类、模型框架等子类；要求/指南/测评标准按照产品类型分为网络关键设备、网络安全专业产品和其他 IT 产品等子类。不同产品类型涉及传统信息系统、工业控制系统、物联网和汽车电子等领域。

服务类标准。服务类标准按照标准属性分为基础标准和要求/测评标准，按服务类型分为运维服务、数据服务和设施资源服务等子类。

四、通信安全

通信安全领域国家标准主要包括基本技术类标准、基础网络类标准、业务网络与应用类标准、终端安全类标准、安全管理类标准等。截至 2021 年 11 月，通信安全领域现行国家标准 22 项。

基本技术类标准。基本技术类标准是基础性的通信安全标准，覆盖网络、业务、平台、终端等各层面的安全技术和管理规范。

基础网络类标准。基础网络类标准是通信系统网络层以下的安全规范，所指网络包含了传统的核心网和末端网络，还包含配套的互联网域名服务等。

业务网络与应用类标准。包括 IP 存储网络、智能家居应用网络的通信安全，以及车联网、工业互联网的通信安全标准规范。

终端安全类标准。包含通信终端的安全架构，设备硬件和操作系统等预装软件、第三方 App 和应用商店、服务平台等的通信安全要求及规范。

安全管理类标准。主要涉及通信安全管理的相关标准。

五、网络安全管理

网络安全管理领域国家标准主要分为信息安全管理体系类标准、管理支撑技术类标准、政府监管类标准等。截至 2021 年 11 月，网络安全管理领域现行国家标准 67 项。

信息安全管理体系类标准。主要包括管理基础、风险管理、管理评价、审核认证、管理实施、事件管理等六个子类标准。管理基础标准是信息安全管理在概念术语、体系框架、参考模型等方面给出规范；风险管理是对信息安全风险的组织协调活动进行规范，包括语境建立、风险评估、风险处置、风险接受、风险沟通和风险监视与评审等；管理评价是对信息安全管理成效的检测和评价规范，以及对信息安全检测评价机构的管理规范；审核认证主要是指对信息安全管理体系的审核和认证进行规范，包括对信息安全审核认证机构和人员的管理规范以及相关信息安全认证标准；管理实施是对信息安全管理体系的建设和运维过程进行规范；事件管理是对发现、报告、评估、响应、处理和总结信息安全事件的过程进行规范。

管理支撑技术类标准。管理支撑类技术标准是对支撑信息安全管理的相关技术提出要求并进行规范，如对入侵检测系统的选择、部署和操作要求等。

政府监管类标准。包括服务管理、人员管理、行业应用三个子类标准。服务管理类标准是对信息安全服务方面的管理提出规范要求；人员管理类标准是对信息安全从业人员的管理，包括角色、素质、能力、评价等方面进行规范；行业应用类标准是对特定行业信息安全管理的规范要求。

六、数据与个人信息安全

数据与个人信息安全领域国家标准主要包括数据安全类标准、个人信息保护类标准等。截至 2021 年 11 月，数据与个人信息安全领域现行国家标准 9 项。

数据安全类标准。数据安全类标准主要针对数据安全治理与防护过程及支撑系统安全提出要求，包括重要数据标准、应用与服务数据标准、数据处理活动标准等。重要数据标准主要指规范在我国境内收集、产生的不涉及国家秘密，但与国家安全、经济发展以及公共利益密切相关的数据标准，具体包括重要数据识别指南等标准；应用与服务数据标准主要指规范网络技术应用与重要业务领域等相关的数据安全标准，具体包括数据安全能力成熟度模型、健康医疗数据安全、互联网服务（如网约车、网上购物、网络支付、快递物流、即时通信、网络音视频领域）数据安全等标准；数据处理活动标准主要指规范数据采集、传输、存储、处理、共享、转让、销毁等全生命周期过程相关的标准，具体包括网络数据处理安全、数据交易服务安全、政务信息共享安全等标准。

个人信息保护类标准。此类标准主要针对个人信息处理活动应遵循的原则和安全要求、个人信息收集、保存、使用、对外提供等环节，以及安全管理进行规范，具体包括个人信息安全规范、个人信息去标识化、个人信息安全影响评估、个人信息安全工程、移动互联网应用（App）收集个人信息、生物特征识别信息（如人脸、声纹、基因、步态等领域）、个人信息出境安全评估等标准。个人信息保护类标准对建立健全个人信息安全标准体系，指导组织内部建立个人信息保护策略，指导产品、服务、内部信息系统的设计、开发和实现有重要参考价值，为《中华人民共和国网络安全法》《中华人民共和国个人信息保护法》相关条款的落地提供支撑。

七、新技术应用安全

新技术应用安全标准包含工业互联网、云计算、大数据、智慧城市、区块链、人工智能、物联网等技术应用领域的相关网络安全标准，用于为新技术应用场景下的网络安全保障提供标准支撑。截至 2021 年 11 月，新技术应用安全领域现行国家标准 11 项。

工业互联网安全类标准。此类标准主要包括工业互联网场景下的设备安全、控制系统安全、平台安全、网络安全、数据安全、应用与管理安全等领域相关标准，以满足工业互联网跨网络协同、跨行业融合的综合安全保障体系建设需求。

云计算安全类标准。此类标准主要涉及云计算安全的参考架构、云计算服务安全指南、云计算服务安全能力要求及评估方法等标准规范。云计算安全标准界定了云计算安全相关的重要概念，对指导云计算服务安全设计、采购和使用云计算安全服务、云计算服务安全能力建设、云计算安全能力评估等方面进行指导，为云计算服务网络安全审查、云安全评估等相关工作提供支撑。

大数据安全类标准。此类标准主要针对大数据服务过程及支撑系统安全提出要求，具体包括大数据场景下的基础安全、平台与技术安全、服务安全、应用安全等领域相关标准，为大数据服务提供者的组织能力建设、数据业务服务安全管理、大数据平台安全建设和数据安全运营等提出安全能力要求规范，对大数据服务提供者提升数据服务安全能力提供指导，为第三方机构对大数据服务安全测评提供重要参考依据。

智慧城市安全类标准。此类标准主要包括智慧城市场景下的基础安全、关键技术与产品安全、系统安全、数据安全、安全管理与服务等领域的相关标准。其中，基础安全标准主要指规范智慧城市安全术语和定义、参考架构与模型及智慧城市安全规划设计与实施等相关的标准；关键技术与产品安全标准主要指规范智慧城市建设中采用的物联感知、网络通信、计算与存储、信息交互、空间信息等技术及相关产品、安全防护产品相关的标准；系统安全标准主要指规范智慧城市公共服务平台与安全管理平台、重要行业关键信息系统与基础设施等相关的标准；数据安全标准主要指规范智慧城市建设与运营过程中数据安全管理与个人信息保护等相关的标准；安全管理与服务标准主要指规范智慧城市项目建设和运营过程中的安全工程实施与监理验收、安全防护能力评估、安全管理与运营机制以及公共服务运行安全保障相关标准。

区块链安全类标准。此类标准主要包括区块链基础安全、服务与应用安全、安全监管和审计等领域相关标准。其中，基础安全标准主要指规范区块链安全术语、定义、技术框架与参考模型、区块链服务角色活动等相关标准；服务与应用安全标准主要指规范区块链服务全生命周期安全、区块链技术应用安全等相关标准；安全监管和审计标准主要指规范区块链服务供应和使用过程的安全审计、区块链服务提供方及其他相关方的安全监督与管理等相关标准。

人工智能安全类标准。此类标准主要包括人工智能场景下的基础、数据与算法模型、技术和系统、管理和服务、测试与评估、产品和应用、道德与伦理等领域相关标准。其中，基础标准主要指规范人工智能安全相关概念、术语、安全参考架构、基本安全要求等相关标准；数据与算法模型标准主要指规范人工智能应用过程中数据安全、个人信息保护、算法模型可信赖等相关标准；技术和系统标准主要指规范人工智能技术与集成、系统与工程、平台与计算基础设施等相关的标准；管理和服务标准主要指规范人工智能安全风险管理、供应链安全、安全运营、安全服务能力等相关的标准；测试与评估标准主要指规范人工智能算法模型、数据安全、系统与平台安全、应用与服务安全等相关的基础性测评标准；产品和应用标准主要指规范人工智能技术应用、人工智能服务、人工智能产品等相关的标准；道德与伦理标准主要指规范人工智能应用与服务过程中的道德与伦理要求。

物联网安全类标准。此类标准主要包括物联网环境下的基础通用安全、感控设备安全、网络与交换安全、应用与服务安全、安全管控与运维等领域相关标准。基础通用安全标准主要指规范物联网安全相关术语、概念、模型、框架等相关标准；感控设备安全标准主要指规范物联网感知层涉及的感知终端、控制与通信设备、智能物联产品等相关的标准；网络与交换安全标准主要指规范物联网无线通信、网络信息传输与交换安全等相关的标准；应用与服务安全标准主要指规范物联网业务应用与服务提供、垂直行业领域应用等相关的标准；安全管控与运维标准主要指规范物联网基础资产管理、平台安全运维、终端与设备管理及安全漏洞管理、应急响应、安全态势感知等相关标准。

本章小结

本章主要介绍了以编码字符集、软件与系统工程、软硬件系统与产品、物联网、识别技术、数字多媒体、信息化应用支撑、信息化应用为代表的信息技术，以全程全网、互联互通、移动通信、互联网为代表的通信技术，以密码技术、鉴别与授权技术、网络安全评估、网络安全管理、数据与个人信息安全、新技术应用安全等为代表的网络安全技术的发展概况，包括各领域的国际标准化和国内标准化对口管理机构、标准研制和应用现状，以及未来产业发展趋势等，为了解和学习信息通信技术标准化的相关概念、技术、重点领域和重要作用提供了参考。

关键术语

信息技术	软硬件系统与产品	物联网

信息化应用	通信技术	全程全网
互联互通	移动通信	互联网
网络安全	鉴别与授权	安全评估

思考题

1. 简述信息技术标准的主要分类和对应特征。
2. 简述智慧城市标准的分类。
3. 简述通信技术标准的主要分类和对应特征。
4. 简述三网融合的内容和意义。
5. 简述互联网的典型应用及相关标准化工作内容。
6. 简述网络安全标准的主要分类和对应特征。

参考文献

[1] 何远强．通信技术标准化及其战略选择．中国新通信，2015（6）：34－35.
[2] 张淑芳．三网融合技术及标准化发展的探索．数字通信世界，2016（8）：56.

第 16 章

标准化与大批量定制

学习要点

1. 大批量定制的成因和概念
2. 大批量定制的技术体系
3. 大批量定制的基本原理
4. 支持大批量定制的标准化方法

第 1 节　大批量定制的背景

一、大批量定制的成因

（一）市场竞争日益激烈

第二次世界大战以后，高新技术特别是电子技术的飞速发展，在传统的机器中增添了控制系统，自动化技术和制造技术的不断融合和进步，使制造业的生产逐步向自动化的大批量生产方向发展，市场上同类产品的数量急剧增加。许多产品开始出现相对过剩，供过于求的买方市场逐渐形成，同类产品的竞争日益激烈。

（二）客户需求多样化和个性化

卖方市场向买方市场转变，客户对产品需求的层次逐渐提高，从基本满足型朝情感型、享受型、自我意识型等方向发展。同时随着客户收入的提高和生活水平的改善，客户的个性化需求越来越强烈。为客户定制生产已经成为企业争夺市场份额的重要和有效的手段。先进制造技术、计算机技术以及网络技术的发展，使得按照客户的个性化需求进行定制生产从理想转变为现实。

（三）新的生产方式不断涌现

随着市场竞争的加剧和计算机技术在现代工业中的广泛应用，传统的制造业正面临着一场极其深刻的重大变革。为了适应这种变革，改变大批量生产方式对市场变化的不适应性，解决传统定制生产中的高成本和长交货期等问题，日本、德国和美国等工业发达国家分别提出了一系列新的生产方式，如精益生产、分形企业和敏捷制造、大批量定制等。

二、大批量定制的概念

1970 年，托夫勒（Alvin Toffler）在其《未来的冲击》（*Future Shock*）一书中提出了一种全新的生产方式的设想：以类似于标准化或大批量生产的成本和时间，提供满足客户特定需求的产品和服务。1987 年，达维斯（Stanley Davis）在《未来的理想生产方式》（*Future Perfect*）一书中首次将这种生产方式称为“mass customization”，即大批量定制，简称 MC。这种既能满足客户真正需求又不牺牲企业效益和成本的新的生产方式目前得到了普遍的接受和认同，开始成为企业竞相选用的一种有效的竞争手段。

传统的大批量生产采用刚性的自动化和机械化的生产线，将工序分得很细，标准化程度很高，每位员工只需重复几个简单的动作；产品品种单一，产量很高，成本很低，质量稳定；从毛坯到产品的生产周期较短。但要建立一条刚性生产线，需要花费很多时间和成本。此外，如果产品变更了，刚性生产线一般就要报废。传统的单件定制生产则刚好相反。标准化程度低，成本高，生产周期长，对员工的技术水平要求高。但产品可以按照定制需求做。由于不建生产线，因此新产品上市周期较短。

第 2 节　大批量定制的技术体系

在实践中，大批量定制生产模式是逐渐进化完善的。大批量定制的技术体系也是逐渐进化完善的，如图 16－1 描述。大批量定制是一种系统工程，通过各种技术的融合、重组和优化，使大批量定制深入发展。标准化技术是其中的一种关键技术（顾新建，等，2014）。

一、成组技术

20 世纪 50 年代成组技术开始发展，以解决多品种小批量生产中的成本高、交货期长的问题。成组技术是一门工程技术科学，研究如何识别和发掘生产活动中有关事物的相似性，并充分利用这些相似性，即把相似的问题归类成组，寻求解决这一组问题相对统一的最优方案，以取得所期望的经济效益。成组技术研究内容包括零件分类编码系统、成组工艺、成组夹具和成组单元等（许香穗，蔡建国，1987）。

成组技术的许多方法和技术可以被大批量定制借鉴。例如，成组技术处理问题的一般过程是：首先使产品品种合理化，进行价值分析和简化结构设计，采用分类编码以减少零部件的种类，建立成组单元，贯彻单一循环的短周期小批量生产计划，实行成组作业进度计划。上述过程与大批量定制处理问题的过程非常一致，只是后者考虑问题的范围更大，采用的技

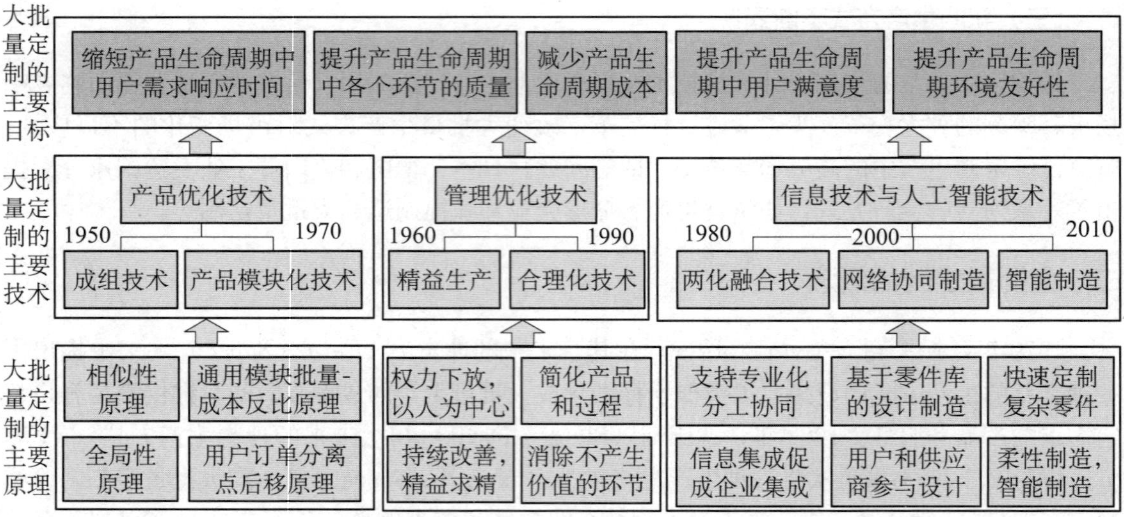

图 16-1　大批量定制的技术体系

说明：图中的数字是该技术出现的年代。

术更先进。

成组技术可以全面应用于从产品设计到制造的各个环节，有成组设计、成组工艺设计和成组制造等。成组技术既可以用于计算机辅助设计（CAD）系统中零件信息的条理化和简化，如零件的标准化和 CAD 数据库的检索等，也可以用于 CAD/CAPP/CAM 一体化，是连接 CAD 系统和计算机辅助工艺规划（CAPP）、计算机辅助制造（CAM）系统的重要纽带。采用成组技术以后，即使不使用自动化流水线也能取得巨大的经济效益。

成组技术可以看作一种应对产品多样化和个性化的标准化技术。

二、精益生产

精益生产（lean production，LP）综合了单件生产与大量生产的优点，既避免了前者的高成本，又避免了后者的僵硬化。“精益”的英文是“lean”，原意是“瘦的”，在精益生产中转意为“简化的”“精节的”“精益的”等（琼斯，等，1991）。精益生产的基本原理是一切从简，即简化一切不产生附加价值的工作内容。同时，特别强调在任何时候对任何事物必须精益求精。精益生产方式的特点可归纳为：以人为中心，以简化为手段，以协同进化为生存环境，以尽善尽美为最终目标（顾新建，等，2007）。

产品标准化一方面本身具有精益的特质，简化产品和生产，另一方面能够有效支持精益生产，如专业化分工协同等。

三、产品模块化

20 世纪六七十年代，产品日益复杂，用户的个性化需求更加突出。人们开始用模块化设计方法对产品结构进行重组，降低产品的复杂度，简化产品设计，并提高制造和装配效率。产品模块化在工业汽轮机、汽车、舰船、工程机械、电子设备、计算机等领域开始应用。其基本原理是将复杂产品分解为一系列具有独立功能的模块，通过模块的选择和重组，在满足用户需求多样化的同时，尽可能减少产品内部多样化。对用户而言，产品可能是独一无二的，但产品中的大部分模块是标准的、大批量生产的。

中国标准化事业的拓荒者、标准化教育的奠基人李春田老师生平的最后一篇文章就是提出如何采用模块化思想进行企业标准体系建设的方法（李春田，2015a）。李春田老师在其生命的最后阶段对模块化进行了深入研究，认为模块化是标准化的高级形式（李春田，2015b）。

产品模块化本质是一种标准化技术，包括：(1) 模块的标准化：采用主模型和事物特性表的标准化形式控制模块的变化。(2) 产品结构的标准化：采用主结构和配置规则控制产品结构的变化。(3) 产品零部件编码的标准化：采用基于零部件特征的编码方法，将不同类型产品中的相同或相似零部件统一编码，以提高其搜索和重用的效率。

四、合理化技术

在企业信息化中人们发现，仅凭信息技术是不能解决大批量定制问题的，进而总结出了“先合理化，后信息化”的经验，即将合理化工作与企业信息化结合起来（迈天，1997）。

图 16-2 描述了合理化工作框架。制造业信息化中的合理化工作主要包括产品设计合理化和企业过程合理化，而这两者往往是相互关联的。产品设计合理化和企业过程合理化的本质也就是标准化。在合理化的基础上容易实现信息化（顾新建，等，2010）。

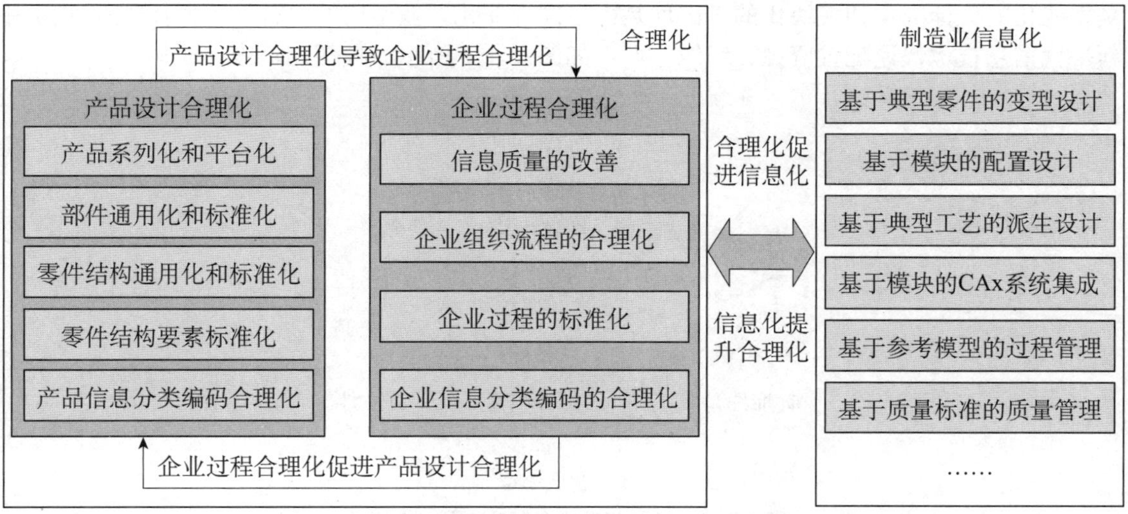

图 16-2　制造业信息化中的产品设计合理化

五、信息化与工业化融合（两化融合）

信息化与工业化融合是指信息技术在企业的应用，或称企业信息化。20 世纪七八十年代，信息化技术在制造业全面推广应用，从设计到制造，柔性化和自动化程度全面提升。例如，依靠 CAD 系统，企业可以快速进行产品变型设计和配置设计；通过数控机床和柔性制造系统可以快速地、低成本地制造出定制的零件；通过计算机集成制造系统（computer integrated manufacturing system，CIMS），实现企业信息的集成和快速反应。

产品标准化是实现两化融合的重要基础之一。例如，产品标准化与 CAD 系统结合产生产品配置设计系统和产品变型设计系统，产品标准化与 CAPP 系统结合形成派生式 CAPP 系统。

六、网络协同制造

随着21世纪初经济全球化的全面推进以及互联网的广泛应用，越来越多的企业发现，自己不可能在产品全价值链的每个环节都做到全球最好。产品越来越复杂，技术更新越来越快，什么都自己做，投资大，风险大。所以企业通过业务外包、协同设计和制造、全球采购、动态联盟等，实现制造资源的最佳配置和利用，进一步促进大批量定制的发展。

美国提出的21世纪制造业发展战略是敏捷制造，其中虚拟企业是敏捷制造的核心要素。这是一种通过网络快速找到最有竞争力的合作伙伴的动态联盟组织，是一种简洁的、柔性的模块化生产模式，包括产品模块化和企业模块化。

网络协同制造需要产品信息、协同过程等的标准化技术的支持，否则协同很难深入和持续。

七、智能制造

大批量定制中大部分零部件是标准化和模块化的，采用高效的大批量生产装备。少量零部件是个性化的，采用智能数控机床、加工中心、3D打印机等。个性化产品的装配过程也是智能化的。标准化和模块化的零部件是由不同专业化企业生产的。智能主要体现在如何用新一代信息技术快速配置资源、组织生产，如图16－3所示（顾新建，等，2010）。

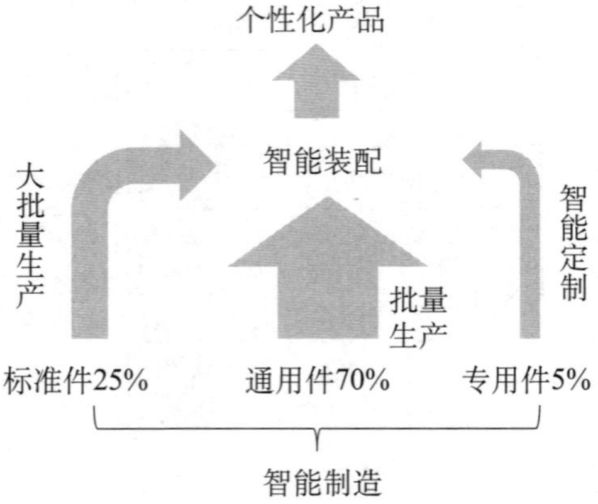

图16－3　智能制造中多种生产模式的综合

标准化通过产品、零部件的简化，形成较大批量，支持智能制造，同时通过产品、零部件结构的简化使智能装配和加工变得更加容易实现。

第3节　大批量定制的基本原理

一、用户订单分离点后移原理

用户订单分离点（customer order de-coupling point）是指企业生产活动中由基于预测的库存生产转向响应用户需求的定制/订单生产的转换点（见图16－4）。在用户订单分离点

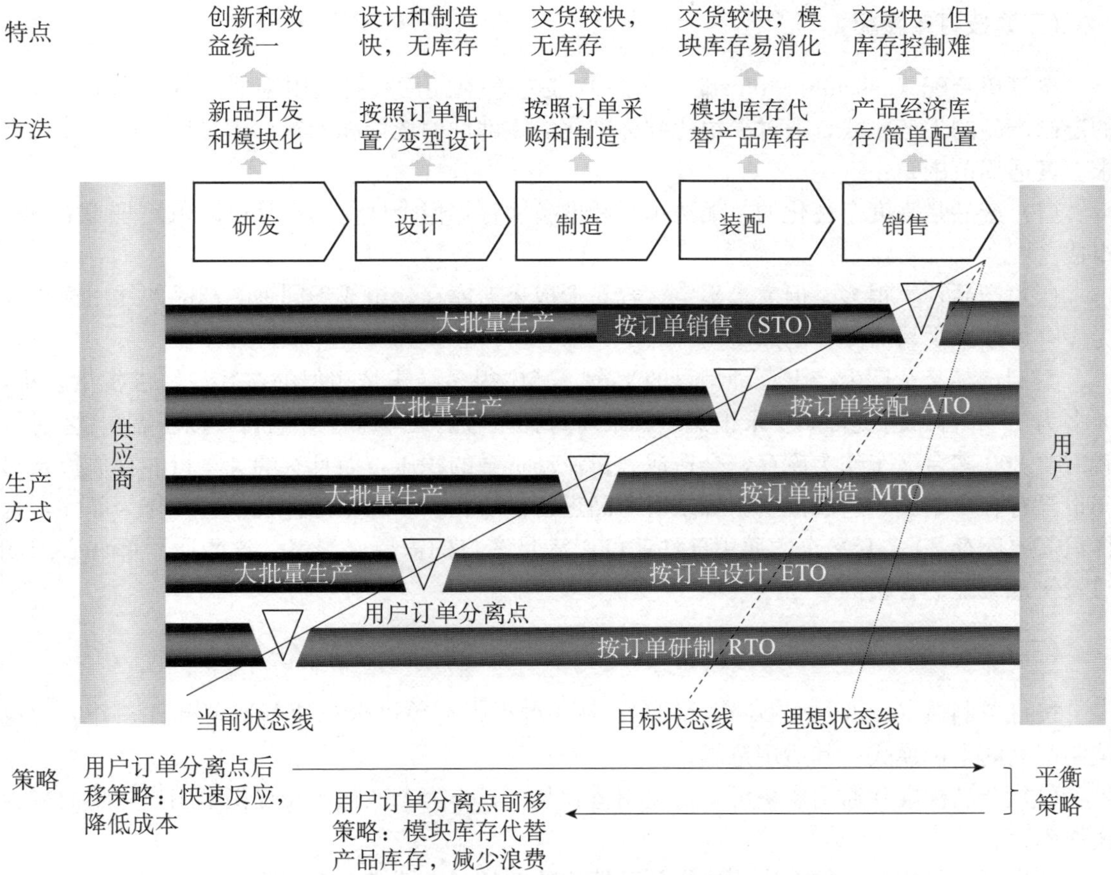

图 16-4　从大批量生产到大批量定制的各种生产模式

之前的生产经营活动是根据预测进行的，在用户订单分离点之后的生产经营活动需要根据用户订单的实际要求而定。产品交付提前期是从用户订单分离点开始计算的（顾新建，等，2022）。

按照用户订单分离点在企业生产过程中位置的不同，可以将生产模式分为以下几种。

（一）按订单销售

按订单销售（sale-to-order，STO）又称为库存生产（make-to-stock，MTS）或预测型生产，实际上就是一种大批量生产（mass production，MP）方式，是在市场环境相对稳定的情况下，根据对市场的预测，按批量生产产品，然后根据市场的实际需求销售库存成品。在 STO 中，企业也在千方百计满足用户的多样化和个性化需求：

（1）采用系列化和标准化方法，以尽可能少的品种满足用户的多样化和个性化需求。例如，服装有系列化标准，每一种款式有高矮、胖瘦等多个系列变型，基本可以满足大部分人的需求。又如，西裤裤长可以在用户购买后进行定制，以减少库存量，满足个性化需求。

（2）通过标准软件配置，利用标准软件配置方便的特点，满足用户的多样化和个性化需求。例如，华为的软件定义摄像机（SDC）就是采用这样一种方法。

（3）采用销售现场标准模块配置的方法，满足用户的多样化和个性化需求。例如，个性化颜色的油漆可在油漆店采购，通过红、黄、蓝三种基本颜色的油漆配成。

（二）按订单装配

按订单装配（assemble-to-order，ATO）是一种利用库存的通用零部件装配成用户需要的定制产品的生产模式，通过模块化和标准化的零部件的选择和配置，满足用户的个性化需求。其适用范围是：

（1）产品是高度个性化的，无法预测和准备库存，但个性化的产品可以由一些通用模块组成。

（2）产品种类很多，但需求不定，容易形成呆滞库存，组成不同种类产品的通用模块作为库存可以减少呆滞库存的风险。

案例：某叉车厂生产上百种型号的叉车，其中很多结构是相似的，客户需求批量较小，大多为1～2台，但交货期要求很短。如果对每种型号的叉车都库存两台，以备客户的选择，就需要200多台叉车作为库存，会造成大量流动资金的积压，而且有的叉车可能存放很长时间也没有客户购买，造成浪费。如果对产品进行模块化，以通用部件代替整车作为库存，这样只需要库存20多套叉车的通用部件就可以满足客户的需要。当然，这些通用部件必须能够较快地装配成合格的整车。

（三）按订单制造

按订单制造（make-to-order，MTO）是一种根据订单需求快速制造零部件，并装配成定制产品的生产模式。其适用范围是：

（1）产品标准和通用模块可以快速制造和装配，作为个性化产品提供给用户，从而减少模块库存。

（2）可以采用变型的方法快速得到个性化的产品，立即进入制造阶段。

案例：现在一些服装企业推出了服装定制：顾客到服装企业的专卖店量身、选择面料和款式后，企业根据顾客身材尺寸，通过服装设计软件，在服装基型的基础上，自动设计出适合顾客的服装，然后组织定制生产。

（四）按订单设计

按订单设计（engineer-to-order，ETO）需要根据用户订单中的特殊需求，重新设计某些新零部件，或进行变型设计，或者是通用模块加上少量的专用模块组成。

案例：积木块系列工业汽轮机是高度个性化的，但其基本原理和原型已经研制完成，其大部分零部件是标准化和通用化的，关键的通流部分需要根据订单要求重新设计。但这些设计所需要的知识已经固化为软件，设计是一种成熟的、标准化的过程，所以设计速度显著提高。

（五）按订单研制

按订单研制（research-to-order，RTO）就是按用户的需求进行产品的研发，如基于新的科学技术发明开发新产品，或基于新的原理和新的原材料开发新的生产工艺，并按照用户订单中的具体需求组织产品生产过程。

案例：神舟一号～七号飞船是按订单研制的。天宫空间站是非常复杂的产品，涉及很多部门，为了降低复杂度、提高设计效率，采用模块化的设计方法。天宫空间站的主要部件可以由火箭分批送上天，在太空中组合，以解决一次将所有部件送上天的困难。神舟一号～五号飞船将轨道舱设计为支持空间试验的留轨舱；神舟六号载人飞船在留轨舱的基础上配置载人环境控制功能，支持航天员的短期驻留；神舟七号载人飞船将留轨舱改造为气闸舱，配置出舱活动支持功能，满足航天员的出舱任务需求。各部件中的各个子系统又是模块化的，可以分别开发设计。

从大批量生产到大批量定制转变的主要目标是在满足用户定制需求下，尽量将用户订单分离点向生产过程的下游移动，如图 16－4 所示，将用户订单分离点从当前状态线移到目标状态线。但也不能一味后移，首先要满足用户的定制要求。

由于用户需求的多样化，即使同一种产品、同一家企业也往往存在多种生产模式。例如，工业汽轮机生产企业中大多数订单的产品是定制的，采用 ETO 模式；也有少量产品有一定的批量，如给水泵工业汽轮机，可以采用 MTO 模式；还有的产品是全新的，需要进行研发，如燃气轮机和大型工业汽轮机。因此，企业中各种生产模式的选择和配比需要平衡，详细见图 16－5。

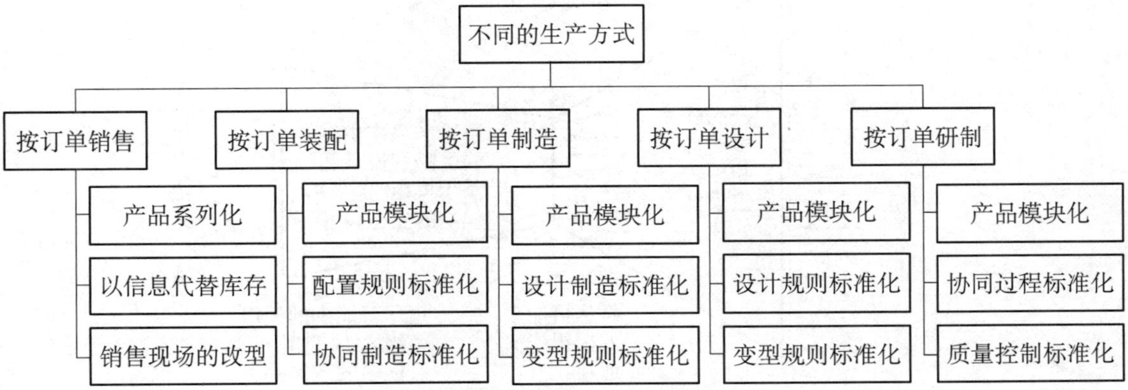

图 16－5　不同的生产方式中的标准化方法

二、相似性原理

大批量定制的关键是识别和利用大量不同产品和过程中的相似性。通过充分识别和挖掘存在于产品和过程中的功能相似性、结构相似性和过程相似性，利用模块化等方法减少产品的内部多样化，提高零部件和生产过程的重用性。

产品和过程中的相似性有不同的形式，如几何相似性、结构相似性、功能相似性、过程相似性等。通过归纳方法，对这些相似性加以归纳，形成标准的零部件模块、标准的产品结构和标准的事务处理过程，以供日后的重用，这对于减少产品的内部多样化具有重要的作用。

三、重用性原理

在定制产品和服务中存在着大量可重新组合和可重复使用的单元（包括可重复使用的零部件和可重复使用的生产过程）。通过采用模块化等方法，充分挖掘和利用这些可重用单元，将产品定制生产过程通过产品重组和过程重组转化为或部分转化为模块批量生产过程，从而以较低的成本、较高的质量和较快的速度生产出个性化的产品。

例如可重构制造系统，通过重构，制造系统可以满足新的零部件的加工和装配。

又如软件的可重用，在一个组件化开发平台上先预制和定制多个软件组件、中间件以及相关构件库等功能模块，然后像生产零部件一样，开展组件的规模化的批量生产。

四、全局性原理

实施大批量定制是一项工作量大、难度高的系统工程，不仅与制造技术和管理技术有关，还与人们的思维方式和价值观念有关。大批量定制需要决策者高瞻远瞩，需要有全局优化的目标和思维，站位越高，视野越开阔，全局目标越清晰，最后产生的效果越佳。

实现缩短交货期和降低库存的同步优化需要一种空间全局观，即用尽可能少的通用模块代替尽可能多的个性化模块，变型出尽可能多的产品品种；其优化目标是在满足用户需求的同时，使相似产品的总成本最低、总的交货期最短、质量保证最佳，如图16-6所示。

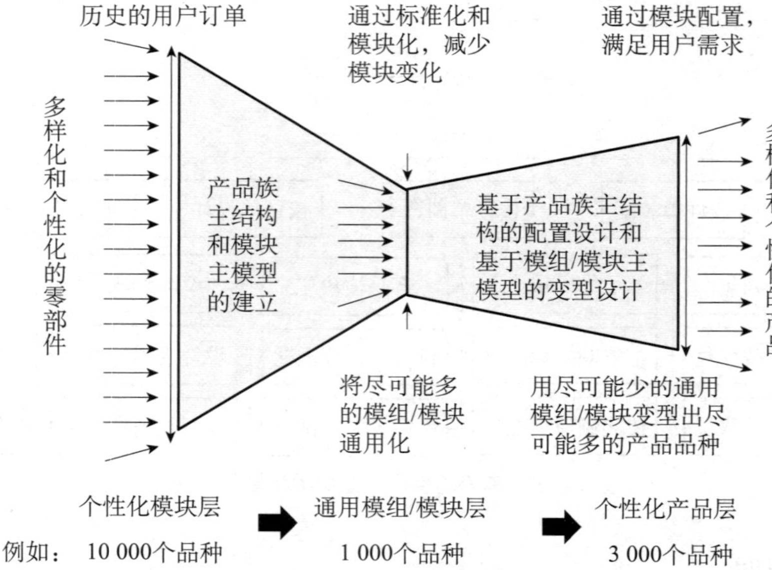

图16-6　通用模块变型多产品品种示意

五、产品全生命周期总成本最低原理

产品价值链的各个环节是相互关联的。在不少情况下，减少了某个环节的成本的同时，可能增加了其他环节的成本，最后算起来，总成本不降反升。因此，在实施大批量定制时需要对产品价值链进行整体优化，这时需要特别强调总成本思想。这是一种时间全局观。

在分别对产品价值链各个环节进行优化以后，通常能使整体得到优化。但是，由于现代制造系统是一个非线性系统，在某些情况下，部分最优之和并不一定能得到整体最优。例如，根据价格最低的采购原则，采购员从市场上采购最廉价的零部件。这样做是否一定能保证获得低成本的产品呢？从表面上看，价格便宜的零部件降低了产品的成本，但是廉价的零部件经常会引起其他成本（如质量成本、服务成本和使用成本等）的增加。又如，如果廉价零部件的生产厂家距离总装厂较远，需要较高的运输费用，同时，管理上的不便还会产生其他一些成本，可能到最后总成本反而增加。因此，企业必须以一种总成本的思想来考虑设计、采购、制造、销售和服务中的成本，即产品全生命周期成本（life cycle cost，LCC），如图16-7所示。

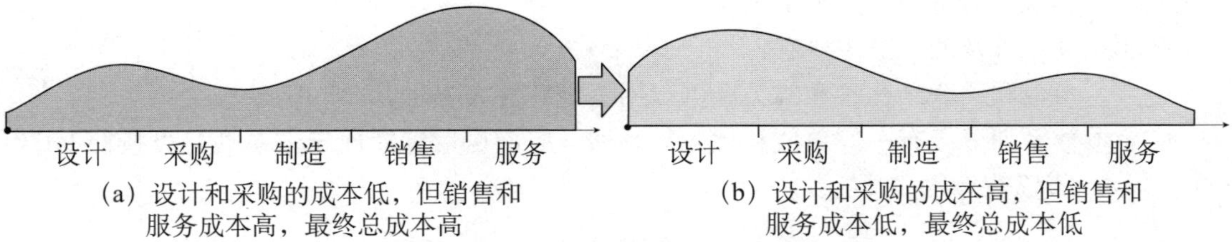

图 16-7　产品全生命周期总成本最低的思想

案例：西门子工业汽轮机为了考虑模块的通用性，模块的尺寸都采取了上限值，以便适用于不同的工况（蒸汽压力和温度）。例如，从降低材料成本的角度来看，西门子工业汽轮机的汽缸过于笨重，如果用于低压汽轮机，汽缸壁厚度起码可以减薄一半左右，也就是说可以减少一半的钢材消耗。但是如果考虑到木模的统一和重用、批量预制、简化加工、便于维修等所带来的成本降低，钢材的消耗可以忽略不计。

第 4 节　支持大批量定制的标准化

大批量定制需要标准化技术的支撑，包括产品的标准化、过程的标准化、信息的标准化等。图 16-8 是支持大批量定制的标准化的一些内容。

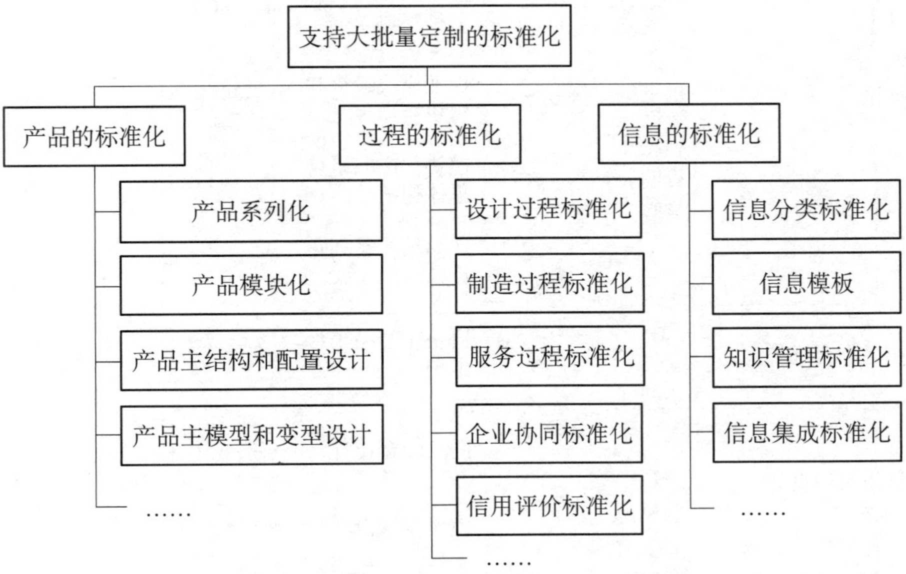

图 16-8　支持大批量定制的标准化的一些内容

一、产品的标准化

（一）产品系列化

产品系列化设计的目的是用尽可能少的产品品种和规格变化，尽可能多地满足用户的多样化需求，实现相对有限的大批量定制。

产品系列化涉及的标准主要有：

（1）主参数和关联结构参数的关系可以用事物特性表表示。

（2）参数系列分级有一般数值和优先数系列。应该尽量选择优先数系列，可按照 GB/T 321—2005《优先数和优先数系》。

（二）产品模块化

产品模块化的主要目的是在满足用户定制需求的同时，减少产品的变化和产品内的模块变化的数量，快速进行定制产品的设计和制造。机械产品模块化设计过程模型如图 16-9 所示。

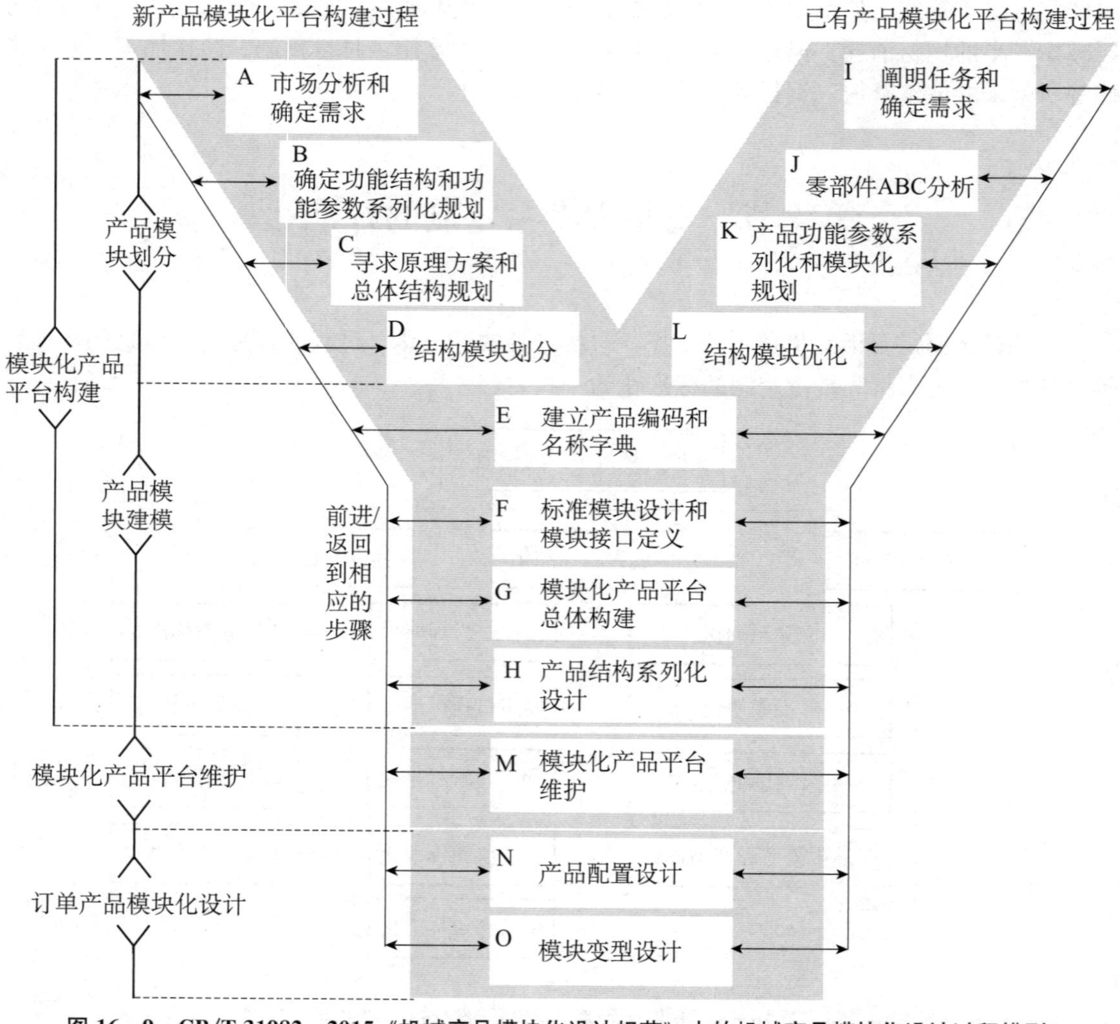

图 16-9　GB/T 31982—2015《机械产品模块化设计规范》中的机械产品模块化设计过程模型

产品模块化涉及的标准主要有：

（1）模块接口标准。例如，照相机公司为了满足从入门的摄影爱好者到职业级的摄影家的不同客户的需求，其单镜头反光取景相机所有的镜头卡口标准完全一致。

（2）模块标准。这里给出的是模块的广义定义：模块是组成上一层系统的、具有一定通用性、可组合/替换/变型的单元。例如，整机模块、部件模块、零件模块和结构单元模块等。对应于不同层次的产品模块，均有相应的标准。

整机模块可以组成个性化的成套装置。例如，模块化锅炉装置由多台锅炉整机模块并联组成，锅炉整机模块数目根据需求确定。锅炉整机模块本身可以单独使用。

部件模块可以组成个性化的整机或上层部件。例如，通用减速器模块是原动机和工作机之间的独立的闭式传动部件，用来降低转速和增大转矩，以满足工作需要。接口是输入轴和输出轴，具有标准尺寸。JB/T 7337—2010 标准规定了轴装式减速器的型式、基本参数、技术要求、试验方法、检验规则、标志、包装和储存等。

零件模块可以组成个性化的部件或整机。例如，各种标准零件，如螺栓、螺帽、齿轮等。

结构单元模块可以组成个性化的零件。例如，键槽、螺纹等结构单元，有的已经有相应的标准。

（三）产品主结构

产品主结构描述了一个可配置的、包括所有模块在内的模块化产品系统的组成情况，可以根据不同客户的需求，从产品主结构中派生出客户定制产品的结构。图 16－10 表示了一个产品的主结构示意图。

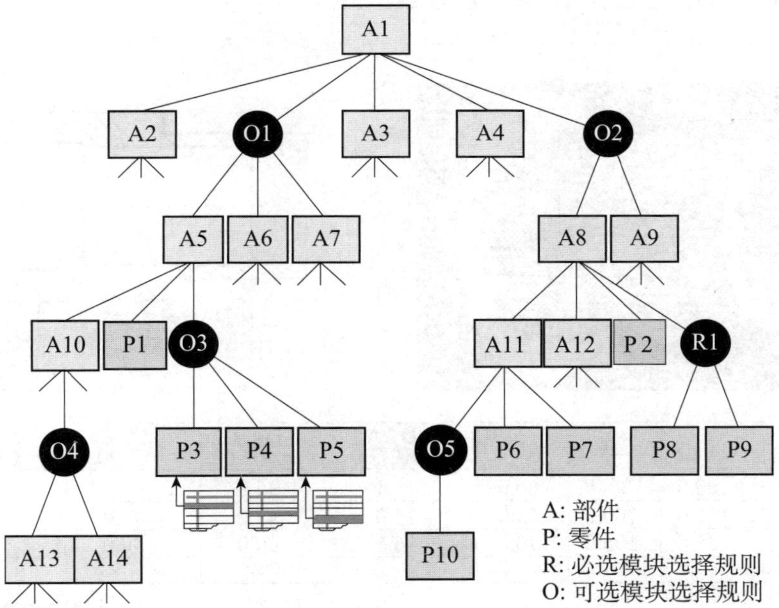

图 16－10　一个产品的主结构示意图

资料来源：萧塔纳．制造企业的产品数据管理：原理・概念・策略．北京：机械工业出版社，2000：67.

根据产品主结构，可以进行产品配置设计，在产品工作原理、基本功能、模块结构不变的情况下，对现有模块进行组合，得到满足客户需求的个性化产品。

产品配置设计方法可分为：（1）产品功能配置设计。根据客户的需求，对产品族功能树中的功能模块进行选择和配置，形成产品实例功能树。这种方法适合于不熟悉产品结构的客户进行产品配置。（2）产品结构配置设计：根据产品主结构和产品配置设计知识或规则，选择客户所需的产品结构模块。产品结构配置设计系统可以帮助客户直接按结构选择所需产品的子模块，客户可以在线浏览每个模块的有关属性，然后选中所需的产品模块，并订购有关产品。

产品主结构涉及的标准主要有：

（1）产品主结构标准。例如，计算机的主结构包括主板、CPU、内存、硬盘、显卡、键盘、鼠标等模块。可以选择不同的模块组成个性化的计算机。

（2）产品配置规则标准。并不是所有模块都可以自由组合，需要通过产品配置规则进行限制。

（四）零部件主模型

零部件主模型利用一些关键的参数来描述零部件外型和尺寸之间的联系，只需要在主模型中输入一组数值，就可以自动地派生出零部件的一个变型。

图16-11表示了联轴器主模型的实例。该联轴器的主模型由联轴器的几何模型与相应的事物特性表组成。主模型事物特性表中的A、B和C为联轴器的事物特性，而DAA、DAB、DAC和DAD等则分别是从A、B、C中导出的算法特性，例如：DAA=DAC/3.0，DAB=A-65.0，DAC=C-20.0，DAD=C+(B-C)/2，等等。当对A、B、C赋予不同的数值时，就可以产生不同尺寸的联轴器模型。图16-11的下半部分分别表示了识别码为0001、0002和0003的三个不同尺寸的联轴器模型。

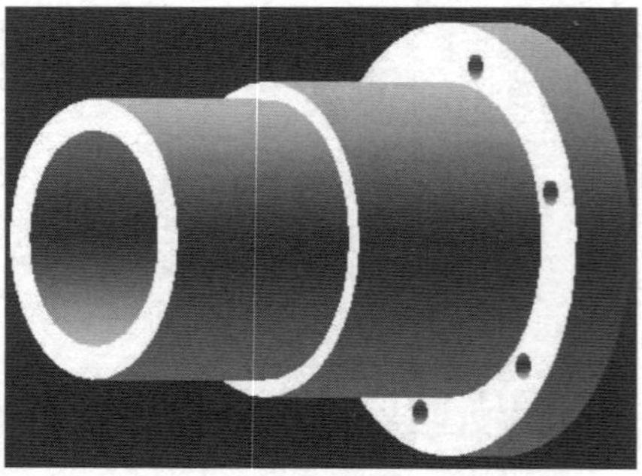

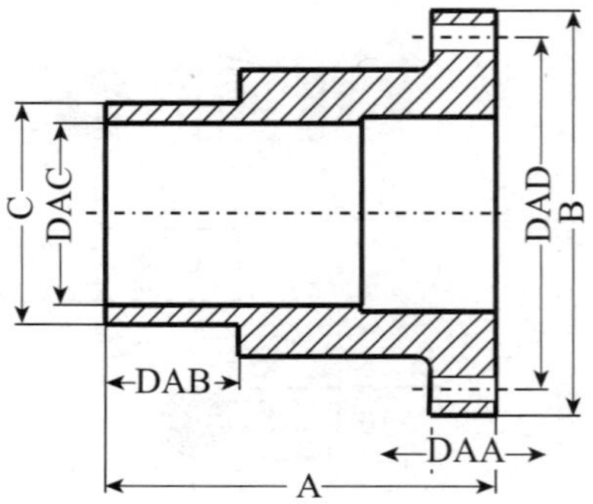

	A	B	C	DAA =DAC/3.0	DAB = A–65.0	DAC = C–20.0	DAD = C+(B–C)/2
0001	100.0	80.0	60.0	13.3	35.0	40.0	70.0
0002	112.0	100.0	65.0	15.0	47.0	45.0	82.5
0003	125.0	105.0	70.0	16.6	60.0	50.0	87.5
……	……	……	……	……	……	……	……

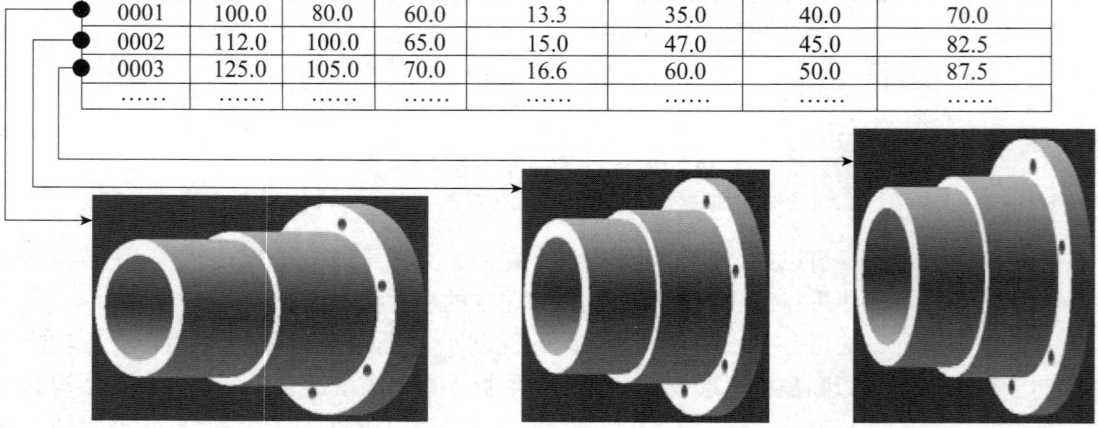

图16-11　联轴器主模型

零部件主模型涉及的标准主要有：

（1）主模型标准。如螺栓的国家标准。

（2）模型变型参数的关系可以用事物特性表表示。

在零部件主模型的基础上可以开展零部件变型设计，通过“主模型＋事物特性表”的方法控制零部件变型的多样化，减少零部件变型数目，支持大批量定制。

图 16－12 给出了法兰部件变型设计的原理。法兰部件由法兰、管道、螺栓、螺母以及垫片等零件装配而成。例如 ID 号为 300108 的法兰部件是由 ID 号为 100112（法兰）、100397（管道）、400125（螺栓）、400253（螺母）和 400344（垫片）装配得到。由此可以看出部件是通过 ID 号将零件和子部件相互结合在一起的，同样零件法兰包含的形状元素通孔也是通过 ID 号和法兰相关联。ID 号为它们的标识号，在整个产品变型设计系统中具有唯一性。

由于法兰和管道的主要参数以及法兰的形状元素通孔可以按实际需要取不同的值，从而方便地利用事物特性表对法兰和管道进行变型设计，并能快速地生成变型后的法兰部件。

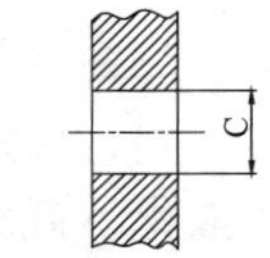

形状元素通孔主模型

Part-ID	C
100	6
101	8
102	10

形状元素通孔事物特性表

变量名	取值
C	10

CAD 中形状元素通孔变量表

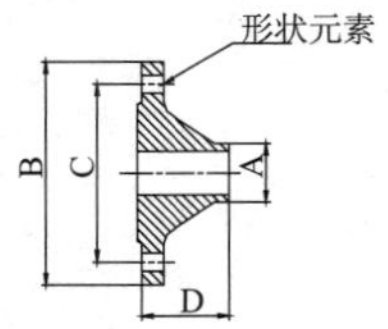

零件法兰主模型

Part-ID	A	B	C	D	AP-No.
100110	40	150	120	50	100
100111	30	100	80	50	101
100112	40	140	100	50	102

零件法兰事物特性表

变量名	取值
A	40
B	140
C	100
D	50
AP-No.	102

CAD 中零件法兰变量表

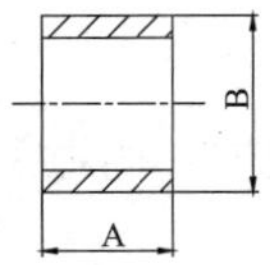

零件管道主模型

Part-ID	A	B
100395	50	40
100396	60	30
100397	80	40

零件管道事物特性表

变量名	取值
A	80
B	40

CAD 中零件管道变量表

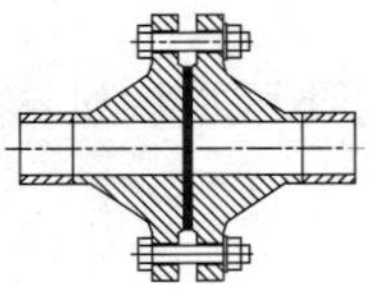

部件法兰组合主模型

Part-ID	AP-No. 法兰	AP-No. 管道	AP-No. 螺栓	AP-No. 螺母	AP-No. 垫片
300106	100110	100395	400123	400251	400342
300107	100111	100396	400124	400252	400343
300108	100112	100397	400125	400253	400344

部件法兰组合事物特性表

变量名	取值
AP-No.	100112
AP-No.	100397
AP-No.	400125
AP-No.	400253
AP-No.	400344

CAD中部件法兰组合变量表

图 16－12　基于事物特性表的法兰部件变型设计原理图

（五）模块化评价标准

GB/T 39589—2020《机械产品零部件模块化设计评价规范》通过机械产品零部件模块化程度评价，帮助企业了解机械产品零部件模块化设计的现状和问题，为采取相关改进措施提供依据；通过机械产品零部件模块化设计经济效益评价，帮助企业了解和提高模块化零部件设计、制造和服务效率与质量，了解和降低模块化零部件设计、制造和服务成本；通过机械产品零部件模块化设计环境友好性评价，帮助企业了解和减少产品生命周期内的能耗、资源消耗和环境污染问题。

二、过程的标准化

大批量定制需要有快速的设计和制造过程，需要能够集中最有竞争力的企业和员工协同进行设计和制造，这些都需要过程标准化的支持。过程标准化的内容广泛，这里仅讨论设计过程标准化、制造过程标准化、服务过程标准化、企业协同标准化和信用评价标准化。

（一）设计过程标准化

德国工程师协会（VDI）认为产品开发设计过程是可以标准化的，为此提出了一系列指导性文件 VDI 2220、VDI 2221、VDI 2222。将产品开发设计一般进程分为产品计划、任务确定、开发设计、实现应用等四个阶段；实现此四个阶段需要经过任务的明确和细化、确定功能原理及其结构、寻求原理方案及其结构、划分可实施的模块、标准模块设计、产品总体设计、详细设计和编制使用说明书等 7 个步骤。

产品开发设计过程涉及的标准主要有：

（1）产品开发设计的一般过程标准。可以参照 VDI 2221。

（2）产品模块化设计过程标准。目前国内已经在开展这方面的研究。

（3）面向 PDM/PLM 系统的产品开发设计过程标准。随着 PDM/PLM 系统的推广，需要开展这方面的研究。

（二）制造过程标准化

制造过程标准化是传统工业工程和大批量生产的核心技术。在大批量定制中，制造过程标准化体现在：

（1）制造过程模块化和单元化，如单元制造系统、独立制造岛等制造模式将相似模块集中在一起加工，既满足人的高层次需求，提高了人的积极性，又简化了管理。显然制造过程模块化与产品模块化密切相关。

（2）制造过程可重构化，主要是快速满足不同产品制造的需要；这里需要可重构机床、可重构生产线、成组夹具等的支持。

（三）服务过程标准化

在服务领域，人们也提出了大批量定制化服务的概念。服务过程标准化是其关键技术。服务过程标准化就是通过对服务标准的制定和实施，以及对标准化原则和方法的运用，达到服务质量目标化、服务方法规范化、服务过程程序化，获得优质产品服务，向用户提供高效、周到、准确、满意的个性化服务，同时使企业节约服务成本，减少资源浪费，提高服务质量可控性。

（四）企业协同标准化

只有企业间深入和全面协同，才能使大批量定制达到较高的水平。企业协同有设计协同、制造协同和服务协同等。国际供应链管理委员会（Supply-Chain Counsin，SCC）组织这方面的标准制定。

SCC 开发了一个标准供应链运作参考模型（supply chain operations reference-model，SCOR），以帮助企业沟通供应链的研究成果、建立供应链的基本规范，并影响下一代的 SCM 软件。目前 SCOR 已经发布 11.0 版本。

2006 年 SCC 还推出了设计链运作参考模型（design-chain operations reference model，DCOR）1.0 版本，目前正在开发顾客链运作参考模型（customer chain operations reference-model，CCOR），未来将开发营销链运作参考模型（marketing chain operations reference-model，MCOR），以适应不同的供应链管理需求。

（五）信用评价标准化

大批量定制需要大范围的企业协同。企业信用体系的建立和完善是企业协同中的关键问题。企业信用体系涉及的标准有：

（1）企业信用标准。主要是对企业信用的分级进行规范。

（2）企业信用评价标准。主要是对企业信用的综合评价方法进行规范。

（3）企业信用监督管理标准。主要是对企业信用监督管理过程进行规范。

三、信息的标准化

大批量定制需要快速重用企业的各种信息和知识，需要支持员工之间的信息和知识的共享，这些都需要信息标准化的支持。下面主要讨论信息分类标准化和信息模板标准化。

（一）信息分类标准化

企业信息分类标准化的目的是：科学、完整和有序地建立信息分类编码标准，以保障企业信息化工程达到预期效果。

1. 企业信息分类编码标准体系

企业信息分类编码标准体系如图 16－13 所示。

2. 产品信息分类编码标准

产品信息分类编码标准是企业信息分类编码标准体系中最难的部分，并且对大批量定制的作用最大，其作用除了帮助进行产品信息搜索外，还可以帮助进行相似零部件的聚类分析，进行模块划分。

产品信息分类编码标准的作用是对整机、部件、零件等用字母或数字进行编码，便于搜索、分类和统计。目前常见的产品信息分类编码体系主要有隶属编码体系、复合编码体系、平行编码体系和识别编码体系等，如图 16－14 所示。

目前的发展趋势是选择 GB/T 10091.1—1995《事物特性表 定义和原理》的分类码编码方法，这是一种平行编码体系。

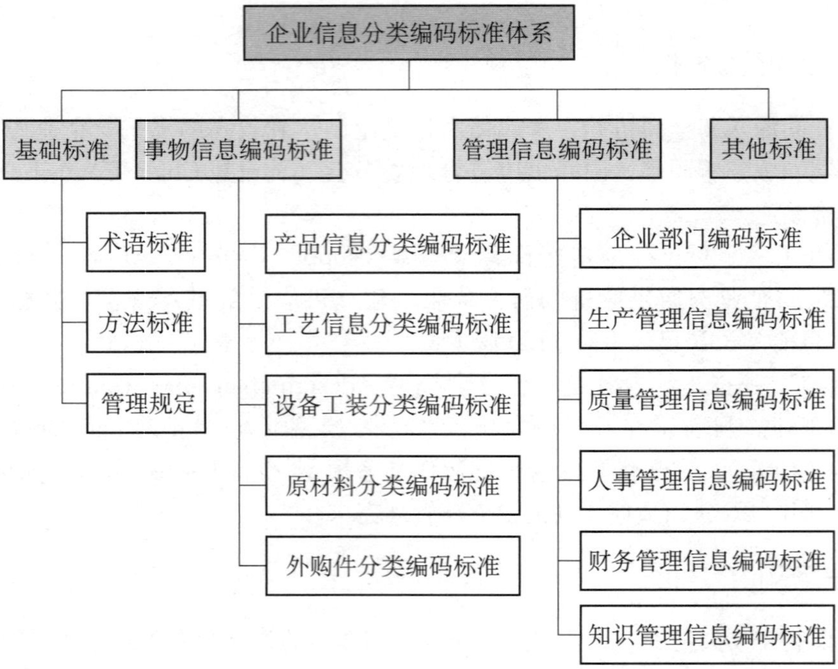

图 16-13 企业信息分类编码标准体系

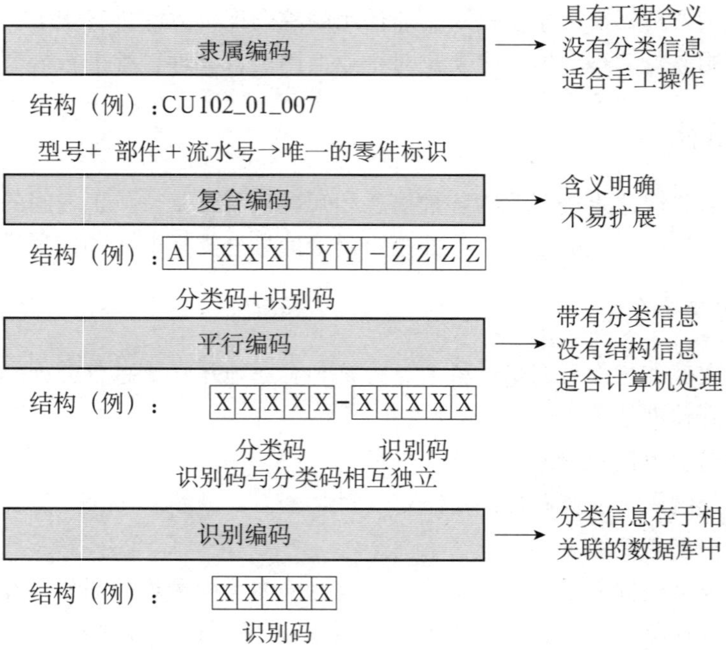

图 16-14 常见的产品信息分类编码体系

3. 术语标准

术语标准又称名称字典。

在企业多年的数据积累过程中，往往因为企业人员个人的主观因素或企业没有统一的名称规范体系而导致同一对象出现多个不同的名称，如同一种六角螺钉，不同的设计人员会有不同的命名：连接螺钉、紧固螺钉、定位螺钉、支撑螺钉或调节螺钉等。这对零部件重用和归类生产造成了很大的困难。进行零部件名称规范化的主要目的是正确识别零部件，减少零部件种类，提高零部件的重用度。

名称字典中存储了零部件经过规范化后的名称、原名称及对象描述等。名称字典中的字典元素需要通过一致性规则、完整性规则、严格性规则的检查，即名称字典中是否有重复的名称定义、是否包含该企业所有零部件的完整信息且没有冗余，以及零部件规范的名称是否符合规范体系的要求等。

（二）信息模板标准化

信息模板是一种信息描述的标准格式，便于信息的交流、共享和分析。例如，工程制图标准就是一种信息模板。

大批量定制对信息模板的需求更进一步，提出所谓的主文档概念，这是一种包含某类通用信息的文档模板，便于产生与该模板信息稍有变化的文档，以减少设计工作量，提高设计质量，减少设计和制造中的多样化问题。例如，由某类零件或部件的工程图模板（又称主图）可以快速派生出某个相似零件或部件的工程图；由某类零件或部件的工艺过程规划模板可以快速派生出某个相似零件或部件的工艺过程规划；由某类零件或部件的工艺过程规划模板（又称主工艺过程规划）可以快速派生出某个相似零件或部件的工艺过程规划；由某类零件或部件的 NC 程序模板（又称主 NC 程序）可以快速派生出某个相似零件或部件的 NC 程序。

本章小结

大批量定制是现代制造企业追求的主要目标之一，而标准化是实现大批量定制的关键技术之一。标准化将定制的个性化产品的设计和制造转化为大量标准的零部件的设计和制造，由这些标准件组合成个性化产品，可以低成本、高质量、快速地满足用户日益增长的个性化需求。产品、过程和信息标准化有效简化和促进企业信息化乃至智能化，通过实现信息化与工业化的深度融合，支持大批量定制。

本章介绍了大批量定制的背景、技术体系、基本原理，阐述了支持大批量定制的产品、过程和信息的标准化内容。标准化在大批量定制中巧妙和有效地将传统制造业中的“铁三角”——成本、质量和时间进行了解耦，实现了标准化与个性化的完美结合。

关键术语

大批量定制	产品的标准化	过程的标准化
信息的标准化	产品模块化	配置设计
变型设计	定制点后移	用户订单分离点后移原理
相似性原理	重用性原理	全局性原理
产品全生命周期总成本最低原理		

思考题

1. 为什么说大批量定制正在成为制造业的主流生产模式？
2. 请列举 2～3 个自己熟悉的大批量定制的产品。

3. 标准化是如何支持大批量定制的?
4. 为什么说标准化是大批量定制的基础?
5. 大批量定制的基本原理与标准化的关系是什么?

参考文献

[1] 顾新建，顾复，代风，等．分布式智能制造．武汉：华中科技大学出版社，2020：10-60.

[2] 顾新建，顾复，纪杨建．产品模块化与大批量定制．北京：清华大学出版社，2022：9-13.

[3] 顾新建，纪杨建，祁国宁．制造业信息化导论．杭州：浙江大学出版社，2010：176-180.

[4] 顾新建，祁国宁，谭建荣．现代制造系统工程导论．杭州：浙江大学出版社，2007：182-183.

[5] 顾新建，杨青海，纪杨建，等．机电产品模块化设计方法和案例．北京：机械工业出版社，2014：252-261.

[6] 李春田．企业标准体系须进行结构改革（下）：试回答“企业标准体系该怎么办?”．质量与标准化，2015a（6）：39-42.

[7] 李春田．事关国家兴衰的标准化领域（续）：复杂产品系统的标准化．质量与标准化，2015b（4）：62-68.

[8] 祁国宁，顾新建，谭建荣．大批量定制技术及其应用．北京：机械工业出版社，2003：3-40.

[9] 琼斯，沃麦克，鲁斯，等．改变世界的机器．北京：万国学术出版社，1991：5-40.

[10] 许香穗，蔡建国．成组技术．北京：机械工业出版社，1987：1-120.

[11] 迈天．生存之路：计算机技术引发的全新经营革命．北京：清华大学出版社，1997：4-10.

第 17 章
智能制造标准化

学习要点

1. 智能制造基本概念和技术体系
2. 智能制造标准化的需求和主要特点
3. 智能制造国际标准化核心技术机构及关键技术标准
4. 我国智能制造标准化现状及成果
5. 我国智能制造标准化未来发展

第 1 节　智能制造内涵及标准化需求

智能制造是制造业发展的必然趋势，是推动企业提质增效和制造业优化升级的重要手段，是实现制造业绿色化智能化转型与“双碳”目标的重要路径。当前，智能制造正在走向物理和数字世界的无缝集成，未来将形成跨领域跨边界、万物互联、高度融合的智能制造系统。基于协调一致的标准体系可确保不同国家、地区、企业的产品与技术顺畅交互、高效协作，在推动智能制造发展中发挥着至关重要的作用。

一、智能制造的基本概念

随着新技术在制造领域不断融合、应用以及企业智能制造实践不断深入，各方对智能制造的认识在不断变化，其定义和内涵也在不断深化、延伸。

（一）智能制造的定义

1. 定义 1

结合《“十四五”智能制造发展规划》等文件，国内逐步形成了智能制造的描述性定义：

智能制造是将物联网、大数据、人工智能，以及新能源、新材料等各类新技术“加持”“融入”到工厂中的工艺装备、软件、产品等，在设计、生产、管理、服务等各环节发挥作用，使生产工艺、制造过程、产品质量等提升改变的过程，最终推动制造企业实现提质、降本、增效的目标。

2. 定义 2

国际电工委员会工业过程测量控制和自动化技术委员会（IEC/TC 65）制定的 IEC TR 83283-1：2022《工业过程测量控制和自动化 智能制造 第1部分：术语和定义》对智能制造给出了初步定义：智能制造是通过集成化、智能化地使用网络、装备和人员等维度的资源和过程用以制造或提供产品与服务，以提升制造性能，同时与企业价值链中的其他环节进行协作的制造模式。其中，性能包括敏捷、效率、功能安全、信息安全、可持续，或企业指定的其他性能指标；制造业之外的其他环节还包括工程设计、物流、市场推广、采购、销售或企业指定的其他方面。

3. 定义 3

IEC 智能制造参考模型联合工作组（IEC/TC 65/JWG 21）在其工作范围的界定中对智能制造的基本概念进行了描述：智能制造是制造业的扩展，其特征是独立的参与方能够共享标准化的信息。这些参与方可以主动地或者被动地作用于这些信息，在网络架构中动态地进行协作。这些协作在策略层面或者运行层面出现在全生命周期中，为相关组织提供附加值。

4. 定义 4

国际标准化组织（ISO）工业 4.0/智能制造战略顾问组（ISO SAG Industry4.0/Smart Manufacturing）在提交技术管理局（TMB）的最终报告（文件号：ISO/TMBG/SAG I4.0 N 188）中对智能制造的愿景进行了描述：智能制造引领敏捷性、实时优化、自组织价值链的实现，可以高度适应快速变化的社会技术环境。这种趋势需要适当的标准化接口和协调的业务流程来支持。

（二）智能制造发展“三范式”概念

随着工业互联网、大数据以及人工智能实现群体突破和融合应用，以新一代人工智能技术为特征的信息化开创了制造业数字化、网络化、智能化制造的新阶段。因此，结合信息化技术发展的新阶段，智能制造可以归纳出三种基本范式（Zhou J，et al，2018）。

一是数字化制造，是智能制造的第一种基本范式，也可以称之为第一代智能制造。20 世纪下半叶以来，以数字化为主要内容的信息技术广泛应用于制造业，形成了数字一代创新产品、数字化制造系统和数字化企业。20 世纪 80 年代我国企业逐步推进应用数字化制造，取得了巨大的技术进步，但是大多数企业并没有完成数字化制造的转型，还需要踏踏实实地完成数字化补课，进一步夯实基础。

二是互联网＋制造，或是互联网＋数字化制造，是智能制造的第二种基本范式，也可以称之为第二代智能制造。20 世纪末，互联网技术开始广泛应用，网络将人、流程、数据和事物联系起来，重塑了制造的价值链。德国工业 4.0 和美国工业互联网深刻阐述了数字化、网络化制造范式，提出了较完整的技术路线。过去几年我国工业界大力推进互联网＋制造，一批数字化制造基础较好的企业实现了转变。

三是新一代智能制造，这是智能制造的第三种基本范式。新一代人工智能技术和先进制造技术的深度融合形成了新一代智能制造和数字化、网络化、智能化制造。这是真正意义上的智能制造，将从根本上引领和推进新一轮工业革命。

智能制造在工业发达国家是一个串联式的发展过程。数字化、网络化、智能化是工业发达国家顺序发展智能制造的三个阶段。我国正在发挥后发优势，采取三种基本范式，走一条数字化、网络化、智能化并行推进的创新之路。

数字化、网络化应是全球化的，在保障安全的前提下实现跨企业、跨行业、跨地域的制造资源的协同设计、生产、服务，实现全球资源的高效高质配置。在这个过程中，标准化特别是国际标准化是重要的实现手段之一（欧阳劲松，等，2018）。

二、智能制造技术体系

以数字化、网络化、智能化技术为代表的一系列新兴技术的创新发展和深化应用，将引领人类社会进入新工业革命时代，全球制造业全面进入新一轮技术升级周期。随着制造技术、新型技术的不断发展，智能装备、工业软件、网络等智能制造技术以及标准、检测、计量等智能制造配套服务也在不断改进与更新，技术发展对产业进步的核心推动作用日益凸显；以智能制造为主攻方向推动产业技术变革和优化升级，推动制造业产业模式和企业形态根本性转变。

（一）先进制造技术与新一代信息技术的深度融合

智能制造是先进制造技术与新一代信息技术的深度融合。先进制造技术为智能制造打好工厂内数字化和网络化的基础；新一代信息技术及人工智能技术促动并支撑智能制造向网络化协同和智能化方向发展。在先进基础技术和新一代技术推动下的制造过程的转型升级是现阶段智能制造产业发展的重要环节（张伯旭，等，2018）。

1. 先进制造是基础

先进制造技术是集机械工程、微电子、自动化、计算机、通信等多种技术为一体所产生的技术、设备和系统的总称。在智能制造环境下，适应生产模式重大变化并对其产生深远影响的先进制造技术包括智能制造装备、工业软件、信息集成技术、数字化设计与仿真、制造运行管理、安全一体化管控、供应链协同管理等。

2. 新一代信息技术深度融合

数字孪生、5G 等新一代移动通信技术、人工智能、边缘计算、大数据等等新一代信息技术不断推动制造全生命周期数字化、网络化、智能化的迭代发展，是推动智能制造创新发展的主要推动力。新一代信息技术在智能制造中的融合应用，应兼顾技术先进性与可靠性，并综合考虑成本、效率等因素。

（二）智能化转型升级的核心要点

制造企业推行智能制造的核心要点，即企业建设智能工厂、数字化车间的关键如图 17-1 所示。

1. 个性化定制

互联网技术、CAD 等仿真技术的发展使得客户参与产品设计成为可能，客户可以从设计、生产（加工）或装配阶段介入产品个性化定制，实现由需求端到研发生产端的拉动式生产。IEC 已研制并发布了基于云平台的定制生产模型相关白皮书。

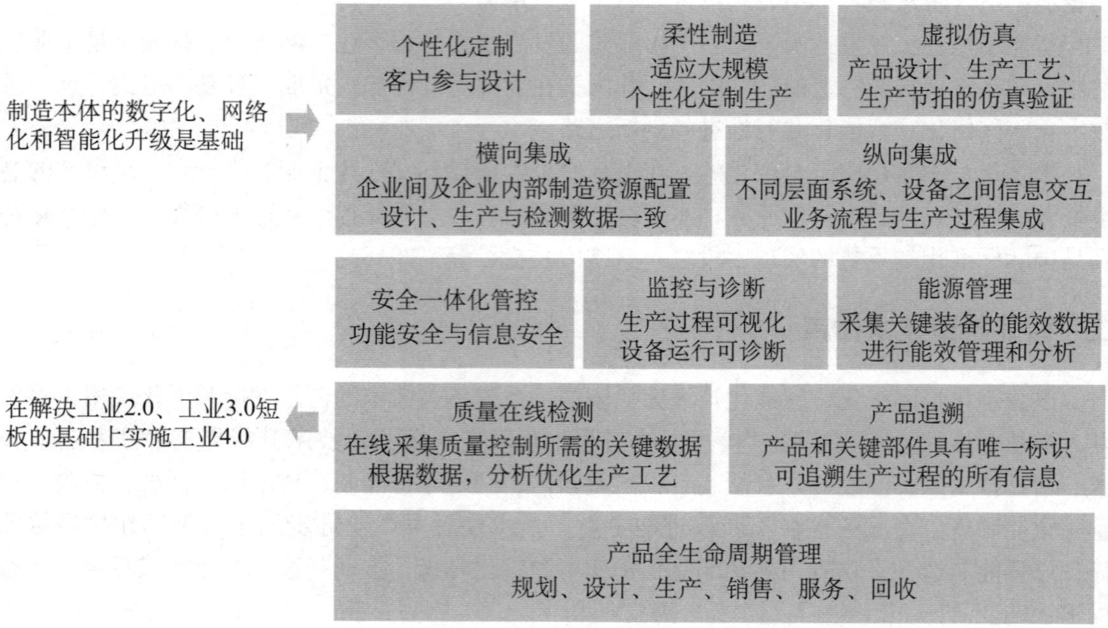

图 17-1　企业实施智能制造的核心要点

2. 柔性制造

智能工厂中的柔性制造可以解决个性化定制与规模化生产之间的矛盾，制造执行系统、供应链管理系统、智能物流管理系统是实现柔性制造的关键。ISO 与 IEC 正在加快推进柔性制造系统、数字工厂等相关标准研制。

3. 虚拟仿真

借助各类计算机工具（如 CAD、CAE、CAM 等）和产品全生命周期管理（PLM）软件，从产品设计、产线设计、OEM 机械设计，到工厂规划排产、生产节拍等仿真，实现在生产最初阶段验证产品结构、生产或规划中所有的工艺流程，及识别可能的矛盾、缺陷或不匹配。ISO 与 IEC 已经开展了虚拟仿真相关技术标准研究，如数据字典、资产管理壳、数字孪生等。

4. 横向集成与纵向集成

横向集成是将各种不同制造阶段的智能系统集成在一起，实现产品的价值流（增值过程）集成，包括企业内部和企业之间制造资源（如材料、能源和信息）的配置。纵向集成是将各个层面的自动化与 IT 系统集成在一起（如传感器和执行器、控制、生产管理、制造执行、企业计划等），实现生产信息流的上下贯通，包括订单、生产调度、程序代码、工作指令、工艺和控制参数等信息的下行传递，以及生产现场的工况、设备状态、测量参数等信息的上行传递。IEC/TC 65 在工业通信网络、系统集成等方面研制了一系列国际标准。

5. 监控与诊断

通过 SCADA、HMI、电子看板等，实现全部生产过程的可视化，以便实时掌握系统运行状态、加快决策、快速诊断系统和装备故障状态等。ISO 与 IEC 已在系统可靠性、预测性维护、运行监控关键指标等领域开展了标准研制。

6. 质量在线检测

质量控制的能力与水平成为衡量企业智能制造的重要指标，在每道关键工序后对生产对象进行自动在线检测，以实现高效准确的质量控制。ISO 与 IEC 正在不断完善在线质量检测领域的相关标准。

7. 能源管理

实时采集关键装备及生产过程的能耗数据（电、水、气等），通过 EMS 能源管理系统实时监控生产过程中的能源状况，以便最大限度地减少生产消耗，降低生产成本。ISO 与 IEC 在不断完善制造系统能源监控、能源管理等方面的标准。

8. 产品追溯

在 ERP 接收订单阶段，通过应用条码、二维码、RFID 等技术赋予产品、原材料等唯一识别码，实现对产品全生命周期数据追踪、原材料溯源、质量管控。ISO 与 IEC 在积极推进机器可读等制造过程追溯与产品服务追溯等标准研制。

9. 安全一体化管控

围绕智能制造安全一体化管控，实现在信息安全环境下的功能安全保障，从安全的视角寻求解决方案，建立高可信的保障体系。ISO 与 IEC 已制定了一系列电气安全、机械安全、功能安全、信息安全，以及安全一体化相关国际标准。

10. 产品全生命周期管理

产品的个性化定制、智能化服务需求，促进了产品生命周期向设计和维护两端的重点延伸，主要包括规划、设计、生产、销售、服务、回收，并实现服务维护到规划设计的反馈闭环。ISO 与 IEC 正在推进产品全生命周期管理相关标准的研制。

综上所述，制造本体的数字化、网络化、智能化是智能制造发展的基础，上述要点是制造企业夯实智能制造本体发展的核心技术要素。除此之外，伴随智能制造技术体系的持续更迭，人工智能等新一代信息技术日益成为推动智能制造向更高阶段发展的主要推动力（方毅芳，2019）。如借助互联网、云、大数据等新一代信息技术，实现跨企业、跨行业、跨地区的网络协同制造；利用人工智能实现装备与产品的远程升级、远程诊断和预测性维护等智能服务等。

三、智能制造标准化需求

（一）跨领域交叉融合

新一代工业革命是以智能制造为核心的科技革命和产业变革，而智能制造具有较强综合性，涉及不同方面、不同层级的信息集成、应用集成和价值链集成，是现有各类制造系统在更高层次上的整合与集成。

智能制造标准化具有跨行业、跨领域、跨专业交叉的特点，对系统性和综合性的要求极高。智能制造中的设备、网络、人员、数据等各方面的众多因素，都必须在标准的框架之下才能保证有效、有序运行。只有通过标准化的术语和定义来协调相关方面，才能保障应用间的协调性和一致性，以及各利益相关方对数据和信息的准确理解，进而实现数据和信息的交换和共享；只有通过标准化的一致性接口，才能保证相互之间的协调与配合，实现互联互通；只有通过标准化的集成规范，才能保证价值链的有效衔接，实现全生命周期的系统集成。

（二）新技术快速迭代

智能制造源于先进制造技术与新一代信息技术的深度融合，具有庞大的技术体系，涉及智能制造装备、工业软件、工业网络与集成技术、数字化设计与仿真、供应链协同、制造运行管理、安全一体化管控等先进制造技术，新一代移动通信、互联网、大数据等新一代信息技术，知识表示、机器学习、语言识别、图像识别、自然语言处理、专家系统等新一代人工智能技术。

智能制造技术标准体系涵盖了大量国内外快速发展迭代的新兴技术，需随着新技术的发展不断动态扩充和完善，甚至引领新技术创新。让标准成为智能制造科技成果的扩音器、助推器，甚至是产业发展的风向标，为智能制造科研和实施建立最佳秩序、提供通用语言，对于降低创新成本、明晰创新方向、加快创新速度具有重要推动作用。

（三）应用行业广泛

智能制造是极其复杂、庞大的系统性工程，每个行业（如石化、纺织、钢铁、轨道交通、航空航天、汽车、电子信息、船舶与海洋工程装备、建材等）都有不同的市场需求、技术特点、应用场景等。

在持续完善智能制造标准体系的同时，需提出符合各细分行业发展需求的智能制造标准体系。通过充分发挥基础共性标准和关键技术标准的指导和支撑作用，结合行业特点，重点制定各行业规范、规程和指南类应用标准。

第2节　智能制造国际标准化发展概况

国际标准化工作能够跨越意识形态，实现全球生产资源的有效配置利用，是强健全球供应链的技术保障。只有通过标准化，设计、制造、销售、服务等要素在全生命周期中才能高效协同互动。尤其在新兴技术领域，标准新技术快速占领市场的重要载体，在新一轮产业革命加速推进的大背景下，全球科技和产业竞争更趋激烈，工业大国都高度关注智能制造标准化工作，以美国、德国、日本为代表的传统工业强国将智能制造标准化作为重要内容并体现在战略规划中。

一、智能制造国际标准核心技术机构

智能制造国际标准核心技术机构主要包括 IEC/SyC Smart Manufacturing（以下简称“IEC/SyC SM”）国际电工委员会智能制造系统委员会、ISO/TMB/SMCC 国际标准化组织智能制造协调委员会、IEC/TC 65 国际电工委员会工业过程测量控制和自动化技术委员会、ISO/TC 184 国际标准化组织自动化系统与集成技术委员会、ISO/IEC JTC 1 国际标准化组织/国际电工委员会信息技术第一联合技术委员会，以及 ITU-T 国际电信联盟标准化部等，如图 17-2 所示。

（一）IEC/SyC SM 国际电工委员会智能制造系统委员会

鉴于智能制造跨技术领域的广泛性特点，国际电工委员会标准管理局（IEC/SMB）2018 年 9 月将 SEG 7（智能制造系统评估组）转为 IEC/SyC SM，与 ISO 进行合作，负责智能制造标准化的顶层设计和统筹协调，制定智能制造标准全局图，分析市场和行业需求，识别、收集和研究智能制造用例，分析新技术在智能制造中的作用和标准需求等。IEC/SyC

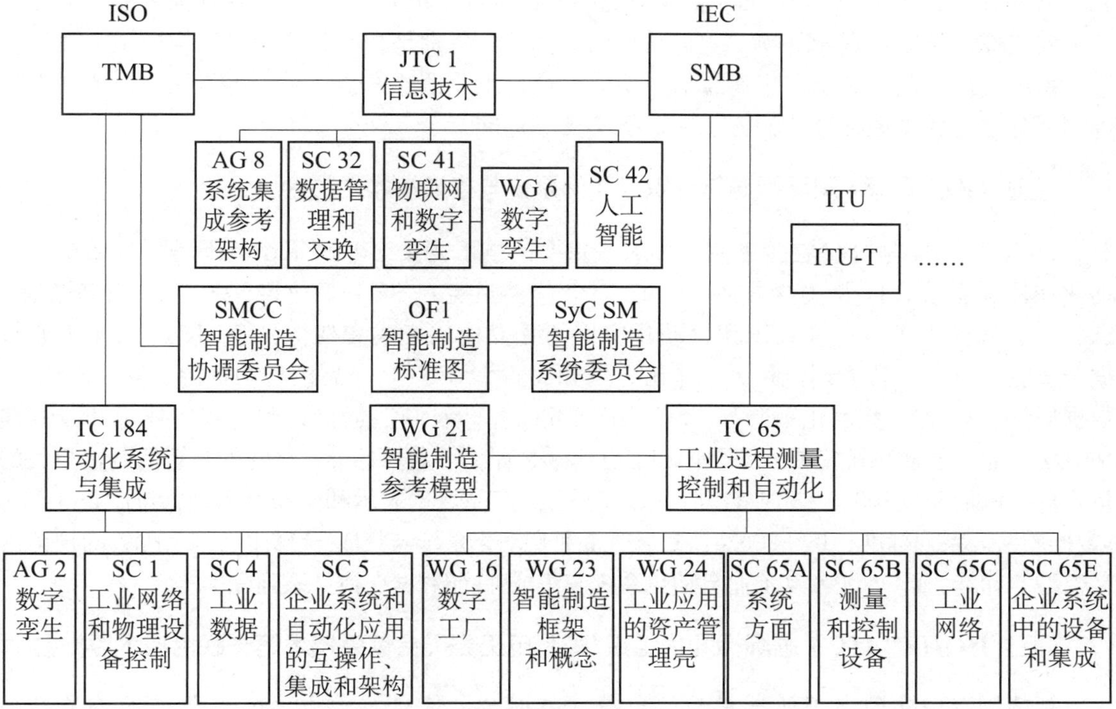

图 17-2　智能制造国际标准核心技术机构

SM 下设 WG 1“用例和 IT 工具”、WG 2“术语”、WG 3“SyC SM 导航索引工具”、CAG“主席顾问组”以及由 IEC 和 ISO 共同成立的 OF1“智能制造标准图”。IEC/SyC SM 已发布 ISO/IEC TR 63306：2020《智能制造标准图（SM2）》系列国际标准。该标准由 IEC 和 ISO 共同研制，规定了一套系统可靠的分类方法，提供用于分类、比较智能制造相关标准的可信、集中、中立的信息库（丁露，汪烁，王玉敏，2021）。

（二）ISO/TMB/SMCC 国际标准化组织智能制造协调委员会

ISO 作为国际标准化最重要的机构之一，积极开展智能制造方面的相关工作。2015 年 ISO/TMB（技术管理局）成立了 ISO/TMB/SAG 工业 4.0/智能制造战略顾问组，开展工业 4.0/智能制造标准战略研究，下设 3 个子任务组：AHG 1 主要负责标准梳理，AHG 2 主要负责参考模型，AHG 3 主要负责分析未来标准化需求。2016 年 6 月，转为 ISO/TMB/SMCC 智能制造协调委员会，并与 IEC/SMB/SEG 7 联合成立了 SM2TF（智能制造标准全局图联合任务组）。该任务组以德国、中国、美国、日本、法国的智能制造参考模型为基础，梳理标准和术语列表。

（三）IEC/TC 65 国际电工委员会工业过程测量控制和自动化技术委员会

IEC/TC 65 从 2012 年开始数字工厂国际标准的研制工作，是开展智能制造国际标准化的核心技术组织。特别设立 IEC/TC 65/WG 23 工业过程测量控制和自动化的智能制造框架和概念工作组、IEC/TC 65/JWG 21 智能制造参考模型联合工作组等智能制造专题工作组，开展术语与定义、参考架构、用例、新技术应用、市场与创新趋势观察等方面的技术研究和标准化工作。下设 4 个分委员会：SC 65A（系统方面）、SC 65B（测量和控制设备）、

SC 65C（工业网络）和 SC 65E（企业系统中的设备和集成），其工作内容都为智能制造提供了重要支撑；已制定近 400 项工业自动化国际标准，特别是智能制造参考架构模型、数字工厂、系统集成、测控装备、工业通信、功能安全、工业信息安全、系统可靠性、预测性维护等国际标准，成为国际公认的智能制造核心支撑标准。

（四）ISO/TC 184 国际标准化组织自动化系统与集成技术委员会

ISO/TC 184 是 ISO 在智能制造领域最重要的技术委员会，其工作范围是信息系统、自动化和控制系统，以及集成技术。下设 3 个分委员会：SC 1 工业网络和物理设备控制，SC 4工业数据，SC 5 企业系统和自动化应用的互操作、集成和架构。TC 184/SC 4 工业数据分委会中有若干智能制造相关工作组，例如 WG 12 STEP 产品模型和资源、WG 13 工业数据质量、WG 15 数字化制造等。SC 5 的研究内容涉及制造运行管理、制造环境和能效评估方法、企业控制系统集成、工业化和信息化融合评估等重要标准。制定的与智能制造相关的重要标准包括 ISO 10303《工业自动化系统与集成 产品数据表示和交换》系列标准、ISO 8000《数据质量》系列标准、ISO 20534：2018《工业自动化系统与集成 全球生产网络配置的规范语义模型》标准、ISO 29002《工业自动化系统与集成 特征数据交换》系列标准等。

（五）ISO/IEC JTC 1 国际标准化组织/国际电工委员会信息技术第一联合技术委员会

智能制造理念源自工业技术与信息技术的融合。信息技术方面的主要技术委员会是 ISO/IEC JTC 1，其工作内容包括：传感网络、大数据、物联网、云计算、IT 信息安全等。其中 SC 41 物联网和数字孪生分委员会主要开展物联网架构、物联网互操作、物联网应用方面的标准化工作，SC 42 人工智能分委员会下设 WG 1 基础标准、WG 2 大数据、WG 3 可信度、WG 4 用例和应用、WG 5 人工智能系统的计算方法和计算特性等工作组。ISO/IEC JTC 1 还成立了智能机器专题组，在虚拟个人助理、智能顾问和先进的全球工业系统等三个领域开展技术趋势及标准化研究。其中，先进的全球工业系统来源于“工业 4.0”战略，它将物联网和务联网（internet of services）引入制造业中，用以形成价值网络的横向集成，横跨价值链的端到端数字集成，以及网络化生产系统的垂直集成。

（六）ITU 国际电信联盟

新兴信息技术与制造业的深度融合是智能制造的要求之一，主管信息通信技术（ICT）事务的联合国机构是国际电联。其实质性的工作由三大部门承担，分别是无线电通信部门（ITU-R）、电信标准化部门（ITU-T）和电信发展部门（ITU-D）。国际电信联盟标准化部门（ITU-T）成立了未来网络（与云）研究组（ITU-T SG 13）和物联网及其应用研究组（ITU-T SG 20），将智能制造的标准化作为重点工作内容。此外，为了对新兴技术做出更快的响应，ITU 还在各研究组内设智能制造相关技术的焦点组，包括“人工智能和其他新兴技术的环境效率”焦点组（FG-AI3EE）、“面向包括 5G 的未来网络的机器学习”焦点组（FG-ML5G）和“面向网络的量子信息技术”焦点组（FG-QIT4N）。有代表性的智能制造标准化成果为 ITU-T Y. 4003《智能制造在工业互联网语境中的概述》。

二、智能制造参考模型

智能制造涉及多企业、多领域、多地域信息集成、应用集成和价值集成，构建智能制造标准体系首先需要建立智能制造参考模型并统一其术语定义。智能制造参考模型是一个通用模型，适用于智能制造全价值链所有合作伙伴公司的产品和服务，它将提供智能制造相关技术系统的构建、开发、集成和运行的一个框架，通过建立智能制造参考模型可以将现有标准及拟制定的新标准一起纳入全球制造参考体系（王春喜，王成城，汪烁，2017）。

IEC 曾梳理各主要国家或技术组织制定的智能制造参考模型多达 11 种，包括德国“工业 4.0”参考架构模型、中国智能制造参考架构、美国智能制造生态系统、法国智能制造标准路线图框架、日本工业价值链参考架构等。参考模型林立，体现了各国对于智能制造标准化工作的重视。下面简述德国、美国、日本的参考模型。

（一）德国工业 4.0 参考架构模型

德国工业 4.0 平台（RAMI 4.0），是德国工业 4.0 的中枢机构，整体负责德国工业 4.0 的战略研究、战术发展和协调工作。RAMI 4.0 以三维模型的形式展示了工业 4.0 的关键元素，借此模型可识别现有标准在工业 4.0 中的作用以及现有标准的缺口和不足。RAMI 4.0 的垂直轴是功能特性的分层，自下而上描述了资产、集成、通信、信息、功能、业务 6 个不同的方面。水平横向轴是根据 IEC 62264《企业控制系统集成》系列标准和 IEC 61512《批控制》系列标准规定的各个层次，包括产品、现场设备、控制设备、站、工作中心、企业以及互联世界。与传统层次结构不同的是，RAMI 4.0 中增加了最底层的“产品”层和最顶层的“互联世界”层。水平横向轴展示的是全生命周期和价值流的维度。基于 IEC 62890：2020《工业过程测量控制和自动化系统和产品全生命周期管理》，涉及系统和产品全生命周期的各个阶段，分为“样机”和“实例”两大方面。“样机”是指设计开发阶段所选择的产品种类和设计方案。“实例”是指实际生产阶段所制造的产品。参见图 17－3。

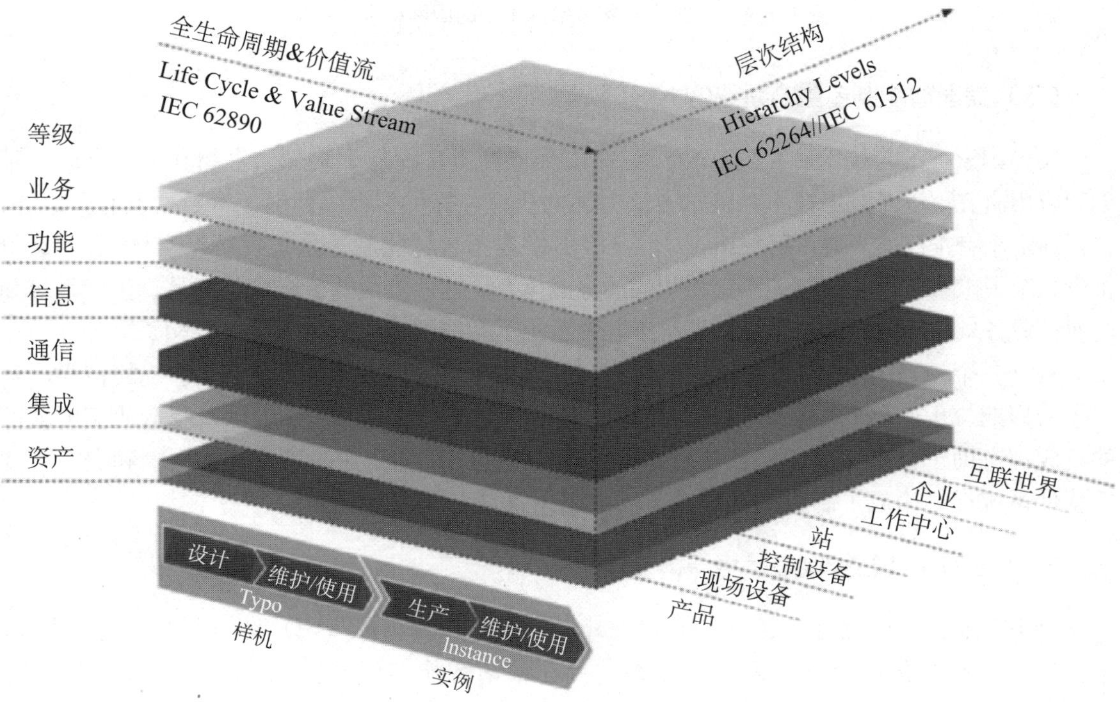

图 17－3　工业 4.0 参考架构模型

以德国提出的 RAMI 4.0 为基础，IEC/TC 65 发布了 IEC PAS 63088：2017《智能制造工业 4.0 参考架构模型（RAMI 4.0）》，作为智能制造新概念提出之后公布的第一个国际标准化规范，它开启了智能制造参考架构国际标准的制定进程。同时，IEC 给出了智能制造/工业 4.0 参考架构模型的国际标准映射图（见图 17－4）。

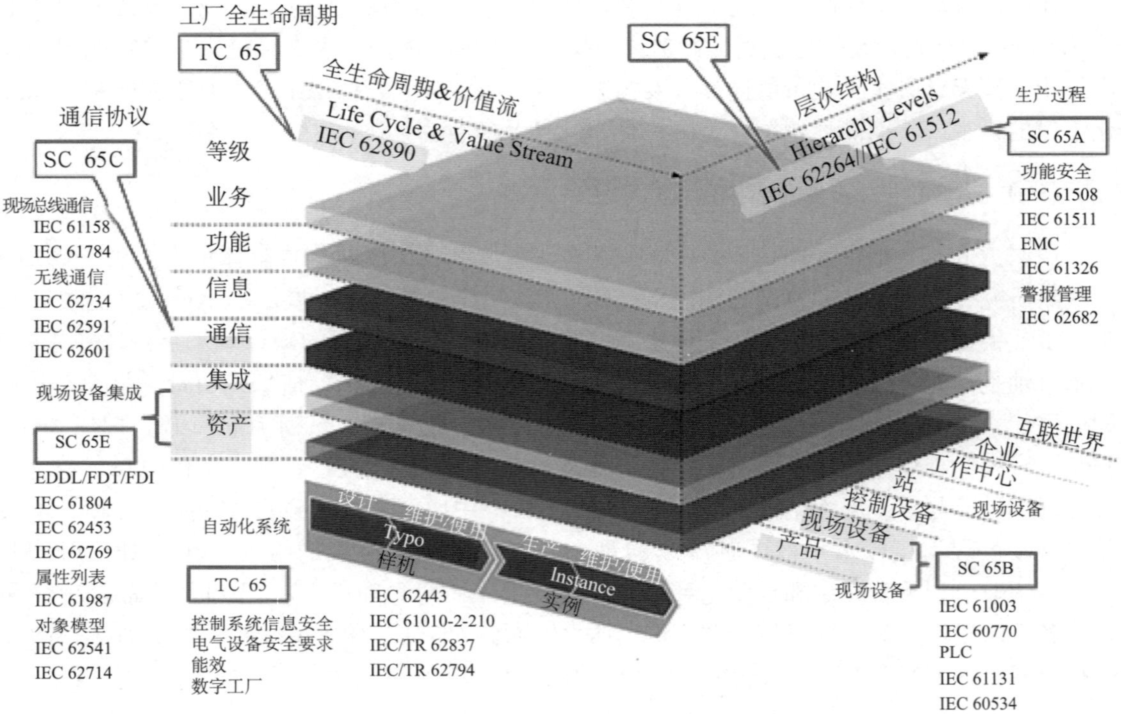

图 17－4　工业 4.0 参考架构模型的国际标准映射图

（二）美国智能制造生态系统的 NIST 模型

美国国家标准与技术研究院（NIST）直属美国商务部，从事物理、生物和工程方面的基础和应用研究，以及测量技术和测试方法方面的研究，提供标准、标准参考数据及有关服务，在国际上享有很高的声誉。2016 年 2 月，NIST 发表了《智能制造系统现行标准体系》，这份报告总结了未来美国智能制造系统将依赖的标准体系。这些集成的标准横跨产品、生产系统和商业（业务）三项主要制造生命周期维度，并给出了智能制造生态体系模型（NIST SMS）。

从这三个模型的维度和信息交换过程来看，制造金字塔是智能制造生态系统的核心，产品生命周期、生产周期和商业周期都在这里聚集和交互。沿着每一个维度，制造业应用软件的集成都有助于在车间层面提升控制能力，并且优化工厂和企业决策。这些维度和支持维度的软件系统最终构成了制造业软件系统的生态体系（见图 17－5）。

（三）日本 IVI 智能制造参考架构

日本工业价值链促进会（Industrial Value Chain Initiative，IVI）是一个由制造业企业、设备厂商、系统集成企业等发起的组织，旨在推动智能工厂的实现。2016 年 12 月 8 日，IVI 基于日本制造业的现有基础，推出了智能工厂的基本架构“工业价值链参考架构”（Industrial Value Chain Reference Architecture，IVRA）（见图 17－6）。

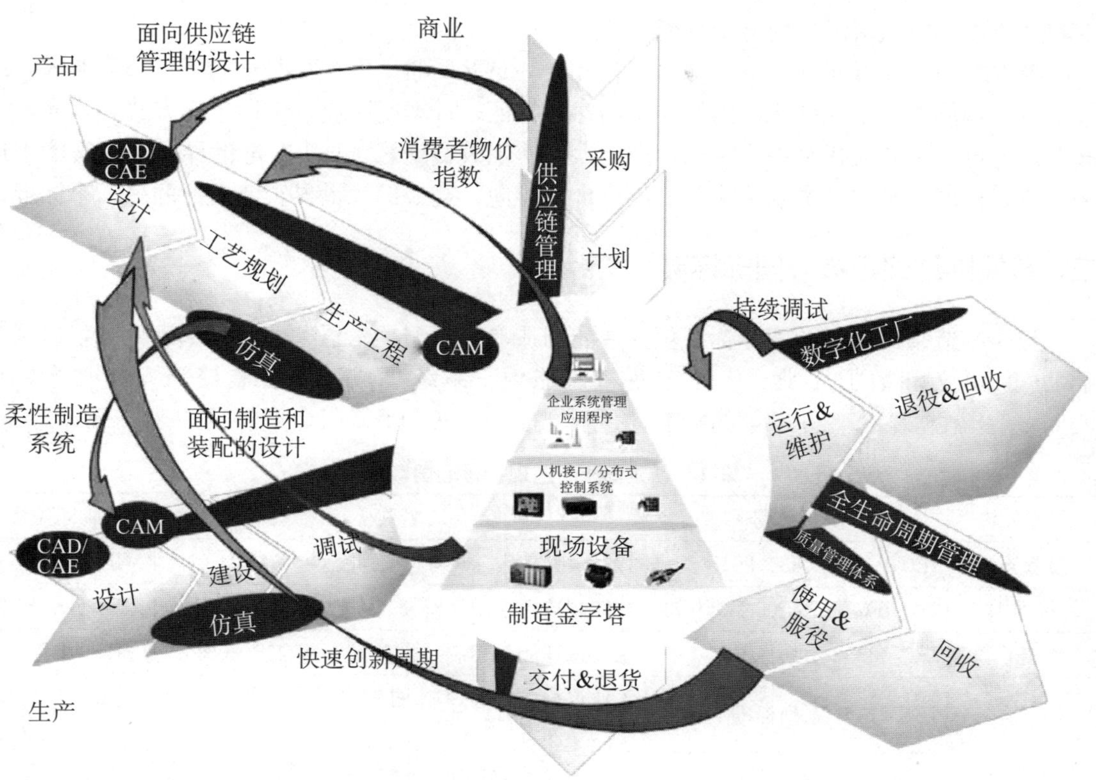

图 17-5 智能制造生态系统的 NIST 模型

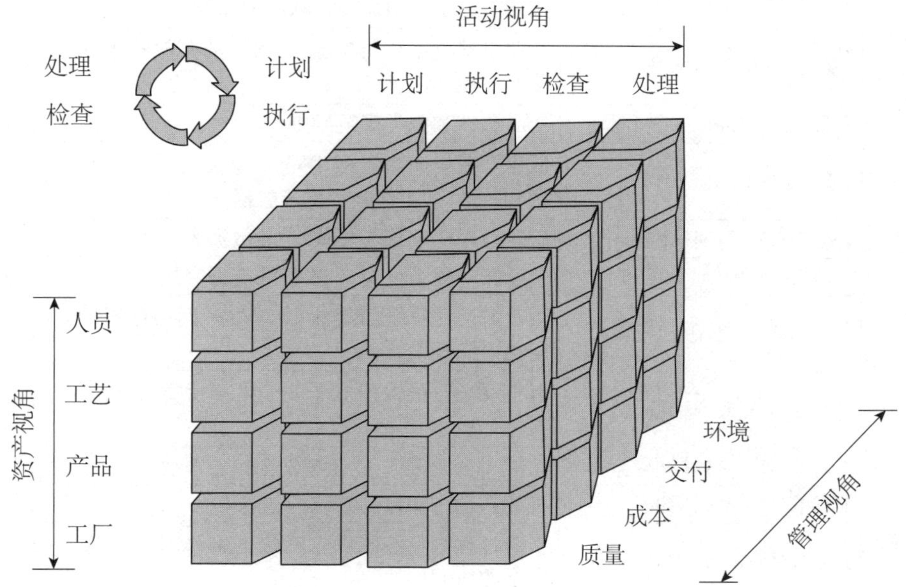

图 17-6 IVI 智能制造参考架构

工业价值链参考架构（IVRA）提供了两个新的概念。一个是智能制造单元（SMU），表示智能制造的一个自主单元。SMU 是面向工业需求的多样性和个性的多系统集成的系统，通过相互通信和连接制造组织的自主单元，大大提高其生产力和效率。单个 SMU 由三个轴组成，即资产、活动和管理视角。另一个是通用功能块，用于建模具有三个轴（工程流、需求和供应流、组织层级）的整个智能制造。

与 RAMI 4.0 或工业互联网参考架构相比，IVRA 的一大特征是通过 SMU 等形式，纳入了包括具体的员工操作等在内的“现场感”特征。日本制造业以丰田生产方式为代表，一般都是通过人力最大化来提升现场生产能力，实现效益增长。IVI 向全世界发布的智能工厂新参考架构嵌入了“日本制造业”的特有价值导向，期望成为世界智能工厂的另一个标准。

三、智能制造现行核心国际标准

智能制造领域现行的国际标准包括智能制造参考模型、术语、用例等基础标准，以及数字工厂、语义和数据字典、安全与保障、能效、系统集成、现场监控等支撑技术，见表 17-1。数据显示，约 67%的标准（含系列标准）来自 IEC/TC 65。

表 17-1　智能制造现行核心国际标准

技术领域	标准编号	名称	所属标委会
参考架构	IEC PAS 63088：2017	智能制造 工业 4.0 参考架构模型（RAMI4.0）	IEC/TC 65
标准图	ISO/IEC TR 63306 系列标准	智能制造标准图（SM2）	IEC SyC SM
数字工厂	IEC 62832 系列标准	工业过程测量控制和自动化 数字工厂框架	IEC/TC 65
语义和数据字典	IEC 61987 系列标准	工业过程测量和控制 过程设备目录中的数据结构和元素	IEC/TC 65
	IEC 61360 系列标准	电气元器件的标准数据元素类型和相关分类模式	IEC/SC 3D
	ISO 13584-42：2010	工业自动化系统与集成 零件库 第 42 部分：描述方法学：构造零件族的方法学	ISO/TC 184
	ISO 22745 系列标准	工业自动化系统与集成 主数据的开放技术词典及应用	ISO/TC 184
	ISO/IEC Guide 77-1	产品属性和分类规范导则	ISO/TMB
	IEC 62683-1：2017	低压开关柜和控制柜 用于信息交换的产品数据和特征 第 1 部分：目录数据	IEC/SC 121A
	ISO 10303 系列标准	工业自动化系统与集成 产品数据表示和交换	ISO/TC 184
	ISOTS 29002 系列标准	工业自动化系统与集成 特征数据交换	ISO/TC 184
	ISO 20534：2018	工业自动化系统与集成 全球生产网络配置的规范语义模型	ISO/TC 184
安全与保障	IEC 61508 系列标准	电气/电子/可编程电子安全相关系统的功能安全	IEC/TC 65
	IEC 61511 系列标准	功能安全 过程工业领域安全仪表系统	IEC/TC 65
	IEC 62443 系列标准	工业自动化和控制系统的信息安全	IEC/TC 65
	IEC TR 63069：2019	工业过程测量控制和自动化 功能安全和信息安全的协调框架	IEC/TC 65
	IEC 63164 系列标准	工业自动化设备和系统的可靠性	IEC/TC 65
	IEC PAS 63325：2020	工业自动化控制系统功能安全和信息安全全生命周期要求	IEC/TC 65

续表

技术领域	标准编号	名称	所属标委会
安全与保障	IEC 62439 系列标准	工业通信网络 高可用性自动化网络	IEC/TC 65
	IEC 61010 系列标准	测量、控制和实验室用电气设备的安全要求	IEC/TC 65 或 IEC/TC 66
	IEC 62890：2020	工业过程测量控制和自动化 系统和组件的全生命周期管理	IEC/TC 65
	ISO/IEC 2700x 系列标准	信息技术 信息安全技术 信息安全管理	ISO/IEC/JTC1
	IEC 62061：2021	机械安全 安全相关控制系统的功能安全	IEC/TC 44
	ISO 8000 系列标准	数据质量	ISO/TC 184
能效	IEC TR 62837	工业过程测量控制和自动化 自动化系统中的能效	IEC/TC 65
	ISO 20140－5：2017	自动化系统和集成 能效评价及制造系统的其它环境影响因素 第 5 部分：环境绩效评价数据	ISO/TC 184 和 IEC/TC 65
智能装备	IEC TR 63082－1：2020	智能设备管理 第 1 部分：概念和术语	IEC/TC 65
	IEC 61298 系列标准	过程测量和控制设备 性能评定通用方法和程序	IEC/TC 65
	IEC 61131 系列标准	可编程控制器	IEC/TC 65
	ISO/IEC 29182 系列标准	信息技术 传感器网络	ISO/IEC/JTC 1
	ISO/IEC/IEEE 21450：2010	信息技术 传感器和执行器的智能变送器接口 通用功能、通信协议和变送器电子数据表（TEDS）格式	ISO/IEC/JTC 1
系统集成	IEC PAS 63178：2018	智能制造服务平台 制造资源/能力面向服务的集成要求	IEC/TC 65
	IEC 62453 系列标准	现场设备工具（FDT）接口规范	IEC/TC 65
	IEC 62769 系列标准	现场设备集成（FDI）	IEC/TC 65
	IEC 62541 系列标准	OPC 统一架构	IEC/TC 65
	IEC 62264 系列标准	企业控制系统集成	IEC/TC 65
	IEC 62714 系列标准	工业自动化系统工程用工程数据交换格式 自动化标识语言	IEC/TC 65
	IEC 61804 系列标准	企业系统中的设备与集成 过程控制用功能块（FB）和电子设备描述语言（EDDL）	IEC/TC 65
	ISO 15926 系列标准	工业自动化系统与集成 流程工厂（包括石油和天然气生产设施）生命周期数据集成	ISO/TC 184
现场监控	ISO 22400 系列标准	自动化系统与集成 制造运行管理的关键性能指标	ISO/TC 184
工业通信	IEC 61158 系列标准	工业通信网络 现场总线规范	IEC/TC 65
	IEC 61784 系列标准	工业通信网络 行规	IEC/TC 65
	IEC 62601	工业通信网络 无线通信网络和通信行规 WIA－PA	IEC/TC 65
	IEC 62948：2017	工业通信网络 无线通信网络和通信行规 WIA－FA	IEC/TC 65
	IEC 62591：2016	工业通信网络 无线通信网络和通信行规 无线 HART	IEC/TC 65
	IEC 62734	工业通信网络 无线通信网络和通信行规 ISA 100.11a	IEC/TC 65

四、智能制造国际标准研制方向

（一）智能制造参考模型

由 IEC/TC 65 与 ISO/TC 184 联合成立的 IEC/TC 65 JWG 21（智能制造参考模型联合工作组）正在制定 IEC TR 63319《智能制造参考模型的元模型分析方法》，对智能制造参考模型的研究现状进行了梳理，并提出用于描述智能制造参考模型的元模型。下一步将持续开展 IEC 63339《智能制造统一参考模型》研制及数字孪生在智能制造中的应用分析工作，明确智能制造参考模型的要求与规范。

（二）智能制造术语定义、用例、信息安全

IEC/TC 65/WG 23（工业过程测量控制和自动化的智能制造框架和概念工作组）正在开展 IEC TR 63283《工业过程测量控制和自动化 智能制造》系列标准的研制工作，包括 3 个部分标准：第 1 部分是术语和定义，第 2 部分是用例，第 3 部分是信息安全挑战。

（三）公共数据字典

“公共数据字典”（CDD）一词在国际标准中最初出现于 IEC 61360《电气元器件的标准数据元素类型和相关分类模式》系列标准中，可以理解为电工技术领域所有设备和服务的数据字典的跨领域知识库，是智能制造环境下实现大量制造数据和信息无歧义、无障碍、无断点交换和共享的关键基础。智能制造测控设备相关的 IEC 61987《工业过程测量和控制 过程设备目录中的数据结构和元素》系列标准由 IEC/TC 65 负责制定，目前已完成和正在制定的标准有 20 多个。

（四）资产管理壳

资产管理壳概念是资产的标准化数字化描述，是智能制造、装备数字化的关键技术。通过资产管理壳，可服务于智能和非智能产品、设备、系统等资产的全生命周期，构建跨企业的互操作性，赋能价值链。IEC/TC 65 已规划的资产管理壳国际标准包括：第 1 部分，资产管理壳结构；第 2 部分，信息模型；第 3 部分，资产管理壳的信息安全；第 4 部分，资产管理壳的在线接口；第 5 部分，资产管理壳的通信语言；第 6 部分，不同行业的资产管理壳规范。

（五）时间敏感网络

时间敏感网络（TSN）通信协议具备 Gbit/s 等级的高数据传输量与优先权设定功能，保障了实时数据通过公共网络设施进行可靠传输，且其协议透明、硬件成本较低、系统架构简单，因而被认为是实现以云端服务器控管全球工业系统的未来工业互联网的核心技术支撑。IEC/SC 65C 于 2017 年 6 月在 MT 9（现场总线维护）工作组下成立了时间敏感网络（TSN）项目组，与 IEEE 联合开展 TSN 国际标准的制定工作。2020 年 8 月专门建立了 WG 18（工业自动化的时间敏感网络）工作组，负责 IEC 60802《工业自动化的时间敏感网络行规》、IEC 61802《IEC/IEEE 60802 的测试规范》等国际标准的制定工作。

（六）工业信息安全

IEC 62443《工业自动化和控制系统的信息安全》系列标准是工业信息安全领域最重要

的国际标准，目前包含 5 大部分，16 个子部分。第 1 大部分规定信息安全的通用内容，如术语、概念、模型、合规指标等；第 2 大部分主要针对工厂业主提出安全机构和过程的要求，包括管理信息系统要求、信息安全管理系统实施指南、补丁管理等；第 3 大部分针对系统集成商提出安全系统的技术要求，包括信息安全技术、信息安全等级等；第 4 大部分针对制造商提出部件的信息安全要求，包括产品开发要求等；第 5 大部分是信息安全评估。

（七）预测性维护

预测性维护是以状态为依据的维修，通过对系统部件进行定期（或连续）的状态监测，判定设备所处的状态，预测设备状态未来的发展趋势，依据设备状态发展趋势和可能的故障模式，预先制订预测性维护计划。IEC/SC 65E/WG 12（预测性维护）工作组正在研制 IEC 63270《工业自动化设备和系统 预测性维护》国际标准。

（八）系统集成

OPC UA（OPC 统一架构）技术为各类工业生产系统提供了一个统一的标准接口，可实现标准化且通用的异构系统信息集成解决方案。IEC 62514《OPC 统一架构》系列标准目前正在进行第三版的修订工作。现场设备集成（FDI）是一种独立于供应商的、统一的现场设备集成解决方案，实现了电子设备描述语言（EDDL）、现场设备工具（FDT）和 OPC 技术的融合，为智能制造的数据集成和互联互通问题提供了重要的技术支撑。IEC 62769《现场设备集成（FDI）》系列标准目前正在进行第三版的修订工作。现场设备工具（FDT）系列标准正在制定 IEC 62453-71《现场设备工具（FDT）第 71 部分：FDT 的 OPC UA 信息模型》，促进 FDT 与 OPC UA 的融合发展。

第 3 节　我国智能制造标准化的现状与发展趋势

智能制造的高质量发展和创新发展都离不开标准化的支撑。标准化是科技成果的“扩散器”“助推器”，为产业发展提供“风向标”和“通用语言”，对于推动智能制造领域科技创新、科技自立自强具有重要意义。我国高度重视智能制造标准化工作，积极推动顶层设计、标准化组织、参考架构与标准研制等方面发展，为我国智能制造创造了良好的环境。但我国智能制造标准化工作仍面临诸多挑战，未来仍需不断投入与持续发展。

一、我国智能制造标准化现状

（一）我国智能制造主要标准化技术委员会

1. 全国工业过程测量控制和自动化标准化技术委员会（SAC/TC 124）

SAC/TC 124 的工作范围是工业过程测量控制和自动化领域国家标准和行业标准的制修订工作；秘书处单位是机械工业仪器仪表综合技术经济研究所，主要工作包括：制定工业过程测量控制和自动化用通信网络协议标准，各类仪器仪表、执行机构、控制设备标准和安全标准等。相关分委会包括：SC 1 温度、物位、机械量仪表及结构装置；SC 2 控制仪表及装置、工业控制计算机系统；SC3 压力仪表；SC 4 工业通信（现场总线）及系统；SC 5 可编程序控制器及系统；SC 6 分析仪器及分析技术；SC 7 工业在线校准方法；SC 8 智能记录仪表；SC 9 石油产品检测仪器；SC 10 系统及功能安全。

2. 全国自动化系统与集成标准化技术委员会（SAC/TC 159）

SAC/TC 159 的工作范围是面向产品设计、采购、制造和运输、支持、维护、销售过程及相关服务的自动化系统与集成领域的标准化工作；秘书处单位是北京机械工业自动化研究所有限公司。主要工作包括：信息系统、工业及特定非工业环境中的固定和移动机器人技术、自动化技术、控制软件技术及系统集成技术。相关分委会包括：SC 1 物理设备控制，SC 4 工业数据，SC 5 体系结构、通信和集成框架。

3. 全国信息技术标准化技术委员会（SAC/TC 28）

SAC/TC 28 的工作范围是信息采集、表示、处理、传输、交换、表述、管理、组织、存储和检索的系统和工具的规范、设计和研制等专业领域标准化工作；秘书处单位是中国电子技术标准化研究院。相关分委会包括：SC 6 数据通讯、SC 7 软件与系统工程、SC 22 程序设计语言、SC 25 信息技术设备互连。

4. 全国信息化和工业化融合管理标准化技术委员会（SAC/TC 573）

SAC/TC 573 的工作范围是信息化和工业化融合管理标准化工作；秘书处单位是国家工业信息安全发展研究中心。相关工作组主要包括：WG 14 数字化质量管理标准工作组、WG 16 数字化转型标准工作组、WG 17 制造业数字化仿真管理标准工作组、WG 18 生产设备数字化管理标准工作组。

5. 全国信息安全标准化技术委员会（SAC/TC 260）

SAC/TC 260 的工作范围是信息安全标准化工作，对网络安全国家标准进行统一技术归口；秘书处单位是中国电子技术标准化研究院，主要工作包括：网络安全技术、机制、服务、管理、评估等领域标准。

6. 全国机床数控系统标准化技术委员会（SAC/TC 367）

SAC/TC 367 的工作范围是机床数控系统领域标准化工作；秘书处单位是武汉华中数控股份有限公司。

7. 全国增材制造标准化技术委员会（SAC/TC 562）

SAC/TC 562 的工作范围是增材制造术语和定义、工艺方法、测试方法、质量评价、软件系统及相关技术服务等标准化工作；秘书处单位是中机生产力促进中心有限公司，下设 TC 562/SC 1 测试方法分技术委员会。

8. 全国机器人标准化技术委员会（SAC/TC 591）

SAC/TC 591 的工作范围是机器人领域的标准化工作；秘书处单位是北京机械工业自动化研究所有限公司，下设 TC 591/SC 1 特种设备用机器人分技术委员会。

9. 其他标准化技术委员会

智能制造涉及的其他全国标准化技术委员会还包括 SAC/TC 12 全国海洋船标准化技术委员会、SAC/TC 22 全国金属切削机床标准化技术委员会、SAC/TC 24 全国电工电子产品可靠性与维修性标准化技术委员会、SAC/TC 63 全国化学标准化技术委员会、SAC/TC 146 全国技术产品文件标准化技术委员会、SAC/TC 170 全国印刷标准化技术委员会、SAC/TC 201 全国农业机械标准化技术委员会、SAC/TC 243 全国有色金属标准化技术委员会、SAC/TC 435 全国航空器标准化技术委员会、SAC/TC 465 全国建材装备标准化技术委员会等。

（二）我国智能制造标准化成果

我国高度重视智能制造标准化工作，《中国制造 2025》提出要在智能制造等重点领域开展综合标准化工作，加快我国标准国际化进程，并将建设智能制造标准体系作为《智能制造发展规划（2016—2020 年）》主要任务之一，制定、发布并持续更新《国家智能制造标准体系建设指南》。2021 年 10 月，中共中央、国务院印发《国家标准化发展纲要》，要求提升产业标准化水平，包括健全智能制造、绿色制造、服务型制造标准，形成产业优化升级的标准群，部分领域关键标准适度领先于产业发展平均水平。2021 年 12 月，国家标准化管理委员会会同有关部门组织编制了《“十四五”推动高质量发展的国家标准体系建设规划》，建设制造业高端化等重点领域国家标准体系，包括制造业数字化转型标准、绿色制造标准、高端装备标准等。2021 年 12 月，我国工业和信息化部等八部委联合印发的《“十四五”智能制造发展规划》提出要深入推进智能制造标准化工作，实施“智能制造标准领航行动”。

1. 注重顶层规划

为满足智能制造最新发展趋势，持续完善智能制造标准顶层设计，国家智能制造标准化总体组持续开展《国家智能制造标准体系建设指南》编制工作，根据发展需求每三年更新一版。2021 年 11 月，工业和信息化部、国家标准化管理委员会印发《国家智能制造标准体系建设指南（2021 版）》，紧扣产业基础高级化、产业链现代化发展趋势，满足数字转型、智能升级、融合创新等需求，将进一步指导细分行业开展智能制造标准体系建设和行业应用标准研制，满足我国智能制造发展需要。图 17－7 为该建设指南中给出的智能制造系统架构。

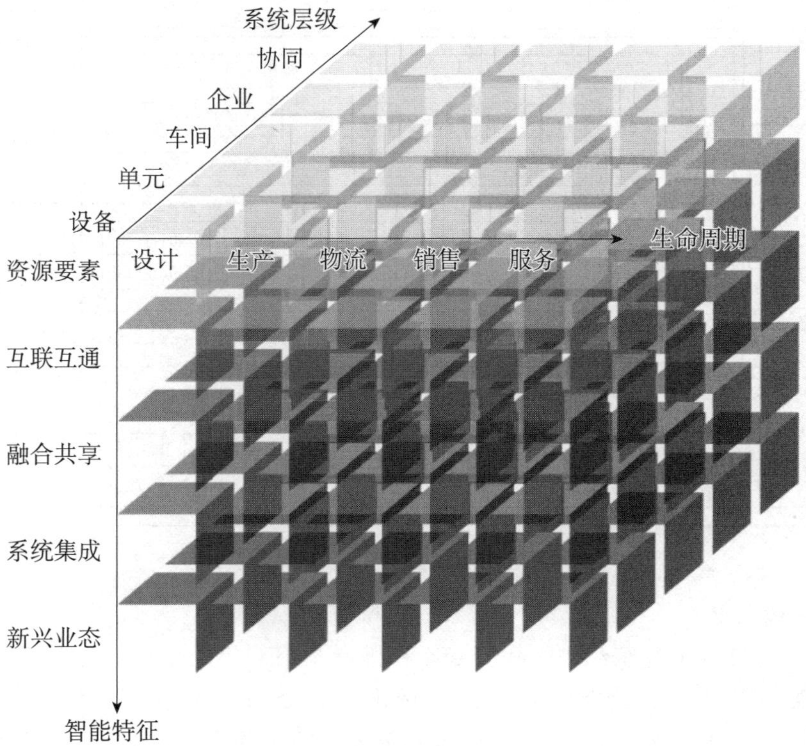

图 17－7 智能制造系统架构

2. 加强标准供给

根据智能制造标准体系结构图（见图17－8），我国围绕基础共性、关键技术和行业应用三方面，稳步推进各类标准的研制和立项工作，重点推动公共数据字典、检测、互联互通等基础共性标准，以及系统集成、智能工厂设计、个性化定制、运维服务、工业大数据、工业云等关键技术标准研制。在现有标准体系中，基础共性和关键技术国家标准的覆盖率达到97.5%，基本覆盖生产制造全流程各环节，有力支撑了各行业升级转型。同时，强化标准应用与实施，通过标准宣贯、示范应用等形式，指导行业、企业智能制造标准的应用与实施。

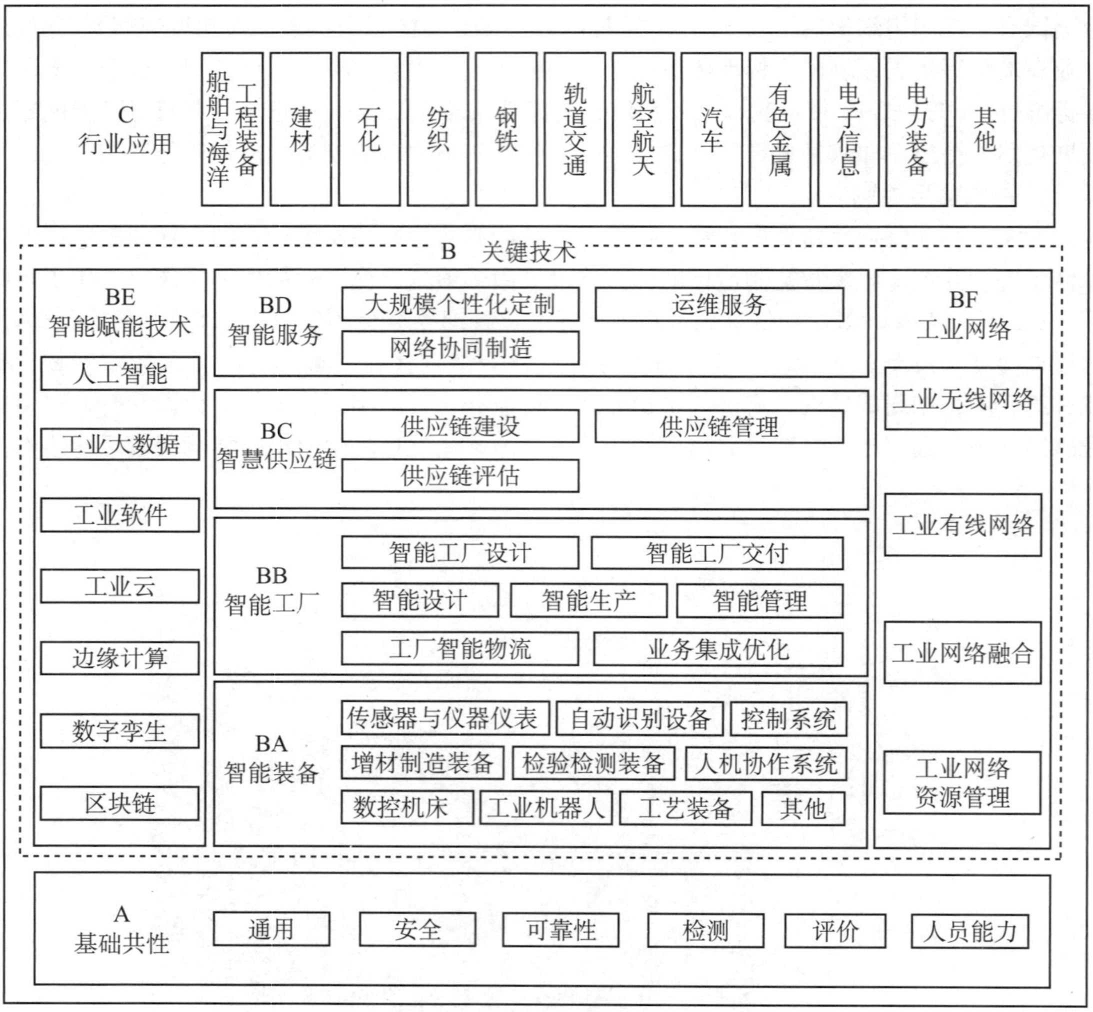

图17－8 智能制造标准体系结构图

3. 提升开放水平

在国际/区域性标准化组织中，我国专家积极参与IEC/SyC SM、IEC/TC 65、ISO/TC 184、ISO/IEC JTC 1等智能制造核心国际标准技术委员会的工作。我国专家担任IEC/SMB/SyC SM/WG 1用例和IT工具工作组召集人、ISO/IEC JTC 1/SC 42/WG 5人工智能计算方法与系统特征工作组秘书等职务。机械工业仪器仪表综合技术经济研究所作为IEC/

SyC SM 国内技术对口单位，负责组建 IEC 智能制造系统委员会中国专家委员会，为我国参与 IEC 智能制造国际标准化活动提供政策咨询和支撑，开展国内外智能制造系统发展的跟踪和研究，以及新技术在智能制造中的应用和标准需求。推进中德智能制造/工业 4.0 标准化工作组合作，同时推动与英国、日本、金砖国家、“一带一路”沿线国家建立智能制造标准化合作机制，促进国家标准与国外标准的互认。

二、我国智能制造标准化面临的挑战

（一）交叉融合技术一体化程度增强，对构建覆盖全产业链的标准体系带来挑战

新一代信息技术与传统制造业的融合使得产业一体化程度大幅提升。为此，需建立覆盖全产业链的标准体系，促进基础性技术与各应用的结合以及产业链上下游的衔接。这就需要在标准体系的建设中充分考虑并协调各方利益，在保持标准的高质量和适用性的同时保证标准的一致性和流通性，这为标准体系的协同建设带来了较大挑战。

（二）系统化、智能化技术协同发展，对多产业部门协同推进标准化工作带来挑战

随着智能制造产业的关联交叉和深度融合，标准在促进产业合作、新业态培育发展中将发挥更重要的作用。智能制造标准化工作需要多个产业部门合作建设，需要多个技术委员会共同参与，传统的标准管理机制可能无法满足不同产业之间的合作需求。需要探索建立标准联合工作组，从技术、应用等多维度出发，跨产业建立领域标准委员会，开展标准双归口等机制试验，建设互联互通的标准体系。

（三）新兴技术快速发展，对更加快速灵活的标准化供给提出要求

智能制造中新兴技术的快速发展使产业和市场对标准数量的需求急剧增加，对标准的制定速度、更新周期、质量竞争水平和实际适用性等方面均提出了更高要求。单纯依靠政府制定标准已经无法满足如此大规模的标准需求，因此，有必要鼓励更加灵活、更加自主的社会标准供应模式，根据实际情况和具体需求制定市场主体标准，增强标准的社会参与度，提高标准供给能力。

（四）全球化产业竞争合作加剧，对中国标准与国际标准协调对接提出要求

制造业数字化、网络化、智能化技术发展应用已成为改变全球产业分工格局的决定性因素。这种态势可能导致发达国家在全球产业链中持续处于优势地位，因而增加发展中国家在经济全球化中的竞争难度。这对标准化工作提出了挑战，需要标准化工作积极“走出去”，与国际标准对接，争取国际话语权，保障我国平等、自由地参与全球经济活动。

三、我国智能制造标准化未来发展

（一）加速新技术与智能制造融合

人工智能、大数据、云平台、5G、区块链等新技术不断涌现，越来越多的交叉技术应用于智能制造系统。在国际标准化组织中，数字孪生、预测性维护、资产管理壳等标准制定

得到了各国的关注。我国应不断加强国家科技项目与标准化工作的联动，充分利用5G、人工智能、区块链等技术的后发优势，推动形成标准化与技术突破迭代优化的发展局面。

（二）推动公共服务体系建设

随着智能制造标准制定工作的不断推进，标准体系化、系统化、平台化的需求日益突出。为了更好地推动我国智能制造标准化工作高质量发展，应加速建设智能制造标准化公共服务体系，开展标准宣贯、技术培训、试验验证和应用推广，为不同行业和中小企业提供一站式标准化综合服务。

（三）加强智能制造国际标准化合作

“十四五”期间及未来，随着我国制造强国战略的不断发展，中国技术也为全球智能制造、工业4.0发展贡献更多中国智慧。中国智能制造标准化将在国际标准化中发挥越来越重要的作用。因此，应加大力度推进智能制造国际标准化工作，积极将我国科研成果转化为国际标准，承担有关技术委员会重要职务，开展关键技术国际标准转化，提升我国智能制造国际标准化影响力。积极拓展双边和多边合作，加深与有关国家的合作共识，为推动智能制造国际标准化营造协调一致的国际氛围。

（四）增强智能制造标准化人才队伍建设

智能制造标准化未来发展的关键是人才队伍建设，特别是承担国际标准化组织技术机构的重要职务，既需要扎实的技术基础，又需要熟练的英语听说读写能力，还需要专业的标准化知识与良好的沟通协调能力。需要建立完善的标准化人才培养与激励机制，以长期可持续发展为目标，培育不同层次的复合型人才队伍。

本章小结

智能制造起源于20世纪七八十年代。尤其是进入21世纪以来，在云计算、物联网、大数据、人工智能等新一代信息技术的深度影响下，智能制造逐渐扩展为一种新型生产方式。我国自2015年以来，积极推进智能制造及其标准化的推广普及与持续发展。

标准化能够跨越意识形态，实现全球生产资源的有效配置利用，是增强全球供应链的技术保障。只有通过标准化，设计、制造、销售、服务等要素在全生命周期中才能高效协同互动。当前，IEC、ISO、ITU等国际标准化组织积极开展智能制造相关国际标准研制工作；德国、美国、日本等世界主要工业国家也纷纷将智能制造作为巩固自身制造优势地位的主要抓手，并将标准化作为推进智能制造发展的核心内容。我国在智能制造标准化方面已取得了一系列成果，未来仍需进一步推动技术成熟度高的国家标准与国际标准协同发展，为全球智能制造标准化做出更多中国贡献。

关键术语

智能制造	数字工厂	资产管理壳
数字孪生	人工智能	物联网

思考题

1. 简述智能制造的内涵，以及标准化对智能制造发展的作用。
2. 简述智能制造技术体系及关键技术标准。
3. 简述国内外智能制造标准化的主要技术机构。
4. 简述我国智能制造标准化现状及面临的挑战。
5. 结合自己的理解，归纳智能制造标准化的发展趋势。

参考文献

[1] 丁露，汪烁，王玉敏．智能制造国际标准化发展综述．仪器仪表标准化与计量，2021 (1)：1－4，12.

[2] 方毅芳．基于科学数据的人工智能与制造业融合现状分析．中国仪器仪表，2019 (3)：23－29.

[3] 欧阳劲松，刘丹，杜晓辉．制造的数字化网络化智能化的思考与建议．仪器仪表标准化与计量，2018 (2)：1－6.

[4] 王春喜，王成城，汪烁．智能制造参考模型对比研究．仪器仪表标准化与计量，2017 (4)：1－7，42.

[5] 张伯旭，等．智能制造：助推高精尖产业发展．北京：机械工业出版社，2018：10.

[6] Zhou J，Li P，Zhou Y H，et al. Toward new-generation intelligent manufacturing. Engineering，2018 (1)：11－20.

第 18 章

节能环保与标准化

学习要点

1. 节能环保的概念和内涵
2. 节能环保标准的法律依据
3. 节能环保标准的分类
4. 节能环保标准的实施

第 1 节　节能环保的概念和内涵

一、节能的概念和内涵

20 世纪 70 年代初石油危机出现以后，能源问题引起全世界重视；国际能源界将节能看作与煤炭、石油、天然气、电力同等重要的“第五能源”。节能，即节约能源，其概念有狭义和广义两种。狭义节能是指采用科学的管理方法和先进的技术手段，在满足相同需要或达到相同目的的条件下，减少生产和生活中直接消耗的煤炭、石油、电力、天然气等能源。广义节能是指采取各种措施节约生产到消费的各个环节中任何一种人力、物力、财力、运力等，提高能源利用效率和经济效益等。

节约资源是我国的基本国策。国家实施节约与开发并举、把节约放在首位的能源发展战略。《中华人民共和国节约能源法》（以下简称《节约能源法》）中对于节能的定义是指加强用能管理，采取技术上可行、经济上合理、环境和社会可以承受的措施，从能源生产到消费的各个环节，降低消耗、减少损失和污染物排放、制止浪费，有效、合理地利用能源。

我国节能政策体系起步于 1980 年国家经济委员会、国家计划委员会《关于加强节约能源工作的报告》，其中节能被作为专项工作纳入国家的宏观管理范畴。20 世纪 80 年代，我国开始提出节能优先战略，并把节能工作纳入了国民经济计划；政府主要采取了节能指令、加价收费、许可证制度等行政措施和强制性命令来推动节能减排工作。当时，政府实施以计划管理为主导的节能管理模式，在能源供应体制上实行计划配额供应模式，在高耗能产品能耗管理方面实行定额管理制度，在用能设备方面实行政府发布更新改造和淘汰目录的制度，以提高企业能源利用效率，推广高效用能设备。此外，在全国范围开展了企业能量平衡、企业评优、企业节能分等分级等节能活动。

20 世纪 90 年代前半期，政府行政管理是推进节能的主要方式。90 年代后半期，政府机构进行了重大调整，原有的政府行政管理的节能方式逐步失灵，节能工作的推动力明显不足。90 年代后期能源供需矛盾相对缓和，节能外在压力减轻，这一时期虽然国家颁布了《中华人民共和国节约能源法》，但节能工作的力度还是不如之前。

进入 21 世纪以来，我国经济发展加速，能源需求持续增长，节能主管部门提出了“重视源头节能”“提高市场准入门槛”“注重用能大户的节能”等新的节能管理思路，政府从对企业生产过程的管理转变到对终端用能产品的管理。

“十一五”期间，政府注意到了国家能源消费增幅过快的现实问题，因此主动采取政策措施，提出了单位 GDP 能耗下降 20%左右的约束性目标。国务院还成立了节能减排工作领导小组，发布节能减排综合性工作方案，做出关于加强节能工作的决定，采取强化目标责任、调整产业结构、实施重点工程、推动技术进步、强化政策激励、加强监督管理、开展全民行动等一系列强有力的政策措施。截至 2010 年底，全国单位 GDP 能耗下降 19.1%，节能减排取得显著成效。能源结构得到优化；政府和企业开始重视新能源和可再生能源的开发利用；非化石能源的比重提升（沈霁华，2014）。

我国政府高度重视生态文明建设，明确提出绿色发展新理念。加快推动能源生产和消费革命，把节能提高能效放在“第一能源”重要地位，不断开创节能工作新局面。

二、环保的概念和内涵

环保这一概念的兴起，源于 1962 年美国海洋生物学家蕾切尔·卡逊（Rachel Carson）在《寂静的春天》一书中明确描述的农药杀虫剂 DDT 对环境的污染和破坏作用。由于该书的警示，美国政府开始对剧毒杀虫剂问题进行调查，并于 1970 年成立了环境保护局，各州也相继通过禁止生产和使用剧毒杀虫剂的法律。该书被认为是 20 世纪环境生态学的标志性起点。1972 年 6 月 5 日至 16 日由联合国发起，在斯德哥尔摩召开的“第一届联合国人类环境会议”，提出了著名的《人类环境宣言》，环境保护事业正式引起世界各国政府的重视。

环保，全称生态环境保护，是指人类为解决现实的或潜在的环境问题，协调人类与环境的关系，保障经济、社会的持续发展而采取的各种行动的总称。也指人类有意识地保护自然资源并使其得到合理的利用，防止自然环境受到污染和破坏；对受到污染和破坏的环境必须做好综合治理，以创造出适于人类生活、工作的环境。

我国的环保事业从 1972 年开始起步。北京市成立了官厅水库保护办公室；河北省成立了三废处理办公室共同研究处理沙城农药厂污染官厅水库问题；中国颁布法律正式规定在全国范围内禁止生产和使用 DDT。1973 年成立国家建委下设的环境保护办公室，后改为国务院直属的国家环境保护总局。2008 年，国务院机构改革方案决定，国家环境保护总局更名为环境保护部，对全国的环境保护实施统一的监督管理。各省（市、区）也相继成立了环保局（厅），并设立环保热线 12369 和网上 12369 中心，接受群众举报环境污染事件。

进入新时期，环保的内涵有了新的变化。环保所要彻底解决的问题主要包含两种层面的内容：一是维护和持续改善生态环境质量，保护人民正常的身心健康，避免人体在自然环境的危害下基因变异和衰退；二是合理安排生态资源，降低或清除有害物进入自然环境，及生态资源（包含生物多样性）的修复和再生产，以利于人民生活在一个和谐自然的生活环境中。同时，生态环境保护还应考虑到经济和社会的进步与发展。

作为我国21世纪面临的最严峻挑战之一，保护环境是保证经济长期稳定增长和实现可持续发展的基本国家利益。西方发达国家近现代走的是一条“先污染、后治理”或者说是“先发展、后治理”的道路，这条路实际上是建立在牺牲全球共同利益特别是落后国家利益的基础上的。对于多数发展中国家来说，重复这样的道路既不应该亦无条件。鉴于历史和未来全球共同命运的考虑，人们认为发达国家有责任也有义务在增强发展能力、提高环境防治能力等多方面给予发展中国家实质性的帮助。从长远利益出发，发展中国家自身更应注意效益和积累，积极参与国际合作，通过不断推广适用技术和提高国民素质，减少经济发展造成的环境损失，走“边发展、边治理”的道路，为全球环境保护做贡献。当然，在发展之初，可能会因国力较弱，想保护环境也显得力不从心，因而势必更偏重发展。随着经济的强盛，应增加对环境的投入，不但在绝对数量上而且在比重上提高环保费用，最终实现人口、环境和经济发展关系的平衡与和谐。

第2节　节能环保标准化内容

20世纪80年代以来，为支撑我国节能减排工作深入推进和健康发展，各级政府充分运用节能减排标准化手段，强力推动节能减排工作的落地和有效实施。为此我国持续推动节能环保标准创新升级，不断优化节能环保标准体系，为国家节能减排工作提供了重要支撑。

一、强制性节能环保标准

（一）强制性节能标准

强制性节能标准是节能标准体系的核心，主要有两大类：

一类属于规范类标准。这类标准对相关生产和服务活动的用能结果规定可验证的要求。如：终端用能产品能源效率标准（以下简称“能效标准”）和单位产品能源消耗限额标准（以下简称“能耗限额标准”）均属于这一类。这些标准由国家市场监督管理总局（以下简称“市场监管总局”）和国家标准化管理委员会（以下简称“国家标准委”）组织制定和发布。其中，能效标准是针对家用耗能器具、商用设备、工业设备、照明、电子信息产品等终端用能产品提出的节能要求，是实施能效标识制度、节能产品认证制度、淘汰落后产品和设备制度等的技术依据；能耗限额标准是针对工业、建筑、交通、公共机构等重要领域提出的节能要求，是实施淘汰落后产能、固定资产投资项目节能审查制度、节能目标责任制度和节能考核评价制度等的技术依据。

另一类是节能工程建设规范。这类标准为相关活动规定可操作的过程，属于规程类工程建设标准，主要由住房和城乡建设部负责组织制定和发布。

1. 法律依据

我国节能标准相关的法律法规主要有：《节约能源法》、《节能监察办法》（国家发改委〔2016〕第33号令）、《重点用能单位节能管理办法》（国家发改委〔2018〕第15号令）、《节能低碳产品认证管理办法》（质检总局 国家发改委〔2015〕第168号令）等。

（1）《节约能源法》。

《节约能源法》是我国节约能源的主干法，是一部推动全社会节约能源，提高能源利用效率的重要法律。该法于1997年11月1日由第八届全国人民代表大会常务委员会第二十八次会议通过，并于2007年进行修订，2016年和2018年再次进行修正。《节约能源法》共7章87条，其中有8个条款对节能标准做了规定。

第十二条规定："县级以上人民政府管理节能工作的部门和有关部门应当在各自的职责范围内，加强对节能法律、法规和节能标准执行情况的监督检查，依法查处违法用能行为。"第十三条规定："国务院标准化主管部门会同国务院管理节能工作的部门和国务院有关部门制定强制性的用能产品、设备能源效率标准和生产过程中耗能高的产品的单位产品能耗限额标准……省、自治区、直辖市制定严于强制性国家标准、行业标准的地方节能标准，由省、自治区、直辖市人民政府报经国务院批准。"第十五条规定："国家实行固定资产投资项目节能评估和审查制度。不符合强制性节能标准的项目，建设单位不得开工建设；已经建成的，不得投入生产、使用。政府投资项目不符合强制性节能标准的，依法负责项目审批的机关不得批准建设。"第十六条规定："生产过程中耗能高的产品的生产单位，应当执行单位产品能耗限额标准。对超过单位产品能耗限额标准用能的生产单位，由管理节能工作的部门按照国务院规定的权限责令限期治理。"第十七条规定："禁止生产、进口、销售国家明令淘汰或者不符合强制性能源效率标准的用能产品、设备；禁止使用国家明令淘汰的用能设备、生产工艺。"第六十八条规定："负责审批政府投资项目的机关违反本法规定，对不符合强制性节能标准的项目予以批准建设的，对直接负责的主管人员和其他直接责任人员依法给予处分。固定资产投资项目建设单位开工建设不符合强制性节能标准的项目或者将该项目投入生产、使用的，由管理节能工作的部门责令停止建设或者停止生产、使用，限期改造；不能改造或者逾期不改造的生产性项目，由管理节能工作的部门报请本级人民政府按照国务院规定的权限责令关闭。"第七十条规定："生产、进口、销售不符合强制性能源效率标准的用能产品、设备的，由市场监督管理部门责令停止生产、进口、销售，没收违法生产、进口、销售的用能产品、设备和违法所得，并处违法所得一倍以上五倍以下的罚款；情节严重的，吊销营业执照。"第七十二条规定："生产单位超过单位产品能耗限额标准用能，情节严重，经限期治理逾期不治理或者没有达到治理要求的，可以由管理节能工作的部门提出意见，报请本级人民政府按照国务院规定的权限责令停业整顿或者关闭。"

（2）《节能监察办法》。

《节能监察办法》于2016年由国家发改委主任办公会审议通过并发布，共包括5章27条，其中4个条款对节能标准提出相关规定，将强制性节能标准执行情况纳入监督检查的工作内容。

第六条规定："节能监察机构应当开展下列工作：（一）监督检查被监察单位执行节能法律、法规、规章和强制性节能标准的情况，督促被监察单位依法用能、合理用能，依法处理违法违规行为……"第十一条规定："节能监察机构依照授权或者委托，具体实施节能监察工作。节能监察应当包括下列内容：……（四）执行强制性节能标准的情况……"第十八条规定："被监察单位有违反节能法律、法规、规章和强制性节能标准行为的，节能监察机构应当下达限期整改通知书……"第二十四条规定："被监察单位在整改期限届满后，整改未达到要求的，由节能监察机构将相关情况向社会公布，并纳入社会信用体系记录。被监察单位仍有违反节能法律、法规、规章和强制性节能标准的用能行为的，由节能监察机构将有关线索转交有处罚权的机关进行处理。"

（3）《重点用能单位节能管理办法》。

《重点用能单位节能管理办法》首次于1999年由原国家经济贸易委员会（中华人民共和国国家经济贸易委员会第7号令）发布实施。"十三五"期间，为加强重点用能单位节能管理，提高能源利用效率，国家发改委等七个部门对其进行修订，并于2018年发布实施。现行《重点用能单位管理办法》共包括5章37条，其中4个条款对节能标准提出相关规定。

第九条规定："重点用能单位应当按照《能源管理体系 要求》等相关标准的要求，建立健全能源管理体系并使之有效运行。县级以上人民政府管理节能工作的部门负责组织开展能源管理体系建设效果评价工作。鼓励重点用能单位开展能源管理体系认证。"第十七条规定："重点用能单位应当执行单位产品能耗限额强制性国家标准和能源效率强制性国家标准。鼓励重点用能单位制定严于国家标准、行业标准、地方标准的企业节能标准。"第二十二条规定："鼓励银行业金融机构加大对符合条件的节能产品生产、节能技术改造等节能项目的信贷投入。银行业金融机构在开展能效信贷工作中，对符合信贷条件，达到先进能效标准的固定资产和项目、节能目标责任评价考核成绩突出的重点用能单位融资需求优先支持；对达不到能效国家标准的固定资产和项目融资需求，不予支持。"第三十二条规定："重点用能单位超过单位产品能耗限额标准用能，限期治理，逾期不治理或者没有达到治理要求的，由管理节能工作的部门提请执行惩罚性电价。"

2. 能效标准

国内外经验表明，强制性能效标准对推动产业绿色转型和高质量发展、产品技术水平提升发挥了重要的引领作用，是投入产出比最高的节能政策措施之一。目前，全球已有80多个国家制定和实施了强制性的能效标准。

在我国，强制性能效标准是规定用能产品、设备最小允许能源效率指标和能源效率等级的法规性文件，属于"最小允许能源性能标准"（MEPS）类型。它要求制造商或进口商在一个确定日期以后生产销售的所有产品、设备都必须达到标准的规定，否则禁止该产品、设备在市场上销售。能效标准的主要内容包括能效限定值，能效等级划分及其指标值，能效指标的判定方法、试验方法等。按照我国能效标准政策要求，用能产品、设备能效标准通常采取3级制（也有少量采取5级制），即能效等级划分为3级（或5级），其中1级能效最高，2级次之，以此类推，3级（或5级）最低。1级能效应代表国内或国际同类产品能效领先水平，原则上应选取前5%左右的先进用能产品和设备；2级能效作为节能产品认定依据，原则上应选取前20%左右的用能产品和设备；3级（或5级）能效是淘汰落后用能产品和设备的依据，应至少淘汰20%左右的落后用能产品和设备。根据我国《节约能源法》，达不到能效限定值要求的产品是不允许生产、进口和在我国境内销售的。

我国从20世纪80年代中期开始研究能效标准，1989年首次发布房间空调、电冰箱等9项家用电器的强制性能效标准。1999年，首次在家用电冰箱能效标准中增加了推荐性节能评价值指标，为节能产品认证制度提供了技术依据。2003年，首次在双端荧光灯能效标准中增加了能效等级，为实施强制性能效标识制度奠定了重要基础。

我国政府高度重视能效标准制修订工作。2015 年 3 月印发的《国务院办公厅关于加强节能标准化工作的意见》(国办发〔2015〕16 号) 提出，坚持准入倒逼，加快制修订强制性能效、能耗限额标准，发挥准入指标对产业转型升级的倒逼作用。为此，国家发改委联合国家标准委实施了两期“百项能效标准推进工程”，着力解决了标准覆盖范围窄、能效水平不高的问题，有力支撑节能政策措施的实施。“十三五”时期以来，能效标准制修订工作进一步加快，覆盖面进一步扩大，房间空调、电动机等重点产品能效标准指标首次实现国际领跑。

经过几十年的努力，我国已经成为国际上能效标准覆盖范围最广的国家之一。截至 2021 年 12 月，我国现行强制性能效标准达到 73 项，占国家节能标准总数的 20%以上，覆盖家用电器、工业设备、照明产品、商用设备、办公产品等重点用能产品。

3. 能耗限额标准

能耗限额管理源于 20 世纪 80 年代初，当时称为“能耗定额”。1986 年，国家推出“节能升级定级评审”，制定发布了一批单位产品“能耗定额”标准。

从 20 世纪 90 年代开始，我国重工业产值占工业总产值的比重迅速上升，高耗能行业的过快增长给能源环境造成很大压力。2006 年初，受节能主管部门委托，全国能源基础与管理标准化技术委员会（以下简称“全国能标委”）组织钢铁、化工、有色和建材等 4 个重点耗能行业对单位产品能耗限额管理进行研究，于 2007 年和 2008 年发布了第一批 22 项单位产品能耗限额标准。

强制性能耗限额标准重点规定了三个指标：一是单位产品能源消耗 1 级指标（先进值），是评价现有生产企业（装置）是否达到先进水平的指标，要代表国内或国际同行业能耗领先水平，原则上应选取行业前 5%左右的先进产品和先进产能；二是单位产品能源消耗 2 级指标（准入值），是新建或改扩建项目等新增产能必须满足的能效水平，原则上应代表行业前 30%左右的产品和产能，高耗能行业可参考能效标杆水平进行设定；三是单位产品能源消耗 3 级指标（限定值），是存量企业生产必须达到的能效水平，原则上应至少淘汰 20%左右的落后产品和落后产能，高耗能行业可参考能效基准水平进行设定。企业如果达不到限定值要求，根据《节约能源法》，将会受到相应的处罚。

“十二五”时期以来，在两期“百项能效标准推进工程”等的大力推动下，能耗限额标准覆盖面进一步扩大，技术指标水平全面提升。截至 2021 年 12 月，共发布实施了 111 项能耗限额标准，覆盖火力发电、煤炭、石化、钢铁、有色、建材等重点行业，为修订后的《节约能源法》中规定的淘汰落后产能、节能目标责任制、节能考核评价制度、固定资产投资项目节能审查制度、节能财税政策等政策制度的实施提供了关键的技术依据，发挥着重要的引领和倒逼作用。

（二）强制性环保标准

1. 法律依据

我国环境保护法律法规体系是以宪法关于环境保护的规定为基础，以综合性环境保护基本法为核心，其他相关部门法关于环境保护的规定为补充的，由若干彼此相互联系协调的环境保护法律、法规、规章、标准以及国际条约所组成的一个完整而又相对独立的法律体系。我国已经制定颁布环境保护法律 9 部、自然资源法律 15 部、环境保护行政法规 50 余项、部门规章和规范性文件近 200 件、国家环境保护标准 800 多项，各地方人大和政府制定的地方性环境法规和政府规章共 1 600 余件，初步建立了符合我国国情的环境保护法律体系。

（1）宪法。

宪法是我国的根本大法，其有关规定是环境保护立法的依据和指导原则。包括环境保护法在内的一切法律法规都是在宪法的原则下制定的，并不得以任何形式与宪法相违背。我国宪法在环境与资源保护方面，规定了国家基本的权力、义务和方针。比如，第二十六条：国家保护和改善生活环境和生态环境，防治污染和其他公害。第九条：国家保障自然资源的合理利用，保护珍贵的动物和植物。禁止任何组织或者个人用任何手段侵占或者破坏自然资源。第十条：一切使用土地的组织和个人必须合理地利用土地。第二十二条：国家保护名胜古迹、珍贵文物和其他重要历史文化遗产。

（2）主要的环境保护法律。

● 环境保护基本法：《中华人民共和国环境保护法》在环境保护法律体系中占核心地位，是其他单项环境立法的依据，自 2015 年 1 月 1 日施行。

● 环境保护单行法：是针对特定的污染防治对象或者特定的资源保护而制定的单项法律。它分为两类：一类是环境污染防治法，以环境污染防治和公害控制为目的的法律。例如：《中华人民共和国水污染防治法》《中华人民共和国大气污染防治法》《中华人民共和国环境噪声污染防治法》《中华人民共和国海洋环境保护法》《中华人民共和国固体废物污染环境防治法》等。另一类是自然资源保护法，以管理自然资源和保护生态为目的的法律。例如：《中华人民共和国森林法》《中华人民共和国草原法》《中华人民共和国渔业法》《中华人民共和国矿产资源法》《中华人民共和国土地管理法》《中华人民共和国水法》《中华人民共和国水土保持法》《中华人民共和国野生动物保护法》《中华人民共和国防沙治沙法》《中华人民共和国可再生能源法》等。

● 其他法律有关环境保护的规定：由于环境问题和环境保护所涉及社会关系的综合性和复杂性，我国除了制定专门的综合性环境基本法以及有关环境与资源保护单行法外，还在其他一些法律中对环境保护做出规定。例如，《中华人民共和国民法典》（第九、二百八十六、三百二十六、三百四十六、五百零九、六百一十九、一千二百二十九、一千二百三十、一千二百三十一、一千二百三十二、一千二百三十三、一千二百三十四、一千二百三十五条）。其他如《中华人民共和国农业法》《中华人民共和国标准化法》《中华人民共和国城市规划法》《中华人民共和国文物保护法》《中华人民共和国合伙企业法》《中华人民共和国乡镇企业法》《中华人民共和国对外贸易法》等。

（3）环境保护法规规章。

环境保护行政法规包括：国务院依照宪法和法律的授权，按照法定权限和程序颁布或通过的关于环境保护与资源保护方面的行政法规。如《国务院关于修改〈建设项目环境保护管理条例〉的决定》（国务院令第 682 号）、《排污许可管理条例》（国务院令第 736 号）、《中华人民共和国水污染防治法实施细则》（国务院令第 284 号）等。

部门规章包括：国务院环境保护主管部门单独或与国务院有关部门联合发布的环境保护规范性文件。例如：《突发环境事件应急管理办法》（环境保护部令第 34 号）、《环境保护主管部门实施按日连续处罚办法》（环境保护部令第 28 号）、《企业事业单位环境信息公开办法》（环境保护部令第 31 号）等。

（4）地方性环境保护法规。

根据本行政区域的环境保护实际需要，在不与宪法、法律、行政法规相抵触的前提下，制定地方性环境保护法规，是地方人大及其常委会、民族自治机关和经济特区人大制定的规范性文件。

（5）环境保护司法解释。

最高人民法院和最高人民检察院对审判和检察工作中具体应用环境保护法律问题所做的具有法律效力的解释。

2. 强制性环保标准的主要内容

（1）国家环境质量标准。

环境质量标准是为保障人群健康、维护生态环境和保障社会物质财富，并留有一定安全余量，对环境中有害物质和因素所做的限制性规定。环境质量标准体现国家的环境保护政策和要求，是衡量环境是否受到污染的尺度，是环境规划、环境管理和制定污染物排放标准的依据。其特征主要体现在：一是以环境基准作为科学依据。二是实现政府环境管理的量化目标。三是立法的基础，即一切环境保护立法皆服务于保护和改善环境质量，实施环境质量标准。四是具有可实施性，即可以采取措施（如制定和实施排放标准，工业布局和能源结构调整，制订达标计划等）。我国现行的环境质量标准如：《环境空气质量标准》（GB 3095—2012）、《室内空气质量标准》（GB/T 18883—2002）、《地表水环境质量标准》（GB 3838—2002）等。

（2）国家污染物排放标准。

污染物排放标准是根据国家环境质量标准以及采用的污染控制技术，并考虑经济承受能力，对排入环境的有害物质和产生污染的各种因素所做的限制性规定。其特征主要体现在：一是以污染控制技术作为制定依据，同时考虑环境风险；二是以数字限值作为表达方式，也可以是操作标准和技术管理规范；三是支撑污染源控制的基本法律制度，可作为环保执法的依据。污染物排放标准的基本内容是污染物排放控制要求，包括控制排放的污染物种类、排放方式、浓度限值、排放速率或负荷、污染物去除率、污染物排放监控位置、监测频率和工况要求等。在排放标准中可规定实施标准的技术和管理措施，体现环保技术法规的特点。超越排放标准权限的事项应通过其他途径，如制定法律、法规、规章和其他规范性文件予以解决。我国现行综合型污染物排放标准如：《大气污染物综合排放标准》（GB 16297—1996）、《污水综合排放标准》（GB 8978—1996）、《工业企业厂界环境噪声排放标准》（GB 12348—2008）、《一般工业固体废物贮存、处置场污染控制标准》（GB 18599—2001）等。

污染物排放标准包括综合型和行业型两类，除了以上提到的综合型排放标准之外，还有根据行业生产工艺和产品特点制定的行业型排放标准，例如：《火电厂大气污染物排放标准》（GB 13223—2011）、《水泥工业大气污染物排放标准》（GB 4915—2013）、《钢铁烧结、球团工业大气污染物排放标准》（GB 28662—2012）、《钢铁工业水污染物排放标准》（GB 13456—2012）、《炼钢工业大气污染物排放标准》（GB 28664—2012）、《石油化学工业污染物排放标准》（GB 31571—2015）等。行业型污染物排放标准原则上按生产工艺的特点设置，确定排放标准的合理适用范围。当行业排放的污染物具有在水、气介质之间转移的可能性时，其排放控制要求纳入一个排放标准中。

（3）国家环境监测方法标准。

环境监测是人们对影响人类和其他生物生存和发展的环境质量状况进行的监视性测定活动，通常包括物理指标、化学指标以及生态系统的测定。环境监测方法标准是为监测环境质量和污染物排放，通过对分析、测定、采样、实验、检验方法等做出统一规定，规范采样、样品处理、分析测试、数据处理等活动的标准。环境监测方法标准是实施环境保护法律法规、强化环境监督管理的技术依据，是制定环境保护规则和计划的重要依据，也是提高环境质量、推动环境科学技术进步的动力。我国现行环境监测方法标准如：《汽油车污染物排放限值及测量方法（双怠速法及简易工况法）》（GB 18285—2018）、《重型柴油车污染物排放限值及测量方法（中国第六阶段）》（GB 17691—2018）、《轻型汽车污染物排放限值及测量方法（中国第六阶段）》（GB 18352.6—2016）等。

二、配套支撑的典型自愿性节能环保标准

（一）基础类标准

节能环保基础标准通常包括术语、单位符号、通则、导则等方面的标准，在节能环保工作中被广泛应用，是其他标准的依据和基础。例如：《综合能耗计算通则》（GB/T 2589—2020）规定了综合能耗计算原则、边界划分、计算范围、计算方法以及折算为标准煤的要求，适用于用能单位（含次级用能单位或其组成部分）的能源消耗指标的计算，为用能单位的能源核算、国家能源统计等工作提供基础性的标准化技术支撑，是加强节能管理和能效提升的基础性标准。

（二）产品类标准

节能环保产品类标准是指规定一个产品或一类产品应满足的节能、环保、绿色、低碳等方面的要求，以确保其适用性的标准。

大气、水、噪声污染防治和固体废物处理处置等环保细分领域的环保设备和产品标准是重要的环保产品类标准，规定环保设备和产品的分类、型号、基本参数、性能要求、试验方法、检验规则以及标志、包装、运输和贮存等规范环保设备和产品的生产制造与主要性能指标。大气污染防治设备国家标准主要涉及燃煤烟气脱硫脱硝设备、电袋复合式除尘器、燃煤锅炉布袋除尘器、袋式除尘装置、垃圾焚烧尾气处理设备、燃煤烟气脱硝喷氨混合系统、烟气集成净化专用碳基产品、金属间化合物膜过滤器、油气回收装置等。水污染防治设备标准主要涉及潜水曝气机、污水处理设备、污水处理容器设备、移动式格栅除污机、中水再生利用装置、潜水推流式搅拌机、碟管式膜处理设备、竖轴表面曝气机、脱氮生物滤池等。固体废物处理处置设备标准主要涉及填埋垃圾压实机、餐饮业餐厨废弃物处理与利用设备、垃圾卫生填埋场封场恢复植被生产线、城镇粪便消纳站、畜禽养殖粪污堆肥处理与利用设备、垃圾裂化焚烧装置等。

（三）方法类标准

节能环保方法类标准包括检测监测方法、分析评估方法等方面的标准。

检测监测类标准主要包括节能、碳排放、环保等方面检测监测标准。其中，节能监测是指通过设备测试等技术手段，对用能单位的能源利用状况进行定量分析，依据相关法律法规和技术标准对用能单位的能源利用状况做出评价，对浪费能源的行为提出处理意见。例如：《节能监测技术通则》（GB/T 15316—2009）对节能监测的范围、内容及要求、技术条件、工作方式、检查和测试项目、指标的确定、评价结论与报告的编写以及监测机构的技术要求等方面做出了明确规定。在其框架下，还制定了热力输送系统、风机机组与管网系统、企业

供配电系统、空气压缩机组及供气系统、泵类及液体输送系统、燃煤工业锅炉、工业电热设备等的行节能监测标准。

分析评估类标准主要包括节能评估、能源绩效评价、环境影响评价、环境绩效评价等方面的标准。节能评估类标准主要用于对用能单位的能源利用状况进行检测、测试和评价，规范统一合理用能、能源审计、节能计算等要求。能源绩效评价类标准是衡量和评价节能措施实施效果和节能收益的重要尺度，主要包括节能量评估、能源绩效评价、节约型组织评价等方面的标准。环境影响评价标准主要包括环境影响评价技术导则类标准，涉及大气环境、地面水环境、声环境、非污染生态影响、规划环评、开发区环评、水利水电工程等重点工程项目环评、辐射环境保护、核设施环境保护等方面的环境影响评价。环境绩效评价是环境管理的重要工具，环境绩效评价标准帮助组织建立使用适当的绩效参数来测量、评价、交流和报告其环境绩效。

（四）管理类标准

节能环保相关管理类标准可分为管理体系、经济运行、运行效果评价等方面的标准。

管理体系标准主要有能源管理体系、环境管理体系、碳排放管理体系等标准。以能源管理体系标准为例，它是指运用系统管理的理念，综合考虑能源购入贮存、加工转换、输送分配、终端使用等全过程，实现提高能源利用效率和降低能源消耗的一种方法，旨在通过系统的能源管理，降低能源成本，减少温室气体排放及其他相关环境影响。管理体系实施指南标准通常对管理体系要求标准具体条款的背景和意图、主要技术内容等给出进一步的解释说明，并对标准的实施提供指导或给出建议，从而帮助使用者理解和应用原标准。例如《能源管理体系实施指南》（GB/T 29456—2012）、《环境管理体系 通用实施指南》（GB/T 24004—2017）等。

经济运行标准通过科学管理、运行工况调节或技术改进、达到合理匹配，实现系统低能耗和经济性好的工作状态，可以极大提高系统运行效率，实现系统节能效益。已发布实施的经济运行标准覆盖工矿企业的电力变压器、交流电气传动风机（泵类、压缩机）系统、离心泵、混流泵与轴流泵系统、通风机系统、三相异步电动机、锅炉系统、照明系统、空气调节系统等。

高效能环保设备评价标准旨在提升环保设备的质量、环保、节能、安全等综合性能，目前已发布电除尘器、袋式除尘器、电袋复合除尘器、空气净化器、旋转曝气机等高效能设备评价标准，正在制定潜水推流式搅拌机、中控纤维超滤膜、湿式电除尘器、垃圾焚烧炉排炉等高效能设备和材料评价标准，通过标准实施甄别出技术性能先进、运行安全可靠、环保性能优越和能源利用效率领先的污染物控制环保装备和材料，鼓励高效能环保装备和材料的生产和使用，提升高效能环保设备和产品的市场占有率（黄进，林翎，高翔，等，2017）。

环保系统设施运行效果评价系列标准是从环保性能、资源能源消耗、技术经济性能、运行管理和设备状况等方面建立综合评价指标体系，开展环保系统设施运行效果评价，以提升污染物控制环保系统设施的运行绩效，为污染物排放达标提供坚实的环保装备和系统设施保障，同时也为环境污染第三方治理相关评价工作提供标准依据。目前已经发布燃煤烟气脱硝装备、燃煤烟气脱硫装备、钢铁烧结烟气脱硫除尘装备、农村生活污水处理设施等环保系统设施的运行效果评价系列标准。正在制定的标准涉及城镇污水综合处理系统设施、城镇污水MBR 处理工艺系统、印染废水深度处理系统、污泥热解资源化成套装备、回转窑回收次氧化锌系统、等离子处理危废系统等（黄进，林翎，高翔，等，2017）。

（五）工具类标准

节能环保相关工具类标准主要包括能量系统优化、能效对标、能源绩效及节能量评估、环境标志和生命周期评价等方面的标准。

能量系统优化标准用于规范指导用能系统在设计、运行过程中的全局优化，通常给出能量系统优化过程的绩效评价、具体实施原则、步骤方法、程序等要求。能效对标用于规范指导用能单位或用能设备的能效指标与相关能效标准进行对比分析，采取管理和技术措施，提高能效水平的活动。

为建立可测量、可报告、可验证的能源绩效评估方法，全国能标委组织制定了《能源管理绩效评价导则》（GB/T 39775—2021）、《能源管理体系 能源基准和能源绩效参数》（GB/T 36713—2018）、《节能量测量和验证技术通则》（GB/T 28750—2012）、《用能单位节能量计算方法》（GB/T 13234—2018）等多项国家标准，为用能单位准确评估能源绩效提升等提供了精准的标尺，为合同能源管理项目的开展、节能减碳量的评估提供了具体的标准化技术支撑。

环境标志和生命周期评价均是环境管理的重要工具。ISO/TC 207 发布的《环境标志与声明通则》（ISO 14020：2020）环境标志系列标准，通过规定产品三种类型环境标志和声明的原则和程序，促进那些对环境压力较小的产品的需求和供给，以市场化手段持续改善环境。《环境管理 生命周期评价 原则和框架》（ISO 14040：2006）和《环境管理 生命周期评价 要求和指南》（ISO 14044：2006）是最为核心的两项生命周期评价标准。组织可依据这两项标准开展产品全生命周期的环境影响评价，进而采取有效的能源资源节约与环保改进措施来减少环境影响。在碳达峰、碳中和目标下，这两项标准也成为衡量组织、产品和服务全生命周期各阶段碳排放的有效工具。通过运用生命周期清单分析和生命周期影响评价的方法，可为产品碳足迹量化和组织温室气体排放和清除的量化等提供标准化的方法支撑，生命周期评价工具也为水足迹、碳足迹量化标准的制定奠定了技术基础（黄进，林翎，王顺祺，等，2017）。

（六）设计类标准

节能环保绿色设计类标准主要是指各类产品和设备、系统、工厂、建筑等在设计规划阶段，针对节能环保绿色低碳等方面的属性提出具体技术要求。例如，针对工业锅炉设计不合理，存在运行负荷低、锅炉系统用能设备之间不匹配等问题，《工业锅炉系统节能设计指南》（GB/T 34912—2017）国家标准规定了在工业锅炉系统节能设计中，对锅炉、汽、水、储运、风烟等系统及设备选型、余热回收、设备和管道保温等方面的要求。将锅炉系统节能工作前移到设计阶段，在方案设计时就要考虑设备运行期间的负荷变化，为工业锅炉系统高效运行创造条件。

林翎等（2020）的研究指出，在绿色设计方面，生态设计产品评价系列标准借鉴国际先进经验，并充分考虑我国当前发展阶段和产品生命周期评价数据基础，建立了阶段性的评价指标体系与生命周期评价相结合的方法，为我国建立和完善生态设计产品评价制度提供了坚实的技术支撑。《生态设计产品评价通则》（GB/T 32161—2015）、《生态设计产品标识》（GB/T 32163.1—2015）、《生态设计产品评价规范 第1部分：家用洗涤剂》（GB/T

32161.1—2015)、《生态设计产品评价规范 第 2 部分：可降解塑料》（GB/T 32163.2—2015)、《生态设计产品评价规范 第 3 部分：杀虫剂》（GB/T 32163.3—2015)、《生态设计产品评价规范 第 4 部分：无机轻质板材》（GB/T 32163.4—2015）等系列国家标准于 2015 年 10 月正式发布。在此基础上，工业和信息化部组织建立了“评价标准清单＋自我声明＋标识＋后市场监管”的绿色设计产品闭环评价模式。截至 2020 年 10 月，已有 129 项标准被纳入绿色设计产品标准清单；前五批绿色制造名单中共有 2 170 种产品入选绿色设计产品名录，依据该系列国家标准遴选产品 288 种，占总量的 13.3%；绿色产品市场规模大幅扩大，树立了一批行业绿色标杆，发挥了标准“鲶鱼效应”，切实发挥了标准对绿色生产和消费的引领作用。

在此基础上，2016 年 12 月，国务院办公厅印发《关于建立统一的绿色产品标准、认证、标识体系的意见》（国办发〔2016〕86 号），明确提出统一构建以绿色产品评价标准子体系为牵引、以绿色产品的产业支撑标准子体系为辅助的绿色产品标准体系，组织相关方对有关国家标准、行业标准、团体标准等进行评估，适时纳入绿色产品评价标准清单，并依据标准清单中的标准化组织开展绿色产品认证。

第 3 节　节能环保标准的实施

一、能效标准

（一）能效标识制度

能效标识作为产品生产者和消费者对产品能效性能的交流媒介，其所提供信息的全面性、有效性将直接影响消费者的购买意向，具有投入少、见效快、对消费者影响大以及节能环保效果显著等优点。目前，全世界已有 100 多个国家和地区制定并有效实施了能效标识制度（李鹏程，等，2013)。

2004 年，国家发改委和国家质检总局联合发布《能源效率标识管理办法》，2005 年 3 月 1 日起开始实行强制性能效标识制度。中国能效标识的基本内容包括：产品名称及主要功能，制造商或自有品牌所有者的名称或商标，产品型号及容量，能源效率值和/或能效等级。能效标识图案如图 18－1 所示。

能效标识制度的实施，有效提升了产品能效水平，产业和市场结构不断向高效节能方向调整和转变，行业总体能效水平不断提升。能效标识的实施也使得高效节能产品零售价格逐渐向一般产品价格靠拢，让消费者在不增加太多花费的前提下，享受到更高质量的产品服务。以家用空调产品为例，随着消费者消费习惯的变化，空调市场逐渐由定频空调向变频空调转换，零售价格在波动中逐渐降低。以老百姓购买量最大的 1.5P 空调为例，2008 年到 2020 年变频空调产品的平均零售价格下降了 1 127 元，定频空调下降了 978 元。与零售价格下降趋势相反的是，空调能效水平随着能效标准标识的升级不断提升，给消费者带来产品服务质量提升和节电省钱的双重优惠。

截至目前，共有家电、商用、办公电子、照明、工业五大领域的 41 类用能产品被纳入能效标识制度实施范围，涉及数百亿台产品和设备。据测算，能效标识制度每年影响约 6 亿

图 18-1 中国能效标识图案

台家电和办公电子产品、20 亿支 LED 照明功能产品、近 3 亿千瓦电机的销售。从 2005 年到 2020 年，能效标识制度的实施累计带来了超过 25 000 亿千瓦时的节电量，平均每年带来超过 1 700 亿千瓦时的节电量，推动节能产品市场占比不断提升，绿色消费规模持续扩大，绿色消费理念逐步成为社会共识（中国标准化研究院，2021）。

（二）节能产品认证制度

节能产品认证制度以其投入少、见效快、对消费者影响大等优点，在世界范围内得到普及。目前，世界上已有欧盟、美国、澳大利亚等 37 个国家和地区实施了节能产品认证制度。我国的节能产品认证制度始于 1999 年，是国家经贸委为配合《节约能源法》的有效实施而推出的一项重要节能措施，采取“工厂条件检查＋产品检验＋认证后监督检查和检验”的认证模式。它是一种保证标识（标志），属于产品质量认证范畴的自愿性认证，表示用能产品达到了规定的能效标准或技术要求，但并不能表示达到的程度，通常针对能效排在前 20% 左右的产品，类似于美国的能源之星。

节能产品认证涉及产品范围广泛，如电冰箱、房间空气调节器等家用电器，计算机、显示器、打印机等办公设备，荧光灯、高压钠灯用整流器等照明设备，中小型三相交流异步电机、配电变压器等工业设备，还有聚苯乙烯泡沫塑料板材、建筑外窗等 35 类产品。根据相关管理办法和实施规则，节能产品认证标志图案如图 18-2 所示，应当在产品本体的明显位置或者最小包装、说明书上加施认证标志。

（三）节能产品政府采购制度

政府部门是能源消费的重要主体，也是节能潜力较大的领域。同时，政府部门作为节能政策的制定者和执行者，自身节能工作对全社会具有广泛的影响，是带动经济、促进市场发展的重要动力。

图 18－2　中国节能产品认证标识图案

2004 年，财政部、国家发改委印发《节能产品政府采购实施意见》（财库〔2004〕185 号），制定了节能产品政府采购清单。2007 年 7 月《国务院办公厅印发关于建立政府强制采购节能产品制度的通知》（国办发〔2007〕51 号），要求各级政府机构使用财政性资金进行采购活动时，在技术、服务等指标满足采购需求的前提下，要优先采购节能产品，对部分节能效果、性能等达到要求的产品，实行强制采购；同年 12 月 12 日，公布了新的节能产品政府采购清单（以下简称节能清单）和首批政府强制采购节能产品范围，标志着政府节能采购进入实质性实施阶段。

截至目前，节能清单共包含 18 个品目。其中，计算机设备等 10 个品目中涉及的计算机、打印机、显示器等 24 种产品为政府强制采购的节能产品，其他品目为政府优先采购的节能产品。节能清单中明确规定，节能产品认证应依据最新版本的国家能效标准中的二级能效（水效）指标。

二、能耗限额标准

（一）节能监察制度

节能监察是贯彻节能法律法规、保障节能减排目标完成的重要抓手，各级节能主管部门纷纷制定发布节能监察政府规章或地方性法规，对节能监察具体内容和做法提出明确要求。《节能监察办法》（国家发改委〔2016〕第 33 号令）明确指出节能监察应当包括下列内容：（1）建立落实节能目标责任制、节能计划、节能管理和技术措施等情况；（2）落实固定资产投资项目节能评估和审查制度的情况，包括节能评估和审查实施情况、节能审查意见落实情况等；（3）执行用能设备和生产工艺淘汰制度的情况；（4）执行强制性节能标准的情况；（5）执行能源统计、能源利用状况分析和报告制度的情况；（6）执行设立能源管理岗位、聘任能源管理负责人等有关制度的情况；（7）执行用能产品能源效率标识制度的情况；（8）公共机构采购和使用节能产品、设备以及开展能源审计的情况；（9）从事节能咨询、设计、评估、检测、审计、认证等服务的机构贯彻节能要求、提供信息真实性等情况；（10）节能法律、法规、规章规定的其他应当实施节能监察的事项。

2021 年，国家发改委办公厅印发《关于进一步加强节能监察工作的通知》（发改办环资〔2021〕422 号），提出“两高”项目节能审查制度执行情况、单位产品能耗限额标准执行情况、用能设备和生产工艺淘汰制度执行情况、重点用能单位节能管理制度执行情况和节能服务机构开展服务情况等五项重点节能监察内容。其中，“两高”项目节能审查制度执行情况的监察对象为近两年开工建设和竣工投产的“两高”项目，监察内容为：依据《固定资产投资项目节能审查办法》(国家发改委〔2016〕第44号令)，检查项目是否按规定进行节能审查，项目是否符合强制性节能标准及节能审查意见落实情况。单位产品能耗限额标准执行情况的监察对象为钢铁、焦化、有色金属、火电、石化、化工、建材等高耗能行业的重点企业，监察内容为：依据国家强制性单位产品能耗限额标准，检查企业单位产品能耗水平是否符合标准要求。用能设备和生产工艺淘汰制度执行情况的监察对象为工业企业、大型公建、商场超市、公共机构等用能单位，监察内容为：依据国家有关用能产品、设备、生产工艺淘汰目录和强制性能效标准，检查用能单位是否使用国家明令淘汰的用能产品、设备、生产工艺。

（二）节能评估审查制度

节能评估，全称固定资产投资项目节能评估和审查，是指根据节能法规、标准，对各级人民政府发展改革部门管理的在我国境内建设的固定资产投资项目的能源利用是否科学合理进行分析评估。固定资产投资项目在社会建设和经济发展过程中占据重要地位，对能源资源消耗也占较高比例。节能评估的主要内容包括：评估依据、项目概况、能源供应情况评估、项目建设方案节能评估、项目能源消耗和能效水平评估、节能措施评估、存在问题及建议等。

《节约能源法》明确规定：国家实行固定资产投资项目节能评估和审查制度。不符合强制性节能标准的项目，建设单位不得开工建设；已经建成的，不得投入生产、使用。固定资产投资项目节能专项监察是对进行节能登记和通过节能评估及审查的固定资产投资项目进行抽查。监察内容有两项：一是节能登记项目是否符合节能登记条件；二是经节能评估和审查后的固定资产投资项目，在开工建设或竣工验收后执行强制性节能标准、落实节能评估和审查意见的情况。其中，节能标准对提高新建项目能效准入门槛、淘汰落后产能、推广高效节能产品、促进节能技术进步、提升能源管理水平提供了重要的技术支撑作用。

三、管理体系认证

以《能源管理体系要求及使用指南》(ISO 50001：2018) 为代表的能源管理体系系列标准是用能单位能源管理的国际最佳实践，其重要性和有效性在全球范围内已被大量的实践证实。我国于2009年自主研制《能源管理体系 要求》(GB/T 23331—2009)，并于2012年、2020年等同转化最新版 ISO 50001 国际标准，发布了《能源管理体系 要求及使用指南》(GB/T 23331—2020) 国家标准。依据 GB/T 23331，还制定了水泥、钢铁、公共机构、焦化、煤炭、平板玻璃、数据中心、船舶、电解铝、火力发电、陶瓷、化工、纺织、造纸等14个行业能源管理体系实施指南系列国家标准，对促进相关行业用能单位建立、实施、保持和改进能源管理体系，加强组织节能管理和能效提升发挥了重要作用。《重点用能单位节能管理办法》明确提出，重点用能单位应当按照《能源管理体系 要求》等相关标准的要求，建立健全能源管理体系并使之有效运行。目前，全国约有3 000余家用能单位获得能源管理体系认证证书。

《环境管理体系 要求及使用指南》(GB/T 24001—2016，IDT ISO 14001：2015) 是环境管理系列标准的龙头标准，自1996年 ISO 14000 系列国际标准问世以来，在全球范围内掀起了一股以实施环境管理体系来达到防止工业污染及减轻环境负荷的热潮。200多个国家和地区直接将该国际标准转化为本国标准；我国自1998年以来先后等同转化了1996年版、2004年版和2016年版；众多组织依据 GB/T 24001 建立、实施、保持并持续改进其环境管理体系；共有超过 34 万余家组织获得了环境管理体系认证证书，证书数量位居全球之首，在环境因素控制、环境影响减少、法律法规符合性、环境绩效持续改进等方面均取得了良好的环境效益、社会效益和经济效益。GB/T 24001 也成为我国环境保护、绿色发展、清洁生产、资源综合利用等领域标准引用频次最高的国家标准。其他环境管理标准工具，如环境标志系列标准、环境绩效评价标准、生命周期评价系列标准等也被众多行业引用和借鉴，作为其提升环境管理水平、改善环境绩效的有力工具（黄进，林翎，王顺祺，等，2017）。

四、节能环保市场化机制

（一）合同能源管理

合同能源管理机制于 20 世纪 70 年代在西方发达国家兴起，是指节能服务公司与用能单位以契约形式约定节能项目，为实现节能目标向用能单位提供必要的服务；用能单位以节能效益支付节能服务公司的投入及其合理利润的节能服务机制。合同能源管理主要包括节能效益分享型、能源费用托管型、节能量保证型、融资租赁型和混合型等商业模式。

全国能标委组织制定了《合同能源管理技术通则》（GB/T 24915—2020）、《合同能源管理服务评价技术导则》（GB/T 40010—2021），用于规范、引导合同能源管理机制的有效实施。

（二）碳排放权交易

碳排放权交易是政府在对温室气体排放实行总量控制的前提下，将一定数量的碳排放配额分配给履约单位，允许碳排放配额在碳市场中进行交易，以最低成本实现温室气体减排目标。2011 年国务院印发《“十二五”控制温室气体排放工作方案》，提出要探索建立碳排放交易市场。2013 年起，北京、上海、天津、广东等地逐步启动碳排放交易试点，并出台了地方性立法或规章。

碳排放核算与报告、核查等是碳交易的核心。《工业企业温室气体排放核算和报告通则》（GB/T 32150—2015）及发电、电网、钢铁、化工、电解铝、镁冶炼、平板玻璃、水泥、陶瓷、民航、煤炭、纺织等 12 个行业温室气体排放核算与报告要求标准，《基于项目的温室气体减排量评估技术规范 通用要求》（GB/T 33760—2017）等 3 项项目减排量评估类标准，对企业温室气体排放“算什么、怎么算”提出了统一要求，解决了温室气体排放标准缺失、核算方法不统一等问题，得到了国家发改委办公厅《关于切实做好全国碳排放权交易市场启动重点工作的通知》（发改办气候〔2016〕57 号）等政策文件的采信和市场应用，为全国碳排放权交易市场的建立提供了技术支撑。

（三）环保管家和环保 PPP 模式

环保管家，即“合同环境服务”，主要指环保服务企业为政府、企业、园区提供合同式综合环保服务，并视最终取得的污染治理成效或收益来收费，它是一种新兴的治理环境污染的新商业模式。2016 年 4 月，环境保护部印发的《关于积极发挥环境保护作用促进供给侧结构性改革的指导意见》（环大气〔2016〕45 号）指出：推进环境咨询服务业发展，鼓励有条件的工业园区聘请第三方专业环保服务公司作为“环保管家”，向园区提供监测、监理、环保设施建设运营、污染治理等一体化环保服务和解决方案。“环保管家”通过常态化的“体检”和“问诊”，及时提出预警和针对性措施，以避免环境事故的发生，既能有效降低企业治污成本，也能有效提升企业治污能力。

PPP（public-private-partnership）模式是指政府与私人组织之间，为了提供某种公共物品和服务，以特许协议为基础，形成一种伙伴式的合作关系，并通过签署合同来明确双方的权利和义务，以确保合作的顺利完成，最终使合作各方达到比预期单独行动更为有利的结果。环境领域PPP项目目前主要集中在市政污水和垃圾处理领域，具有公益性强、复杂性强、技术性强的特点。

（四）绿色金融

2019年3月，国家发改委等七部委联合印发《绿色产业指导目录（2019年版）》，以进一步厘清产业边界，将有限的政策和资金引导到对推动绿色发展最重要、最关键、最紧迫的产业上，有效服务于重大战略、重大工程、重大政策。《绿色产业指导目录（2019年版）》将绿色产业划分为了六大类别，包括节能环保产业、清洁生产产业、清洁能源产业、生态环境产业、基础设施绿色升级以及绿色服务，在这六大一级分类下又细分为30项二级分类以及211项三级分类。

2021年4月，中国人民银行、国家发改委、证监会联合发布《绿色债券支持项目目录（2021年版）》，统一了绿色债券相关管理部门对绿色项目的界定标准，为我国绿色债券发展提供了稳定框架和灵活空间。《绿色债券支持项目目录（2021年版）》是专门用于界定和遴选符合各类绿色债券支持和适用范围的绿色项目和绿色领域的专业性目录清单，为各类绿色债券的发行主体募集资金、投资主体进行绿色债券资产配置、管理部门加强绿色债券管理并出台绿色债券激励措施等提供统一界定标准和重要依据，也是做好绿色债券支持环境改善、应对气候变化、提升资源节约利用效率、推动经济社会可持续发展和产业绿色转型升级等工作的重要技术支撑。

近130项节能环保标准被《〈绿色产业指导目录（2019年版）〉的解释说明》《绿色债券支持项目目录（2021年版）》等绿色金融领域的重要指导文件采用，为其提供了大量技术细节支撑，为规范绿色金融相关业务提供了必要技术基础，助力绿色金融对经济社会绿色发展的推动作用。

五、环保标准引领环保装备高质高效运营

“十三五”时期，环保产业发展由高速增长转向高质量发展，既离不开环保装备和设施的高质高效运行，又离不开相关技术标准的规范和引领。近年来，全国环保产业标准化技术委员会组织制定了一系列有关污水处理和固体废物处理处置领域的重大环保装备产品标准、高效能评价标准、技术工艺标准和系统设施运行效果评价标准，并提出典型行业重大环保装备和系统设施优化控制集成解决方案与应用指南，为环保设备的高质高效运行以及节能减污降碳提供标准化的技术支撑。例如：《高效能水污染物控制装备评价技术要求 旋转曝气机》（GB/T 38220—2019）国家标准针对污水处理厂水处理工艺过程中的第一高能耗设备旋转曝气机，通过引入“旋转曝气机能效比值”的新概念，并对设备安全可靠性、能源利用效率等进行规定，对旋转曝气机进行高效能综合性能评价，评价出同类可比范围内质量安全可靠、能耗低、环保性能优越的高效能设备。标准的实施支撑了《节约能源法》，倒逼生产企业有效制止浪费，合理利用资源，确保产品的可靠性和高效性；指导用户依据产品的评价结果进行理性选择，从而有效降低污水处理成本，带来可观的经济效益和社会效益。同时，对于规

范产品市场，鼓励先进，淘汰落后，提升我国环保设备技术水平，提高国际竞争力，具有现实指导意义。

本章小结

节能环保是实现我国经济可持续发展的必然选择。节能环保标准是国家节能环保制度的基础，是提升经济质量效益、推动绿色低碳循环发展、建设生态文明的重要手段，是化解产能过剩、加强节能减排工作的有效支撑。

强制性节能标准主要包括终端用能产品能效标准和单位产品能源消耗限额标准。强制性环保标准主要包括环境质量标准、污染物排放标准、环境监测方法标准等。推荐性节能环保标准涉及基础类、产品类、方法类、管理类、工具类、设计类标准等方面，为强制性节能环保标准的实施提供了重要的配套支撑作用。

节能环保标准为能效标识制度、节能产品认证制度、节能产品政府采购制度、节能监察制度、节能评估审查制度、管理体系认证等制度，以及合同能源管理、碳排放权交易、环保管家和环保 PPP 模式、绿色金融工具等市场化机制的实施提供了重要的标准化技术支撑。相关政策制度的实施也带动了标准的有效应用。

关键术语

节能	环保	用能产品能效标准
能耗限额标准	能效标识制度	节能环保市场化机制

思考题

1. 理解节能环保的概念及其由来与发展。
2. 简述强制性节能环保标准的法律依据，以及标准对其的支撑作用。
3. 配套支撑的节能环保标准主要有哪几类？
4. 节能环保标准的主要实施方式有哪些？

参考文献

[1] 黄进，林翎，高翔，等．典型行业大气污染控制装备评价及重要技术标准．北京：中国标准出版社，2017.

[2] 黄进，林翎，王顺祺，等．GB/T 24001—2016《环境管理体系 要求及使用指南》理解与实施．北京：中国标准出版社，2017.

[3] 李鹏程，曾磊，等．能效标准与标识的监督、核查和处罚（MV&E）：最佳案例及工作指南．北京：中国标准出版社，2013.

[4] 林翎，付允，彭妍妍，等．绿色生产和消费标准化及政策研究．北京：中国标准出版社，2020.

[5] 中国标准化研究院．中国能效标识制度实施十五周年报告．北京：中国标准出版社，2021.

[6] 沈霁华．我国节能减排政策的演变历程与发展趋势研究．青岛：中国石油大学（华东），2014.

第 19 章

农业与食品标准化

学习要点

1. 农业与食品标准化的基本概念
2. 农业与食品标准体系的构建与运行
3. 重要的农业与食品标准
4. 农业与食品标准的实施

第 1 节　概　述

一、农业标准化

我国农业标准化已上升到国家治理层面，先后成立了 91 个涉农全国标准化技术委员会、分技术委员会，集聚了近万名各方面专家，开展农业标准化研究及标准制定、修订工作，不断完善农业标准体系。农业标准体系建设以农产品质量安全标准为重点。截至 2019 年 6 月，共制定农业国家标准 3 483 项，备案行业标准 6 467 项、地方标准 21 088 项。农业标准涵盖了农业投入品、农业生产、农产品加工、农产品流通、农产品检验检测、农业社会化服务等领域，基本形成了以国家标准为主，行业、地方标准配套，统一权威的农业标准体系。

当前，农业标准化需要围绕国家粮食安全、农产品质量安全、农业绿色生态可持续等重点领域，着力构建多层次、全链条、全要素的现代农业标准体系。而且还要进一步加强农兽药与重金属残留、农业投入品质量安全风险评估、动植物疫病防控、农业转基因安全评价、农业面源污染防控治理、农业生态修复与保护等领域标准的制定和修订工作，不断完善农业全产业链安全标准体系。以推动农产品质量提升为目标，以种质种苗、农业良好操作规范、质量分等分级、加工、贮藏保鲜、包装配送等标准为重点，进一步健全农业全产业链质量保障标准体系；以推动便捷交易和公平贸易为目标，以加快农产品与农资供应商评价、物流仓储、批发市场、农产品质量追溯及品牌建设等管理与服务标准为重点，加快构建农业全产业链服务标准体系；以农田、水利等基础设施、耕地质量分级、农业气象、农业可持续评价、农业社会化服务等标准为核心，构建农业全产业链支撑标准体系（初侨，等，2021）。

农业标准化的必要性和意义：

（1）保障农产品质量安全的依据和前提。农产品质量安全已成为人们和社会关注的焦点问题，比如生产环节的产地环境质量安全要求，种子、种苗、农药、化肥等农业投入品的质量安全要求，所生产出来的具体农产品的农药、兽药等有毒有害物质残留限量标准等规定，都需要以产品质量安全标准的方式予以规定和颁布实施，并要求相关生产者遵照执行。农产品标准作为农产品质量安全监管依据，支撑我国《农产品质量安全法》实施。

（2）推动传统农业升级的途径。传统农业转型升级对标准化的需求主要体现在对质量方面的高水平标准的需求。既需要相关标准发挥“保基本，筑底线”的作用，也需要制定和实施优质标准，形成质量硬约束，淘汰落后产能，推动农业产业转型升级，引导实现农产品“优质优价”的市场竞争环境（初侨，等，2021）。

（3）显著提高农业生产效益和效率的有效手段。对于没有实施标准化生产的农业企业或其他生产者而言，更多的是依靠个性化的生产经验进行生产和操作，带来的是生产效率低，成本较高；而实施标准化生产和管理的农业企业或其他生产者，可显著提高劳动生产效率。

二、食品标准化

新中国成立以来，经过半个多世纪的发展，我国食品工业发生了翻天覆地的变化。伴随食品工业的发展进步，我国食品标准化经历了五个发展阶段（国家标准化管理委员会农轻和地方部，2007）：初级阶段（20 世纪 50 年代至 70 年代）；发展阶段（20 世纪 80 年代）；完善阶段（20 世纪 80 年代末至 90 年代中期）；巩固阶段（20 世纪 90 年代中后期至 2008 年）；提高阶段（2009 年至今）。

目前我国食品安全问题仍是人民群众最关心、最敏感的问题。食品安全标准重在发挥“保底线”的作用，因此食品安全标准是当前甚至未来很长一段时期食品标准化的重点。截至 2020 年底，我国共发布食品安全国家标准1 311项，其中现行有效标准 1 233 项，涉及近 2 万项食品安全指标，覆盖了主要健康危害因素和我国居民消费的主要食品类别，初步构建起覆盖从农田到餐桌，与食品法典标准和主要发达国家基本一致的食品安全国家标准体系（樊永祥，2021）。

随着人民群众对美好生活的需要日益增长，公众健康诉求提升、产业创新调整变化，现代化治理对食品标准化工作提出了新挑战、新任务、新要求。当前食品污染物、致病微生物、农兽药残留等传统安全问题与抗生素耐药等带来的新型安全问题交织并存。食品产业面临新技术和新工艺、新业态和新消费模式等创新压力和新国际贸易形势等诸多挑战。反食品浪费给绿色高效的食品生产方式、简约适度的食品消费理念提出了新的标准要求。

面对新形势和新要求，食品标准化工作的发展趋势可归纳为：（1）做好食品标准体系框架的顶层设计；（2）优化完善食品安全国家标准体系；（3）加快构建高质量食品质量标准体系；（4）激发团体标准和企业标准的竞争性活力（李强，等，2021）；（5）积极牵头和深入参与国际标准制定；（6）提升食品标准的宣贯和实施水平（详见延伸阅读 19 - 1）。

食品标准化的必要性和重要意义：

（1）食品标准化是全面提升食品质量和安全水平、保障消费者健康的关键。食品标准化是为了对食品质量安全实施全过程控制而建立的。食品标准化的有效实施可以使食品生产全过程标准化、规范化，为食品质量安全提供控制目标、技术依据和技术保证，实现对食品安全各个关键环节和关键因素的有效监控，满足食品质量安全标准的规定和要求，全面保证和提升食品质量安全水平，切实保护消费者的健康和权益。

延伸阅读 19－1
食品标准化
工作发展趋势

（2）食品标准化是提高国家食品产业竞争力的重要技术支撑。食品行业是我国的支柱性产业，其发达程度直接影响到我国的综合国力和国际竞争力。一个既符合我国国情又与国际接轨的食品标准体系，可为企业提供一套完整有效、科学合理的安全生产和监控管理技术标准与规程，引导和规范企业行为，促进企业加强质量管理，强化食品从业人员的自主管理意识，采用新技术、新设备，全面提高产品质量，增强我国食品产业的国际市场竞争力，促进食品贸易全球化。

（3）食品标准化是国家食品监督管理、规范市场秩序的重要依据。食品标准规定了食品生产、加工、流通和销售等过程以及食品产品及其性能、试验方法等的质量安全基本要求和具体指标，食品质量安全标准是判定食品合格与否的依据，是食品进入市场的门槛。依据食品标准可以鉴别以次充好、假冒伪劣食品，保护消费者的利益，整顿和规范市场经济秩序，营造公平竞争的市场环境。

（4）食品标准化是助推食品产业高质量发展的有效手段。随着社会经济发展和生活水平提高，消费者对高质量食品的需求不断增加。食品安全仅是市场准入的门槛，在满足安全的前提下应为消费者提供不同质量等级的食品，需要食品质量标准为食品多样性提供质量保障，满足不同消费需求。食品标准化加快食品质量标准从原料、工艺、成品等角度描述食品的基本质量特征属性，同时明确食品营养功能和食品质量分级标准，满足消费者的高质量食品需求（刘文，等，2022）。

第2节　基本概念和分类

一、农业标准化的基本概念和分类

农业标准化是现代农业的重要基石。国内外农业发展的实践经验表明，农业标准化是促进科技成果转化为农业生产的有效途径，也是提高农产品质量安全水平、增强农产品市场竞争能力、提升农业经济社会效益、增加农民收入、改进农村面貌的重要手段。

（一）农业标准化的概念和范围

农业标准化是指运用统一、简化、协调、优选的标准化原则，对农业生产的产前、产中、产后全过程，通过制定标准和实施标准，促进先进的农业科技成果和好的经验迅速推广，确保农产品的质量和安全，促进农产品的流通，规范农产品市场秩序，指导生产，引导消费，从而产生良好的经济、社会和生态效益，达到提高农业生产水平和竞争力目的的一系列活动过程。

广义的农业包括种植业、林业、畜牧业、渔业、农用微生物业等，因此农业标准化的范围包括种植业、林业、畜牧业、渔业和农用微生物业等方面的标准化（苏彩和，席兴军，2014）。

（二）农业标准的分类

（1）根据《标准化法》的规定，按照标准的适用范围和管理主体，农业标准分为国家标准、行业标准、地方标准、团体标准和企业标准。

（2）按照约束性程度，农业标准分为强制性标准和推荐性标准。只有在以下范围内需要强制执行的内容才能制定成强制性农业标准，即有关国家安全、保护人体健康、动植物生命安全和健康、污染物排放限值和环境质量、产品及产品生产、储运和使用中安全、卫生、环境保护、防止欺骗、保护消费者利益等方面的技术要求。

（3）按照农业标准化的内容，目前多把农业标准划分为农业技术标准、农业管理标准和农业工作标准三大类（张晓康，等，2013）。

1）农业技术标准。指对农业标准化领域中需要协调统一的技术事项所制定的标准，主要涵盖农产品标准、农业技术基础标准、农业方法标准、农产品安全卫生与环境保护标准、农业物流技术标准、农业生产技术规程类标准、农业能源技术标准、农业定额标准、农业职业健康技术标准、农业社会化服务技术标准等。

2）农业管理标准。指对农业标准化领域中需要协调统一的管理事项所制定的标准。农业的管理事项主要是指在农业企业管理活动中所涉及的人力资源管理、基础设施管理、生产开发管理、生产过程质量控制、农产品服务监测和环境管理，安全卫生质量管理、农药和化肥等合理使用管理，以及种植、栽培、饲养、养殖、农（林、牧、水）产品初级加工管理等重复性事物和概念。

3）农业工作标准。指对农业企业（生产单位）生产管理范围内需要协调统一的工作事项所制定的标准。这里的工作事项主要是指在执行相应的技术标准和管理标准时，与工作岗位的职责、岗位工作人员基本技能、工作内容、要求与方法、检查与考核等有关的重复性事情与概念。岗位人员的基本技能是对从事该岗位工作的人员的最基本要求，包括文化水平、操作水平、管理知识等方面。

二、食品标准化的基本概念和分类

食品标准化是长期生产实践中探索创立起来的技术领域，其发展与进步同食品技术的发展与进步密切相关，是规模化工业经济中一种重要的应用技术。食品标准化的跨度和涉及的专业范围很广，包括食品科学、卫生与毒理学、产品质量安全监督与管理、检验检测等专业，是标准化的基本原理在食品工业领域的具体应用。

（一）食品标准化的基本概念

1. 食品与食品链

（1）食品的定义。我国《食品安全法》规定，“食品，是指各种供人食用或者饮用的成品和原料以及按照传统既是食品又是中药材的物品，但是不包括以治疗为目的的物品”。GB/T 15091—1994《食品工业基本术语》规定，食品是指“可供人类食用或饮用的物质，包括加工食品、半成品和未加工食品，不包括烟草或只作药品用的物质”。

（2）食品链（food chain）的定义。GB/T 22000—2006《食品安全管理体系 食品链中各类组织的要求》规定，食品链是指“从初级生产直至消费的各个环节和操作的顺序，涉及食品及其辅料的生产、加工、分销、贮存和处理”。形象地说，食品链是一条从初级生产至加工、分销、贮存、处理再到最终消费的产业链，链上的各个环节按先后顺序排列。直接介入食品链的组织包括（但不限于）饲料生产者、采收者、农作物种植者、辅料生产者、食品生产制造者、零售商、餐饮服务与经营者、提供清洁和消毒、运输、贮存和分销服务的组织。间接介入食品链的组织包括（但不限于）设备、清洁剂、包装材料以及其他与食品接触材料的供应商。

2. 食品标准与食品标准化

（1）食品标准，是指在一定范围内（如国家、区域、食品行业或企业、某一产品类别等）为达到食品质量、安全、营养等要求，以及为保障人体健康，对食品及其生产加工销售过程中的各种相关因素所做的管理性规定或技术性规定。这种规定经权威部门认可或相关方协调认可。食品标准既规定产品要求，也规定与食品生产加工相关的方法、规程和指南，还规定适用于产品或食品生产加工的术语、符号、包装、标识或者标签的要求。

（2）食品标准化，是指为在食品领域特定范围内获得最佳秩序，对基础性问题，或者是实际的或潜在的食品技术问题制定共同的和重复使用的规则的活动。食品标准化活动主要包括食品标准的制定、发布及实施过程。

3. 食品标准体系和食品标准体系表

（1）食品标准体系，是指为实现食品生产、消费、管理等目的，将食品从生产直至消费的整个食品链全过程中各影响因素、控制手段、控制目标等所涉及的技术要求，按照其特定的内在联系组成的、科学的、有机的整体。从本质上说，食品标准体系就是食品标准的一个集合体。

（2）食品标准体系表，是指将食品标准体系内的标准按照一定的形式排列，以表示标准之间的内在联系和依存制约的关系，从而形成的图表。食品标准体系表中包括在一定时期内、一定范围内的标准体系应有的全部标准，即应予以继续有效、修订、拟制定和废止的食品标准。

4. 食品安全与食品质量

食品标准化将食品和食品链全过程中的各个环节、各种活动作为标准化对象，针对影响食品安全和食品质量的各项因素，制定强制性的食品安全标准和推荐性的食品质量标准（详见延伸阅读19－2）。

延伸阅读19－2
食品安全与食品质量及其关系

（二）食品标准的分类

食品标准给出的规定是具有复合性的技术要求。因此，要阐述食品标准的类型，不能只按某一种方式进行分类，需要根据标准属性、内容、适用范围等多角度进行划分。

1. 按标准的属性划分

按照标准的不同属性，食品标准划分为强制性食品标准和推荐性食品标准。我国食品安全标准是强制性的，是对食品中各种影响消费者健康的危害因素进行控制的技术法规。我国《食品安全法》规定了食品安全标准的范围，并将其定性为强制执行的标准，而且除食品安全标准外，不得制定其他食品强制性标准。世界各国都对食品中影响健康的危害因素进行强制性要求，但大部分国家以法规的形式颁布。除强制性食品安全标准以外，食品质量方面的要求则制定为推荐性食品质量标准。

2. 按标准的适用范围划分

根据《食品安全法》，食品安全标准可制定为强制性国家食品安全标准、地方食品安全标准。依据《标准化法》，按照标准的不同适用范围，可将我国食品质量标准划分为国家标准、行业标准、地方标准、团体标准和企业标准。不同适用范围的食品标准其内容规定的侧重点不同。例如食品国家标准侧重环境、安全或基础、通用的技术内容，而食品行业标准侧重产品的技术内容。我国食品安全国家标准由国家卫生主管部门牵头管理立项制定和批准发布，食品质量国家标准由国务院标准化行政主管部门牵头管理和批准发布。

3. 按标准的内容划分

按照标准的内容，可将食品标准划分为食品安全标准和食品质量标准两大类别，每大类别又分为不同标准类型。

食品安全标准的内容包括八个部分：(1) 食品、食品添加剂、食品相关产品中的致病性微生物，农药残留、兽药残留、生物毒素、重金属等污染物质以及其他危害人体健康物质的限量规定。(2) 食品添加剂的品种、使用范围、用量。(3) 专供婴幼儿和其他特定人群的主辅食品的营养成分要求。(4) 对与卫生、营养等食品安全要求有关的标签、标志、说明书的要求。(5) 食品生产经营过程的卫生要求。(6) 与食品安全相关的质量要求。(7) 与食品安全相关的食品检验方法与规程。(8) 其他需要制定为食品安全标准的内容。食品质量标准包括食品术语分类等基础标准、食品质量要求与质量分等分级标准、过程质量控制管理等技术要求标准，以及配套的质量评价和检测方法标准等。

4. 按食品的类别划分

基于对食品的分类，按食品标准化的对象划分，食品标准又包括食品、食品添加剂、食品接触材料及制品的各种类型的标准。(1) 食品标准。以食品本身不同类别为对象的标准。如豆类和豆类制品、食用淀粉和淀粉衍生物、水果和蔬菜制品、肉制品和蛋制品、水产制品、乳制品、食用油脂、食糖、糖果和巧克力、食用蜂产品、茶叶、饮料、饮料酒、调味品、特殊膳食食品、新型发酵制品、罐藏食品等标准等。(2) 食品添加剂标准。以添加到食品中的添加剂、营养强化剂、加工助剂等为对象的标准。(3) 食品接触材料及制品标准。以食品的包装材料和容器、食品生产经营的工具、设备、洗涤剂、消毒剂等为对象的标准。

5. 其他划分方法

按食品标准的制定主体和区域等进行划分，可将食品标准分为国际食品标准、区域食品标准或联盟食品标准等。(1) 国际食品标准。食品领域的国际标准组织主要有国际标准化组织（ISO)、联合国粮农组织和世界卫生组织下属的食品法典委员会（FAO/WHO，CAC)、国际乳品联合会（IDF)、国际葡萄与葡萄酒组织（OIV)、世界动物卫生组织（OIE)、国际植物保护公约（IPPC）等。其中 ISO、CAC、OIE、IPPC 四大标准化组织是世界贸易组织（WTO）认可的国际标准化组织，其标准对世界各国的食品发展有举足轻重的影响。(2) 区域食品标准和联盟食品标准。主要包括欧洲标准化委员会（CEN）标准、欧盟茶叶委员会（ETC）标准、美国分析化学家协会（AOAC）标准、东盟标准与质量协商委员会（ACCSQ）标准、非洲地区标准化组织（ARSO）标准等。

第3节　农业与食品标准体系的构建与运行

一、现代农业全产业链标准体系

农业全产业链是指由农资供应与采购、农产品生产、农产品仓储与物流、农产品加工与深加工、品牌建立与营销、农产品销售等多个环节组成的完整的产业链系统（孙晓康，等，2013）。加快健全现代农业全产业链标准体系，推动新型农业经营主体按照国家标准生产，培育农业龙头企业标准“领跑者”将成为未来我国农业标准化的重点工作。下面从现代农业全产业链标准体系的内涵、需求分析、构建原则和体系框架等方面阐述（初侨，等，2021）。

（一）现代农业全产业链标准体系的内涵

现代农业全产业链标准体系是对农业全产业链的延伸和拓展，是在农业供给侧改革的背景下，应现代农业发展所需和标准化改革之势而提出的一个全新的概念。它以市场需求为导向，在注重农产品生产过程的同时，更加突出农业生产全过程的标准化建设。

与传统农业标准体系不同，现代农业全产业链标准体系将农业全产业链分为安全、质量、服务、支撑四个维度，覆盖农业生产、加工、流通过程的全要素和农产品从农田到餐桌的全过程。标准体系层次更加清晰，且更加健全。在主体构建方面，不再局限于政府主导下的单一治理模式，而是形成了政府引导制定标准与市场自主制定标准协同发展的局面，其中，政府主导制定的标准侧重于保安全、保基本，市场自主制定的标准侧重于提高产品和服务质量，有效支撑统一市场体系建设，促进农业农村经济发展。

（二）现代农业全产业链标准体系的需求分析

1. 农业全产业链标准化建设方面

建设“创新引领、要素协同、链条完整、竞争力强”的产业体系，需要围绕农业产业的全过程、全要素、各类主体等进行分析，开展农业标准化工作，建立能够贯穿产业链起始一体化使用并对农业发展实时响应更新的全产业标准体系。

2. 中高端消费方面

中高端消费对标准化的需求主要体现在高质量和个性化两个方面。在高质量方面，需要建设形成健全协调、规范统一的质量分级标准体系，用先进的标准促进产业转型和质量升级。在个性化方面，需要充分发挥市场机制与企业主体作用，构建特色农产品标准体系，结合各地的优势特色农产品，研判细分市场发展趋势，开展标准化工作。

3. 新业态新模式方面

围绕农业机械化、智能化、自动化等生产方式，积极应用基因工程、生物技术等现代农业生产的科技成果，推动工厂化农业、循环农业、设施农业等技术在农业领域的大规模应用，构建新型标准体系。鼓励专业大户、家庭农场、农民合作社、农业企业等新型农业经营主体运用标准化手段，提升农业生产效率，提高农产品质量，增加农产品附加值。

（三）现代农业全产业链标准体系的构建原则

1. 市场驱动，政府引导

现代农业全产业链标准体系注重采用市场驱动和政府引导并重的发展模式。深化标准供给侧结构性改革，强化市场主体的标准化主体地位，鼓励更多的优质农业企业、社会团体参与制定相关标准。扩大团体标准在整个国家标准化体系中的比重，鼓励企业研发自主知识产权标准和采用高水平的标准，形成企业核心竞争力。

2. 科技创新，标准同步

标准的研制应与技术创新同步，领先于农业产业发展，及时将先进适用的科技创新成果纳入农业技术标准，促进农业转基因技术、新一代信息技术、智能服务等在农业产业中的应用，提升农业标准技术水平，体现标准对农业技术进步和产业升级的推荐性价值，引领农业产业发展。

3. 质量变革，效益优先

质量与效益是建设高质量发展的农业全产业链标准体系的首要考核指标。要加快推动标准建设从数量型向质量型转变，注重综合标准的作用和标准的实际效果。更加突出产业融合特征，通过推进不同性质、不同层级标准之间的协调配套，提升标准体系的系统性，形成技术指标先进科学、构建严密的技术制度体系。

4. 生态文明，绿色发展

现代农业全产业链标准体系服务于我国农业高质量发展。农业高质量发展要以农产品安全为基准。若要根本解决农产品的安全问题，必须遵循自然生态规律。现代农业全产业链标准体系是在生态友好的前提下构建的现代农业标准体系，是充分考虑质量提升、市场效益与绿色发展之间关系后形成的一种新型标准体系。

（四）现代农业全产业链标准体系框架

现代农业全产业链标准体系可分为三个层次。第一个层次包括安全标准子体系、现代农业质量标准子体系、服务标准子体系、支撑标准子体系四个子体系；第二个层次包括现代农业全产业链标准四个子体系所涵盖标准的主要服务方向和具体领域；第三个层次包括种植业、林草业、畜牧业、渔业等应用行业的标准。

其中，现代农业全产业链安全、支撑标准子体系主要涉及安全和基础，以政府主导制定为主、市场主导制定为辅。现代农业全产业链质量、服务标准子体系主要涉及产品质量和服务质量，以市场主导制定为主、政府主导制定为辅。

二、食品标准体系

食品标准体系建设是一项综合性、多主体、复杂的系统工程，覆盖了各类食品生产加工的各个环节，将标准化贯穿食品生产加工过程。只有通过严谨科学的标准化手段对食品链全过程进行有效监控和管理，才能从根本上保证和提高食品安全和质量水平。

食品标准体系构建原理和方法主要包括系统论原理、标准化原理、质量管理理论、食品生产过程控制原理，以及风险分析原则和方法（包括风险评估、风险管理、风险信息交流）。通过构建食品标准体系和编制食品标准体系表，可明确食品标准体系的结构及组成，全面地了解一定时期内食品领域内现有的、应有的以及预计发展的标准全貌，为确定今后的发展方向、工作重点和目标奠定基础，同时也是进行食品标准化规划的重要依据。

（一）食品标准体系的构建原则

食品标准体系的构建以适应高质量发展和满足当前经济结构的战略性调整为目标，以食品安全为重点，涵盖从农田到餐桌全过程的、食品安全和食品质量要求全覆盖的食品标准体系并有效实施，为促进食品产业高质量发展提供有力支撑。构建和完善符合我国国情的、满足人民群众美好生活需要的食品标准体系，应遵循以下基本原则：

1. 坚持健康至上，促进发展

以严谨制定食品安全标准为核心，坚守保障消费者健康底线，创新发展食品质量标准，提升食品和食用农产品质量高线，全面满足公众消费和行业发展需求。

2. 坚持科学制标，创新驱动

以风险评估和过程质量管理为科学基础，夯实食品标准基础支撑作用；以改革创新为途径，激发各方制定和追求高质量标准的内生动力。

3. 坚持需求导向，共治共享

以健康需求为安全标准指引，以市场需求为质量标准导向，强化主体责任，倡导政府、行业、企业共同参与、各尽其责。积极参与全球食品安全治理，促进食品贸易发展，推动国际国内标准借鉴融合。

4. 坚持统筹推进，分工协作

健全部门协调机制，加强战略规划和政策引导，明确各自职责分工，推动各类标准建设，协同提升标准的质量效率，加强食品标准体系的整体建设。

（二）食品标准体系的构建目标与功能定位

分析和定位食品标准体系的构建目标和功能，有助于明确提出保证实现标准体系功能与作用的标准需求，合理设置匹配相应的食品标准类型（刘文，等，2007）。

1. 准确定位标准体系的目标与功能

基于保障食品安全和推动食品高质量发展的行业需求，需要充分发挥标准化的战略支撑作用，并且通过设置标准体系功能和配套标准，来解决“食品质量安全目标是什么？如何做以达到质量安全目标？如何评价是否达到了质量安全目标？”等产业发展关键问题。因此，目标定位功能、预防控制功能和监督管理功能是食品标准体系必不可少的三个基本功能。另外，标准体系还应具备引导消费功能，以满足消费者的知情权和指导正确消费；应具备保障健康功能，以进一步保障特定人群健康需要；应具备基础支撑功能，以规范开展各项食品质量安全活动。

2. 合理设置与体系功能相匹配的食品标准类型

为保证食品标准体系的各项功能充分发挥，合理设置与之匹配的食品标准类型是关键，因此标准体系功能与标准类型之间具有一定的对应关系。通过确立食品标准体系的目标和功能定位，明确标准体系中各类标准应具有的作用、地位和功能，可有效避免标准体系完整性与配套性差、重要标准短缺的问题，可全面实现食品标准体系在国民经济和社会高质量发展中发挥既“保食品安全底线”又“拉食品质量高线”的标准技术支撑作用。

（三）标准体系的构建要素分析

从食品标准化对象、目标、功能及其影响因素，从过程环节、过程活动、产品类别、指标因子、标准类型、标准层次、标准范围、标准属性等多角度考虑，全面分析和确定食品标准体系的构建要素（刘文，等，2022）。

1. 过程活动要素

（1）生产过程环节子要素，可划分为工厂设计、原料采购、加工、包装、储存、运输、销售、餐饮等。（2）质量安全活动子要素，可划分为安全风险研判、质量分级、质量安全控制与管理、质量安全检验与评价、质量安全追溯、质量安全文化建设等。（3）质量安全指标子要素，可划分为食品安全指标和食品质量指标。食品安全指标包括食品中有害微生物、污染物、生物毒素、农药残留、兽药残留、添加剂使用要求和营养强化剂使用要求七种类型限量指标。食品质量指标包括质量基本要求、营养和品质指标、质量分级要求等指标。

2. 产品类别要素

产品类别要素包括食用农产品、食品、餐饮食品、食品相关产品和其他。其中食品参考国家市场监管总局发布的《食品生产许可分类目录》（2020 版），划分为粮食加工品、食用油油脂及其制品、乳制品、肉制品、饮料等。食品相关产品根据产品材质，可划分为塑料材质食品相关产品、纸材质食品相关产品、竹木材质食品相关产品等。

3. 标准种类要素

（1）按标准属性子要素，可划分为强制性食品安全标准、推荐性食品质量标准。（2）按标准层次子要素，可划分通用标准、专用标准。（3）按标准类型子要素可划分为基础标准、产品标准、质量控制管理标准、检验与评价方法标准等。（4）按标准适用范围子要素，可划分为国家标准、行业标准、地方标准、团体标准和企业标准。

（四）食品标准体系的框架设计

食品标准体系由食品安全标准子体系和食品质量标准子体系两部分构成。食品安全标准以保障食品安全和消费者健康为宗旨，是食品标准体系的核心和底线，是确保食品安全的基础。食品质量标准以提高食品质量、满足食品产业高质量发展和国民食品营养健康水平提升的需求为目标，是促进食品产业高质量发展的重要技术支撑。食品标准体系的框架结构从总体上反映食品标准的分类和基本层次关系，如图 19－1 所示。

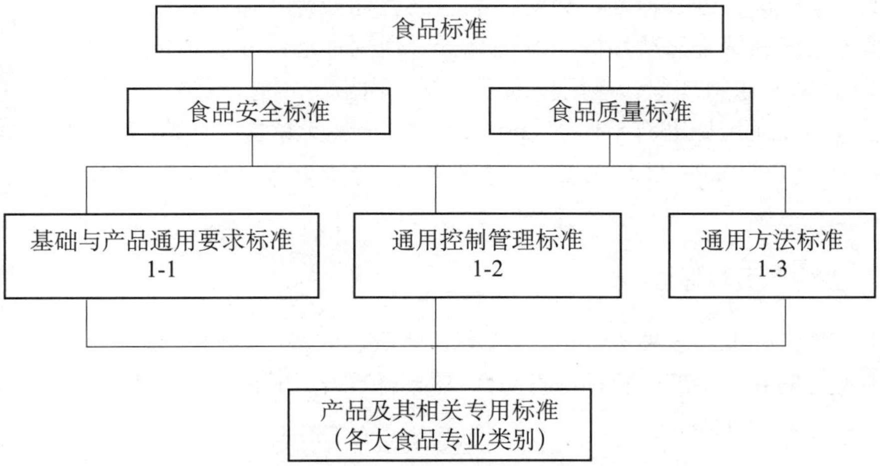

图 19－1　食品标准体系总体框架示意图

从标准属性上，食品标准分为强制性食品安全标准和推荐性食品质量标准。根据我国

《食品安全法》和《标准化法》，国家食品安全标准制定为强制性标准，国家食品质量标准制定为推荐性标准。

从标准层次上，考虑食品标准的共性与个性，设置合理的标准层次。体系框架包括食品通用标准和产品及其相关专用标准两个层次。

从标准类型上，分为食品基础标准与产品通用要求标准、食品通用控制管理标准、食品通用方法标准，其中每部分的主要标准内容各有不同，实现不同功能。

产品专用标准层的食品产品及其相关标准包括各大类食品的产品要求，即食品（如谷类和豆类制品、水果和蔬菜制品、肉制品和蛋制品、水产制品、乳制品、食用油脂、饮料等）、食品添加剂、食品接触材料及制品等。食品产品及其相关专用标准是专门针对特定标准化对象或某个标准化对象中某个特定条件和要求进行规范的个性（单项）标准。

（五）食品标准体系表的编制与运行

食品标准体系表是食品标准体系的有效表达方式。食品标准体系表的结构形式一般由序号、体系号、标准名称、标准号、标准层级和属性、编制状态、采用国际标准情况、归口管理单位或标准化技术委员会（TC）、备注共9列组成二维表格。任何与食品相关的组织、行业或专业领域，均可构建和编制与之对应的食品标准体系和标准体系表（详见延伸阅读19-3）。

延伸阅读 19-3
食品标准体系表的编制与运行

第4节　重要的农业与食品标准

一、重要的农业标准

（一）基础和通用标准

基础标准是制定其他标准的基础，适用范围广泛。这类标准是以实现相互理解为目的而制定的，如术语标准、符号标准、分类标准、试验标准等。通用标准是指包含某个或多个特定领域普遍适用的条款的标准。通用标准在其名称中常包含“通用”一词，例如通用规范、通用技术要求等（白殿一，等，2019）。我国现行的农业基础和通用标准有 GB/T 20014.1—2005《良好农业规范 第1部分：术语》、GB/T 34803—2017《农业社会化服务 分类》等（详见延伸阅读19-4）。

延伸阅读 19-4
常见的农业与食品标准名称示例

（二）农业生产资料标准

农业生产资料标准涵盖种子（苗）、农药、化肥、农膜、饲料、兽药使用和农业机械等标准。我国现行的农业生产资料标准有 GB 4404《粮食作物种子》系列标准、GB 16715《瓜菜作物种子》系列标准等。

（三）农产品产地环境标准

农产品产地环境标准涵盖种植产地、水质、养殖水域、放牧草地等相关标准。产地环境中的污染物通过空气、水体和土壤等环境要素直接或间接地影响农产品的质量，因此，产地环境要求主要对产地的空气、农田灌溉水质、渔业水质、畜禽养殖用水和土壤等的各项质量指标以及浓度限值、监测和评价方法做出规定。制定农产品产地环境标准有助于建立良好的生态环境地域和促进对农产品产地环境的保护和改善，保证最终农产品的无污染、安全性（孙晓康，等，2013）。我国现行的农产品产地环境标准有 GB 5084—2021《农田灌溉水质标准》、GB 15618—2018《土壤环境质量 农用地土壤污染风险管控标准（试行）》等（详见延伸阅读 19 - 4）。

（四）农产品质量安全标准

1. 无公害农产品安全要求标准

无公害农产品是指产地生态环境清洁，按照特定的技术操作规程生产，将有害物质含量控制在规定范围内，并由授权部门审定批准，允许使用无公害农产品标志的优质农产品或初加工的食用农产品。无公害农产品标准主要涵盖产地环境、生产技术、产品加工等相关标准。无公害农产品标准主要由国家农业部门发布为行业标准，适合无公害农产品生产、管理和认证。此外，各地还制定了许多生产技术规程地方标准，对无公害农产品进行管理和规范。我国现行的无公害农产品标准主要有 NY/T 2798.1—2015《无公害农产品 生产质量安全控制技术规范 第 1 部分：通则》等（详见延伸阅读 19 - 4）。

2. 绿色食品标准

绿色食品特指产自优良生态环境，按照绿色食品标准生产，实行全程质量控制并获得绿色食品标志使用权的安全、优质食用农产品及相关产品。绿色食品标准主要是农业部制定的行业标准，主要包括绿色食品产地环境质量标准、绿色食品生产技术标准、绿色食品产品标准、绿色食品包装标签标准、绿色食品贮藏运输标准、绿色食品监测与检测标准及其他相关标准。这些标准对绿色食品产前、产中、产后全过程质量控制技术和指标做了全面的规定，构成了一个科学、完整的绿色食品行业标准体系（钱和，等，2019）。我国现行的绿色食品标准主要有 NY/T 421—2021《绿色食品 小麦及小麦粉》、NY/T 1047—2021《绿色食品 水果、蔬菜罐头》等（详见延伸阅读 19 - 4）。

3. 有机食品标准

有机食品按照有机农业方式生产，作为追求生态安全的产品，主要满足国际市场和国内中高端消费市场的需求。有机食品标准是应有机农业的实践和认证需要而产生和发展起来的，是有机食品生产加工者从事有机食品生产加工活动的技术、行为的规范。有机食品标准内容涵盖产地环境选择、轮作、土壤施肥改良、植物病虫草害防控、动物疫病防控、有机食品加工允许使用的物质、有机完整性的保持等方面（杨丽，左广胜，2010）。有机食品标准可作为质量认证标准，是对一种特定生产体系的共性要求。它不针对某个食品品种或类别，凡是遵守这种生产规范生产出来的农产品及其加工品都可以冠以“有机食品”的称谓进行销售，并可以在包装上印制特定的有机产品质量证明商标。我国现行的有机产品国家标准主要有 GB/T 19630—2019《有机产品生产、加工、标识与管理体系要求》、NY/T 1733—2009《有机食品 水稻生产技术规程》等（详见延伸阅读 19 - 4）。

4. 农产品质量分级标准

农产品质量分级标准涵盖种植业产品、林业产品、畜牧业产品、渔业产品以及其加工产品的相关品质、安全卫生、质量等级、净质量、收货、加工、包装、贮存、运输等标准（席兴军，等，2005）。我国现行的农业质量等级标准有GB 6141—2008《豆科草种子质量分级》、GB 6142—2008《禾本科草种子质量分级》等（详见延伸阅读19-4）。

（五）农产品流通标准

农产品流通是指农产品中的商品部分，通过买卖的形式实现从农业生产领域到消费领域转移的一种经济活动。农产品流通标准涵盖农产品的收购、运输、储存、销售等一系列环节标准。我国现行的农产品流通标准有GB/T 37060—2018《农产品流通信息管理技术通则》、GB/T 33129—2016《新鲜水果、蔬菜包装和冷链运输通用操作规程》等（详见延伸阅读19-4）。

（六）农业社会化服务标准

农业社会化服务是指为农业生产提供社会化服务的成套的组织机构和方法制度的总称。农业社会化服务标准涵盖农资供应服务、农业生产与经营服务、农技推广服务、动植物疫病防控服务、农业金融服务、农业信息化服务等方面（云振宇，等，2014）。发展农业社会化服务标准化是我国实现农业现代化的必然选择，也是满足社会对高质量农业社会化服务广泛需求的有效举措。目前，我国已初步搭建了覆盖农业社会化服务全要素、全流程的标准体系框架，发布了27项农业社会化服务国家标准，建立了一批农业社会化服务标准化试点，助力农业现代化发展。我国现行的农业标准化服务标准有GB/T 34803—2017《农业社会化服务 分类》、GB/T 37690—2019《农业社会化服务 农业信息服务导则》等（详见延伸阅读19-4）。

二、重要的食品标准

（一）食品基础标准

1. 食品术语标准

食品术语标准化的目的在于分清专业界限和概念层次，从而正确指导各项标准的制定和修订。与其他术语一样，食品标准中的术语表现形式有两种：一是制成一项单独的术语标准或单独的部分；二是编制在其他类型标准中的“术语和定义”一章中。我国现行的食品术语标准有GB/T 9289—2010《制糖工业术语》、GB/T 31120—2014《糖果术语》等（详见延伸阅读19-4）。

2. 食品分类标准

食品分类标准是规范市场的工具，是食品生产监督管理部门对食品生产企业进行分类管理、行业统计、经济预测和决策分析的重要依据，也是进行消费者调查的重要工具。食品分类标准应做到逻辑严密、用语规范、操作直观，既要体现食品行业的学科属性，具有完整性和系统性的特点，又要强调食品分类的社会实用性，充分考虑应用分类的社会各组织、各组织体系的客观基础。随着食品产业的细化，国际上食品分类正朝着开放性的方向发展。我国现行的加工食品分类标准有GB/T 10784—2020《罐头食品分类》等（详见延伸阅读19-4）。

（二）食品产品标准

根据《食品生产许可管理办法》（国家市场监督管理总局令第24号）的管理规定，食品生产许可品种分为粮食加工品，食用油、油脂及其制品，调味品，肉制品，乳制品，饮料，方便食品等。我国现行的食品产品标准有 GB 2712—2014《食品安全国家标准 豆制品》、GB 2726—2016《食品安全国家标准 熟肉制品》等（详见延伸阅读 19-4）。

（三）食品安全限量标准

食品安全限量标准是对食品中天然存在的或者由外界引入的不安全因素限定安全水平所做出的规定。食品安全限量标准规定了人体对食品中存在的有毒有害物质可接受的最高水平，其目的是将有毒有害物质限制在安全阈值内，保证食用安全性，最大限度地保障人体健康。食品中的物理危害、化学危害和生物危害具有不同的特点，其中物理危害非常简单，可以通过良好的生产操作规范加以避免，因此食品安全限量标准主要是围绕化学危害和生物危害方面进行细化，制定相应的限量要求（钱和，等，2019）。我国常见的现行食品安全限量标准（王竹天，樊永祥，2016）主要有 GB 2763—2021《食品安全国家标准 食品中农药最大残留限量》、GB 2762—2017《食品安全国家标准 食品中污染物限量》等（详见延伸阅读 19-4）。

（四）食品添加剂使用标准

食品添加剂是指为改善食品品质和色、香、味，以及为防腐、保鲜和加工工艺的需要而加入食品中的人工合成物质或者天然物质。食品用香料、胶基糖果中基础剂物质、食品工业用加工助剂也包括在内。食品添加剂的使用原则为：(1) 不应对人体产生任何健康的危害；(2) 不应掩盖食品腐败变质；(3) 不应掩盖食品本身或加工过程中的质量缺陷或以掺杂、掺假、伪造为目的而使用食品添加剂；(4) 不应降低食品本身的营养价值；(5) 在达到预期效果的前提下尽可能降低在食品中的使用量。针对食品添加剂的使用原则、允许使用的食品添加剂品种、使用范围及最大使用量，我国制定了 GB 2760—2014《食品安全国家标准 食品添加剂使用标准》（于军，2017）。同时我国针对营养强化剂也进行了类似的规定，制定了 GB 14880—2012《食品安全国家标准 食品营养强化剂使用标准》。

（五）食品质量安全控制与管理标准

食品质量安全控制与管理标准是指通过预防控制，而非依赖最终产品检验，基于风险分析和质量管理理论和方法，采用各种方式和措施控制影响食品质量安全的各种因素和隐患，实现食品质量安全从农田到餐桌的全过程管理，建立涉及食品原料的产地环境、加工、储藏、流通及消费整个过程的食品质量安全的统一规定。常见的食品质量安全控制与管理标准有 GB 14881—2013《食品安全国家标准 食品生产通用卫生规范》、GB 31654—2021《食品安全国家标准 餐饮服务通用卫生规范》等（详见延伸阅读 19-4）。

（六）食品检验检测方法标准

食品检验检测方法标准是指对食品的质量安全要素进行测定、试验、计量、评价所做的统一规定，主要包括食品理化检验方法标准、食品微生物学检验方法标准、食品安全性毒理学评价程序及寄生虫检验方法。常见的食品检验检测方法标准有 GB 5009《食品安全国家标准》系列标准、GB 4789《食品安全国家标准 食品卫生微生物学检验》系列标准、GB 15193.1—2014《食品安全国家标准 食品安全性毒理学评价程序》等（详见延伸阅读 19-4）。

（七）食品标签标准

预包装食品是指预先定量包装或者制作在包装材料和容器中的食品，包括预先定量包装以及预先定量制作在包装材料和容器中，并且在一定范围内具有统一的质量或体积标识的食品。需要强调的是，仅靠是否存在包装不能判断食品是否为预包装食品。散装食品和现制现售食品也可能会有保护性包装，这两类食品在销售场所通常会有现场计量过程，但没有统一的质量或体积标识，不属于预包装食品。因此，最直接的判断方式就是预包装食品在包装上应有统一的质量或体积标识。没有相关标识就不是预包装食品（于军，2017）。任何预包装食品都有标签，借以显示、说明商品的特征和性能，向消费者传递信息。目前我国现行有效的食品标签标准有 GB 7718—2011《食品安全国家标准 预包装食品标签通则》等（详见延伸阅读 19 - 4）。

第5节　农业与食品标准的实施

农业与食品标准实施是指有组织、有计划、有步骤地贯彻执行农业与食品标准的活动，是标准制定者和使用者将标准规定的内容贯彻到生产、加工、流通、消费等各个领域中的过程。标准的实施是整个标准化活动中最重要的一环。标准制定结束后，实施就成为标准化工作的中心任务，是标准取得成效并实现其预定目标的关键。

一、食品安全标准实施在食品生产经营和食品安全监管中的作用

依据我国《食品安全法》，食品生产经营者应当依照法律、法规和食品安全标准从事生产经营活动，建立健全食品安全管理制度，采取有效管理措施，保证食品安全。食品安全标准是食品生产经营者生产经营食品时应当遵守的强制性技术要求，但并非唯一的要求。食品生产经营者首先应当保证自己生产经营的食品是按照法律的要求，采用安全的原料、规范的生产工艺、有序的生产过程管理，且未涉及任何法律禁止的生产经营行为，在此基础上，才可以用食品安全标准判断是否安全、适于食用。所以，符合法律法规的要求是食品安全生产经营的大前提，是保障食品安全的第一道门槛。食品安全标准是在这一前提下，保障食品安全的第二道门槛。任何违反法律法规的食品生产经营行为，如在食品中非法添加非食用物质、掺杂使假的行为本身就违反了法律规定，无须以食品安全标准作为监管依据。生产经营者更不能以没有标准为由逃避责任和监管（王竹天，樊永祥，2016）。

国家食品安全监管部门采取各种食品风险管理措施，建立各类规章制度，对食品生产经营企业开展食品安全监督管理，包括食品生产经营许可制度、食品风险监测制度、食品监督抽样检验制度、食品生产经营企业风险分级管理制度、食品生产经营企业监督检查制度等。落实这些监管活动和监管制度，均需要严格实施和应用食品安全标准作为监管技术依据。

二、农产品与食品认证

目前的农业与食品质量安全认证分为体系认证和产品认证。体系认证即食品安全管理体

系认证；产品认证方面主要有绿色食品认证、有机食品认证和无公害农产品认证。认证的依据和准则需要采用农业与食品相关标准。目前我国农产品和产品认证的种类越来越多，主要如下。

（一）良好农业规范认证

良好农业规范（good agriculture practices，GAP），广义而言，是应用现有的知识来解决农场生产和生产过程的环境、经济和社会可持续性问题，从而获得安全健康的食用和非食用农产品。这是一套主要针对初级农产品生产的操作规范。良好农业规范强调从源头上解决农产品和食品安全问题，是提高农产品生产基地质量安全管理水平的有效手段和工具。

我国 2005 年 12 月 31 日发布首批 GB/T 20014《良好农业规范》系列国家标准 11 项，随着不断补充和修订，现行的 GB/T 20014《良好农业规范》系列国家标准共计 27 项。涵盖大田作物、水果、蔬菜、奶牛、家禽等种植业、动物养殖业和水产养殖业的主要产品。自我国的良好农业规范认证标准发布以来，认证工作有了较快的发展。特别是随着 GB/T 20014《良好农业规范》系列国家标准的发布和同 Global GAP 互认的成功，中国良好农业规范认证已经在国内外有了很大的影响，为我国从源头上控制食品安全，促进农业可持续发展，提高农业综合生产能力提供了新的保障方式。

（二）有机产品认证

有机产品是指生产、加工和销售符合中国有机产品国家法规和标准的供人类消费、动物食用的产品。有机产品一直被认为是安全级别最高的产品，它禁止采用化学合成化肥、化学农药、化学合成的激素以及转基因物质，从源头上控制了有毒有害物质接触产品的可能性，而不像其他生产过程，允许使用或有条件允许使用，只要求在作物采收前降解至安全线以下即符合要求。

有机产品认证属于自愿性认证。企业根据国家有机产品认证实施规则的要求提交材料，认证机构依据《有机产品认证实施规则》、新版《有机产品认证目录》和 GB/T 19630《有机产品》及有机产品认证实施规则对企业资质文件、土地使用权、产品所有权、生产、收获等过程及企业质量管理体系文件进行检查。生产过程满足有机产品认证要求的，颁发有机产品认证证书，产品可以使用国家有机产品标志。

近年来，随着消费者对健康和环境保护的要求不断提高，有机产品的需求明显上升，有机产品的生产和消费迅速增长，而且我国的有机产品认证逐渐得到了规范和发展，成为国际有机产品认证的重要组成部分。根据《中国有机产品认证与有机产业发展 2020》：2019 年度共颁发有机产品认证证书 21 746 张，企业数 13 831 家，认证面积 232.8 公顷，2015—2019 年，年平均增长证书数 13.76%；2019 年我国有机产品估算销售额 678.21 亿元，较 2018 年增加 46.74 亿元。2019 年我国按照国外标准颁发证书 2 463 张，其中欧盟 1210 张，美国 969 张（叶可辉，王瑛，2021）。

（三）无公害与绿色食品认证

1. 无公害农产品认证

无公害农产品认证是国家无公害食品计划的重要内容，是保证农产品质量的重要举措，是一项由政府部门主导，关系到广大人民群众利益的工作内容。这项工作的顺利开展，有利于促进我国绿色农业的发展。目前，无公害农产品和绿色食品认证备受关注；社会群众不但关注，还给予其支持；认证数量与日俱增，认证效率也不断提高。这对于我国无公害农产品和绿色食品的品牌形成和发展具有十分重要的意义（赵书捷，2021）。

原无公害农产品认证由产地认定和产品认证两个环节组成。产地认定由省级农业行政主管部门组织实施，产品认证由农业农村部有关单位组织实施。

2. 绿色食品认证

绿色食品标志依法注册为证明商标，受法律保护。省级人民政府农业行政主管部门所属绿色食品工作机构负责本行政区域绿色食品标志使用申请的受理、初审和颁证后跟踪检查工作。农业部所属绿色食品工作机构负责全国绿色食品标志使用申请的审查、颁证和颁证后跟踪检查工作。其他承担绿色食品产品和产地环境检测工作的技术机构也向该机构申请，该机构按照公平、公正、竞争的原则择优指定并报农业农村部备案。

（四）绿色市场认证

绿色市场分为绿色批发市场和绿色零售市场。批发市场包括蔬菜批发市场、水果批发市场、肉禽蛋批发市场、水产品批发市场、粮油批发市场、调味品批发市场等专营批发市场和农副产品综合批发市场。零售市场包括食品生鲜超市等专营农副产品的零售市场，以及大型综合超市、大卖场、仓储式商场、便利店等兼营农副产品的零售场所。

我国2003年由国家认证认可监督管理委员会和商务部联合发布了《绿色市场认证管理办法》，在流通领域开展绿色市场的认证工作。绿色市场认证证书有效期三年，期满后可申请续证，通过认证审核后方可继续使用绿色市场标志。认证机构每年进行一次跟踪监督检查，也可根据情况进行不定期抽查。认证机构可在必要时对获证方的产品实施抽样检验，作为监督审核的一部分。

三、农业标准化示范区建设和管理

农业标准化示范区是指按照一定的种养标准或生态标准组织生产和管理，使农产品达到规定质量标准，并对周边区域同类产品起示范、带动作用的农业生产管理区域。它是我国政府为推进农业标准化、产业化工作，缩短与发达国家在农业发展方面的差距而提出的一种行之有效的做法。

农业标准化示范区的本质是以推广应用农业标准化技术、转变传统农业生产方式为突破口，促进我国农业向市场化快速转变，使农业走向新的集约化、产业化、品牌化发展道路，提高农业产业整体质量和市场竞争力。

（一）国家农业标准化示范区建设的现状

国家农业标准化示范区是推行农业标准化的有效形式和重要载体。回顾20余年的发展历程，自1995年开始，在财政部等部门的大力支持下，通过水利部、国家林业局、中华全国供销合作总社等涉农部门和各省市区以及新疆生产建设兵团的共同努力，已连续开展了十批国家农业标准化示范区建设工作。农业标准化试点示范建设走过了一条从无到有、从有到优的持续发展之路，由单一产品的生产加工到区域性综合示范，从注重产量数量到质量效益并重，从专注农产品生产到农业生态环境保护，从总结推广先进技术到推动科技创新，不断改革、创新、提升；试点示范规模不断扩大、领域不断拓展、效益不断提高、模式不断创新、能力不断增强。到2019年，共批准建设4 509个国家农业标准化示范区，5 781个省级农业标准化示范区，涉及全国31个省、自治区、直辖市及新疆生产建设兵团的2 000多个县（区、市），覆盖了粮食、畜禽、水产、蔬菜、水果等大宗农产品和各地优势、特色农产品，覆盖种植面积2 165.9万亩（次）、水面697万亩（次）、畜禽2.4亿头（羽），产品覆盖了粮食、畜禽、水产、蔬菜、水果等大宗农产品和各地优势、特色农产品。示范区农业总产值比示范前增长81.82%，农业人均收入比示范前增长67.05%，有效发挥了“强农业、富农民、美农村”的作用。

（二）国家农业标准化示范区建设成效

在国家农业标准化示范区的建设过程中，示范区所在政府高度重视，从政策、项目、制度等方面提供良好的政策环境，因地制宜，打造区域优势产业，并通过品牌培育，以品牌化驱动标准化建设，取得了良好的综合效益。具体表现在：农业标准化示范区农产品质量和品牌知名度不断提升；农业科技成果转化应用加速；优势特色农产品种养殖规模扩大，种养技术不断优化；示范区农业社会化服务体系日趋完善；示范区生态环境明显改善。

本章小结

农业与食品标准化是在长期生产实践中探索创立起来的技术领域，是农业现代化和规模化食品工业经济的重要技术支撑。农业与食品标准化广泛涉及农业、食品科学、卫生与毒理学、产品质量安全监督与管理、检验检测等专业。为了正确理解和应用农业与食品标准化，本章给出了农业与食品标准化的概念、内容、作用与发展历程，给出了农业与食品标准体系的构建原则、构建要素、框架设计、运行管理以及食品标准体系表的编制方法，并简要介绍了重要的现行农业与食品标准。本章还强调了农业与食品标准化的实施与应用，从食品安全监管、农产品与食品认证和农业标准化示范区建设和管理三个方面加深对标准化实践的理解。

关键术语

农业标准化	现代农业标准体系	食品标准化
食品标准体系	食品安全限量	食品质量安全控制与管理
农业社会化服务	检验检测	食品标签
绿色食品	有机产品	产品认证
农业标准化示范区		

思考题

1. 简述农业与食品标准化的基本概念及其分类。
2. 农业与食品标准化的作用有哪些？
3. 食品标准体系的构建要素包含哪些内容？
4. 列举我国常见的食品安全限量标准和食品标签标准。
5. 食品添加剂使用标准主要规定了哪些方面？
6. 简述我国农业与食品标准的实施情况。

参考文献

[1] 白殿一，王益谊．标准化基础．北京：清华大学出版社，2019：13-19.

[2] 初侨，燕艳华，翟明普，等．现代农业全产业链标准体系发展路径与对策研究．中国工程科学，2021，23（3）：8-15.

[3] 李强，张宏蕊，戴岳，等．我国食品团体标准现状分析与发展建议．食品安全质量检测学报，2021，12（22）：8940-8947.

[4] 刘文，戴岳，袁姗姗，等．食品质量标准体系构建要素与框架设计研究．标准科学，2022（5）：76-81.

[5] 刘文，王菁，许建军．科学构建标准体系 有效保障食品安全．中国标准化，2007（12）：8-12.

[6] 樊永祥．中国食品安全标准展望．食品安全与营养，2021（2）：68-70.

[7] 钱和，庞月红，于瑞莲．食品安全法律法规与标准．2版．北京：化学工业出版社，2019：220-258.

[8] 苏彩和，席兴军．广西农业标准化实施模式与评价方法．北京：中国标准出版社，2014.

[9] 孙超超．如何区分无公害农产品和绿色食品的认证认定？．中国农民合作社，2018（11）：70.

[10] 孙晓康，张灵光，徐长兴，等．现代农业标准化．北京：中国质检出版社，2013.

[11] 王竹天，樊永祥．食品安全国家标准常见问题解答．北京：中国标准出版社，2016.

[12] 席兴军，刘俊华，刘文．国内外农产品质量分级标准对比分析研究．农业质量标准，2005（6）：19-24.

[13] 杨丽，左广胜．有机农业法规标准与技术指南．北京：中国农业出版社，2010.

[14] 叶可辉，王瑛．中国有机农业发展现状与有机产品认证．陕西农业科学，2021，67（10）：107-111.

[15] 于军．食品安全标准应用实务．北京：中国医药科技出版社，2017.

[16] 云振宇，刘文，孙昭，等．浅析我国农业社会化服务标准体系的构建与实施．农业现代化研究，2014，35（6）：685-689.

[17] 国家标准化管理委员会农轻和地方部．食品标准化．北京：中国标准化出版社，2007.

[18] 赵书捷．无公害农产品和绿色食品的认证工作研究．农村经济与科技，2021，32（6）：18-19.

第 20 章
服务标准化

学习要点

1. 服务业发展的全球背景
2. 服务标准化的概念、提出、范围和内容等基础知识
3. 服务标准化的作用
4. 国内外服务标准化的发展
5. 服务标准化与行业发展
6. 服务认证的目的、特点、业务范围、类别和作用

第 1 节　概　述

一、服务业发展的全球背景

以服务业和服务贸易为主要内容的服务经济的迅速崛起，成为 20 世纪中叶以后世界经济发展的显著特征。在科技进步和经济全球化的驱动下，服务业内涵更加丰富、分工更加细化、业态更加多样、模式不断创新，在产业升级中的作用更加突出，已成为支撑发展的主要动能、价值创造的重要源泉和国际竞争的主战场。具体表现在以下几个方面。

（一）服务业产值比重迅速上升，各国相继进入“服务经济社会”

20 世纪 70 年代开始，石油危机使世界经济开始转向服务经济。全球服务业呈现快速增长势头，服务业产值在各国国民经济结构中的比重不断攀升，逐渐成为许多发达国家的主导产业。美、英、法等发达国家的服务业占国内生产总值（GDP）的比重基本超过 70%。许多发展中国家的比重也超过了 50%，并呈快速增长态势。我国服务业增加值于 2012 年超过第二产业，2015 年增加值占 GDP 比重超过 50%。由此，我国服务业发展也站在了新的历史

起点上。

（二）服务业就业比重稳步增加，服务贸易飞速发展

随着服务业产值比重攀升，服务业就业比重也在稳步增加，服务贸易飞速发展。服务贸易的增长速度快于货物贸易。2000—2020年，全球服务贸易进口总额从14 637亿美元增长到57 306亿美元，平均年增长率为7.1%；出口总额从14 913亿美元增长到60 656亿美元，平均年增长率为7.3%。与此同时，我国服务贸易进口总额也从361.6亿美元增长到3 810.9亿美元，年增长率为12.5%；出口总额从350.3亿美元增长到2 806.3亿美元，年增长率为11.0%，全球服务贸易进出口额增长速度均高于同期的货物贸易。① 服务业正逐渐成为外国直接投资（FDI）的重点。以世界经济合作组织的国家为例，外国直接投资服务业的总额明显高于投资制造业的总额，主要集中在零售、金融、商务服务和电信业中。

（三）现代服务业的全球化趋势成为必然，质量竞争更加激烈

随着信息技术和知识经济的发展，要用现代化的新技术、新业态和新服务方式改造传统服务业，创造需求，引导消费，向社会提供高附加值、高层次、知识型的生产服务和生活服务的服务业。随着经济全球化的不断发展，现代服务业的全球化趋势成为必然，主要体现在贸易规模不断扩大，全球消费增长以及跨国投资增长等方面。现代服务业在发达国家经济发展中的地位充分展示出现代服务在未来时期内在世界市场上持续扩张的态势，高科技的发展与应用为现代服务业的国际分工提供了物质条件，这客观上要求打破国家壁垒，实行自由化发展。

服务业增长表现出质量竞争的显著特征。服务业中的交易在合意的质量水平下方能顺利达成，因此，无论是生产性服务业还是生活性服务业，都以实现顾客能够感知到的服务质量为主要战略目标（顾兴全，2019）。标准决定质量，高标准才有高质量，因此标准化是服务业发展的必然趋势。我国对服务业标准化高度重视。2017年2月22日召开的国务院常务会议强调，质量立国要强化标准引领，在完善工业品标准的同时，要着力在服务标准制修订上下更大功夫，鼓励企业通过标准创新促进行业标准提升，推动产业转型和经济结构调整升级。因此，标准化在推动服务业高质量发展中发挥着基础性和引领性作用。

二、服务标准化基础知识

（一）服务标准化的概念

1. 服务标准与服务标准化

服务标准是规定服务应满足的要求以确保其适用性的标准。服务标准的制定涉及服务业的各个领域。规范的内容包括：服务组织、服务人员、顾客、合同、支付方式、服务的交付、服务结果、支持服务交付的硬件设备、支持服务交付的环境、补救措施、服务组织和顾客之间的沟通、服务组织内部或该组织与供应商之间的沟通等。

服务标准化是通过对服务标准的制定和实施，以及对标准化原则和方法的运用，达到服

---

① 数据来源于中国统计年鉴和世界贸易组织数据库。

务质量目标化、服务方法规范化、服务过程程序化，从而获得优质服务的过程。

由于服务本身具有无形性、不可存储性等特点，因此服务领域的标准化不像有形产品那样直接和简单，而是通常对提供服务的相关条件提出标准化要求，如对服务提供者（或供方）的资格或技能、服务设施与环境、服务提供过程及其结果等提出要求。

2. 服务标准与服务业标准

服务业标准是按产业层次提出的概念，其外延非常宽泛。服务业中的标准既有服务标准，也有产品标准和过程标准。而服务标准是从标准的性质角度提出的概念，横跨多个产业。因此，服务业标准涵盖服务标准，而服务标准主要存在于服务业之中，但又不仅限于服务业（柳成洋，2009）。

（二）服务标准化的提出

20世纪末，随着技术的发展和全球产业结构的调整与优化，各国产业结构逐步向第三产业及服务业倾斜是一个基本趋势。各国相继进入服务经济时代。1995年，世界服务贸易额超过了10 300亿美元，占全世界贸易总额的25%以上。1994年服务贸易增长率为8%，而1995年达到了14%。由此，WTO认为服务贸易是当今世界贸易中增长速度最快的领域，并为此专门设立了一个部门，负责WTO与《服务贸易总协定》（GATS）有关的事务，以掌握服务贸易领域的动态，防止由此产生的贸易壁垒。在GATS中提出要以服务质量标准作为服务贸易的基础。

国际标准化组织（ISO）根据《服务贸易总协定》做出对服务贸易规范化的响应，提出用技术标准来支持或促进服务贸易的开展。1995年5月，第17届国际标准化组织消费者政策委员会（ISO/COPOLCO）的年会主题被确定为“服务——对国际标准化的一个挑战”。可以说，此次年会成为国际标准化向更广阔领域发展的一个里程碑。为反映服务业领域的新进展，国际标准化组织（ISO）、国际电工委员会（IEC）和国际电信联盟（ITU）选择“服务”作为1996年世界标准日的主题，即“呼唤服务标准”。服务标准化开始进入国际舞台。

多年来，1SO、IEC和ITU三大国际标准化机构都已采取提供技术标准等方式涉足服务业，支持或促进服务的开展。

（三）服务标准化范围和内容

为了给各国开展服务标准化工作提供指南，国际标准化组织消费者政策委员会（ISO/COPOLCO）于2008年发布了ISO/IEC 76号指南《服务标准制定 考虑消费者需求的建议》，并于2020年进行了修订（ISO/IEC，2020）。该指南给出了服务提供者在制定服务标准时应考虑的要素，具体内容见表20-1。

表20-1 ISO/IEC 76号指南中的服务要素

服务提供要素	要素说明（规范内容）
战略和原则	组织战略
	指导原则
	目的和目标
	目标用户

续表

服务提供要素	要素说明（规范内容）
服务规划和设计	理解目标市场
	识别足够资源（人、财、物）
	紧急预案
	安全防护
合同和支付	条款和条件
	合同
	中止
	顾客权利
	支付信息
服务环境	风险评估
	服务环境的可进入性
	服务人员获得性
	计算机系统
	用于顾客的装备
与顾客的沟通	销售
	市场营销和广告
	信息提供
	顾客接触渠道
	社交网站
	顾客服务政策
员工与资源	招聘称职人员
	培训和支持
隐私和安全、数据保护	个人数据
	保密性
	计算机系统
	服务提供的安全性
反馈和投诉	投诉系统
	人员反馈系统
	争端解决
持续改进	绩效监控
	内部审计
	一线员工与管理者的沟通
	对反馈的回应
	实施变革

三、服务标准化的作用

服务标准化的任务是规范从事服务业的组织和人员的思想、行为、道德品质，通过标准化的形式提高服务业的整体水平。因此，开展服务标准化工作的意义也就显而易见了。

（一）形成服务业发展的制度环境

健全的制度不仅有利于激励有资质的企业进入市场经营，形成有序的竞争环境，降低交易成本，而且通过市场准入制度的“筛选”功能，可以达到优化资源配置、减少资源浪费的目的。我国服务业在快速发展的进程中如果制度环境缺失，必然会导致市场无序发展、运行失调，引发高昂的经济和社会成本，以至于造成服务行为无章可循，消费者的权益被侵犯。形成服务业发展制度环境的重要途径在于制定服务标准。通过制定服务标准，可以明确服务市场的准入领域、准入条件、准入程序以及管理监督方法，从而形成服务业健康、有序发展所依托的制度环境。

（二）确保服务质量，提高服务水平

完善和优化标准以提高产品质量是任何行业发展的必由之路，服务业也不例外。服务企业采用标准化管理，可强化企业的约束机制，充分利用企业现有资源，以顾客需求为出发点，实现服务质量控制，产出优质的服务。同时，优质的服务可以极大地拉动我国城乡居民的服务消费，改善消费结构，推动国民经济的快速增长。

（三）保护消费者合法权益

通过制定服务标准，对市场主体的资质和行为进行规范，可以形成公开透明、管理规范和全行业统一的市场准入制度，有利于激励有资质的企业进入市场经营，剔除不合格或者行为不端的企业，有助于形成良好的竞争环境，进而保护消费者的合法权益。对服务组织及其分支机构的人员和资质进行规范，并将该标准作为市场监管的基本依据，强制提供不合格服务的企业退出市场，鼓励优秀企业改善服务，可提高行业的整体服务水平和降低消费者的投诉率。

（四）实现服务业内涵式发展

服务业走内涵式发展道路的关键是提高企业的素质，实现经济增长方式由传统的“粗放经营”向“集约经营”转变，而服务企业素质的提高与经济增长方式的转变要以搞好标准化管理为其前提和基础。或者说，搞好标准化工作、提高规范化水平是服务企业全面提高质量的最直接、最有效的手段。只有搞好标准化，服务业才有可能做到合理地配置和利用企业现有的人力、物力、财力等各种资源，最大限度地挖掘潜力，进而在不增加或少量增加新的投资的情况下，使生产力得到提高，企业得到发展。

（五）提高我国服务业的国际竞争力

目前，国际标准已成为国际贸易游戏规则的一部分和质量仲裁的准则。许多国家千方百计地在国际标准化活动中争取主动权、发言权，并竭力在国际标准中反映本国的要求，设置贸易壁垒，保护本国利益。我国需要在所有开放的服务领域中建立服务质量标准体系，对拟进入国际市场的服务提供者进行资格认证，或对服务质量进行规范。制定服务标准，有利于国内服务企业“走出去”。在服务贸易中优先制定标准将有利于我国的服务进入国际市场。服务标准客观上形成了国内企业国际化经营的外部约束，而且也让国内企业了解国际服务领域的质量标准和行业准入条件，从而为“走出去”战略提供技术支撑。

综上所述，开展服务标准化工作有利于规范整个服务市场秩序，提高服务业从业人员综合素质，提升服务企业的服务功能和水平，促进服务业的转型升级和高质量发展，提升我国服务业的国际竞争力（柳成洋，2009）。

第2节　国内外服务标准化的发展

服务标准化是全球共同关注、共同探索的新兴领域。因此，我国在开展服务标准化工作中要及时跟踪国际动态，借鉴好的经验与做法。本节介绍了国际标准化组织（ISO）、欧盟、美国与我国开展服务标准化工作的现状，并总结了相关经验和趋势，为我国服务标准化发展提供借鉴。

一、国际服务标准化的发展

世界贸易组织（WTO）《服务贸易总协定》（GATS）作为乌拉圭回合谈判成果之一，于1995年1月1日正式生效。国际标准化组织（ISO）根据此协定做出对服务贸易规范化的响应，提出用技术标准来规范服务质量，支持或促进服务贸易的开展。

（一）国际标准化组织消费者政策委员会（ISO/COPOLCO）

消费者政策委员会（Consumer Policy Committee）成立于1978年，是国际标准化组织（ISO）全体大会设立的研究与制定政策的几大政策委员会之一。ISO/COPOLCO成员均来自ISO的成员，其成员分为积极成员（P成员，有表决权）、观察成员（O成员，没有表决权）。我国是ISO/COPOLCO的积极成员。

ISO/COPOLCO与世界几大国际组织如经济合作与发展组织（OECD）、国际消费者联盟（IOCU）、国际合作同盟（ICA）等保持着密切联系。COPOLCO成立以来，每年召开一次为期三天的年会，每次约有20～50个成员参加。工作会议做出的若干决议和年度报告将提交ISO理事会。在每届工作会议之前要召开一天的公众研讨会，研讨会的主题均是全球标准化工作的新领域或热点问题。1995年5月29日至31日在北京召开的ISO/COPOLCO第10届年会以服务为主题，受到了1SO中央秘书及ISO/COPOLCO主席团的重视，联合国的一些机构、世界贸易组织均派代表参加。此后，COPOLCO于2001年举办了有关服务标准的研讨会，并决定制定1SO/IEC 76号指南，供制定所有类别服务标准的技术委员会使用。

（二）国际标准化组织服务标准化领域

近年来，ISO制定的服务标准主要包括银行、金融保险服务、运输服务、邮政服务、旅游服务、国际展览管理服务、满足老年人和残疾人特殊需要的服务、家庭健康护理服务、私人数据的保密、投诉处理、服务业术语等诸多方面。根据国际标准分类法（International Classification for Standards，ICS），已开展的标准化领域具体见表20-2。

表 20-2 ISO 开展服务标准化的领域

分类号	表示内容
03.060	金融、银行货币体系、保险
03.080.01	服务综合
03.080.10	工业服务，包括维护、清扫等
03.080.20	公司（企业）的服务，包括宣传、广告等
03.080.30	消费服务，包括旅馆、餐厅、洗涤、清扫、搬运、葬礼等
03.080.99	其他服务
03.200	娱乐、旅游
03.220.20	道路运输，包括道路运输服务
03.220.30	铁路运输，包括铁路运输服务
03.220.40	水陆运输，包括水陆运输服务
03.220.50	航空运输，包括航空运输服务
03.240	邮政服务，包括邮政设备、邮筒和信箱等

（三）ISO 已成立的与服务相关的标准化技术机构

目前，ISO 已经成立的服务类的技术委员会（TC）主要包括：个人理财服务标准化技术委员会（IS0/TC 222）；饮用水供应及污水处理系统服务质量标准和效率指标标准化技术委员会（ISO/TC 224）；市场、民意与社会调查标准化技术委员会（ISO/TC 225）；旅游与相关服务标准化技术委员会（ISO/TC 228）；教育与学习服务标准化技术委员会（ISO/TC 232）等。

与 ISO 技术委员会相对应，ISO 成立了一批项目委员会（PC），包括：心理评估服务标准化项目委员会（ISO/PC 230）；品牌评估服务标准化项目委员会（ISO/PC 231）；评级服务项目委员会（ISO/PC 235）；项目管理项目委员会（ISO/PC 236）；会展术语项目委员会（ISO/PC 237）。项目委员会作为相关领域标准研制的临时机构，负责制定一些国际标准项目。与技术委员会相比，项目委员会最大的特点就在于其临时性、阶段性、目的性。

二、国外服务标准化的发展

（一）欧盟服务标准化现状

1993 年以来，欧洲标准化委员会（CEN）相继成立了维修（CEN/TC 319）、运输服务（CEN/TC 320）、清洁服务（CEN/TC 328）、旅游服务（CEN/TC 329）、邮政服务（CEN/TC 331）、设施管理（CEN/TC 348）等技术委员会承担服务标准的研究制定工作。与此同时，CEN 曾成立一批特别工作组（TF），包括：殡葬管理（BT/TF 139）、翻译服务（BT/TF 138）、保健服务（BT/TF 142）、证券服务（BT/TF 167）、摄影服务（BT/TF 179）和房地产服务（BT/TF 180）等。作为由 CEN 技术管理局（BT）直接领导的特别工作组（TF），也负责制定一些欧洲标准项目。此外，2004 年，CEN 与欧盟委员会在布鲁塞尔成立了一个有关服务标准化的专题工作组，其工作重点是旅游、技能管理和翻译服务。

2006年3月，CEN率先通过了EN 15038《翻译服务 服务规范》（Translation Service—Service Requirements）标准，对翻译服务质量提出了具体要求，规范了语言服务行业的操作规程。

（二）美国服务标准化现状

美国服务标准的制定是相对分散的。国家各部门对标准化工作都有责任，但其职能主要还是协调。美国的标准主要由社会团体制定。企业对服务标准的制定表现在企业大量地参与服务行业协会等社会团体的标准化活动。企业是市场的主体，它受效益、利益的驱动，通过对市场需求的不断追踪，必然需要制定服务标准。竞争环境的规范和公正的实现，又必然要求对服务标准的协调。这正是服务行业标准在美国十分繁多和活跃的原因。

美国政府有关部门对服务标准化法律授权的管理有自己的特点。美国服务标准主要通过四个方面建立：（1）通常以法律法规的形式规范政府行为；（2）服务产业界制定，在美国有400多个标准化组织团体在活动；（3）官方与服务行业合作，采用招标或委托方式；（4）政府把强制性的要求纳入服务标准。美国服务标准的制定往往是根据实际需要，做出及时快速反应，从实际出发制定服务标准并监督实施。

三、国内服务标准化的发展

（一）服务标准化政策

为更好发挥标准化在推动服务业转型升级和高质量发展过程中的技术支撑作用，我国从"十五"时期起就制定了若干政策和规划。"十五"期间，国家标准化管理委员会（以下简称"国家标准委"，代号SAC）联合国家发展和改革委员会等17个部委颁布了《全国服务标准2005年—2008年发展规划》，这是我国第一个有关服务标准化工作的指导性文件。此后，国家标准委联合发改委、商务部、铁道部、交通部等部委编制印发了《全国物流标准2005年—2010年发展规划》，联合民政部编制印发了《全国民政标准2006年—2010年发展规划》等，这些规划为建立我国服务业标准体系起到了重要的指导作用。近些年，国家标准委发布了《全国服务业标准化2009年—2013年发展规划》、市场监管总局等9个部门联合印发《生产性服务业标准化三年行动计划（2019—2021年）》等。这些规划为推进我国服务业的转型升级和高质量发展发挥了重要的作用。中共中央办公厅、国务院办公厅于2018年印发《关于建立健全基本公共服务标准体系的指导意见》、国家发改委等联合发布《国家基本公共服务标准（2021年版）》等，这些政策规划对促进基本公共服务均等化、普惠化、便捷化，提高保障和改善民生水平、推进国家治理体系和治理能力现代化等具有重要意义。

（二）服务标准化技术机构

我国在服务业标准化技术委员会建设方面，一是依托相关政府主管部门，加快与产业发展和百姓生活密切相关的重点服务领域标准化技术委员会的建设，如邮政服务业、交通运输服务业、社区信息化服务业、咨询服务业等。二是筹建服务领域与国际接轨的标准化技术委员会，如旅游及其相关服务、教育服务等。其中，2003年成立的全国服务标准化技术委员会（SAC/TC 264）是从事全国性服务标准化工作的技术组织，对口国际标准化组织消费者政策委员会（1SO/COPOLCO）。SAC/TC 264归国家标准化管理委员会直属管理，负责开展服务标准化政策、理论研究、服务标准化体系建设及实施、国际标准化动态跟踪与研究和服务领域基础标准研制等工作。目前，全国共成立与服务业相关的专业技术委员会、分技术委员会及工作组百余个，主要分布在物流、交通运输、金融、商务等服务领域。例如全国旅游服务标准化技术委员会（SAC/TC 210）、全国教育服务标准化技术委员会（SAC/TC 443）、全国金融标准化技术委员会（SAC/TC 180）、全国饮食服务业标准化技术委员会（SAC/TC 214）、全国物流标准化技术委员会（SAC/TC 269）、全国人力资源服务标准化技术委员会（SAC/TC 292）等。

（三）服务业标准化试点

2007 年，国家标准委联合六部委印发《关于推进服务标准化试点工作的意见》，重点选择现代物流、商贸和餐饮服务、旅游、社区、村镇服务、商务服务、体育等领域作为试点领域。首批试点单位共 12 家，涉及旅游、餐饮、物流、商贸、家政、社保等诸多领域。2018 年，中共中央办公厅、国务院办公厅印发《关于建立健全基本公共服务标准体系的指导意见》，开展国家基本公共服务标准化试点是其重点任务之一。市场监管总局、国家发改委、财政部联合于 2020 年下达了首批国家基本公共服务标准化试点，覆盖 21 个省、自治区、直辖市的 51 个市、县，旨在以标准化推动基本公共服务均等化、普惠化、便捷化。首批试点涉及公共教育、劳动就业创业、社会保险、医疗卫生、社会服务、住房保障、公共文化体育、优抚安置、残疾人服务 9 个领域。2021 年，商务部会同市场监管总局联合开展了国家级服务业标准化试点（商贸流通专项），确定了 15 个商贸流通标准化专项试点城市和 94 家试点企业等。十多年来，服务业领域的标准化试点工作为传播标准化理念，推广服务标准化经验，推动全社会运用标准化方式提供服务，促进服务业的转型升级，引领创新驱动发挥了重要的支撑作用。

（四）服务业标准化工作联席会议机制

为克服服务业涉及部门多、行业广，协调难度大的困难，我国探索建立了服务业标准化工作联席会议制度。目前已经初步实施了全国服务业标准化工作部际联席会议制度和服务业标准化工作地方处长联席会议制度。联席会议制度一方面用来重点解决服务标准化发展的全局问题，另一方面是为了重点推进服务标准化试点工作，最终基本达到整体全局规划与具体试点推广相结合的效果，使得战略规划与具体实践相统一。

（五）服务业国际标准化活动参与

目前，我国服务业领域与国际对口的标准化技术委员会主要有：全国服务标准化技术委员会（SAC/TC 264）对口国际标准化组织消费者政策委员会（ISO/COPOLCO），全国旅游标准化技术委员会（SAC/TC 210）对口 ISO/TC 228，全国教育服务标准化技术委员会（SAC/TC 443）对口 ISO/TC 232，全国服务标准化技术委员会心理咨询分委会对口 ISO/TC 230 等。全国服务标准化技术委员会完成了 ISO/IEC 指南 76：2008《服务标准制定 考虑消费者需求的建议》的等同采标及修订工作，为我国标准制定者编写服务标准提供了指导。2014 年我国提出并成功组建了国际标准化组织（ISO）服务标准化工作组。对此，国际标准化组织技术管理局（ISO/TMB）高度重视，指出服务标准化工作组的组建将为 ISO 战略发展提供有力支撑。中国将成为推动 ISO 服务标准化工作的一支重要力量，在 ISO 中发挥越来越重要的作用。

第3节 服务标准化与行业发展

2021年12月14日，国家标准委等十部委联合印发《“十四五”推动高质量发展的国家标准体系建设规划》，提出服务业领域要建设生产性服务业标准、生活性服务业标准、公共服务标准，通过服务标准的制定和实施推进服务业的转型升级和高质量发展。

一、生产性服务业标准化

生产性服务业具有知识智力密集度高、产出附加值大、资源消耗低、环境污染少等特点。生产性服务业是当今产业国际竞争的焦点和全球价值链中的主要增值点和盈利点，也是促进我国经济增长方式转型和结构升级的突破口。现阶段我国生产性服务业重点发展研发设计、第三方物流、融资租赁、信息技术服务、节能环保服务、检验检测认证、电子商务、商务咨询、服务外包、售后服务、人力资源服务和品牌建设。标准化是现代产业的基础，是生产性服务业创新驱动发展的前提。

我们选取了信息技术和电子商务两个行业，总结分析其标准化工作现状及经验，以期对生产性服务业的标准化工作情况进行了解或对其他生产性服务行业开展标准化工作有所借鉴。

（一）信息技术服务标准化

信息技术标准既是建设信息化基础设施、开发信息系统的依据，也是信息系统之间互联互通、彼此兼容的保证。在以信息通信技术（ICT）的广泛应用为核心的信息化浪潮中，标准化是促进国家信息化、社会信息化发展的重要基础性工作，信息技术标准化成为21世纪经济社会发展的一项重要议题（张东风，等，2014）。

近些年，我国信息技术服务标准化工作取得了显著成果。2014年，中国电子工业标准化技术协会信息技术服务分会（ITSS分会）成立，主要业务有：标准研制、推广，产业相关政策研究，行业公共服务，基础共性关键技术研发以及国际国内的交流合作。同年，全国信标委信息技术服务分技术委员会（ITSS分委会，编号为SAC/TC 28/SC 40）成立，主要负责信息技术服务等领域的国家标准制修订工作，与国际标准化组织和国际电工委员会信息技术联合技术委员会IT服务管理和IT治理分技术委员会（ISO/IEC JTC 1/SC 40）、软件和系统工程分技术委员会软件产品质量度量和评价工作组（ISO/IEC JTC 1/SC 7/WG 6）相关联。ITSS（Information Technology Service Standards，ITSS，信息技术服务标准）是我国通过标准化工作培育的标准品牌，经过发展建设，ITSS已成为业内具有影响力的标准品牌，在规范市场秩序、营造公平竞争环境、提升企业能力、促进产业转型升级等方面发挥了重要作用，有力推动了信息技术服务业加速发展。截至2021年9月，ITSS已发布实施64项标准，其中，国家标准37项，行业标准17项，团体标准10项。在标准应用推广方面，截至2021年9月，认定评估机构34家，培养评估师1 300余名，有5 600余家单位获得ITSS符合性评估证书。在国际标准化方面，持续深化国际标准化合作，贡献中国力量，实质性参与 14 项国际标准的研制工作，并分别担任起草人/联合起草人等。

近年来，信息技术服务业的发展质量、效益、水平全面跃升，在咨询设计、集成实施、运维服务等环节接连取得创新突破。企业服务水平持续提升，综合实力进一步增强。标准作为引领产业创新的重要手段，对推动信息技术进步、规范市场秩序具有重要意义。

（二）电子商务标准化

电子商务发展迅速，但是增长方式粗放、质量效益不高、行业秩序不规范等问题引起国家高度重视。加强顶层设计，建立健全电子商务法律法规，建设法制化的电子商务环境，加强电子商务标准化的必要性尤为突出。标准是电子商务健康、可持续发展的强大支柱，是保障企业健康成长和消费者合法权益的准绳。我国电子商务的蓬勃、健康、可持续发展，倒逼国内电子商务标准化的发展。电子商务标准化工作显得十分重要（蒋奕平，蒋宏，2016）。

在国外，发展电子商务产业的同时也十分重视标准化工作的推进，其标准化工作发展和产业进程具有较大的同步性，在电子商务信息安全方面甚至存在标准先行的情况（杨林，2018）。美国作为标准化大国，很早就开展了电子商务标准化建设。早在 20 世纪末发布的《全球电子商务纲要》中便强调要加快在电子支付、信息安全、数据与资料传输等领域的标准制定工作，建立可共同执行的标准。20 世纪 90 年代，ISO 开始建设电子商务标准体系，取得了巨大的成功。1997 年 6 月，ISO/IEC JTC 1 成立电子商务业务工作组（BT－EC），确定电子商务需要建立标准的领域并围绕相关领域开展相关标准的制定工作。除了组织内部单独的工作，ISO、IEC 后期还与联合国欧洲经济委员会（UNECE）达成了电子商务标准化的合作关系。除了 ISO 和 IEC，UN/CEFACT（联合国贸易便利化与电子业务中心）、W3C（万维网联盟）、IETF（国际互联网工程任务组）等也纷纷从不同的角度开展电子商务标准化工作。

与国外比起来，我国在该行业的起步较晚，但在国家的重视下，发展速度较快，取得了较好的成效。我国发布的电子商务标准主要涉及电子商务信用、企业认定等，在净化电子商务质量环境、优化电子商务交易规则等方面发挥作用。与此同时，我国成立了相关标准化组织或机构，极大保障了标准化工作的开展。2007 年成立的国家电子商务标准化总体组是我国电子商务标准化工作的最高技术协调机构。在其成立以来，建立了我国的电子商务标准体系，并针对关键技术制定了一系列标准，保障了电子商务的快速发展。此后在 2016 年成立了全国电子商务质量管理标准化技术委员会，切实推动了我国电子商务市场的科学化、规范化。目前，与电子商务服务相关的从事全国性标准化工作的技术组织主要有全国电子业务标准化技术委员会（TC 83）、全国电子商务质量管理标准化技术委员会（TC 563）、全国邮政业标准化技术委员会（TC 462）、全国国际货运代理标准化技术委员会（TC 489）、全国社会信用标准化技术委员会（TC 470）、全国商业自动化标准化技术委员会（TC 254）、全国物流信息管理标准化技术委员会（TC 267）等。

当前的国际竞争已经不仅仅是行业的竞争，行业标准化的竞争也已成为各国竞争与合作的舞台。2019 年 11 月，国际标准化组织电子商务交易保障标准化技术委员会（ISO/TC 321）成立，其秘书处由我国承担。这是国际电子商务领域屈指可数的标准化技术委员会之一。ISO/TC 321 主要致力于有效保证电子商务中电子商户或供应商的身份真实性、电子商务平台的可访问性以及交易商品质量等诸多方面，使交易双方尽可能无障碍地在不同国家购买或销售合格产品与服务，使各国中小企业更规范化地将产品与服务有效送达客户，并使消费者在电子商务平台上拥有更多便利与选择。

二、生活性服务业标准化

生活性服务业是服务经济的重要组成部分，它直接向居民提供物质和精神生活消费产品及服务，其产品、服务用于解决消费者生活中（非生产中）的各种需求。近年来，我国生活性服务业蓬勃发展，对优化经济结构、扩大国内需求、促进居民就业、保障改善民生发挥了重要作用。生活性服务业领域宽、范围广，涉及人民群众生活的方方面面，与经济社会发展密切相关。加快发展生活性服务业，是推动经济增长动力转换的重要途径，是实现经济提质增效和升级的重要举措，也是保障和改善民生的重要手段。《中华人民共和国国民经济和社会发展第十四个五年规划和2035年远景目标纲要》要求加快生活性服务业品质化发展，以提升便利度和改善服务体验为导向，推动生活性服务业向高品质和多样化升级。2021年，国办转发了《关于推动生活性服务业补短板上水平提高人民生活品质的若干意见》（以下简称《意见》），对加快发展生活性服务业提出了总体要求。《意见》就加快构建行业性标准化服务标准等提出了明确要求。现阶段我国将主要推动各地在养老、育幼、文化、旅游、体育、家政等领域培育若干特色鲜明的服务品牌。完善生活性服务业的质量标准体系，可以为生活性服务业相关设施的建设管理和服务提供依据，更好适应人民不断增长的美好生活需要。只有不断完善质量标准体系，才能有效调整生产性服务业的供给，不断提高服务水平，助推消费结构优化升级，推动生活性服务业高质量发展。

本部分选取了家政和旅游两个行业，总结分析其标准化工作现状及经验，以期对生活性服务业的标准化工作情况进行了解或对其他生活性服务业开展标准化工作有所借鉴。

（一）家政服务标准化

作为新兴的朝阳行业，迅速扩张在很多时候会导致一定程度上的混乱和无序。规则要随着市场的进一步成熟逐步建立。标准作为共同遵守的规范性指南文件，能通过标准化活动——制修订标准、标准化试点建设等，在行业、企业内将规范服务、高效管理、有序运营等理念慢慢渗透进去，引导行业各相关方按照协商一致的规则，实现行业内上下游的有序对接，协同发展（李曦靖，2017）。

近年来，随着我国经济的不断发展，居民人均收入不断提高，人们的消费能力不断增强，能担负起家政服务支出的家庭越来越多。尤其是随着人口老龄化问题越来越显著以及生育政策的调整，养老、育儿、清洁等多样化的家政服务需求日益增长。家政服务业获得长足发展，成为新兴产业。然而，家政服务业在我国发展的时间不长，标准化程度还相对较低，产业发展并不成熟，因此家政服务业标准化建设尤为重要。家政服务标准化是对家政服务的流程、组织机构等进行规范。通过标准化可以有效规范家政服务行为，提升家政服务业的服务水平，还可以促进居民消费，拉动内需，同时扩大就业，提高就业水平，保障和改善民生（李舒婷，章嘉薇，2020）。

2013年3月，全国家政服务标准化技术委员会（TC 533）成立大会在济南召开。这对构建家政服务业标准体系、提升家政服务质量和推动服务业的发展具有十分重要的意义。

（二）旅游服务标准化

早在2009年12月国务院发布的《关于加快发展旅游业的意见》中，旅游服务行业作为战略性支柱产业已经被政策明确定位。这一定位不仅显示了旅游经济在国家经济发展战略中的重要地位，而且对旅游服务行业的发展提出了更高的要求，即发展“人民群众更加满意的现代服务业”。要提升旅游服务行业的服务质量，就必须构建标准化的服务模式，对旅游服务行业进行规范化管理（邱萍，等，2015）。

2005 年，ISO 成立了旅游与相关服务标准化技术委员会（ISO/TC 228）。涉及旅游领域的国际标准主要由 ISO/TC 228 下设的各工作组研究制定，标准内容具体且有针对性，内容非常详尽，这些标准都具有很强的国际影响力。

欧洲标准化协会（CEN）也专门就旅游标准化工作设立了旅游服务标准化技术委员会（CEN/TC 329）。CEN/TC 329 下设了五个工作小组，负责各类标准的研究和制定。已制定的标准主要集中在旅游住宿、旅行社、娱乐性潜水、语言和导游服务等方面。

2022 年 1 月，国务院印发《“十四五”旅游业发展规划》，文件提出“十四五”时期我国将着力推动旅游业高质量发展，健全旅游标准化工作机制和协调机制，加快相关国家标准制修订，完善行业标准、地方标准，推动企业标准和团体标准发展，提升标准质量，加强标准宣传贯彻和实施情况分析，继续在旅游领域开展标准化试点示范建设，推动旅游标准国际化。

我国的旅游标准化技术委员会（SAC/TC 210）于 1995 年成立，专门负责统筹我国旅游业标准化工作。SAC/TC 210 为构建旅游业标准体系、提升旅游服务质量和推动服务业的快速发展发挥着重要作用。

三、公共服务标准化

基本公共服务是由政府来兜底保障的，非基本公共服务需要政府、市场和公民个人根据不同的情况来承担。享有基本公共服务是每个公民的基本权利，保障人人享有基本公共服务是政府的重要职责。非基本公共服务需要发挥好市场的作用，推动提供主体多元化、提供方式多样化。

实现基本公共服务均等化的关键是推进基本公共服务的标准化，以标准化手段优化资源配置、规范服务流程、提升服务质量、明确权责关系、创新治理方式，确保全体公民都能公平地获得大致均等的基本公共服务，从而切实提高人民群众的获得感、幸福感和安全感。因此，公共服务标准化有助于公共服务均等化。

发达国家的公共服务标准化主要分为两类。一类是以英国为主导的以“服务宪章”为主体的标准体系。这是一种事前规范的模式，即通过政府公共服务部门制定“服务宪章”形式的服务标准，明确服务目标、服务内容和服务流程，从而实现公共服务的标准化。“服务宪章”模式已被欧洲大部分国家效仿和采用，如法国、比利时、葡萄牙、意大利、瑞典、爱尔兰、希腊、芬兰等。另一类是以美国为代表的以绩效评估为主导的标准化模式，即通过制定绩效评估标准来对政府的公共服务进行事后评价，用于评估政府公共服务机构以及承担公共服务外包业务的机构的公共服务质量。除美国外，加拿大、新加坡、韩国也采用了类似的做法（路欢欢，晏绍庆，2014）。

我国与公共服务相关的标准化技术委员会涉及环境管理、城市基础设施、社会福利、公共安全等方面，包括全国消防标准化技术委员会（SAC/TC 113）、全国环境管理标准化技术委员会（SAC/TC 207）、全国交通工程设施（公路）标准化技术委员会（SAC/TC 223）、全国服务标准化技术委员会（SAC/TC 264）、全国城市轨道交通标准化技术委员会（SAC/

TC 290)、全国社会救助标准化技术委员会（SAC/TC 314)、全国社会福利服务标准化技术委员会（SAC/TC 315)、全国公共安全基础标准化技术委员会（SAC/TC 351)、全国殡葬标准化技术委员会（SAC/TC 354)、全国邮政业标准化技术委员会（SAC/TC 462)、全国航空运输标准化技术委员会（SAC/TC 464)、全国社会保险标准化技术委员会（SAC/TC 474)、全国道路运输标准化技术委员会（SAC/TC 521）等。从国家层面来看，我国发布了一系列的规划文件，来推进公共服务标准化工作的开展。

公共服务标准化促进了政府管理的规范化。政府的管理行为面向企业和民众，会直接影响民众对政府的形象感知。不规范、不合理、低效率的政府行为，都会让老百姓给予政府负面的评价。标准化改进了政务服务工作，改进了执法工作，还提升了政府的日常管理工作。

公共服务标准化推进了国家治理能力和治理体系的现代化。标准化为国家治理的合理化提供依据，从而关系到国家治理的效果；标准化为评估国家治理现代化提供量化指标，从而关系到国家治理质量的提升和改善；标准化为国家治理提供统一的评估基准，从而使不同国家和不同地区之间可以就治理状况和治理水平进行相互比较和学习借鉴。所以，标准化在国家治理的目标确定、制度化、合理化、指标体系构建以及评估基准统一等方面发挥着重要作用（陈家刚，2016)。

四、服务认证

服务认证是推动服务标准实施的重要手段；服务标准是服务认证的依据。服务认证是实现服务质量提升、促进服务业转型升级的技术基础，是服务业建立质量信任和参与国际竞争的技术手段。

（一）服务认证的目的与特点

1. 服务认证的目的

服务认证的主要目的包括（但不限于)：为消费者、用户、监管机构以及更广泛的利益相关方树立关于特定服务满足要求的信心，以此来解决他们对特定服务的关注；可用于组织向市场表明有第三方参与，有效地进行营销；促进服务资源适宜，避免服务成本超出社会通常愿意承受的限度等。

2. 服务认证的主要特点

（1）服务认证是一种第三方合格评定活动。

通常，把服务的提供方称为第一方，把服务的购买方称为第二方，把与服务的供需双方无利益关系的独立机构称为第三方。服务认证是由具有独立性和专业性的第三方认证机构向相关方证实某项服务产品满足规定要求，并出具证明文件的一项活动。认证机构作为服务评定的第三方在为顾客进行认证时，应该提供认证活动具有法律约束力的协议，规定服务认证的接受方应该符合的相关要求，约束许可文件、证书和符合性标志的使用规范。

（2）服务认证对象是一项服务或服务产品。

服务认证是一项系统工程。虽然国际标准将服务和产品认证的管理与技术规范视作类同，但是其技术领域与产品认证技术具有显著的差异之处。典型的特征差异是：服务形成和交付往往同时发生，而产品生产和交付通常处在不同阶段。服务的结果受制于服务提供者与顾客的交互作用。即便是相同的服务，也会因顾客不同而影响到服务的成功与否。服务认证对象是服务提供者提供的某项服务，不是服务组织本身，也不是服务组织的管理体系。

（3）服务认证遵循合格评定的特定要求和标准。

服务认证作为一种合格评定活动，应遵循合格评定的特定要求和标准，主要包括：GB/T 27065—2015《合格评定 产品、过程和服务认证机构要求》（ISO/IEC17065：2012，IDT）、ISO/IEC 17030《合格评定 第三方符合性标志的通用要求》、ISO/IEC 17050－1：2004《合格评定 供方的符合性声明 第 1 部分：通用要求》、ISO/IEC 17050－2：2004《合格评定供方的符合性声明 第 2 部分：支持性文件》与 ISO/PAS 17004《合格评定 信息公开 原则和要求》，以及我国相关认证认可标准、规范等文件，如 RB/T 301—2016《合格评定 服务认证技术通则》。

针对特定服务，服务认证还应遵循特定服务的特性标准和服务管理标准，即基于服务蓝图和服务接触理论形成的服务、服务提供、服务运行的规范或标准。

（二）服务认证业务范围与类别

1. 服务认证业务范围分类

建立适宜的服务认证业务范围分类原则和目录是服务认证的共性基础之一。服务业包罗万象、错综复杂、行业跨度大。随着科技发展，尤其是 ICT（信息通信技术）带来了服务业前所未有的变化与发展，各国至今难以对服务业统一分类。

我国 GB/T 4754—2017《国民经济行业分类》将服务业分为生产性服务业、流通性服务业、消费性服务业和社会性服务。在 GB/T 4754—2017《国民经济行业分类》基础上，我国合格评定国家认可委员会（CNAS）结合服务认证的需求，兼顾服务行业分类、服务接触方式、服务特性相关性等因素，发布了 CNAS－GC25《服务认证机构认证业务范围及能力管理实施指南》，协调、设计并给出了《服务认证业务范围分类表》（见表 20－3）。认证机构开展认证时宜实施进一步的详细分类管理，直至对应到认证所依据的服务标准/规范的相应服务功能或服务特性功能。

表 20－3　服务认证业务范围分类表

大类	中类	内容
01		生产性服务
	01.01	农业、林业、牧业和渔业服务
	01.02	采矿业和采石业服务
	01.03	金融服务
	01.04	信息技术服务
	01.05	科技服务
	01.06	供电供气供水服务
	01.07	其他生产性服务
02		流通性服务
	02.01	批发和零售服务
	02.02	汽车、摩托车、个人及家庭用品修理服务
	02.03	交通运输及仓储服务
	02.04	邮政、通信服务
	02.05	租赁服务
	02.06	其他流通性服务

续表

大类	中类	内容
03		消费性服务
	03.01	住宿和餐饮服务
	03.02	文化、体育和娱乐服务
	03.03	旅游服务
	03.04	房地产、物业服务
	03.05	其他消费性服务
04		社会性服务
	04.01	公共管理服务
	04.02	教育服务
	04.03	卫生保健服务
	04.04	社会救济
	04.05	专业技术服务
	04.06	其他社会性服务

2. 服务认证类别划分

服务认证类别包括（但不限于）服务质量认证、服务安全认证和服务生态认证三大类别。通常，服务质量认证包含服务接触过程中安全特性的认证。但是，某些服务体验和互动及其感知的结果具有导致顾客生命、健康损害及其财产安全的风险，且超越了基本安全限值，则需要独立实施服务安全认证。对于和生态有关联的服务，国外已有类似认证，如北欧酒店的白天鹅认证、加拿大酒店的绿色认证、英国的产品与服务的低碳认证等。在服务认证的三大类别中，服务质量认证是最常见的类别。

（三）服务认证的作用

1. 服务认证是完善市场监管治理体系的重要抓手

认证是市场经济条件下加强质量管理、提高市场效率的基础性制度，是质量管理的“体检证”、市场经济的“信用证”、国际贸易的“通行证”。同样，服务认证为提升服务市场的整体质量，降低服务市场监管成本，减少行政监管风险，优化监管资源配置起到了积极的促进作用，是市场监管治理体系的关键要素和技术支撑。

2. 服务认证是提升服务质量和管理水平的有效手段

中国经济已从高速增长阶段转向高质量发展阶段，逐步进入服务经济时代。通过服务认证对服务特性的深度挖掘，可以提供改进服务的信息，有效激发企业去提升服务质量和管理水平。同时，通过服务认证对顾客信息的诊断，能够使企业更好地识别顾客需要与市场需求，从而增强顾客黏性，提高市场占有率。

3. 服务认证是向消费者传递服务信任的证明方式

服务认证是向消费者传递服务价值的证明方式。提供服务的企业往往自说自话，消费者很难找到各种标准来预判和选择某项服务。服务承诺与实际提供服务之间往往有很大区别。有了服务认证后，能在一定程度上传递服务活动的内容和相关信息，降低服务提供者和服务消费者之间的信息不对称问题。

4. 服务认证是中国服务走向世界的钥匙

随着服务贸易的日渐发展，中国服务要走出去，实现从服务大国向服务强国转变，亟须提升服务质量和品牌价值。服务认证作为新型认证制度，以其独立性、公正性、权威性的特点和优势，为中国服务传递世界信任，为实施“质量强国”战略、提升中国服务的国际竞争力发挥着重要作用（中国认证认可协会，2018）。

本章小结

随着服务业和服务贸易为主要内容的服务经济的迅速崛起，各国相继进入服务经济时代。服务业增长表现出质量竞争的显著特征。标准化在推动服务业高质量发展方面发挥着基础性和引领性作用。

服务标准化是通过对服务标准的制定和实施，以及对标准化原则和方法的运用，达到服务质量目标化、服务方法规范化、服务过程程序化，从而获得优质服务的过程。服务业标准涵盖服务标准，服务标准主要存在于服务业之中，但又不仅限于服务业。

开展服务标准化工作有利于规范整个服务市场秩序，提高服务业从业人员综合素质，提升服务业企业的服务功能和水平，促进服务业的转型升级和高质量发展，提升我国服务业的国际竞争力。

服务认证作为一种合格评定活动，应遵循合格评定的特定要求和标准，还应遵循特定服务的特性标准和服务管理标准，即基于服务蓝图和服务接触理论形成的服务、服务提供、服务运行的规范或标准。

开展服务认证工作，有利于完善市场监管治理体系，提升服务质量和管理水平，建立服务质量信任，提升中国服务的国际竞争力。

关键术语

服务	服务标准	服务业标准
服务标准化	服务质量	生产性服务业标准化
生活性服务业标准化	公共服务标准化	服务认证

思考题

1. 简述服务业发展的全球背景。
2. 简述服务标准和服务业标准的联系和区别。
3. 简述服务标准化发展的背景和意义。
4. 简述服务标准化的通用要素和主要领域。
5. 简述服务标准化的作用。
6. 简述国内外服务标准化发展的现状。
7. 简述标准化对服务行业发展的作用和意义。
8. 简述服务认证与服务标准的关系。
9. 简述服务认证的业务范围和类别。
10. 简述服务认证的作用。

参考文献

[1] 陈家刚．公共服务标准化利国利民．中国质量万里行，2016（11）：70-71.

[2] 柳成洋．服务标准化导论．北京：中国标准出版社，2009.

[3] 顾兴全．服务质量管理．北京：中国标准出版社，2019.

[4] 蒋奕平，蒋宏．国内电子商务标准化发展现状研究．中国标准导报，2016（9）：39-41，47.

[5] 李舒婷，章嘉薇．家政服务业标准化发展建议．大众标准化，2020（22）：4-5.

[6] 李曦靖．浅析我国家政服务业的标准化建设．质量技术监督研究，2017（4）：14-16.

[7] 路欢欢，晏绍庆．国内外公共服务标准化现状研究综述．标准科学，2014（5）：90-93.

[8] 邱萍，魏玲丽，冉杰．旅游服务标准化建设现状与问题研究．经济师，2015（7）：132-135.

[9] 关于印发《信息技术服务标准体系建设报告5.0版》的通知．(2021-11-26). https：//www.itss.cn/web/itss/a/2ff55f25487f454eba65f94d9d29f1e6.

[10] 杨林．电子商务标准化探析．中国质量与标准导报，2018（4）：50-52，57.

[11] 张东风，陈涛，明承瀚．国家信息技术服务标准化过程研究．中国行政管理，2014（5）：106-109.

[12] 张晓涛，朱培武．我国电子商务标准化发展现状与对策探索．质量探索，2020，17（2）：15-21.

[13] 中国认证认可协会．服务认证审查员通用知识．北京：中国标准出版社，2018.

[14] ISO/IEC. ISO/IEC Guide 76：2020 Development of service standards—recommendations for addressing consumer issues（Second Edition）. Geneva：ISO/IEC，2020.

第 21 章

标准化与科技创新

学习要点

1. 标准化与科技创新之间的关系
2. 标准的科学性及其权威性的根源
3. 从理论与实践两方面掌握标准化对技术创新的作用
4. 标准化的技术优势及其在市场竞争中的地位和作用

第 1 节　科学技术是标准化的坚实基础

一、标准化的目的——建立最佳秩序

(一) 标准是建立秩序的需要

人们之所以形成某种共识、制定某种标准规范，是社会实践的需要。标准作为人们建立秩序的手段，其出现是社会实践的需要，随着人类社会的发展而发展。从以狩猎和采集为主的原始社会、以农耕为主的农业社会，到以大规模机器应用为主的工业社会，再到信息通信技术广泛渗透的信息社会，不同历史时期的社会实践有不同的特点，标准建立秩序的方式也具有不同的特点。美国学者克雷奇默（K. Krechmer）等人对各个历史阶段的标准进行了总结，如表 21－1 所示。

表 21－1　标准发展的历史阶段

历史阶段	狩猎和采集（公元前 3000 年）	农耕时代（公元前 3000 年至公元 1750 年）	工业时代（1750—1950 年）	信息时代（1950—2000 年）	后信息时代（2000 年以后）
标准的发展阶段	符号	度量	相似性	兼容性	适应性

续表

历史阶段	狩猎和采集（公元前3000年）	农耕时代（公元前3000年至公元1750年）	工业时代（1750—1950年）	信息时代（1950—2000年）	后信息时代（2000年以后）
标准化过程中权威的介入	主导	专制	监管	有限介入或者不介入	未来：路线指导？
企业对标准的看法	未知	不情愿	有疑虑	赢者通吃	未来：公平？
经济自增强机制	沟通	协同效应	规模效应和学习效应	网络效应	网关效应（gateway effect）

资料来源：Krechmer K，Baskin E. The Entrepreneur and Standards. International Standardization as a Strategic Tool：Commended Papers from the IEC Centenary Challenge. Geneva，Switzerland：International Electro-technical Commission，2006：143-154.

（二）全球化的经济秩序需要全球化的标准规范

随着全球化的发展，建立全球经济秩序的需要促使标准规范进一步走上全球化的轨道。国际贸易范围和规模的扩大，跨国经营和跨国公司的发展，都要求打破形形色色的贸易障碍，建立起有利于商品和服务在全球范围内自由流动，生产资源有效配置，保证公正、公平、高效地开展贸易活动的国际市场秩序。

世界贸易组织（WTO）的活动及其制定和签署的一切协定，归根结底都是为了建立这种秩序。世界贸易组织的《技术性贸易壁垒协定》（《WTO/TBT协定》）也是出于这种需要，其目的之一就是确保通过技术法规和标准以及相应的合格评定程序，不给国际贸易造成不必要的障碍。为此，《技术性贸易壁垒协定》要求，在一切需要有技术法规或标准的场合，凡是已经有了相应的国际标准或相应的国际标准即将制定出来时，参加国均应以这些国际标准为依据制定本国标准。这就是标准的全球化或标准的国际化。

标准的国际化，不仅能使各国的工程师和科技工作者运用全球统一的符号系统和技术准则进行沟通和合作，共享先进的经验和技术成果，推动人类社会的技术进步，而且通过实施统一的国际标准，能保证在国际市场上流通的商品符合最基本的质量要求，为建立公平竞争的市场秩序创造前提条件。而统一标准基础上的合格评定和市场准入制度，既可防止破坏市场秩序的欺诈行为，保护市场主体的合法权益，又能最大限度地减少贸易障碍，提高商品的流通速度，降低商品的流通成本，提高市场的运营效率。可以说，国际标准对统一市场的规范，是建立全球经济秩序必要的技术条件。

二、标准须以科技成果为基础

2011年ISO/IEC导则2对“标准”的定义是：“标准是为在一定范围内获得最佳秩序，对活动或者其结果规定共同的与重复使用的规则、指导原则或者特性文件。该文件经协商一致制定并经一个公认机构的批准。标准应以科学、技术和经验的综合成果为基础，以促进最佳社会利益为目的。”

从上述定义中不难发现，国际标准化组织和国际电工委员会非常明确地认定，标准的作用就是为达到最佳秩序提供答案，而标准化则是制定这类答案的一系列相关活动。由此可见，标准固然有多方面的作用，但最根本的作用应属获得最佳秩序；标准化固然也有多种目的，但最主要的目的也应属获得或建立最佳秩序。

“最佳秩序”是对标准的作用和标准化目的最准确、最深刻的概括。它既是理解标准和标准化一系列问题的一个基本理论观点，也是理解标准化效益机理的一把钥匙。

标准和标准化为什么会有这样的作用呢？

（1）“标准应以科学、技术和经验的综合成果为基础”，这是标准具有科学性、先进性的坚实基础。制定标准的过程，就是将科学研究的探索成果和实践中积累的先进经验相互结合，纳入标准。不是不加分析地纳入，而是要经过分析、比较、选择，再加以综合，是一个总结和提炼的优化过程。例如，空气质量标准中有关极限值的确定，就是建立在一系列科学成果的基础上，包括：环境中不同浓度的各类污染物对人体、生物及对建筑物造成危害影响的研究；必要的工业毒理学实验和流行病学调查；污染物剂量与环境效应之间的相关性等方面的研究成果。同时考虑国情和地区差异，才能使标准既科学合理，又切实可行。只有这样，制定出来的标准才能建立起最佳秩序。

（2）标准化过程是一个不断制定标准又不断修订标准的过程，这个过程本身就足以表明它是积累科学技术成果和实践经验的一种形式。这种形式比其他形式更系统、更广泛，而且是有计划、有组织地进行的。一个新标准的产生是这种积累的开始，标准的修订是深化和提高，是新经验取代旧经验。标准化过程说到底是人类社会实践经验的规范化过程，它来自实践并服从和服务于人类的社会实践。它同人类实践活动息息相关，虽然是一种约束，但实践活动中的人们会充分理解这种约束的必要性而自觉地尊重它、遵守它。

（3）作为技术规范的标准，它既不是局部、片面经验的总结，也不能只反映局部的利益，更不体现个别人的主观意志。标准是各方利益协调的产物和协商一致的共识，这是标准民主性的特征（苏俊斌，2008）。也正是基于这一点，标准才能同其他规范一样被社会认同，成为有效规范人们行为的准则，从而达到促进最佳社会利益的目的。

标准所具有的鲜明的科学性和民主性，使得它在社会生活中的权威性日渐增强。需要标准和通过标准建立与维护其秩序的，已经不仅仅是技术领域和生产领域，开始向人类活动更多的领域渗透。在任何需要建立与维护秩序的领域，标准化都有可能发挥作用。

第 2 节　标准化是科技创新的平台

一、创新——社会发展的动力之源

（一）创新的基本概念

“创新”（innovation）作为一个经济学概念，源自经济学家熊彼特（Schumpeter）于1912 年发表的《经济发展理论》。他认为“开动资本主义的发动机并使它继续运作的基本推动力来自新消费、新生产或运输方法、新市场，或是资本主义企业所创造的产业组织的新形式。这种产业上的突变过程……它不断使这个经济结构革命化，不断毁灭老的，又不断创造新的结构。这个创造性的毁灭过程就是创新”。他所理解的创新，是执行了新的生产组合，是对老的经济结构的“创造性破坏”。熊彼特的创新概念不仅涉及技术创新，而且涉及组织创新。

1962年，美国麻省理工学院的学者伊诺思（J. L. Enos）对发明与创新做了区分，他认为“创新是多种不同活动的结合，一般包括发明的完成和获准、筹集资本、开设工厂、招聘经理和工人、开辟市场、生产和配送等”。伊诺思对创新的理解侧重于强调创新是应用发明的多种活动的综合，而不仅仅是技术发明本身。英国学者弗里曼（C. Freeman）更进一步强调创新是技术的商业化应用，他认为技术创新是指包括新产品、新工艺、新系统和新装备等形式的技术向商业的首次转化。

我国学者傅家骥（1998）对技术创新的理解强调了企业的主体地位。他认为技术创新是企业家抓住市场的潜在盈利机会，以获取商业利益为目标，重新组织生产条件和要素，建立起效能更强、效率更高和费用更低的生产经营方法，从而推出新的产品、新的生产（工艺）方法、开辟新的市场，获得新的原材料或半成品供给来源或建立企业新的组织；它包括科技、组织、商业和金融等一系列活动的综合过程。

20世纪末，随着我国对创新的日益重视，创新概念已经远远超出了经济学范畴，进入各个领域，出现了知识创新、制度创新、市场创新、组织创新、产品创新等概念。这也说明，创新正在成为社会发展的动力之源。

（二）企业以技术创新为本

根据国内外关于创新的研究，可知技术创新是指一系列活动的过程。这个过程包括从一个新的技术思想的形成，到研究、开发、制造，直到第一次商业应用等一系列技术经济活动。企业是这一系列技术经济活动的主体。

企业只有根据市场需求，通过技术创新活动，开发出令顾客满意的、有竞争力的新产品，使企业具备适应市场变化的应变能力，并能用新产品抢占市场、扩大市场、顺应市场和引导市场，才能保证企业在市场竞争中立于不败之地。

企业只有通过技术创新，才能形成属于自己的、与众不同的知识积累，拥有自主知识产权，才能在激烈的市场竞争中保证企业的竞争力是可持续的，并且不受制于人。技术创新像一部发动机，它能带动企业的管理创新，促进体制创新、组织创新和观念创新，把企业带进新市场，锤炼出高素质的员工队伍，站在科技进步的前沿，不断创造新业绩，使企业始终充满活力。

二、标准化在科技创新过程中的作用

创新是事物发展过程中的转折点，或者说是一次跳跃、一次质变，而这种转折、跳跃或质变的发生是有前提条件的。标准化对创新来说似乎是矛盾的、互相对立的，其实它们是对立统一的关系。科学地开展标准化不仅不会限制创新，反而是为创新准备必要的条件，可以说标准化是创新的平台（李春田，2003）。这个平台的功能很多，其中主要是以下三点。

（一）标准化是技术积累的平台

技术创新意味着对原有技术的变革。这种变革的形式有时是不显著的，有时是跳跃式的。或者说，技术创新既有渐进性创新，也有突破性创新。渐进性技术创新往往表现为在一定的技术框架内，一代人甚至几代人进行较长时间的经验和技术的积累。标准化就是经验和技术积累的平台。

案例21-1

提起亨利・福特（Henry Ford）几乎尽人皆知，然而这个汽车王国的大亨、大规模流水线生产的首创者，最初是一个替别人跑腿的小伙计，当过修表工和机械工。1896 年福特制造出第一辆汽车（A 型车），其经营业绩在当时全美 500 多家汽车制造公司中属于中等。1907 年福特宣布其经营目标是：为大众制造汽车，它的价格将是极低的，即使你不是高工资收入者，也负担得起。1908 年福特推出了大众型（T 型）汽车，在汽车需求旺盛、市场价格上涨的形势下，福特却把价格降低了 58%，并将工人的工资提高到同行业平均水平的两倍。1908—1927 年这 20 年间，福特汽车厂共生产了 1 500 万辆 T 型车，成了全世界最大的汽车厂，并且开始在国外设厂。福特的生产效率达到了每分钟出产一辆汽车的水平。1923 年的年销售量达到 2 120 898 辆，市场份额超过了 57%，拥有 10 亿美元的现金储备。

福特奇迹是怎样出现的呢？原因固然很多，其中最核心的就是标准化。他所开发的 T 型车，是在以往生产的几种车型的基础上，经过简化和优选，将所有零件标准化后，用大量流水线生产方式，高效率地制造面向大众的新车型。将以往积累的经验和成果标准化，这是福特成功的关键。

零件标准化的结果是零件种类的减少和每种零件的生产批量增大，这就为实现专业化大生产方式创造了前提条件。专业化大生产不仅可以创造生产的高效率，从而显著地降低生产成本，为企业实行降价竞争策略提供保证，而且可以加快市场占有的速度，抢占市场先机。

零件标准化提高了零件的可靠性和互换性，使按固定节拍进行的流水式装配生产成为可能，促成了世界上第一条流水生产线的诞生，它所创造的高效率使所有竞争对手望尘莫及。这项成就在制造业发展史上具有划时代的意义。这种流水线生产方式不仅在美国迅速普及而且传遍世界，成为整个工业化时代典型的生产组织形式。

福特的成功还有他所推行的销售策略等方面的贡献，但毋庸置疑的是，标准化基础上的高效率支撑他实现了自己的承诺和经营目标。

福特创造的流水生产线是伟大的技术创新，但不完全是他个人的功劳，更不是从零起步，而是一代人甚至几代人知识和经验的积累。从这个意义上说，没有积累也就无所谓质变和创新。标准化过程本身就是知识和经验的积累过程。一项标准的产生，要做许多工作，经历许多环节，但最关键的一环就是要把人类社会在该领域的实践经验和科学成果加以总结和提炼，纳入标准，这就是积累。而标准的实施过程就是普及过程，在这个过程中又会有新经验和技术的再创新。随着标准的修订，这些经验和创新成果又被纳入标准，这就是技术的再积累。标准的"制定—实施—修订"过程，恰是经验和技术的"创新—普及—再创新"过程。标准好比建筑工地上为砌砖工人搭建的脚手架，只有站在上面才能把砖砌高，同时砖砌高了它才能再升高。标准化就是托起技术创新和产品创新的一个平台。因为有了这个平台，创新活动才有立足点和坚实的基础，创新才不至于一切从头摸索和从零起步，给创新带来了节约和效率。

（二）标准化是提高创新效率的平台

在当今的市场竞争中，决定胜负的关键是企业的竞争力，而企业的创新能力则是竞争力的核心或者说是企业的核心竞争力。

企业核心竞争力的内容和表现形式，可能会因企业不同而有所不同，企业创新的内容和形式也会有所不同。但有一点是相同的，即在创新能力的较量中，有个效率问题。也就是说谁能抢先一步把新技术、新产品开发出来，谁就有了抢占市场的优势。标准化在这里又给创新者准备了一个平台，凭借这个平台可以最大限度地提高技术和产品的创新、开发效率。

零件标准化是专业化、大量生产的前提条件，也可以说是一个效率平台。专业化、大量生产方式在整个工业化时代占据统治地位，创造出前所未有的生产高效率，凭借的就是零件标准化的平台。到了后工业化时代，大量生产将逐步被多品种、小批量乃至定制生产取代的情况下，标准化平台同样是这种新生产方式的前提条件。因为这种生产方式更要讲究开发效率和生产效率，这就一定要应用 CAD（计算机辅助设计）、CAM（计算机辅助制造）、虚拟仿真、数字孪生等先进技术手段。如果能为它们搭建一个标准化平台，就能创造出高效率。

产品系列化是当今制造业首选的产品开发策略。产品成系列开发，由于系列内部具有几何相似性和零件通用性，开发效率可以成倍提高，并且可以最大限度地覆盖市场。例如，按尺寸和功能参数形成的系列产品，可以满足有各种功能要求的消费者的需求；按豪华程度形成的系列，可以满足不同层次的需求；变形（派生）系列则是应对不断变化的需求和各种特殊需求的极好对策。产品创新走系列化的路线，既能提高创新效率，又可降低开发风险，使企业积累的标准化优势随着市场的变化不断延伸，形成一个以不变应万变、以少变求多变的产品发展平台。企业一旦把这样的平台搭建起来，就能得心应手地应对市场的风云变幻。通过这种方式取得成功的企业已有很多。

案例21-2

中国专家主导制定的 AVS 视频编码标准，已由国际电子信息领域影响最大的学术组织 IEEE（美国电气和电子工程师协会）于 2013 年颁布出版，标准号为 IEEE 1857。

“视频编码又称视频压缩，是将体量巨大的视频数据进行大比例压缩从而实现高效传输和存储的技术，是一项影响到社会方方面面的技术。没有它就无法想象今天数字电视和网络视频的普及。”IEEE 1857 工作组组长高文院士说。

AVS 标准工作组成立于 2002 年，其视频编码标准于 2006 年被采纳为国家标准，2009 年被 ITU（国际电信联盟）批准为 IPTV（网络电视）采用的标准之一，2011 年被确定为中国数字电视机等视听终端唯一必须支持的视频解码标准，2012 年增强版本 AVS＋颁布为行业标准。如今，全球 AVS 芯片厂商已经超过 20 家，中外采用 AVS 播出的数字电视节目已经超过 1 000 套。

经过 20 多年的努力，AVS 标准化工作组制定了多项国家标准和行业标准，在我国广播电视行业以及音视频产业中发挥了巨大作用，如包括了系统、视频、音频、符合性测试等 13 个部分的国家标准《信息技术 先进音视频编码》系列（GB/T 20090）、国家标准《信息技术 高效多媒体编码 第 2 部分：视频》（GB/T 33475.2—2016）、行业标准《广播电视先进音视频编解码》（GY/T 257 系列）、《AVS＋高清编码器技术要求和测量方法》（GY/T 271—2013）、《AVS＋专业卫星综合接收解码器技术要求和测量方法》（GD/J 057－2014）和《AVS＋标清编码器技术要求和测量方法》（GD/J 056－2014）等。2020 年，AVS 工作组承担的“超高清视频多态基元编解码关键技术”项目获 2020 年度国家技术发明奖一等奖。[①]

① AVS大事记．http：//www.avs.org.cn/history.asp？view _ year＝2021.

（三）标准化是创新成果扩散的平台

创新成果的传播扩散是创新活动的最后一个环节，也是一个关键性的环节。通过技术创新取得预定成果固然非常重要，没有成果就是失败，一切都无从谈起，但仅仅有了成果并未达到最终目的，尤其是重大技术攻关的成果是要推广应用的，只有广泛应用才能收到应有的效益，达到创新的目的。如果取得的成果未能推广应用而被束之高阁，那也是一种失败。

创新成果的传播扩散有多种途径。标准化是较好的途径之一，这是因为：

标准的科学性已被广泛认同，人们对广告等宣传通常持怀疑态度，而对标准则从不怀疑。因此，创新成果一旦转化为标准，就会被潜在的使用者接受。标准的权威性是无声的命令，凡标准化了的产品和技术，即使不加任何强制，工程师在进行产品设计时也会自觉地选用，采购人员也会优先采购。

由于上述原因，标准化的产品、零件和材料，易于形成较大的需求量，为实现集中专业化生产提供了必要条件。集中专业化生产的技术优势和经济优势，特别是产品质量稳定可靠、价格便宜、供货及时、企业信誉好，又会进一步扩大其影响，占领更大的市场份额，获得较好的经济效益。

正是由于标准化对创新成果的扩散有如此显著的作用，越来越多的企业将自己的创新成果一方面申请专利保护，一方面以此为基础开发标准，并竭力将其标准向国家标准甚至国际标准渗透，力争能成为国家标准和国际标准的原型。这样的标准化策略一旦成功，就会使其创新成果得以极广泛、极迅速的扩散。采用其标准的同时，便不可避免地采用其专利技术，企业的创新成果便可获得极稳定可观的回报。有的高科技产品标准中专利技术多达几百项，甚至上千项。这就是当今许多企业把产品的开发创新、技术创新同标准的开发创新同时进行的原因。

标准化的创新成果扩散作用，不仅可以使创新企业获得可观的经济效益，更重要的是技术创新扩散过程产生的累积效应会对整个国民经济的运行产生重大影响。同技术的创新扩散相类似，标准也有关联性。所谓关联性即标准之间相互配合、相互衔接、相互保证的关系所表现出来的标准整体的一种特性。标准化的作用在多数情况下是通过一个标准集合来完成的。例如，针对某一产品所制定的标准，叫做产品标准。它根据用户和市场的需求对产品的质量特性做出明确规定，同时将企业的创新成果融入标准之中，为企业生产有竞争力的产品确立了质量目标。但是，仅有这样一个目标是不够的，为了保证目标的实现，企业还要制定相关标准。例如，原料、材料、设备、工艺技术等标准，形成一个以产品标准为核心，以保证产品标准实施为目的的标准集合体或标准综合体。但是，多数情况下，生产该产品的原料、材料、设备以及工艺技术，不可能都是企业自己生产的，或需要到市场采购或向其他企业订货。这些相关标准就是采购和订货的依据，对供应商来说这就是用户的需求，而这种需求是以标准形式表述的，具有准确、具体、定量化的特点。企业以顾客的身份在市场上选择供应商，必将引起供应商之间的竞争。如果市场的商品不能满足标准的要求，这个标准就会成为促使供应商产品开发创新的导火线。这样，整个供应链上的企业便会发生创新的连锁反应。一个产品的创新及其标准化带动一批产品的创新，甚至导致新行业和新产业的诞生，例如 20 世纪后期开始兴起的电视机、录音机、摄像机、VCD、电脑，21 世纪的锂电池、电动汽车、智能手机以及整个 ICT 产业基本就是这样发展的。

创新与标准化的这种交互扩散，不仅能有力地推动新材料、新能源和先进技术装备的出现，而且能通过生产方法和管理创新及标准化，降低原材料的能源消耗，提高劳动生产率，使创新企业获得发展机遇，将无创新能力的企业淘汰出局。在部门间的交互扩散，使上下游产业之间形成创新与标准化的互动，导致各产业部门要素生产率、生产成本和产品质量的变化，有的扩张、有的收缩，从而推动产业结构的变化。

创新与标准化的这种交互扩散所产生的影响，可以称为"交互扩散效应"，它既是揭示标准化与创新之间关系的一把钥匙，又是探索市场经济条件下标准化内在规律的切入点。

三、标准化面临创新的挑战

在全面创新的形势下，传统的标准化遇到了来自方方面面的挑战，也正是这种挑战所形成的压力，推动着标准化创新。

当今的标准化是工业时代的产物，即所谓的传统工业的产物。标准化的某些观念、理论和方法，是从这个传统工业所固有的特性中派生出来的，并且为这个传统工业的体制和生产方式服务。这个过程已经在全世界延续了一个世纪，在中国也有几十年之久。标准化的理论、原则，乃至标准化工作者头脑中的观念和方法论无不受到它的制约和影响。例如，传统的机器大工业的显著特征之一是大批量生产，它长期以来是标准化工作者竭力提倡的先进的生产组织形式。因为有了这个大批量生产才使标准化显现出威力和效果。事实也确实如此，托夫勒概括了工业化社会的六大特征，首先就是标准化。标准化确实为这个时代立下了汗马功劳，有的学者甚至把这个时代称之为"标准化时代"。然而，随着经济的发展和技术的进步，这种生产组织形式已渐渐失去了优势。尤其在市场需求日益呈现个性化、多样化和瞬息万变的情况下，它必将被更先进的生产组织形式取代，在某些领域已让位给多品种、小批量生产乃至定制式生产的组织形式。面对一系列变革，标准化必须顺应时代发展潮流，做出相应的调整和改革。

这是非同一般的挑战。它要求标准化将自身的理论基础从工业经济时代转向数字经济时代，从为计划经济服务转向为市场经济服务，从适应大量生产的要求拓展到适应个性化、多样化需求和市场形势多变的要求，以及适应经济全球化的要求。

延伸阅读21－1 标准化对技术进步是把双刃剑

第3节　标准化与市场竞争优势

一、技术优势是最重要的竞争优势

对一个以产品或服务参与市场竞争的企业来说，技术优势是最重要的竞争优势。在当今社会经济和科技迅速发展的推动下，产品更新换代加快，企业面临的竞争环境日益复杂而多变，不确定因素增多。这种市场环境使许多企业意识到，以新产品来参与竞争有更大的优势。正如经济学家罗伯特·艾略所说："技术是企业参与全球竞争的一个强有力武器，尤其是当技术能帮助企业向市场推出一代新产品时，其威力更加强大。"企业倘能通过技术创新，开发出某种新产品并抢先占领了市场；或者改进了生产工艺使产品成本下降，使企业在竞争中获得了价格优势；或者节约了某种资源，或者改善了劳动条件，或者减少了对环境的污染等都会增强企业在市场上的整体竞争优势。

在国际资本相对过剩、人员流动频繁、市场环境越发严峻的今天，企业在竞争中的地位和优势主要取决于技术转化为生产力的速度、规模、范围和效果。发达国家争夺资源的重点已由原材料转到技术上。不仅在产品开发和创新上大量投入，还以优厚条件网罗人才。在把高新技术推向工业化应用方面更是不惜代价，在一些高端产品上，如高清晰度电视、数字技术产品、半导体芯片、移动通信产品等的表现尤为突出。可以说每个企业都在拼命争夺，因为这确实关系到企业的生死存亡。

二、善用标准化能够培育企业的技术优势

（一）标准化是提高企业素质的健身术

市场经济条件下的竞争，归根结底是企业之间的竞争。从市场角度来说，企业既是市场主体，也是竞争主体；而从创新的角度来说，企业既是技术创新的主体，又是执行标准的主体。

竞争是一场实力的较量，竞争面对的环境是复杂多变的。企业要在竞争中取胜，技术创新能力至关重要，但是要保持企业持久不衰的竞争力，仅凭这一方面是不够的。保持和加强竞争力的根本之道是苦练内功，通过制度创新、组织创新、技术创新建立起高效率的、有应变能力的生产经营系统，尤其是要努力提高员工素质，把一切积极因素都转化为现实的竞争力，使企业具备应对各种竞争环境的整体素质。

企业标准化就其本质来说，就是企业修炼内功、提高整体素质的“健身术”。标准化之所以能有这样的作用，是因为标准化能使企业的管理秩序、管理业务和生产经营过程规范化，并约束所有人的行为，从而保证企业里每个环节、每个岗位、每个人乃至每项管理活动和每项操作都是合理和高效率的，并且都是围绕企业的总目标而协调运作的。标准化在企业内营造一种井然有序的环境，为企业的素质建设奠定了基础。在此基础上，根据竞争的需要，提高企业标准化的目标，再通过标准的实施，经营系统的有序化程度进一步提高，随之便是企业组织能力和经营能力的增强，具备了与同行企业进行效率竞争的素质。企业员工逐步把标准的强制要求看作一种客观需要，产生自觉的标准化意识。这是员工素质的一次升华。闯过这个阶段之后，员工不仅不会把标准视为强加的约束，反而会感到正是由于标准化才使一切井然有序，才得以高效率地处理各项业务，才有可能使包括领导者在内的各类人员把节约的时间按个人的专长和兴趣用在自主开发的创造性活动中。到了这时，个人的潜能、员工的个性、企业的潜在竞争力将得到充分的发挥，让企业在各方面都充满朝气。这就会产生质的飞跃，形成强大的企业生命力和整体竞争力。

（二）标准化是企业优势延伸策略

由企业的技术专长所形成的专业优势是企业竞争力的基础。这种专业优势的形成是一个漫长的过程，有的甚至凝结着几代人的心血。毫无疑问，专业优势是企业最宝贵的资源和遗产之一。

在市场竞争中，没有专业优势的企业是难有立足之地的。许多成功企业的经验证明，专业化经营有利于形成优势，占据领先地位的可能性较大。但任何优势都不可能是永久的，优势不仅有可能被别人超越，而且优势还可能转化为劣势。当企业原有的优势与市场的新变化和新要求不相适应时，优势就变成劣势。例如，一个生产电视机的企业具有生产黑白电视机

的专业优势，当市场上绝大多数顾客的需求转向彩色电视机时，它原有的专业优势就失去了意义，转化为了市场竞争的劣势。在技术创新步伐加快、新产品层出不穷的今天，企业丧失专业优势的情况是经常发生的。因此，如何保持优势、发展优势，就成了每个企业命运攸关的大问题（莫尔，2002）。

标准化过程不论对企业专业优势的形成还是发展都有极重要的作用。

企业专业优势的形成过程是一个技术的积累过程，而企业的标准化过程就是这个技术的积累过程，是同一过程的不同表现形式。因此，可以说企业标准的每一次修订、标准水平的每一次提高，都意味着技术积累的深化和提高，而且每一次积累的成果都以标准的形式加以体现，并以标准的形式推行和实施。当然还有其他形式，但标准化是较为理想的并越来越被广泛应用的技术以及管理经验的积累形式。

标准化对巩固和发展专业优势的作用已被众多企业认识并得到了广泛的应用，如产品的系列化开发就是当前全世界都在采取的市场竞争策略。产品的系列化开发同其他开发方式相比，有许多符合市场需求的特点。首先，根据市场和顾客的要求，发挥企业的专业优势，开发生产出一种主导产品，凭借其技术优势占领了一部分市场；然后，在主导产品的基础上继续开发规格、型号不同的产品，使之形成系列，满足不同层次、不同档次的需求，从而扩大了市场；随着市场的变化和顾客需求的变化，企业可以在系列产品的基础上再开发变型系列和变型产品，以满足变化的市场需求和个别顾客的特殊需求，甚至开发出顾客有潜在需求的产品和顾客从未想到的产品，创造出新的市场需求。

这是产品系列化的一般过程，其独特之处在于它能不断延伸企业的专业优势。企业最初开发的主导产品，是企业专业优势的集中体现；在此基础上形成的产品系列，便是专业优势的一次横向扩展；在基本系列基础上产生的变型系列，则是专业优势的纵向延伸，从而覆盖了整个市场。因此说系列化是优势延伸策略。

通过系列化走优势延伸之路是技术创新的一条快车道，是保持和发展企业专业优势的最佳选择。它可以根据市场的变化和客户的要求开发新系列和新产品，但不是推倒了重来，一切从零做起，而是在原有的基础上创新。产品系列就是一个创新平台。由于系列产品是按标准化原理开发的，产品的标准化水平高，产品之间的零件通用化程度高、互换性好，又有较高的可靠性，因此，要开发一种新产品、满足一种特殊的新需求，常可通过发展变型的办法。而在基本型产品的基础上发展变型，有时只需更换或增加少数结构和零件，就可达到周期短、效率高、经济效益好的效果，这是任何开发方式都无法比拟的。当今的家电产品、个人电脑、电工电子设备、兵器、汽车以及战斗机和民航客机等都是沿着系列化的思路发展的，否则IT产业不会有那么高的产品开发效率。

三、全球标准的竞争优势

“全球产品”是跨国公司主导的生产全球化的产物。生产全球化的本质是分工的国际化，其生产组织方式是某一成品的全部生产过程不在一国或一家公司内完成，而是根据各国、各地、各企业的优势和成本，在全球范围内安排和组织生产。这也是一种建立在专业化和协作基础上的生产分工，通常表现为发达国家之间的水平分工，互相提供同类不同规格的产品；也表现为发达国家与发展中国家之间的垂直分工，例如，发达国家生产某种设备的主机，发展中国家生产某些零部件，然后在其他国家组装。全球化生产就是建立在这种愈来愈发达的国际分工的基础之上的。

推动这种国际分工迅速发展的主要动力来自跨国公司。这些公司为生产出具有全球竞争力的产品，将产品生产过程分解，并在全球范围内选择各个生产环节的最佳生产者，以求最大限度地优化资源配置。

延伸阅读 21－2 第 34 届世界标准日祝词：《为全球信息社会制定全球标准》（节选）

保证这种国际分工得以实施的前提条件是标准，“全球产品”的生产需要“全球标准”的支持，尤其是当前我们在建设覆盖全球的信息社会，更需要全球标准。

支持全球产品生产和经营的标准应首推国际标准。国际标准是世界范围内受到普遍承认和广泛接受的标准。《WTO/TBT 协定》规定各成员应以国际标准或其相应部分作为制定本国技术法规的基础，进一步强化了国际标准在协调各国技术法规方面的作用，更加巩固了国际标准在实现全球化生产中作为全球标准的地位。

最能体会全球标准在全球化生产中的重要作用，并充分运用这些标准为其创造效益的还是跨国公司。它们深知，如果参与全球生产的各个国家所执行的标准不是全球标准，由多个国家分工协作共同生产一种产品以及在全球各地寻找供应商，都将是一种空想。正是由于有一个完善的国际标准体系，才使它们的全球生产得心应手。由于越来越多的厂商严格按国际标准提供商品，许多零部件、半成品和配套产品达到了高度国际通用化。据估计，在机械制造业中具有互换性的通用件和标准件已达到 80%～85%，工业化国家间贸易的 30%就是这类产品的相互提供。在利润最大化原则的驱使之下，企业一旦发现自己产品的某一部分从市场购买要比自己制造更为经济，它就会放弃自己生产，转而向市场采购。通过购买标准零部件，估计可降低生产成本的 20%～30%。福特汽车公司估计，由于推行全球化生产和经营，每年至少可节省 30 亿美元。

全球标准基础上的专业化生产，为跨国公司的全球生产创造了条件，而跨国公司的全球生产又进一步促进了标准件和标准产品专业化生产的发展。只有这种生产组织形式才是最经济合理和最有效率的。这就是一个互相推动的良性经济循环，也是跨国公司及其全球化生产得以迅猛发展并占据垄断地位的一个重要原因。在这个循环链中起纽带作用的便是标准，但这个标准只能是全球标准或等同于全球标准的其他标准。

当前，起全球标准作用的主要是国际标准，但是由于经济全球化发展极为迅速，加之跨国公司经营的产品多为新技术领域的新产品，其开发周期短，投放市场快，在国际标准难以满足的情况下，出现了各式各样的“事实上的”全球标准，即“事实标准”。之所以称其为“事实标准”（defacto standard），是因为这种标准已经在发挥全球标准的作用，所不同的仅仅在于它的身份还不是国际标准。例如，联盟标准、论坛标准以及一些权威性组织和跨国公司颁布的标准等，都在或多或少地起着全球标准的作用。美国材料与试验协会（ASTM）、美国石油学会（API）、美国宇航工业协会（AIA）、英国劳氏船级社（LR）、德国电气工程师协会（VDE）等民间组织制定的标准，以及美国三大汽车公司、微软的标准都具有这样的作用。此外，还有 COPC 2000（客户运营管理）、IFRS（国际财务报告准则）、OT100（生态纺织品标准）等都已成为“事实上的”全球标准。

全球标准的百花齐放，一方面反映出经济全球化对标准的迫切需求，另一方面也反映出传统的标准化已不能满足世界经济发展的要求而面临着严峻挑战。全球范围的经济革命，必将推动标准化发生深刻变革。

本章小结

标准化作为一种技术规范，其目的归根结底就是建立“最佳秩序”。为了达到建立最佳秩序的目的，标准必须建立在科学技术的研究成果和实践经验的基础上，使其具有较强的科学性，从而受到人们的尊重和信任，因此说科学技术是标准化之源。与此同时，标准化又为科技创新、科技进步搭建平台（技术积累的平台、提高创新效率的平台、创新成果扩散的平台），为科技进步创造前提条件。这就是标准化与科技进步之间相互促进、相互保证、协同发展的关系。

在市场竞争中，技术优势是重要的竞争优势，标准化是培育技术优势的土壤。一方面，标准化能帮助企业形成、保持技术优势；另一方面，当客观形势发生变化时，标准化又能使企业发展优势、延伸优势。通用化、系列化、组合化、模块化等标准化形式，都是能使企业取得技术优势的有效途径。

在国际经济竞争日益加剧的环境下，全球标准已成为最具技术优势的标准，除国际标准外，还有各种类型的“事实标准”起着全球标准的作用。标准领域竞争的胜负，对国家经济利益有至关重要的影响，也正是基于这样的原因，许多国家把标准化提到关系一个国家的科技创新能力和经济安全的高度上来考虑并制定标准化发展战略。

关键术语

技术创新	技术积累	技术扩散
技术优势	事实标准	全球标准

思考题

1. 标准如何才能得到人们的尊重并自愿执行？
2. 为什么标准化能起到技术积累的作用？
3. 标准化与技术创新有什么关系？
4. 标准化为什么能促进创新成果的扩散？
5. 试举例说明创新与标准化的交互扩散效应。

参考文献

[1] 傅家骥．技术创新学．北京：清华大学出版社，1998.

[2] 李春田．新时期标准化十讲：重新认识标准化的作用．北京：中国标准出版社，2003.

[3] 莫尔．新产品与创新的营销．北京：机械工业出版社，2002.

[4] 苏俊斌．技术标准的社会协商机制研究．北京：清华大学，2008.

[5] Egyedi T M. Shaping standardization：a study of the standards process and standards policies in the field of telematics services. Coronet Books，1996.

[6] Fomin V V，Su J B，G P. Indigenous standard development in the presence of dominant international standards：the case of the AVS standard in China. Technology Analysis & Strategic Management，2011，23 (7)：745 - 758.

[7] Hanseth O，Monteiro E，Hatling M. Developing information infrastructure：the

tension between standardization and flexibility. Science, Technology & Human Values, 1996, 21 (4): 407 - 426.

[8] Narayanan V K, Chen T X. Research on technology standards: accomplishment and challenges. Research Policy, 2012, 41 (8): 1375 - 1406.

[9] Markus M, Steinfield C, Wigand R, et al. Industry-wide information systems standardization as collective action: the case of the US residential mortgage industry. MIS Quarterly, 2006, 30 (1): 439 - 465.

第 22 章

标准化与国际贸易

学习要点

1. 标准化在国际贸易中的地位和作用，全球经济一体化对标准化的要求
2. 标准化与国际贸易发展、国际贸易利益分配的关系
3. 《WTO/TBT 协定》、《WTO/SPS 协定》、RCEP 等国际贸易协定对标准化的规定

第 1 节　标准化在国际贸易中的作用

一、标准化在国际贸易中作用的历史演进

标准化在国际贸易的发展过程中起到了非常重要的作用，但不同阶段的作用不一样，会随着国际贸易自身技术、形式和内容的发展，以及国际政治经济环境的发展而演进。概括来说，标准化在国际贸易中的作用，存在着从工具到战略的历史演进过程。

在国际贸易发展的早期，贸易参与各方基于自然资源禀赋而展开产品的贸易。因为社会生产力水平还相对有限，贸易参与方通过国际贸易来实现产品供给和社会福利的增加，对国际贸易的管理主要通过关税、配额等工具来实现，标准化更多履行的是确保贸易产品质量品质和技术要求的工具性作用。

随着社会生产力水平的提升和国际贸易在经济社会发展中地位的加强，国际贸易也从单纯的增加产品供给和社会福利逐步发展成一个国家的战略发展手段，对国际贸易的管理手段也越来越丰富，以标准差异为主要表现形式的非关税措施逐步产生了更重要的影响，标准化在国际贸易中的作用也从单一的工具性作用发展成战略性作用。特别是进入 21 世纪以来，国际形势发生了深刻变化，世界政治多极化和经济全球化的趋势在曲折中前进，全球经济一体化的进程不断加快，但也遭到逆全球化、贸易战等的挑战。

面临着各种挑战的全球经济一体化，在深度和广度上都对标准化提出了更高和更广泛的要求。如何充分有效地利用各种层次的标准，加快全球经济一体化的步伐，协调各国经济共同发展，减少和消除产品和相关要素移动障碍，已引起各国政府和有识之士的广泛关注。

经过 40 多年的改革开放，中国从参与全球经济治理到推动完善全球经济治理的新机制，成为经济全球化的重要推动者，对外开放的措施也需要从关税减免等措施向规则、规制、管理、标准等措施延伸。中国在激烈的国际竞争中正在由贸易大国向贸易强国转变。因此，更加充分地认识和发挥标准化在国际贸易中的战略性地位和作用，比以往任何时候都更为重要。

二、标准化在国际贸易中的战略性作用

（一）标准助力实现国际分工和经济全球化

国际分工和经济全球化是当前市场经济发展不可逆转的表现形态，在全球范围内整合生产要素和市场资源组织生产和销售，以求最佳质量和成本，确保供应链韧性，以及实施技术、市场等战略安排。为了确保国际分工和经济全球化的有序进行和有效实现，无论是产品之间的分工，还是产品内的分工，抑或是环节或模块之间的分工，都需要标准来实现兼容、匹配和整合。在此过程中，标准尤为重要。

（二）标准越来越成为国际贸易规则的重要内容

区域、国别之间的力量失衡以及由此引起的全球经济格局变化，无一不说明全球经济旧有的确定性逐渐消失。这个深刻变革的时代要求全球贸易规则与时俱进。世界贸易组织通过各缔约方签署的《技术性贸易壁垒协定》（《WTO/TBT 协定》），既强化了国际标准在国际贸易中的权威性，又把国际标准提升到是国际贸易一项重要的游戏规则的地位，并对各缔约方的标准化行为进行必要的规范。全球贸易规则的制定权和话语权、全球贸易规则的内容构成、全球贸易规则的执行机制等，都面临着重大的优化和完善。全球贸易规则的重构，对于国际贸易的顺畅发展，既是重大的挑战也是难得的机遇。

（三）标准竞争是一个事关国家经济社会发展大局综合性的战略问题

因为标准在激励技术创新、降低交易成本、改善市场结构、创新生产要素、便利国际贸易与投资等方面具有的重要作用，世界上很多国家将标准化作为推动国家全局发展的战略布局，通过标准手段抢占国际经济、贸易和科技竞争制高点，主导和影响产业及技术发展。美、英、德、日等国都出台了国家标准化战略；日本、韩国成立了国家标准化战略协调机构，且由首相、总理亲自担任战略协调机构的“一把手”。欧、美、日等国家和地区相互加快了在标准方面的合作与互认，客观上迫使中国必须加快标准化建设和治理的步伐。我国同样在全力布局标准化战略，出台了《国家标准化发展纲要》《国家标准化体系建设发展规划（2016—2020 年）》等多个文件部署具体工作。

三、标准化在国际贸易中的工具性作用

（一）沟通协调

国际贸易是在不同的国家和地区之间进行的，基于不同国家和地区的技术、制度和文化

等因素的差异，在国际贸易所涉及的产品和服务的研发、生产、储运、消费等过程中会出现很多标准上的差异。这些差异构成了国际贸易壁垒，给国际贸易的顺利开展带来很多障碍。为此，很多标准化机构和贸易组织致力于标准和合格评定程序的沟通与协调，推动在国际贸易中采用相同或者兼容的标准和技术要求，促进国家和地区之间的标准互认，尽可能减少标准对国际贸易的限制，促进贸易的自由发展。

（二）有效保护

和所有其他贸易措施一样，标准也可以成为相关国家保护国内厂商、行业和消费者的有效手段。世界贸易组织《技术性贸易壁垒协定》（《WTO/TBT 协定》）在要求“应保证技术法规与标准，包括对包装、标志与标签的要求，以及技术法规及对标准的合格评定程序不对贸易造成不必要的障碍”的同时，也根据 WTO 的例外原则，规定各成员国基于维护国家安全、防止欺诈行为、保护人类的安全或健康、保护动物和植物的生命或健康、保护环境等五个方面的正当理由，可以制定相应的技术性贸易措施。

（三）争端解决依据

国际贸易争端出现之后，无论是以司法诉讼还是以仲裁方式来解决，都会涉及具体的争端分析、责任区分与索赔等问题。除了国际贸易合同中约定的条款、适用的法律等依据之外，贸易各方还需要共同接受的相关标准中的技术指标，及其规定的试验方法、检验方法、抽样方法，作为确定具体责任和赔偿额度的基本依据。因此，标准为贸易的顺利进行提供了基础，其中有争议的问题应由标准来约束。所以说，标准为解决国际贸易争端提供了客观依据。

第 2 节　标准化在国际贸易中的作用机制①

一、标准化与国际贸易发展

信息不对称是消费者与生产者之间永恒存在的矛盾，在国际市场中尤其如此，这严重影响到国际贸易的正常发展。技术性贸易壁垒是在关税、配额、许可证等传统贸易限制措施影响日渐式微的背景下，越来越被各国广泛采用的贸易限制措施。除了降低生产成本、提升技术水平之外，尽快地获取规模经济是厂商赢得市场竞争优势的必要手段。在网络经济中，从越来越多的用户安装基础（installed base）中取得网络外部性，是将自身区别于一般产品、迅速赢得市场规模的重要途径。对于这些方方面面影响国际贸易发展的问题可能有不少解决的途径和方法，而尽快形成标准竞争优势则是解决这些问题的根本。

（一）标准化缓解信息不对称

技术标准具有公共物品属性，技术标准及标准化构建了生产、生活的平台。在开放经济条件下，技术标准存在于贸易、投资的方方面面，国际贸易和国际投资的发展需要技术标准的发展加

---

① 本节内容主要参考侯俊军（2015：33-52），具体案例参考侯俊军（2015：109-134）。

以支撑。参与国际经济竞争越激烈，对技术标准的需求就会越多，进而推动技术标准化的发展。通过实施技术标准化，降低了国际经济活动各方的信息不对称，促进了国际经济活动的发展。

1. 降低消费者的信息不对称

产品可以分为搜寻产品、经验产品和信任产品。消费者在购买之前就能知道产品特征的是搜寻产品；消费者必须在购买或使用以后才能知道产品特征的是经验产品；消费者在使用以后仍无法知道产品信息的是信任产品。对于搜寻产品，生产者和消费者的信息是完全对称的，消费者能够完全了解产品的具体信息。对于经验产品，消费者只有使用后才能知道产品的具体信息，此时生产者和消费者之间存在信息的不对称。而对于信任产品，即使在使用之后也无法确定产品的具体信息，此时生产者和消费者的信息是相当不对称的。由于生产者对产品所掌握的信息远远多于消费者，生产者和消费者之间的信息具有很强的非对称性，尤其处于开放经济条件下，生产者和消费者往往跨越国界，这增加了更多的不确定因素，导致消费者在交易前无法判断产品质量的高低。消费者的支付意愿并不会随着产品质量的提高而提高，容易出现消费者选择低质低价产品而放弃高质量产品的现象，形成购买的“逆向选择”，最终可能导致市场交易的完全停止。技术标准的制定与实施，即技术标准化过程，一方面可以减少消费者的信息搜寻成本，降低市场上的信息不对称；另一方面由于技术标准对产品的质量、功能等各方面进行了明确规定，消费者可以通过技术标准来获取这方面的信息，做出理性的消费决策，在某种程度上减少了市场中的“柠檬现象”的发生。在交易时，面临的不确定因素越多越有动机制定标准，希望通过标准传递出产品的有关信息，从而降低消费者的信息不对称，促成交易的完成。

2. 降低生产者的信息不对称

从生产者方面来看，随着经济一体化和贸易自由化的不断发展，厂商无法了解到各个国家的技术需求，也无法按各个国家的标准进行生产，厂商只有按照国内现行的标准或国际上通用的标准来进行生产，通过严格的技术标准来减少生产过程的不确定性。企业通过高水平的技术标准改善生产工艺，提高产品的专业化水平，在提高产品质量的同时提高企业的生产效率。在这里，技术标准化是沟通国内生产者和国外消费者的一座桥梁。企业通过技术标准化将产品销往国外，扩大其产品的用户规模，在全世界范围内进行竞争，有利于企业了解国外消费者需求变动及最新相关技术变动的情况，从而促使企业做出最有利于自身的决策。

企业在有标准化约束下进行的生产，一方面标准能保证产品质量，另一方面企业会按照标准指定的方向进行研发投入，统一了技术发展方向，简化了产品品种和规格。企业处于价值链的高端，所获得经济利益较多，能为后期的研发和创新提供支持，使企业始终保持竞争优势。因此，在开放经济条件下，为了在国际竞争中保持竞争优势，获得更多的经济效益，企业会更积极地进行标准化建设。同时，企业通过实施技术标准化，能获得竞争优势，助推企业更好地参与经济全球化。

（二）标准化消除技术性贸易壁垒

技术性贸易壁垒是指在对外贸易中，一国（地区）为维护本国（本地区）的基本安全、保障人类及动植物的生命及健康安全、保护生态环境、防止欺诈行为、保证产品质量而采取限制或禁止进出口的各种技术措施，这些措施包括技术法规、标准和合格评定程序。加入 WTO 后，我国高技术产品遭遇的贸易壁垒集中表现在技术标准的争端上。下面以我国高技术产品为例，对高技术产品的技术性贸易壁垒与技术标准化的机理进行分析。我国高技术产品除了满足国内消费外还出口到国外市场。为了适应在两个不同的环境下提供产品，本国企业须支付一个附加成本。假定标准化水平的高低并不影响国内对高技术产品的需求，而且国外在高技术产品上对我国并不实行公开的贸易限制，则高技术产品生产企业在国外市场上采取寡头竞争策略。

假设本国企业的技术标准化水平低于外国的技术标准水平，极端情况下假设本国技术标准为零。当我国企业出口时，必须在我国国内技术标准和国外技术标准之间进行选择，采用同一标准和两种不同标准生产时我国高技术生产企业总利润函数会有很大的差异。

外国技术标准的提高会阻碍本国企业对外出口，因为出口到国外的高技术产品必须满足国外的最低技术标准要求。如果本国企业不向外国进行高技术产品的出口，此时本国的利润与国外的技术标准水平无关，仅仅取决于本国国内对高技术产品的需求水平。因此，均衡时存在一个最低技术标准，使我国企业向外国出口高技术产品和只向本国国内市场提供产品所获得的利润是无差异的。图 22－1 是不同技术标准水平下企业的利润。

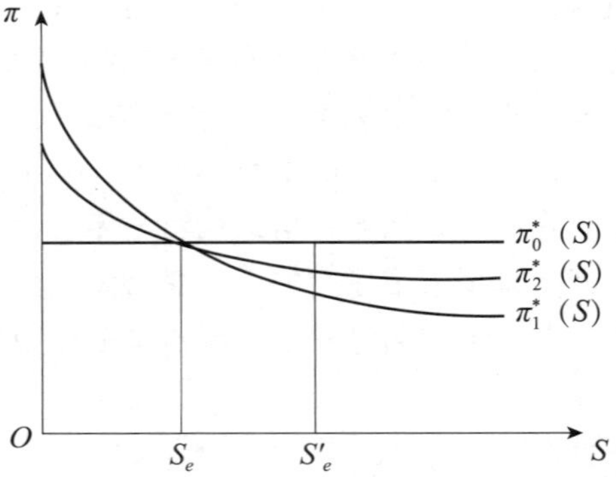

图 22－1　不同技术标准水平下企业的利润

如图 22－1 所示，S_e是使本国企业出口与否利润无差异的国外最低技术标准。若国外高技术产品进口标准高于均衡时的国内技术标准，无论国外企业出口与否，本国国内企业因国外技术标准提高而成本剧增，导致我国只向国内市场提供产品，最终可能退出国际市场的舞台。本国企业要想继续维持并扩大出口，就必须提高出口产品的技术标准水平，使之达到国外标准的要求。这样通过提高技术标准，可规避国外技术性贸易壁垒，促进出口贸易的发展。同理，如果 S_e表示利润无差异的本国最低技术标准，若本国高技术产品进口标准高于均衡时的国外技术标准，此时国外企业也只向自己本国国内市场提供产品，国外企业要想向我国出口产品，就必须使其出口产品的技术水平满足我国最低技术标准要求。通过提高技术标准，可形成技术性贸易壁垒，提高进口产品的技术水平。具体推导参见延伸阅读 22－1。

延伸阅读 22－1
标准化消除技术性贸易壁垒

因此，通过国际贸易和国际投资的方式可以获得目标国市场的相关技术需求，将这种需求反映到标准的制定过程中，促进技术标准化发展。技术标准水平的提高，一方面可消除发达国家对我国设置的技术壁垒，促进出口贸易和对外投资的发展；另一方面，通过技术标准可形成我国对其他国家的技术壁垒，提高进口产品的技术含量和引进外资的质量。

（三）标准化促成规模经济

规模经济可分为内部规模经济和外部规模经济。内部规模经济主要是企业自身生产规模的扩大导致产品平均成本下降。外部规模经济是指整个产业扩张时，该产业内各个企业平均成本降低。

假设存在 A 国和 B 国，两国各有一家企业生产同一种产品（X 产品），A 国在 X 产品上进行标准化，从而 A 国生产 X 产品可获得内部规模经济，B 国在 X 产品上不进行标准化。两国消费者偏好、要素禀赋和生产函数均相同。

如图 22－2 所示，在封闭经济条件下，企业都根据 $MR=MC$ 来生产，以实现利润最大化。根据假设可知，两国的需求曲线相同，从而 MR 线也相同。由于 A 国生产 X 产品进行标准化生产，可获取规模经济。因此，两国根据国内对 X 产品的需求情况达到均衡时，$P_B>P_A$，$Q_B<Q_A$。比较 A 国与 B 国的均衡点，A 国生产者以更低的成本提供产品，且消费者以更低的价格消费更多的产品，这是标准化生产带来的 A 国社会福利的增加。但是此时，市场是封闭的，因此这种福利的增加只保留在 A 国内部，相对而言，B 国的消费者和生产者都遭受不同程度的损失。

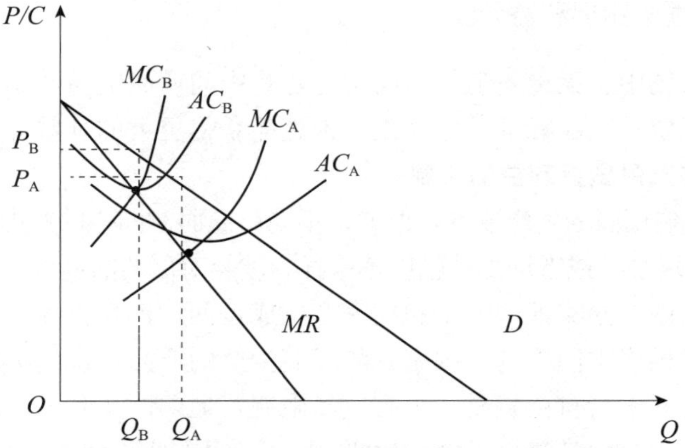

图 22－2　封闭经济条件下的市场规模

在开放经济条件下，生产和消费不再局限于一国内部，出现了生产的国际化和消费的国际化，各国产品在国际市场上竞争。如图 22－3 所示，需求曲线是原来封闭经济条件下的 2 倍，开放经济条件下需求曲线向右移动，相应地 MR 线也向右移动。由于 A 国生产 X 产品具有规模经济，即随着产量的增加 A 国生产 X 产品的单位成本降低。A、B 两国生产的同质产品在同一市场上竞争，按照 $MR=MC$ 原则，均衡时 A 国以 P'_A 的价格提供 Q'_A 数量的产品。B 国达到均衡时，在国际市场上 B 国产品的价格大于 A 国产品的价格，此时 B 国生产 X 产品是没有市场的，即 B 国在 X 产品上有价无市，最终 B 国会放弃 X 产品的生产。由此可知，在开放经济条件下，A 国通过标准化的生产不仅维持了本国的市场份额，而且还占领了其他国家的市场份额。极端的情形是 A 国完全驱逐其他国家的产品，使其退出国际市场的舞台，最终形成赢家通吃的局面。在国际市场竞争中，不同生产者在产品质量或者价格上的绝对差异决定了其产品的竞争力，而企业通过技术标准化能获得相对竞争优势；优于竞争对手的企业将会看到它们的市场份额在不断地增加，而在竞争上处于劣势的企业将会丢失掉它们的市场份额。因此经济越开放，市场竞争越激烈，企业越有动机去进行标准化建设，从而提升技术标准水平。通过实施技术标准化能迅速获得规模经济，形成竞争优势，占得国际市场的先机。

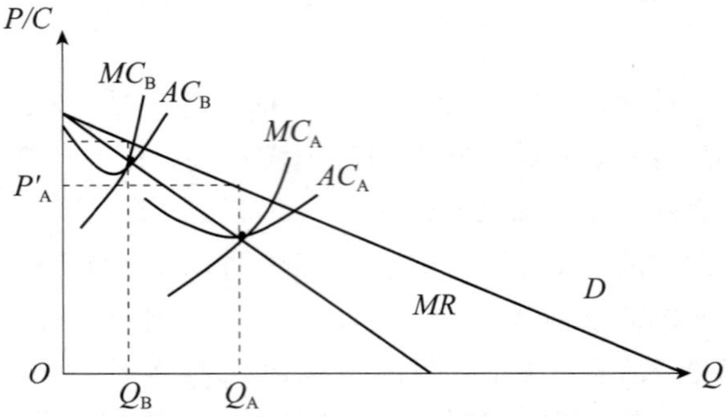

图 22-3　开放经济条件下的市场规模

二、标准化与国际贸易利益

（一）标准化与国际贸易利益分配

在当前的国际市场中，无论是最终产品贸易还是中间产品贸易，其利益分配都会受到标准的影响，谁掌握了贸易产品标准的主动权，谁就能获得更大的利益分配。

1. 标准影响最终产品贸易利益的机制

标准的设置会影响厂商的生产成本，但如果不同厂商面对同样的标准所增加的成本存在差异，有的不变，有的增加，或者增加的幅度不一样，就会对厂商的利益及其分配产生影响。

假定国际市场由两个国家即国家1和国家2构成，两国的厂商生产相同的产品。国家1的厂商生产的产品只供应本国市场，国家2的厂商生产的产品在供应本国市场的基础上还向国家1出口。两国之间实行自由贸易，没有贸易限制，但两国产品的市场价格不同。

我们可以通过比较最终产品标准设置前后两国厂商利润的变化来讨论标准对贸易利益的影响。

因为只有国家2向国家1出口，所以只考虑国家1设置标准的情况，其标准即为国家1的厂商原来的生产技术要求。

现在国家1将其现有技术要求设置为标准，要求进口产品必须符合其国内标准。此时，国家1的厂商不会因此增加成本，但国家2的厂商如果想继续向国家1出口则会因需要符合国家1的标准而增加成本。所以国家2的厂商面临两种选择：放弃出口或接受国家1的标准。

对于国家1而言，设置标准后，如果国家2不再出口，则其国内产品供应由本国厂商垄断。而且根据其原有生产要求制定的标准不会增加其国内厂商的成本，所以国家1的厂商利润增加。如果国家2接受国家1的标准，继续出口，国家1的厂商的生产成本不会有变化，相对国家2具有成本优势。但国家2的厂商因为要满足国家1技术标准的要求而增加了成本，会导致利润下降，因此国家1的厂商收益会相对增加。

对于国家2而言，在国家1设置标准后，如果不接受其标准，则全部丢失出口市场，厂商生产和销售减少，利润下降。如果接受国家1的标准，继续出口，则要承担因此而增加的成本，利润也会有所下降。

不过，国家2可有一种改善贸易收益的机会。王耀中和侯俊军（2005）从规模经济、质量改进和消费选择机会增加等方面分析了标准的设置可能增加消费者福利的情形。也就是说，标准的制定可能使消费不确定性降低，消费增加，需求曲线外移，市场均衡发生变化，厂商生产和供给增加。在这种情形下，国家2也有占据国家1市场的机会。具体推导参见延伸阅读 22－2。

2. 标准影响中间产品贸易利益的机制

随着经济全球化和国际分工越来越深入，中间产品贸易得到了快速的发展。大量的国际贸易由中间产品、原材料构成，这些货物在到达最终消费者之前需要在当地进一步加工生产。而且技术进步导致生产技术和生产空间的可分离性大大提高，极大地促进了产业价值链的垂直分解。越来越多的产品被分割成不同的生产模块和生产环节，根据比较优势在世界不同地区进行生产。标准作为连接各生产模块和生产环节的界面，对生产成本产生影响，从而影响中间产品贸易利益的分配。

延伸阅读 22－2 标准影响最终产品贸易利益的机制

假设在跨国界生产条件下市场中存在两个部门：上游部门 A 和下游部门 B，分别位于两个不同的国家。上游部门 A 生产并出口中间产品 A，该产品是下游部门 B 生产过程中必需的投入。下游部门 B 进口中间产品 A，然后投入其他生产要素共同生产出最终产品 B。在 B 的生产过程中，投入的 A 与其他生产要素之间不存在替代关系。中间产品 A 与最终产品 B 之间存在一一对应的关系，因此可以用相同的产出单位来衡量中间产品 A 和最终产品 B。部门 A 和部门 B 中分别有 m 和 n 个竞争者。

国际标准竞争情况影响到上下游生产部门的厂商数量，从而形成不同的市场结构。在不同的市场结构下，国际贸易的利益分配格局有很大的差异。

国际标准竞争可能出现三种情况：上游部门控制标准、下游部门控制标准、上下游部门达成标准联盟。

（1）上游部门控制标准。

当产品标准由上游部门 A 控制时，上游部门的厂商数量比较少，具有很强的市场势力，其极端情况是 $m=1$，上游部门处于垄断状态。而下游部门 B 由于没有控制产品标准，只能被动地接受和适应标准，因而市场势力较弱，厂商数量较多，极端情况是接近于完全竞争。在这种情况下，下游部门 B 所需要的中间产品的供应商，即上游部门 A 就能行使市场垄断力量，获取全部的巨额垄断利润。

（2）下游部门控制标准。

当产品标准由下游部门 B 控制时，下游部门的厂商数量比较少，具有很强的市场势力，其极端情况是 $n=1$，下游部门处于垄断状态。而上游部门 A 由于没有控制产品标准，只能被动地接受和适应标准，因而市场势力较弱，厂商数量较多，极端情况是接近于完全竞争。在这种情况下，下游部门 B 就能行使市场垄断力量，获取全部的巨额垄断利润。

（3）上下游部门达成标准联盟。

当上下游部门在标准上达成联盟，共同制定和控制标准，则能在整个产品产业链中形成垄断，两个部门都有很强的市场势力，极端情况是 $m=n=1$，上游部门 A 和下游部门 B 都处于垄断地位。

根据上面的分析，两个部门产品的价格超过成本的利润加成都比较大，两部门都能获得垄断利润。具体利益的分配则取决于两部门在标准联盟中协议合约的具体规定。具体推导参见延伸阅读 22－3。

延伸阅读 22－3 标准影响中间产品贸易利益的机制

（二）标准化与国际分工利益分配

国际分工依次经历了产业间分工、产业内分工和产品内分工，并进而细化到同类产品不同型号规格专业化分工、零部件专业化分工、工艺过程专业化分工。在这个过程中，产品的价值链被逐步细化分解，产品的比较优势具体到一个一个分解的特定节点与生产地点的融合。一个国家（地区）的比较优势更多地体现为整个价值链中某个或某几个特定节点的优势。而要在这个价值链中分到更多的利益，则取决于对整个价值链标准制定和实施的控制权。

价值链是技术、原料和劳动融合在一起形成各种投入环节，然后通过组装，把这些环节结合起来形成最终产品，最后通过市场交易、消费、回收等最终完成价值循环的过程。在这个过程中，生产只是许多增值环节中的一环。在同一个价值链中，各个环节并非创造等量的附加值，有高附加值环节和低附加值环节之分。将价值链的所有活动在全球范围内延伸就称为全球价值链。跨国公司根据价值链中各个环节不同的附加值增加状况与世界不同地区的比较优势相结合，在世界市场组织生产。

基于价值链的国际分工，实质上描述的是跨国公司在发达国家和发展中国家进行的国际分工。发达国家在附加值更高的研发阶段和销售阶段组织生产，而将产品的加工制造阶段放在发展中国家，然后通过核心技术和标准进行全球价值链管理。对于发展中国家来说，需要寻求自身价值链升级的途径和机会。

价值链升级的主要形式包括工艺流程升级、产品升级、功能升级和跨产业升级。曾铮、张亚斌（2005）提出了三种价值链攀升的方式：基于要素结构的价值链攀升、基于技术进步的价值链攀升和基于分工细化的价值链攀升。

在价值链升级过程中，利润也随着价值链发生了转移，主要表现为五个方面：从产品的制造环节转向销售环节、从产品的销售环节转向消费环节、从价值链的中间环节转向上、下游环节、从产品的内在环节转向外围环节、从产品的实体环节转向虚拟环节。

所以，长期处于价值链中低附加值的加工制造阶段的发展中国家应该将自身的价值链不断升级，将生产区间不断向两端延伸，更多地进入研发和销售阶段。要实现这种升级，除了改变要素结构之外，有两个基本途径，一是提高生产技术水平，二是积极参与制定标准。

发展中国家只有在不断提高生产技术水平的基础上，更多地自主制定相关技术标准，或者更多地参与相关技术标准的制定，才能在国际分工中获取更多的利益。当发展中国家掌握技术标准制定的主动权，或者在技术标准的制定中施加一定影响时，发达国家必须支付专利使用费、转换成本等，从而增加一定的生产成本。具体推导参见延伸阅读22-4。

延伸阅读 22-4
标准化与国际分工利益分配

第3节　主要国际贸易协定中的标准

一、WTO关于标准的主要规定[①]

世界贸易组织（WTO）是当前世界上最重要的国际贸易组织之一。它在《技术性贸易

---

① 本部分内容参考徐洁香（2011：33-34）。

壁垒协定》(《WTO/TBT 协定》) 和《实施卫生与植物卫生措施协定》(《WTO/SPS 协定》) 中从国际贸易的角度对标准的制定方式、标准的采用与实施进行了规定，要求其成员不得让标准本身成为正常贸易的障碍。《WTO/TBT 协定》明确指出：“认识到国际标准和合格评定程序体系能为提高生产效率和便利国际贸易做出重要贡献，期望鼓励制定此类国际标准和合格评定体系”，“但是期望保证技术法规和标准，包括对包装、标志与标签的要求，以及对技术法规和标准的合格评定程序不给国际贸易制造不必要的障碍”。

(一) 对标准的定义

《WTO/TBT 协定》在 ISO/IEC 指南 2 中关于标准定义的基础上，进一步将标准的定义明确为：经公认机构批准的，规定非强制执行的，供共同使用或重复使用的产品或相关工艺和生产方法的规则、指南或特性的文件。该文件还包括或专门处理适用于产品、工艺或生产方法的术语、符号、包装、标志或标签要求。

与 ISO/IEC 指南 2 中关于标准的定义相比较，《WTO/TBT 协定》的定义做了三个方面的调整：(1) ISO/IEC 指南 2 的定义涵盖产品、工艺和服务，《WTO/TBT 协定》的定义只涉及与产品或工艺和生产方法有关的技术法规、标准和合格评定程序；(2) ISO/IEC 指南 2 中定义的标准可以是强制性的，也可以是自愿的，而《WTO/TBT 协定》中标准被定义为自愿的，技术法规被定义为强制性文件；(3) 国际标准化团体制定的标准是建立在协商一致基础之上的，而《WTO/TBT 协定》涵盖不是建立在协商一致基础之上的文件。

(二) 对标准的制定、采用和实施的规定

《WTO/TBT 协定》要求标准的制定、采用和实施要符合良好的规范，该规范对各成员的标准制定、采用和实施提出了明确的规定。主要内容包括：(1) 标准化机构在标准方面坚持国民待遇原则；(2) 保证不制定、不采用或不实施在目的或效果上给国际贸易制造不必要障碍的标准；(3) 以已经存在或即将拟就的国际标准为基础制定自己的标准；(4) 充分参与国际标准的制定及国际标准化活动；(5) 应尽一切努力就其制定的标准在国内达成协商一致；(6) 应按产品的性能而不是设计或描述特性制定以产品要求为基础的标准；(7) 在批准一个标准前，标准化机构必须留出至少 60 天时间以便吸纳利益相关方的意见；(8) 要求每一成员应根据自己的情况，设立一个或一个以上的咨询点。咨询点的作用就像一个专门的接待站，其他 WTO 成员可以向其咨询并获取制定技术法规、标准、合格评定程序等方面的信息和文件，或就有关问题安排磋商。

《WTO/SPS 协定》规定：(1) 各成员方应根据国际标准、指南或建议制定本国的卫生法规、标准；(2) 各成员方应采用、实施相关国际标准，当国际标准不能达到他们所要求的保护水平时，只要科学依据充分，可以制定和实施高于国际标准、准则和建议所达到的保护水平；(3) 各成员方在实施卫生与植物卫生 (SPS) 法规、标准时，应遵守非歧视原则；(4) 各成员方要等同对待出口成员达到要求的卫生与植物卫生措施的法规和标准；(5) 各成员方应确保及时公布所有有关卫生与植物卫生措施的法规和标准，并在公布和生效之间留出一段合理的时间以便让出口成员方的生产商适应进口成员方的要求；(6) 成员方应指定一个中央政府机构负责履行通知义务，将拟实施缺乏国际标准或与国内标准有实质不同，并且对其他成员的贸易有重大影响的卫生与植物卫生措施通知世界贸易组织；(7) 成员方应设立一个咨询点，负责回答有关成员方关于条款以及有关文件涉及的问题，并负责提供文件。

（三）例外规定和对发展中成员特殊和差别待遇的规定

《WTO/TBT 协定》规定了一些例外，包括保护人类、动物和植物的生命或健康及保护环境例外，防止欺诈行为例外，国家安全例外。

《WTO/TBT 协定》和《WTO/SPS 协定》都赋予了发展中成员以优惠待遇，主要体现在：(1) 在制定、实施技术法规和标准等方面，发展中国家成员可以不采用不适合其发展、财政和贸易需要的国际标准作为他们自己的技术法规或标准、试验方法的依据；(2)《WTO/SPS 协定》要求发达成员给发展中成员援助以便加强其食品安全和动植物健康保护；(3)《WTO/SPS 协定》给予发展中成员延缓实施该协议的缓冲期。这种缓冲期给发展中成员必要的时间去采纳国际标准或者是在科学的原则下建立自己的卫生与植物卫生法规框架，在缓冲期内采取直接或间接影响国际贸易的 SPS 措施不受 WTO 规则的制约，而且 SPS 委员会可应要求给予更长时间的缓冲期。

（四）对技术法规、合格评定程序与标准关系的规定

《WTO/TBT 协定》中的技术性贸易壁垒包括技术法规、标准和合格评定程序三项内容。其中技术法规的定义为：规定强制执行的产品特性或其相关工艺和生产方法，包括适用的管理规定在内的文件；该文件还可包括或专门处理适用于产品、工艺或生产方法的术语、符号、包装、标志或标签要求。合格评定程序的定义为：任何直接或间接用以确定是否满足技术法规或标准中的相关要求的程序，包括抽样、检验和检查，评估、验证和合格保证，注册、认可和批准以及各项的组合。

《WTO/TBT 协定》规定，在需要制定技术法规并且有关的国际标准已经存在或即将制定完成时，各成员方应使用这些国际标准或有关部分作为制定技术法规的基础。为尽可能统一技术法规，在相应的国际标准化机构就各成员已采用或准备采用的技术法规所涉及的产品制定国际标准时，各成员方应在力所能及的范围内充分参与。

（五）《WTO/TBT 协定》和《WTO/SPS 协定》的区别

《WTO/TBT 协定》和《WTO/SPS 协定》都是针对可能对国际贸易产生影响的标准及相关措施而制定的重要文本，其促进国际贸易发展的宗旨是一致的，但也有一些具体的区别。

一是涵盖范围不一样。《WTO/SPS 协定》涵盖了所有目的为保护人类或动植物健康不受食物污染的威胁，保护人类健康不受动物或植物携带病菌的威胁，保护动植物不受害虫、病菌的威胁，或阻止、限制其他害虫入侵或传播对国家造成的威胁。《WTO/TBT 协定》主要涵盖了适用于产品、工艺和生产方法以及适用于《WTO/SPS 协定》正当目标的所有技术法规、标准和合格评定程序，除非这些是《WTO/SPS 协定》中已经规定了的卫生或植物检疫措施。大部分标签要求、营养声明、质量和包装规定都不被认为是卫生或植物检疫措施，但这些措施通常都属于《WTO/TBT 协定》的范畴。

二是一些实质规定不一样。两个协议都鼓励使用国际标准，但《WTO/SPS 协定》要求有来自现在健康威胁评估的科学依据，以此判断选择比国际机构制定的标准更严格的标准是否合理。有了科学依据，政府就可以适当地强制执行 SPS 措施来保护人类、动物或植物的健康。《WTO/TBT 协定》规定当 WTO 成员方认为由于保护程度不足，或基本气候、地理

因素或基本技术问题，国际标准对于实现某一合法目标不适当或无效，那么他们可以适当偏离国际标准。

二、CPTPP、 RCEP 等协定关于标准的主要规定

（一）CPTPP 协议关于标准的主要规定

《全面与进步跨太平洋伙伴关系协定》（CPTPP）是一个开放程度高、涵盖领域广、参与国家多、地域范围大的区域性自贸协定，在多方面代表了高水平国际经贸规则的方向。CPTPP 明确指出“缔约方认识到国际标准、指南和建议在支持更大程度的监管协调、良好规制实践和减少不必要的贸易壁垒方面的重要作用”以及“缔约方应在可行且适当的情况下相互合作，以保证有可能作为技术法规、合格评定程序基础的国际标准、指南和建议不会对国际贸易构成不必要的障碍”。

1. 对标准的制定、采用和实施的规定

CPTPP 对标准化工作规定的主要内容包括：（1）在《WTO/TBT 协定》的基础上，每一缔约方应保证其中央政府标准化机构的工作计划，包含其目前正在制定的标准和已经采用的标准；（2）缔约方应鼓励其各自负责标准化、合格评定、认可和计量的机构之间开展合作，无论此类机构是公共还是私有。

CPTPP 还规定：（1）货物贸易，每一缔约方应努力使用关于货物放行程序的国际标准，努力提供相关设施，使进口商和出口商在一单一接入点通过电子方式完成标准化的进口和出口要求。（2）卫生与植物卫生措施，鼓励制定和采用并促进缔约方实施国际标准、指南和建议；在适应地区条件、确定特定卫生或植物卫生一系列措施或在全体系基础上的等效性时以及在进行风险分析、实施审查、认证时，每一缔约方应考虑卫生与植物卫生委员会的相关指导及国际标准、指南和建议。（3）投资，将习惯国际法中给予外国人的最低标准待遇作为给予涵盖投资的标准待遇。（4）跨境服务贸易，保证与资格要求和程序、技术标准和许可要求相关的措施构成必要的服务贸易壁垒，同时承认监管的权利，及为实现政策目标而在服务提供方面制定新法规的权利。（5）电信，每一缔约方应保证，其领土内一主要供应商为另一缔约方的公共电信服务供应商的设施和设备提供互联互通的方式包含根据非歧视的条款、条件（包括技术标准和规格）和费率，以及时的方式和成本导向的费率，根据透明、合理、经济可行性且充分体现非捆绑的条款和条件（包括技术标准和规格）。（6）政府采购，在规定所购货物或服务的技术规格时，采购实体如存在国际标准，则技术规格应根据国际标准；如无国际标准，则应根据国家技术法规、公认的国家标准或建筑规范。（7）劳工权益保护，劳工标准不得用于贸易保护主义目的。（8）环境，每一缔约方应鼓励在其领土或管辖范围内开展经营的企业在其政策和实践中自愿采取与环境相关的企业社会责任原则，并与该缔约方赞成或支持的国际公认标准和指南相一致。（9）促进公职人员廉政，要求制定或者维持公职人员行为准则和标准，加强对公职人员的培训，采取行动阻止送礼受礼行为，鼓励举报腐败行为，对涉腐公职人员进行惩戒。

2. 对标准和技术法规的规定

CPTPP 中规定：（1）每一缔约方应在其职权范围内采取合理措施，鼓励其领土内负责制定、采用和实施技术法规、标准和合格评定程序的直属中央政府或地方政府机构（视情况而定）遵守第 8.5 条（国际标准、指南和建议）、第 8.6 条（合格评定）、第 8.8 条（遵守

技术法规和合格评定程序的期限）及第 8 章附件。(2) 在透明度方面，每一缔约方应允许其他缔约方的人，以不低于其给予本国人的条件，参与其中央政府机构的技术法规、标准和合格评定程序的制定，同时鼓励每一缔约方考虑在技术法规、标准和合格评定程序的制定过程中提供额外透明度的方法，包括使用电子工具和公众宣传或磋商。(3) 在合作和贸易便利化方面，缔约方认识到存在一系列广泛机制可支持更大程度的监管协调并消除本区域内不必要的技术性贸易壁垒，包括：(a) 监管对话和合作，包括促进良好规则实践的使用以提高技术法规、标准和合格评定程序的效率和有效性，根据双方同意的条款和条件，提供技术建议和援助，以改进与技术法规、标准、合格评定程序和计量的制定、实施和审议相关的做法；(b) 国家标准与相关国际标准更大程度的协调，但不适合或无效的情况除外；(c) 促进更多使用相关国际标准、指南和建议作为技术法规和合格评定程序的依据；(d) 促进作为等效技术法规接受另一缔约方的技术法规。(4) 在信息交流和技术讨论方面，对于直属中央政府的地区或地方政府（视情况而定）的可能对贸易产生重大影响的技术法规或合格评定程序，一缔约方可请求与另一缔约方就这些事项进行技术讨论。

此外，CPTPP 还明确了技术性贸易壁垒委员会在技术法规、标准和合格评定程序方面的职能，明确通过该委员会，缔约方应加强在技术法规、标准和合格评定程序领域的联合工作，以期便利缔约方之间的贸易：(1) 鼓励缔约方之间就与本章有关的事项开展合作，包括技术法规、标准和合格评定程序的制定、审议或修改；(2) 应一缔约方请求，鼓励缔约方之间就非缔约方的特定技术法规、标准和合格评定程序以及系统性问题交流信息，以期形成共同方法；(3) 委员会审议附件的实施情况，包括葡萄酒、蒸馏酒、信息通信技术产品、药品、化妆品、医疗设备、预包装食品和食品添加剂的专有配方和有机产品等，以期完善或改进附件，且如适当，提出建议以加强缔约方在附件所涵盖部门中各自技术法规、标准和合格评定程序的协调。

（二）RCEP 关于标准的主要规定

《区域全面经济伙伴关系协定》(RCEP) 是由东盟十国发起，邀请中国、日本、韩国、澳大利亚、新西兰共同参加签署的自由贸易协定，旨在削减关税和非关税壁垒、建立统一市场。RCEP 中关于标准、技术法规和合格评定程序的内容以《WTO/TBT 协定》为基础，加强了对《WTO/TBT 协定》的履行，并对其进行了确认和细化。制定条款推动缔约方在承认标准、技术法规和合格评定程序中减少不必要的技术性贸易壁垒，确保标准、技术法规以及合格评定程序符合《WTO/TBT 协定》规定的信息交流与合作。

1. 对标准与技术法规的规定

RCEP 的标准、技术法规和合格评定程序涵盖所有能够影响成员国之间贸易的中央政府的技术标准、技术法规和评定是否合格的程序。对于标准的制定、采用和实施，RCEP 要求各成员国遵守《WTO/TBT 协定》附件三的规定，同时要求成员国鼓励境内标准化机构与其他成员国境内标准化机构进行合作。RCEP 规定：(1) 每一缔约方应当保证其制定、采用和实施国家标准的一个或多个标准化机构接受并遵守《WTO/TBT 协定》附件三的规定；(2) 如一缔约方制定的国家标准需要对相关国际标准内容或结构进行修改，应另一缔约方请求，该缔约方应当鼓励其标准化机构提供标准内容和结构方面的差异，以及差异的原因；(3) 每一缔约方应当保证其一个或多个标准化机构不制定、不采用或不实施在目的或效果上对国际贸易造成不必要障碍的标准，不对国际标准内容和结构进行修改；(4) 每一缔约方应当鼓励其领土内相关的一个或多个标准化机构与其他缔约方的一个或多个标准化机构之间在交换标准信息、与标准制定程序相关的信息等领域进行合作。

此外，在制定和实施技术性法律法规时，RCEP 要求各成员国在《WTO/TBT 协定》第二条第四款的范围内，使用相关国际标准或其中相关的部分，同时要求各成员国接受其他成员国等效法规。RCEP 规定：(1) 即使其他缔约方的技术法规不同于自己的法规，每一缔约方也应当积极考虑将其他缔约方的技术法规作为等效法规加以接受，只要该缔约方确信这些法规足以实现与其法规相同的目标；(2) 如果一缔约方不能接受另一缔约方的技术法规作为自己的等效法规，应另一缔约方请求，该缔约方应当解释其做出决定的原因。

2. RCEP 关于《WTO/TBT 协定》的加强

相比于《WTO/TBT 协定》，RCEP 对技术法规制定、修改到生效之间的合理时间间隔做出了具体规定。出口企业改变生产技术、方法需要一定的时间，如果进口国贸然改变技术法规，并在短时间内生效，出口企业可能无法立刻改变生产技术、方法，使其生产的产品能够满足进口国的新技术标准。因此，RCEP 要求进口成员国在技术法规公布和生效之间，至少留出 6 个月以上的合理时间间隔。

此外，RCEP 要求各成员国基于共同确定的条款和条件，加强在标准、技术法规和合格评定程序领域的合作，加强在 WTO/TBT 委员会和其他相关国际或地区层面活动中的沟通与协调。

本章小结

标准化在国际贸易中的作用，存在着从工具到战略的历史演进过程。面临着各种挑战的全球经济一体化，在深度和广度上都对标准化提出了更高和更广泛的要求。充分有效地利用国际标准，是加快全球经济一体化步伐的重要举措。在现代国际贸易中，国际标准已成为贸易规则的重要组成部分。标准在现代国际贸易中起着促进、协调、保护和仲裁的重要作用。

标准化通过缓解信息不对称、消除技术性贸易壁垒、促成规模经济等机制来促进国际贸易发展。在国际市场中，无论是最终产品贸易还是中间产品贸易，其利益分配都会受到标准的影响，谁掌握了贸易产品的标准的主动权，谁就能获得更大的利益分配。

WTO 在其《技术性贸易壁垒协定》(《WTO/TBT 协定》) 和《实施卫生与植物卫生措施协定》(《WTO/SPS 协定》) 中从国际贸易的角度对标准的制定方式、标准的采用与实施进行了规定，要求其成员不得让标准本身成为正常贸易的障碍。CPTPP、RCEP 等协定对此有着更具体的要求。

关键术语

全球经济一体化　　国际贸易　　作用机制
国际贸易协定

思考题

1. 标准化在国际贸易中的主要作用是什么？
2. 标准化作用于国际贸易的机制是什么？
3. 《WTO/TBT 协定》等国际贸易协定对标准有哪些规定？

参考文献

[1] 侯俊军，基于标准竞争优势的中国贸易投资大国发展战略研究．上海：格致出版社，2015：33-52.

[2] 王耀中，侯俊军．论技术性贸易壁垒的消费效应．南方经济，2005（2）：76-78.

[3] 徐洁香．标准化的贸易效应及政策研究．北京：经济科学出版社，2011：33-34.

[4] 曾铮，张亚斌．价值链的经济学分析及其政策借鉴．中国工业经济，2005（5）：104-111.

第 23 章

标准的效益评价方法

学习要点

1. 价值链的基本概念，公司价值链和产业价值链
2. ISO 标准经济效益评价方法的关键步骤和收集数据的方法
3. ISO 方法论的拓展应用——非经济效益评价
4. 标准经济效益及非经济效益评价的案例研究
5. 英国和德国关于标准对经济的宏观影响评价方法

第 1 节　概　述

标准化工作可以为组织、市场和社会带来可观的效益。这是标准化工作者和标准使用者在长期实践中取得的共识，由于相关数据较少且获取难度大，以往对标准效益的评价通常只能定性，很难量化。为此，一些国家标准机构和研究团体尝试开展了一些量化研究。通过研究和分析后发现这类研究方法多种多样，其中大部分是从宏观经济的角度尝试评估标准化对国家经济发展的贡献。由于这些研究对标准经济效益的评价和量化没有采用统一的方法论，不利于各项研究之间的对比，很难从研究中得出统一的评价标准和一般趋势。标准经济效益的评价不仅有助于标准机构吸引公司使用相关标准，也可以帮助公司更好地理解如何通过开展标准化工作而获益。为此，国际标准化组织（ISO）在罗兰贝格管理咨询公司的支持下，制定了一套用以评价和量化标准经济效益的方法论（以下简称“ISO 方法论”），该方法论为各个组织评价标准的经济效益提供了统一的准则、指导原则和工具框架。ISO 于 2011 年公布了研究报告《标准的经济效益——全球案例研究》，其中采用价值链分析法对 20 多个国家

的企业进行了案例研究。[①]

2015年，英国采用2005年英国贸易工业部的研究方法，重新估算了从1921年开始的协商一致标准对国家生产力的影响。估值表明，商用标准对英国生产力产生的影响超越了以往的理解。标准是推动英国工业繁荣发展的一个至关重要的因素，促进贸易与创新，特别体现在提高机械设备的生产力和从业人员劳动生产率。德国标准化学会（DIN）于2000年针对本国的经济和标准化发布了研究报告《标准化的经济效益》，并且于2011年予以更新。该报告同样显示出标准化对经济增长的重要作用（Blind K，et al.，2011）。

第2节　ISO评价标准经济效益的方法论[②]

一、方法论的基本分析方法——价值链

价值链是指一连串与产生某些输出、产品或服务相关的活动。作业的输出按固定顺序贯穿价值链各个阶段的活动，并在每个阶段获得增值。价值链中的各个阶段可能是在某一公司内部，可能延伸至供应链网络中互相合作的不同公司。图23-1显示了简单价值链的相关内容。其中价值链的“阶段”可以是一个组织的一部分（公司价值链）也可以链接多个不同组织（供应链或产业价值链）。

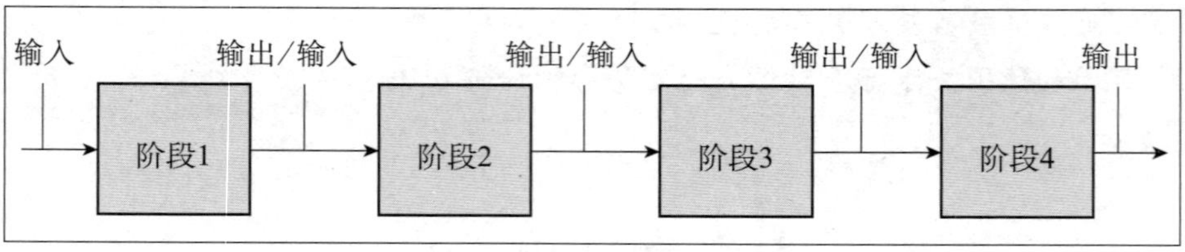

图23-1　简单价值链

（一）公司价值链

公司价值链是指某一公司在内部进行的一连串活动。公司的营运可分为多项业务功能（如图23-2所示）。其中每项业务功能都与一组具体的价值链活动相关联。例如，涉及零部件生产和最终产品装配的活动是在“生产/营运”业务功能中进行。

图23-2横向所示各项功能（功能E～I）称之为主要功能，纵向所示各项功能（功能A～D）称之为支撑功能。原则上，所有制造业公司的各种产品都要经过这些主要业务功能。其中有些功能可能很复杂，包括许多阶段，而另一些功能可能相对简单。支撑功能会影响主要功能并辅助其执行。

图23-2所示公司价值链为通用的公司价值链，源于制造业公司的模型。价值链也可用于其他组织类型（如服务性公司或社会机构），但需要进行适当调整以反映其特定的营运活动。

① 参见https：//www.iso.org/benefits-of-standards-the-iso-materials.html。

② 本节资料来源详见ISO（2011）。

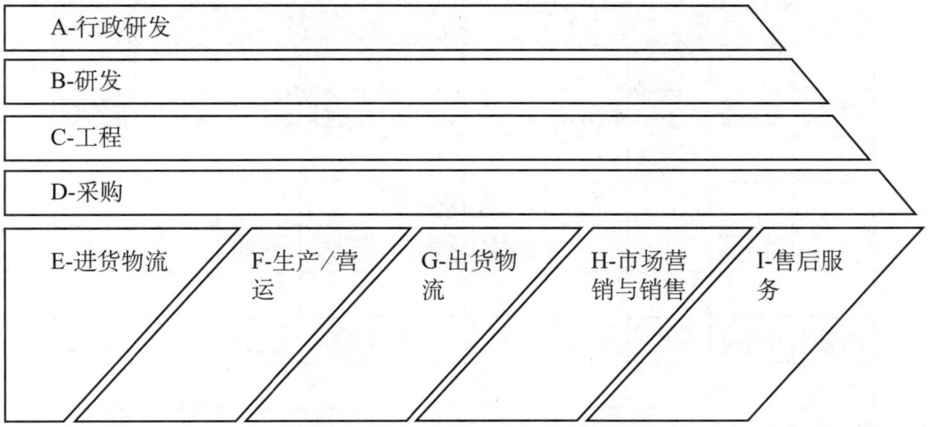

图 23－2　公司价值链（制造公司）

（二）产业价值链

公司价值链的方法可以应用到单一公司，也可以扩展到整个行业甚至产业外部。在这种情况下，价值链将涵盖一家公司的供应商网络和客户网络，如图 23－3 所示。这就是所谓的“产业价值链”。

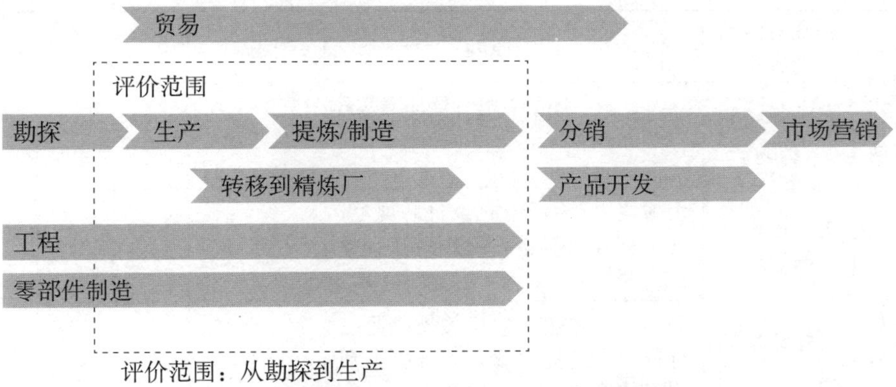

图 23－3　石油和天然气工程行业价值链和范围示例

一般而言，识别了产业价值链后，可以依据该产业某个公司的活动所涉及的环节，将该公司置于价值链的一个或多个环节，如图 23－4 所示。这种方法有助于更好地理解某一公司在其产业范围内的功能。

二、评价标准影响的关键步骤

采用本方法需按以下步骤进行评价。必要时可重复某些步骤，以便进行更准确的分析。

步骤 1：理解产业和公司的价值链。

为正确地集中分析，首先要确定一个产业的价值链和公司在价值链中的定位，其次应理解公司的价值链。确定评价范围非常重要：要明确评价范围是覆盖整个公司还是仅限于其一项或多项业务功能，而且可能需要对分析进行多次调整后才能最终确定评价范围。评价范围的确定取决于诸多因素，例如公司的规模和复杂程度、评价项目可获得的资源、关键信息的获取以及项目组成员的经验等。

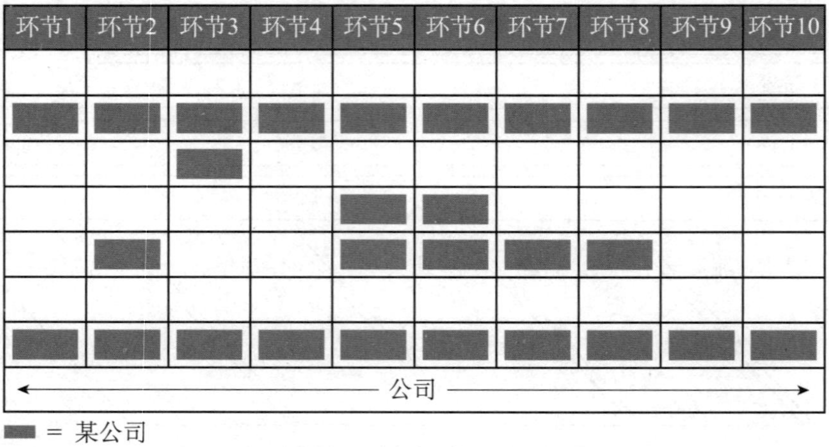

图 23-4　公司在产业价值链中的定位

步骤 2：识别标准的影响。

完整的标准综合影响如表 23-1 所示，其用于识别标准在价值链的哪些环节能发挥重要作用，以及确定标准所产生的影响。表中所示的影响可追溯到价值链中使用了标准的主要业务功能及其相关活动。

表 23-1　标准综合影响：业务功能和相关活动

	活动	标准对活动的影响	影响原因	优先	标准分类			
标准影响（按业务功能）								
业务功能	活动	影响	说明	优先级（1高，3低）	产品	过程	符合性	参与影响
进货物流	所有活动	更好地传递内部信息	因为使用了标准化的文件和规范，能更有效地传递关于产品和服务的内部信息	2	√	√	√	
		更好地培训员工	因为产品和服务的相关规范业已标准化，进货物流人员可以得到更好的培训	3	√	√	√	
		物流更高效	由于供应品品种的减少，进货物流可以更有效地进行	1	√			
	进货物流	更有效地接收供应品	供应品采用标准化的文件、包装、标记或标签，使接收更加高效	1	√	√		
	仓储	减少仓储需求	由于很容易获得标准化的产品，因而仓库中只需储存少量的供应品	1	√			
生产/营运	所有活动	更好地传递内部信息	因为使用了标准化的文件和规范，能更有效地传递关于产品和服务的内部信息	2	√	√	√	
		更好地培训员工	因为产品和服务的相关规范业已标准化，生产/营运人员能够得到更好的培训	3	√	√	√	
		更高效地加工	由于减少了非标准化产品品种数，生产/营运变得更有效率	1	√			

续表

	活动	标准对活动的影响	影响原因	优先	标准分类			
标准影响（按业务功能）								
业务功能	活动	影响	说明	优先级（1高，3低）	产品	过程	符合性	参与影响
生产/营运	加工	更高效地装配	由于产品结构模块化，加工装配更加高效	1	√			
		更优质的设备和供应品	按标准生产的优质设备和供应品，降低了故障率和校正成本	1	√	√		
	质量保证	更好的质量管理	可以更有效地推行基于标准的质量管理	1		√		
	符合性（HSE）	减少与法规的偏差	标准制定过程中施加影响，有助于减少与法规的偏差	3			√	√
		更好地符合健康、安全和环境要求	可以更有效地实施基于标准的HSE管理	1		√	√	
出货物流	所有活动	更好地传递内部信息	因为使用了标准化的文件和规范，能更有效地传递关于产品和服务的内部信息	2	√	√	√	
		更好地培训员工	因为产品和服务的相关规范业已标准化，出货物流工作人员可得到更好的培训	3	√	√	√	
		更高效的物流	由于产品品种减少，出货物流可以更有效地进行	1	√			
	包装/运输	更高效的包装和运输	因为使用了标准化的文件、包装和标签，包装和货物运输更加高效	1	√	√		
市场营销与销售	所有活动	更好地传递内部信息	因为使用了标准化的文件和规范，能更有效地传递关于产品和服务的内部信息	2	√	√	√	
		更好地培训员工	因为产品和服务的相关规范已经标准化，营销和销售人员可以得到更好的培训	3	√	√	√	
		更有效的营销活动	由于减少了产品品种数，营销和销售活动更有效率	1	√			
	市场分析研究	更好的竞争对手信息	由于竞争对手的产品规格标准化，可以更有效地进行市场研究	3	√	√	√	
	营销活动客户发展	更好的客户信息	引用标准可以更有效地与潜在客户就产品和服务规范和要求进行沟通	1	√	√	√	
	签约	更高效的合同协议	明确的公司产品规范和明确的客户需求使签署合同协议更加容易	1	√	√	√	
	销售	更高的销售额	由于客户信赖标准化的产品和服务，因而销售额会更高	1	√	√	√	

续表

	活动	标准对活动的影响	影响原因	优先	标准分类			
标准影响（按业务功能）								
业务功能	活动	影响	说明	优先级（1高，3低）	产品	过程	符合性	参与影响
市场营销与销售	销售	更加剧烈的竞争	由于产品和服务的标准化，市场上的竞争增加，减少了市场份额	1	√	√	√	
		缩短上市时间	对于采用标准化零部件的产品和服务，由于更容易获得相关技术的使用权，从而缩短其上市时间和获得更大的市场份额	2	√	√	√	
		参与标准制定过程的收益	公司通过将自己的技术提升为标准和赢得客户，获得更大的市场份额	3	√	√	√	√
服务	客户服务和技术支持	更好地传递内部信息	因为使用了标准化的文件和规范，能更有效地传递关于产品和服务的内部信息	2	√	√	√	
		更好地与客户沟通	由于产品和服务使用了标准化的规范，可以更有效地与客户沟通产品和服务信息	1	√	√	√	
		更好地培训员工	由于拥有标准化的产品和服务规范，可更好地培训服务人员	3	√	√	√	
		更高效的客户服务	由于减少了非标准化产品品种，可更有效地进行售后服务活动	1	√			
		减少对咨询服务的需求	标准化产品质量的提高意味着对咨询的需求减少	1	√	√		

步骤3：价值驱动因素分析。

价值驱动因素是组织至关重要的能力，赋予公司竞争优势。很显然，如果在评价标准对公司营运的影响时能够与价值驱动因素关联，那么标准对价值创造的影响可能远高于其他不存在公司价值驱动因素的领域。因此，应当考虑哪些活动对于价值创造是至关重要的，以便识别出标准是否对其有影响。

正如步骤2所述，与采用标准有关的影响可以从标准影响中选择。但需要指出的是，该影响是通用的，应将之作为核查清单来使用。如适用，可将该影响扩展到覆盖公司的具体内容。此外，有些影响可能对于某些特定情况并不适用，也有可能超出评价所选的范围。

为了更详细地评价标准产生的影响，应识别出一个或多个营运指标，以对这些影响进行量化。图23-5中的表格可用来记录业务功能和所采用标准之间的关系。另需注意的是，这套指标可能没有覆盖标准对所选定的业务功能产生的所有影响。但是如果经过仔细选择，经识别和量化的每一项指标的影响可能会十分显著，足以证明标准对公司营运的影响程度。营运指标的例子包括完成一项既定任务所需的人力，材料和工艺成本、生产制造的废品率以及顾客满意度等。

非常重要的是，应尽可能地收集接近实际使用标准那一层次的营运活动的资料。最主要

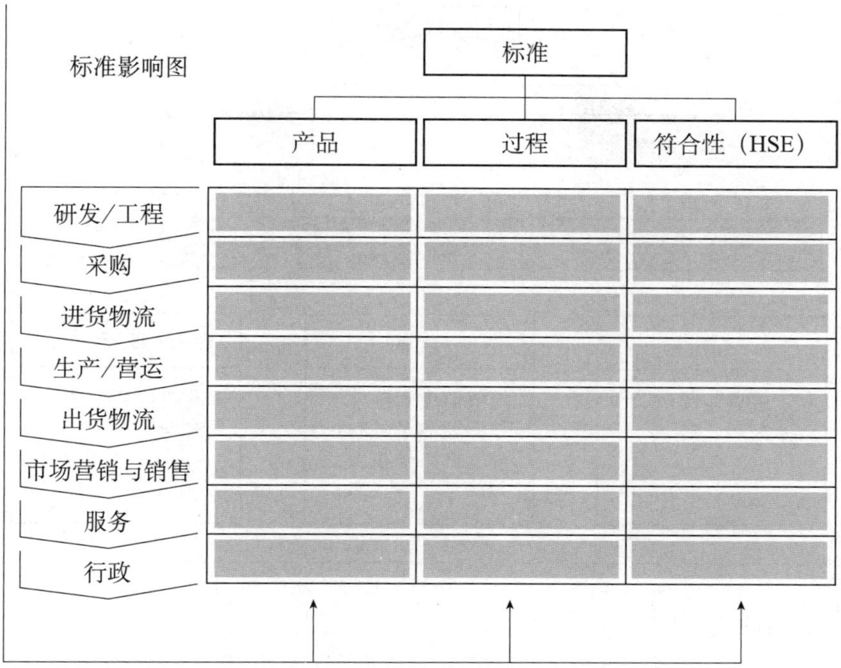

图 23－5　业务功能和标准所产生的影响的关联图

的问题可能是“标准的使用是否对完成一项给定任务（如材料测试）所需的人力产生影响”。如果是，则继续“由于使用了标准，完成该任务所需人员数发生了怎样的变化?”

步骤 4：评价和整合结果。

评价过程的目的是以量化方式（如用营运指标衡量）确定采用标准所产生的影响。这个结果是在最后这个步骤通过财务方式量化标准的影响来实现的。公司希望通过标准的使用改变所选的营运指标，通过降低成本或增加收入，或两者兼有的方法来提升公司所创造的价值。

财务影响可能根据营运指标直接衡量，也可能根据公司的其他数据确定。例如采购原材料和零部件的“成本节约”是以财务方式直接衡量营运指标。另外，“完成产品设计所需要的人力资源”的减少也是一个营运指标，应依据公司的其他数据（如人员的平均成本、项目数量等）将其转换成估算的成本节约。

价值的变化以财务方式表示，用息税前利润（earnings before interest and tax，EBIT）作为关键指标。EBIT 表示公司在某特定时间点的总利润，即收入减去成本（见图 23－6）。最后累计所有的相关影响，得出使用标准对公司或所评价的一项或多项业务功能产生的 EBIT 总影响。

如果无法获得足够的数据或者所获的数据不足以进行这种计算，ISO 方法论也概述了几种近似的方法，借助其他组织评价类似业务功能所得的数据来弥补上述不足。

ISO 方法论还提供了一套工具，用以支持评价过程、数据采集和计算标准产生的影响。图 23－7 总结了过程中的关键步骤。

三、收集数据

评价所需数据通过如下步骤获取。首先，开展案头研究和收集有用的行业数据。其次，

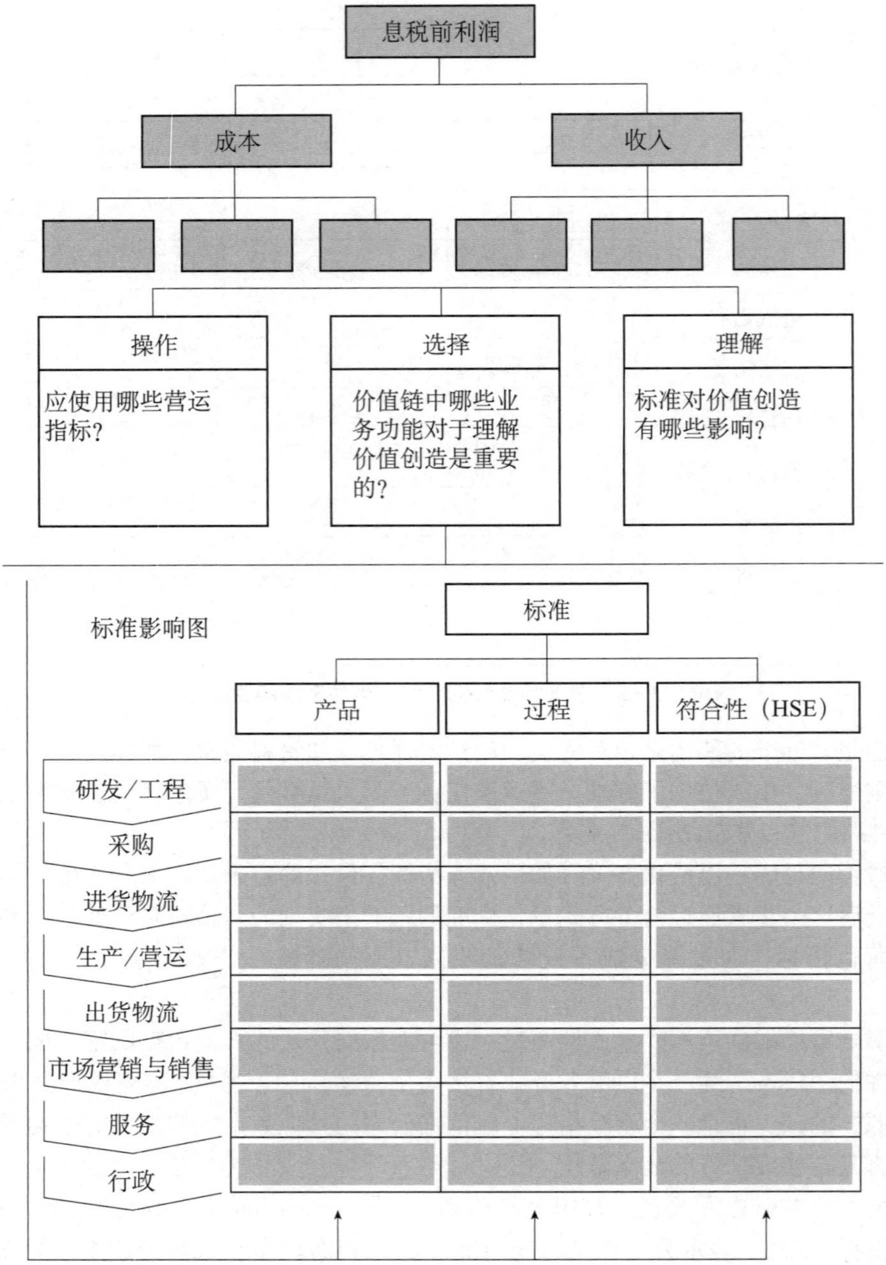

图 23-6 关联标准和业务功能并计算标准对公司价值制造的影响

对公司代表进行访谈和召开座谈会；访谈时应优先选择业务部门的负责人或者类似级别的经理；访谈过程中应注意获取所属行业或类似公司的信息。最后，综合计算出所选公司使用标准创造的总价值。

如前所述，ISO 方法论可用于评价单个公司也可扩展到某个行业。评价行业基于从产业价值链的不同环节选择典型公司。按上述步骤对各个公司进行评价，得出采用标准对各个公司 EBIT 的具体贡献；把各公司评价得到的结果，以及通过案头研究收集的行业信息进行汇总，计算出采用标准对整个行业 EBIT 的总贡献。

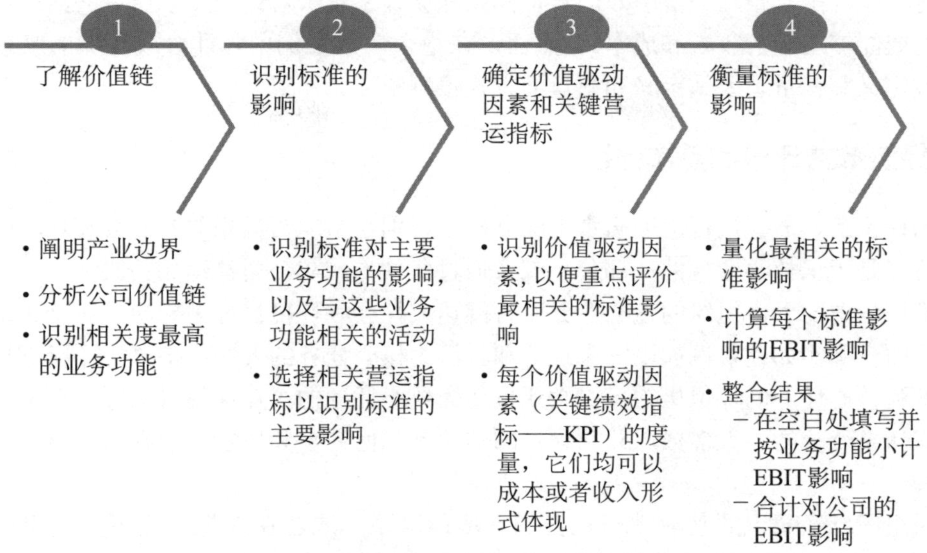

图 23－7　评价标准影响的关键步骤

四、ISO 方法论相关的文件和工具

ISO 方法论的主要文件和工具有：

● 方法论指南，内容包括方法论的理论背景、如何将该方法论应用于公司或行业，以及如何调整以适用于公共部门的组织机构。

● 方法论工具箱，提供开展分析所用的方法和工具。

● 方法论实施指南，对应用方法论、逐步评价标准化的效益提供指导。

● 标准经济效益报告，是特定产业实施方法论的实例。

第 3 节　ISO 方法论的扩展应用[①]

ISO 方法论对构成价值链的业务功能进行调整后，也可用于描述和量化标准非经济方面的效益（简称非经济效益），即标准对社会和环境效益的贡献。ISO 方法论目前已在公共部门的非营利组织（如医院等）开展初步研究。

一、非经济效益评价的难点

对标准非经济效益的评价面临更高的复杂程度。其主要原因在于，这种分析需要：

● 通过关键方法，尽可能像用毛利润衡量经济绩效那样清晰有效地识别和量化被评价组织与非经济方面效益相关的绩效。

● 描述并量化标准对这些非经济效益的贡献。

① 本节资料来源详见 ISO（2013）。

所有组织都配有跟踪经济绩效的管理体系和会计系统（对组织几乎所有的活动而言，都有明确的或能够明确的收入和成本）。然而，在绝大多数案例中，社会或环保的绩效要么完全没有被定义和衡量，要么定义和衡量的方式很有限。

二、非经济效益评价的基本方法

开始评价前，需要进行前期高水平的分析来识别与组织营运相关的社会和环境因素。这些因素可能是组织核心业务的一部分，或者通过各种方式与公司营运相关联。

在第一种情况下，组织的核心业务以直接达成社会和环境目标为导向。对于大多数公共部门组织而言确实如此，例如以灾害预防和救济为核心任务的公民保护机构，以支持和加强环境保护为核心任务的环保机构，以救死扶伤为核心任务的医疗保健机构等。在第二种情况下，组织从事传统的、大多数以营利为目的的业务，而社会和环境因素则与其核心业务活动有关。

如果组织已经意识到其活动与社会和环境的联系，或者在理想情况下，组织已经采用（或愿意开发）一套管理体系来辅助衡量和报告组织的三重底线（经济、社会和环境）绩效，这对开展评价非常有利。通过采用被广泛使用的报告指南能够实现这一目标。

在任何情况下，定义和识别评估中的社会和环境因素，从而确保明确的范围是十分必要的。为了保持分析的针对性和可管理性，建议定义关键方法来描述组织中被选择评价部分的社会和环境绩效。这些方法的角色类似于经济效益评价中的息税前利润。

依据组织的具体情况及其营运环境，有可能在总体方法中结合一些具体指标，如定义“劳动”的综合社会价值方法时，通过适当的方式引入与其有关的某些特定指标。或者，选择一项或几项与该公司高度关联的特定指标更为合适，如以温室气体（greenhouse gas，GHG）排放作为其环境绩效的关键评价方法。

然后，依照评价标准的经济效益的同样方法开始评价（从分析组织的价值链、业务功能、标准的影响、价值驱动因素、营运指标等开始）。评价标准非经济效益的评估步骤概括见图 23－8 和图 23－9。

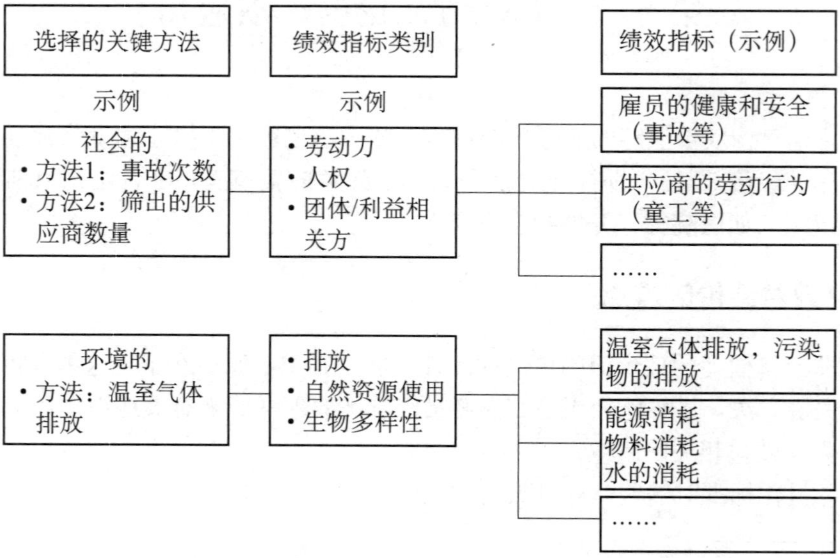

图 23－8　标准的非经济效益（社会和环境）评估关键方法定义

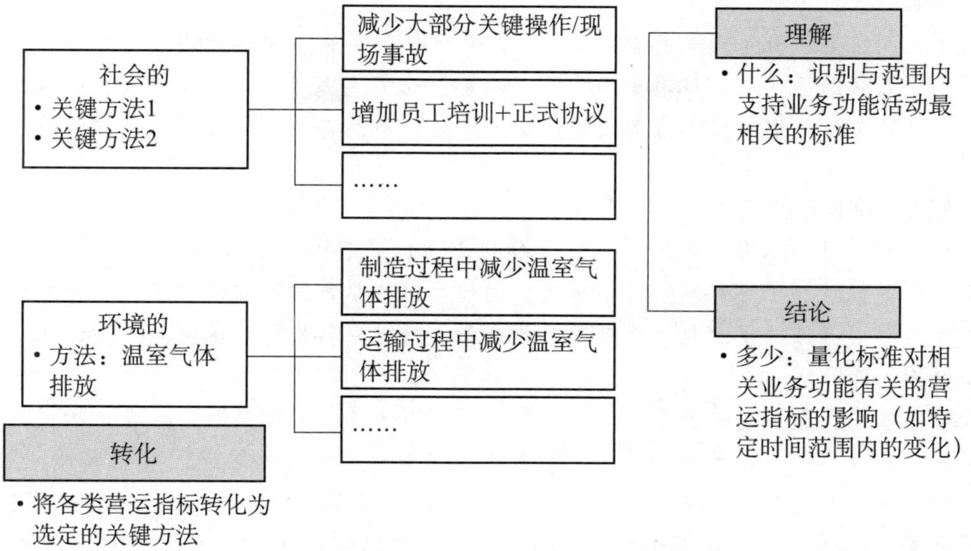

图 23－9　标准对营运指标的影响转化为对环境和社会绩效的关键方法的影响

第 4 节　ISO 方法论的试点案例[①]

ISO 与其成员机构在 20 多个国家共同实施了试点项目，用以评估和量化公司能够从使用标准中获取的利益。这些试点项目是 ISO 成员机构、学术机构、各国公司与 ISO 中央秘书处的工作人员密切合作的成果，ISO 中央秘书处的工作人员担任项目组顾问。

案例23-1

ISO 方法论评价标准的经济效益
——大连船舶重工集团有限公司

1. 价值链分析

在当今全球经济一体化进程中，船舶凭借其运输量大、成本低的优势成为全球化运输不可替代的中坚力量。包括船舶设计、船舶制造、船舶运输以及船舶配套在内的船舶行业已成为现代经济的一个综合性产业。

（1）产业价值链。造船业是一个庞大的社会系统工程，包括上游（钢铁等各种原材料、配套产品制造、零部件制造等）、中游（船舶设计与制造）、下游（航运业、修理服务业、拆船回收、休闲娱乐业和海洋资源勘采等，并衍生出海洋工程价值链）。

（2）公司价值链。公司价值链涵盖两部分：

a. 核心活动（进货物流环节、生产/营运环节）；

b. 支撑活动（管理环节、研发环节、采购环节）。

---

① 本节资料来源详见 ISO（2012a，2012b）

2. 识别标准的影响

本项目的主要评价范围是研发环节。研发是体现公司核心竞争力的关键环节，研发环节应用标准可以帮助协议双方将标准作为共同的谈判语言与要求，从而减少达成协议的时间。另外，研发环节通过进行更加高效的产品研究和减少研发种类，能够提高设计效率，降低设计成本。

3. 标准经济效益的计算

通过计算，可知标准对本项目评价范围的 EBIT 影响为 1 327.79 万元。鉴于造船产业研发环节在用标准的年限都较长，标准的作用已经融入日常的研发活动中；评价标准对收入的贡献率应以近五年的平均收入为基础进行衡量；标准对研发环节的贡献率高达 12.19%。

4. 结果的评价

大连船舶重工集团有限公司在“十一五”期间取得了长足的发展，在设计研发方面人员变动不大，也没有明显延长劳动时间，主要依靠技术进步和积极推进标准化设计。“按标准干，按程序办”的理念已深入人心。通过在研发环节提高开发、设计的效率，减少设计误差，标准对研发环节的贡献率高达 12.19%。其主要原因在于标准有助于提高技术研发水平，加快新产品研发步伐，同时提高人员技术水平和工作效率，降低制造周期。研究结果肯定了标准对公司造船产业研发环节的重大贡献。

案例23-2

ISO 方法论评价非经济效益
——德国 Helios 医院

步骤 1：价值链分析

医院的主要活动是围绕着患者的治疗阶段组织开展的，这通常称为“患者流”。因此，医院行业的价值链可以根据患者流来设定，同时得到行政管理和基础设施功能的支持。

为简单起见，分析的范围严格限制在 Helios 医院所提供的服务以内。这些服务包括医院提供的 e 健康（电子健康服务），但不包括医疗设备的供应（药品和医疗器械）。

步骤 2：识别标准的影响

在这一阶段需要识别医院所选定的业务功能的相关功能和重要影响。建议基于案头研究和医院员工访谈开展分析。

作为医院的核心功能，治疗主要受医疗最佳实践以及国际医疗小组制定的指南影响，受基于协商一致的标准的影响要相对弱一些；在药品采购环节，基于协商一致的标准主要与医疗器械和药品有关，但这些不在评价范围之内；在行政管理方面，基于协商一致的标准具有一定的影响，因为逗留时长不只受到治疗和药物治疗（如并发症发生率等）的影响，也受到处理质量和效率的影响，这一处理过程与质量体系管理实践直接相关。

步骤 3：分析价值驱动因素并确定营运指标

（1）价值驱动因素：治疗质量和治疗成本被识别为关键价值驱动因素。

（2）营运指标：患者流是医院价值链的核心。同时，价值链还包括多项行政支撑功能，比如药品采购和质量管理。

步骤 4：评价影响和整合结果

针对医院的初步分析无法完成对一家或多家机构的评估，以及量化标准的效益。但项目组收集了一些有趣的事实和数据：Helios 医院通过德国医疗透明管理制度与标准委员会（KTQ）质量认证后，原来杂乱无章的纸质文档被电子数据库替代。原先几乎没有记录的外科流程，现在有 100%的归档率。评价和比较核心流程可以实现，例如，以分钟衡量病房入住时间，用平均疼痛评分衡量术后疼痛管理的质量。该医院因其卓越的表现受到了 KTQ 的嘉奖。

第 5 节 标准对英国经济的影响[①]

一、方法论概述

经济学理论认为，经济增长取决于生产要素（特别是劳动力和资本）的数量和效率。增加劳动力数量和投入资本，可以保持经济增长。但是随着这些要素的额外增加，额外增加的产出会递减。

现代经济学理论认为，只有提高技术进步水平（以专利、标准和其他形式的技术知识为代表）才可以抵消经济日益成熟而伴随的增长下降、资本和劳动力额外投入但回报率递减的状况。通过提高这些要素与生产产出结合的效率，能保持长期经济增长。这些要素被称为全要素生产力（total factor productivity，TFP）。通过一系列的要素，例如技术进步和教育改进来提高程序效率和技术水平，进而提升 TFP。这些进步和改进得益于标准与其他因素的影响，如研发、国外技术和所有权技术（专利）的引进。因此，标准对提高 TFP 发挥着非常重要的作用。

经济学理论认为经济通过投入资本、劳动力和全要素生产力获得经济产出（表现为 GDP）。本模型采用的是 2005 年英国贸易工业部（Department of Trade and Industry，DTI）研究报告和之前标准化对经济增长的作用的国家级报告所采用的方法，即用柯布-道格拉斯生产函数表示产出是劳动力（L）、资本量（K）和全要素生产力（A）的非线性函数。

$$Y_t = A_t L_t^{\infty} K_t^{1-\infty}$$

柯布-道格拉斯生产函数可转换为线性方程式，便于计量经济学估算[②]。上述公式可重新表示为工人人均生产函数，由工人人均产出（劳动生产力）、工人人均资本（资本雇佣比率）和全要素生产力构成，见图 23－10。

图 23－10 劳动生产力、资本雇佣比率和全要素生产力之间的关系

针对经济计量公式，劳动生产力是由资本雇佣比率、标准及线性时间趋势和衰退变量构

① 本节资料来源详见 Swann G M P（2010）和 Temple P，et al.（2005）。

② 通过公式两边的自然对数得出相关结论。

成的一个函数，生产力中未解释的变量（残量）代表全要素生产力剩余部分。经济计量分析旨在分离出标准对全要素生产力的作用，进而得出标准对劳动生产力的作用。线性时间趋势用于说明时间可以提高劳动生产力，衰退变量说明特定时间内的衰退对劳动生产力的影响。

图 23-11 显示了 1921—2011 年劳动生产力、标准净存量和资本雇佣比率的变化。其中，标准净存量的年增长率为 6.8%，约为劳动生产力增长率（1.9%）和资本雇佣比率（2.3%）的 3 倍。

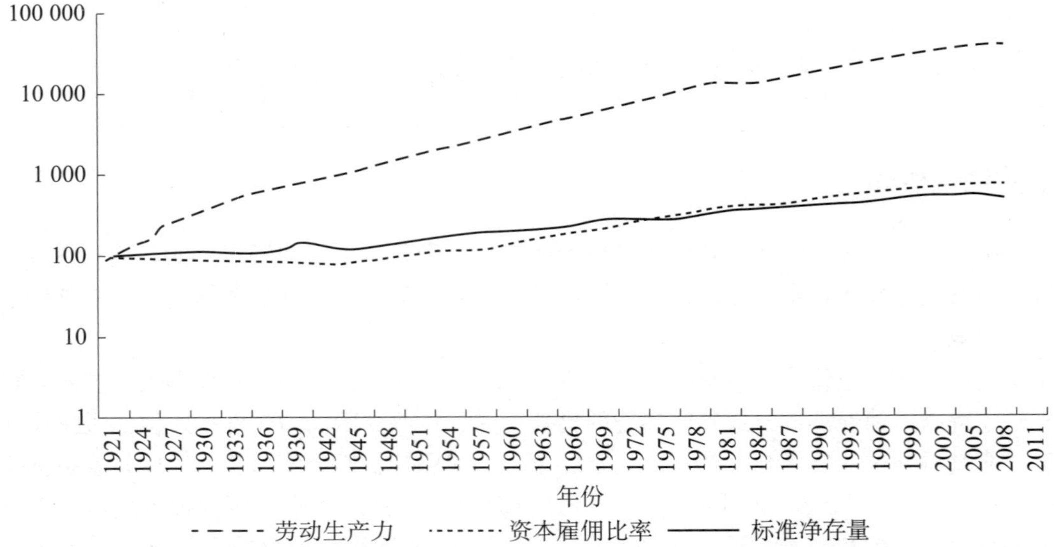

图 23-11 用对数刻度表示的劳动生产力、资本雇佣比率和标准净存量的长期增长关系图（1921 年指数为 100）

资料来源：英国国家统计局，英格兰银行，BSI 英国标准在线数据库，经济和商务研究中心分析。

图 23-11 还表明，1948 年以前，两次世界大战和内战拖累了资本存量的增长。1948 年以后，劳动力的年均增长率为 0.4%，净资本量的年均增长率更高，达到了 3.8%。与发达经济体的增长模式一致，资本雇佣比率的增长速度高于劳动生产力，与英国产业同期不断增长的资本密集程度（工人人均资本）一致。相反，对技术兼容性和互操作性要求的不断增加促进了对标准化的需求。

二、实证结论

经济学理论认为标准与劳动生产力存在因果关系，并且只有通过长时间才会显现①，短期内标准库存量的变化对生产力的影响不大②。2005 年 DTI 研究表明英国的情况符合该理论。如果不考虑各系列的时间变化③，劳动生产力、资本雇佣比率和标准之间的关系更易体现，见图 23-12。虽然图 23-12 中劳动生产力、资本雇佣比率和标准净存量的变化曲线趋同，要确定其中的因果关系的方向存在一定难度。换言之，是标准净存量的增加促进了生产

---

① 经济学理论认为短期内只有部分投入要素是变量，如雇佣劳动力数量。只有从长期来看所有投入才是变量，包括固定资本。

② 标准短期内不产生影响是因为标准进入用户群体需要一段时间。换言之，采用标准和标准达到最佳效果之间存在时间差。

③ 不考虑时间趋势（或趋势发展的变量）来描述变量的变化。

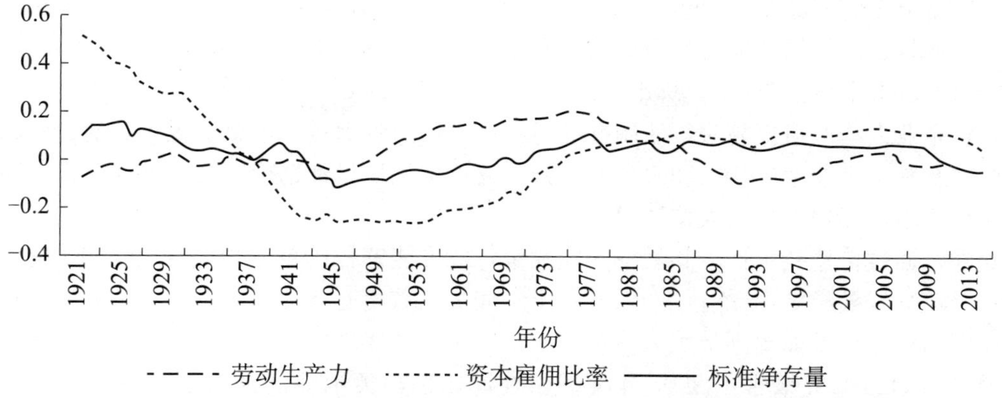

图 23 - 12　1921—2013 年劳动生产力、资本雇佣比率和标准净存量的去趋势化图

资料来源：英国国家统计局，英格兰银行，BSI 英国标准在线数据库，经济和商务中心分析。

力的提高还是生产力的变化导致更多标准的制定？

标准与生产力不可能是明显的单向因果关系，因为事实上生产力和标准的制定是以良性循环的方式发展，彼此之间互相促进。长期稳定的统计结果表明，两个或三个变量之间存在一种潜在的“共合体”（cointegrate）关系。统计测试可以证实这种关系是否真实（非虚假性），标准与生产力之间是否存在此种关系①。

经济计量学估算的结果见表 23 - 2。结果表明，标准对 1921—2013 年的生产力增长发挥着积极作用并具有统计学意义。估算发现标准对劳动生产力的弹性影响为 0.106。同样，资本雇佣、时间趋势和衰退系数也非常重要。

表 23 - 2　标准和资本雇佣比率对劳动生产力的影响估算表

最小二乘法（OLS）	系数	标准误差	t 统计量	P>t
资本雇佣比率	0.351**	0.022	15.7	0.000
标准净存量	0.106**	0.017	6.1	0.000
经济衰退的指标变量	−0.027**	0.008	−3.57	0.001
时间趋势	0.004*	0.002	2.37	0.000
常量	6.217	0.226	27.53	0.000
ADF 检验统计				−3.134
观察值				93
时间周期				1921—2013

说明：* 表示在 5%水平时的重要性，** 表示在 1%水平时的重要性。

分析结论如下：

- 1921—2013 年，标准净存量每增长 10%，劳动生产力增长 1.06%，并且这种效应具有统计学意义。
- 1921—2013 年，标准净存量增加了 6.5%，平均劳动生产力增长 1.8%。结合标准对劳动生产力的弹性影响（0.106），可说明标准促进了平均劳动生产力增长 0.69%。

---

① 基于估值的残值进行增广迪基-福勒（ADF）检验和菲利普斯-佩龙（Phillips-Perron）检验可证实该关系是非虚假性的。

● 相当于 1921—2013 年间，标准促进劳动生产力增长了 37.4%，促进 GDP 增长了 28.4%。如将估算结果转换为货币形式，假定估算的影响是恒定不变的，那么在 2013 年英国 GDP 增长的 290 亿英镑中，标准贡献了 82 亿英镑（2014 年为基准年）。

当各企业人均产值提高时，使用标准对劳动生产力的促进作用就实现了。通过一系列机制，标准有利于企业生产活动和效率的提升。通过保证质量和精确度，标准促进提高组织绩效以减少成本，即提高员工人均产值。

此外，通过传播技术信息和最佳实践政策，标准能够推动企业实现专业化和优化劳动力配置。企业从规模经济中受益，产值相对于雇佣员工数量有所提高。据分析，如果大量的英国企业因为使用标准而提高员工人均产值，全国生产力年增长率可达 37.4%。

最早的 DTI 研究报告于 2005 年完成。在此之前，英国经济经历了连续 14 年的增长，GDP 年均增长率保持在 2.9%。从 2008 年开始，英国经历了一段经济萧条期（2008 年和 2009 年）、缓慢的经济复苏期、经济不确定性与生产力增长疲软并存的时期。虽然随后经济发展逐渐有所起色，但是 2014 年第 3 季度每小时生产率仅为 1.8%，低于经济萧条期前的最高值。

如图 23-13 所示，全要素生产力（TFP），即计算劳动力、资本和其他因素如何共同有效促进经济产出的方法，是导致 2009 年产出下降 5.6%的最主要因素。一种解释是这段时间大量劳动力（和资本）利用率不足，收入下降时，企业选择继续聘用而非解雇工人。这意味着劳动力利用率低下时全要素生产力（对经济产出的变化更敏感）比平常更容易导致经济产出的下降。先前的研究表明标准似乎只从长期上对生产力产生影响，也就是说标准在较短时间内对生产力的影响很小。这意味着全要素生产力的其他因素，如技术效率、人力资本或研发投入等更容易对周期性变化做出反应的因素，更可能是导致上述全要素生产力短期内下降的重要因素。

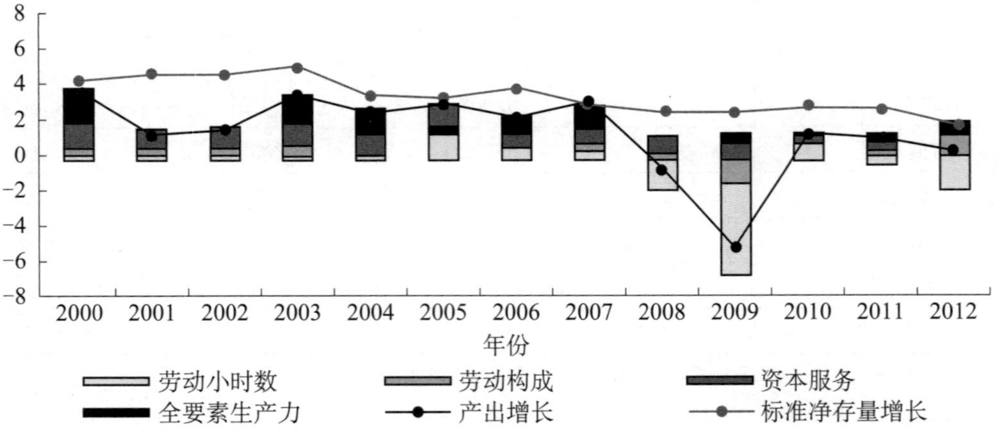

图 23-13 2000—2012 年年产出增长组成和年标准净存量的增长图

资料来源：英国国家统计局 GDP 增长的分解，BSI，经济和商务研究中心分析。

然而，还有其他因素会影响标准对生产力的作用。在 2008—2009 年的经济萧条期，标准的净存量增长并没有下降。但是，标准需要企业的投入才能促进生产力。如果企业决定减少在此期间对标准的投入，可能会影响该年和后续几年内标准对生产力的作用。

标准还可能通过促进出口影响生产力和 GDP。标准帮助企业进入新市场，使用标准的企业很有可能成为出口商。在 2008—2009 年的经济萧条期，能够进入国际市场的企业（除了欧洲，总体情况比英国好）更有可能不受经济萧条的影响。此外，与生产力低增长的产业相比，标准对生产力高增长的产业影响更大。因此可以认为由标准促成的生产力高增长产业在经济萧条期间可能有助于弥补某些产业的生产力低增长甚至负增长。

英国这种发达国家的经济增长取决于企业是否能够利用最新技术创新和知识提升生产力。通过传播技术知识和信息，支持企业和行业高效运作，标准在提升生产力方面可以发挥作用。学术文献证实标准可以解决一系列阻碍企业高效运营和产品进入市场的经济问题。标准帮助企业及其供应链更高效地运营、减少成本、提高收益，最终提高企业和行业的生产力。

为了从宏观经济层面证实、测算标准对生产力的影响，2005 年 DTI 研究报告使用类似的方法论框架开展了经济计量学分析，并使用新数据更新了分析结果。该分析证实了之前的研究结果，发现标准在促进英国生产力和 GDP 方面发挥着重要作用。但仅靠标准并不能提高生产力，标准需要与其他因素（如教育的改进和技术的进步）一起共同促进生产力的增长。

标准对生产力的量化贡献率高于 2005 年研究报告中的估值，这并不能说明从上一项研究开始标准的影响在一直扩大，方法论中的变量、时间段延长以及所使用的数据都会造成很大差异。然而，这的确证实了标准在促进英国生产力的增长中发挥了重要的作用，但是这种作用通常不易被察觉。

第 6 节　标准对德国经济的影响①

一、方法论概述

在实证研究中对全要素生产力的精确量化是极其困难的，因此经济学家会通过特定的统计数据对新知识的产生和传播进行估算，从而对全要素生产力进行近似衡量。加之全要素生产力的增长并不仅仅局限于少数企业的内部创新，而是更多地源于新技术或新知识在企业间的广泛传播，因此将技术进步拆分成三个衡量维度进行衡量，分别为：

- 本国产生的技术知识；
- 从国外引进的技术知识；
- 技术知识的传播扩散。

本国产生的技术知识规模常常可用专利数量进行衡量，而从国外引进的技术知识则可用国外技术许可的支付规模进行描述。对于技术知识的传播扩散，可用具有知识技术传播职能的标准化工作进行观察。

除了上述资本、劳动要素以及技术进步因素外，国民经济发展还会受到一些特殊事件的影响，如石油危机、德国统一以及 20 世纪 90 年代互联网泡沫破裂等，这些特殊因素同样需要被模型考量。

在确定全要素生产力的构成及额外的特殊因素后，接下来可对生产函数的等式两端取对

① 本节资料来源详见 Blind K，et al.（2011）。

数，得到如下线性回归方程：

$$y(t)=a+\alpha k(t)+\beta l(t)+\gamma pat(t)+\delta ex(t)+\varepsilon std(t)+\zeta dum(t)+u(t)$$

新得到的方程中，希腊字母代表着单一影响因子的影响系数或弹性系数，$k(t)$ 是固定资产总额，代表资本要素的投入；$l(t)$ 是受雇人数总和，代表劳动要素的投入；$pat(t)$ 代表国内专利数量；$ex(t)$ 为支付国外技术许可的开支；$std(t)$ 是标准的数量；$dum(t)$ 表示特殊因素的影响；$u(t)$ 则是误差项，表示除上述因素外其他因素对经济发展的影响。

二、实证结论

基于上述模型，输入对应的统计数据并将资本及劳动要素的系数分别设定为0.3及0.7后，便可得出技术进步及特殊事件对经济发展的相关系数。在表23-3中，专利、许可证及标准的系数都是正数，表明这些因素对经济发展起积极作用，而诸如1996/1997年经济危机及两次石油危机的负系数则表明这一系列特殊事件对经济发展具有消极作用。最后一列 t 统计量则用来衡量否定原假设（变量没有影响）的可能性。

表23-3　技术进步参数系数和特殊因素系数

	系数	标准差	t 统计量
常数	−9.43	0. 67	−13.99
专利	0.34	0.05	6.37
许可证	0.17	0.01	8.78
标准	0.18	0.02	7.9
德国1996/1997年经济危机	−0.03	0.01	−2.82
第一次石油危机	−0.03	0.02	−1.6
第二次石油危机	−0.05	0.01	−3.04
德国统一	−0.08	0.01	−5.91
新经济泡沫破灭	−0.04	0.01	−4.2

表23-3的结果表明，标准化对经济增长有正向作用，且作用程度与技术引进的程度相当，展示了其在1961—2006年间对德国经济增长的重要作用。标准化的规模越大，技术知识扩散的效果就越明显，德国的经济增长也就越快。具体见表23-4。

表23-4　对各种生产要素增长的贡献百分比

	1961—1655	1966—1970	1971—1975	1976—1980	1981—1985	1986—1990	1992*—19796	1997—2001	2002—2006
资本	2.30%	1.70%	1.60%	1.10%	0.90%	0.90%	0.90%	0.50%	0.30%
劳动力	0.70%	0.10%	−0.50%	0.60%	−0.40%	1.20%	−0.70%	0.60%	−0.30%
专利	0.50%	0.50%	−0.60%	0.60%	1.00%	0.00%	−0.70%	−0.60%	−0.60%
许可证	0.90%	0.80%	0.90%	0.30%	0.50%	2.00%	1.70%	0.10%	0.50%
标准	0.40%	0.60%	1.80%	1.20%	0.70%	−0.02%	0.70%	0.80%	0.70%
特殊因素	0.01%	0.01%	−0.70%	−0.20%	−1.30%	0.01%	0.01%	−1.10%	1.10%

说明：由于1991年德国统一，所以该年没有可靠数据。

表23-4以5年为单位观察各生产要素对经济增长的贡献。结果显示，标准化在1970年以前对德国的经济贡献都在持续扩张，并在德国统一后稳定在0.7%～0.8%的水平。图

23－14 则显示现实的经济增长与基于模型的增长估计对比图。基本吻合的曲线走向说明模型具有良好的预测性能。模型计算得出的增长率基本能体现德国实际的经济增长率。

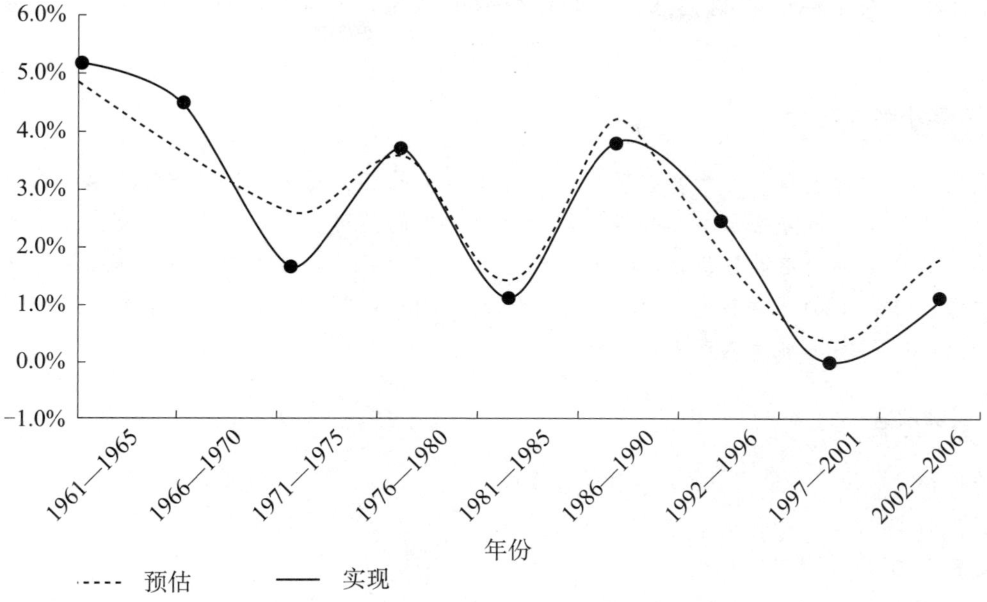

图 23－14　1961—2006 年德国经济增长

说明：由于 1991 年德国统一，所以该年没有可靠数据。

基于表中的结果，我们可以进一步估算出这些要素的货币价值。图 23－15 显示了不同时期标准化对德国经济增长的贡献。以经过通货膨胀调整的货币价值计算，在德国统一前，标准化的贡献值经历了一个先升后降的过程，在 1961—1975 年间由 9.4 亿欧元迅速增长到 100.17 亿欧元，随后下降至负值区域是由于与图形符号相关标准的撤销导致标准化规模的缩减。由于模型是以标准化规模作为知识传播扩散的反映，因此负值可视为对规模缩减的调整。德国统一后，标准化对经济增长的贡献价值又重新爬升，并在 2002—2006 年间到达 167.7 亿欧元水平。

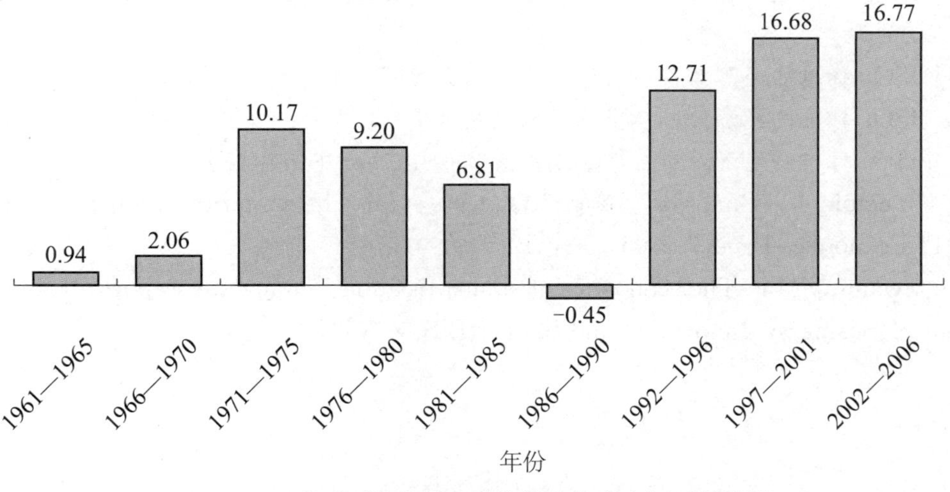

图 23－15　标准对德国经济增长的贡献（以十亿欧元计）

说明：由于 1991 年德国统一，所以该年没有可靠数据。

除上述可量化的经济效益外，标准化工作还在其传播知识过程中带来间接的经济及社会效益。例如，环境标准的制定有助于改善环境，从而提高整个社会的生活质量及总体福祉；涉及工作场所安全标准的制定减少了职业事故的数量，从而挽救生命并减少旷工及社会负担。

本章小结

价值链是指一连串与生产某些输出、产品或服务的相关活动。ISO 方法论将其作为标准经济效益的基本分析方法。本章介绍了评价标准影响的关键步骤，以及相关数据获取的方法和工具。结合必要的定性分析，ISO 方法论还可应用于标准非经济效益（环境效益、社会效益）的评价。除 ISO 方法论外，本章还介绍了英国和德国开展的关于标准对于经济宏观影响的研究，以证实标准对生产力的影响。

关键术语

价值链　　标准综合影响　　价值驱动因素
经济效益　　非经济效益　　定性分析
定量分析

思考题

1. ISO 方法论对标准的经济效益和非经济效益进行评估时，区别何在？
2. 标准非经济效益评价的难点在哪里？
3. 标准对生产力的短期影响和长期影响有什么区别？

参考文献

[1] Blind K，Jungmittag A，Mangelsdorf A. The economic benefits of standardization：an update of the study carried out by DIN in 2000. DIN，2011.

[2] ISO. Economic benefits of standards：international case studies. ISO Central Secretariat，2011.

[3] ISO. 标准的经济效益：全球案例研究．北京：中国标准出版社，2012a.

[4] ISO. 标准的经济效益：全球案例研究（二）．北京：中国标准出版社，2012b.

[5] ISO. 标准的经济效益：ISO 方法论 2.0. 北京：中国标准出版社，2013.

[6] Temple P，Blind K，Jungmittag A，et al. The empirical economics of standards. DTI Economics Paper，2005，12：123.

[7] Swann G M P. The economics of standardization：an update. Report for the UK Department of Business，Innovation and Skills（BIS），2010.

附　录

世界各国（地区）标准化机构一览表①

标准化机构		标准	
名称	缩写	名称	代号
阿富汗国家标准局	ANSA	阿富汗国家标准	
阿尔巴尼亚标准化总局	DPS	阿尔巴尼亚国家标准	STASH
阿尔及利亚标准化学会	IANOR	阿尔及利亚国家标准	INAPI
安哥拉标准化与质量学会	IANORQ	安哥拉标准	
安提瓜和巴布达标准局	ABBS	安提瓜和巴布达标准	
阿根廷标准化与认证学会	IRAM	阿根廷标准化学会标准	IRAM
亚美尼亚国家标准学会	SARM	亚美尼亚国家标准	AST
澳大利亚标准国际有限公司	SA	澳大利亚标准	AS
奥地利标准学会	ASI	奥地利标准	ÖNORM
阿塞拜疆国家标准化、计量与专利局	AZSTAND	阿塞拜疆国家标准	AZS
巴哈马标准局	BBSQ		
巴林标准与计量局	BTMD	巴林国家标准	
孟加拉国标准与试验学会	BSTI	孟加拉国标准	BDS
巴巴多斯国家标准学会	BNSI	巴巴多斯国家标准	BNS
白俄罗斯标准化委员会	BELST	白俄罗斯国家标准	STB
比利时标准局	NBN	比利时标准	NBN
伯利兹标准局	BZBS		
贝宁标准化机构	ANM		
不丹标准局	BSB		
玻利维亚标准化与质量学会	IBNORCA	玻利维亚技术标准	NTB

① https：//www. iso. org/members. html.

续表

标准化机构		标准	
名称	缩写	名称	代号
波斯尼亚和黑塞哥维那标准化机构	ISBIH	波斯尼亚和黑塞哥维那国家标准	BAS
博茨瓦纳标准局	BOBS	博茨瓦纳国家标准	BOS
巴西技术标准协会	ABNT	巴西国家标准	ABNT
文莱达鲁萨兰国国家标准中心	NSC		
保加利亚标准化学会	BDS	保加利亚国家标准	БДС
布基纳法索标准化和质量促进局	ABNORM		
布隆迪标准化与质量管理局	BBN	布隆迪国家标准	
柬埔寨标准学会	ISC		
喀麦隆标准与质量局	ANOR	喀麦隆标准	NC
加拿大标准委员会	SCC	加拿大国家标准	CAN
乍得标准化机构	ATNOR		
智利国家标准化学会	INN	智利标准	NCh
中国国家标准化管理局（国家标准化管理委员会）	SAC	中国国家标准	GB
哥伦比亚标准学会	ICONTEC	哥伦比亚标准	ICONTEC
刚果管理办公室	OCC		
哥斯达黎加技术标准学会	INTECO	哥斯达黎加标准	
科特迪瓦标准化局	CODINORM		
克罗地亚标准协会	HZN	克罗地亚国家标准	HRN
古巴国家标准化局	NC	古巴国家标准	NC
塞浦路斯标准化组织	CYS	塞浦路斯标准	CYS
捷克标准、计量、测试办公室	UNMZ	捷克国家标准	SN
丹麦标准基金会	DS	丹麦标准	DS
多米尼加标准局	DBOS		
多米尼加共和国质量研究所	INDOCAL	多米尼加标准	NORDOM
厄瓜多尔标准化学会	INEN	厄瓜多尔标准	NTE INEN
埃及标准化与质量管理组织	EOS	埃及标准	ES
萨尔瓦多标准化组织	OSN		
厄立特里亚标准学会	ESI	厄立特里亚国家标准	ES
爱沙尼亚标准化中心	EVS	爱沙尼亚标准	EVS
斯威士兰标准局	SWASA		
埃塞俄比亚标准局	IES	埃塞俄比亚标准	ES
斐济工业贸易部国家贸易、计量和标准办公室	DNTMS	斐济标准	FJS
芬兰标准协会	SFS	芬兰标准协会标准	SFS
法国标准化协会	AFNOR	法国标准	NF
加蓬标准化机构	AGANOR		
冈比亚标准局	TGSB		

续表

标准化机构		标准	
名称	缩写	名称	代号
格鲁吉亚国家标准和计量局	GEOSTM	格鲁吉亚标准	GES
德国标准化学会	DIN	德国标准	DIN
加纳标准局	GSA	加纳标准	GS
希腊 NQIS/标准化组织	NQIS ELOT	希腊标准	ELOT
危地马拉标准委员会	COGUANOR		
圭亚那国家标准局	GNBS	圭亚那国家标准	GYS
海地标准局	BHN		
洪都拉斯国家标准局	OHN		
匈牙利标准学会	MSZT	匈牙利国家标准	MSZ
冰岛标准委员会	IST	冰岛标准	ÍST
印度标准局	BIS	印度标准	IS
印度尼西亚国家标准化委员会	BSN	印度尼西亚标准	SNI
伊朗国家标准机构	INSO	伊朗标准	ISIRI
伊拉克标准化与质量管理中央组织	COSQC	伊拉克标准规格	COSQC
爱尔兰国家标准局	NSAI	爱尔兰标准	I. S.
以色列标准学会	SII	以色列标准	S. I.
意大利全国标准协会	UNI	意大利标准	UNI
牙买加标准局	BSJ	牙买加国家标准	JS
日本工业标准调查会	JISC	日本工业标准	JIS
约旦标准与计量组织	JSMO	约旦标准	JS
哈萨克斯坦技术规范与计量委员会	KAZMEMST	哈萨克斯坦国家标准	CTPK
肯尼亚标准局	KEBS	肯尼亚标准	KS
朝鲜标准化委员会	CSK	朝鲜国家标准	KPS
韩国技术与标准局	KATS	韩国工业标准	KS
科威特标准计量局标准与工业服务管理局	KOWSMD	科威特标准规格	KSS
吉尔吉斯斯坦经济规划部标准与计量中心	KYRGYZST	吉尔吉斯斯坦国家标准	KMS
老挝国家标准化和计量部	DOSM		
拉脱维亚标准公司	LVS	拉脱维亚标准	LVS
黎巴嫩标准学会	LIBNOR	黎巴嫩标准	L. S.
莱索托标准组织	LSI		
利比亚国家标准化与计量中心	LNCSM	利比亚标准	LS
立陶宛标准局	LST	立陶宛标准	LST
卢森堡标准、认证、产品和服务质量安全研究所	ILNAS		
马达加斯加标准局	BNM	马达加斯加标准	NM
马拉维标准局	MBS		
马来西亚标准局	DSM	马来西亚标准	MS

续表

标准化机构		标准	
名称	缩写	名称	代号
马里标准化和质量促进局	AMANORM		
马耳他竞争和消费者事务管理局	MCCAA	马耳他标准规则	S. O.
毛里塔尼亚标准化和质量促进局	DNPQ		
毛里求斯标准局	MSB	毛里求斯标准	MS
墨西哥标准总局	DGN	墨西哥官方标准	NOM
摩尔多瓦标准化机构	ISM	摩尔多瓦国家标准	SM
蒙古国标准化与计量局	MASM	蒙古国国家标准	UST
黑山标准化协会	ISME	黑山标准	MEST
摩洛哥标准化协会	IMANOR	摩洛哥标准	SNIMA
缅甸教育部研究创新司	DRI	缅甸联邦标准	UBS
纳米比亚标准学会	NSI		
尼泊尔标准与计量局	NBSM		
荷兰标准化学会	NEN	荷兰标准	NEN
新西兰国家标准组织	NZSO	新西兰标准	NZS
尼加拉瓜标准化与计量局	DNM		
尼日尔标准化、计量与认证机构	ANMC		
尼日利亚标准组织	SON	尼日利亚工业标准	NIS
北马其顿国家标准化机构	ISRSM		
挪威标准化协会	SN	挪威标准	NS
阿曼工商部标准与计量总局	DGSM		
巴基斯坦标准与质量管理局	PSQCA	巴基斯坦标准	PS
巴勒斯坦标准学会	PSI		
巴拿马工业与技术标准委员会	DGNTI		
巴布亚新几内亚全国标准与工业技术学会	NISIT	巴布亚新几内亚国家标准	PNG
巴拉圭全国技术、标准化与计量研究学会	INTN	巴拉圭标准	NP
秘鲁国家质量机构	INACAL	秘鲁国家技术标准	NTP
菲律宾产品标准局	BPS	菲律宾标准	PNS
波兰标准化委员会	PKN	波兰标准	PN
葡萄牙质量学会	IPQ	葡萄牙标准	NP
卡塔尔标准与计量中央组织	QS	卡塔尔标准	QS
罗马尼亚标准化协会	ASRO	罗马尼亚国家标准	STAS，SR
俄罗斯联邦技术调节与计量局	GOST R	俄罗斯国家标准	GOST R

续表

标准化机构		标准	
名称	缩写	名称	代号
卢旺达标准局	RSB	卢旺达标准	DRS
圣基茨和尼维斯标准局	SKNBS		
圣卢西亚标准局	SLBS		
圣文森特和格林纳丁斯标准局	SVGBS	圣文森特和格林纳丁斯国家标准	SVGNS
圣多美和普林希比国家知识产权与质量服务局	SENAPIQ STP		
沙特阿拉伯标准、计量和质量组织	SASO	沙特阿拉伯标准	SASO
塞内加尔标准化协会	ASN	塞内加尔标准	NS
塞尔维亚标准化协会	ISS	塞尔维亚国家标准	SRPS
塞舌尔标准局	SBS	塞舌尔标准	SS
塞拉利昂标准局	SLSB		
新加坡标准、生产力与创新局	SSC	新加坡标准	SS
斯洛伐克标准、计量和测试办公室	UNMS SR	斯洛伐克国家标准	STN
斯洛文尼亚标准化学会	SIST	斯洛文尼亚国家标准	SIST
索马里标准局	SoBS		
南非标准局	SABS	南非国家标准	SANS
西班牙标准化协会	UNE	西班牙标准	UNE
斯里兰卡标准学会	SLSI	斯里兰卡标准	SLS
苏丹标准与计量组织	SSMO	苏丹标准	SS
瑞典标准学会	SIS	瑞典标准	SS
瑞士标准协会	SNV	瑞士标准	SN
叙利亚标准化与计量组织	SASMO	叙利亚国家标准	SNS
塔吉克斯坦标准化、计量、认证与贸易检验局	TAJIKSTANDARD	塔吉克斯坦国家标准	CT PT
坦桑尼亚标准局	TBS	坦桑尼亚标准	TZS
泰国工业标准学会	TISI	泰国工业标准	TIS
多哥标准化机构	ATN		
特立尼达和多巴哥标准局	TTBS	特立尼达和多巴哥标准	TTS
突尼斯全国标准化与工业产权学会	INNORPI	突尼斯标准	NT
土耳其标准学会	TSE	土耳其标准	TS
土库曼斯坦国家标准总局	MSST		
乌干达国家标准局	UNBS	乌干达国家标准	US
乌克兰标准化、认证和质量科学研究和培训中心	DSTU	乌克兰国家标准	DSTU

续表

标准化机构		标准	
名称	缩写	名称	代号
阿拉伯联合酋长国工业先进技术部	MoIAT-STR	阿拉伯联合酋长国国家标准	
英国标准协会	BSI	英国标准	BS
美国国家标准学会	ANSI	美国国家标准	ANSI
乌拉圭技术标准学会	UNIT	乌拉圭标准	UNIT
乌兹别克标准化、计量与认证局	UZSTANDARD	乌兹别克标准	O'zDst
瓦努阿图标准局	VBS		
越南标准、计量与质量局	STAMEQ	越南国家标准	TCVN
赞比亚标准局	ZABS	赞比亚标准	ZS
津巴布韦标准协会	SAZ	津巴布韦国家标准	ZWS

图书在版编目（CIP）数据

标准化概论/李春田，房庆，王平编著. --7版. --北京：中国人民大学出版社，2022.10
高等学校经济管理类核心课程教材
ISBN 978-7-300-31035-0

Ⅰ.①标… Ⅱ.①李… ②房… ③王… Ⅲ.①标准化一高等学校一教材 Ⅳ.①G307

中国版本图书馆CIP数据核字（2022）第176651号

高等学校经济管理类核心课程教材
标准化概论（第7版）
李春田　房　庆　王　平　编著
Biaozhunhua Gailun

出版发行	中国人民大学出版社		
社　址	北京中关村大街31号	**邮政编码**	100080
电　话	010－62511242（总编室）		010－62511770（质管部）
	010－82501766（邮购部）		010－62514148（门市部）
	010－62511173（发行公司）		010－62515275（盗版举报）
网　址	http://www.crup.com.cn		
经　销	新华书店		
印　刷	天津鑫丰华印务有限公司	**版　次**	1982年4月第1版
开　本	787 mm×1092 mm　1/16		2022年10月第7版
印　张	26.5 插页1	**印　次**	2025年5月第4次印刷
字　数	660 000	**定　价**	69.00元

中国人民大学出版社　管理分社

教师教学服务说明

中国人民大学出版社管理分社以出版工商管理和公共管理类精品图书为宗旨。为更好地服务一线教师，我们着力建设了一批数字化、立体化的网络教学资源。教师可以通过以下方式获得免费下载教学资源的权限：

★ 在中国人民大学出版社网站 www.crup.com.cn 进行注册，注册后进入“会员中心”，在左侧点击“我的教师认证”，填写相关信息，提交后等待审核。我们将在一个工作日内为您开通相关资源的下载权限。

★ 如您急需教学资源或需要其他帮助，请加入教师 QQ 群或在工作时间与我们联络。

中国人民大学出版社　管理分社

教师 QQ 群：648333426（工商管理）　114970332（财会）　648117133（公共管理）
教师群仅限教师加入，入群请备注（学校＋姓名）

联系电话：010-62515735，62515987，62515782，82501048，62514760

电子邮箱：glcbfs@crup.com.cn

通讯地址：北京市海淀区中关村大街甲 59 号文化大厦 1501 室（100872）

管理书社　　人大社财会　　公共管理与政治学悦读坊